Der lange Weg zur Erfolgsmannschaft

Markus A. Fontanari

Der lange Weg zur Erfolgsmannschaft

Strategisch-situative Führung am Beispiel von Sportteams

Springer Gabler RESEARCH

Markus A. Fontanari
Kitzbühel, Österreich

ISBN 978-3-8349-3479-6 ISBN 978-3-8349-3480-2 (eBook)
DOI 10.1007/978-3-8349-3480-2

Die Deutsche Nationalbibliothek verzeichnet diese Publikation in der Deutschen Nationalbibliografie; detaillierte bibliografische Daten sind im Internet über http://dnb.d-nb.de abrufbar.

Springer Gabler

Einbandentwurf: KünkelLopka GmbH, Heidelberg

Gedruckt auf säurefreiem und chlorfrei gebleichtem Papier

Springer Gabler ist eine Marke von Springer DE. Springer DE ist Teil der Fachverlagsgruppe Springer Science+Business Media
www.springer-gabler.de

Vorwort

„Erfolg hängt im Allgemeinen davon ab, ob man weiß,
wie lange es dauert, um erfolgreich zu werden."[1]

Der Begriff strategisch-situative Führung mag im Zusammenhang mit Sportteams ungewohnt erscheinen, verbindet man ihn doch eher mit klassischen Managementaufgaben. Tatsächlich gibt es bislang kein Modell zur strategisch-situativen Führung hoch interdependenter Teams. Das ist eigentlich unverständlich, denn strategisches Handeln ist auch bei anderen als nur unternehmerischen Aufgabenstellungen erforderlich. Ich habe es mir daher zum Ziel gesetzt, die Sinnhaftigkeit von strategisch-situativem Denken und Handeln erstmals bei der Führung von Sportmannschaften darzustellen. Da ein solcher Führungsansatz nur zweckmäßig ist, wenn er Trainern auch praktikabel erscheint,[2] fokussiere ich dabei von Beginn an auf Praxisbezug.

So wird zu Beginn jedes Kapitels ein visualisierter und standardisierter Überblick über die Etappen des Entwicklungsweges für strategisch-situatives Denken und Handeln gegeben. Der Darstellung eines 4-stufigen strategisch-situativen Führungsmodells und der Klassifizierung von Sportmannschaften, um den (langen) Entwicklungsweg zur Erfolgsmannschaft zu konkretisieren, ist ein eigenes Kapitel (5) gewidmet. Dort wird in Punkt 5.5. eine Fallstudie mit einem (hypothetischen) Lösungsansatz für das US-Basketballteam „Los Angeles Lakers" der 1980er Jahre erarbeitet, der als grundsätzliche Handlungsanleitung für jedes Team in der Krise verstanden wird.

Anhand von Praxisbeispielen und Fallstudien von **a)** Pat Riley, dem Coach der NBA-Teams Los Angeles Lakers und New York Nicks in den 1980er und 1990er Jahren, **b)** Chuck Daly, dem Coach des US-Basketball „Dream Teams" 1992, **c)** dem Fußballclub Real Madrid (2003-2008), **d)** der österreichischen Fußballnationalmannschaft (2006-2012), **e)** ausgewählten deutschen und österreichischen Amateursportvereinen, **f)** zahlreichen Nationalteams bei der FIFA-Fußball-WM 2010 in Südafrika, **g)** dem Fußballclub FC Barcelona 2010/11 sowie **h)** sieben Kinofilmen werden in einer „Zeitreise" durch fünf Jahrzehnte des Mannschaftssports weit über 100 Führungssituationen aus dem Traineralltag aufgearbeitet, um die anwendungsorientierte Aufarbeitung des strategisch-situativen Führungsansatzes abzurunden.

---

1 Montesquieu, In: Riley, P., The Winner Within, 1993, S. 106.

2 Vgl. Douglas, K.; Carless, D., Using Stories in Coach Education, International Journal of Sports Science & Coaching, Vol. 3, No. 1, 2008, S. 33-49.

Während 17 Semestern wurde ich an der Deutschen Sporthochschule in Köln von Prof. Dr. Heinz-Dieter Horch, Leiter des Instituts für Sportökonomie, und Prof. Dr. Volker Rittner, Leiter des Instituts für Sportsoziologie, betreut. Die vielen intensiven Gespräche mit diesen Wissenschaftlern lassen sich nach so langer Zeit kaum zusammenfassen. Sie finden jedoch ihren Niederschlag in den einzelnen Kapiteln dieser Arbeit. Vor allem mein „Doktorvater“ Prof. Horch leitete mich nicht nur detailliert während dieser 8 ½ Jahre beim wissenschaftlichen Arbeiten an, sondern es gelang ihm auch, mich motivierend während aller Arbeitsphasen „an der Stange“ zu halten.

Um die Entstehungsgeschichte dieses Buches vollständig auszuleuchten, muss man noch einige Zeit weiter zurückgehen. Eigentlich fand die Arbeit ihren Ausgang an der Universität Innsbruck vor mehr als 20 Jahren, als ich mich während meines ersten großen Forschungsprojektes als Assistent bei Prof. Dr. Hans H. Hinterhuber am Institut für strategische Unternehmensführung mit der Thematik der strategischen Führung im Allgemeinen und dem Aspekt der Unternehmenskultur im Speziellen vertraut machte. Schon drei Jahre später wurde ich vor diesem Hintergrund als Co-Autor eines Buches zum Thema „Führungslehre“ direkt in die Thematik des Führungshandelns hineingezogen. Dieses Buch entstand an der Landesverteidigungs-akademie in Wien. Zur selben Zeit und zum selben Thema wurde ich dort auch externer Lehrbeauftragter für den österreichischen Generalstabskurs. Wieder drei Jahre später befasste ich mich zum ersten Mal direkt mit dem Führungshandeln des Trainers einer Sportmannschaft, als ich meine Masters-Diplomarbeit an der School of Public Administration der University of Southern California (USC) in Los Angeles schrieb. Während zwei Semestern analysierte ich dort im Rahmen einer speziellen Sportmanagementausbildung unter Anleitung des Sportmanagementautors David Carter das Führungshandeln der Trainerin des Damenfußballteams der USC, Coach Karen Stanley. Der nächste Schritt, die geplante Dissertation über strategisch-situative Führung hoch interdependenter Sportmannschaften, erforderte aufgrund der neuartigen Thematik äußerst umfangreiche Vorarbeiten, in deren Verlauf ich weit über 1.000 wissenschaftliche Artikel zum Thema Mitarbeiterführung prüfen musste. Diese Literaturrecherchen führten mich schon früh an die Business School der Pennstate University in State College (Pennsylvania), wo ich von Professor Dr. Jerry Olsen betreut wurde. Später ging es erneut an die (Business School) der University of Southern California in Los Angeles, wo ich am Institut für „Organizational Behavior“

von Professor Dr. Tom Cummings die Arbeit fortsetzte, und mehrere Expertengespräche mit bekannten Leadership-Autoren wie Professor Dr. Jay Conger und Professor Dr. Michael Mische führte. Dort entwickelte ich in der Folge auch meine ersten Ansätze für ein strategisch-situatives Führungsmodell. Wieder zurück in Europa führte mich meine Literatursuche erneut an meine Stammuniversität in Innsbruck sowie erstmals an die Deutsche Sporthochschule in Köln.
Wie könnte ein so langer Vor- und Ablauf für ein Buch je geradlinig verlaufen? Diese wertvolle Zeit war vielmehr von immer wiederkehrenden zeitlichen Unterbrechungen, geographischen und beruflichen Veränderungen in einem internationalen Umfeld sowie von inhaltlichen Entwicklungsschritten, die natürlich auch von meinem privaten Lebensweg beeinflusst wurden, geprägt.
Ein letzter Dank gilt daher meiner Familie. Meiner Mutter, Gertraud Fontanari, die mein Durchhaltevermögen unablässig zu fördern und zu stärken verstand. Und meinem Vater, Dipl. Ing. Roman Fontanari, der anlässlich des gemeinsamen ersten Studienabschlusses meines Bruders, Dr. Martin Fontanari, und mir vor nunmehr 20 Jahren formulierte, was uns zum Leitsatz wurde:

„Ihr seid noch nicht fertig…“

Markus Alexander Fontanari

Inhaltsverzeichnis

Abbildungsverzeichnis XIII

Tabellenverzeichnis XIX

Abkürzungsverzeichnis XXI

1. Einleitung – In der Krise ist vor der Wende 1

2. Etablierte Führungstheorien als „intellektuelle“ Basis für die Entwicklung der strategisch-situativen Führungslehre 7

2.1. Klassische Führungsmodelle 9

2.2. Wertbasierte Führungstheorien 12

2.3. Führungstheorie des Entweder/Oder 14

2.4. Erfolgsorientierte Führungstheorien 15

2.5. Situative Führungstheorien 18

2.6. Subjektive Führungstheorien 19

2.7. Strategische Führungstheorien 20

3. Der strategisch-situative Führungskontext 23

3.1. Der Situationsbezug von Effektivität und Effizienz 25

3.2. Haupt- und Nebenfragen strategisch-situativer Führung 29

4. Strategisch-relevantes Führungshandeln 37

4.1. Transaktorisches und transformatorisches Führungshandeln 38

4.2. Strukturinitiierendes Führungshandeln 41

4.2.1. Fördern von Leistungsorientierung 41

4.2.2. Das Optimieren von Strukturinitiierung im strategisch-situativen Kontext 42

4.3. Rücksichtsvolles Führungshandeln 44
4.3.1. „Coaching“ 44
4.3.2. Das Optimieren von Rücksichtnahme im strategisch-situativen Kontext 46
4.4. Partizipatives Führungshandeln 48
4.5. „Empowerment“ 49
4.6. Implikationen für das Führungshandeln: das Realisieren von Wandel in zwei Geschwindigkeiten 52
4.7. Zusammenfassung: Führen auf der Gruppen- und Individualebene 55

5. Das 4-Stufen-Modell für strategisch-situative Führung 57
5.1. Stufe 1: Situationsanalyse und Formulierung einer Vision 62
5.2. Stufe 2: Setzen von Führungsprioritäten durch den Trainer 75
5.3. Stufe 3: Das 2-Phasen-Schema als operatives Führungskonzept 90
5.4. Stufe 4: Umsetzung des operativen Führungskonzeptes durch Führungshandeln 100
5.5. Implikationen für das Führungshandeln: Krisen als Herausforderung 110
5.6. Zusammenfassung: strategisch-situative Führung als Kreislauf 122

6. Führungshandeln auf der taktischen Ebene 125
6.1. Taktische Aspekte und Mannschaftstypen 127
6.2. Taktische Aspekte und die Spielweise einer Mannschaft 130
6.3. Implikationen für das Führungshandeln: Arbeiten auf allen Führungsebenen 135
6.4. Zusammenfassung: Taktik und der Druck von allen Seiten 137

7. Führungshandeln auf der Mannschaftsebene 139
7.1. Strukturenbildung auf der Mannschaftsebene 142
7.2. Der Erfolgscharakter von Sportmannschaften 145

7.2.1. Mannschaftsattribute als Indikator des „Reifegrades“ einer Mannschaft 145
7.2.2. Mannschaftsdynamik und Stressfaktoren in der Mannschaft 150
7.3. Mannschaftszusammenhalt und mannschaftliche Stärke 156
7.4. Der Aufbau einer „starken“ Mannschaftskultur 160
7.5. Implikationen für das Führungshandeln: Aufbau eines „produktiven“ Teams 165
7.6. Zusammenfassung: ein „produktives“ Team als Motor des Wandels 171

8. Führungshandeln auf der Mannschaftsteilebene (SFM) 173
8.1. Strukturelle Aspekte: „Empowerment“ und taktisches Improvisieren 175
8.2. Strategische Aspekte zur Forcierung der Spielweise eines Teams 179
8.3. Implikationen für das Führungshandeln: SFM im strategisch-situativen Kontext 185
8.4. Zusammenfassung: Wandel realisieren durch SFM 188

9. Führungshandeln auf der Individualebene 191
9.1. Trainer-Spieler-Beziehungen 194
9.1.1. Individuelle Rolle & Leistungserbringung 194
9.1.2. Arbeitsbeziehungen des Trainers auf der Individualebene 198
9.2. Implikationen für das Führungshandeln: Arbeits- & Teamorientierung 200
9.3. Zusammenfassung: lernorientierte Führung auf der Individualebene 208

10. Effektivität – nachhaltige Führungserfolge 211
10.1. Effektivitätskomponente I: subjektive Lern- & Entwicklungsziele der Spieler 213

10.2. Effektivitätskomponente II: subjektive Führungswirklichkeit der Spieler ... 216
10.3. Effektivitätskomponente III: Ausrichtung der Spieler auf taktische Aspekte ... 219
10.4. Effektivitätskomponente IV: Engagement der Spieler für ihr Team ... 245
10.5. Effektivitätskomponente V: innovatives Spiel ... 247
10.6. Effektivitätskomponente VI: Qualität des Spiels ... 251
10.7. Implikationen für das Führungshandeln: Erwartungshaltungen austauschen ... 255
10.8. Zusammenfassung: Effektivität durch querschnittsorientiertes Denken ... 260

11. Effizienz – das Bündeln von Führungserfolgen ... 263
11.1. Die vier Formen von situativem Fokus ... 267
11.2. Situativer Fokus und Effizienz ... 270
11.3. Effizienz im Spannungsfeld von Spielweise und Wandel ... 281
11.4. Implikationen für das Führungshandeln: Forcieren der Schlüsselspieler ... 294
11.5. Zusammenfassung: effizientes Führungshandeln in Theorie und Praxis ... 297

12. Finale – Schlussbemerkungen ... 299
12.1. Standortbestimmung, Vision des Wandels & Entwicklungsweg eines Teams ... 323
12.2. Wandel und das „Ordnen“ situativer Faktoren ... 326
12.3. Der Aufbau „produktiver“ Teams im Kontext von Wandel & Effektivität ... 328
12.4. Zusammenfassung: effiziente Trainer – „produktive“ Erfolgsmannschaften ... 330

Literaturverzeichnis ... 337

Abbildungsverzeichnis

Abb. 1: Der Weg zur Erfolgsmannschaft **I** -
Die Krise als Ausgangspunkt 4
Abb. 2: Der Weg zur Erfolgsmannschaft **II** -
Ganzheitlicher Führungsansatz 5
Abb. 3: Entwicklung einer strategisch-situativen
Denk- & Handlungsweise **I** 8
Abb. 4: Wertbasierte Führungstheorien &
Führungstheorie des Entweder-Oder 15
Abb. 5: Entwicklung der strategisch-situativen Führungslehre 22
Abb. 6: Entwicklung einer strategisch-situativen
Denk- & Handlungsweise **II** 24
Abb. 7: Effektivität & Effizienz im Situationsbezug 28
Abb. 8: Haupt- und Nebenfragen strategisch-situativer Führung
im Überblick 36
Abb. 9: Entwicklung einer strategisch-situativen
Denk- & Handlungsweise **III** 38
Abb. 10: Strukturinitiierendes Führungshandeln im
strategisch-situativen Kontext 44
Abb. 11: Rücksichtsvolles Führungshandeln im
strategisch-situativen Kontext 48
Abb. 12: „Empowerment" im strategisch-situativen Kontext 52
Abb. 13: Realisieren von Wandel 54
Abb. 14: Implikationen für das Führungshandeln **I** 55
Abb. 15: Strategisch-situativer Kontext auf dem
Entwicklungsweg eines Teams **I** 56
Abb. 16: Entwicklung einer strategisch-situativen
Denk- & Handlungsweise **IV** 60
Abb. 17: Strategisch-situativer Führungskreislauf **I**:
Das 4-Stufen-Führungsmodell 62
Abb. 18: Situationsanalyse 63
Abb. 19: Der Weg zur Erfolgsmannschaft **III**:
Klassifizierung von Mannschaftstypen 71

Abb. 20: Konzeption & Realisierung von Wandel **I** - Formulierung der Vision 74
Abb. 21: Führen mit Führungsprioritäten 77
Abb. 22: Prozess der Formulierung strategischer Handlungsalternativen 79
Abb. 23: „Inkrementeller Wandel" im situativen Kontext 81
Abb. 24: Drittklassiges Typ-CB Herrenfußballamateurteam 82
Abb. 25: Erstklassiges Typ-AA Damenhandballprofiteam 84
Abb. 26: Wandel als permanente Änderung der Ausrichtung eines Teams 86
Abb. 27: Drittklassiges Typ-CA Damenhandballamateurteam 87
Abb. 28: Zweitklassiges Typ-BC Herrenhandballamateurteam 88
Abb. 29: Zweitklassiges Typ-BB Herreneishockeyamateurteam 90
Abb. 30: Die Dynamik des 2-Phasen-Schemas 92
Abb. 31: „Harte" und „weiche" situative Faktoren auf der Gruppenebene 94
Abb. 32: „Harte" und „weiche" situative Faktoren auf der Individualebene 98
Abb. 33: Strukturelles Führungshandeln im strategisch-situativen Kontext 103
Abb. 34: Personelles Führungshandeln im strategisch-situativen Kontext 106
Abb. 35: Symbolisches Führungshandeln im strategisch-situativen Kontext 109
Abb. 36: Führungspriorität – Freisetzen der spielerischen Möglichkeiten 113
Abb. 37: „Harte" situative Faktoren auf der Gruppenebene 115
Abb. 38: „Weiche" situative Faktoren auf der Gruppenebene 116
Abb. 39: „Harte" situative Faktoren auf der Individualebene 117
Abb. 40: „Weiche" situative Faktoren auf der Individualebene 118
Abb. 41: Implikationen für das Führungshandeln **II** 121
Abb. 42: Strategisch-situativer Kontext auf dem Entwicklungsweg eines Teams **II** 123

Abb. 43: Entwicklung einer strategisch-situativen Denk- & Handlungsweise **V** 127
Abb. 44: Ausrichtung der Spieler an taktischen Aspekten 129
Abb. 45: Interner & externer Fokus von Taktik 133
Abb. 46: Taktik und Effizienz des Trainers 134
Abb. 47: Implikationen für das Führungshandeln **III** 137
Abb. 48: Strategisch-situativer Kontext auf dem Entwicklungsweg eines Teams **III** 138
Abb. 49: Entwicklung einer strategisch-situativen Denk- & Handlungsweise **VI** 141
Abb. 50: Wandel realisieren durch Strukturenbildung auf der Mannschaftsebene 144
Abb. 51: Die Bedeutung von Mannschaftsattributen für die Teamentwicklung 148
Abb. 52: Zusammenhang zwischen Mannschaftsattributen und Erfolgsindikatoren 150
Abb. 53: Mannschaftsdynamik und Stressfaktoren 155
Abb. 54: Negatives Denken auf dem Spielfeld 161
Abb. 55: Komponenten einer „starken“ Mannschaftskultur 164
Abb. 56: Realisieren von Wandel auf der Mannschaftsebene 165
Abb. 57: „Strategisches“ Fördern des Wachstumsprozesses einer Mannschaft 168
Abb. 58: Der Aufbau „produktiver“ Teams im strategisch-situativen Kontext **I** 169
Abb. 59: Implikationen für das Führungshandeln **IV** 170
Abb. 60: Strategisch-situativer Kontext auf dem Entwicklungsweg eines Teams **IV** 172
Abb. 61: Entwicklung einer strategisch-situativen Denk- & Handlungsweise **VII** 175
Abb. 62: Struktur & Funktionsweise – SFM 177
Abb. 63: Strategische und taktische Aspekte beim Aufbau von SFM 180
Abb. 64: SFM im Kontext von strategisch-situativer Führung 183

Abb. 65: Die Rolle von SFM bei der Realisierung von Wandel 186
Abb. 66: Implikationen für das Führungshandeln **V** 188
Abb. 67: Strategisch-situativer Kontext auf dem
Entwicklungsweg eines Teams **V** 189
Abb. 68: Entwicklung einer strategisch-situativen
Denk- & Handlungsweise **VIII** 193
Abb. 69: Das Vertical-Dyad-Linkage-Modell
im strategischen Kontext 197
Abb. 70: Kommunikation auf der Individualebene
im strategisch-situativen Kontext 203
Abb. 71: Unterschiedliche Qualitäten von Arbeitsbeziehungen
eines Trainers 205
Abb. 72: Implikationen für das Führungshandeln **VI** 207
Abb. 73: Strategisch-situativer Kontext auf dem
Entwicklungsweg eines Teams **VI** 209
Abb. 74: Entwicklung einer strategisch-situativen
Denk- & Handlungsweise **IX** 213
Abb. 75: Sportliche Lern- & Entwicklungsziele der Spieler 215
Abb. 76: Der Prozess der subjektiven Wahrnehmung 218
Abb. 77: Taktik im Kontext von Spielaufbau & Situationsvielfalt 224
Abb. 78: Flexibilität der Spieler bei der Ausrichtung
auf taktische Aspekte 244
Abb. 79: Engagement der Spieler im Kontext
der Mannschaftsentwicklung 246
Abb. 80: Förderung von innovativem Spiel 250
Abb. 81: Steigerung der Qualität des Spiels 253
Abb. 82: Effektivität und Herausforderungen
an das Führungshandeln 257
Abb. 83: Implikationen für das Führungshandeln **VII** 259
Abb. 84: Strategisch-situativer Kontext auf dem
Entwicklungsweg eines Teams **VII** 261
Abb. 85: Entwicklung einer strategisch-situativen
Denk- & Handlungsweise **X** 266

Abb. 86: Die vier Formen von situativem Fokus 269
Abb. 87: Der Weg zur Erfolgsmannschaft **IV** - Situativer Fokus 272
Abb. 88: Der Weg zur Erfolgsmannschaft **V** -
Differenzierter Führungsfokus 277
Abb. 89: Teamtypen & situativer Fokus im
strategisch-situativen Kontext 280
Abb. 90: Kriterien für eine effiziente Entwicklung
von Sportmannschaften **I** 288
Abb. 91: Kriterien für eine effiziente Entwicklung
von Sportmannschaften **II** 294
Abb. 92: Effiziente Führung auf dem Entwicklungsweg
von Sportmannschaften **I** 295
Abb. 93: Implikationen für das Führungshandeln **VIII** 296
Abb. 94: Strategisch-situativer Kontext auf dem
Entwicklungsweg eines Teams **VIII** 297
Abb. 95: Kriterien für eine effiziente Entwicklung
von Sportmannschaften **III** 305
Abb. 96: Kriterien für eine effiziente Entwicklung
von Sportmannschaften **IV** 311
Abb. 97: Effiziente Führung auf dem Entwicklungsweg
von Sportmannschaften **II** 318
Abb. 98: Entwicklung einer strategisch-situativen
Denk- & Handlungsweise **XI** 320
Abb. 99: Führungsaspekte & Querschnittsdenken eines Trainers 321
Abb. 100: Strategisch-situativer Führungskreislauf **II** -
Der Weg zum Erfolg 322
Abb. 101: Strategisch-situativer Kontext auf dem
Entwicklungsweg eines Teams **IX** 323
Abb. 102: Der Weg zur Erfolgsmannschaft **VI** -
Führungsprioritäten 325
Abb. 103: Konzeption & Realisierung von Wandel **II** -
Umsetzung der Vision 327
Abb. 104: Der Aufbau „produktiver“ Teams im
strategisch-situativen Kontext **II** 329

Abb. 105: Der Weg zur Erfolgsmannschaft **VII** -
Querschnittsorientierung 332
Abb. 106: Der Weg zur Erfolgsmannschaft **VIII** -
Umsetzen des Führungskonzeptes 334
Abb. 107: Implikationen für das Führungshandeln **IX** 335

Tabellenverzeichnis

Tab. 1: Phase 1 und Phase 2 eines operativen Führungskonzeptes 99
Tab. 2: Strukturelles, personelles und symbolisches
Führungshandeln 110
Tab. 3: Effizienz **I** - Mannschaftstypen & Fokus
auf den Führungsebenen 122
Tab. 4: Effizienz **II** - Mannschaftstypen & situativer Fokus 274

Abkürzungsverzeichnis

Abb.	...	Abbildung
Bd.	...	Band
BRD	...	Bundesrepublik Deutschland
bzw.	...	beziehungsweise
ca.	...	circa
CEO	...	Central Executive Officer
DFB	...	Deutscher Fußballbund
d.h.	...	das heißt
ed.	...	editor
EM	...	Europameisterschaft
et al.	...	et alter (und andere)
etc.	...	et cetera (und so weiter)
evtl.	...	eventuell
Feb.	...	Februar/February
f.	...	folgende Seite
ff.	...	folgende Seiten
FIFA	...	Internationaler Fußballverband
FK	...	Faktorenkomponente
GmbH & Co	...	Gesellschaft mit beschränkter Haftung & Company
HRM	...	Human Ressource Management
Hrsg.	...	Herausgeber
Inc.	...	Incorporated
Jan.	...	Januar/January
KG	...	Kommanditgesellschaft
m. E.	...	meines Erachtens
No.	...	Number
Nr.	...	Nummer
Sept.	...	September
Oct.	...	Oktober/October
Nov.	...	November
Dez.	...	Dezember/December
o.J.	...	ohne Jahresangabe

o.S.	...	ohne Seitenangabe
o.O.	...	ohne Ortsangabe
o.T.	...	ohne Titel
o.V.	...	ohne Angabe des Verfassers
ÖFB	...	Österreichischer Fußballbund
S.	...	Seite
Sept.	...	September
SFM	...	selbstgeführte, funktionenübergreifende Mannschaftsteile
Tab.	...	Tabelle
u.a.	...	unter anderem
UEFA	...	Europäischer Fußballverband
UK	...	United Kingdom
US	...	United States
u.U.	...	unter Umständen
U18	...	unter 18 Jahre alt
U19	...	unter 19 Jahre alt
U20	...	unter 20 Jahre alt
v.a.	...	vor allem
Vgl.	...	Vergleiche
Vol.	...	Volume (Band)
WM	...	Weltmeisterschaft
z.B.	...	zum Beispiel
z.T.	...	zum Teil

1. Einleitung – In der Krise ist vor der Wende

„Die Mannschaft auf dem Spielfeld ist die Mannschaft der Stunde.“[3]

Wie kommt es, dass selbst die anerkannt besten Trainer mit Teams auf Weltklasseniveau, bei denen es eigentlich keine Schwachstellen mehr geben sollte, in schwere und schwerste Krisen schlittern? Womit lässt sich das sang- und klanglose Ausscheiden des als Top-Favorit bei der FIFA Fußball-WM 2010 in Südafrika gehandelten argentinischen Nationalteams von Teamchef Diego Maradona mit Stars wie Messi, Higuain, Heinze und Tevez im Viertelfinale erklären?[4] Was führte dazu, dass Real Madrids „Jahrhundertsturm“ mit Spielern wie dem Portugiesen Figo, dem Spanier Raul, dem Franzosen Zidane und dem Brasilianer Ronaldo - man nannte die Stars bereits „die Galaktischen“ - 2004 in vier Bewerbsspielen hintereinander nur ein Tor schoss und ein Leistungsabfall eintrat, den sich niemand so recht erklären konnte?[5] Und welche Faktoren spielten mit, als ebendiese Mannschaft, die noch um den englischen Superstar David Beckham verstärkt worden war, im selben Jahr bei AS Monaco nicht nur mit 1:3 verlor, sondern sich auch noch „auflöste wie ein Stück Zucker“[6]?[7] Doch nicht etwa mangelndes Fachwissen des Trainers. Und auch nicht unbedingt taktische Fehlentscheidungen während des Spiels,[8] oder gar die Farbe der Trikots der Gegner[9]. Es hat m.E. eher mit Phänomenen zu tun, die sich wie folgt beschreiben lassen:

- „Uns fehlt das 'blinde' Verständnis auf der Mannschaftsebene.“
- „… als homogene Einheit präsentierte sich die Mannschaft nie.“[10]
- „Jeder macht auf dem Spielfeld, was er will.“
- „…Wir haben als Kollektiv komplett versagt.“[11]

---

3 Riley, P., The Winner Within, 1993, S. 47.

4 Vgl. 5.1., 7.2.1. und 10.6. – Vgl. Beginn-Kapitel 12. – Vgl. 12.4.

5 Vgl. http://sport.orf.at/021105-36066/36066bigstory_img.html: Reals Supersturm in der Krise, 5. November 2004.

6 Spanische Sportzeitung „As“, in: http://derstandard.at/: 30 Sekunden im Delirium, 7. April 2004.

7 Vgl. http://sport.orf.at/070111-6050/index.html: Fünfjahresvertrag für Beckham, 12. Januar 2007.

8 Bei Rückstand wechseln Trainer oft Offensivspieler ein. Eine offensivere Ausrichtung führt aber seltener zum Erfolg als wenn man der Anfangstaktik treu bleibt. Vgl. Grund, C., Gürtler, O., An Empirical Study on Risk Taking in Tournaments, In: Applied Economics Letters, In: http:// science.orf.at/science/news/133744: Taktische Wechsel sind oft kontraproduktiv, 21. März 2005.

9 Vgl. Gerstenberger, M.C.; et al., In: Nature, Band 435, S. 328-331, 19. Mai 2005. - Vgl.: http://science.orf.at/ science/news/135679: Sportler mit rotem Trikot siegen häufiger, 19. Mai 2005.

10 Parreira, C.A., (Fussballteamchef Brasiliens 2006), In: http://derstandard.at/: Hätten mehr Zeit gebraucht, 2. Juli 2006.

11 Fuchs, Ch. (österreichischer Fussballteamspieler), In: http://sport.orf.at/stories/ 2049784/ 2049783/: Fehler analysieren und besser machen, Hofstetter, H., 27. März 2011.

Solche Schwierigkeiten können sporadisch auftreten - in einem oder mehreren Spielen etwa, die ganz einfach nur „schlecht gelaufen" sind. Sie können aber auch ein Indiz dafür sein, dass die ganze Mannschaft[12] in eine veritable, tiefergehende Krise[13] geraten ist – in eine Sackgasse auf dem langen Weg zur Erfolgsmannschaft.[14]
Die ganze Dramatik einer solchen Krisensituation widerfuhr ausgerechnet auch dem amtierenden Fußballweltmeister Italien bei der WM 2010 in Südafrika. „Trotz… einer Qualifikation ohne Niederlage war man [bereits] mit äußerst geringem Vertrauen … nach Südafrika entsandt worden."[15] Die Mannschaft unter Teamchef Marcello Lippi galt als **verunsichert**[16], veraltet[17] und **nicht eingespielt**[18]. In Italiens WM-Kader waren zwar noch einige Spieler des Weltmeisterteams von 2006, dennoch deutete sich ein Umbruch an: Spielmacher Pirlo musste (aufgrund einer Verletzung) ebenso auf der Ersatzbank Platz nehmen wie die Stars Gattuso und di Natale. Schon bald fiel auch noch Torhüter Buffon verletzungsbedingt aus. Im ersten Gruppenspiel gegen Paraguay reichte es nur für ein 1:1.[19] Die Italiener starteten dabei zwar durchaus engagiert, zündende Ideen kamen ihnen aber während des gesamten Spieles nicht. Man vermisste v.a. deren „Kreativität und Inspiration im Offensivspiel". Die Presse meinte dazu, dass es „letztlich ein leistungsgerechtes Resultat in einem **äußerst durchwachsenen Spiel** war … und dass [der Weltmeister offensichtlich] noch nicht wirklich bei der WM angekommen war". Beobachter merkten überdies, dass die Italiener bei ihrem **Zuspiel zu ungenau** agierten, dass sie schon Mitte der ersten Spielhälfte dazu übergingen, mit Fernschüssen auf das Tor ihr Glück zu versuchen, sonst aber **keine nennenswerten Aktionen** produzierten.[20] Mit Spannung wartete man nun auf das nächste Spiel gegen Außenseiter Neuseeland. Doch auch dieses Spiel endete nur 1:1. Trotz „klarer

---

12 Die Begriffe „Mannschaft" und „Team" werden in diesem Buch synonym verwendet.

13 Vgl. 5.5. (Fallstudie zu den Los Angeles Lakers in den 1980ern). – Vgl. 7.2.2. (Fallstudie zum französischen Fussballlteam 2010). - Vgl. 11.2. (Fallstudie zum englischen Fussballteam 2010).

14 Vgl. Abbildung 19 in Punkt 5.1.

15 http://derstandard.at/1276413070901/Stotternder-Start-des-Weltmeisters: Stotternder Start des Weltmeisters, (APA), 14. Juni 2010.

16 Vgl. http://www.sportal.de/sportal/generated/article/fussball/2010/07/16/17235900000.html: Die Weichen für die Zukunft: Italien, Asmus, M., 16. Juli 2010.

17 Vgl. http://www.oe24.at/sport/wm-2010/Live-Ticker-Paraguay-Italien-Paraguay-Wir-besiegen-Italien07221 20.ece, 14. Juni 2010.

18 Vgl. http://www.faz.net/s/Rub0880D9546AD54B17BA97B50EF7058A13/Doc~E15E7F10D81 BD4BD1BC D64D84A2F3E408~ATpl~Ecommon~Scontent.html, 24. Juni 2010. – In diesem Sinne handelte es sich um ein Typ-AC Team. Vgl. Abbildung 19 in Punkt 5.1.

19 Vgl. http://www.zeit.de/sport/2010-06/italien-paraguay-rossi-buffon, 15. Juni 2010.

20 Vgl. http://www.goal.com/de/news/964/wm-2010/2010/06/14/1976577/spielbericht-wm-2010-gruppe-f-italien-paraguay, 14. Juni 2010.

Feldüberlegenheit" schafften die weiterhin „**ideenlos**" wirkenden Italiener gegen die defensiven Neuseeländer keinen Sieg.[21] Teamchef Lippi kommentierte die Leistung seines Teams nach dem Spiel: „Wir haben das Spiel nicht wirklich kontrollieren können. Derzeit fehlt uns etwas. Ich hoffe, dass wir es in den nächsten Tagen finden."[22] In Italien machte sich indessen Resignation breit: „Italienischer Flop! Italien ist kopflos", titelte es in einer Zeitung.[23] Man vergaß bei all dem, dass Italien weiterhin aus eigener Kraft den Aufstieg ins Achtelfinale schaffen konnte. Dafür würde ein Sieg gegen die Slowakei reichen. Dennoch machte sich ein gewisses Unbehagen unter den italienischen Spielern breit: „Es existiert eine kleine Angst, dass wir nicht aufsteigen", gestand denn auch Stürmer Iaquinta.[24] Das war eigentlich undenkbar. Doch für Italien wurde mit einer 2:3 Niederlage gegen die Slowakei tatsächlich das Unfassbare wahr und man scheiterte bei dieser WM als Gruppenletzter. „Unverdient" war das Ausscheiden freilich nicht, denn Italien war „**offensiv nicht vorhanden**", hatte „**völlig planlos**" agiert, war zudem **spielerisch „indisponiert**", und ließ sich v.a. in der ersten Spielhälfte von der Slowakei weit in die eigene Spielhälfte zurückdrängen. Dabei hatte Teamchef Lippi für dieses Gruppenspiel **die bereits dritte Aufstellungsvariante** versucht. Bezeichnend für die **hartnäckige Formkrise** des italienischen Teams war darüber hinaus, dass man bereits zum dritten Mal hintereinander in einem Spiel in Rückstand geraten war. Erst mit dem „Rücken zur Wand" gelangen den Italienern im Finish dieser Begegnung noch zwei Tore, die aber nicht mehr ausreichten, um das Spiel zu drehen. Auf der italienischen Bank machte sich Fassungslosigkeit breit.[25] Einige Teamspieler traten unmittelbar nach der WM zurück, und auch Teamchef Lippi übergab sein Amt an Cesare Prandelli, der bis zur WM 2014 in Brasilien ein neues Nationalteam formen und die Mannschaft wieder aus der Krise[26] führen sollte.[27]

---

21 Die Neuseeländer spielten mit einem 4-5-1 System, teils sogar mit zwei Viererketten knapp innerhalb und knapp ausserhalb des Strafraums. Vgl. http://sport.orf.at/wm2010/100620-457/index.html: All Whites schaffen Überraschung, Falkner, P., 20. Juni 2010.

22 Lippi. M., In: http://sport.orf.at/wm2010/100621-481/index.html: Kritik aus der Heimat, 21. Juni 2010.

23 Die italienische Zeitung „La Repubblica", In: http://sport.orf.at/wm2010/100621-481/index.html: Kritik aus der Heimat, 21. Juni 2010.

24 Vgl. http://sport.orf.at/wm2010/100621-481/index.html: Kritik aus der Heimat, 21. Juni 2010.

25 Vgl. http://sport.orf.at/wm2010/100624-583/index.html: Das Undenkbare ist wahr geworden, Wagner, Ch., 24. Juni 2010.

26 Vgl. das Fussballteam Real Madrid (Punkt 3.2.; Kapitel 5), das NBA-Basketballteam Los Angeles Lakers (Punkt 5.5.), das englische Fussballteam (Punkt 11.2.).

27 Vgl. http://sport.orf.at/wm2010/100625-599/index.html: Enttäuschung auf allen Linien, 25. Juni 2010.

Abbildung 1 stellt die Komplexität solcher Krisensituationen dar (und den Bedarf nach strategisch-situativer Führung, um das Team wieder zu einer Erfolgsmannschaft zu machen). Krisen können u.a. entstehen durch Motivationsdefizite und Orientierungslosigkeit, zu wenig strukturierte Entfaltungsmöglichkeiten für Spieler, „Versumpfen" im Schatten dominanter Spielerpersönlichkeiten (die sich zwar gekonnt selbst darstellen[28], aber die Mitspieler auf dem Feld „verhungern" lassen), mangelnde Informations- und Beziehungstransparenz zwischen Trainer und Spielern,[29] eine diffuse oder schwache Mannschaftskultur[30], ja sogar Burnout-Syndrome[31].

Abb. 1: Der Weg zur Erfolgsmannschaft I – Die Krise als Ausgangspunkt

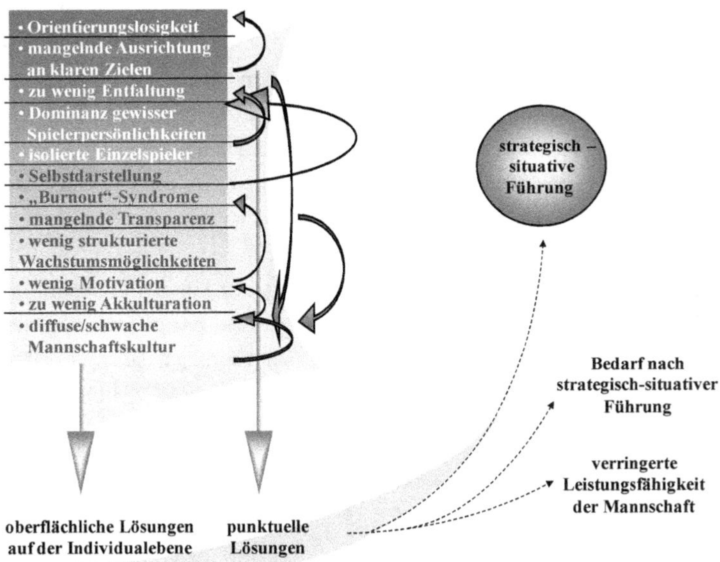

Quelle: Eigenerstellung

---

[28] Vgl. Riley, P., The Winner Within, 1993, S. 31.

[29] Zum Zwecke der besseren Lesbarkeit greife ich in diesem Buch überwiegend auf die männliche Form von Trainer und Spieler zurück ohne damit diskriminieren zu wollen.

[30] Die Mannschaftskultur bezeichnet das gemeinsame Verständnis der Spieler zu Verhaltensweisen im Team. Vgl. Bowen, D.E.; Ostroff, C., Understanding HRM-Firm Performance linkages, Academy of Management Review, 2004, S. 203-221. – Vgl. 7.4.

[31] Vgl. http://www.die-kirsche.com/front_content.php?idcat=42&idart=133: Burnout-Syndrom im Profi-Fussball, Weber, N., 17. Dezember 2004.

Diese Probleme werden sich zwar nicht über Nacht, aber doch eher unbemerkt angehäuft haben, und sind in ihren Ursachen oft schwer einsehbar. Sie können je nach dem Schwere eines Problems und dem Grad der Verzahnung der Krisenfaktoren einem Trainer über den Kopf wachsen. Die solcherart verringerte Leistungsfähigkeit des Teams ist eine Sackgassensituation. Punktuelle Lösungsansätze sind m.E.[32] dann nicht nur mangelhaft, sondern können Krisen noch verschärfen. Oft bleibt ja nur Zeit für oberflächliche, kosmetische Lösungen auf der Individualebene (Spieler auf die Bank „verbannen", neue Spieler einsetzen), die das eigentliche Problem aber nicht an der Wurzel packen: das Fehlen eines (operativen) Führungskonzeptes[33], das wie in Abbildung 2 mit einem ganzheitlichen (d.h. auf der Gruppen-[34] und Individualebene) und strategisch-situativen Führungsansatz (d.h. auf Basis von Situationsanalysen, Vision und Führungsprioritäten bzw. Zielen und Strategien) die Krise meistert, und den Grundstein zur Wende legt auf dem (bisweilen langen) Weg zur Erfolgsmannschaft.[35]

Abb. 2: Der Weg zur Erfolgsmannschaft II – Ganzheitlicher Führungsansatz

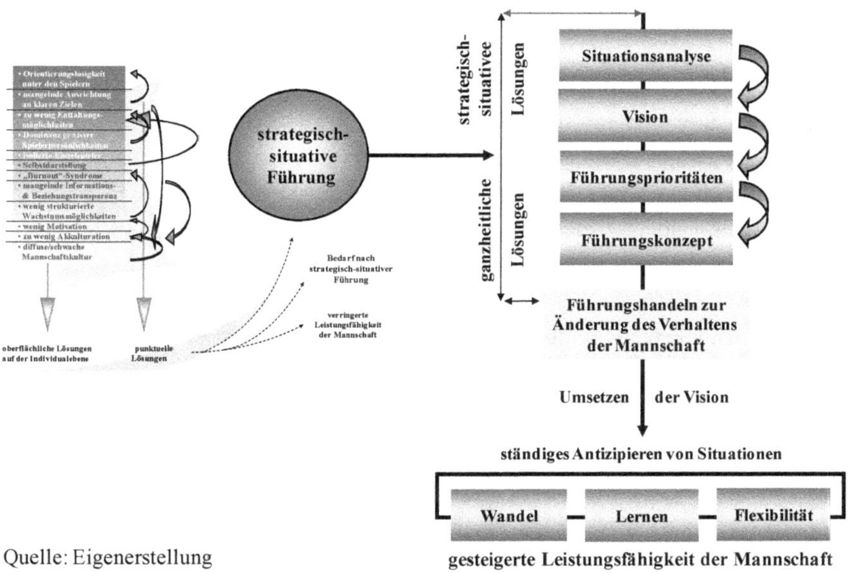

Quelle: Eigenerstellung

---

32 Mit „m.E." („meines Erachtens") kennzeichne ich explizit jene Aussagen, die von mir stammen.

33 Vgl. 5.3. und 5.5.

34 Taktische Ebene (Kapitel 6), Mannschaftsebene (Kapitel 7), Mannschaftsteilebenebene (Kapitel 8).

35 Vgl. 12.4. - Vgl. Abbildungen 19, 87, 88, 102, 105 und 106.

Dazu gehört, dass man Situationen antizipiert, wobei Aspekte wie **Wandel** und **Lernen** eine zentrale Rolle spielen[36]. Das erfordert von Trainer und Spielern viel **Flexibilität**. Ein Hauptaugenmerk lege ich daher auf die **Anwendbarkeit des Führungsmodells in der Praxis**, was an folgenden Kriterien gemessen werden kann:[37]

- am empirischen Gehalt der Theorie (Verwendung vieler Praxisbeispiele)
- an der Tauglichkeit für die Praxis; dazu werden in einer **„Zeitreise" durch fünf Jahrzehnte des Mannschaftssports** weit über 100 Führungssituationen von Trainern aus der ganzen Welt aufgearbeitet - sowohl für **Teams auf dem „regulären" Entwicklungspfad**[38] (z.B. das US-Basketball „Dream Team" 1992; die Fußballnationalteams von Argentinien, Deutschland und Spanien bei der Fußball-WM 2010 in Südafrika; das österreichische Fußballnationalteam 2006 bis 2011; der Fußballclub FC Barcelona 2010/11; mehrere deutsche und österreichische Amateurvereine), als auch für **Teams in der Krise** (z.B. das NBA-Team Los Angeles Lakers phasenweise in den 1980ern; der Fußballclub Real Madrid 2004 bis 2007; Italien und Frankreich bei der Fußball-WM 2010 in Südafrika)

Die Frage, ob ein Trainer für die Teamentwicklung das Richtige tut (**Effektivität**), ist fest verbunden mit der Frage, ob er das auch richtig macht (**Effizienz**):[39]

- Führungshandeln im Einklang mit einer Vision für Teamentwicklung und entsprechenden Führungsprioritäten steht für **Effektivität aus Sicht des Trainers**
- das strategisch-situative Bündeln von Führungsanstrengungen zur Steigerung der Leistungsfähigkeit des Teams steht für **Effizienz aus Sicht des Trainers**
- Die Berücksichtigung von **Effektivität aus Sicht der Spieler** unterstreicht, dass es auch um die subjektiven Interessen und die Entfaltung der Spieler geht[40]

Letztendlich wird sich das eine nicht ohne das andere verwirklichen lassen.

Das **Erlernen strategisch-situativen Denkens und Handelns** stellt für Trainer einen langwierigen, aber lohnenden Entwicklungsprozess dar. Das verlangt, sich mit relevanten Begriffen, Theorien und Ansätzen der gängigen Führungslehre vertraut zu machen. Im Folgenden werde ich vertieft auf diese Aspekte eingehen.

---

36 Vgl. Boal, K.B.; Hooijberg, R., Strategic leadership research, Leadership Quarterly, Winter 2000, S. 515-549.

37 Vgl. Erdmann, R., Die Bedeutung empirischer Studien mit kleinen Stichproben für die Theoriebildung im sozialwissenschaftlichen Bereich, Sportwissenschaft, No. 3, 1988, S. 270-283.

38 Vgl. 5.1. – Vgl. Abbildung 19.

39 Vgl. Kapitel 5 (strategisch-situative Führung), Kapitel 10 (Effektivität), Kapitel 11 (Effizienz).

40 Vgl. Clark, T.R., Engaging the disengaged, HR Magazine (http://findarticles.com/p/articles/mi_m3495/is_4_53/ai_n25358114/pg_2?tag=art Body;col1), April 2008.

2. Etablierte Führungstheorien als „intellektuelle" Basis für die Entwicklung der strategisch-situativen Führungslehre

„Führungskräfte gehen voran und stoßen nicht von hinten"[41]

„Führungskraft sein ist wie eine Dame sein: Wenn man es den Leuten erst sagen muss, dann ist man es nicht."[42]

Pat Riley war ein erfahrener Profi-Basketballspieler auf NBA-Niveau. Dort trainierte er unter den besten Trainern seiner Zeit Schulter an Schulter mit vielen der besten Spieler der Welt. Er blieb auch nach Beendigung seiner aktiven Laufbahn als Basketballspieler diesem Sport treu. Nach einiger Zeit wollte man von ihm, dass er den vakanten Job des Cheftrainers der Los Angeles Lakers übernehmen sollte. Er nahm das Angebot an und einen Tag später machte er sich auf den Weg in die PR-Abteilung der Lakers, um einige Formalitäten zu erledigen. Auf dem Weg dorthin bemerkte er, dass ihm die gesamte Mannschaft folgte. Etwas irritiert meinte der neue Trainer zu „seinen" Spielern, diese mögen nur ruhig in die Kabine gehen. Jedoch, die Spieler machten keine Anstalten die Richtung zu ändern, und trotteten weiter hinter ihm her. Pat Riley war auf einmal verunsichert, und er wusste nicht so recht, wie er sich in dieser Situation verhalten sollte. Endlich machte ein Spieler den Mund auf: „Du bist unser Anführer. Wir folgen Dir einfach." Jetzt erst merkte Riley, dass er nicht nur einen neuen Job angenommen hatte, sondern v.a. eine neue Rolle.[43] Er war Coach[44] eines NBA-Basketballteams in den 1980er Jahren, und seine Spieler wollten ihm zu verstehen geben, dass sie sich von ihm Anleitung und Führung bei ihrem täglichen Tun erwarteten. Für den neuen Coach bedeutete dies, dass er mehr als nur Trainingskonzepte entwickeln musste – es galt, diese bei der Umsetzung auch mit „Leben" zu füllen. Er musste seinen Spielern fortan also das geben, was sie sich vom ersten Moment an von ihm erwarteten: Führung. Für uns beginnt an dieser Stelle eine „Zeitreise" mit Coach Pat Riley und vielen anderen Trainern, die uns durch fünf Jahrzehnte des Führungsalltags im Teamsport bringen wird. Was aber ist Führung im Kontext hoch interdependenter Sportmannschaften?

---

41 Hesselbein, F., In: Reimann, B.C., The new strategic leadership, Planning Review, September/ October 1994, S. 6-8.

42 Margaret Thatcher, In: Maxwell, J.C., Leadership, 2002, S. 59.

43 Vgl. Riley, P., The Winner Within, 1993, S. 22.

44 Die Begriffe „Coach" und „Trainer" werden von mir synonym verwendet.

Genauso wenig wie ein Versuch erfolgreich sein kann, den Begriff Führung mit einer Definition zu klären, lässt sich Führung ausschließlich als Tätigkeit abtun. Im Gegenteil, für ein besseres Verständnis empfiehlt es sich, Führung von verschiedenen Blickwinkeln aus zu betrachten. So werde ich in diesem Kapitel relevante Aspekte verschiedenster Führungsmodelle und Führungstheorien sammeln und in ihrer Relevanz für das noch zu entwickelnde strategisch-situative Führungsmodell[45] darstellen. Es geht also um die historische **inhaltliche Entwicklung der strategisch-situativen Führungslehre**.

Abbildung 3 zeigt den Entwicklungsweg für strategisch-situatives Denken[46] und Handeln[47]. Auf diesem Weg begleite ich den Leser, indem ich in jedem Kapitel[48] auf einzelne Schwerpunkte hinweise. Die historisch/inhaltliche Entwicklung der strategisch-situativen Führungslehre wird dabei als der erste Schritt ausgewiesen.

Abb. 3: Entwicklung einer strategisch-situativen Denk- & Handlungsweise I

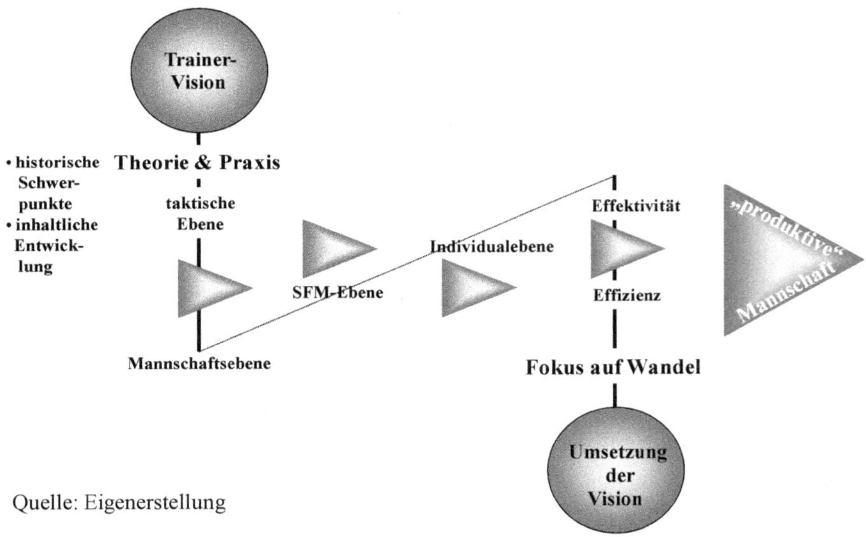

Quelle: Eigenerstellung

45 Vgl. Kapitel 5. – Vgl. Abbildung 17.
46 Vgl. Kapitel 5.
47 Vgl. Kapitel 6-11.
48 Vgl. Abbildungen 6, 9, 16, 43, 49, 61, 68, 74, 85 und 98.

2.1. Klassische Führungsmodelle

Das Verhalten von Führungskräften wird seit den 1950er Jahren erforscht.[49] 1974 notierte der US-Autor Stogdill über 3.000 publizierte Artikel zum Thema „**Leadership**“ (Führungshandeln).[50] 1990 zählten Stogdill & Bass bereits 7.500 Verweise auf „Leadership“.[51] Und Bell, Cheng und Hsu verwiesen 2002 auf eine steigende Anzahl an Dissertationen zu „Führung in Sportorganisationen“.[52] Der Umfang an Spezialliteratur ist seitdem noch beträchtlich angewachsen. Es gibt wohl kaum einen Führungsaspekt, der nicht wenigstens ansatzweise in einer bestimmten Ausprägung (z.B. Charaktereigenschaften von Führungspersönlichkeiten) oder in einem bestimmten Zusammenhang (z.B. der Einfluss von Führungshandeln auf Leistung) untersucht worden wäre. Dabei fällt auf, dass bislang noch kein **ganzheitliches Modell zur Führung von Sportteams** aus strategisch-situativer Sicht entwickelt wurde. Die bekannten Führungsmodelle fokussieren zwar auf einige, aber eben nicht alle wesentlichen Aspekte eines strategisch-situativen Führungsmodells (d.h. Situationsanalyse, Vision, Führungsprioritäten, das „Ordnen“ situativer Faktoren, strategisch-situatives Führungshandeln).[53] Beispiele für Führungsmodelle, die ich in dieser Arbeit berücksichtige, sind:

- der Führungsprozess von Conger, der auf einer Situationsanalyse, einem Führungs konzept, und der Umsetzung dieses Führungskonzeptes aufbaut[54]
- das Modell für strategische Unternehmensführung von Hinterhuber, das eine Vision als Basis für die Formulierung von Zielen und Strategien sieht[55]
- der Ansatz von Bolman und Deal, der u.a. nach strukturellen, personellen und symbolischen Maßnahmen bei der Umsetzung einer Vision differenziert[56]

---

49 Vgl. Yukl, G., Leadership in organizations, 2002, In: http://ncsl.org.uk/de/media-f7b-97-randd-leaders-business-yukl-2.pdf: What Leaders read 1, National College for School Leadership, 2003.

50 Vgl. Murray, M.C., Leadership Effectiveness; In: Applied Sport Psychology, 1986, S. 93.

51 Vgl. Bass, B.M.; Stogdill, R.M., Bass and Stogdill`s handbook of leadership, 3rd ed., 1990, o.S. – Vgl. Weese, W. J., A leadership discussion with Dr. Bernard Bass, Journal of Sport Management, No. 3, 1994, 176-189.

52 Vgl. Bell, R.C.; et al.; Transformational Leadership and Organizational Effectiveness in Recreational Sports/Fitness Programs, The Sport Journal (http://www.thesportjournal.org/article/transformational-leadership-and-organizational-effectiveness-recreational-sportsfitness-prog), 2002.

53 Vgl. Westerbeek, H.; Smith, A., Business Leadership and the Lessons from Sport, 2005, S. 8. - Vgl. Kapitel 5.

54 Vgl. Conger, J.A.; Kanungo, R.; et al., Measuring charisma, Canadian Journal of Administrative Sciences, September 1997, S. 290-302. - Vgl. Kapitel 5.

55 Vgl. Hinterhuber, H.H., Strategische Unternehmensführung, 1989. – Vgl. Kapitel 5.

56 Vgl. Bolman, L.G.; Deal, T.E., Reframing Organization, 1991, S. 43 ff. - Vgl. 5.4. und 5.5.

Es gibt darüber hinaus zahlreiche Studien zu **strategischem Management:**[57]

- Nach Hambrick 1981 wird auf hierarchisch hohen Ebenen strategisch gedacht
- Miller et al. kamen 1982 zu dem Ergebnis, dass es direkte Beziehungen zwischen der Art einer Unternehmensstrategie und dem Führungshandeln gibt
- Steiner hat 1983 die steigende Einbeziehung von Führungskräften in den strategischen Entscheidungsprozess aufgedeckt
- Norburn zeigte 1989 auf, dass sich Vorstandsvorsitzende durch unterschiedliche Charaktereigenschaften von den übrigen Vorstandsmitgliedern abheben

Während bei Studien zur Mitarbeiterführung der 1980er Jahre ein gewisser Fokus auf Persönlichkeitsmerkmale und die Rolle und Art des Führungshandelns von Führungskräften gelegt wurde, prägte sich in den 1990er und 2000er Jahren ein deutlicher Forschungstrend in Richtung ganzheitlich-strategische Mitarbeiterführung[58] aus. Dabei versuchte man auf den strategisch relevanten Kontext von Führungshandeln einzugehen und die Auswirkungen von **strategischem Führungshandeln** nachzuzeichnen, z.B.:

- die Bedeutung von Charaktereigenschaften, Erfahrungen und Werten bei der Interpretation strategisch-relevanter Situationen („Upper Echelons Theory")[59]
- transaktionales/transformatorisches Führungshandeln, Verhaltenskomplexität[60]
- **visionäres Führungshandeln** und strategisches Führungshandeln[61]
- strategisches Führungshandeln im organisatorischen und **situativen Kontext**[62]
- die Entwicklung unterschiedlicher Führungsstrategien von Top-Managern[63]

---

57 Vgl. Harrison, E.F.; Pelletier, M.A., CEO perceptions of strategic leadership, Journal of Managerial Issues, Fall 1997, S. 299-317.

58 Vgl. Wilson, I.H., The 5 compasses of strategic leadership, Strategy & Leadership, July/August 1996, S. 26-31.

59 Vgl. Hambrick, D.C., Upper Echelons Theory, Academy of Management Review, No. 2, 2007, S. 334-343.

60 Vgl. Dvir, T.; et al., Impact of Transformational Leadership on Follower Development and Performance, Academy of Management Journal, No. 4, 2002, S. 735-744. - Vgl. Boal, K.B.; Hooijberg, R., Strategic leadership research, Leadership Quarterly, Winter 2000, S. 515-549.

61 Vgl. Rowe, W.G., Creating wealth in organizations, The Academy of Management Executive, February 2001, S. 81-94. - Vgl. Kapitel 5.

62 Vgl. Jarzabowski, P., Shaping strategy as a structuration process, The Academy of Manage-ment Journal, (http://journals.aomonline.org/inpress/main.asp?action=preview&artid=350& pid=18pshort =AMJ), August 2008. - Vgl. Hinterhuber, H.H.; Krauthammer, E., Leadership – mehr als Management, 2005, S. 68 & 129f. - Vgl. Wendt. M., Systeme und Strukturen des Human-Capital-Managements, In: Dürndofer, M.; Friederichs, P. (alle: Hrsg.), Human Capital Management Leadership, 2004, S. 76-92. - Vgl. Storey, J., Human Resource Management, 2001, S. 57f. - Vgl. Ridder, H.-G.; Conrad, P., Strategisches Personalmanagement, 2001, S. 25f. - Vgl. Bamberger, P.; Mesholam, I., Human Resource Strategy, 2000, S. 14f., 166f. - Vgl. Harrison, E.F.; Pelletier, M.A., CEO perceptions of strategic leadership, Journal of Managerial Issues, Fall 1997, S. 299-317.

Darüber hinaus versuchte man zunehmend, strategisches Führungshandeln anhand bestimmter **Aufgabenstellungen** zu charakterisieren, z.B.:

- visionäres Denken[64], Umsetzung der Vision[65]: **Strategien, „Empowerment"**[66]
- Management **situativer Faktoren**[67], Management des **Wandels/Lernens**[68]
- Management von **Kernkompetenzen**/Stärken[69], Fördern von **Innovations- und Qualitätsorientierung**[70], **Verhaltenskomplexität** und soziale Intelligenz[71]
- Führen mit und in Netzwerken[72], Führen von **SFM**[73] durch „Empowerment"[74]
- **werteorientiertes** Führen[75], Führen durch Inspirieren[76] der Mitarbeiter[77]

---

63 Vgl. Müller, H.: Führung: Bedingt tauglich, http://www.manager-magazin.de/magazin/artikel/0,2828,346801,00.html, 18. Mai 2005 (manager, 2005, S. 134-139).

64 Vgl. Hinterhuber, H.H.; Krauthammer, E., Leadership – mehr als Management, 2005, S. 44-47. - Vgl. Rowe, W.G., Creating wealth in organizations, The Academy of Management Executive, February 2001, S. 81-94. - Vgl. Boal, K.B.; Hooijberg, R., Strategic leadership research, Leadership Quarterly, Winter 2000, S. 515-549. - Vgl. Ireland, R.D.; Hitt, M.A., Achieving and maintaining strategic competitiveness in the 21st century, The Academy of Management Executive, February 1999, S. 43-57. - Vgl. Harrison, E.F.; Pelletier, M.A., CEO perceptions of strategic leadership, Journal of Managerial Issues, Fall 1997, S. 299-317. - Vgl. Cocheu, T., Strategic Leadership, Executive Excellence, June 1993, S. 18-19. - Vgl. Hewson, R., New dimensions in strategic leadership, Strategy & Leadership, September/October 1997, S. 42-47. - Vgl. Du Pont, P., The lessons of policy failures, Chief Executive, September 1999, o.S. - Vgl. 5.1.

65 Vgl. Kotter, J.P., On What Leaders Really Do, 1999. – Vgl. Westerbeek, H.; Smith, A., Business Leadership and the Lessons from Sport, 2005, S. 34. – Vgl. 5.2. (Strategien)

66 Vgl. Chelladurai, P., Human Resource Management in Sport and Recreation, 2006, S. 305. – Vgl. 4.5.

67 Vgl. Mahoney, A.I., Recalibrating for the customer, Association Management, August 1999, o.S. - Vgl. Hewson, R., New dimensions in strategic leadership, Strategy & Leadership, September/October 1997, S. 42-47. - Vgl. Ireland, R.D.; Hitt, M.A., Achieving and maintaining strategic competitiveness in the 21st century, The Academy of Management Executive, February 1999, S. 43-57. - Vgl. 5.3. und 5.5.

68 Vgl. Boal, K.B.; Hooijberg, R., Strategic leadership research, Leadership Quarterly, Winter 2000, S. 515-549.

69 Vgl. Hinterhuber, H.H., Krauthammer, E., Leadership–mehr als Management, 2005, S. 53-60. - Vgl. Hewson, R., New dimensions in strategic leadership, Strategy & Leadership, September/October 1997, S. 42-47. - Vgl. Ireland, R.D.; Hitt, M.A., Achieving and maintaining strategic competitiveness in the 21st century, The Academy of Management Executive, February 1999, S. 43-57.

70 Vgl. Hewson, R., New dimensions in strategic leadership, Strategy & Leadership, September/October 1997, S. 42-47. - Vgl. Cocheu, T., Strategic Leadership, Executive Excellence, June 1993, S. 18-19.

71 Vgl. Boal, K.B.; Hooijberg, R., Strategic leadership research, Leadership Quarterly, Winter 2000, S. 515-549.

72 Vgl. Hinterhuber, H.H., Krauthammer, E., Leadership–mehr als Management, 2005, S. 117-119. – Vgl. Hiebert, M.; Klatt, B., The Encyclopedia of Leadership, 2001, S. 294. - Vgl. Mahoney, A.I., Recalibrating for the customer, Association Management, August 1999, o.S. - Vgl. 7.5. und 9.2.

73 SFM – **s**elbstgeführte, **f**unktionenübergreifende **M**annschaftsteile. - Vgl. Kapitel 8. – Vgl. Abbildung 62. - Vgl. Ridder, H.-G.; Conrad, P., Strategisches Personalmanagement, 2001, S. 95. - Vgl. Ireland, R.D.; Hitt, M.A., Achieving and maintaining strategic competitiveness in the 21st century, The Academy of Management Executive, February 1999, S. 43-57.

74 Vgl. Dvir, T.; et al., Impact of Transformational Leadership on Follower Development and Performance, Academy of Management Journal, No. 4, 2002, S. 735-744. - Vgl. Bennis, W., Leading Teams, In: Executive Excellence, March 1998, S. 6-7. - Vgl. 5.4.

Im Folgenden möchte ich die Beiträge einiger ausgewählter **Führungstheorien** als intellektuelle Basis zur Entwicklung der strategisch-situativen Führungslehre analysieren und auf die Sinnhaftigkeit mehrerer Ansätze[78] hinweisen.

2.2. Wertbasierte Führungstheorien

Die „**Theorie X**" von McGregor vertritt Anfang der 1970er Jahre die Ansicht, dass Mitarbeiter verantwortungsscheu und ohne Initiative sind. Trainer, die sich an dieser Theorie orientieren, würden demzufolge klare Ziele setzen, das Spiel in kleinste, leicht kontrollierbare Aufgaben zerlegen, und die Spieler „antreiben". Die ebenfalls von McGregor 1960 (also früher als „Theorie X") entwickelte „**Theorie Y**" glaubte noch an das Gute im Menschen und daran, dass dieser verantwortungsvoll, initiativ und entwicklungsmotiviert sei. Trainer mit einer solchen Ausrichtung würden die Aufgaben ihrer Spieler so organisieren, dass deren Fähigkeiten eingesetzt und weiterentwickelt werden und sie selbständig und verantwortungsvoll arbeiten können.[79]
Was ich (mit Neuberger) bei beiden Theorien zu bedenken gebe, ist, dass nicht nur Führungssituationen komplex[80], mehrdeutig und instabil sein können, sondern auch die **Ziele** und **Zwecke**, die es zu erreichen gilt.[81] Sowohl bei „Theorie X" als auch bei „Theorie Y" lässt sich aufgrund des Fehlens einer Vision **kein nach Prioritäten geordnetes, klares Zielsystem**[82] ableiten. Für „Theorie X" bedeutet das, dass sich Ziele auf die Erfüllung der quantitativen Komponente von Arbeit, die überdies für standardisierbar und kontrollierbar gehalten wird, beziehen - schon aus diesem Grund eignet sich dieser Ansatz m.E. nicht für das Führen einer hoch interdependenten Sportmannschaft. „Theorie Y" versteht sich zwar als ideologischer Kontrapunkt zu „Theorie X" und definiert das Leistungspotential von Mitarbeitern über qualitative

---

75 Vgl. Hinterhuber, H.H.; Krauthammer, E., Leadership – mehr als Management, 2005, S. 99-108. - Vgl. Du Pont, P., The lessons of policy failures, Chief Executive, September 1999, o.S. - Vgl. Ireland, R.D.; Hitt, M.A., Achieving and maintaining strategic competitiveness in the 21st century, The Academy of Management Executive, February 1999, S. 43-57.

76 Vgl. Reimann, B.C., The new strategic leadership, Planning Review, September/October 1994, S. 6-8.

77 Vgl. Ireland, R.D.; Hitt, M.A., Achieving and maintaining strategic competitiveness in the 21st century, The Academy of Management Executive, February 1999, S. 43-57.

78 Vgl. Hart, S.L.; Quinn, R.E., Roles executives play, Human Relations, May 1993, S. 543-574.

79 Vgl. McGregor, D., Der Mensch im Unternehmen, 1970, o.S.

80 Vgl. Davis, D.J., Analysis of Perceived Leadership Styles & Levels of Satisfaction of Selected Junior College Athletic Directors and Head Coaches, The Sport Journal (http://www.thesportjournal.org/article/analysis-perceived-leadership-styles-levels-satisfaction-selected-junior-college-athletic-di), 2002.

81 Vgl. Neuberger, O., Führung: Ideologie - Struktur - Verhalten, 2. Auflage, 1985, S. 27.

82 Vgl. 5.2.

Komponenten, sie lässt für mich aber zu wenig strategische Grundausrichtung erkennen: so wird für jeden Mitarbeiter ein Entwicklungsziel in Richtung Selbständigkeit festgelegt, was eine Parallele zum modernen Begriff „**Empowerment**" darstellt, die Gruppenebene (z.B. taktische Ebene, Mannschaftsebene, Mannschaftsteil- bzw. SFM[83]-Ebene)[84] wird aber noch völlig vernachlässigt. Es liegt, wie gesagt, auch kein Ansatz für die Ausrichtung an einer Vision vor, die allen Beteiligten eine gemeinsame Ausrichtung gibt. Mit der Selbstverwirklichung von Individualisten allein ist es m.E. in einer Sportmannschaft jedenfalls noch nicht getan.

Die im Vergleich dazu etwas jüngere, 1981 als Reaktion auf die Theorien „X" und „Y" entstandene „**Theorie Z**" von Ouchi versucht der Vielfalt an Führungssituationen auszuweichen und konzentriert sich stattdessen auf den Aufbau gegenseitigen Vertrauens als Grundlage des Führungshandelns, sowie auf die persönlichen Ziele der Mitarbeiter und deren Bedürfnisbefriedigung, welche als Mittel zum Zweck der Förderung von Loyalität und Motivation angesehen werden: in der richtigen Einschätzung der Bedeutung von **Partizipation** und „**Empowerment**" als neue Formen von Führungshandeln liegt der große Erfolg dieser Theorie v.a. in den USA begründet.[85] Aus demselben Grund denke ich, dass sie auch für Trainer von Sportteams interessant ist. Die größte Schwäche liegt aber in ihrer **Situationsindifferenz**, d.h. es werden weder unterschiedliche Führungserfordernisse auf der Gruppen- oder Individualebene noch übergeordnete Zielsetzungen im Rahmen eines ganzheitlichen (operativen) Führungskonzeptes[86] berücksichtigt - außer jener des gegenseitigen Vertrauens.

Aus meiner Sicht ist das moderne Anschauungsbild über Mitarbeiter/Spieler weniger von einer negativen Ausprägung wie bei „Theorie X" als von einer mitarbeiterorientierten Haltung wie bei „Theorie Y" und „Theorie Z" geprägt. Den Theorien „X" und „Y" ist gemein, dass sie komplexe Führungssituationen ebenso ignorieren wie strategisches Denken. Letzteres gilt auch für „Theorie Z". „Theorie Y" und „Theorie Z" vernachlässigen desweiteren die Mannschaftsebene (und die Mannschaftsteilebene) als Führungsherausforderung. Wie sehr eine solche Sichtweise die Entwicklungsmöglichkeiten eines Teams einengen kann, spiegelt ein Praxisbeispiel (in Punkt 7.3.) des wohl bekanntesten Spielers von Lakers-Coach Pat Riley, nämlich Earvin „Magic" Johnson in seinen jungen Jahren in der Michigan Youth League, wieder.

---

83 SFM – **s**elbstgeführte, **f**unktionenübergreifende **M**annschaftsteile. - Vgl. Abbildung 62.

84 Vgl. Kapitel 6, Kapitel 7 und Kapitel 8.

85 Vgl. Drumm, H.J., Personalwirtschaftslehre, 1989, S. 278.

86 Vgl. 5.3.

2.3. Führungstheorie des Entweder/Oder

Schon 1978 meinte Seidel[87], dass man zwischen unmittelbaren (Aufgabenorientierung) und mittelbaren (Spielerorientierung) **Aufgabenstellungen** unterscheiden sollte: letztere können nämlich auch nur darauf abzielen, die Leistungspotentiale der Spieler bezüglich der Aufgabenerfüllung weiter zu entwickeln.[88] Damit rückte Seidel den **Erfolgsaspekt** von Führungshandeln zwar weiter in den Mittelpunkt der Überlegungen, er klärte m.E. jedoch nicht wirklich die Frage nach der **Effektivität von Führungshandeln**[89] eines Trainers. Das heißt, Aufgabenerfüllung als solche ist zwar wichtig, sagt aber noch nichts darüber aus, ob eben auch die richtige Sache verfolgt wird. Optimale Antworten können wohl nur im Rahmen eines strategisch-situativen Führungsmodells gefunden werden, wo man sich die Frage stellt, welches Führungshandeln aus strategischer Sicht effektiv ist. Im strategischen Kontext geht es ja um **Führungshandeln auf Basis von Vision und Prioritäten**[90] und weniger um das Lösen von Einzelaufgaben. Seidel hat die Türe zu **strategisch-situativer Führung** m.E. aber insofern aufgestoßen als er andeutete, dass es Aufgaben gibt, die z.T. von einer „Unternehmensverfassung" herrühren. Er differenzierte also zwischen „höherwertigen" Aufgabenstellungen und operativer Aufgabenerfüllung, wobei operative Aufgaben der Umsetzung höherwertiger Aufgaben dienen (über- und untergeordnete Aufgabenstellungen)[91]. Als einer der ersten verwies Seidel außerdem auf den Aspekt „Statusdifferenzen"[92]. Das ist ein Hinweis darauf, dass man in bestimmten Situationen den Chef „hervorkehren" muss – wie auch Coach Pat Riley bei seiner in der Einleitung zu diesem Kapitel beschriebenen ersten Begegnung mit den Los Angeles Lakers positiv bemerkte. Was bei Seidel aber immer noch fehlt, ist der Bezug zu Herausforderungen an das Führungshandeln auf der Gruppenebene.

Abbildung 4 zeigt nun, was die Beiträge und Mängel der drei wertbasierten Führungstheorien (X, Y und Z) sowie der Theorie des Entweder/Oder zur Entwicklung der strategisch-situativen Führungslehre sind. Bei allen Theorien zeigt sich so z.B. dass eine Ausrichtung auf eine Vision und/oder auf die Gruppenebene[93] fehlt.

---

[87] Vgl. Seidel, E., Betriebliche Führungsformen, 1978, o.S.

[88] Vgl. Neuberger, O., Führung: Ideologie - Struktur - Verhalten, 2. Auflage, 1985, S. 112f.

[89] Vgl. Kapitel 10.

[90] Vgl. 5.1.

[91] Vgl. 3.2. - Vgl. Abbildung 8 (über- und untergeordnete Fragen strategisch-situativer Führung)

[92] Seidel, E., Betriebliche Führungsformen, 1978, S. 165.

[93] Die Mannschaftsteilebene als Teil der Gruppenebene wird durch das 4-farbige Symbol vor dem Hintergrund eines Fussballfeldes visualisiert. - Vgl. Abbildung 62. – Vgl. Kapitel 8.

Abb. 4: Wertbasierte Führungstheorien & Theorie des Entweder-Oder

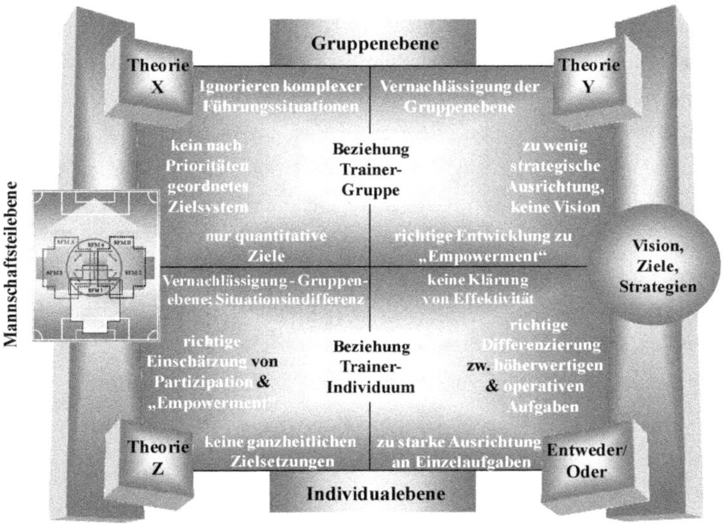

Quelle: Eigenerstellung

2.4. Erfolgsorientierte Führungstheorien

Mitte der 1980er Jahre argumentierte Neuberger, es sei wichtig sich stärker auf die Erfolgskriterien von Führungstätigkeit bzw. auf deren Zusammenhänge untereinander zu konzentrieren. Dies könne helfen, eine bessere Erklärung dafür zu finden, warum Führungshandlungen oft zu unerwarteten Konsequenzen führen.[94] In die gleiche Kerbe schlug zuvor schon Fiedler im Jahre 1967 mit seiner „**Kontingenztheorie**“ (Situationstheorie), die auf Effektivitätsmessungen ausgerichtet war und das **Lösen von Gruppenaufgaben** in **verschiedenen Situationen** ins Auge fasste.[95] Während diese Theorie methodisch sehr angezweifelt wurde, so sensibilisierte sie doch die Fachwelt für den „Einfluss der Führungssituation auf den **Führungserfolg**“[96]. Ich möchte noch einen Schritt weiter gehen und betrachte sie als Brückenschlag zur Entwicklung der

---

94 Vgl. Neuberger, O., Führung: Ideologie - Struktur - Verhalten, 2. Auflage, 1985, S. 114.

95 Aufgabenorientierung ist demnach in günstigen Situationen (gute Trainer-Spieler-Beziehungen, klare Aufgabenstrukturierung) erfolgreich, Spielerorientierung bei mittelmäßigen Situationen. Vgl. Drumm, H.J., Personalwirtschaftslehre, 1989, S. 279f. - Vgl. Rosenstiel, L.v.; et al, Führung von Mitarbeitern, 2003, S. 15-17. – Vgl. Stroebe, R.W., Grundlagen der Führung, 2002, S. 89-101.

96 Drumm, H.J., Personalwirtschaftslehre, 1989, S. 279f.

strategisch-situativen Führungslehre. Obwohl keine Ausrichtung des Führungshandelns auf **strategische Aspekte** stattfindet (wie etwa die Überordnung der Gruppenebene über die Individualebene[97]), kann man bei Neuberger und Fiedler doch das Bestreben erkennen, die Auswirkungen von Führung in Bezug auf **situativ differenzierte Erfolgskriterien**[98] zu hinterfragen. Was m.E. fehlt ist eine Antwort auf die Frage, wofür geführt wird - die Formulierung einer Vision also. Erfolgreiche Trainer zeichnen sich ja oft durch bahnbrechende Visionen aus.[99] Wie wir in Punkt 5.2. sehen werden, ist Coach Pat Riley darin ein Meister: er gibt den Los Angeles Lakers im Moment des Erfolges als frischgebackener NBA-Meister 1980 die Ausrichtung auf etwas noch Größeres - eine „Dynastie".

Nun sind bei weitem noch nicht alle nennenswerten Führungstheorien aufgezählt, die weitere **Kriterien von erfolgsorientiertem Führungshandeln** enthalten:[100]

- das „Human Relations"-Modell betont Zusammenhalt, Moral, Partizipation
- das „Open Systems"-Modell fokussiert Flexibilität, Innovation, und externen Fokus
- der „Managerial [Management] Grid", der 1968 von Blake und Mouton entwickelt wurde, zielt auf die Produktions- und Mitarbeiterorientierung ab[101]
- das „Rational Goal"-Modell zielt v.a. auf Planung und das Setzen von Zielen, sowie auf Produktivität und Zielerreichung von Spielern ab
- das „Internal Process"-Modell betont u.a. Effizienz, Stabilität, Kontrolle
- die „Path-Goal"-Theorie verweist auf die Bedeutung des Trainers bei der Darlegung des Weges zum Ziel sowie beim Initiieren zielgerichteter Handlungen[102]

In die Gruppe der „erfolgsorientierten" Führungstheorien passt außerdem noch Reddins **„3-D-Theorie"** aus dem Jahre 1970, wo drei bestimmte Aspekte, nämlich:

- der Führungsstil des Trainers (aufgaben- und personenorientiert mit hoher und niederer Ausprägung: also vier Varianten, vier verschiedene Führungsstile)

---

97 Vgl. 5.3.

98 Vgl. Tabelle 4 in Punkt 11.2.

99 Vgl. Beatty, C.A.; Lee, G.L., Leadership Among Middle Managers, Human Relations, September 1992, S. 957-989.

100 Vgl. Hart, S.L.; Quinn, R.E., Roles executives play, Human Relations, May 1993, S. 543-574.

101 Dabei wurden strukturinitiierendes und rücksichtsvolles Führungshandeln (Vgl. 4.2. und 4.3.) mittels neun Abstufungen charakterisiert („Management-Grid"): optimal wären demnach Maximalwerte bei beiden Formen. Vgl. Northouse, P.G., Leadership, , 2007, S. 72. – Vgl. Stroebe, R.W., Grundlagen der Führung, 2002, S. 87-89. Der Ansatz des „Management Grid" lässt meines Erachtens strategische Aspekte wie visionäres Denken, Führungsprioritäten und situative Aspekte gänzlich außer Acht und differenziert auch nicht zwischen der Gruppenebene und der Individualebene.

102 Vgl. Northouse, P.G., Leadership, 2007, S. 127. - Vgl. House, R.; Mitchell, T., Path-Goal Theory of Leadership, Journal of Contemporary Business, Fall 1974, S. 81-97.

- die Situation (sinngemäß sind dies Aufgabenanforderungen, der Führungsstil des Trainers, die Spieler, sowie formelle und informelle Gruppenregeln)
- der Erfolg (Führungsstile sind nämlich in unterschiedlichen Situationen effektiv)

verknüpft werden - jedoch anders als bei Fiedler: die **Effektivität des Führungsstils** hängt demnach von der Situation ab.[103] Ich denke, das ist sehr gut nachvollziehbar, denn ebenso wenig wie es durchschnittliche Situationen gibt, spricht man auch nicht vom „durchschnittlichen" Führungshandeln eines Trainers. Am Ansatz Reddins ist meiner Meinung nach aber zu kritisieren, dass nur wenige **strategisch-situative Ansatzpunkte** erkennbar sind. Während situatives Führungshandeln bei dieser Theorie zwar im Mittelpunkt steht, werden situative Faktoren nicht nach übergeordneten (strategischen) Gesichtspunkten geordnet. Wenn überhaupt, so lässt sich nur ein **reagierendes Menschenbild** für Trainer ableiten, im Gegensatz zu strategisch-situativ führenden Trainern, die auch **pro-aktiv** Visionen entwickeln. Ein wichtiger Schritt bleibt bei Reddin m.E. aber der (teilweise) Ansatz von situativen Faktoren.
Die „**Weg-Ziel"-Theorie von Neuberger**, die 1976 vorgestellt und 1984 präzisiert wurde, baut auf der „Path-Goal"-Theorie von House auf: Neuberger geht dabei v.a. auf **Motivationsaspekte** ein, wobei bemängelt wird, dass er **a)** zu sehr auf die **Nutzenmaximierungsprämisse** von Mitarbeitern/Spielern fixiert sei, **b)** dabei aber zu wenig auf deren Erwartungen eingehe, und **c)** die Führungssituation eines Trainers unbestimmt lasse.[104] Dem stimme ich insofern zu, als die **Bildung von Erwartungshaltungen** bei Spielern dem Trainer ja Möglichkeiten zur Beeinflussung der subjektiven Führungswirklichkeit[105] dieser Spieler bietet - insofern berücksichtigt Neuberger bestimmte Aspekte des strategisch-situativen Führungsprozesses nicht. Ziele bzw. der Weg zur Erreichung von Zielen werden bei Neuberger eher im Kontext der Motivation von Spielern durch den Trainer gesehen.[106] Der Beitrag zur Entwicklung einer strategisch-situativen Führungslehre ist m.E. aber gegeben, wenn auch knapp. Wie fatal es übrigens sein kann, wenn Spieler negative statt positive Erwartungen entwickeln, zeigen zwei Beispiele von Coach Riley mit den Los Angeles Lakers in Punkt 7.4.
Alle genannten Theorien vertreten spezifische Ansichten darüber, was „**Erfolg**" **im Kontext von Führungshandeln** ist. Im Wesentlichen geht es m.E. um:

---

103 Vgl. Drumm, H.J., Personalwirtschaftslehre, 1989, S. 280f. – Vgl. Stroebe, R.W., Grundlagen der Führung, 2002, S. 89-95.
104 Vgl. Drumm, H.J., Personalwirtschaftslehre, 1989, S. 285.
105 Vgl. 2.6. (Subjektive Führungstheorien).
106 Vgl. Drumm, H.J., Personalwirtschaftslehre, 1989, S. 285.

- allgemeine **Effektivitätskriterien**, z.B. Kontrolle, Motivation, Moral, Stabilität
- Komponenten von **Effizienzkriterien** und von prozessorientiertem Handeln, z.B. Informationsverarbeitung, Partizipation, Innovation
- funktionale Führungskomponenten, z.B. Human Ressource Management, Planung

Zum Teil sind darin wichtige Aspekte für ein strategisch-situatives Führungsmodell enthalten, wie **a)** Situationsanalysen, **b)** das Setzen von Zielen, **c)** das Darlegen des Weges zur Zielerreichung, **d)** das Initiieren zielgerichteter Handlungen. Diese Aspekte werden aber nicht ganzheitlich miteinander verbunden. Nur das „Human Relations"-Modell lässt m.E. eine Ausrichtung auf die **Gruppen-** und **Individualebene** erkennen (Mannschaftszusammenhalt, Partizipation). Beim Vergleich der erfolgsorientierten Führungstheorien mit strategisch-situativen Führungsaspekten fällt mir außerdem auf:

- dass durch die etablierten erfolgsorientierten Modelle zwar gewisse „Vorarbeiten" für den strategisch-situativen Führungsprozess geleistet wurden
- viele Kernfragen strategisch-situativer Führung aber noch nicht berührt wurden: was bislang fehlte ist v.a. ein Fokus auf Vision, Führungsprioritäten (Ziele, Strategien), das „Ordnen" situativer Faktoren nach strategischen Gesichtspunkten und konkretere Kriterien für erfolgsorientierte (effektive und effiziente) Führung.

2.5. Situative Führungstheorien

Die situative Lebenszyklustheorie nach Hersey und Blanchard (1969, 1972) geht insofern einen Schritt über Reddin hinaus, als man hier ein Menschenbild vorfindet, das nach der psychologischen und fachlichen (beides = technische) **Reife eines Spielers** differenziert: Führungshandeln wird dann zum Wechselspiel zwischen der Aufgaben- und Beziehungsorientierung des Trainers einerseits und der technischen Reife des Spielers andererseits.[107] Technische Reife bezeichnet die Fähigkeit und den Willen des Spielers, Verantwortung für das eigene Verhalten zu übernehmen: Kritik erwächst diesem Modell aber durch die eher wahllose Zuordnung von Aspekten in die Definition des Reifegrades von Spielern.[108] Wesentlich ist für mich außerdem, dass die situative Lebenszyklustheorie lediglich auf den Reifegrad eines Spielers als Orientierungspunkt von Führungshandeln fixiert ist, und:

---

107 Vgl. Hersey, P.; Blanchard, K.H., Life Cycle Theory of Leadership, Training and Development Journal, May 1969, S. 26-35. – Vgl. Rieckmann, H., Führungs-Kraft und Management Development, 2000, S. 21. – Vgl. Stroebe, R.W., Grundlagen der Führung, 2002, S. 101-108. - Vgl Pichlkastner, K., et al.; Führungs- und Mannschaftslehre II, 1998, S. 133.

108 Vgl. Drumm, H.J., Personalwirtschaftslehre, 1989, S. 283.

- sich **strategischen Zielsetzungen** und Wechselbeziehungen zwischen situativen Faktoren verschließt und auch die **Gruppenebene** vernachlässigt
- so gut wie gar nicht auf die **subjektive Sicht der Dinge** der Spieler eingeht[109]

Dies wäre m.E. aber sinnvoll für die Bewertung der Führungseffektivität eines Trainers. Der Idee, Spielerreife als situativen Faktor zu betrachten, kann ich im Rahmen eines **strategisch-situativen Führungsmodells** jedoch einiges abgewinnen, da sie zum Operationalisieren eines Führungskonzeptes auf der Individualebene beiträgt.[110] Welche Probleme einem Trainer und seinem Team durch unreife und unprofessionelle Haltungen und Einstellungen von Spielern erwachsen können, beschreibt übrigens ein weiteres Praxisbeispiel von Coach Riley und den Los Angeles Lakers zu Beginn von Punkt 10.4.

2.6. Subjektive Führungstheorien

Wie ich schon bei der Diskussion des Ansatzes von Hersey und Blanchard angemerkt habe, fehlt den situativen Führungstheorien noch der Bezug zur „subjektiven Sicht der Dinge" aus der **Perspektive der Spieler**, d.h. sie sind zu sehr auf die Realität eines Trainers fokussiert. Auch aus diesem Grund entwickelte sich die Führungsforschung in den 1990er Jahren zusehends in Richtung einer Betonung von spielerbezogenen Aspekten weiter. Nach der von Biedermann im Jahre 1989 vorgestellten subjektiven Führungstheorie entsteht Führung erst... „im aufeinander bezogenen Handeln... [und aufgrund der] Bedeutung, die diesem Handeln von... [beiden Seiten] zugeschrieben wird"[111]. **Führungseffektivität** kann sich somit auch in der Art der Wahrnehmung des Trainers durch einen Spieler ausdrücken.[112] Damit wird die subjektive Führungstheorie m.E. zum Bindeglied zwischen den klassischen situativen Führungstheorien und der strategischen Führungslehre. Woran es dem Modell der subjektiven Führung freilich mangelt, ist eine ganzheitliche Denkweise. Außerdem wird die Gruppenebene noch völlig übergangen.

Auch Coach Riley muss in Punkt 10.2. feststellen, wie sich durch einseitiges Interpretieren einer Situation bei seinen Spielern eine negative subjektive Führungswirklichkeit bildet, die zu Cliquenbildung führt und den Teamzusammenhalt gefährdet.

---

109 Vgl. Drumm, H.J., Personalwirtschaftslehre, 1989, S. 286. - Vgl. 10.2.

110 Vgl. 5.3. und 5.5.

111 Biedermann, Ch., Subjektive Führungstheorien, 1989, S.12.

112 Vgl. Schneider, U., Erschaffen von Führungswirklichkeiten, In: Zeitschrift für Politikwissenschaft,1990, S. 243-261.

2.7. Strategische Führungstheorie

Den nächsten Entwicklungsschritt setzte m.E. die strategische Führungstheorie, die ganzheitlich strategisch-situative Aspekte in den Führungsprozess integrierte. Hier sind transaktionales und transformatorisches Führungshandeln zu nennen.[113]

Transaktionale Führung ist schon seit den 70er Jahren Gegenstand der Forschung und zielt auf die Handhabung von Anreiz- und Entlohnungssystemen für Spieler[114], sowie auf Zwang zum Erzielen zweckgerichteter[115] Leistung ab.[116] Sie gilt als **Komponente von strategischem Führungshandeln**,[117] da sie:

- sich nur im Rahmen eines bereits bestehenden Führungssystems entfaltet[118]
- Strategien[119] forciert und die (durch Belohnen)[120] Mannschaftskultur[121] stärkt
- die **Effizienz** eines Trainers steigern kann[122] (z.B. Spielzüge rationalisieren)[123]
- und hilft, situative Zusammenhänge besser zu erklären[124]

Lakers-Coach Pat Riley weiß um die Bedeutung transaktionalen Führungshandelns und führt in Punkt 5.5. ein ausgeklügeltes System von Leistungsstatistiken bei den Lakers ein, um die Spieler an neue Leistungsgrenzen heranzuführen.[125] Manche Forscher wiederum betonen den visionären Charakter[126] **transformatorischer** bzw.

---

113 Vgl. Chelladurai, P.; Kent, A., Perceived Transformational Leadership, Organizational Commitment, Journal of Sport Management, 2001, S. 135-159.

114 Vgl. Rosenstiel, L.v.; et al., Führung von Mitarbeitern, 2003, S. 23. - Vgl.Nerdinger, F.W., Erfolgreich führen, 2000, S.31f.

115 Vgl. Beatty, C.A.; Lee, G.L., Leadership Among Middle Managers, Human Relations, September 1992, S. 957-989.

116 Vgl. Kark, R.; Van Dijk, D., Motivation to lead, motivation to follow: the role of the self-regulatory focus in leadership process, Academy of Management Review, 2007, S. 500-528.

117 Vgl. http://de.wikipedia.org/wiki/Management_by_Objectives

118 Vgl. Waldmann, D.A.; et al, Does leadership matter?, Academy of Management Journal, February 2001, S. 134-143.

119 Vgl. 5.2. (Strategien zur Forcierung einer bestimmten Spielweise)

120 Vgl. Bowen, D.E.; Ostroff, C., Understanding HRM-Firm Performance linkages, Academy of Management Review, 2004, S. 203-221. - Vgl. Chelladurai, P., Human Resource Management in Sport and Recreation, 2006, S. 305.

121 Vgl. 7.4.

122 Vgl. Krüger, W., Führungsstile für erfolgreichen Wandel, In: Leadership – Best Practices und Trends, Bruch, H., Krummaker, St., Vogel, B., (alle: Hrsg.), 2006, Part 3, 107-122.

123 Vgl. Das Beispiel von Coach Chuck Daly beim US-Basketball „Dream Team" 1992 in Punkt 10.6.

124 Vgl. Eggleston, K.K.; Bhagat, R.S., Organizational contexts and contingent leadership roles, Human relations, October 1993, S. 1177-1192.

125 Vgl. 5.1. und 9.1.2.

126 Vgl. House, R.J., A Theory of Charismatic Leadership, In: Pierce, J.L.; Newstrom, J.W., Leaders & The Leadership Process, 2006, S. 383-385. - Vgl. Ridder, H.-G.; Conrad, P., Strategisches Personalmanagement, 2001, S. 87. - Vgl. Pawar, B.S.; Eastman, K.K., The nature and implications of contextual influences on transformational leadership, The Academy of Management Review,

charismatischer Führung,[127] die eine Forschungsrichtung der 1980er, 1990er und frühen 2000er Jahre war. Sie fand Eingang in die **strategische Führungstheorie**[128], die sich ebenfalls seit Anfang der 1980er Jahre etabliert hat.[129] Ein strategisch denkender Trainer[130] forciert demnach die Realisierung einer Vision (wichtig für seine **Effektivität**).[131] Und er motiviert mit einer „starken" Mannschaftskultur die Spieler für die Mannschaftsziele.[132] In Punkt 10.1. wird Pat Riley mit den „New York Nicks" mehrere Beispiele für transformatorisches Führungshandeln liefern, wenn es ihm gelingt, aus einem zaudernden und in sich geteilten Team eine Erfolgsmannschaft zu formen.[133]

Meines Erachtens begünstigen die relativ einfachen (wenige Führungsebenen), flexiblen (hoch interdependenten) **Strukturen** von Sportmannschaften, sowie deren ständig in **Veränderung** befindliches Umfeld (Wettbewerbssituation) eine Ausrichtung der Spieler auf **Innovation** und **Wandel** bzw. auf die strategische Führung ihres Trainers.[134] Strategisch-situative Führung verlangt m.E. darüber hinaus aber auch mit umsetzungsorientierten Spielern zusammenzuarbeiten - das begünstigt den Einsatz von „Empowerment". Coach Pat Riley wird zu Beginn von Kapitel 8 bei den Los Angeles Lakers zeigen, wie wichtig ihm diese Umsetzungsorientierung ist, indem er zur

---

January 1997, S. 80-109. – Vgl. Conger, J.A.; Kanungo, R.; et al., Measuring charisma, Canadian Journal of Administrative Sciences, September 1997, S. 290-302.

127 Vgl. Northouse, P.G., Leadership, 2007, S. 175-179. - Vgl. Hentze, J.; et al.; Personalführungslehre, 2005, S. 185-186. - Vgl. Rosenstiel, L.v.; et al.; Führung von Mitarbeitern, 2003, S. 23. - Vgl. Nerdinger, F.W., Erfolgreich führen, 2000, S. 13. Man nimmt auch an, dass transformatorisches Führungshandeln auf transaktionalem Führungshandeln aufbaut. Vgl. Atwater, L.E.; Yammarino, F.J., Personal attributes as predictors of superiors` and subordinates` perceptions of military academy leadership, Human Relations, May 1993, S. 645-668.

128 Vgl. Boal, K.B.; Hooijberg, R., Strategic leadership research, Leadership Quarterly, Winter 2000, S. 515-549. - Vgl. Waldmann, D.A.; et al; Does leadership matter?, Academy of Management Journal, February 2001, S. 134-143. - Vgl. Hart, S.L.; Quinn, R.E., Roels executives play, Human Relations, May 1993, S. 544.

129 Vgl. Waldmann, D.A.; et al; Does leadership matter?, Academy of Management Journal, February 2001, S. 134-143.

130 Vgl. Pawar, B.S.; Eastman, K.K., The nature and implications of contextual influences on transformational leadership, The Academy of Management Review, January 1997, S. 80-109.

131 Vgl. Pillai, R., Context and charisma, Academy of Management Journal, Special Volume: Best Papers Proceedings, 1995, S. 332-336.

132 Vgl. Bowen, D.E.; Ostroff, C., Understanding HRM-Firm Performance linkages, Academy of Management Review, 2004, S. 203-221. – Vgl. Davis, D. J., Analysis of Perceived Leadership Styles & Levels of Satisfaction of Selected Junior College Athletic Directors and Head Coaches, The Sport Journal (http://www.thesportjournal.org/article/analysis-perceived-leadership-styles-levels-satisfaction-selected-junior-college-athletic-di), 2002.- Vgl. Chelladurai, P., Human Resource Management in Sport and Recreation, 2006, S. 305.

133 Vgl. auch 3.1.,4.1., 5.2. und 7.3.

134 Vgl. Pawar, B.S.; Eastman, K.K., The nature and implications of contextual influences on transformational leadership, The Academy of Management Review, January 1997, S. 80-109.

Überraschung seiner Gegner mit „Empowerment“ von Spielern neue Strukturen (SFM bzw. Mannschaftsteile) schafft.
Abbildung 5 verdeutlicht nun den inhaltlichen Beitrag der situativen, subjektiven und strategischen Führungstheorien zur strategisch-situativen Führungslehre.

Abb. 5: Entwicklung der strategisch-situativen Führungslehre

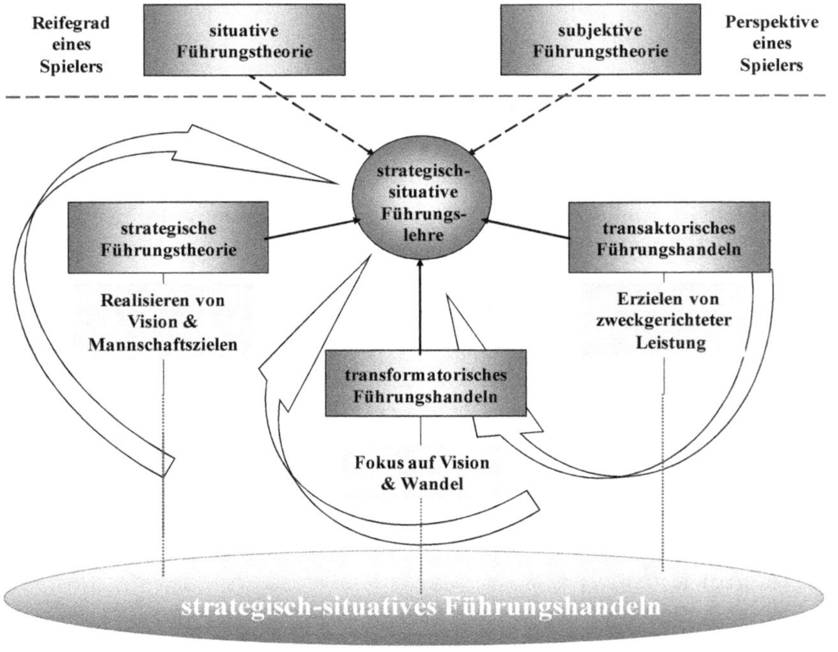

Quelle: Eigenerstellung

Die Entwicklung der strategisch-situativen Führungslehre ist bemerkenswert. Ich konnte ein stetes Anwachsen von Aspekten in Richtung ganzheitliche Sichtweise feststellen, indem **a)** verschiedene Formen von Führungshandeln zusammenwuchsen, **b) strategische Aspekte** mit dem **„Handling“ situativer Faktoren** und mit den Erfolgsfaktoren **Effektivität** und **Effizienz** verbunden wurden, sowie **c)** allmählich zwischen der **Gruppenebene** und der **Individualebene** unterschieden wurde. Auf dieser Basis werde ich in Kapitel 3 nun den strategisch-situativen Führungskontext von Mannschaftstrainern beleuchten.

3. Der strategisch-situative Führungskontext

„Manager warten Wellen ab, um auf ihnen zu schwimmen, während Führungskräfte diejenigen sind, die diese Wellen erzeugen.“[135]

„Ich kann meiner Mannschaft in jeder Situation eine Antwort geben. Das ist mein Anteil und Beitrag zum Zusammenhalt dieser Spieler.“[136]

Als der junge österreichische Trainer Ernst Happel im Sommer 1962 erstmals das Stadion seines neuen niederländischen Fußballvereins ADO Den Haag betrat, regnete es in Strömen. Er beabsichtigte nichtsdestoweniger die Schusstechnik der Spieler mit Schüssen auf das Kreuzeck des Tores zu trainieren. Dazu legte er eine Dose auf das Kreuzeck. Den Spielern war aber nicht nach Arbeiten unter solch widrigen Verhältnissen zumute. Man teilte dies dem Trainer mit und schickte sich an in die Kabinen zurück zu kehren. In dieser Situation ergriff Happel wortlos einen Ball und schoss vom Sechzehner aus die Dose vom Tor herunter. Dann forderte er die Spieler auf, es ihm gleich zu tun. Nur wer es schaffte, durfte unter die Dusche. Die Spieler erstarrten. Nach einer kurzen Fassungslosigkeit eilten sie auf das Spielfeld zurück und begannen vollzählig mit dem Training. Einige Spieler ließen es sich nicht nehmen, danach sogar noch ein paar Extrarunden auf der Laufbahn zu drehen.[137] In einem kritischen Moment hatte der Trainer alles auf eine Karte gesetzt und den Spielern signalisiert, dass - wollten sie ihre sportlichen Lern- und Entwicklungsziele erreichen - er ihnen vorangehen würde.

Im Gegensatz zu vielen Führungsstudien[138] möchte ich erfolgreiches Führungshandeln in Bezug zur **Leistungserbringung**[139] **von Spielern** setzen. Erfolgreiches Führungshandeln kann non-verbal (wie am obigen Beispiel der Trainerlegende Ernst Happel dargestellt), oder verbal wie beim folgenden Beispiel von Coach Pat Riley beim NBA-Team New York Nicks in der Saison 1991/92 erfolgen (nach seiner Tätigkeit bei den Los Angeles Lakers). Dort erzählte er den Spielern rund um Center-Starspieler Patrick Ewing beiläufig von einer Konferenz von Schuhproduzenten, die während des

135 Bennis, W, (keine näheren Quellenangaben), In: Wilson, I.H., The 5 compasses of strategic leadership, Strategy & Leadership, July/August 1996, S. 26-31.

136 Maradona, D., In: Kronen Zeitung (WM Extra): Deutschland? Schreibt doch, was ihr wollt!, 29. Juni 2010.

137 Vgl. http://de.wikipedia.org/wiki/Ernst_Happel. – Vgl. Northouse, P.G., Leadership, 2007, S. 221

138 Lent et al. (1973) fanden heraus, dass bei 406 Validierungsstudien 1506 Erfolgskriterien verwendet wurden, von denen nur 17% „direkte“ Leistungsmaße (Leistungsdaten) darstellten. In: Neuberger, O., Führung: Ideologie-Struktur-Verhalten, 2. Auflage, 1985, S. 120.

139 Vgl. Hart, S.L.; Quinn, R.E., Roles executives play, Human Relations, May 1993, S. 543-574.

anstehenden Spiels gegen die Chicago Bulls stattfinden würde: „Ich frage mich, wer von Euch wohl bei dieser Konferenz teilnehmen wird?“ Die Spieler horchten ungläubig auf. „Es kann gut sein, dass Ihr dort sein werdet, und zwar in Form eines Fotos“, fuhr Riley fort. Jedes Mal, wenn die Chicago Bulls spielen, warten Fotografen nämlich auf ein spektakuläres Foto von Michael Jordan, wie er gerade einen Korb wirft und seine Gegenspieler düpiert - diese tauchen dann meist in einer Ecke des Fotos in unbeholfener Pose neben dem Star auf. Äußerst demütigend, denn so ein „Super-Schnappschuss“ wird dann millionenfach als Poster gedruckt... „Wenn es aber etwas gibt, das die New York Nicks niemals sind, dann ist es der Poster-Knabe für jemand anderen zu sein“, machte Riley seinen Spielern klar.[140] Auch hier erwachte in den Spielern eine völlig neue Leistungsbereitschaft.

Es geht bei der Beurteilung der Führungsleistung eines Trainers also um **Führungserfolg** (**Effektivität** und **Effizienz**), die m.E. stark von der **Situationsspezifik** abhängt. Für den Leser bedeutet das, sich näher mit den Haupt- und Nebenfragen strategisch-situativer Führung vertraut zu machen. Abbildung 6 sieht dies als zweiten Schritt auf dem Entwicklungsweg einer strategisch-situativen Denk- und Handelsweise.

Abb. 6: Entwicklung einer strategisch-situativen Denk- & Handlungsweise II

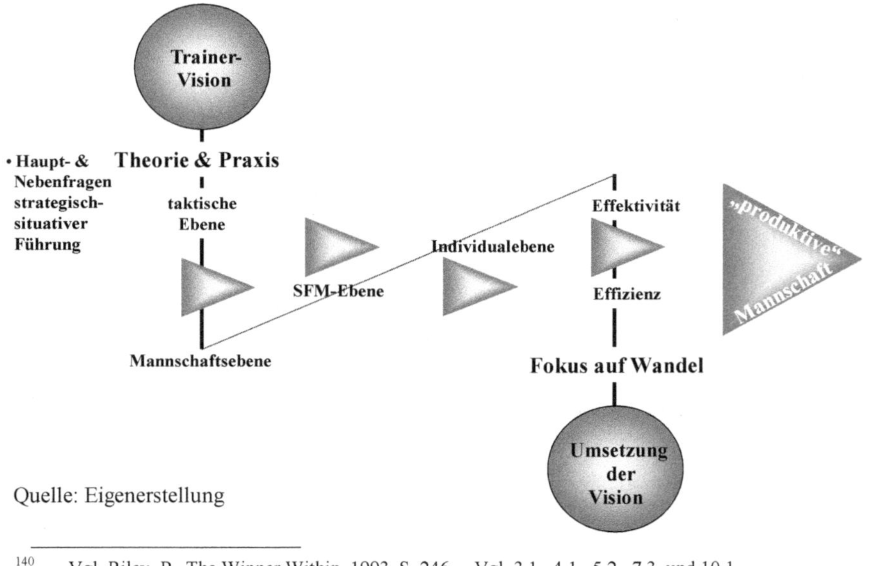

Quelle: Eigenerstellung

---

[140] Vgl. Riley, P., The Winner Within, 1993, S. 246. – Vgl. 3.1., 4.1., 5.2., 7.3. und 10.1.

3.1. Der Situationsbezug von Effektivität und Effizienz

> „Die Wahrheit über Führung ist, dass ... sie komplex ist und massiv und unausweichlich von unvorhersehbaren situativen Variablen beeinflusst wird...“[141]

> „Führungshandeln ist eine abhängige Variable ... Der Rahmen oder die Aufgabe ist die unabhängige Variable.“[142]

> „Die Anzeichen für hervorragende Führungstätigkeit sind unter den Spielern selbst zu finden. Erreichen diese ihr Leistungspotential? Lernen sie?“[143]

Die Führungssituation jedes Mannschaftstrainers wird von einer **Vielzahl** und **Vielfalt situativer Faktoren**[144] beeinflusst. Man stelle sich nur einmal eine Situation vor, wo eine Mannschaft Probleme beim Aufbau eines zusammenhängenden Spiels hat, weil sich kleine Gruppen von Spielern innerhalb von SFM[145] zwar ein „blindes“ Verständnis für bestimmte einstudierte Spielzüge erarbeitet haben, weniger jedoch für das Zusammenspiel mit dem Rest ihrer Teamkollegen. Dieses Verhalten kann durch die Entwicklung von Subkulturen[146] in SFM bzw. Mannschaftsteilen noch verstärkt werden: so kann sich etwa eine Gruppe von „Führungspersönlichkeiten“ bilden, die sich aus Stars und Routiniers zusammensetzt, und auf der anderen Seite eine Gruppe „junger Rebellen“, die sich von den arrivierten Spielern zu sehr bevormundet fühlen. Womöglich existiert daneben noch eine Gruppe von Unbeteiligten, die nur an sich selber denken und der Mannschaftssituation ignorant gegenüberstehen.[147] Das ginge aber nicht nur am Zweck von SFM vorbei, sondern beeinträchtigt auch die Leistung des ganzen Teams und kann ein Führungsvakuum an der Spitze schaffen[148]. Die Führungsforschung hat sich dementsprechend schon frühzeitig mit dem Einfluss situativer Faktoren auf das Führungshandeln eines Trainers beschäftigt. Bislang jedoch kaum aus **ganzheitlicher Sicht.**[149] Diesem Mangel möchte ich nun mit der angesprochenen **„Ordnung“ situativer Faktoren nach strategischen Gesichtspunkten**[150] abhelfen.

---

141 Westerbeek, H.; Smith, A., Business Leadership and the Lessons from Sport, 2005, S. 5. – Vgl. Johns, G., The essential impact of context on organizational behaviour, Academy of Management Review, 2006, S. 386-408.

142 Perrow, C., Organizational Analysis, 1970, S. 6.

143 Max De Pree, In: Bennis, W., Leaders of Leaders, Executive Excellence, September 1997, S. 3-4.

144 Situative Faktoren sind untergeordnete Hauptfragen strategisch-situativer Führung. - Vgl. Abb. 8.

145 SFM – **s**elbstgeführte, **f**unktionenübergreifende **M**annschaftsteile. - Vgl. Kapitel 8.

146 Vgl. 5.3., 5.4., 7.4., 8.3. und 10.2.

147 Vgl. Riley, P., The Winner Within, 1993, S. 240f.

148 Vgl. Riley, P., The Winner Within, 1993, S. 44.

149 Vgl. Perrow, C., Organizational Analysis, 1970, S. 6.

150 Vgl. 5.3. und 5.5.

In der zweiten Hälfte des Spieles gegen die in der laufenden Saison noch ungeschlagene Mannschaft der „University of Iowa" lag das College-Team der „Texas Western Miners" schon deutlich zurück. Der Coach verlangte nach einem Zeit-Aus. Einer der Spielmacher von „Texas Western" wandte sich an den Trainer: „Wir können so nicht weiterspielen. Sie [Iowa] sind besser als wir, wenn wir nach Deiner Spieltaktik spielen. Du musst uns mehr Freiraum geben." Coach Haskins überlegte kurz und antwortete: „In Ordnung, Hill, Du spielst Dein Spiel. Und Du spielst mein Spiel." Der Spieler verstand und informierte seine Mitspieler über die Entscheidung des Coachs.[151]
Während einer Auszeit - wie am Beispiel der „Texas Western Miners" gezeigt - steht dem Trainer nur eine begrenzte Zeit zur Verfügung, um Taktikanweisungen zu geben. Für Partizipation und demokratische Entscheidungsprozesse bleibt da verständlicherweise wenig Zeit. In diesem Sinne ist Führungserfolg v.a. bei Unsicherheit, Wettbewerb und Wandel entscheidend.[152] Trotzdem sind **Effizienz- und Effektivitätsstudien** ein höchst problematisches Unterfangen, da:[153]

- Effizienzstudien ohne strategisch-situativen Kontext zwangsweise ins Leere gehen
- und einerseits viele Wissenschaftler die Effektivität von Führungshandeln zwar als eine der Hauptergebnisvariablen zu ermitteln versuchen[154]
- andererseits aber weder in Bezug auf die Konzeptionalisierung noch in Bezug auf die Art der Messung von Effektivität übereinstimmen

Dieser Fokus wirft für mich als Nächstes die Frage auf, was denn der Konnex zwischen dem Führungshandeln eines Trainers und seiner Führungseffektivität bzw. Führungseffizienz ist? Um diese Frage zu beantworten, scheint es mir zweckmäßig, zunächst einmal dessen Führungseffektivität aus Sicht der Spieler (aus Sicht des Trainers geht es ja um die Realisierung einer Vision) in **sechs Effektivitätskomponenten** zu unterteilen:

---

151 Aus dem Kinofilm „Glory Road", 2006. – Vgl. 4.2., 4.3. und 4.5.

152 Vgl. Waldmann, D.A.; et al; Does leadership matter?, Academy of Management Journal, February 2001, S. 134-143.

153 Vgl. Pillai, R., Context and charisma, Academy of Management Journal, Special Volume: Best Papers Proceedings, 1995, S. 332-336.

154 Chelladurai und Haggerty vertreten den Multiple Constituency-Ansatz (verschiedene Effektivitätsdimensionen - u.a. Produktivität, Ressourcenakquise, interne Prozesse). Vgl. Chelladurai, P.; Haggerty, T.R., Measures of organizational effectiveness of Canadian national sport organizations. Canadian Journal of Sport Sciences, 1991, 126-133. Dieser Ansatz ist meines Erachtens nur eingeschränkt auf Sportamnnschaften zu übertragen: **a)** Produktivität definiere ich als die Realisierung von Wandel (Vgl. 5.2.), **b)** Resourcenakquise setze ich mit Spielerneuverpflichtungen gleich, **c)** interne Prozesse stellen für mich situative Faktoren dar (z.B. Informationsfluss im Team; Vgl. 5.5.).

- die **subjektiven sportlichen Lern- und Entwicklungsziele** der Spieler[155]
- die **subjektive Führungswirklichkeit** der Spieler[156]
- die Ausrichtung der Spieler auf die **taktischen Vorgaben** ihres Trainers[157]
- ein gesteigertes **Engagement** der Spieler für ihr Team – das ist u.a. wichtig beim Stabilisieren der Spielweise einer Sportmannschaft; wenn man davon ausgeht, dass jedes Bedürfnis eines Spielers mit einer spezifischen Handlungstendenz verbunden ist[158], so lässt sich beispielsweise folgern, dass gerade beim Teamsport das Bedürfnis eines Spielers nach dem Erreichen seiner sportlichen Lern- und Entwicklungsziele auch mit seinem Engagement für das Team korreliert;[159]
- mehr **innovatives Spiel** – z.B. für die Erneuerung der Spielweise eines Teams[160]
- eine verbesserte **Qualität des Spiels** – z.B. für die Optimierung der Spielweise eines Teams; Qualitätssicherung wird so zur Führungsaufgabe eines Trainers, z.B. durch das Einbinden von Spielern in Beziehungsnetzwerke, wo die individuelle technische Reife der Spieler gefördert wird[161]

Abbildung 7 zeigt, dass, auch wenn das Realisieren der (subjektiven und mannschaftsdienlichen) Effektivitätskomponenten ein Indikator für die Effektivität des Trainers ist, dieser die Interessen der Spieler mit dem Realisieren seiner Vision und Führungsprioritäten (z.B. Wandel bei der Spielweise des Teams[162]) in Einklang bringen muss.[163] Je nachdem, auf welcher Etappe des Entwicklungsweges sich ein Team befindet, kann das Realisieren einer bestimmten Effektivitätskomponente von größerer oder geringe-

---

155 Dabei geht es auch um Fragen der Spieler wie „Wer will ich sein, was will ich?" Vgl. Westerbeek, H.; Smith, A., Business Leadership and the Lessons from Sport, 2005, S. 80. - Vgl. 2.6., 3.2. und 10.1.

156 Eine klassische Ergebnisvariable. Vgl. Pillai, R., Context and charisma, Academy of Management Journal, Special Volume: Best Papers Proceedings, 1995, S. 332-336. - Vgl. 10.2.

157 Vgl. 5.3. – Vgl. Kapitel 6. – Vgl. 10.3.

158 Vgl. Herber, H.J., Vásárhelyi, É., Lewins Feldtheorie als Hintergrundspanorama moderner Motivations- und Willensforschung, In: http://www.sbg.ac.at/erz/salzburgerbeitraege/fruehling2002/herber.pdf, 2002. - Vgl. 10.4. – Engagierte Spieler haben 2 Visionen: **a)** ihre subjektiven sportlichen Lern- und Entwicklungsziele, **b)** die Vision des Trainers. Vgl. Clark, T.R., Engaging the disengaged: in times of change, five basic forces help retain and engage employees, HR Magazine (http://findarticles.com/p/articles/mi_m3495/is_4_53/ai_n25358114/pg2?tag=artBody;col1), April 2008.

159 Vgl. Westerbeek, H.; Smith, A., Business Leadership and the Lessons from Sport, 2005, S. 84. - Vgl. Stier Jr., F.J.; Schneider, R.C., Preferred Player Characteristics and Skills of Division I Men's Basketball Coaches, The Sport Journal (http://www.thesportjournal.org/article/preferred-player-characteristics-and-skills-division-i-mens-basketball-coaches),2006. – Vgl. 10.4.

160 Vgl. 10.5.

161 Vgl. Cocheu, T., Strategic Leadership, Executive Excellence, June 1993, S. 18-19. - Vgl. Kapitel 9. – Vgl. 10.6.

162 Vgl. 5.2.

163 Das in Abbildung 7 eingeschobene Symbol für die Haupt- und Nebenfragen strategisch-situativer Führung betont die Ganzheitlichkeit dieses Ansatzes. – Vgl. Abbildung 8.

rer Bedeutung sein. Darüber hinaus wird auch die Intensität von Führungshandeln auf den Führungsebenen (Gruppeneben: taktische Ebene[164], Mannschaftsebene[165], SFM-Ebene[166]; Individualebene[167]) unterschiedlich gewichtet.[168] Das ist wichtig für die **Effizienz**[169] des Trainers auf dem (bisweilen langen) Entwicklungsweg des Teams.[170]

Abb. 7: Effektivität & Effizienz im Situationsbezug

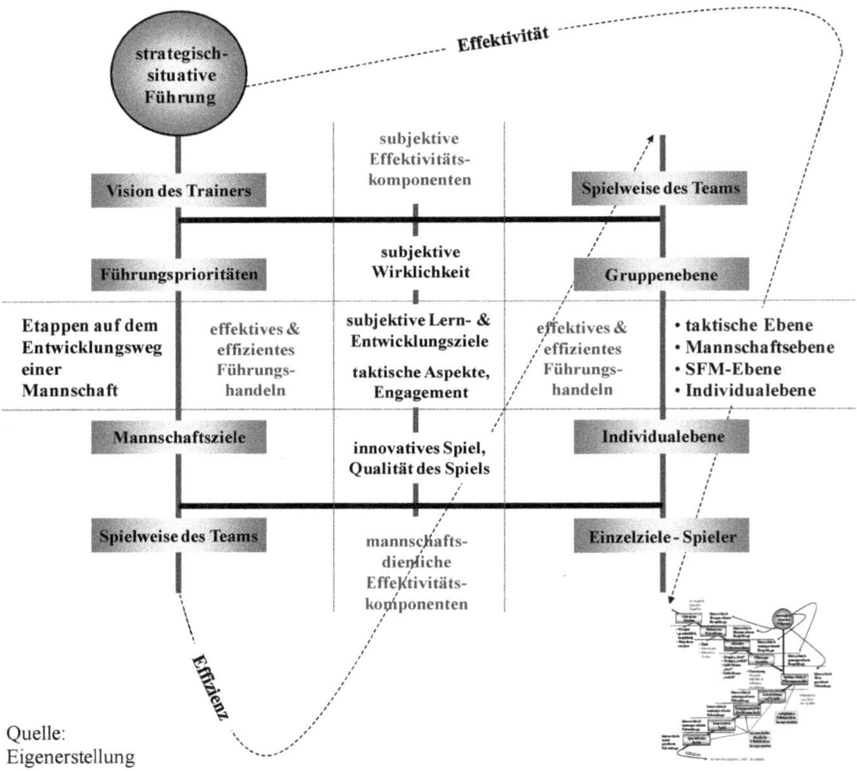

Quelle:
Eigenerstellung

164 Vgl. 5.3. – Vgl. Kapitel 6. – Vgl. 10.3.
165 Vgl. Kapitel 7.
166 Vgl. Kapitel 8.
167 Vgl. Kapitel 9.
168 Vgl. Tabelle 3 in Punkt 5.5.
169 Vgl. Kapitel 11.
170 Vgl. Abbildung 19 in Punkt 5.1., die den Hauptentwicklungsweg von Sportmannschaften aufzeigt.

3.2. Haupt- und Nebenfragen strategisch-situativer Führung

> „In seinem Bemühen, von Woche zu Woche immer ein wenig schlechter zu spielen, ist Real ein großes Stück vorangekommen."[171]

Nach drei Jahren Trainertätigkeit trennte sich der Fußballclub Real Madrid, die wohl bekannteste Sportmannschaft der Welt, gegen Ende der Saison 2002/03 von Coach Vincente Del Bosque. Er hatte die Madrilenen zu zwei spanischen Meisterschaftstiteln und zwei Triumphen in der europäischen Champions League geführt. Seine Entlassung wurde u.a. damit begründet, dass ein neues Profil für den Trainerjob gesucht würde.[172] Danach startete Real Madrid gut in die Saison 2003/04. Man hatte den spanischen Supercup gewonnen, hielt lange die Führung in der spanischen Liga und erreichte fast mühelos das Viertelfinale der Champions League. Mit der Niederlage im spanischen Pokalfinale am 17. März 2004 gegen Real Saragossa wurde Real aber jäh aus der Bahn geworfen: während man zunächst ein abruptes Formtief vermutete, driftete das Team immer mehr vom Erfolgsweg ab und geriet in eine Phase der Erfolglosigkeit, die sich zur dramatischsten Krise des Vereins in den letzten 50 Jahren[173] auswachsen sollte. Das Viertelfinalspiel der Champions League gegen AS Monaco ging mit 1:3 verloren,[174] dann folgte in der spanischen Meisterschaft ein Absturz auf den vierten Platz.[175] Von nun an wurde der Trainerposten zum Schleuderstuhl: innerhalb eines Jahres wechselten sich drei Trainer ab. Dann kam der brasilianische Coach Vanderlei Luxemburgo. Er trat sein Amt mit großen Hoffnungen an - immerhin waren zu dieser Zeit einige der besten Fußballer der Welt bei Real unter Vertrag. Doch am 24. November 2005 wurde es auch für ihn bereits kritisch:[176] beim mageren 1:1 im Champions League-Spiel gegen Olympique Lyon forderten die Fans seine Entlassung. Das spanische Sportblatt „As" schrieb: „Das Publikum hat sein Urteil gefällt: Raus!" Und die Zeitung „El Mundo" meinte: „Dieses Real gibt nichts mehr her." Damit war m.E. wohl alles gesagt: trotz der weltweit höchsten Konzentration an Top-Spielern war es offensichtlich nicht mehr möglich, das vorhan-

---

171 Die Zeitung „El Mundo", In: http://www.sportal.de/sportal/generated/article/fussball/2007/01/08/5336800000.html: Real Madrid rutscht tiefer in die Krise, 8. Januar 2007.

172 Vgl. http://de.wikipedia.org/wiki/Vicente_del_Bosque

173 Vgl. http://chinadaily.com.cn/sports/2007-06/29/content_905526.htm: Real Madrid sack title-winning coach Capello, 29. Juni 2007.

174 Vgl. Beginn von Kapitel 1.

175 Vgl. http://www.halfvalue.com/wikide.jsp?topic=Real_Madrid

176 Vgl. http://www.stern.de/sport/fussball/krise-bei-real-madrid-das-naechste-mal-lasse-ich-beckham-verrecken-550272.html, 24. November 2005.

dene technische Potential in eine ansprechende Leistung umzusetzen. Die Vereinsführung beriet in einer Krisensitzung über die Zukunft von Trainer Luxemburgo.[177] „Dem Trainer wurde [von der Presse mittlerweile] vorgehalten, im Champions League-Heimspiel gegen Olympique Lyon sechs Abwehrspieler aufgeboten und dem Team einen 'Angsthasenfußball' verordnet zu haben. 'Dies ist ein Verrat an den traditionellen Werten des Vereins, der mit seinem offensiven Stil zu einer Legende wurde', monierte die Zeitung 'El País'. Die Proteste [der Fans] erreichten ihren Höhepunkt als Luxemburgo [den Offensivspieler] Beckham vom Feld holte und einen … Verteidiger für ihn einwechselte. 'Damit beging Luxemburgo Harakiri', meinte das Sportblatt 'As'. Der Trainer begründete die Auswechslung damit, dass Beckham über Rückenschmerzen geklagt hatte,… räumte aber ein: 'Wenn ich Zuschauer gewesen wäre, hätte auch ich den Trainer ausgepfiffen'."[178] Luxemburgo wurde entlassen. Sein Rauswurf nach nur elf Monaten wurde vom Verein mit dem „konstant schlechten Spiel des Teams" begründet.[179] In den vergangenen 2½ Jahren hatte Real Madrid somit bereits fünf Trainer verschlissen. Doch als ein Journalist die Frage stellte, ob sich das Präsidium nicht über das Team statt über den Trainer Gedanken machen sollte, reagierte Real Madrids Vizepräsident Butragueno nur kurz angebunden: „Darüber wurde nicht diskutiert." Die Fans sahen das freilich anders. Während Gästeteams mit Applaus verabschiedet wurden, wurde das eigene Team beschumpfen und Spielerwechsel mit „Raus"-Rufen quittiert. Die Einkaufspolitik war es, die nach ihrer Ansicht den Club in eine Identifikationskrise gestürzt hatte: „Jedes Jahr kommen neue Spieler, aber die Mannschaft hat kein Herz", schimpfte ein Real-Fan. Kritisiert wurde auch, „dass jahrelang kein Spieler aus der Real-Jugend mehr den Durchbruch geschafft hatte"[180]. Die Presse kannte indes nur ein Thema: zusätzliche internationale Neuverpflichtungen. Doch was der Verein auch tat, es funktionierte nicht. Der erfolgreichste Fußballclub der Welt – und wohl auch der teuerste auf unserer „Zeitreise" durch fünf Jahrzehnte des Mannschaftssports - war nun schon seit drei Jahren ohne Titel.[181]

---

177 Vgl. http://www.stern.de/sport/fussball/krise-bei-real-madrid-das-naechste-mal-lasse-ich-beckham - verrecken-550272.html, 24. November 2005.

178 http://www.mysnip.de/forum-archiv/thema/5423/1040233/TrainerKrise+in+Madrid.html, 24. November 2005. – Vgl. http://www.n-tv.de/605426.html, 24. November 2005.

179 Vgl. http://www.stern.de/sport-motor/fussball/:Krise-Madrid-Real-Trainer-Luxemburgo-/550922.html: Real feuert Trainer Luxemburgo, DPA, 5. Dezember 2005.

180 http://www.spanien-abc.com/Real_Madrid_in_der_Krise.1167.0.html: Krise bei Real Madrid, Kiekens, S., 14. Dezember 2005.

181 Vgl. http://www.fussball24.de/fussball/4/57/58/27841-krise-bei-real-madrid-praesident-zurueck getreten, 27. April 2006.

Was passiert, wenn Spieler mit dem Kopf nicht mehr beim Spiel ihres Teams sind, sondern in Gedanken schon den nächsten Karriere- und Einkommenssprung realisieren wollen? Ein Verein, der glaubt, es reiche aus, seine Spieler über Geld zu motivieren, wird nicht selten die bittere Erfahrung machen, dass gute Bezahlung aus einem Talent keinen loyalen und engagierten Mitspieler macht. Dies musste im obigen Beispiel auch Real Madrid einsehen. Spieler wissen es zwar zu schätzen, wenn man ihren materiellen Bedürfnissen entgegenkommt, das allein gibt ihnen aber noch keine Orientierung für ihr Verhalten auf dem Spielfeld. Geschweige denn macht es aus ihnen Mannschaftsspieler, die mit ihren Kollegen mitdenken. Ein Trainer, der sich ausschließlich auf die Individualebene des Führens konzentriert, müsste sehr bald resignierend feststellen, dass dies zwar gut für das Ego der betroffenen Spieler sein mag, das Team selbst aber nur ein loses Nebeneinander von Individualisten bleibt. Sobald sich der Fokus des Führungshandelns aber ganzheitlich auf die Gruppenebene und die Individualebene erstreckt, wird der Trainer vor ein ganzes Bündel komplexer Aufgaben gestellt, die sich durch eine hohe situative Vielfalt charakterisieren lassen.[182] Die **Effektivität** von Führungshandeln sollte m.E. daher sowohl unter dem Aspekt der Kohärenz mit strategisch-situativen Kriterien als auch unter dem Aspekt der Zufriedenheit der Spieler (aus deren Sicht das Richtige getan wird) gesehen werden. Ähnliches gilt für die **Effizienz** von Führungshandeln (d.h. der Trainer macht aus seiner Sicht etwas richtig), welche ebenfalls nur im strategisch-situativen bzw. ganzheitlichen Kontext des Entwicklungsweges eines Teams Sinn macht.

Ein für die Sportwelt erfreuliches Beispiel einer aus strategisch-situativer Blickweise erfolgreichen Entwicklung gab der zweimalige Fußballweltmeister Uruguay, der sich bei der FIFA Fußball-WM 2010 in Südafrika nach langer Zeit vom „Underdog“ zu einem Team mauserte, das „wieder wer war im WM-Feld“.[183] „Es gibt keinen Gegner, der für uns unschlagbar ist“, stellte Teamchef Oscar Tabarez[184] denn auch zufrieden fest, nachdem sein Team völlig unerwartet ins WM-Semifinale vorgestoßen war.[185] Ein Spiel mit (manchmal übermäßiger) Härte[186] und Kampfgeist zu liefern waren die Spieler aus Uruguay immer schon in der Lage gewesen, aber nun führten sie der erstaunten Fachwelt vor Augen, welch großen **Entwicklungsschritt** zur internationa-

---

182 Vgl. Abb. 19. – Vgl. Tabelle 3 in Punkt 5.5. – Vgl. Abb. 87 und 88, Tabelle 4 in Punkt 11.2.

183 Vgl. http://sport.orf.at/wm2010/100701-777/index.html: Underdogs wollen mehr, 1. Juli 2010.

184 Vgl. http://derstandard.at/1277337193202/WM-TrainerDieMasterminds?sap=2&slideNumber=2&_seite=1, 1. Juli 2010.

185 Vgl. http://sport.orf.at/wm2010/100701-777/index.html: Underdogs wollen mehr, 1. Juli 2010.

186 Vgl. http://nationalmannschaft.suite101.de/article.cfm/die-nationalmannschaft-von-uruguay

len Erstklassigkeit sie seit dem Amtsantritt von Teamchef Tabarez im Jahre 2006[187] gemacht hatten: nicht nur, dass man sich seit Juni 2006 vom 22. Rang des FIFA-Rankings auf den 6. Rang im Juli 2010 verbessern konnte,[188] das Team hatte mit Stürmerstar Diego Forlan auch wieder „offensive Klasse“[189] zu bieten. Das war freilich noch nicht alles. Eine von Uruguays großen Stärken war ja seit jeher das Engagement der Spieler. Unter Tabarez wurde diese „rustikale“ (eben harte) **grundsätzliche Spielweise des Teams „strategisch“ erneuert** (innovatives Spiel), und die Offensive sowie das Mittelfeld entwickelten sich neben der Verteidigung zu den besonderen Stärken im Spiel dieser Mannschaft.[190] Tabarez wurde so zum „Baumeister eines Systems aus stabiler Defensive und effizienter Offensive“[191]. Dass einige Spieler bei europäischen Spitzenclubs engagiert waren, bewies, dass auch die Qualität des Spiels der Leistungsträger höchstes Niveau erreicht hatte. In den Trainingscamps gelang es Tabarez außerdem, dem Team neben Harmonie und einem starken Zusammenhalt[192] (**situative Faktoren**) noch den letzten Schliff zu geben: „Hier konnten wir endlich in Ruhe an taktischen Dingen arbeiten. Zu Hause hast du dafür keine Zeit“, meinte denn auch Verteidiger Fucile.[193] Daran erkannte man, wie gut sich neben den **mannschaftsdienlichen Effektivitätskomponenten**[194] auch die **subjektiven Effektivitätskomponenten**[195] bei den Spielern entwickelt hatten.
Ein Pendant zur (strategisch-situativen) Erfolgsgeschichte von Uruguay wurde auch auf dem afrikanischen Kontinent geschrieben: hier war es die Fußballnationalmannschaft von Ghana, die bei der WM 2010 zum „Stolz Afrikas“[196] wurde, nachdem der Gastgeber aus Südafrika, sowie Algerien, die Elfenbeinküste, Nigeria und Kamerun schon in der Gruppenphase ausgeschieden waren. Ghana war es in der Gruppenphase hingegen gelungen, gegen Serbien mit 1:0 zu gewinnen,[197] Australien ein 1:1 Unentschieden abzuringen, und nur gegen Deutschland zu verlieren (0:1) - so

---

187 Vgl. http://en.wikipedia.org/wiki/%C3%93scar_Tab%C3%A1rez
188 Vgl. http://de.fifa.com/associations/association=uru/ranking/gender=m/index.html, Stand Juli 2010.
189 http://sport.orf.at/wm2010/100701-777/index.html: Underdogs wollen mehr, 1. Juli 2010.
190 Vgl. http://nationalmannschaft.suite101.de/article.cfm/die-nationalmannschaft-von-uruguay
191 http://sport.orf.at/wm2010/100701-777/index.html: Underdogs wollen mehr, 1. Juli 2010.
192 Vgl. http://sport.orf.at/wm2010/100627-662/index.html: Mit Garra Charrua ins Viertelfinale, 27. Juni 2010.
193 Vgl. http://sport.orf.at/wm2010/100701-777/index.html: Underdogs wollen mehr, 1. Juli 2010.
194 Die Ausrichtung der Spieler auf taktische Aspekte, deren Engagement für das Team, das innovative Spiel und die Qualität des Spiels.
195 Eine positive Führungswirklichkeit und das Realisieren der sportlichen Lern- und Entwicklungsziele.
196 Vgl. http://sport.orf.at/wm2010/: Viel steht auf dem Spiel, 19. Juni 2010.
197 Vgl. http://www.zeit.de/sport/2010-06/wm-ghana-serbien-gyan-2, 13. Juni 2010.

drang man in die K.O.-Phase des WM-Turniers vor.[198] Ghanas Verteidiger Sarpei war das neu gewonnene Selbstvertrauen seiner Mannschaft[199] deutlich anzuhören: „Wir wollen … Schritt für Schritt versuchen, jeden Gegner niederzukämpfen."[200] Kampf und Athletik[201] (**Engagement für das Team**) waren dabei nur einige der Erfolgsfaktoren dieses Teams, das sich seinen Weg ins Viertelfinale der WM bahnen würde. Zunächst traf man im Achtelfinale aber auf die USA. Dieses von beiden Seiten mit Elan geführte Spiel ging in der Verlängerung mit 2:1 an Ghana, das nun auch mit „Kompromisslosigkeit in den Zweikämpfen (**taktische Ausrichtung der Spieler**) und individueller Klasse" (**Qualität des Spiels**) beeindrucken konnte.[202] „Die Spieler haben gelernt, wie man in solch wichtigen Turnieren spielen muss"[203] („**strategische**" **Erneuerung der grundsätzlichen Spielweise**), lobte Milovan Rajevac, Ghanas serbischer Teamchef, sein Team. Er setzte dabei auf „Tugenden, die man Ghana früher abgesprochen hatte: Ordnung und Disziplin…. Das Erfolgsrezept von Rajevac lautete einfach nur Gehorsam.... [Und]: Im Training wird viel gelacht - wenn der Teamchef aber spricht, geschwiegen, [umriss auch Ghanas Verbandspräsident die „starke" Mannschaftskultur]…. Teamchef Rajevac ließ [in diesem Sinne] nichts durchgehen, was Unruhe ins Team hätte bringen können [„**Ordnen**" **situativer Faktoren** – das ist wichtig für die „**Effizienz**" des Trainers]."[204] So war es ihm m.E. überdies gelungen, die **grundsätzliche Spielweise seines Teams** auf international erstklassigem Niveau „**strategisch**" **zu optimieren**. Schließlich kam es zum hartumkämpften Viertelfinale gegen Uruguay. Dieses Spiel zeigte eine Pattstellung auf hohem Niveau, wo um jeden Ball gekämpft wurde. Nach 120 Minuten stand es 1:1. In der 121. Minute, der letzten Minute der Verlängerung, „raubte" Uruguays Stürmer Suarez Ghana mit der Hand im Strafraum das siegbringende Tor. Den dafür verhängten Elfer verschoss jedoch der sonst so treffsichere Gyan. Und das anschließende Penaltyschießen konnte Uruguay mit 4:2 für sich entscheiden...[205]

---

198 Vgl. http://sport.orf.at/stories/2003708/2003712/

199 Das ist meines Erachtens wichtig für eine positive subjektive Führungswirklichkeit der Spieler (Vgl. 10.2.) und für das Realisieren ihrer sportlichen Lern- und Entwicklungsziele (Vgl. 10.1.).

200 http://sport.orf.at/wm2010/: Viel steht auf dem Spiel, 19. Juni 2010.

201 Vgl. http://sport.orf.at/wm2010/: Viel steht auf dem Spiel, 19. Juni 2010.

202 Vgl. http://sport.orf.at/wm2010/100626-654/index.html: Packendes Duell in Rustenburg, 26. Juni 2010.

203 http://sport.orf.at/wm2010/100627-664/index.html: Der Stolz eines Kontinents, 27. Juni 2010.

204 http://sport.orf.at/wm2010/100630-751/?href=http%3A%2F%2Fsport.orf.at%2Fwm2010%2F100630-751%2F752bigstory_txt.html: „Black Stars" können Geschichte schreiben, 30. Juni 2010.

205 Vgl. http://sport.orf.at/wm2010/100703-811/index.html: Fussball pur in der Soccer City, Wagner, M., 3. Juli 2010.

Strategische Erfordernisse, situative Faktoren auf dem Entwicklungsweg eines Teams, sowie Effektivität und Effizienz wurden zu den „Knackpunkten“ erfolgreicher Führung der Teamchefs von Uruguay und Ghana - und sind auch die Eckpunkte meines strategisch-situativen Führungsmodells[206]. Das Gewicht eines solchen Modells kann „... weniger daran gemessen werden, wie vollständig und komplex es ist, als daran, wie relevant einzelne Bestimmungsstücke für konkrete Problemstellungen sind“[207].

So gibt es **Hauptfragen strategisch-situativer Führung**, die sich für mich aus dem Prozess des vierstufigen strategisch-situativen Führungsmodells ergeben:

- **visionäres** und auf **Wandel** ausgerichtetes Denken des Trainers, das einer ganzheitlichen, langfristigen Sichtweise entspricht (von der Formulierung einer Vision bis zu ihrer Umsetzung): auf Basis einer **internen Situationsanalyse** (Evaluierung des Mannschaftspotentials, Analyse der Fluktuation im Team) und einer **externen Situationsanalyse** (Einschätzung der Chancen und Risiken hinsichtlich der eigenen Stärken und Schwächen gegenüber den wichtigsten gegnerischen Teams)[208]; man kann in diesem Sinne von der ersten Stufe des strategisch-situativen Führungsmodells bzw. von **übergeordneten Hauptfragen** strategisch-situativer Führung sprechen
- das **Setzen von Prioritäten** (durch Ziele und Strategien, die auf eine bestimmte Spielweise des Teams hinauslaufen[209]); die zweite Stufe des strategisch-situativen Führungsmodells (**übergeordnete Hauptfragen**)
- das „Ordnen“ situativer Faktoren bzw. die **Systematisierung relevanter situativer Faktoren** in gruppenbezogene (taktische Aspekte, Mannschaft, Mannschaftsteile/ SFM) und individuenbezogene einerseits, sowie in „harte“ (z.B. Mannschaftsstrukturen) und „weiche“ (z.B. Mannschaftskultur) andererseits[210]; dabei haben gruppenbezogene situative Faktoren im Vergleich zu individuenbezogenen ebenso eine höhere Priorität wie „harte“ situative Faktoren gegenüber „weichen“; situative Faktoren werden **„situationsgerecht“** mit einem differenzierten situativen Fokus[211] (**Effizienz** des Führungshandelns)[212] verändert (die Realisierung von Wandel ist ja

206 Vgl. Kapitel 5. - Vgl. Abbildung 17.
207 Erdmann, R., Die Bedeutung empirischer Studien mit kleinen Stichproben für die Theoriebildung im sozialwissenschaftlichen Bereich, Sportwissenschaft, 1988, S. 270-283.
208 Vgl. 5.1. und 5.5.
209 Vgl. 5.1.
210 Vgl. 5.3. und 5.5..
211 Vgl. Tabelle 3 in Punkt 5.5. – Vgl. Tabelle 4 in Punkt 11.2.
212 Vgl. Kapitel 11.

ein Hauptzweck strategisch-situativer Führung[213]); die dritte Stufe des strategisch-situativen Führungsmodells bzw. **untergeordnete Hauptfragen**

- **umsetzungsorientiertes Führungshandeln** durch **effizientes Realisieren von Wandel**;[214] da Führungshandeln nur in einem strategisch-situativen Kontext sinnvoll ist, handelt es sich hier ebenfalls um eine **untergeordnete Hauptfrage** bzw. um die vierte Stufe des strategisch-situativen Führungsmodells

Die **Nebenfragen strategisch-situativer Führung** beziehen sich auf die **Effektivität**[215] des Führungshandelns eines Mannschaftstrainers aus Sicht der Spieler bzw. auf die Wirkung von dessen Führungshandeln auf das Realisieren von zwei subjektiven[216] und vier mannschaftsdienlichen - insgesamt also sechs - **Effektivitätskomponenten**:[217]

- das Realisieren der **subjektiven Lern- und Entwicklungsziele** der Spieler[218]
- die positive **subjektive Führungswirklichkeit** der Spieler[219]
- die Ausrichtung der Spieler auf die **taktischen Vorgaben** ihres Trainers[220]
- ein gesteigertes **Engagement** der Spieler für ihr Team[221]
- mehr mannschaftsdienliches **innovatives Spiel** (Erneuerung der Spielweise)[222]
- mehr mannschaftsdienliche **Qualität des Spiels** (Optimierung der Spielweise)[223]

Dieses Modell der Haupt- und Nebenfragen strategisch-situativer Führung wird den Leser durch dieses Buch begleiten, indem es immer wieder als Symbol in Abbildungen integriert wird.[224] Der Leser wird dadurch angehalten, **a)** die Relevanz der verschiedensten Führungsaspekte aus **Sicht des Trainers** und aus **Sicht der Spieler** zu beurteilen, und **b)** neben einer strategischen Schulung auch dazu angeregt, situativ zu denken. Das geschieht, indem man situative Aspekte mit strategischen Erfordernissen abgleicht („Ordnen" situativer Faktoren[225]). Strategische Erfordernisse stehen von der

---

213 Vgl. 4.6., 5.1., 5.2. und 5.5.
214 Vgl. Tabelle 4 in Punkt 11.2.
215 Vgl. Kapitel 10.
216 Das Realisieren der subjektiven Effektivitätskomponenten (übergeordnete Nebenfragen) kann sich meines Erachtens positiv auf die mannschaftsdienlichen Effektivitätskomponenten (daher: untergeordnete Nebenfragen) auswirken.
217 Vgl. 3.1. - Vgl. Abbildungen 14, 41, 47, 59, 66, 72, 83, 93 und 106.
218 Vgl. 10.1.
219 Vgl. 10.2.
220 Vgl. 10.3.
221 Vgl. 10.4.
222 Vgl. 10.5.
223 Vgl. 10.6.
224 Vgl. Abbildungen 1, 7, 21, 36, 37, 51, 62, 63, 65, 70, 79, 82, 88, 100, 102, 102 und 105.
225 Vgl. 5.3. und 5.5.

Bedeutung her also über den situativen Aspekten. Erst diese Sichtweise ermöglicht eine ganzheitliche, eben **„strategisch-situative" Führung**.[226]

Abbildung 8 gibt nun einen Überblick über die Haupt- und Nebenfragen strategisch-situativer Führung. Dabei gilt, dass ein Trainer möglichst alle diese Aspekte stets im Auge behalten sollte (Querschnittsdenken des Trainers).[227]

Abb. 8: Haupt- und Nebenfragen strategisch-situativer Führung im Überblick

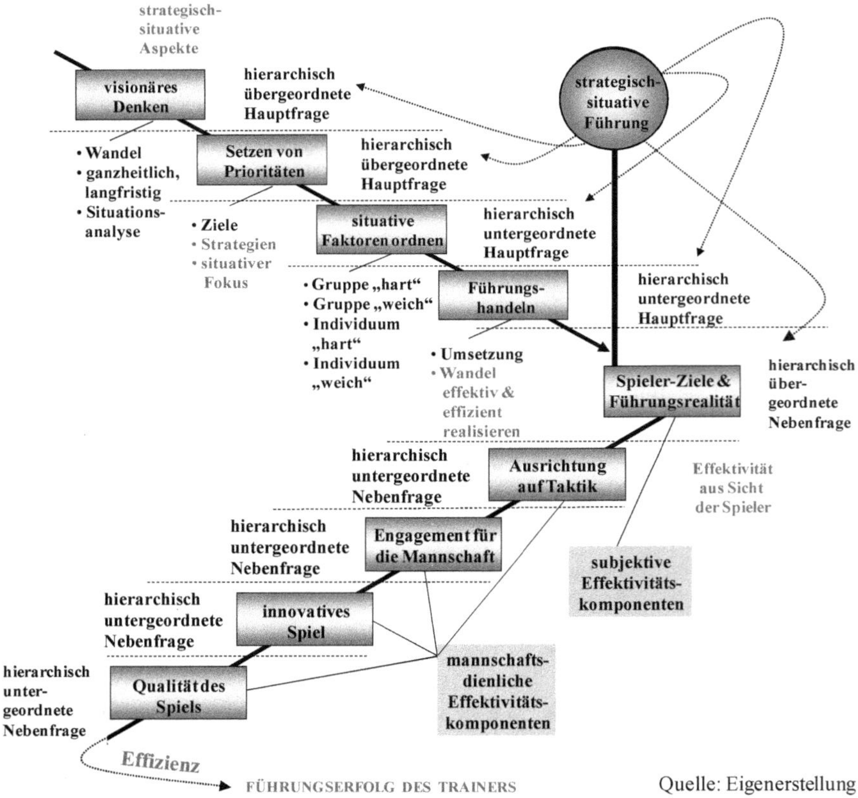

Quelle: Eigenerstellung

Im folgenden Kapitel 4 werde ich nun erstmals auf die strategisch-relevanten Formen von Führungshandeln eingehen.

---

[226] Die Hauptfragen strategisch-situativer Führung werden überwiegend in den Kapiteln 5 bis 9 sowie 11 behandelt, die Nebenfragen schwerpunktmäßig in Kapitel 10.

[227] Vgl. 10.7. und 12.4.

4. Strategisch-relevantes Führungshandeln

„Alle Jungs zum Kohleschaufeln in den Maschinenraum, nur Herzog und Basler bleiben an der Reling und schauen, ob Land in Sicht ist.“[228]

Mit diesem schwungvollen Spruch versuchte der deutsche Erfolgstrainer Otto Rehagel seiner Fußballmannschaft Werder Bremen während einer Halbzeitpause nicht nur zusätzlichen Antrieb zu geben, sondern er verband damit auch ganz konkrete Handlungsanweisungen. In knappen, aber umso deutlicheren Worten machte er klar, **a)** was die Prioritäten für die noch verbliebene Spielzeit sein würden, und **b)** wie sich deren Umsetzung auf dem Spielfeld taktisch und strukturell niederschlagen sollte: das Gros der Spieler würde innerhalb des angestammten Aufgabenbereichs mit vollem Einsatz einen knappen Vorsprung über die Zeit retten, während zwei Schlüsselspieler[229] dazu „empowert“[230] wurden, das Spiel des Teams zu beruhigen und zu kontrollieren.

Nachdem im vorangegangenen Kapitel 2 auf den Beitrag verschiedener Theorien zur Entwicklung der strategisch-situativen Führungslehre verwiesen wurde, geht es in diesem Kapitel um **strategisch relevantes Führungshandeln**, das sich u.a. auf folgende Aspekte bezieht:

- situative Faktoren (z.B. Mannschaftszusammenhalt, Mannschaftskultur)[231]
- Strukturen (z.B. SFM- **s**elbstge**f**ührte, **f**unktionenübergreifende **M**annschaftsteile)[232]
- Effektivität des Führungshandelns bzw. Effektivitätskomponenten,[233] sowie Effizienz[234]

Es geht also um **Hauptfragen** (Führungshandeln, situative Faktoren, Effizienz) und **Nebenfragen** (Effektivität, Effektivitätskomponenten) strategisch-situativer Führung. Abbildung 9 zeigt, dass wir uns weiterhin im Theorieteil befinden und bei Schritt III auf dem Entwicklungsweg für strategisch-situatives Denken und Handeln angelangt sind.

---

228 Otto Rehhagel, In: http://derstandard.at/,: König Ottos kaiserliche Schmähs, 23. Mai 2005.

229 Gemeint sind der österreichische Teamspieler Andreas Herzog und der deutsche Teamspieler Mario Basler.

230 Durch „Empowerment“ kann ein Trainer Kompetenzen an ausgewählte Spieler übertragen. - Vgl. 4.5.

231 Vgl. Kapitel 7.

232 Vgl. Kapitel 8.

233 Vgl. Kapitel 10.

234 Vgl. Kapitel 11.

Abb. 9: Entwicklung einer strategisch-situativen Denk- & Handlungsweise III

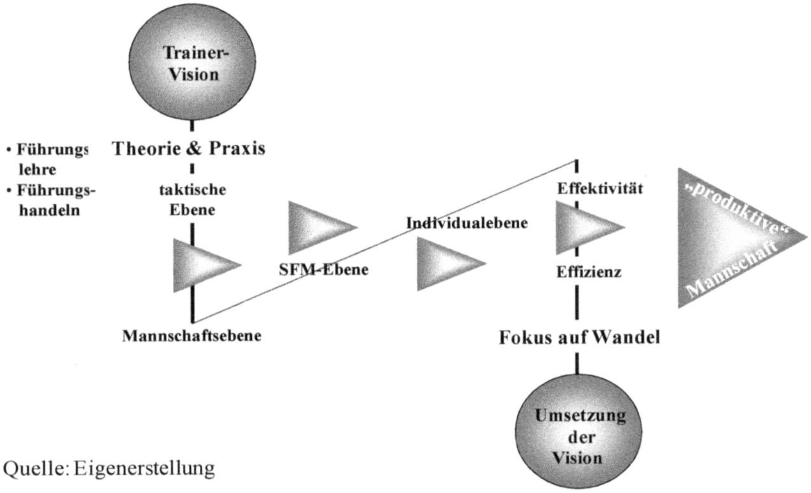

Quelle: Eigenerstellung

4.1. Transaktorisches und transformatorisches Führungshandeln

> „Eine strategische Führungspersönlichkeit fällt strategische Entscheidungen, welche die Organisation auf einen vorgegebenen Marschplan verpflichten."[235]

Auf die Bedeutung von transaktionaler und transformatorischer Führung für die Entwicklung der strategischen Führungslehre habe ich bereits in Kapitel 1 hingewiesen. **Transaktionales Führungshandeln** zielt auf Entlohnungs- und Anreizsysteme für Spieler[236] und auf gewissen **Zwang zum Erzielen zweckgerichteter**[237] **Leistung** ab **(Effizienz)**,[238] was v.a. **in Perioden gleichmäßiger Leistungsentwicklung** praktikabel ist.[239] Transaktionalen Trainern dürfte zunächst weniger daran gelegen sein, bahnbrechende Wege zu erkennen - was für die Entwicklung einer Vision notwendig wäre.[240]

---

235 Harrison, E.F.; Pelletier, M.A., CEO perceptions of strategic leadership, Journal of Managerial Issues, Fall 1997, S. 299-317.

236 Vgl. Rosenstiel, L.v.; et al; Führung von Mitarbeitern, 2003, S. 23. - Vgl.Nerdinger, F.W., Erfolgreich führen, 2000, S.31f.

237 Vgl. Beatty, C.A.; Lee, G.L., Leadership Among Middle Managers, Human Relations, September 1992, S. 957-989.

238 Vgl. Kark, R.; Van Dijk, D., Motivation to lead, motivation to follow: the role of the self-regulatory focus in leadership process, Academy of Management Review, 2007 S. 500-528.

239 Vgl. Gibbons, P.T., Impacts of Organizational Evolution on Leadership–Roles and Behaviours, Human Relations, January 1992, S. 1-18.

240 Vgl. Beatty, C.A.; Lee, G.L., Leadership Among Middle Managers, Human Relations, September 1992, S. 957-989.

Zwang und Entlohnung wirken sich aber auf das Verhalten der Spieler aus, denn die Entlohnung[241] kann die Mannschaftskultur und das Engagement der Spieler stärken. Es kann auch ein gewisser Widerstand der Spieler[242] gegen den durch den Trainer ausgeübten Zwang erwachsen. Deshalb erzielt man zunächst oft nur kleine Änderungen.

Es gibt gute Beispiele für transaktionales Führungshandeln. So musste der italienische Fußballtrainer Fabio Capello einen gewissen Zwang auf das Erzielen zweckgerichteter Leistung legen, um das Zusammenspiel der vielen Weltklassespieler bei Real Madrid 2006 wieder herzustellen. Dabei ging es um eine gleichmäßige Leistungsentwicklung (Stabilisierung des Spiels mit defensiver Ausrichtung) auf hohem Niveau.[243]

Eine nicht weniger schwierige Aufgabe hatte m.E. Josef Hickersberger als Trainer des österreichischen Fußballnationalteams 2006-2008. Von ihm erwartete man, dass er aus einem drittklassigen Team eine Mannschaft formen würde, die bei der EM-2008 mit einigen der stärksten Auswahlen der Welt mithalten könnte.[244] Das Bewältigen eines derart langen Entwicklungsweges mit einem noch jungen und unerfahrenen Team steht zwar im krassen Gegensatz zur oben geschilderten Aufgabe von Trainer Capello bei Real Madrid, nichtsdestoweniger musste auch Hickersberger auf transaktionales Führungshandeln zurückgreifen. Zu Beginn seiner Tätigkeit stand daher das Forcieren einer gleichmäßigen Leistungsentwicklung (Stabilisieren der Spielweise) seines auf dem Spielfeld bis dahin inferior agierenden Teams im Vordergrund.[245]

Transformatorisches Führungshandeln wiederum entfaltet sich am besten innerhalb **flexibler Strukturen**: die erste Stoßrichtung ist dabei auf Verhaltensänderungen der Spieler angelegt (**mannschaftsdienliche Effektivitätskomponenten**).[246] Das heißt, dass ein Trainer die Spieler dazu bewegt, dass sie das, was er von Ihnen verlangt, auch freiwillig tun - das ist wichtig für seine **Effektivität**.[247] Es sollte ihm gelingen, den Spielern seine Vision zu vermitteln[248] und durch eine Übereinstimmung seiner Ziele

---

241 Vgl. Kasper, H.; Mayrhofer, W., Personalmanagement–Führung-Organisation, 2002, S. 184.

242 Vgl. Kersting, J.-M., Handeln in organisationalen Veränderungen, 2005, S. 61ff. (http://www.systemagazin.de/bibliothek/texte/steinkellner_syst_fuehrung.pdf, S. 61ff).

243 Vgl. Beginn-Kapitel 5. – Vgl. 6.2., 7.5. und 8.3. – Vgl. http://de.wikipedia.org/wiki/Fabio_Capello.

244 Vgl: www.derstandard.at: Interview: Josef Hickersberger, 5. Juni 2007.

245 Vgl. 5.1., 7.1., 11.3. und 12.1.

246 Vgl. Lim, J. Y-S.; Cromartie, F., transformational leadership, organizational culture, and organizational effectiveness, The Sport Journal (http://www.thesportjournal.org/article/transformational-leadership-organizational-culture-and-organizational-effectiveness-sport-or), 2001.

247 Vgl. Rowe, W.G., Creating wealth in organizations, The Academy of Management Executive, February 2001, S. 81-94. – Vgl. Armstrong, S., Are you a „transformational" coach?, Journal of Physical Education, Recreation and Dance, March 2001, S. 44-47.

248 Vgl. Ward, A., The Leadership Lifecycle, 2003, S. 72.

mit jenen der Spieler[249] auch glaubwürdig vorzuleben. Transformatorisches Führungshandeln ist darüber hinaus als organisatorischer Prozess zu verstehen[250], denn oft treten in Krisensituationen Trainer mit Charisma als Kritiker des Status Quo[251] auf. Solche Trainer befürworten einen radikalen Wandel[252], der freilich durch ein wiederholtes Abrutschen in Krisen (z.B. durch Rückschläge[253]) begleitet werden kann.[254]
Fabio Capello verkörperte bei Real Madrid 2006/07 insofern auch einen transformatorischen Trainer, als er mitten in einer schweren Krise einen radikalen Wandel bei der Spielweise seines Teams durchsetzte.[255] Und auch Josef Hickersberger musste in der zweiten Phase seiner Tätigkeit als ÖFB-Teamchef auf Verhaltensänderungen der Spieler in Richtung einer erneuerten Spielweise fokussieren. Während des Reifungsprozesses des Teams mussten die Teamstrukturen auf einem immer höheren Niveau flexibel gehalten werden, um mit der Entwicklung der Spielweise mitzuhalten.[256]
In eine Krisensituation geriet auch Coach Pat Riley bei den „New York Nicks" (nach seiner Zeit bei den Los Angeles Lakers). Das Team verlor mitten in der Saison 1991/92 plötzlich an Schwung, die Spieler bildeten Cliquen und ergingen sich in gegenseitiger übler Nachrede. Der Coach musste radikalen Wandel einfordern. In einem Meeting wies er nun seine Führungsspieler an, sich in eine Ecke des Raumes zu begeben. Dann verlangte er von jenen Spielern, die sich den Führungsspielern widersetzten, in die gegenüberliegende Ecke zu gehen. Drei Cliquenmitglieder wurden in die dritte Ecke geschickt. Zwei Spieler, die sich über zu wenig Einsatzzeit beschwert hatten, gingen in die vierte Ecke. Und ein weiterer Spieler, der sich von den Mitspielern isoliert hatte, musste sich alleine an die Wand setzen. Nun standen sich alle gegenüber, und wussten nicht, wie sie sich verhalten sollten. Eben damit spiegelten sie aber die Realität ihres Teams wieder. Coach Riley ergriff endlich das

---

249 Vgl. Colbert, A.E.; et al.; CEO Transformational Leadership: the Role of Goal Importance Congruence in Top Management teams, The Academy of Management Journal, (http://journals.aomonline.org/inpress/main.asp?action=preview&art_id=265&p_id=18pshort=AMJ, February 2008.

250 Vgl. Pawar, B.S.; Eastman, K.K., The nature and implications of contextual influences on transformational leadership, The Academy of Management Review, January 1997, S. 80-109.

251 Vgl. Gibbons, P.T., Impacts of Organizational Evolution on Leadership–Roles and Behaviours, Human Relations, January 1992, S. 1-18.

252 Vgl. Kasper, H.; Mayrhofer, W., Personalmanagement–Führung-Organisation, 2002, S. 184. - Vgl. Beatty, C.A.; Lee, G.L., Leadership Among Middle Managers, Human Relations, September 1992, S. 957-989.

253 Vgl. Riley, P., The Winner Within, 1993, S. 80. – Vgl. 10.2.

254 Dieser zweite Prozess sollte m.E. schon vor dem ersten Prozess in Gang gesetzt werden. – Vgl. 5.3. – Vgl. das Praxisbeispiel des englischen Fussballnationalteams bei der WM-2010 (in Punkt 11.2.).

255 Vgl. Einleitung zu Kapitel 5. – Vgl. 5.3., 6.2., 7.5. und 8.3.

256 Vgl. 5.1., 7.1., 11.3. und 12.1.

Wort und sagte: „Okay, dieses Team hat Probleme. Ihr werdet sie hier und jetzt lösen!“ Er tadelte die Führungsspieler, die sie sich zwar über die Rebellen beschwerten, selbst aber nicht an ihrem Führungsstil arbeiten wollten. Den Rebellen warf er vor, dass sie ihren Bedarf an starker Führung ignorierten und stattdessen in Cliquen untertauchten. Die dritte Gruppe forderte er auf, jenen Spielern, die mehr Einsatzzeiten hatten, offen zu sagen, dass sie glaubten, besser als jene zu sein. Dem Außenseiter warf er vor, sich jedem zu verschließen, wieder Anderen, dass sie dem schädlichen Treiben im Team tatenlos zusahen. Die Spieler schäumten. Das war der Moment, wo Coach Riley das Team zu einer Diskussion über Verständnis, Offenheit und Gemeinsamkeit bewegen konnte. Die Situation besserte sich danach merklich.[257]

4.2. Strukturinitiierendes Führungshandeln

4.2.1. Fördern von Leistungsorientierung

„Wenn Sie in diesem Team spielen möchten, schulden Sie mir 2.500 Liegestütze!“[258]

Die Ohio-Schule, die sich in den 1950er Jahren gebildet hat, sammelte in einer Studie 1.790 Aussagen zur Charakterisierung von Führungshandeln und arbeitete zwei Faktoren heraus, um wesentliche Unterschiede beim Führungshandeln von Trainern zu erklären.[259] Der erste Faktor ist „strukturinitiierendes Führungshandeln“, bei dem es um die Organisation des Trainings, Trainer-Spieler Beziehungen, Leistungsmotivation und die Kontrollfunktionen des Trainers geht.[260] Charakteristische Führungsitems sind:[261]

- der Trainer leitet die Spieler mit eiserner Hand, tadelt mangelhafte Leistung[262]
- der Trainer verlangt von leistungsschwachen Spielern mehr aus sich herauszuholen
- der Trainer legt Wert auf die Menge und Intensität der Trainingseinheiten, und dass Spieler diese in jeder Einzelheit nach festgelegten Richtlinien erledigen

Ein eindrucksvolles Beispiel für Strukturinitiierung lieferte der Trainer des High-School-Basketballteams „Richmond Oilers“ im Film „Coach Carter“. Dort wurde der Spieler Cruz aufgrund einer Undiszipliniertheit aus der Mannschaft geworfen. Nach

---

257 Vgl. Riley, P., The Winner Within, 1993, S. 239-241. – Vgl. 3.1., 5.2., 7.3. und 10.1.

258 Aus dem Kinofilm „Coach Carter“, 2005.

259 Vgl. Northouse, P.G., Leadership, 2007, S. 70. - Vgl. Hentze, J.; et al.; Personalführungslehre, 2005, S. 211-213. - Vgl. Rosenstiel, L.v.; et al.; Führung von Mitarbeitern, 2003, S. 12-13.

260 Vgl. Neuberger, O., Führung: Ideologie - Struktur - Verhalten, 2. Auflage, 1985, S. 88.

261 Vgl. Pierce, J.L.; Newstrom, J.W., Leaders & The Leadership Process, 2006, S. 170. - Vgl. Fleishman, E.A., Leadership climate and human relations training, Personnel Psychology, 1953, S. 205-222.

262 Vgl. das vorangegangene Beispiel von Coach Riley bei den New York Nicks 1991/1992 in Punkt 4.1.

einiger Zeit kehrte er reumütig zurück. Sofort richtete der Trainer scharfe Begrüßungsworte an ihn: „O.K., Cruz, wenn Sie in diesem Team spielen möchten, schulden Sie mir 2.500 Liegestütze und 1.000 Laufübungen. Und am Freitag müssen Sie damit fertig sein!" Das ganze Team hörte mit und kommentierte dies: „Das schafft er nicht." Das Teamtraining wurde fortgesetzt, während Cruz am Spielfeldrand sein hartes Strafprogramm alleine absolvierte. Ein eigens dafür abkommandierter Teamassistent überwachte genauestens Cruz` Fortschritte. Während sich der Spieler abmühte, trat der Trainer vor ihn, um ihm den Mut zu nehmen: „Geben Sie auf, Mr. Cruz! Sie wissen, dass Sie es nicht vor Freitag schaffen, nicht wahr?" Betroffen schaute der Rest des Teams dieser Szene zu. Als am Freitag die Zeit für das Absolvieren des Straftrainings abgelaufen war, ließ sich der Trainer vom Assistenten über das Ergebnis informieren. Cruz hatte es trotz größter Anstrengungen nicht geschafft – es fehlten noch 80 Laufübungen und 500 Liegestütze. Coach Carter forderte den Spieler trocken auf, die Turnhalle zu verlassen, und schickte sich an hinaus zu gehen. Da ging ein Ruck durch die Mannschaft und ein Spieler sagte laut: „Ich mache Liegestütze für ihn! Sie sagten, wir wären ein Team. Wenn einer kämpft, kämpfen wir alle." Kaum hatte dieser Spieler damit begonnen, für Cruz die noch fehlenden Liegestütze abzuarbeiten, folgte der Rest der Mannschaft seinem Beispiel. Der Trainer aber hatte nur auf diesen Augenblick gewartet: nicht nur, dass die Spieler erkannten, wie ernst es ihm mit der Einhaltung der festgelegten Richtlinien war, es war ihm auch gelungen, den Teamgeist in den Spielern zu wecken. Er verlängerte das Training, damit die Spieler das restliche Straftraining für Cruz abarbeiten konnten.[263]

4.2.2. Das Optimieren von Strukturinitiierung im strategisch-situativen Kontext

> „Coach, Du solltest uns [durch Deine Vision der Titelverteidigung] nicht so unter Druck setzen. Du bist nicht derjenige, der auf das Spielfeld laufen und spielen muss." – „Nein, … aber ich bin genauso ein Teil dieser Mannschaft wie Du es bist. Und ich muss genauso wie Du die Konsequenzen von Niederlagen ertragen."[264]

Anhand des folgenden Praxisbeispiels, das uns auf der „Zeitreise" durch fünf Jahrzehnte des Mannschaftssports wieder in die 1960er Jahre führt, möchte ich nun zeigen, wie man Strukturinitiierung strategisch-situativ optimieren kann.

---

263 Aus dem Kinofilm „Coach Carter", 2005.

264 Dialog zwischen Pat Riley, dem Coach der Los Angeles Lakers, und einem seiner Spieler, In: Riley, P., The Winner Within, 1993, S. 189.

Als sich Don Haskins vor Beginn der Saison 1965/66 anschickte für das „Texas Western College" ein Herrenbasketballteam aufzubauen, sah er sich einer schwierigen Ausgangslage gegenüber.[265] Das College hatte kein Budget für Basketball. Coach Haskins hatte dennoch hochfliegende Visionen und wusste, dass der erste Schritt zum Erfolg das Rekrutieren guter Spieler war. Letztlich fand er sieben Spieler, die als Afro-Amerikaner bei der damaligen gesellschaftlichen Situation nur eingeschränkte Möglichkeiten auf Bildung und ein Weiterkommen in der Gesellschaft hatten. Er bot ihnen daher ein Gratis-Studium an und konnte sie dazu bewegen, aus ihrem gewohnten sozialen Milieu heraus in den Süden der USA zu ziehen. Dort trafen sie auf weitere fünf Spielerkollegen, die Angehörige der europäischen Mittelschicht waren. Dem Trainer war bewusst, dass diese bunt zusammengewürfelte Truppe kulturelle und von der Spielweise her unterschiedliche Voraussetzungen mitbrachte. Die technisch sehr versierten und in den Ball „verliebten" Afro-Amerikaner waren individuell veranlagte Spielerpersönlichkeiten. Einige von ihnen hatten sich aufgrund ihrer schwierigen sozialen Herkunft im Gegensatz zu den anderen Teamkollegen zu ausgeprägten Einzelkämpfern entwickelt. Der Trainer hatte aber ein Rezept, um aus den unterschiedlichen Persönlichkeiten ein Erfolgsteam zu formen: **a)** den Aufbau starker Mannschaftsstrukturen auf Basis **b)** einer ebenso starken Mannschaftskultur mit strengen Verhaltensregeln. Am ersten Trainingstag begrüßte er das Team mit folgenden Worten:

> „Wir spielen fundamentalen, disziplinierten und defensiven Basketball. Ich spreche, Ihr hört zu. Ich will von Euch kein „Ich kann nicht", „Ich will nicht" oder „Coach, ich blute" hören. Ihr spielt Basketball nach meinen Regeln. Und die sind hart."

Er setzte weiters auf **a)** hartes körperliches Training, das er durch Strafmaßnahmen noch zu steigern wusste, **b)** das Einhalten eines straffen Trainingsplanes, **c)** selbstlosen Einsatz der Spieler für ihr Team, und **d)** eine Spieltaktik, die auf Defensive und rigoroses Einschränken der Bewegungsfreiheit fokussierte. Ungeachtet der immer wieder aufflackernden Proteste einzelner Spieler verfolgte er sein Ziel, auf der Mannschaftsebene nicht nur den Kampfgeist der Spieler (**mannschaftsdienliche Effektivitätskomponente**), sondern auch eine Art des Zusammenspiels zu entwickeln (**Effizienz**), die den höher eingeschätzten Gegnern ebenbürtig sein sollte. Überrascht stellte ein Reporter zu Beginn des Auftaktspiels gegen die „University of Eastern New Mexico"[266] denn auch fest:

> „Coach Haskins versucht, aus diesen Jungs Teamspieler zu machen."

---

[265] Aus dem Kinofilm „Glory Road", 2006.

[266] Dieses Spiel wurde entgegen aller Erwartungen von den „Texas Western Miners" gewonnen.

Abbildung 10 zeigt, wie ein strategisch-situativer Führungskontext „mehr" aus strukturinitiierendem Führungshandeln machen kann, indem es dieses[267] effizient mit den sportlichen Lern- und Entwicklungszielen der Spieler[268] verknüpft.

Abb. 10: Strukturinitiierendes Führungshandeln im strategisch-situativen Kontext

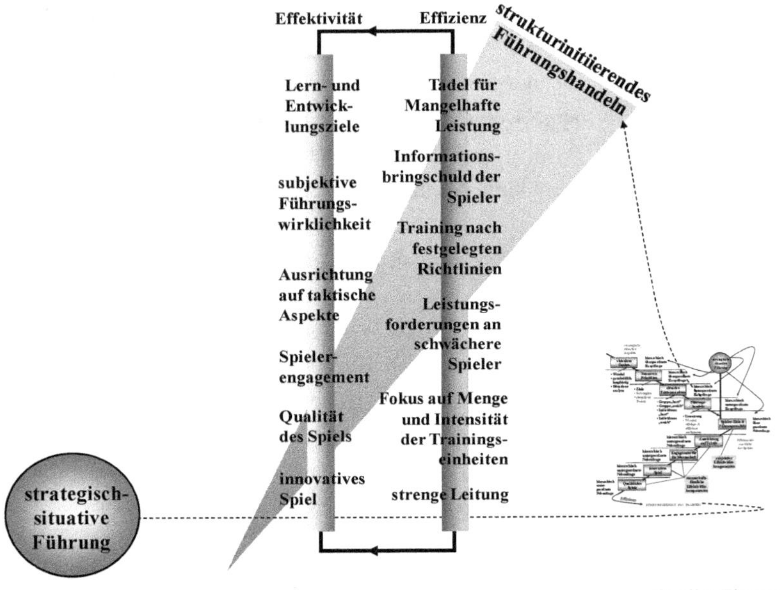

Quelle: Eigenerstellung

4.3. Rücksichtsvolles Führungshandeln

4.3.1. „Coaching"

> „Er hat mir immer vertraut, auch in schwierigen Zeiten. Er ist ein Teamchef, der immer in unserer Nähe und für uns da ist."[269]

Rücksichtsvolles Führungshandeln – der zweite Faktor der Ohio-Schule - zielt auf Vertrauen, Wärme und Achtung bei Trainer-Spielerbeziehungen ab und kommt dem Begriff„Coaching" nahe. Typische Führungsitems für solche Trainer sind:[270]

---

267 Das Symbol für die Haupt- und Nebenfragen strategisch-situativer Führung verdeutlicht den Zusammenhang von Führungshandeln (Hauptfrage) und Effektivität (Nebenfrage). – Vgl. Abb. 8.

268 Vgl. 10.1.

269 Der argentinische Stürmerstar Lionel Messi über seinen Teamchef Diego Maradona bei der Fussball WM-2010, In: http://sport.orf.at/wm2010/: Messi lobt Teamchef Maradona, 14. Juni 2010.

- der Trainer bemüht sich um ein gutes Verhältnis zu seinen Spielern[271]
- der Trainer setzt sich für die Spieler ein[272] und unterstützt sie bei ihrem Tun[273]
- der Trainer drückt sich verständlich aus, die Spieler können unbefangen mit ihm reden

Im Film „Coach Carter", kommt auch das Coaching des Trainers zum Ausdruck. So wollte dieser aus seinen Spielern nicht nur ein gutes Basketballteam formen, sondern sie auch auf das Leben in der Gesellschaft vorbereiten. Viele der Spieler gehörten Minderheiten an, von denen wohl nur wenige die Schule abschließen würden. Der Trainer wollte dieser Entwicklung gegensteuern, indem er wöchentliche Fortschrittsberichte über die schulischen Leistungen einforderte. Als er feststellte, dass der Großteil von ihnen im Unterricht nur mangelhafte Leistungen erbrachte, versuchte er ihnen klar zu machen, auf welch aussichtslose Zukunft sie zusteuerten, sollten sie nicht mit dem nötigen Ernst an ihre Ausbildung herangehen. Außerdem würde der Trainings- und Spielbetrieb nun so lange unterbrochen bleiben, bis die schulischen Leistungen auf das vor Beginn der Saison vereinbarte Niveau ansteigen würden. Ein Schock nicht nur für die bis dahin unbesiegten „Richmond Oilers", sondern auch für die Eltern und für die Schulverwaltung. Es kam zu einer Abstimmung, wo sich die Schulverwaltung und Interessenvertreter gegen den Trainer stellten und die Wiedereröffnung der Trainingshalle beschlossen. Dies, obwohl der Trainer mit seinem Rücktritt gedroht hatte. Coach Carter akzeptierte und machte sich ein letztes Mal auf den Weg in die Sporthalle, um seine Unterlagen zu holen. Zu seiner Überraschung stellte er fest, dass die Halle bereits geöffnet war. Allerdings nicht von der Schulverwaltung, sondern von den Spielern, die wussten, dass ihr Coach noch einmal kommen musste. Jeder Spieler hatte einen Schreibtisch mitgenommen und studierte nun in der Trainingshalle. So sollte der Coach sie antreffen. Sie wollten ihm zeigen, dass sie seine Botschaft verstanden hatten und seinen über das Training hinausgehenden Einsatz für ihre Zukunft würdigten. Coach Carter blieb.[274]

---

270 Vgl. Northouse, P.G., Leadership, 2007, S. 71. - Vgl. Pierce, J.L.; Newstrom, J.W., Leaders & The Leadership Process, 2006, S. 170. - Vgl. Hentze, J.; et al., Personalführungslehre, 2005, S. 211-213. - Vgl. Fleishman, E.A., Leadership climate and human relations training, Personnel Psychology, 1953, S. 205-222.

271 Vgl. 9.1.2. und 9.2.

272 Vgl. das Beispiel von DFB-Teamchef Joachim Löw und Teamspieler Miroslav Klose in Punkt 9.2.

273 Die Unterstützung eines Trainers für seine Spieler ist auch ein Aspekt der Mannschaftskultur. Vgl. Carless S.A., Does Psychological Empowerment Mediate the Relationship Between Psychological Climate and Job Satisfaction?, Journal of Business and Psychology, 2004, S. 405-425.

274 Aus dem Kinofilm „Coach Carter", 2005.

4.3.2. Das Optimieren von Rücksichtnahme im strategisch-situativen Kontext

> „Wenn man ein Sendungsbewusstsein [vermittelt] bekommt, das über das Gegenwärtige hinausgeht, gelangt man als Individuum ... zu Bestleistungen."[275]

Nun stellt sich die Frage, wie man rücksichtsvolles Führungshandeln „strategisch-situativ" richtig anwendet. Dazu werden folgende Aspekte berücksichtigt:

- die Intensität des Führungshandelns verweist auf die **Effizienz**[276] des Trainers
- die **Effektivität** des Führungshandelns eines Trainers wird am Erreichen der **subjektiven sportlichen Lern- und Entwicklungsziele der Spieler**[277] und an deren **subjektiver Führungswirklichkeit** gemessen;[278]
- die Ausrichtung der Spieler auf **Taktik**, das **Engagement** der Spieler für ihr Team, das **innovative Spiel** und die **Qualität des Spiels** sind „mannschaftsdienliche" **Effektivitätskomponenten**[279] („Makrovariablen"[280])

Das Zusammenspiel dieser Aspekte wird mit einem weiteren Praxisbeispiel verdeutlicht. Kurz vor einem sehr wichtigen Heimspiel der Wettkampfsaison 1965/66 ertappte Don Haskins, der Coach der „Texas Western Miners" – wir haben diese Mannschaft bereits im vorletzten Punkt kennen gelernt - einen seiner Spielmacher bei einem Bruch der angeordneten Verhaltensregeln außerhalb des Spielfeldes (es handelte sich um ein nächtliches Date mit einer jungen Dame). Als Konsequenz verordnete Haskins ihm an Ort und Stelle ein hartes Straftraining. Der Coach schaute zu bis der Spieler vor Erschöpfung nicht mehr weiterlaufen konnte, um ihn dann zu tadeln: „Du kannst nicht mehr? Du hast doch sonst Energie für alle Arten von Unsinn anstelle sie in Dein Team zu investieren, anstelle Respekt zu zeigen und ein Führungsspieler zu werden." Der Spieler konterte, dass er kein wirkliches Team habe, weil der Trainer ihnen doch ständig ihre Schwächen vorhalte. Außerdem wisse jeder, dass sie niemals gewinnen würden. Darauf hatte der Trainer nur gewartet. Er würde

---

275 Riley, P., The Winner Within, 1993, S. 187.

276 Vgl. Tabelle 4 in Punkt 11.2.

277 Individuelle Ziele der Spieler werden mit den Mannschaftszielen in Einklang gebracht.

278 Vgl. 3.1., 10.1. und 10.2. - Vgl. Clark, T.R., Engaging the disengaged, HR Magazine (http://findarticles.com/p/articles/mi_m3495/is_4_53/ai_n25358114/pg_2?tag=artBody;col1), April 2008.

279 Vgl. 10.3., 10.4., 10.5. und 10.6.

280 Makrovariablen (Mannschaftsformen, Hierarchien) dienen nach Neuberger dazu, von der „Unsicherheit, Störbarkeit und Instabilität personaler Motivationen und Fähigkeiten" unabhängig zu machen: Neuberger, O., Führung: Ideologie–Struktur-Verhalten, 2. Auflage 1985, S. 122. – Türk meint hierzu: „Eine Mannschaft ist die Vorab-Konstitution von sozialen Verhältnissen", die durch Verhaltenserwartungen festgelegt sind. Vgl. Türk, K., Personalführung und soziale Kontrolle, 1981, S. 28. - Vgl. Neuberger, O., Führung: Ideologie-Struktur-Verhalten, 2. Auflage, 1985, S. 122.

ihm nun vom Leben seines Vaters erzählen, der es „nur" zum Lastwagenfahrer gebracht hatte und diesen Beruf hasste. Doch er übte seine Arbeit beharrlich aus, um seine Familie zu versorgen und den Kindern eine bessere Zukunft zu ermöglichen. Der Trainer fuhr fort: „Ich liebe dieses Spiel. Ich war niemals der beste Spieler. Aber ich habe hart an mir gearbeitet und auf diese Weise bessere Spieler hinter mir gelassen. Ich bin auch nicht der schlaueste Coach, aber ich habe hart an mir gearbeitet und bessere Coaches hinter mir gelassen. Und wenn ich sehe, was für ein Talent Du hast, und wenn ich zusehen muss, wie Du es vergeudest, dann halte ich das nicht aus! Nun, wenn Du nicht die Chance hättest, zum Training zu kommen, dann gäbe es auch nichts zwischen uns zu besprechen. Aber Du kommst zum Training. Und wenn Du zum Training kommst, dann solltest Du meinen Vater und mich respektieren. Und Du solltest Respekt vor Dir selbst zeigen und Basketball spielen." Erst nach diesem sehr persönlichen Gespräch begriff der Spieler, worum es ging: seine eigenen **(subjektiven) sportlichen Lern- und Entwicklungsziele** machten erst im Kontext der Mannschaft Sinn. Und er musste als Spielmacher Verantwortung dafür übernehmen.[281] Der Trainer verstand es, in einer kritischen Situation einem seiner wichtigsten und gleichzeitig am wenigsten motivierten Spieler dessen Schwächen schonungslos, aber korrekt vor Augen zu führen und ihn auf die Vision und übergeordneten Mannschaftsziele auszurichten. Und der Spieler gewann dadurch ein völlig neues Bild von seinem Trainer (positive **subjektive Führungsrealität des Spielers**).

Abbildung 11 zeigt, dass ein strategisch-situativer Kontext (Vision, Führungsprioritäten, Zielorientierung, Fokus auf relevante situative Faktoren)[282] rücksichtsvolles Führungshandeln dadurch prägt, dass es die Vorgaben für die Intensität dieses Führungshandelns (Ausmaß an Vertrauen, Achtung und Wärme) liefert – hier geht es also um **Effizienz**. Die Ausprägung der mannschaftsdienlichen Effektivitätskomponenten[283] lässt sich auch aus dem Realisieren der subjektiven Effektivitätskomponenten ableiten (**Effektivität** aus Sicht der Spieler) und wird im Zusammenhang mit rücksichtsvollem Führungshandeln ebenfalls mit dem strategisch-situativen Kontext abgestimmt. Trainer, die in solchen Kategorien denken und handeln,[284] werden im wahrsten Sinne des Wortes zu **„Coaches"**.

---

281 Aus dem Kinofilm „Glory Road", 2006.

282 Vgl. Kapitel 5. – Vgl. Abbildung 17.

283 Ausrichtung der Spieler auf taktische Aspekte, Engagement, innovatives Spiel, Qualität des Spiels.

284 Führungshandeln ist „Einflussnahme bzw. Fremdsteuerung", aber wenn - wie Papst Johannes Paul II. in seiner Enzyklika „Laborem exercens" betonte - der Mensch dabei „Subjekt der Arbeit" und auch Subjekt gegenüber anderen Subjekten bleibt, so wird ihm die Möglichkeit der

Abb. 11: Rücksichtsvolles Führungshandeln im strategisch-situativen Kontext

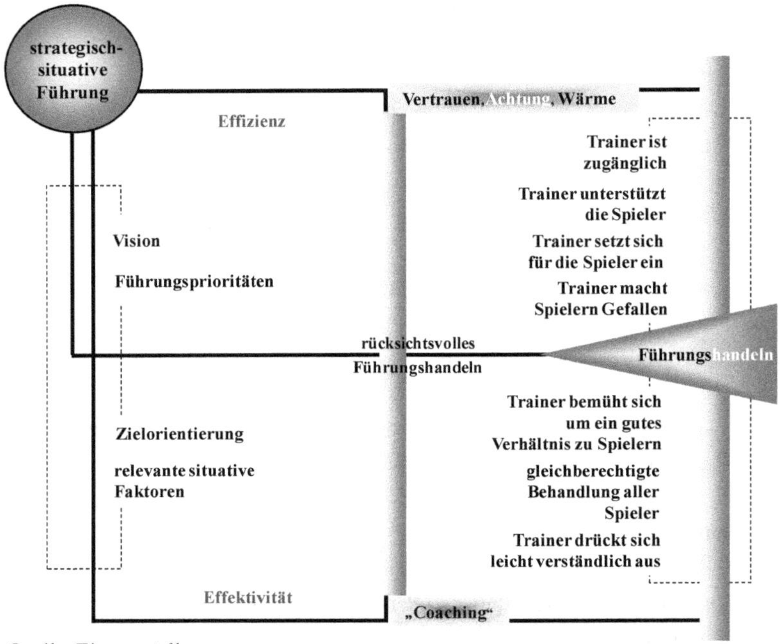

Quelle: Eigenerstellung

4.4. Partizipatives Führungshandeln

„Schreibt Euer eigenes Buch über Erfolg anstatt von jemand anderem darüber zu lesen"[285]

Nach einer Serie von fünf Niederlagen mit den Los Angeles Lakers im Frühjahr 1982 beraumte Coach Pat Riley eine Teambesprechung an, um über Leistungsstandards und deren Umsetzung im Spiel zu diskutieren. Jeder Spieler konnte seine Meinung äußern, und man legte fest, was getan werden musste, um das große Ziel, den Meistertitel, zu realisieren. Coach Riley fasste zusammen: „Ihr habt als Team die Leistungsstandards definiert, die uns zum Titel führen sollen. Als Gruppe werden wir uns gegenseitig bei der Einhaltung der Standards überwachen. Und als Euer Coach werde ich sie forcieren. Die Konsequenzen, wenn Ihr hinter diese Standards zurück fällt, werden Euch nicht gefallen." Jeder Spieler verstand, dass die Alternativen nun bedingungslose Leistungs-

Identitätserhaltung und -entwicklung gegeben. Vgl. Neuberger, O., Führung: Ideologie - Struktur - Verhalten, 2. Auflage 1985, S. 69f.

285 Coach Brooks zum US-Eishockeyteam 1980, In: http://en.wikipedia.org/wiki/Herb_Brooks

orientierung oder ein Reservistendasein auf der Ersatzbank waren. Auf diese Weise band Coach Riley seine Spieler nicht nur in leistungsbezogene Entscheidungsprozesse ein, er legte so auch die Basis für sein Team auf dem Weg zu einer Dynastie.[286]
Das folgende Beispiel verdeutlicht darüber hinaus, wie Trainer ihre Spieler selbst in operative (hier: strukturelle) Entscheidungsprozesse einbinden können.[287]
Als Herb Brooks, der Coach des US-Eishockeynationalteams 1980, nach Monaten intensiven Trainings einen neuen Spieler in das Team holen wollte, kam es zum einzigen Spielerprotest während der Vorbereitung für die Olympiade. Einige Spieler kritisierten, dass es zu spät wäre, einen Neuen aufzunehmen, denn sie wären nach all dem Training nun eine „Familie". Diese Art von teamorientierter Entscheidung gefiel dem Coach und er sicherte ihnen zu, den neuen Spieler wieder nach Hause zu schicken.[288]
Wie das Beispiel von Coach Brooks zeigt, gehört zu solchen Führungsentscheidungen ein Vertrauensaustausch, der sich von rücksichtsvollem Führungshandeln unterscheidet und gerade deswegen als dessen **Weiterentwicklung** gesehen werden kann, denn Partizipation ist **zweiseitig** und **intensiver.**[289] Partizipation steht auch in Zusammenhang mit strukturinitiierendem Führungshandeln, da Spieler ihren Trainer v.a. dann als partizipativ betrachten, wenn er leistungsorientiert, motivierend und kontrollierend leitet.[290] Davon abgesehen ist Partizipation eine Vorstufe für „**Empowerment**".[291]

4.5. „Empowerment"

> „Einfach nur für eine neue Aufgabe bereit zu sein, ist nicht genug. Man muss auf … jede bedeutende Veränderung vorbereitet werden. Vorbereitung verlangt nach mentalem und körperlichem Aufbau sowie nach sorgfältiger Planungsarbeit."[292]

Man weiß aus Studien, dass Trainer keine Form von Führungshandeln über einen längeren Zeitraum auf Kosten anderer Formen von Führungshandeln praktizieren sollten.[293] „Empowerment", das eine Weiterentwicklung von Partizipation darstellt und

---

286 Vgl. Riley, P., The Winner Within, 1993, S. 71.

287 Vgl. Vroom, V.H., Leadership and the Decision-Making Process, In: Pierce, J.L.; Newstrom, J.W., Leaders & The Leadership Process, 2006, S. 298.

288 Aus dem Kinofilm „Miracle", 2004. – Vgl. 11.3.

289 Vgl. Carless S.A., Does Psychological Empowerment Mediate the Relationship Between Psychological Climate and Job Satisfaction? Journal of Business and Psychology, 2004, S. 405-425.

290 Vgl. Nerdinger, F.W., Erfolgreich führen, 2000, S. 22. – Miteingebundene Mitarbeiter sind engagierter. In: Schumacher, H., Das Prinzip Jauch, managermagazin, 2007, S. 200.

291 Vgl. Allerbeck, M., Ausgewählte Probleme der Führungsforschung – eine empirische Studie (Dissertation), 1977, S. 185f. - Vgl. Turban, D.B.; Jones, A.P., Supervisor-subordinate similarity: Types, effects, and mechanisms, Journal of Applied Psychology, 1988, S. 228-234.

292 Riley, P., The Winner Within, 1993, S. 106.

293 Vgl. Day, D., New Supervisors and the Informal Group, Supervisory Management, May 1, 1989, S. 31-33. - Vgl Pichlkastner, K., et al.; Führungs- und Mannschaftslehre II, 1998, S. 130.

Elemente von strukturinitiierendem und rücksichtsvollem Führungshandeln einsetzt, sollte diesem Anspruch bestmöglich genügen. Es ist einer der am meisten propagierten Formen von Führungshandeln (jedenfalls seit den 1990er Jahren) und gilt als Voraussetzung zum Erzielen guter Leistungen in Teams.[294] Es bedeutet, Spieler flexibel, d.h. nach Bedarf, mit zusätzlichen Kompetenzen und Verantwortung auszustatten, so dass diese in ihrem Aufgabenbereich neue Herausforderungen wahrnehmen können.[295] Im Spiel gegen die „University of Iowa" verlangte Coach Haskins, der Trainer der „Texas Western Miners", nach einem Zeit-Aus, um einem seiner Spielmacher eine knappe Anweisung zu geben: „Hill, Du spielst Dein Spiel. Und Du spielst mein Spiel."[296] Bobby Joe Hill verstand, dass er als Spielmacher nun damit beauftragt („empowert") war, seine kreativen Fähigkeiten und die der anderen Spieler auf dem Court freizusetzen, eigenständig Spielzüge zu gestalten, und dabei nicht auf das angeordnete Defensivspiel zu vergessen. Er informierte seine Mitspieler darüber. Man spielte weiterhin defensiv, jedoch mit vollem Druck auf den Gegner. Die besten Spieler entfalteten sich immer besser, verwirrten mit ihren technischen Eigenheiten den Gegner und erzielten Korb um Korb bis der Rückstand halbiert war. Jetzt wechselte Coach Haskins seinen besten Spieler, Daddy „D." Lattin, ein und gab auch ihm in einfachen Worten seine Anweisung: „Bring uns nach Hause!" Der Spieler wusste, dass seine Rolle fortan darin bestand, aufgrund seiner Fähigkeiten dem Team weiteren Rückhalt in der Defensive zu geben, es gemäß dem ursprünglichen Spielplan beim Spielaufbau zu unterstützen und auch selber zu Korbwürfen zu kommen. Das Team entwickelte eine ungeahnte Dynamik, und man gewann ein schon verloren geglaubtes Spiel durch einen Korbwurf in der letzten Sekunde. Coach Haskins hatte sich lange damit Zeit gelassen, seine Schlüsselspieler zu „empowern", d.h. mit anderen als nur den antrainierten, spieltaktischen (defensiven) Aufgaben zu versehen. Er machte dies sowohl von der Reife der Spieler als auch von der Spielsituation abhängig. Es waren aber auch die Führungsfähigkeiten der Spielmacher und deren Bereitschaft, Verantwortung beim Spielaufbau zu übernehmen, welche ihn zu dieser Entscheidung veranlassten. So formte er aus den „Texas Western Miners" endgültig ein Team, das mit dem Gewinn der NCAA-Meisterschaft 1966 Sportgeschichte schrieb: das Finale

294 Vgl. Bennis, W., Leading Teams, Eexecutive Excellence, March 1998, S. 6-7. – Vgl. Newman, T., Leadership Effectiveness for the Twenty-First Century, The Sport Journal (http://www.thesportjournal.org/article/leadership-effectiveness-twenty-first-century), 2001.

295 Vgl. Chelladurai, P., Human Resource Management in Sport and Recreation, 2006, S. 305.

296 Vgl. das Praxisbeispiel der „Texas Western Miners" in Punkt 3.1.

wurde mit 72:65 gegen die „University of Kentucky", deren überragender Spielmacher die spätere Trainerlegende Pat Riley war, gewonnen.[297]

Das Beispiel der „Texas Western Miners" weist auch auf die **Querschnittsfunktion** von „Empowerment" hin: „empowert" wird ein Spieler nur dann, wenn dies einen Mehrwert für das Team darstellt. Je mehr ein Spieler auf diese Weise gefördert wird, desto mehr erkennt er die Bedeutung seiner Rolle und wird positiv darauf reagieren.[298]

Abbildung 12 skizziert in Abhängigkeit von den **situativen Faktoren** (Situationsvielfalt)[299] und den Fähigkeiten der zu „empowernden" Spieler die Auswirkungen von „Empowerment" im Sinne eines Mehrwerts für das Team. Hier geht es zunächst also um **Effizienz.**[300] Durch „Empowerment" steigen aber auch die Qualität der Arbeitsbeziehungen (wichtig für die subjektive Führungswirklichkeit der Spieler) und die weiteren **Effektivitätsbewertungen** eines Trainers,[301] denn die Spieler werden kompetenter und gewissenhafter, setzen Handlungen entsprechend den Erwartungen ihres Trainers[302] (u.a. wichtig für deren **Ausrichtung auf Taktik**) und **engagieren sich mehr.**[303] „Empowerment" hilft den Spielern auch selbständige Entscheidungen zu treffen und kalkulierte Risiken einzugehen.[304] Dies steigert ihre **Lernorientierung,**[305] ihr **innovatives Spiel** und die **Qualität ihres Spiels.** Dabei sollte immer mehr Verantwortung auf Einzelspieler übertragen werden. So wird deren „Produktivität" bis zu dem Punkt herausgefordert, wo sie abhängen vom Input - das beinhaltet auch wohlüberlegten Widerspruch[306] - und der Zusammenarbeit mit anderen Spielern.[307] Einzelgänger haben es dann doch etwas schwer.

---

297 Aus dem Kinofilm „Glory Road", 2006.

298 Vgl. Bryant, A.; Harvey, E. L., Empowered environments, Executive Excellence, February 1993, o.S. – Vgl. Logan, M.S.; Ganster, D.C., The Effects of Empowerment on Attitudes and Performance, Journal of Management Studies, December 2007, S. 1523-1550.

299 Dies wird mit dem Symbol für den strategisch-situativen Führungskreislauf gezeigt. - Vgl. 5.6.

300 Vgl. Kapitel 11.

301 Vgl. Deluga, R.J.; Perry, J.T., The role of subordinate performance and ingratiation in leader-member exchanges, Group & Organization Management, 1994, S. 67-86.

302 Vgl. Graen, G.; Cashman, J., A role-making model of leadership in formal organizations, 1975, In: Hunt, J.G.; Larson, L., (Hrsg.), Leadership Frontiers, 1975, S. 143-165. – Vgl. Deluga, R.J., Leader-Member Exchange Quality and Effectiveness Ratings, Group & Organization Management, June 1998, S. 189-216.

303 Vgl. Deluga, R.J., The Effects of Transformational, Transactional and Laissez faire Leadership Characteristics on Subordinate Influencing Behavior, Basic and Applied Social Psychology, March 1990, S. 191-203.

304 Vgl. Bryant, A.; Harvey, E. L., Empowered environments, Executive Excellence, February 1993, o.S.

305 Vgl. Senge, P.M., Communities of leaders and learners, Harvard Business Review, September/October 1997, S. 30-32.

306 Vgl. Bennis, W., Learning to Lead, Executive Excellence, January 1996, S. 7.

307 Vgl. Bryant, A.; Harvey, E. L., Empowered environments, Executive Excellence, February 1993, o.S.

Abb. 12: „Empowerment" im strategisch-situativen Kontext

Quelle: Eigenerstellung

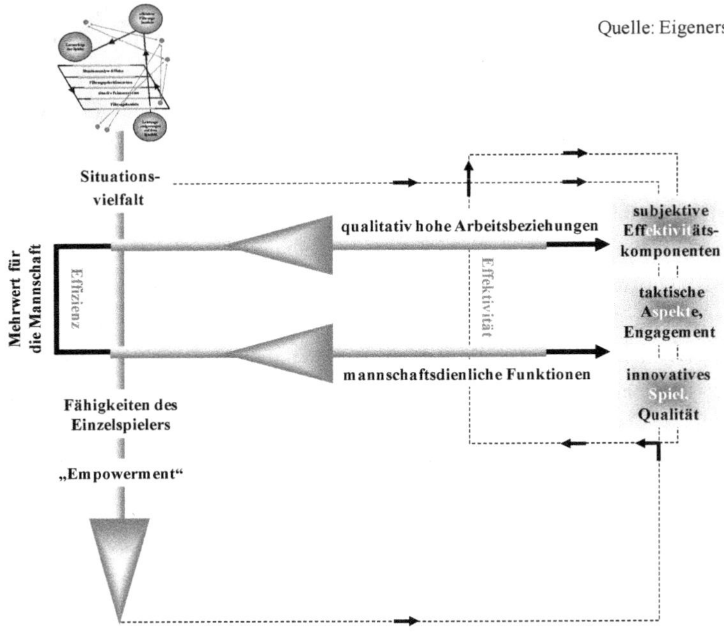

4.6. Implikationen für das Führungshandeln: das Realisieren von Wandel in zwei Geschwindigkeiten

> „Wenn sich der Kern Deines Teams auflöst, kreierst Du entweder ein neues Team, schwörst es auf Deine Ziele ein und initiierst Wandel - oder Du gehst."[308]

Als der italienische Startrainer Giovanni Trapattoni 2008 Abschied vom österreichischen Fußballclub Red Bull Salzburg nahm, wandte er sich an die Journalisten: „Ich bin keine einfache Persönlichkeit. Es ist nicht einfach, mit mir zu arbeiten, weil ich meine fixen Ideen habe, die ich durchsetzen und umsetzen muss. Mein Nachfolger wird auf eine gute Mischung aus jungen und alten Spielern zurückgreifen können, aber es wird einen Wechsel geben in der Philosophie und bei den Spielern."[309]

Wie aus dieser Rede heraus zu hören ist, können situative Faktoren (z.B. Spielerpotential, Spielerfluktuation) ebenso für den Erfolg oder Misserfolg eines Trainers ver-

---

[308] Riley, P., The Winner Within, 1993, S. 234f.

[309] http://sportv1.orf.at/0804245090/?href=http%3A%2F%2Fsportv1.orf.at%2F0804245090% 2F5093 bigstory txt.html: Danke für die Geduld mit mir, 24. April 2008.

antwortlich sein wie seine Persönlichkeit oder sein Führungshandeln. Da es praktikabler ist, die Situation eines Trainers zu ändern als dessen Persönlichkeit, empfehlen Experten, die Situation in dessen Sinne zu gestalten.[310] Das geschieht, indem Trainer Spieler motivieren, mit ihren Kernkompetenzen die Spielweise zu ändern (z.B. Stabilisieren des Spiels durch eine forcierte Defensive, wie am Beispiel der „Texas Western Miners“ in Punkt 4.2. gezeigt).[311] Wandel wird dann m.E. in einer Art „Zangenbewegung“ herbeigeführt, indem man **pro-aktiv** Führungsprioritäten[312] antizipiert und initiiert, sowie **reagierend** situative Aspekte[313] verändert (situativer Fokus).
Wie entscheidend dies bei Turnieren ist, mussten Serbien und Australien bei der Fußball-WM 2010 erfahren. Serbien (unter Teamchef Radomir Antic) unterlag Ghana mit 0:1, konnte dann aber sensationell das Spiel gegen den WM-Favoriten Deutschland gewinnen (1:0): „Jetzt liegt alles in unseren Händen“, frohlockte schon Mittelfeldspieler Kuzmanovic.[314] Das letzte Spiel um den Aufstieg ins Achtelfinale gegen Australien ging aber erneut verloren (1:2). Australien hatte seinerseits das erste Spiel gegen Deutschland mit 0:4 verloren und dann gegen Ghana remisiert (1:1), ehe es auf Serbien traf und zum ersten Mal siegte - eine Leistungssteigerung, die aber zu spät erfolgte: „Wir haben ein ... Alles-oder-nichts-Spiel geliefert und ein tolles Resultat erzielt, aber es war nicht gut genug“, resümierte Australiens niederländischer Teamchef Pim Verbeek.[315] Unter dem Strich kam aufgrund der **schwankenden Leistungen** somit keines von diesen beiden Teams weiter – der lachende Dritte war Ghana.[316]
Abbildung 13 zeichnet nochmals das Zusammenspiel des (pro-aktiven) Initiierens und (reagierenden) Managements von Wandel nach. Widerstände der Spieler gegen Wandel sollten dabei ebenso analysiert werden wie man wandelinduzierte Probleme mit ihnen bespricht.[317] Wichtig ist, dass der Trainer die Lern- und Entwicklungsziele der Spieler mit den Zielen für das Team in Einklang bringt, indem er etwa auf die Interdependenzen dieser Ziele hinweist (wie beim nächtlichen Gespräch von Coach Haskins mit

---

310 Vgl. Myers, A.E.; Fiedler, F.E., Theorie und Probleme der Führung unter spezieller Berücksichtigung des Mannschaftssports; In: Lüscher, G., (Hrsg.), Kleingruppenforschung und Gruppe im Sport, 1966, S. 101-103. – Vgl. Beginn von 11.3.

311 Vgl. Bennis, W., Leaders of leaders, Executive Excellence, September 1997, S. 3-4.

312 Vgl. 5.2.

313 Vgl. 5.3.

314 http://sport.orf.at/wm2010/100622-515/index.html: Aufstieg aus eigener Kraft möglich, 22. Juni 2010.

315 http://sport.orf.at/wm2010/100623-559/index.html: „Socceroos“ siegen und fliegen, 23.6.2010

316 Vgl. http://sport.orf.at/stories/2003708/2003712/

317 Vgl. Meisinger, S., Change management and HR's role, HR Magazine (http://findarticles.com/p/articles/ mi_m3495/is/ai_n25127902?tag=artBody;col1), March 2008.

einem Spieler). Das führt zu Gemeinsamkeiten bei der Zielerreichung[318] und sollte sich m.E. auf **a)** die Reduktion von Rollenunklarheiten bei den Spielern (**Effizienz**) und **b)** konstante Leistungserbringung (**Effektivitätskomponente**) auswirken.

Abb. 13: Realisieren von Wandel[319]

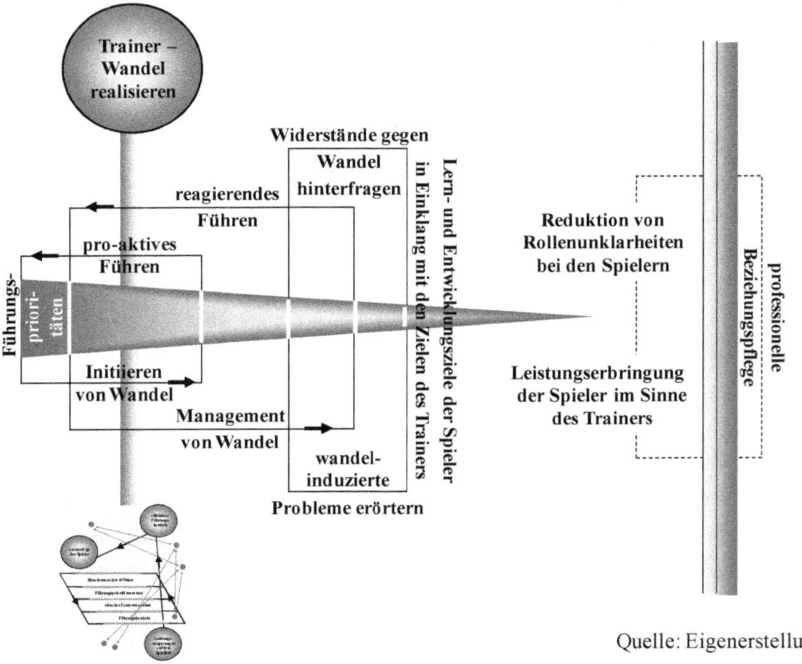

Quelle: Eigenerstellung

Strategisch-situatives Führen entfaltet sich im Zusammenhang mit **Wandel** m.E. also **in zwei Geschwindigkeiten**: **pro-aktiv** und **reagierend**. Dies nehmen wir als Wissenskonstante beim Sammeln wesentlicher Implikationen für das Führungshandeln mit. Die folgende Abbildung 14 verdeutlicht dies mit einer standardisierten Abbildung, der ich am Ende jedes noch folgenden Kapitels weitere Aspekte hinzufügen werde.[320]

---

318 Vgl. Danserau, F.; et al.; A vertical dyad linkage approach to leadership within formal organizations, Organizational Behaviour and Human Performance, February 1975, S. 46-78. – Vgl. Deluga, R.J., Leader-Member Exchange Quality and Effectiveness Ratings, Group & Organization Management, June 1998, S. 189-216.

319 Das Symbol für den strategisch-situativen Führungskreislauf in Abbildung 13 visualisiert Wandel.

320 Führungsebenen werden durch Symbole verdeutlicht. Vgl. Abb. 41, 47, 59, 66, 72, 83, 93 und 107.

Abb. 14: Implikationen für das Führungshandeln I[321]

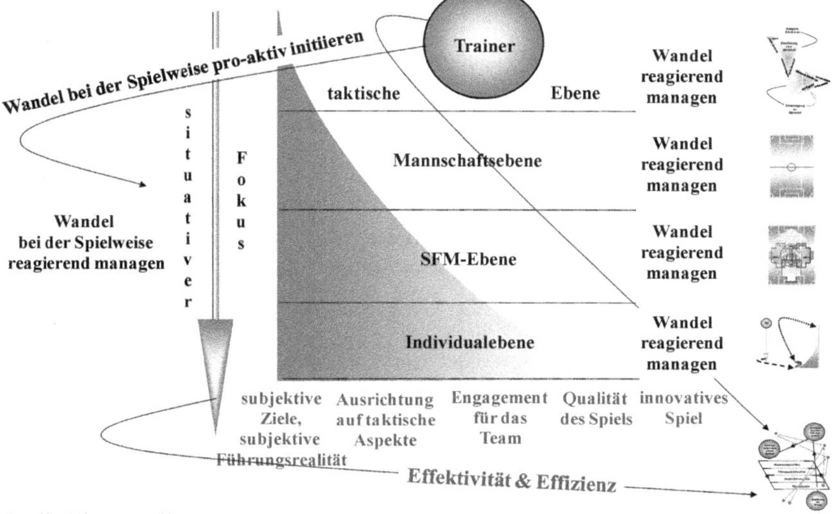

Quelle: Eigenerstellung

4.7. Zusammenfassung: Führen auf der Gruppen- und Individualebene

> „Wir holen Spieler, die gewinnen wollen. Wenn es jemand gibt, der glaubt, dass ihm sein lukrativer Vertrag eine Position [im Team] garantiert, aber keine Resultate [für das Team] produziert, dann begeht er den größten Fehler seines Lebens."[322]

Möchte man die Wirkung von Führung ermitteln, dann muss man dies sowohl auf der Gruppen-[323] als auch auf der Individualebene[324] tun. Wenn z.B. SFM-Spieler individuel „empowert" werden, so muss man diese bisweilen in ihrer Handlungsfreiheit wieder einbremsen: so wird vermieden, dass sich die Eigenheiten einer SFM mit dem Teamcharakter „schlagen".[325] **Strategisch-situative Führung** entfaltet sich erst, wenn der Trainer versucht **a)** pro-aktiv das Team strategisch zu steuern, und **b)** reagierend

[321] Das Symbol für den strategisch-situativen Führungskreislauf in Abbildung 14 visualisiert Wandel. - Vgl. Abbildung 100.

[322] Riley, P., The Winner Within, 1993, S. 238.

[323] Vgl. Kapitel 6 (taktische Ebene), Kapitel 7 (Mannschaftsebene), Kapitel 8 (SFM-Ebene).

[324] Vgl. Kapitel 9.

[325] Vgl. 5.3., 5.5., 7.4. und 8.3. - Anzeichen für eine „Subkultur" sind: „...das Gefühl, vom Trainer unterbewertet zu werden; Mitspielern die Kompetenz absprechen; Engagement geschieht nur, um Mitspieler zu überstrahlen; usw." Vgl. Riley, P., The Winner Within, 1993, S. 52f. - Vgl. Lok, P.; et al.; Perceptions of organisational subculture and their significance for organisa-tional commitment, Applied Psychology-an International Review, October 2005, S. 490-514.

situative Faktoren auf allen Führungsebenen ändert. Auch dafür lieferte der Coach der „Texas Western Miners“ in Punkt 4.2. ein Beispiel: so forcierte er pro-aktiv eine defensive Spielweise und setzte gleichzeitig auf den Aufbau starker Mannschafts-strukturen sowie auf eine Mannschaftskultur mit strengen Verhaltensregeln. Dies unterstreicht die Bedeutung eines strategisch-situativen Führungsmodells, denn:

> „Ein ... [Trainer] braucht ... zur Stabilisierung seines Handelns Konstanten, ... [durch welche]... die an sich unüberschaubare Komplexität reduziert wird.“[326]

Abbildung 15 stellt die ersten strategisch-situativen Parameter auf dem Entwicklungsweg eines Teams (pro-aktives und reagierendes Führungshandeln, Gruppenebene, Individualebene) dar.[327] Wie sich noch zeigen wird, ändert sich die Bedeutung einzelner Aspekte entsprechend der Teamklassifizierung (Typ-C, -B, -A).[328]

Abb. 15: Strategisch-situativer Kontext auf dem Entwicklungsweg eines Teams I

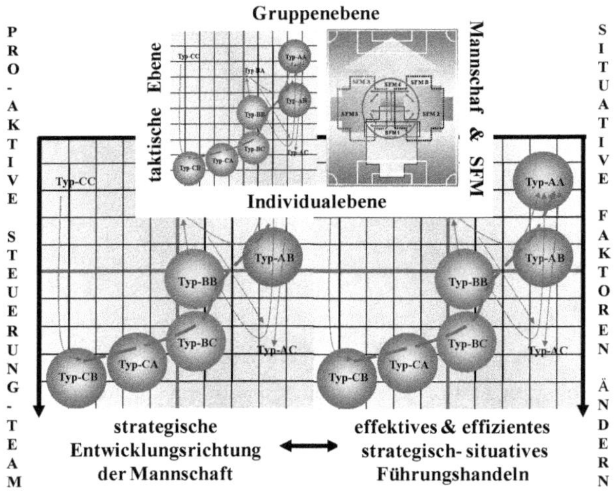

Quelle: Eigenerstellung

Die hier beschriebenen Formen von Führungshandeln sind ein weiterer Grundstein für das Verständnis von strategisch-situativer Führung. In Kapitel 5 gehe ich nun konkret an den Aufbau eines strategisch-situativen Führungsmodells heran.

326 Neuberger, O., Führung: Ideologie - Struktur - Verhalten, 2. Auflage, 1985, S. 63.

327 Vgl. auch die Abbildungen 42, 48, 60, 67, 73, 84, 94, und 101.

328 Dies wird durch die entsprechenden Symbole in Abbildung 15 verdeutlicht. - Vgl. Abbildung 19 in Punkt 5.1. (Entwicklungsweg eines Teams) – Vgl. Abbildung 62 in Punkt 8.1. (SFM).

5. Das 4-Stufen-Modell für strategisch-situative Führung

„Spieler, die glauben Größe gepachtet zu haben, sollen in Erinnerungen schwelgen und ihre Pension vorbereiten - anderes hat die Zukunft nicht für sie zu bieten.“[329]

„In einer Erfolgsmannschaft ist kein Platz für Stars – nur für große Spieler.“[330]

„Wir müssen den Gegner unsere Gegenwart fühlen lassen.“[331]

Nachdem der Fußballclub Real Madrid zwischen 2000 und 2006 nicht weniger als 756 Millionen Euro für neue Spieler[332] ausgegeben hatte, und dennoch seit 2003 ohne Titelgewinn blieb, kam es im Team immer häufiger zu Zerfallserscheinungen. In der Presse meinte man schon, dass „Real keine Mannschaft mehr sei, sondern ein Haufen zerstrittener Diven.“[333] „Dass bei Real Madrid die Nerven blank lagen, [sah man auch beim englischen Superstar] David Beckham: [gegen FC Getafe] holte er einen Torjäger... so brutal von den Beinen, dass er dafür die Rote Karte sah. Wie bei der 0:3-Heimniederlage gegen Barcelona [zwei Wochen zuvor], zeigte Real [überdies] auch gegen ... Getafe Chaos-Fußball. Nach dem Motto „Ronaldo schießt die Tore, Casillas rettet den Sieg“, waren der brasilianische Stürmer und der spanische Nationalkeeper erneut die besten Spieler auf dem Platz.... [Während der gesamten Spielzeit hatte Real aber nur] 31% Prozent Ballbesitz.“[334] Und die Situation spitzte sich weiter zu: Spieler beschimpften sich in der Öffentlichkeit, und als Sergio Ramos im nächsten Spiel gegen RCD Mallorca die Madrilenen in Führung schoss, drehten die übrigen Real-Stars ohne Jubel von ihm ab.[335] Reals Verteidiger Ramos kritisierte nach dem Spiel öffentlich „das mangelnde Zusammengehörigkeitsgefühl“ seiner Mannschaft.[336] Die Krise war indes so spektakulär, dass man auch international darauf reagierte. So meinte der ehemalige Startrainer des FC Bayern München, Ottmar Hitzfeld: „Ich warte schon ein paar Jahre darauf, dass Real etwas in der Defensive macht. Sie kaufen Spieler, die nicht die absolute Klasse haben, um auch im Abwehrbereich überragende Leistungen zu bringen. Man muss innerhalb des Teams neue

329 Riley, P., The Winner Within, 1993, S. 145.

330 Luiz Felipe Scolari, In: Lawton, J., Big Phil's Big Lesson – Don't Pander to the Star System, Independent, 27. Juni 2004. - Vgl. Westerbeek, H.; Smith, A., Business Leadership and the Lessons from Sport, 2005, S. 64.

331 Riley, P., The Winner Within, 1993, S. 243.

332 Vgl. Westerbeek, H.; Smith, A., Business Leadership and the Lessons from Sport, 2005, S. 32, 151.

333 www.derstandard.at: Real Madrid vor Neuorientierung, 28. Februar 2006.

334 http://www.wiwo.de/lifestyle/aus-fuer-trainer-luxemburgo-bei-real-madrid-122705/,12. Mai 2005.

335 Vgl. http://www zeit.de/online/2006/09/real_madrid: Ein König tritt ab, 28. Februar 2006.

336 Vgl. http://sport.orf.at/060227-26406/26407bigstory_txt.html: Martin folgt Perez, 27. Februar 2006.

Strukturen schaffen....“[337] Nach nur zwei Monaten im Amt trat am 26. April 2006 auch schon der nächste Präsident von Real Madrid zurück.[338] Er hatte zwei Wochen zuvor die Schadenfreude der Presse auf sich gezogen. Nach einem mageren 1:1 gegen Real Sociedad hatte er aus Wut über die blamable Darbietung seiner Spieler noch verkündet: „Das ist eine Schande. Die freien Tage sind gestrichen“, und sogleich ein Straftraining angesetzt. Als die Spieler am darauffolgenden Tag beim Training eintrafen, beschwerten sich mehrere Spieler, vom Präsidenten wie Kinder behandelt zu werden. Den Clubchef schien mittlerweile der Mut schon wieder verlassen zu haben: „Ich bin nicht gekommen, um Euch den Urlaub zu nehmen“, sagte er, und gab sogar noch einen halben Tag länger frei.[339] Damit hatte er seinen „Ruf, nicht mit der Wimper zu zucken, wenn es um Entscheidungen geht“[340], verloren. Mit seinem Rücktritt spitzte sich die Krise von Real Madrid weiter zu, und auch der Trainerposten wurde wieder vakant.[341] In dieser Situation wurde im Juli 2006 mit dem Italiener Fabio Capello ein Trainer gewonnen, der künftig die Altlasten seiner Vorgänger aussortieren sollte.[342] Gemeint waren die Stars im Team, die auf dem Spielfeld nicht mehr miteinander harmonierten. Capello galt „wegen seiner Vorliebe für Disziplin als der Mann mit der Peitsche“[343]. So sollte er im Team wieder „Ordnung schaffen und die Meisterschaft gewinnen“[344]. Selbst große Namen wie Beckham verloren nun vorübergehend ihren Stammplatz im Team.[345] Dafür wurden zweistellige Millionenbeträge in junge Spieler investiert. Aus Brasilien kam Marcelo, aus Argentinien wurden die Talente Higuain

---

337 Vgl. http://www.stern.de/sport-motor/fussball/:Krise-Real-Madrid--Das-Mal-Beckham/550272.html: Das nächste mal lasse ich Beckham verrecken, DPA, 24. November 2005.

338 Vgl. http://www.sportnewsde.lnfo.net/news/18859.html: Krise bei Real Madrid: Präsident zurückgetreten, 27. April 2006.

339 Vgl. http://sport.orf.at/060427-28078/28079bigstory_txt.html: Rücktritt nach Wahlniederlage, 27. April 2006.

340 http://www.zeit.de/online/2006/09/real_madrid: Ein König tritt ab, 28. Februar 2006.

341 Zwischen 2003 und 2006 wechselten bei Real Madrid drei Präsidenten und fünf Trainer. Vgl. http://sport.orf. at/070110-6024/6026bigstory_txt.html: Zwölf Spieler vor dem Rauswurf, 10. Januar 2007. – Trainerwechsel wirken sich freilich nicht unmittelbar auf die Spielstärke eines Teams aus. Vgl. Heuer, A., In: http://www.spiegel.de/wissenschaft/mensch/0,1518,754907, 00.html: Fussball-Statistik, Dambeck, H., 11. April 2011.

342 Vgl. http://www.bild.t-online.de: Real mistet aus, Schulz F.; Klinger, A., 5. November 2006.

343 Vgl. http://www.fussball24.de/fussball/4/57/58/34406-fabio-capello-neuer-coach-bei-real-madrid, 5. Juli 2006.

344 www.derstandard.at: Schuster löst wohl Capello ab, 19. Juni 2007.

345 Vgl. http://www.bild.t-online.de: Real mistet aus, Schulz F.; Klinger, A., 5. November 2006. - Im Falle von Beckham gestand Capello später ein, einen Fehler begangen zu haben – und ließ ihn wieder spielen. Vgl. http://www.fraub.ch/?p=818: Der Mohr hat seine Schuldigkeit getan, der Mohr kann gehen, 28. Juni 2008.

und Gago geholt.[346] Und der Trainer zog einen Schlussstrich unter den „Glamourfußball“, der zwar schön für das Auge war, aber zu wenig brachte - für „zweikampfscheue Luxus-Kicker“ sollte kein Platz mehr sein.[347] Capello war aber auch ein guter Psychologe, und einige abgeschriebene Spieler wurden von ihm wiederbelebt.[348] Er führte trotz vieler Rückschläge[349] strukturelle und personelle Änderungen durch, und strebte einen Wandel bei der Spielweise und bei der Mannschaftskultur an (u.a. wurde ein neuer Fokus auf Teamgeist und Kampfgeist gelegt). Seine zunächst defensive und auf einer konservativen Taktik[350] fußende Spielweise[351] wurde von der Presse zwar als „Mauer-Fußball“[352] bezeichnet, sie war meines Erachtens aber angemessen, um die Mannschaft wieder aus der Krise zu führen[353] und eine neue Ära einzuleiten. Denn so gelang es Trainer Capello... „gegen Ende der Saison eine Mannschaft zu bilden, die unglaublich viel Herz und Spielfreude zeigte, und als Team spielte und kämpfte. Mehrere Partien konnten sie auf diese Weise in den letzten Minuten zu ihren Gunsten entscheiden.“[354] 2007 gewann Real Madrid endlich wieder den nationalen Meistertitel.[355]

Wie hatte Fabio Capello das geschafft? Er analysierte die Situation von Real Madrid als Grundlage für sein operatives Führungskonzept[356], das zunächst Schwächen minimierte und dann spezifische Stärken schrittweise forcierte. Genau das, und noch einige weitere Aspekte, machen aber die Qualität eines strategisch-situativen Führungsmodells aus:

- die **ganzheitliche Sichtweise**: von der Formulierung der Vision bis zum Einschwören der Spieler (v.a. den Teamkern)[357] auf die Sinnhaftigkeit der Vision[358]

---

346 http://www.europolitan.de/cms/?s=ep_artikel&artikelid=2585&: Von alten Zöpfen und leeren Flaschen, 10. Januar 2007.

347 Vgl. http://www.diepresse.com, Stone, M., 23. November 2006. – Vgl. 7.5.

348 Vgl. http://blogs.guardian.co.uk/sport/2007/06/17/how_capellos_aperitivos_downed.html: How Capello's aperitivos downed the Galacticos 17. Juni 2007. – Vgl. 9.2., 10.7.

349 http://www.europolitan.de/cms/?s=ep_artikel&artikelid=2585&: Von alten Zöpfen und leeren Flaschen, 10. Januar 2007. – Vgl. 7.5.

350 Vgl. http://chinadaily.com.cn/sports/2007-06/29/content_905526.htm: Real Madrid sack title-winning coach Capello, 29. Juni 2007. – Vgl. 8.3.

351 Vgl. http://sport.orf.at/: Trainerfrage bei Real Madrid weiter offen, 14. Juni 2007.

352 www.derstandard.at: Klagen über königliche „Maurer, 27. November 2006.

353 Vgl. http://sport.orf.at/070111-6050/index.html: Keine Schonfrist, 12.Januar 2007.

354 .http://www.fraub.ch/?p=818:Der Mohr hat seine Schuldigkeit getan, der Mohr kann gehen, 28. Juni 2008. – Vgl. 7.5.

355 Vgl. http://sport.orf.at/070618-10885/index.html: Durststrecke beendet, 17. Juni 2007.

356 Vgl. 5.3.

357 Vgl. Riley, P., The Winner Within, 1993, S. 233.

358 Vgl. Du Pont, P., The lessons of policy failures, Chief Executive, September 1999, o.S.

- das **Setzen von Prioritäten** durch das Forcieren einer bestimmten Spielweise für die Mannschaft[359]
- die Berücksichtigung dreier **Führungsaspekte**: nämlich **a)** von situativen Faktoren[360], **b)** das Führungshandeln des Trainers, und **c)** das Verhalten der Spieler (Ausrichtung auf taktische Aspekte, Engagement für die Mannschaft, innovatives Spiel, und die Qualität des Spiels)
- die **Offenheit** für Veränderungen und Wandel bei gleichzeitiger **Flexibilität** für das Gestalten von Strukturen (z.B. Mannschaftsaufstellung, SFM)[361]

Da mir bislang kein strategisch-situatives Modell zur Führung hoch interdependenter Sportmannschaften bekannt ist, werde ich in diesem Kapitel ein 4-stufiges Führungsmodell vorstellen, das diesen Anforderungen entspricht und auf die Realisierung von Wandel[362] abzielt. Abbildung 16 weist dies als vierten Schritt auf dem Entwicklungsweg für strategisch-situatives Denken und Handeln aus.

Abb. 16: Entwicklung einer strategisch-situativen Denk- & Handlungsweise IV

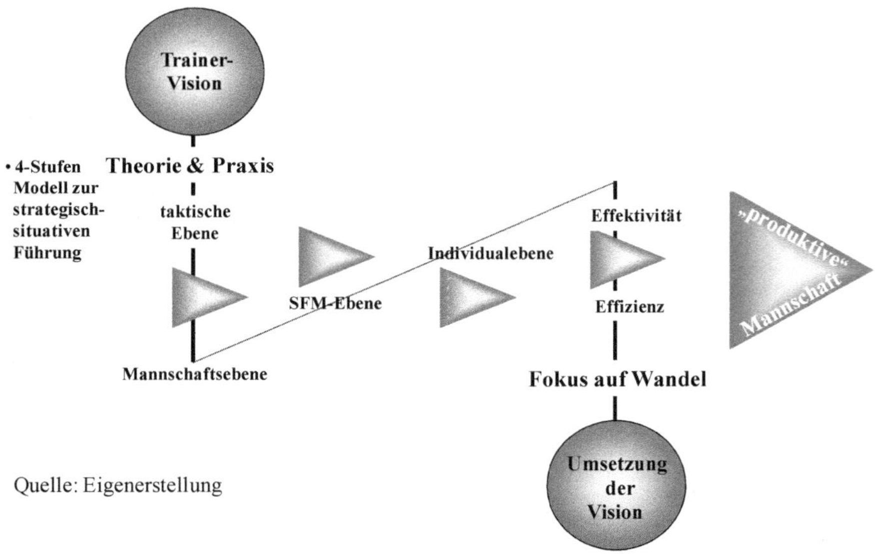

Quelle: Eigenerstellung

---

359 Vgl.Abbildung 19.

360 Vgl. Drumm, H.J., Personalwirtschaftslehre, 1989, S. 286.

361 Vgl. Woodward, H., To make changes, manage them, HR Magazine (http://findarticles.com/p/articles/mim3495/is/ain19170722?tag=artBody;col1), May 2007.

362 Vgl. Abbildungen 20, 103.

Wie sieht dieses strategisch-situative Führungsmodell[363] im Detail weiter aus? Wie die folgende Abbildung 17 zeigt, liegen dessen Besonderheiten darin, dass:

- es auf den ersten Stufen[364] Wert legt auf eine Situationsanalyse in Bezug auf das **Spielerpotential** (im Verhältnis zu den Gegnern), die **Spielerfluktuation**, und auf die Formulierung einer **auf Wandel ausgerichteten Vision**[365] (erste Stufe), sowie auf das Formulieren von **Zielen** und **Strategien** (zweite Stufe)[366]
- auf der dritten Stufe eine **Ordnung der situativen Faktoren** in **a) gruppenbezogene** bzw. **individuenbezogene, b) „harte"** bzw. **„weiche"**[367] vornimmt
- auf der vierten Stufe das **Führungshandeln** strategisch-situativ konkretisiert[368]

Der Motor zur Realisierung einer Vision ist m.E. eine sorgfältige Konfiguration aus strategischen **Führungsprioritäten** (Ziele und Strategien **für die Entwicklung bzw. Forcierung einer grundsätzlichen Spielweise des Teams**) und einem entsprechend abgeleiteten **Fokus auf situative Faktoren**, die das **Realisieren von Wandel** bei der Spielweise einer Mannschaft bezweckt. Die Auswirkungen von Führungshandeln erkennt man am Realisieren der sportlichen Lern- und Entwicklungsziele der Spieler, an deren subjektiver Führungswirklichkeit und an **effektiven Leistungssteigerungen des Teams auf dem Spielfeld**[369]. Dies steigert die **Wettbewerbsfähigkeit** des Teams. Damit dieser Ablauf funktioniert und man sich unterwegs nicht an „situativen Stolpersteinen" reibt[370], sollten Trainer konsequent nach folgendem Schema arbeiten:[371]

- **Stufe 1**: (externe und interne) Situationsanalyse, Formulierung einer Vision
- **Stufe 2**: Setzen von Führungsprioritäten (Ziele, Strategien) durch den Trainer
- **Stufe 3**: das 2-Phasen Schema als operatives Führungskonzept
- **Stufe 4**: Umsetzen des operativen Führungskonzeptes durch Führungshandeln

---

363 Das Modell deckt alle Haupt- und Nebenfragen strategisch-situativer Führung ab. - Vgl. Abbildungen 8, 100.

364 Vgl. Hinterhuber, H.H., Strategische Unternehmensführung, 1989.

365 Vgl. Abbildungen 20 und 21.

366 Vgl. 5.2.

367 Vgl. Pümpin, C.; Kobi, J.M.; Wüthrich, H. A., Unternehmenskultur, In: Die Orientierung, Nr. 85 Schriftenreihe der Schweizerischen Volksbank, 1985, S. 173.

368 Vgl. 5.4., 5.5.

369 Ausrichtung auf taktische Aspekte, Engagement für das Team, innovatives Spiel, Qualität des Spiels.

370 Situative Faktoren, die bei inadäquater „Behandlung" dem Führungsprozess zuwiderlaufen.

371 Westerbeek und Smith empfehlen ein Führungsmodell, wo der Trainer **1)** auf die Mannschaftszusammenstellung achtet, **2)** eine kollektive Identität aufbaut, **3)** Strukturen managt, um diese Identität zu stärken, und **4)** die Mannschaftskultur forciert. Vgl. Westerbeek, H.; Smith, A., Business Leadership and the Lessons from Sport, 2005, S. 86f. (Abbildung 4.2). Dieser Ansatz scheint mir zu eindimensional auf den Mannschaftszusammenhalt ausgerichtet, der meines Erachtens kein strategisches Erfordernis darstellt, sondern lediglich ein situativer Faktor ist.

Abb. 17: Strategisch-situativer Führungskreislauf I: Das 4-Stufen-Führungsmodell

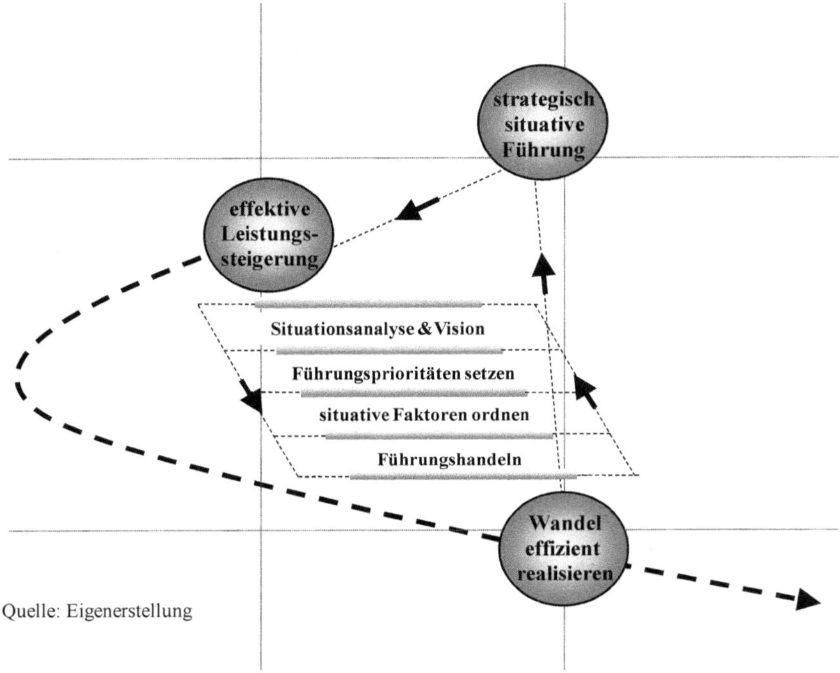

Quelle: Eigenerstellung

5.1. Stufe 1: Situationsanalyse und Formulierung einer Vision

> „Kenne Deinen Gegner und kenne Dich selbst, und Du kannst hundert Kämpfe bestreiten ohne ein Desaster."[372]

> „Es ist das Größte, das Beste aus den Möglichkeiten zu machen mit den Spielern, die man hat."[373]

> „Um ein gutes internationales Team aufzubauen, braucht es mindestens 3 Jahre."[374]

Ein Trainer sollte jeden Spieler wissen lassen, wo er **gegenwärtig** mit seiner Leistung steht, wie er dessen Potential einschätzt, und worauf sich der Spieler konzentrieren sollte: um diese Potentialanalyse zu objektivieren, kann ein Trainer **individuelle Leistungsstatistiken** führen, die mit dem eigenen Leistungsprofil des Vorjahres/Vormonats

[372] Der chinesische General Sun Wu Tzu in seinem Buch „Die Kunst des Krieges" (ca. 500 v.Chr.), In: Riley, P., The Winner Within, 1993, S. 73.

[373] Der deutsche Fussballweltmeister von 1974, Günther Netzer, Fernsehinterview (ZDF), 10. Juni 2008.

[374] Trapattoni, G., In: http://sportv1.orf.at/080424-5090/?href=http%3A%2F%2Fsportv1.orf.at %2F080424-5090%2F5093bigstory_txt.html: Danke für die Geduld mit mir, 24. April 2008.

und mit jenem der besten Gegner (nicht mit Spielern des eigenen Teams) verglichen werden.[375] Diese Ergebnisse werden dann mit vom Trainer in Kernbereichen anvisierten Leistungsniveaus (z.B. für „Exzellenz im Spiel") abgeglichen und schrittweise Fortschritte gefordert.[376] Abbildung 18 zeigt uns, dass die Potentialanalyse schließlich noch um eine Stärken-Schwächen-Analyse bei relevanten situativen Faktoren (z.B. Mannschaftskultur, Teamgeist) ergänzt wird. Beides ist Teil der Situationsanalyse.

Abb. 18: Situationsanalyse

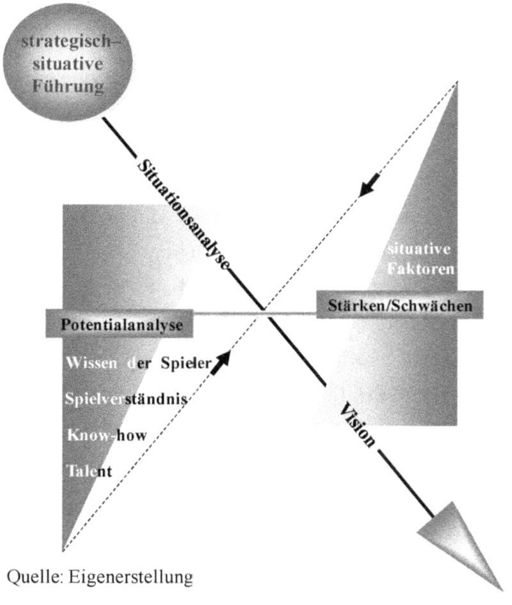

Quelle: Eigenerstellung

Ein Jahr vor Beginn der Fußball-EM 2008, die noch dazu im eigenen Land (und in der Schweiz) ausgetragen würde, musste Josef Hickersberger, der seit 2006 Trainer des österreichischen Fußballnationalteams war, ernüchtert feststellen, dass seine Mannschaft im internationalen Vergleich weiter an Boden verloren hatte: Österreich war in der FIFA-Weltrangliste auf Platz 83 zurückgefallen.[377] Im Rahmen einer Situations-

375 Vgl. Riley, P., The Winner Within, 1993, S. 161-163.

376 Vgl. Riley, P., The Winner Within, 1993, S. 161-163.

377 Vgl. http://www.kurier.at/sport/fussball/82007.php: Österreich fällt in FIFA-Rangliste auf Platz 83 zurück, apa | tan, 13.06.2007. Am 17. Dezember 2007 wurde das ÖFB-Team gar nur auf Platz 94 gerankt. - Vgl. http://derstandard.at/: Historischer Tiefpunkt erreicht, 17. Dezember 2007.

analyse stellte Hickersberger zwar fest, dass: „...die Mannschaft Fortschritte machte ... auch der Teamgeist ist sicher besser geworden ..., aber nicht im gewünschten Ausmaß. [Die letzten Länderspiele] waren eher Rückschritte. Wir sind nicht in der Lage, den Ball über drei Stationen zu halten, werden kaum torgefährlich.... Unsere Personalsituation ist nicht gerade rosig."[378] Während Hickersberger nicht mehr auf routinierte Schlüsselspieler zurückgreifen wollte, um mit jüngeren Spielern ein Team für die Zukunft aufzubauen,[379] reichte für Neulinge oft schon „ein halbes Jahr mit durchschnittlichen Leistungen in der österreichischen Bundesliga" aus, um in das Nationalteam einberufen zu werden.[380] Hickersberger meinte dazu trocken: „Ein Spieler macht sein Teamdebüt, obwohl er bei seinem Verein nie von Beginn an gespielt hat. Ein weiterer Spieler ist nach 18 Monaten Pause ebenso im Nationalteam wie ein anderer, der in den vergangenen Monaten lediglich mit seinem Sohn im Garten gespielt hat."[381] Die Fluktuation im ÖFB-Team war entsprechend groß.[382]

Sportteams sind ebenso einem Lebenszyklus unterworfen wie alle anderen Systeme, wo Menschen zusammenarbeiten. Sie befinden sich in ständiger Entwicklung.[383] Auf der ersten Stufe des strategisch-situativen Führungsprozesses müssen daher eigene **Stärken und Schwächen** sowie **Chancen und Risiken** im Wettbewerb analysiert werden.[384] Denn wie auch Teamchef Hickersberger bestätigte: „Wir müssen uns an die Stärksten anpassen. Die Alternative wäre das sportliche Sterben."[385] Eine realistische Einschätzung des Mannschaftspotentials (**Potentialanalyse**) ergibt sich aus **a)** dem Know-how (Spielverständnis), **b)** den Talenten (technische Reife der Spieler), und **c)** der Leistungsbereitschaft des Teams (u.a. bedingt durch situative Faktoren wie Mannschaftszusammenhalt, Teamgeist).[386] Ein weiterer Aspekt ist m.E. die **Spielerfluktuation** - v.a. bei Schlüsselspielern, weil diese die Spielweise eines Teams ja nachhaltig prägen.

---

378 www.derstandard.at: Interview: Josef Hickersberger, 5. Juni 2007.

379 Vgl. http://sport.orf.at/070603-10498/index.html: Das ist der Status quo, Tragschitz, C., 3. Juni 2007.

380 Vgl. http://sport.orf.at/07060710610/?href=http%3A%2F%2Fsport.orf.at%2F0706071061%2F106 12 bigstory txt.html: Alarmstufe rot., Wagner, C., 7. Juni 2007.

381 http://sport.orf.at/ 070603-10498/index.html: Das ist der Status quo, Tragschitz, C., 3. Juni 2007.

382 Vgl. www.derstandard.at: Interview: Josef Hickersberger, 5. Juni 2007. – Vgl. 10.3.

383 Vgl. Riley, P., The Winner Within, 1993, S. 269f.

384 Vgl. Westerbeek, H.; Smith, A., Business Leadership and the Lessons from Sport, 2005, S. 88.

385 http://derstandard.at/: Ich war schon niedergeschlagener, 7. Februar 2008.

386 Vgl. Dickson, R., Culturing personal leadership, The Management Accounting Magazine, ((http://www.accessmylibrary.com/article-1G1-16736645/culturing-personal-leadership-cover.html), February 1995.

Eine Situationsanalyse steht zu Beginn jeder Führungstätigkeit: davon ausgehend definiere ich drei grundsätzliche Teamtypen (drittklassige Typ-C, zweitklassige Typ-B, erstklassige Typ-A) mit unterschiedlichen Prioritäten für die Spielweise:[387]

Typ-C: die Mannschaft ist ein weniger gut eingespieltes Team mit eher niederer bis durchschnittlicher technischer Reife; das Mannschaftspotential hebt sich nicht von den wichtigsten Wettbewerbern ab, und man hat Schwierigkeiten mit ihnen mitzuhalten; Fluktuationen in der Mannschaft finden sehr häufig statt; bei Typ-C Teams wird ein **spezieller Fokus auf die Mannschaftsebene** gelegt, wo man das Zusammenspiel stabilisiert (eher defensiver Charakter) oder erneuert.

- Auf den hypothetischen Fall eines Teams, das nur über ein schwaches Spielerpotential im Vergleich zu den wichtigsten Wettbewerbern verfügt, und Mühe hat mit diesen mitzuhalten, sich aber nicht oder nur minimal weiterentwickeln will (**Typ-CC**: „Verharren" bei erfolgloser Spielweise), werde ich in diesem Buch grundsätzlich nicht weiter eingehen. Dieser Teamtyp käme nämlich einer strategischen Untätigkeit und einem weiteren Rückfall hinter die Wettbewerber gleich. Ein Beispiel dafür wäre ein schwaches Team in der Krise (es herrschen Egoismen, Neid und die Suche nach Sündenböcken vor; es wird intrigiert; Spieler verfallen in Ausreden für eigene Schwächen; man hat Angst vor dem Versagen durch mangelnde Erfahrung, aber auch aufgrund mangelnder Fitness und Vorbereitung auf den Wettkampf; bisweilen kann auch der Fall eintreten, dass man unerwartete Rückschläge hinnehmen muss - hier kommt es zu Ratlosigkeit und Ungläubigkeit, man hält am bisherigen Spielstil fest ohne sich für Wandel zu öffnen).[388] Am ehesten ergeben sich derartige Situationen, wenn sich ein Team in der Tabelle kaum noch verändern kann und womöglich auch der Trainer keine beruflichen Perspektiven mehr sieht, indem er z.B. meint: „Es war eine desolate Leistung. Man hat gesehen, dass die Mannschaft nicht mithalten konnte, weder läuferisch, taktisch, noch kämpferisch. Die passive Spielweise verfolgt uns schon seit Beginn der Meisterschaft. Heute hat man eine Mannschaft gesehen, die mausetot war... Ich spüre nicht, dass die Spieler meine Anweisungen annehmen."[389]
- Wenn aufgrund des begrenzten Mannschaftspotentials trotz hoher Spielerfluktuation eine Erneuerung der Spielweise noch nicht möglich ist, dann sollte eine Stabilisie-

[387] Trainer sollen u.a. **a)** Strategien entwickeln, **b)** Strukturen gestalten, und **c)** die [technischen] Fähigkeiten der Spieler entwickeln, um Strategien umzusetzen und Strukturen mitzutragen. Vgl. Westerbeek, H.; Smith, A., Business Leadership and the Lessons from Sport, 2005, S. 105f.

[388] Vgl. Riley, P., The Winner Within, 1993, S. 269f.

[389] Der Trainer des österreichischen Fussballteams LASK nach einer Niederlage, die den Verein ans Tabellenende brachte, In: http://sport.orf.at/stories/2023059/2023058/, 1. November 2010.

rung der Spielweise (**Typ-CB**) mit eher defensivem Charakter angestrebt werden, um größeren Leistungsschwankungen vorzubeugen. Ein nicht untypisches Beispiel dafür wäre der Fall eines „unschuldigen, jungen und aufstrebenden Teams“ (spielt mit fast „naiver“, aber grenzenloser Begeisterung - das selbstlose Spiel einer Mannschaft, die erst wenige Erfolgserlebnisse hatte).[390] Auch das österreichische Fußballnationalteam war Mitte 2007, nur ein Jahr vor der Heim-EM 2008, noch Typ-CB.

- Wenn ein Typ-C Team die Phase der Stabilisierung schon durchlaufen hat, gefestigter ist und einen gewissen Zusammenhalt aufweist, dann sollten die Spieler motiviert sein und Interesse an Neuerungen haben.[391] Hier liegt der Schwerpunkt eines Trainers auf der Erneuerung der Spielweise (**Typ-CA**). Ein nicht unübliches Beispiel für ein Typ-CA Team ist aber auch eine Mannschaft vor dem totalen Neubeginn, die um die wenigen verbliebenen Leistungsträger aufgebaut wird (neue Ziele müssen formuliert und neue Herausforderungen gefunden werden; eine neue Spielweise entsteht).[392] Die Ist-Situation des österreichischen Fußballnationalteams Ende 2007 ließ bereits auf ein Typ-CA Team schließen. Teamchef Hickersberger meinte dazu: „Ich halte an der Strategie fest, dass sich ein Team entwickeln soll.“ Das wies m.E. auf eine Erneuerung der Spielweise hin. Würde sich dieses Vorhaben aufgrund des begrenzten und jungen Spielerpotentials als unrealistisch erweisen, so schien Hickersberger eine erneute Stabilisierung der Spielweise (Typ-CB) ins Auge zu fassen: „Im Notfall kann man immer noch auf Stars von Gestern zurückgreifen.“[393]

Typ-B: ein mittelmäßig eingespieltes Team mit durchschnittlicher bis eher hoher technischer Reife. Das Mannschaftspotential hebt sich zwar nicht unbedingt von den wichtigsten Wettbewerbern ab, man kann aber mit dem Großteil der Gegner mithalten. Fluktuationen in der Mannschaftsaufstellung finden eher häufig statt. Typ-B Teams legen einen **zusätzlichen speziellen Fokus auf die SFM-Ebene**, wo notwendige Veränderungen für den Spielaufbau und das Zusammenspiel getestet und umgesetzt werden.

- Wenn der Teamkern sehr stark von Fluktuationen betroffen ist, liegt der Schwerpunkt der angestrebten Spielweise bei einer erneuerten und teilweise optimierten Spielweise (**Typ-BC**). Ein Beispiel dafür ist ein aufopfernd kämpfendes, hungriges Team, das vor dem Durchbruch steht, aber noch keine Anerkennung erfährt und auch

---

390 Vgl. Riley, P., The Winner Within, 1993, S. 269f.

391 Vgl. Westerbeek, H.; Smith, A., Business Leadership and the Lessons from Sport, 2005, S. 77.

392 Vgl. Riley, P., The Winner Within, 1993, S. 269f.

393 Vgl. http://derstandard.at/: Interview: Josef Hickersberger, 5. Juni 2007. - Vgl. http://sport.orf.at/07060710610/?href=http%3A%2F%2Fsport.orf.at%2F07060710610%2F 10612bigstory_txt.html: Im grünen Bereich., Tragschitz, C., 7. Juni 2007. – Vgl. 11.3.

Verletzungspech hat (Schockzustand: aber die Erfahrung im Team, Disziplin und eine bereits gewachsene erstarkte Mannschaftskultur fördern die Bereitschaft der Spieler, das Schicksal gemeinsam in die Hand zu nehmen).[394] Das US College-Basketballteam „Texas Western Miners“ ging als Typ-BC Team in die Saison 1965/66.[395]

- Für den Fall einer weniger extremen Spielerfluktuation sollte der Trainer eine teils erneuerte und teils optimierte Spielweise (**Typ-BB**) anstreben. Bezeichnend dafür wäre ein Team, das seine hausgemachten spielerischen Schwächen überwunden und den Durchbruch geschafft hat (Leistungsträger formen den Teamkern: man ist jedoch gefährdet durch Übermut, Selbstzufriedenheit, Egoismen und einen schleichenden Drang zur Selbstdarstellung).[396] Der österreichische Fußballmeister 2006/07, Red Bull Salzburg[397], war mit je vier Spielerzugängen und Spielerabgängen international Typ-BB, denn man war „wohl der bestimmende Faktor im österreichischen Fußball, aber noch kein Team der europäischen Champions League. Somit werden die Salzburger noch eine Nebenrolle im internationalen Fußball spielen.“[398]
- Im Falle einer – bei Typ-B wohl eher seltenen - geringen Spielerfluktuation spricht man von einem **Typ-BA** Team, wo kaum noch Anstrengungen in Richtung Erneuerung, wenigstens aber für die teilweise Optimierung der Spielweise unternommen werden. Österreichs Herrenhandballteam bot bei der WM-2011 ein eher erfolgloses Beispiel für Typ-BA, denn der Fokus auf die Spielweise und auf die individuelle spielerische Qualität wurde sträflich vernachlässigt: für die Analyse der Gegner wurden teilweise veraltete Videos herangezogen, während sich die Gegner gut auf die österreichischen Angriffs-SFM eingestellt hatten. Diese SFM wiederum zeichneten sich durch zu viele technische Fehler, überhastete Würfe und ungeschickte Zweiminutenfouls aus.[399] Ein negatives Beispiel für Typ-BA wäre auch ein Team vor dem Auseinanderbrechen (die gewohnte Hierarchie löst sich auf, Orientierungslosigkeit macht sich breit).[400]

Typ-A: ein gut eingespieltes Team mit hoher technischer Reife; das Potential ist im Vergleich zu den wichtigsten Wettbewerbern hoch und man ist auch in der Lage, auf

394 Vgl. Riley, P., The Winner Within, 1993, S. 121, 269f.
395 Vgl. 3.1., 4.2., 4.3. und 4.5.
396 Vgl. Riley, P., The Winner Within, 1993, S. 269f..
397 Vgl. http://derstandard.at/?url=/?id=2948921: Überblick: Alle Sommer-Transfers, 10. Juli 2007.
398 http://derstandard.at/?url=/?id=2938340: Breitner: Red Bull am falschen Weg, 28. Juni 2007.
399 Vgl. http://sport.orf.at/stories/2037217/2037216/: Wir hatten es in der Hand, Hofstetter, H., 19. Januar 2011.
400 Vgl. Riley, P., The Winner Within, 1993, S. 269f.

hohem Niveau konstant gute Leistungen zu erbringen. Es gibt weniger Fluktuationen auf Schlüsselpositionen. Bei Typ-A Teams wird ein **zusätzlicher spezieller Fokus auf die Individualebene** gelegt – v.a. zur Optimierung der Stärken von Schlüsselspielern.[401]

- Sollte es doch eine sehr hohe Spielerfluktuation geben, kann man von einem **Typ-AC** Team sprechen, wo man entsprechend der Klasse der Schüsselspieler auf eine teilweise Optimierung der Spielweise setzt. Die sehr starken Veränderungen im Team bedingen aber auch eine teilweise Erneuerung der Spielweise.[402] Ein Typ-AC Team ist hoch-motiviert und verfolgt eine gemeinsame Vision (man hat die Aufgabe verstanden, ist aber noch nicht eingespielt genug, um vor der Gefahr gefeit zu sein, die eigenen Stärken falsch einzuschätzen: so kann es passieren, dass man mangelhaft eingestellt in ein Spiel geht).[403] Der Fußballclub Real Madrid wandelte sich nach der Saison 2007/2008 von Typ-AB zu Typ-AC. Man investierte über 118 Millionen Euro in den Erwerb vieler neuer Schlüsselspieler.[404] Einige Schlüsselspieler wiederum verließen den Verein, ja sogar der Erfolgstrainer Fabio Capello musste gehen. Ihm wurde zur Last gelegt, mit dem defensiven Spielstil dem Publikum zu wenig geboten zu haben. Sportdirektor Mijatovic erklärte dazu: „Wir müssen nach Leuten Ausschau halten, die uns mehr geben als nur Ergebnisse. Wir müssen einen anderen Fußball spielen."[405] Aus strategischer Sicht sollte man aber nicht völlig mit dem bisherigen Stil brechen. Vielmehr sollten Aspekte der bislang erfolgreichen Spielweise schwerpunktmäßig optimiert und um neue spielerische Facetten bereichert werden.[406] Auch das argentinische Fußballnationalteam unter Teamchef Diego Maradona bei der WM 2010 in Südafrika war ein Typ-AC Team.[407]
- Sollte es weniger starke, aber immer noch relevante Spielerfluktuationen auf Schlüsselpositionen geben, so wird man eine Optimierung und teilweise Erneuerung

---

401 Vgl. Tabelle 3 in Punkt 5.5. – Vgl. Abbildungen 87 und 88.

402 Ein Typ-AC Team kann auch ein ehemaliges Typ-BB Team oder ein Typ-BA Team sein, das sich mit neuen Spielern verstärkt, um den Sprung auf A-Niveau zu schaffen. - Vgl. Abbildung 19.

403 Vgl. Riley, P., The Winner Within, 1993, S. 118. – Vgl. 8.

404 Vgl. http://sport.orf.at/: 118 Millionen Euro ausgegeben, 24. August 2007.

405 Vgl. http://sport.orf.at/07062811121/?href=http%3A%2F%2Fsport.orf.at%2F07062811121%2 F111 22big story txt.html: Einstimmige Entscheidung, 28. Juni 2007.

406 Real Madrid war bald wieder Typ-AB, denn sein Präsident plante keine großen Veränderungen mehr: „Wir werden [nur] das bestehende Team verstärken, um mehr Qualität zu erzielen." In: http://sport. orf.at/0801212346/?href=http%3A%2F%2Fsport.orf.at%2F0801212346%2F2347big story txt.html, 21. April 2008. - Vgl. https://www.taz.de/1/sport/artikel/1/siegestattspektakel/?src= HL&cHash=3c 48d92653, 6. Mai 2008.

407 Vgl. Beginn von Kapitel 1; 7.2.1. und 10.6., Beginn von Kapitel 12.

der Spielweise ins Auge fassen (**Typ-AB** Team). Ein Beispiel dafür wäre eine „frischgebackene" und noch eher unerfahrene Meistermannschaft (man läuft Gefahr, mit dem Erfolg bzw. Erfolgsdruck nicht fertig zu werden, ist übermütig und selbstverliebt in das eigene Spiel. Man hat noch zu wenige Kenntnisse über eigene Stärken und Schwächen und bringt unbeständige Leistungen).[408] Das deutsche Fußballteam unter Teamchef Löw bei der WM 2010 war ein Typ-AB Team.[409]

- Wenn kaum Veränderungen in der Zusammenstellung eines Teams zu erwarten sind, wird die Spielweise optimiert (**Typ-AA**). Ein Beispiel dafür wäre ein eingeschworenes und gewachsenes Team (reifes, auf Vertrauen und Geduld basierendes Spiel; bedingungsloser Einsatz und große Disziplin. Das Team hat gemeinsame Ziele und ist gut organisiert; die Spieler antizipieren Situationen. Es gibt aber Verbesserungsbedarf bei der spielerischen Exzellenz – dem ins Spiel umgesetzten Wissen, wie man siegt).[410] Das spanische Fußballnationalteam 2010 unter Teamchef Vincente Del Bosque und der FC Barcelona 2010-2011 unter Trainer Pep Guardiola waren Typ-AA Teams.[411] Auch eine „Dynastie" (ein Team mit geringer Spielerfluktuation und großen Serienerfolgen) entspricht Typ-AA: der Inbegriff einer Dynastie war das US-Basketballteam Boston Celtics, das zwischen 1957 und 1969 elf NBA-Titel gewann.[412] Die in diesem Buch oft porträtierten Los Angeles Lakers wurden mit dem Gewinn von fünf NBA-Titeln zwischen 1980 und 1988 ebenso zu einer Dynastie wie Real Madrid mit fünf europäischen Meistercup-Pokalen 1956-1960.[413] An den Status einer Dynastie kam auch das kanadische Eishockeyteam Edmonton Oilers mit Wayne Gretzky heran, das zwischen 1984 und 1988 vier (nordamerikanische) Stanley-Cup-Siege errang.[414] Den größten Bekanntheitsgrad als Dynastie erreichte Brasiliens Fußballnationalteam mit drei WM-Titeln zwischen 1958 und 1970.[415] Diese Ära war geprägt von Pele:[416] das Team blieb nach seinen Aussagen über fünf Jahre lang fast unverändert - genug Zeit, um eine Gruppe individueller,

---

408 Vgl. Riley, P., The Winner Within, 1993, S. 269f.

409 Vgl. Beginn von Kapitel 1; 6.2., 7.2.1., 8.1., 9.2. und 10.6.; Beginn von Kapitel 12.

410 Es geht dabei auch um ... „Das Bewußtsein, gleichzeitig Student und Meister menschlicher Bewegungen zu sein." Vgl. Riley, P., The Winner Within, 1993, S. 160.

411 Vgl. 7.2.1. und 10.6.; Beginn-Kapitel 12 (spanisches Fussballteam). – Vgl. 10.3. (FC Barcelona).

412 Vgl. http://de.wikipedia.org/wiki/Boston_Celtics

413 Vgl. http://de.wikipedia.org/wiki/Los_Angeles_Lakers - Vgl. http://en.wikipedia.org/wiki/Real Madrid_C.F.

414 Vgl. http://sport.orf.at/stories/2038588: Ein normaler Geburtstag, 26. Januar 2011.

415 Vgl. http://www.wm-wetten.eu/wm-2010-teams/brasilien, 4. Juni 2010.

416 Vgl. http://de.wikipedia.org/wiki/Pel%C3%A9

optimal eingespielter Champions zu werden.[417] Keine Dynastie war jedoch die wohl beste Sportmannschaft aller Zeiten – das US-Basketball „Dream Team" bei der Olympiade 1992.[418] Denn, wie deren Aushängeschild „Magic" Johnson auf die Frage eines Journalisten, wann es wieder so ein olympisches Team geben werde, antwortete: „Nun, Ihr werdet nicht mehr da sein. Und wir auch nicht."[419]

Abbildung 19 klassifiziert nun Typ-C, Typ-B und Typ-A Teams. Eine „geordnete" Entwicklung wird sich an dem hier skizzierten **„Hauptentwicklungspfad" eines Teams** von Typ-C zu Typ-A[420] orientieren, der für Trainer den langfristigen „roten Faden" für ihr Führungshandeln darstellt.[421] Langfristig ist diese Entwicklung deshalb, weil sich Erfolge ja oft erst nach einer gewissen Zeit einstellen: der Trainer eines Typ-CB Teams etwa kann sich nur unter außergewöhnlichen Umständen[422] rasch auf B-Niveau hinauf arbeiten. Zu den Sonderfällen von Typ-CC, -BA oder -AC Teams möchte ich festhalten, dass diese:

- nicht auf die Entwicklung einer erfolgsorientierten Spielweise abzielen (Typ-CC)
- keine sehr großen „strategischen" Unterschiede zu anderen Teamtypen aufweisen (ein Typ-AC Team setzt ähnliche Schwerpunkte wie ein Typ-BB Team[423], ein Typ-BA Team orientiert sich an den Schwerpunkten von Typ-AA Teams – freilich jeweils unter anderen Voraussetzungen)

Aus all dem lassen sich - wie uns die zahlreichen Beispiele zu den verschiedenen Teamtypen gezeigt haben - strategische Erfordernisse für die Spielweise ableiten.[424] Dabei gilt, dass „Erneuerung" einen eher tiefgreifenden Wandel der Spielweise anstrebt, „Optimierung" hingegen einen inkrementellen Wandel.[425] Grundsätzlich gilt m.E. auch das Folgende:

- je stärker das Mannschaftspotential, desto mehr Optimierung der Spielweise
- je größer die Fluktuation, desto mehr Erneuerung der Spielweise

---

417 Dieses Fussballnationalteam (u.a. mit Pele, Jairzinho, Tostao, Rivelino) gilt als das beste aller Zeiten. Vgl. Westerbeek, H.; Smith, A., Business Leadership and the Lessons from Sport, 2005, S. 90f.

418 Vgl. 7.2.1., 8.2., 9.1.2., 10.6., 11.3. und 12.4.

419 Daly, Ch., America`s Dream Team, 1992, S. 14.

420 Von Typ-CB zu -CA, von -CA zu -BC, von -BC zu -BB, von -BB zu –AB, von -AB zu –AA.

421 Vgl. Abb. 1, 2, 87, 88, 100, 105 und 106. - Vgl. Tabelle 4 in Punkt 11.2. - Vgl. ÖFB-Fallstudie in 11.3. - Vgl. Abb. 90, 91, 92 und 97. - Vgl. Fallstudien zur Fussball-WM 2010 (Beginn-Kapitel 12).

422 z.B. Nachwuchsspieler, die sich als Shooting Stars erweisen, umfangreiche Spieler-Einkäufe. Vgl.http://derstandard.at/?url=/?id=2938340: Breitner: Red Bull am falschen Weg, 28. Juni 2007.

423 Vgl. Tabelle 4 in Punkt 11.2.

424 Verharren, Stabilisierung, Erneuerung, Optimierung, Kombinationen aus Erneuerung/Optimierung.

425 Vgl. Taylor, A.; Greve, H.R., Superman or the fantastic four? Combination and experience in innovative teams, Academy of Management Journal, 2006, S. 723-740.

Abb. 19: Der Weg zur Erfolgsmannschaft III - Klassifizierung von Mannschaftstypen

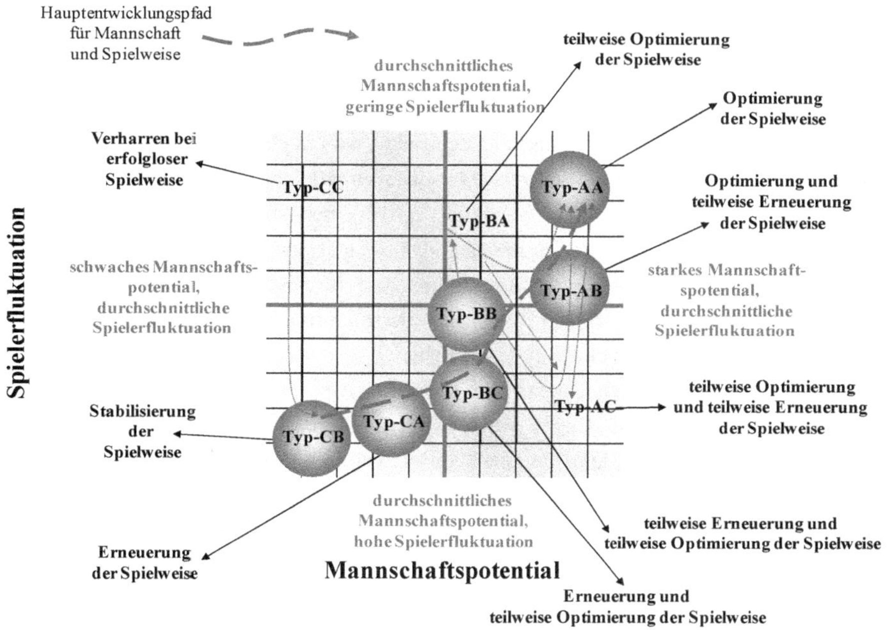

Quelle: Eigenerstellung

Am sinnvollsten ist, so meine ich, ein Entwicklungsplan, der **realistisch** an den „normalen" Wachstumsmöglichkeiten des Teams ausgerichtet und **nachhaltig** ist:

- also eine starke, auf Wandel (Fokus auf **Effizienz**) und Lernen (Fokus auf **Effektivität**) ausgerichtete Mannschaftskultur forciert[426]
- und dabei auch robust ist, d.h. Rückschläge und „Kreisläufe" einkalkuliert[427]

Spezialfälle sind für mich schließlich **Teams in der Krise**, wie z.B. das Fußballteam von Real Madrid 2004-2007,[428] das NBA-Team der Los Angeles Lakers phasenweise in den 1980er Jahren,[429] oder die Fußballnationalteams von Italien und Frankreich bei

426 Vgl. Bowen, D.E.; Ostroff, C., Understanding HRM-Firm Performance linkages, Academy of Management Review, 2004, S. 203-221.

427 Etwa ein strategischer „Rückfall" von –AA auf –AB, von -AB auf –AC, etc., um sich auf veränderte Wettbewerbsbedingungen einzustellen. Real Madrid muss meines Erachtens nach 2006/2007 von Typ-AB auf Typ-AC „zurückgestuft" werden.

428 Vgl. Einleitung Kapitel 1; 3.2. und 4.1.; Einleitung Kapitel 5; 5.1., 6.2., 7.5., 8.3., 8.2., 10.7. und 12.2.

429 Vgl. Beginn-Kapitel 2; 5.1., 5.4., 5.5.; Beginn-Kapitel 6; Beginn-Kapitel 7; 7.2.2., 7.3., 7.4.; Beginn-Kapitel 8.; 8.2.; Beginn-Kapitel 9; 9.2.; Beginn-Kapitel 10; 10.2., 10.4.; Beginn-Kapitel 11;

der WM 2010 in Südafrika[430]. Solche Teams können nicht unmittelbar an der Spielweise arbeiten, die eigentlich ihrem Typ entspräche. Vielmehr empfiehlt sich hier m.E. eine Zwischenstufe: das „**Freisetzen der spielerischen Möglichkeiten**". Diese Zwischenstufe besteht aus **Elementen aller Spielweisen**. Zunächst sollte man aber - wie zu Beginn dieses Kapitels am Beispiel von Trainer Capello bei Real Madrid 2006 bis 2007 gezeigt – „Ordnung schaffen", den Fokus auf ein eher **defensives Spiel** legen und bestimmte Aspekte der Spielweise **stabilisieren**. Gleichzeitig müssen alle Spieler auf die neuen Ziele eingeschwört[431] und der Aufbau einer „starken" Mannschaftskultur mit einem Schwerpunkt auf Vertrauen und Teamgeist angegangen werden. In der Folge werden bei jedem Teamtyp unterschiedliche Schwerpunkte (effizient) gewichtet: bei Typ-CB[432] die Festigung der Mannschaftsstrukturen, bei Typ-B zusätzlich die SFM-Ebene, bei Typ-A auch die Individualebene.[433]

Kaum ein Team kann sich längere Zeit auf AA-Niveau halten (außer „Dynastien"), genauso wenig wie man länger auf CC-Niveau verharren sollte. Teams sind ja grundsätzlich mit Wandel konfrontiert. Die Herausforderung von Wandel sollte jedoch gut vorbereitet angenommen werden.[434] Es geht zunächst v.a. darum, die langfristige Entwicklungsrichtung durch eine **Vision** festzulegen.[435] Dies nicht zuletzt deshalb, weil sich Erfolge oft erst nach längerer Zeit einstellen. Beispiele für eine Vision sind:

- „Gewinn des Meistertitels in ... Jahren"
- „Erreichen von internationalem Niveau in ... Jahren".

Eine Vision steht am Anfang jeder Führungstätigkeit, zeichnet **Erfolgsaussichten** vor, und transformiert Unsicherheiten während Phasen des Wandels in Hoffnung.[436] Eine Vision sollte darauf abzielen, ein Team „groß" bzw. noch größer zu machen.[437] Das mag zwar trivial klingen, doch darf ein Trainer ohne weiteres „träumen"[438] und hochtrabende Visionen entwickeln, die optimistisch oder gar riskant[439] erscheinen.

---

430 Vgl. Beginn-Kapitel 1 (Italien). – Vgl. 7.2.2. (Frankreich).

431 Vgl. Riley, P., The Winner Within, 1993, S. 65. – Vgl. Beginn-Kapitel 11; 11.4.

432 Ein Typ-CA Team befindet sich im Gegensatz zu Typ-CB definitionsgemäß in keiner Krise.

433 In Punkt 5.5. verdeutliche ich dies noch mit einer hypothetischen Fallstudie (Los Angeles Lakers).

434 Vgl. Riley, P., The Winner Within, 1993, S. 17.

435 Vgl. Stolzenberg, K.; Heberle, K.: Change Management (http://www.springer.com/978-3-540-32637-3), 2005, S. 10ff.

436 Vgl. Waldmann, D.A.; et al.; Does leadership matter?, Academy of Management Journal, February 2001, S. 134-143.

437 Vgl. Bennis, W., Leaders of Leaders, Executive Excellence, September 1997, S. 3-4.

438 Vgl. Bennis, W.; Biederman, P.W., The Secrets of Creative Collaboration, Inc. Magazine, December 1996, S. 97-101.

439 Vgl. Bennis, W.; Biederman, P.W., Great Groups, Executive Excellence, April 1997, S. 5-6.

Visionen fassen ja bahnbrechende Resultate ins Auge, und gerade Trainer, deren Vision und Handeln sich vom Status Quo abheben, gelten als erfolgsorientiert.[440] Dazu gehört, dass sie ihre Vision:[441]

- visualisieren[442] und durch Wiederholen[443] der **Prioritäten** neu beleben[444]
- benutzen, um Spieler in änderungsorientierte Mitarbeiter zu transformieren[445]

Abbildung 20 zeigt, dass ein Trainer bei der **Konzeption von Wandel** eine dynamische Vision formulieren sollte[446], die **a)** wettkampforientiert ist[447], **b)** Sinn stiftet, **c)** auf eine Mannschaftskultur des ständigen Wandels fokussiert[448], **d)** das Besondere des Teams in den Mittelpunkt stellt und **e)** von den Beteiligten getragen werden kann.[449] Im Trainingsalltag sollte der Fokus dann auf Aktivitäten gelegt werden, die in den Rahmen der dabei formulierten Richtlinien fallen.[450] So wird ein Trainer bei der (effizienten) **Realisierung von Wandel** von den Spielern als erfolgreich wahrgenommen[451] und kann ihre Unterstützung gewinnen[452]. Der Coach der Los Angeles Lakers, Pat Riley, meinte hierzu:[453]

> „Im Moment der Herausforderung braucht man eine Vision, ... um sich an die Decke und darüber hinaus strecken zu können, um mit den Phasen des Wandels in einer Mannschaft mithalten zu können und jede Chance bestmöglich zu nutzen."

---

440 Vgl. Beatty, C.A.; Lee, G.L., Leadership Among Middle Managers, Human Relations, September 1992, S. 957-989.

441 Vgl. Conger, J.A.; Kanungo, R., Toward a Behavioural Theory of Charismatic Leadership in Organizational Settings, Academy of Management Review, 1987, S. 643-645.

442 Vgl. Bennis, W., Leaders of Leaders, Executive Excellence, September 1997, S. 3-4.

443 Vgl. Brown, T., Jesus CEO?, Industry Week, March 6, 1995, S. 15-20.

444 Vgl. Heimovics, R.D.; et al.; Executive Leadership and Resource Dependence in Nonprofit Organizations, Public Administration Review, September/October 1993, S. 419-427. - Vgl. 5.2., 5.5.

445 Vgl. Senge, P.M., Communities of leaders and learners, Harvard Business Review, September/ October 1997, S. 30-32.

446 Vgl. Pawar, B.S.; Eastman, K.K., The nature and implications of contextual influences on transformational leadership, The Academy of Management Review, January 1997, S. 80-109.

447 Vgl. Beatty, C.A.; Lee, G.L., Leadership Among Middle Managers, Human Relations, September 1992, S. 957-989.

448 Vgl. Harari, O., When intelligence rules, the manager's job changes; Management Review, July 1994, S. 33-35. – Vgl. Burton, R.M.; et al.; The impact of organizational climate and strategic fit on firm performance, Human Resource Management, Spring 2004, S.67-82.

449 Vgl. Bennis, W., Leaders of Leaders, Executive Excellence, September 1997, S. 3-4.

450 Vgl. Brown, T., Jesus CEO?, Industry Week, March 6, 1995, S. 15-20.

451 Vgl. Conger, J.A.; Kanungo, R.; et al., Measuring charisma, Canadian Journal of Administrative Sciences, September 1997, S. 290-302.

452 Vgl. Beatty, C.A.; Lee, G.L., Leadership Among Middle Managers, Human Relations, September 1992, S. 957-989.

453 Riley, P., The Winner Within, 1993, S. 18.

Abb. 20: Konzeption & Realisierung von Wandel I - Formulierung der Vision

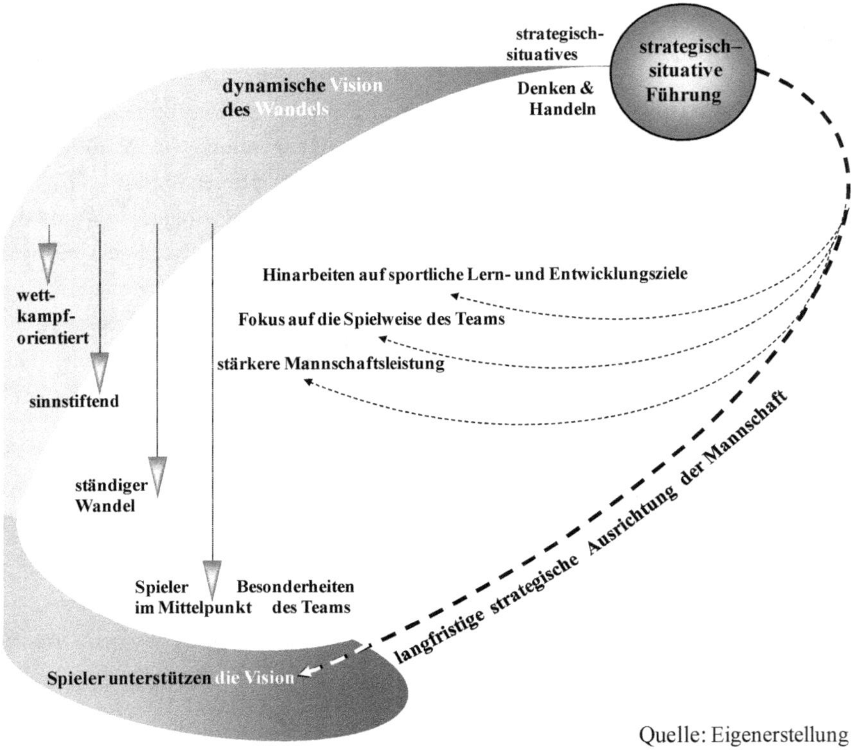

Quelle: Eigenerstellung

Eine Vision weist also den Weg aus einer schwierigen Situation heraus bzw. in eine (noch) bessere Zukunft hinein. Der Trainer sollte dies durch sein persönliches Beispiel vorleben[454] und jeden Tag neu unter Beweis stellen. Dasselbe sollte er auch von seinen Spielern verlangen,[455] dabei aber stets eine gewisse soziale Distanz zu ihnen wahren.[456] Eine Vision wird aktualisiert, wenn sich wesentliche Faktoren im Umfeld einer Mannschaft[457] verändern oder wenn es gilt, mit dem eigenen Erfolg mitzuhalten.[458]

---

454 Vgl. Hart, S.L.; Quinn, R.E., Roles executives play, Human Relations, May 1993, S. 543-574.

455 Vgl. Riley, P., The Winner Within, 1993, S. 204.

456 Vgl. Hart, S.L., Quinn, R.E., Roles executives play, Human Relations, May 1993, S. 543-574. – Vgl. Hastings, R.R., Millenials expect a lot from leaders, HR Magazine (http://findarticles.com/p/articles/mi_m3495/is_/ai_n242bis50599?tag=artBody;col1), January 2008.

457 Vgl. 5.3.; Kapitel 6 bis 9.

5.2. Stufe 2: Setzen von Führungsprioritäten durch den Trainer

„Teams zerbrechen, wenn sie keine Ziele haben oder die Ziele ... nicht klar sind."[459]

„Alle Erfolgsmannschaften sind zielorientiert.... Nichts wird sie davon abhalten ihre Ziele zu erreichen."[460]

„Unser Gegner ist auf etwas Großes aus – die Meisterschaft - aber wir sind nach etwas noch größerem aus: einen Platz in der Geschichte."[461]

Als die Los Angeles Lakers Anfang der 1980er Jahre eine NBA-Meisterschaft gewannen, antwortete ihr Coach Pat Riley auf die Frage, ob er glaube, dass sein Team auch nächstes Jahr wieder siegen sein werde: „Ja, ich garantiere Ihnen, wir werden wieder gewinnen." Die Spieler, die dies hörten, spürten sogleich die Last der Aussage auf ihren Schultern. Doch der Trainer wusste, warum er diese gewagte Prognose abgegeben hatte. Er gab so nämlich das Signal für eine noch größere Herausforderung in der Zukunft: die Realisierung einer Vision des Erfolges, die weiteren Wandel und harte Arbeit bedeutete und das Team auf das größtmögliche Ziel einer Sportmannschaft überhaupt ausrichten sollte – den Weg zu einer unglaublichen Erfolgsserie mit dem Gewinn mehrerer Meisterschaften hintereinander („Dynastie"). Man sollte zu einer sportlichen Größe gelangen, die man nicht für möglich gehalten hatte.[462]

Manche Trainer vermögen es, den Spielern schon durch ihre Gegenwart ein Gefühl der Stärke und Größe zu verleihen und ihnen das Bewusstsein zu geben, dass sie in der Lage sind, alles zu erreichen, wenn diese nur auf sie hören würden - auch so kann eine Mannschaft ihre Größe bekommen.[463] Viele Teams, v.a. solche die erst einmal zu Größe gelangen wollen, müssen sich zunächst aber konsolidieren und als ein Kollektiv definieren, das bislang wohl einfach zu kurz gekommen ist und nun endlich siegreich werden möchte.[464] Dabei treibt sie auch die pure Neugierde an, die eigenen Möglichkeiten besser kennen zu lernen.[465] Die Spieler benötigen also eine **Herausforderung**. Trainer bieten diese Herausforderung in Form einer Vision, die es den Spielern ermöglicht, ihre Talente zu erforschen[466] - so wie es uns Coach Riley oben eindrucks-

---

458 Vgl. Riley, P., The Winner Within, 1993, S. 134.

459 Richfield, L.; In: Riley, P., The Winner Within, 1993, S. 211.

460 Holtz, L. (früherer Coach des US-College Football Teams Notre Dame), In: Westerbeek, H.; Smith, A., Business Leadership and the Lessons from Sport, 2005, S. 80.

461 Riley, P., The Winner Within, 1993, S. 202.

462 Vgl. Riley, P., The Winner Within, 1993, S. 188, S. 191.

463 Vgl. Bennis, W., Rethinking Leadership, Executive Excellence, February 1998, S. 7-8.

464 Vgl. Bennis, W., Biederman, P.W., Great Groups, Executive Excellence, April 1997, S. 5-6.

465 Vgl. Bennis, W., Biederman, P.W., The Secrets of Creative Collaboration, Inc. Magazine, December 1996, S. 97-101.

466 Vgl. Bennis & Biederman, „Great Groups". In: Executive Excellence, April 1997, S. 5-6.

voll demonstriert hat. Sie zielen dabei auf die Profilierung ihres Teams durch Leistungssteigerungen ab und formulieren Führungsprioritäten in Form von Zielen und Handlungsalternativen (Strategien) für die Spielweise des Teams.[467] Dabei gilt es, die Spieler zur Mitarbeit an der **effizienten Umsetzung der Vision** zu bewegen (Ansprechen des „Profis" im Spieler): eine positive subjektive Führungsrealität der Spieler, eine verstärkte Ausrichtung auf Taktik und mehr Engagement müssen dabei ebenso sichergestellt werden wie deren Lernorientierung (subjektive Lern- und Entwicklungsziele) und Spontaneität (innovatives Spiel, Qualität des Spiels).[468]

Auf der zweiten Stufe des strategisch-situativen Führungsprozesses packt ein Trainer durch Führungsprioritäten die Entwicklung seines Teams also in **Ziele und Strategien.**[469] Ziele stecken den Rahmen für Aufgaben[470] ab und tragen zur Leistung der Spieler bei, indem sie:[471]

- verhindern, dass Einzelspieler sich in ihrer Spielweise verselbständigen[472]
- und stattdessen das teamorientierte Denken in mannschaftsbezogenen Prioritäten auch unter den Spielern fördern (Querschnittsdenken der Spieler)[473]

Abbildung 21 zeigt, dass **Mannschaftsziele** als Gemeinschaftsziel dienen.[474] **Klare, messbare Ziele**[475] konkretisieren die Vision und steigern die Leistungsbereitschaft und „Produktivität" (Realisierung von Wandel) der Spieler. Es kann dabei durchaus zu unterschiedlichen Zielen zwischen dem Team und Einzelspielern kommen. **Konsensuale Zielsetzungen** sind dann wesentlich für die Leistungsorientierung der Spieler auf dem Entwicklungsweg des Teams.[476] Auch Leistungsziele sind Führungsprioritäten.[477]

---

467 Vgl. Harrison, E.F.; Pelletier, M.A., CEO perceptions of strategic leadership, Journal of Managerial Issues, Fall 1997, S. 299-317.

468 Vgl. Rowe, W.G., Creating wealth in organizations, The Academy of Management Executive, February 2001, S. 81-94.

469 Vgl. Northouse, P.G., Leadership, 2007, S. 218. – Vgl. Katzenbach, J.R., Teams an der Spitze, 1998, S. 276. - Vgl. Conger, J.A.; Kanungo, R.; et al., Measuring charisma, Canadian Journal of Administrative Sciences, September 1997, S. 290-302.

470 Vgl. Hosmer, L.T., The Importance of Strategic Leadership, Journal of Business Strategy, 1982, S. 47-57. – Vgl. Harrison, E.F.; Pelletier, M.A., CEO perceptions of strategic leadership, Journal of Managerial Issues, Fall 1997, S. 299-317.

471 90% aller Studien zu dieser Fragestellung zeigten positive Effekte. Vgl. Locke, E.A.; et al.; Goal setting and task performance: 1969-1980, Psychological Bulletin, 1981, S. 125-152. - Vgl. Gould, D., Goal Setting for Peak Performance, In: Williams, J.M., Applied Sport Psychology, 1986, S. 135, S. 146.

472 Vgl. Richfield, L.; In: Riley, P., The Winner Within, 1993, S. 211.

473 Vgl. 11.3., 12.4.

474 Vgl. Neal, P., Sport and Identity, 1972, S. 127.

475 Vgl. Northouse, P.G., Leadership, 2007, S. 218.

476 Vgl. Mikalachki, A., Creating a Winning Team, Ivey Business Quarterly, Summer 1994, S. 15-22.

Abb. 21: Führen mit Führungsprioritäten

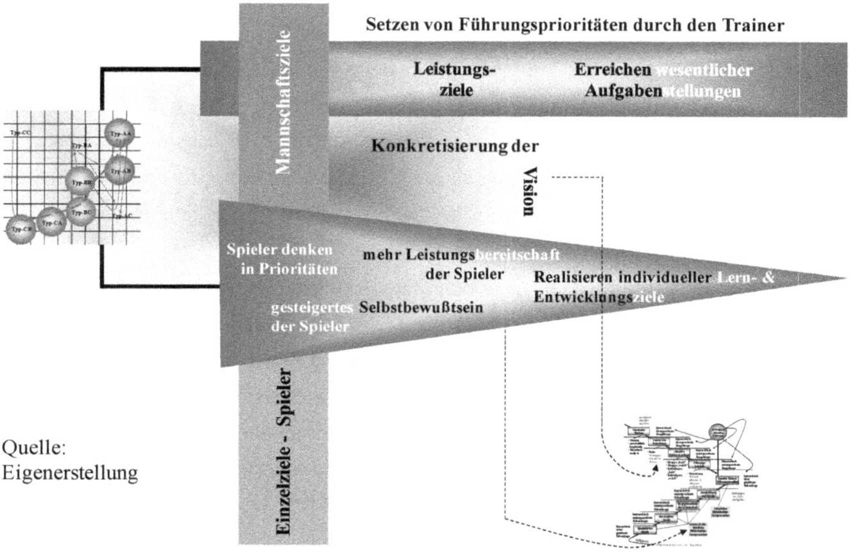

Quelle:
Eigenerstellung

Leistungsziele

> „Setze realistische Ziele auf Basis der Fähigkeiten der Mannschaft.“[478]
>
> „Wisst Ihr was, Jungs? Wir haben die einzigartige Gelegenheit, hintereinander zwei Weltmeister zu schlagen.“[479]

Leistungsziele beziehen sich nach meinem Dafürhalten auf den Charakter der Spielweise, um eine „produktive“ Teamentwicklung[480] zu forcieren, z.B. durch:

- das Freisetzen der spielerischen Möglichkeiten des Teams[481] (Krisensituationen)
- die Reduktion von Leistungsschwankungen eines Teams bei sehr begrenztem und stark verändertem Spielerstamm (Stabilisierung der Spielweise, Typ-CB)

---

477 Das Symbol für die Haupt- und Nebenfragen strategisch-situativer Führung in Abbildung 21 verdeutlicht, dass Führungsprioritäten eine übergeordnete Hauptfrage sind, während z.B. die Leistungsbereitschaft der Spieler (Engagement der Spieler) eine untergeordnete Nebenfrage ist.

478 Mumford, V.; Gergley, G., Considerations for Interscholastic Coaches, The Sport Journal (http://www. thesportjournal.org/article/considerations-interscholastic-coaches), 2005.

479 Riley, P., The Winner Within, 1993, S. 244.

480 Vgl. Offermann, L.R.; Spiros, R.K., The science and practice of team development, Academy of Management Journal, April 2001, S. 376-392. - Vgl. 7.4., 7.5., 7.6., 11.3., 12.3. und 12.4.

481 Dieses Leistungsziel besteht aus Elementen aller Leistungsziele und dient als Lösungsansatz für Teams in der Krise. - Vgl. 5.5. (hypothetisches Fallbeispiel zu den Los Angeles Lakers)

- verändertes Spiel bei mittelmäßigem und durchschnittlich verändertem Spielerstamm[482] (teils Erneuerung und teils Optimierung der Spielweise, Typ-BB)
- das Aufrechterhalten eines hohen Spielniveaus bei einem äußerst starken und wenig verändertem Spielerstamm[483] (Optimierung der Spielweise, Typ-AA)

Leistungsziele[484] fokussieren auf Wandel bei der **Spielweise**, steigern die Effizienz der Teams[485] und helfen die **Erfolgsbedürfnisse** der Spieler zu befriedigen. Außerdem:[486]

- werden sie sowohl für das Training als auch für den Wettkampf formuliert
- tragen sie zur **Leistungssteigerung** der Spieler bei, wenn sie gemeinsam mit dem Team festgelegt werden
- sollten eher **positive Ziele** als negative Ziele formuliert werden
- steigern **konkrete Zielzeitpunkte für die Zielerreichung** die Spieler-Motivation
- erhöhen individuelle **Zielerreichungsstrategien** den Zielerreichungsgrad
- sollte der Trainer den Spielern **bewertendes Feedback** zu ihrer Leistung bieten und mit Einzelspielern und Subgruppen (SFM) Zieldiskussionen führen[487]

Als Coach Pat Riley die „New York Nicks" trainierte, bestand die Herausforderung für ihn darin, ein NBA-Team nach oben zu führen, das (trotz Center-Star Patrick Ewing) weniger talentiert war als die berühmten Los Angeles Lakers (die er ja zuvor gecoacht hatte). Riley musste Ziele formulieren, die auf der Basis überragender physischer Fähigkeiten (Kondition) und einer kompromisslosen Arbeitsethik ihre (noch eher begrenzten) Talente maximieren sollten. Er erklärte den Spielern daher folgendes:

„Wir sind die New York Nicks. Wir sind aggressiv und wollen dominieren, denn:

- Unsere Kultur ist harte Arbeit, unsere Philosophie ist verteidigungsorientiert.
- Unsere Verteidigung ist aggressiv
- Unsere Aggressivität zielt darauf ab, den Gegner zu dominieren.

Das ist es was wir sind. Es ist unsere Natur. Und so spielen wir auch."[488]

---

482 Vgl. Riley, P., The Winner Within, 1993, S. 244f.

483 Vgl. Fallstudie zum spanischen Fussballnationalteam bei der WM-2010 (Beginn-Kapitel 12).

484 Vgl. Botterill, C.B., Goal Setting and Performance on an Endurance Task, 1977. - Vgl. Gould, D., Goal Setting for Peak Performance, In: Williams, J.M., Applied Sport Psychology, 1986, S. 135, S. 139-146.

485 Vgl. Meisinger, S., Change management and HR's role, HR Magazine (http://findarticles.com/p/articles/ mi_m3495/is_/ai_n25127902?tag=artBody;col1), March 2008.

486 Vgl. Gould, D., Goal Setting for Peak Performance, In: Williams, J.M., Applied Sport Psychology, 1986, S. 134ff.

487 Das Setzen von Zielen wird durch den Einsatz sorgfältig geführter Leistungsstatistiken noch erfolgver-sprechender, da die Spieler wissen, dass ihr persönlicher Einsatz vom Trainer registriert wird. - Vgl. 5.1. und 5.5. - Vgl. Riley, P., The Winner Within, 1993, S. 161-163

488 Vgl. Riley, P., The Winner Within, 1993, S. 245. – Vgl. 3.1., 4.1., 7.3. und 10.1.

Zielerreichung durch Strategien

> „Eine Strategie ist ein Bündel von Entscheidungen oder Auswahlprozessen, die von einer Führungskraft getroffen werden."[489]

Das Realisieren von stetem Wandel dient der Weiterentwicklung eines Teams.[490] Bei der Formulierung von Strategien für die Spielweise geht es meines Erachtens v.a. um ein gutes Verständnis von der Natur der Aufgabe, um die (Re-) Definition von Stärken, und um die **effiziente Stärkung von Kernkompetenzen** zum Zwecke der Positionierung des Teams. Abbildung 22 visualisiert diesen Prozess.

Abb. 22: Prozess der Formulierung strategischer Handlungsalternativen

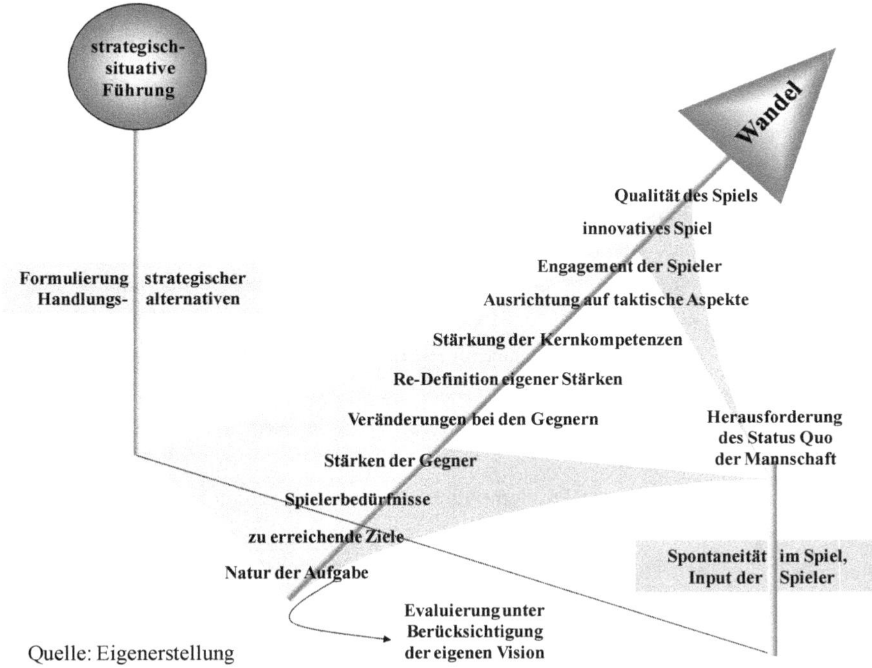

Quelle: Eigenerstellung

489 Harrison, E.F.; Pelletier, M.A., CEO perceptions of strategic leadership, Journal of Managerial Issues, Fall 1997, S. 299-317. - Vgl. Ibrahim, A.B.; Kelly, J., Leadership Style at the Policy Level, Journal of General Management, Spring 1986, S. 37-46.

490 Vgl. Hinterhuber, Hans, H., Strategische Unternehmensführung II. Strategisches Handeln, 1992, S. 231.

Ein Trainer sollte die Natur der Aufgabe und die Stärken der Gegner[491] berücksichtigen. Er wird sich dabei auf Veränderungen, die den Status Quo des Teams herausfordern, und auf Spielerbedürfnisse konzentrieren - strategische Handlungsalternativen sollten daher offen sein für den Input der Spieler.[492] Gerade das trägt zu deren Engagement für die Strategie des Trainers bei[493] und hilft innovatives Spiel und die Qualität des Spiels zu fördern. Eine strategische Handlungsalternative sollte entweder **Wandel mit sprunghaften Änderungen** (Erneuerung der Spielweise; Kombinationen aus Erneuerung und Optimierung) oder **Wandel mit inkrementellen Änderungen** (Stabilisierung oder Optimierung der Spielweise; Kombinationen aus Optimierung und Erneuerung) ins Auge fassen.[494] Wandel findet also nicht immer durch die Inszenierung großer Veränderungen statt, sondern m.E. auch durch eine „Politik der kleinen Schritte".

Inkrementeller (geringfügiger) Wandel als strategische Handlungsalternative

> „Im Sport müssen ... Neuerungen und Strategien eingeführt, die Kultur geändert und die besten Spieler ... eingesetzt werden."[495]

> „Jeder kann sehen, mit welcher Taktik ich erobere, doch was niemand sehen kann, ist die Strategie, aus welcher heraus sich der Sieg entwickelt."[496]

Es kann im Leben eines Teams Perioden geben, die vom Bestreben nach **Stabilisierung** (Typ-CB), relativer Konstanz (Typ-BA - **teilweise Optimierung**), oder **Optimierung** (Typ-AA Team, das sich vom Grundsatz „never change a winning team" leiten lässt)[497] des Spiels geprägt sind. Die strategische Richtung oder die Mannschaftskultur sollten m.E. dann keinem grundlegenden, wohl aber inkrementellen Wandel unterliegen. Abbildung 23 zeigt, was ein Trainer unter der **Prämisse des Verfeinerns bzw. Konsolidierens** der Spielweise forcieren kann. Er wird die dominierenden situativen Faktoren effizient konsolidieren/optimieren und eher nur geringe Änderungen an der Mannschaftskultur anstreben.[498] Gefährlich wird es, wenn sich eine gewisse Trägheit im Team entfaltet, wo ernste Probleme nicht mehr gelöst werden und es nicht mehr

---

491 Vgl. Meisinger, S., Change management and HR's role, HR Magazine (http://findarticles.com/p/articles/mi_m3495/is_/ai_n25127902?tag=artBody;col1), March 2008.

492 Vgl. Brown, T., Great leaders need great followers, Industry Week, September 4, 1995, S. 24-30. - Vgl. Chaleff, I., Effective followership, Executive Excellence, April 1996, S. 16.

493 Vgl. Mikalachki, A., Creating a Winning Team, Ivey Business Quarterly, Summer 1994, S. 15-22.

494 Vgl. Hewson, R., New dimensions in strategic leadership, Strategy & Leadership, September/October 1997, S. 42-47.

495 Vgl. Westerbeek, H.; Smith, A., Business Leadership and the Lessons from Sport, 2005, S. 11.

496 Sun Wu Tzu (chinesischer General, 500 v. Chr.), In: Riley, P., The Winner Within, 1993, S. 73.

497 Typ-CC Teams werden nicht strategisch geführt und hier nicht behandelt. – Vgl. Abbildung 19.

498 Vgl. Eggleston, K.K.; Bhagat, R.S., Organizational contexts and contingent leadership roles, Human Relations, October 1993, S. 1177-1192.

möglich ist, das volle Spielerpotential auszuschöpfen[499] (z.B. bei Typ-BA), oder wenn man zu sehr auf frühere Erfolge vertraut (z.B. bei Typ-AA).[500] Durch verfestigte Verhaltensweisen kann es zu einem Verharren in Problemsituationen kommen (z.B. bei einem „Rückfall" von Typ-CB auf Typ-CC). Das behindert Änderungsbestrebungen,[501] denn: „Wer rastet, der rostet".

Abb. 23: Inkrementeller Wandel im situativen Kontext

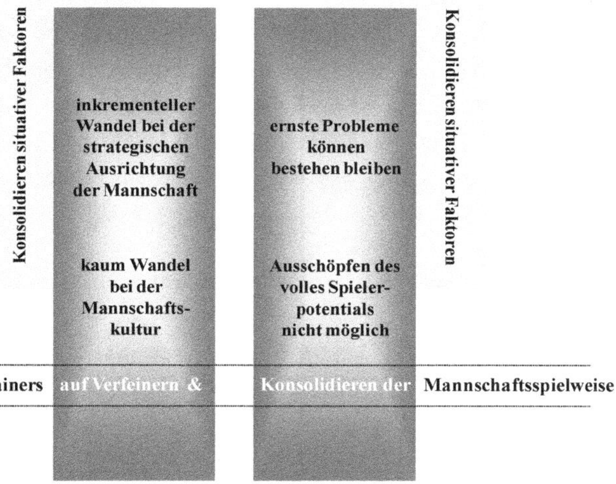

Quelle: Eigenerstellung

Konsolidieren und Verfeinern mögen auf den ersten Blick wenig spektakulär erscheinen, stellen aber eine eher langwierige und differenzierte Aufgabenstellung dar. Dies werde ich am Beispiel zweier Teams näher veranschaulichen.

Bei der ersten Fallstudie handelt es sich um einen drittklassigen Amateurverein aus der österreichischen Fußballlandesliga (4. Liga), der im unteren Tabellendrittel rangiert. Der Trainer betreut dieses Team seit fünf Jahren. Seine **Vision** ist ein Platz im Mittelfeld der Liga, langfristig sogar der Aufstieg in die nächsthöhere Liga, wobei nach Ansicht des Trainers ein gewisser Leichtsinn der jungen Spieler (das Durchschnittsalter

499 Vgl. Riley, P., The Winner Within, 1993, S. 144.

500 Vgl. Starbuck, W.H.; Hedberg, B.L.T., Saving an organization from stagnating environments, In: Thorelli, H. (Hrsg.), Strategy + structure = performance, 1977, S. 249-259. - Vgl. Eggleston, K.K.; Bhagat, R.S., Organizational contexts and contingent leadership roles, Human relations, October 1993, S. 1177-1192.

501 Vgl. Doppler, K., Der Change Manager, 2003, S. 143.

beträgt nur 20,5 Jahre) ein Risiko auf dem Weg dorthin darstellt. Die großen Ziele des Trainers orientieren sich korrekt am (eingeschränkten) technischen Teampotential. Die Entwicklung einer eigenen Spielweise (hier: „**Stabilisierung**") ist dafür aber noch zu wenig ausgeprägt. Außerdem gibt es unter den Spielern Abweichungen bei der Wahrnehmung der Prioritäten ihres Trainers, was auch auf Schwächen bei der Mannschaftskultur hinweist. Diese Widersprüche können dazu beitragen, dass ihr Interesse für die spielerische Entwicklung des Teams nachlässt und partikulären Einzelinteressen weicht, was wiederum zu Leistungsschwankungen beiträgt. Diese Aspekte sollte der Trainer also konsolidieren. Dazu gehören - mehr als alles andere - die **Festigung der Mannschaftsstrukturen** zum Zwecke der Stabilisierung der Spielweise des Teams, und damit zusammenhängend eine **Festigung und Stärkung der Mannschaftskultur**. Abbildung 24 klassifiziert dieses Team hinsichtlich Mannschaftspotential und Spielerfluktuation als drittklassiges **Typ-CB** Team, mit einer eher defensiven „**Stabilisierung**" der Spielweise (Konsolidierung) als strategische Handlungsalternative.[502]

Abb. 24: Drittklassiges Typ-CB Herrenfußballamateurteam

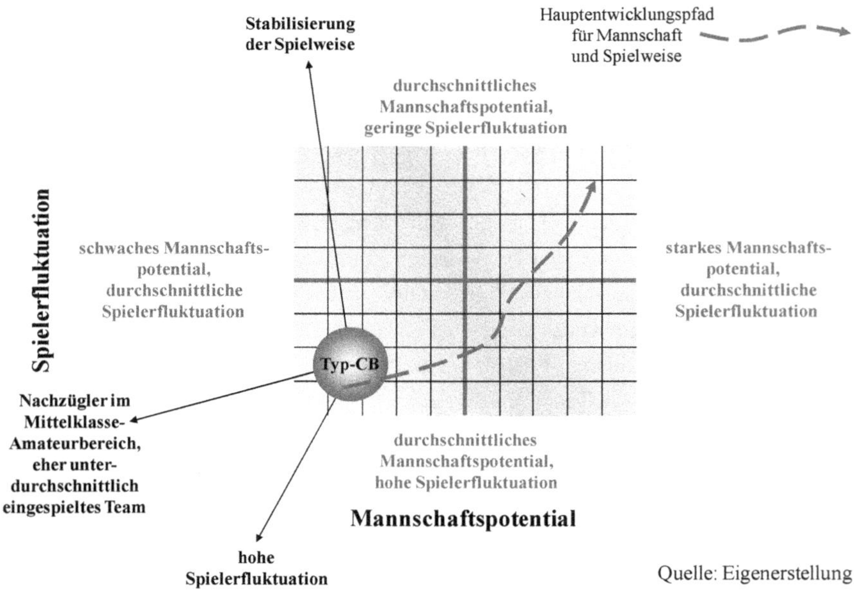

Quelle: Eigenerstellung

502 Vgl. Abbildung 19 zum Verständnis des Entwicklungsweges dieses Teams. – Vgl. Tabelle 4 in 11.2.

„Große Trainer gewinnen, indem sie die Stärken [der Spieler] in Wettbewerbsvorteile [für das Team] umwandeln."[503]

Bei der zweiten Fallstudie handelt es sich nun um eine absolute Spitzenmannschaft von internationalem Format (deutscher Damenhandball-Vizemeister). Der Trainer war für dieses Team schon 4 Jahre lang als Co-Trainer tätig und ist nunmehr seit zwei Jahren der Cheftrainer. Die Spielerinnen wurden allesamt bereits in eine Nationalmannschaft berufen (Jugend oder A-Team für Deutschland bzw. andere internationale Auswahlen). Abgesehen von den wenigen aktuellen Neuverpflichtungen betrachtet der Trainer den Rest des Teams als gut eingespielt: sechs Spielerinnen kommen aus derselben Region in Deutschland und kannten sich bereits bevor sie zu diesem Team hinzustießen, die restlichen Spielerinnen kannten sich zum größten Teil aus der Nationalmannschaft. Jedes Jahr gibt es in der Mannschaft einen Zugang von ein bis zwei neuen Spielerinnen – man kann also von einer eher geringen Fluktuation sprechen. Die ausländischen Spielerinnen wurden nach Ansicht des Trainers sehr gut integriert und sollten der Mannschaft erhalten bleiben. Außerdem wird auch die Jugend kontinuierlich an die Kampfmannschaft herangeführt Der Trainer formuliert als Vision bzw. wesentliche Ziele, dass man in Deutschland top bleiben soll, man weiter in den europäischen Leistungsbereich vorstoßen möchte (z.B. Erreichen des Semifinales im Europapokal) und außerdem zusätzliche Top-Spielerinnen zum Verein holen will. Im Übrigen soll so leistungsbezogen gespielt werden wie bisher und dabei eine Weiterentwicklung in allen spielerischen Bereichen angestrebt werden. Die Spielerinnen waren im vorangegangenen Jahr noch eher skeptisch was die großen Ziele des Trainers betraf. Dieses Jahr sprechen sie aber so wie der Trainer alle vom Meistertitel. Auf diesem Leistungsniveau lassen sich die Führungsprioritäten des Trainers über das **Forcieren leistungsbezogener Aspekte** hinaus v.a. durch eine verstärkte **Förderung im individuellen spielerischen Bereich** („**Optimierung**") realisieren. Zusätzlich geht es auch um den Aufbau einer **„starken" Mannschaftskultur**, die dem Streben der hochkarätigen Einzelspielerinnen nach Individualität wieder gewisse Grenzen setzt.

Abbildung 25 klassifiziert diese Mannschaft bei Mannschaftspotential und Spielerfluktuation als erstklassiges **Typ-AA** Team („**Optimierung**" der Spielweise als strategische Handlungsalternative für den Trainer).[504]

---

[503] Westerbeek, H.; Smith, A., Business Leadership and the Lessons from Sport, 2005, S. 106.

[504] Vgl. Abb. 19 zum besseren Verständnis des Entwicklungsweges dieses Teams. – Vgl. Tab. 4 in 11.2.

Abb. 25: Erstklassiges Typ-AA Damenhandballprofiteam

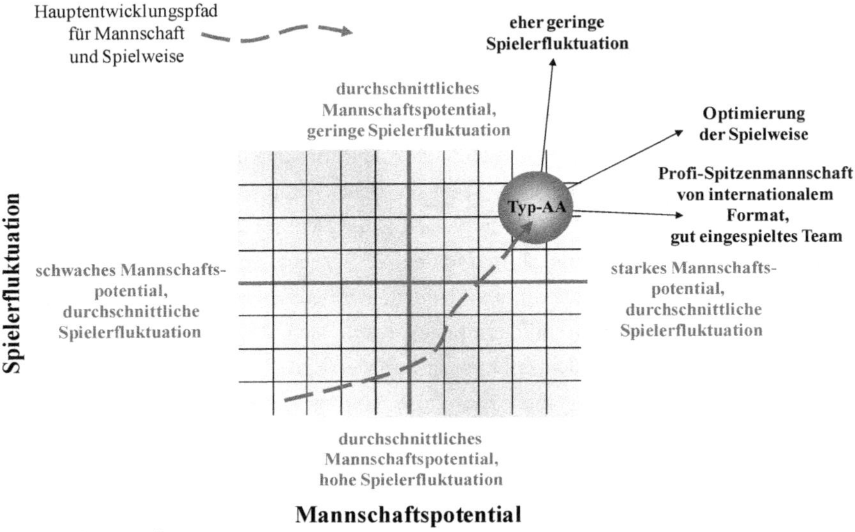

Quelle: Eigenerstellung

Grundlegender Wandel als strategische Handlungsalternative

> „Die fußballerische Brillanz der Brasilianer stammt nicht aus einer Spielphilosophie, die einen Fokus auf Stabilisierung legt.“[505]

> „Wer Wandel realisiert, muss sich nicht nur über das angestrebte Ergebnis Gedanken machen, sondern auch darüber, was er eigentlich verändern will“[506]

> „Radikaler Wandel erfordert angemessene Autorität“[507]

Dass Wandel mit Erfolg korreliert, wird immer wieder durch Studien belegt. Die Organisationsforschung attestiert vor allem Eliteorganisationen eine äußerst positive Einstellung zu Wandel. Diese assoziieren Wandel mit Stärke und messen ihm große Bedeutung bei, was auch auf die enge Verknüpfung von Wandel (als Prozess der Erneuerung) mit der **Mannschaftskultur** hinweist.[508] Jede Erneuerung sollte bei einem

---

[505] Westerbeek, H.; Smith, A., Business Leadership and the Lessons from Sport, 2005, S. 175.

[506] Kanter, R.M.; et al.; The challenge of organizational change, 1992, S. 503. – Vgl. Kabanoff, B.; et al.; Espoused values and organizational change themes, Academy of Management Journal, August 1995, S. 1075-1104.

[507] Konfuzius, In: Bennis, W.; Heenan, D.A., Die Macht der Nr. 2, 2000, S. 103.

[508] Vgl. Kabanoff, B.; et al.; Espoused values and organizational change themes, Academy of Management Journal, August 1995, S. S. 1075-1104.

Trainer von der Absicht ausgehen, eine von Grund auf veränderte Spielweise (z.B. bei Typ-CA) bzw. von Grund auf veränderte Aspekte der bisherigen Spielweise[509] (z.B. bei Typ-BC, aber auch bei Typ-BB und Typ-AC, mit Abstrichen auch bei Typ-AB) zu forcieren, um innovative und bahnbrechende Resultate zu erzielen.[510] Die Hauptlast zur effizienten Realisierung von Wandel sollte auf den Schlüsselspielern eines Teams liegen, und das Führungshandeln des Trainers v.a. auf **taktische Aspekte**, **Innovationen bei der Spielweise** und einem entsprechendem **Engagement** der Spieler (alle drei sind mannschaftsdienliche Effektivitätskomponenten) ausgerichtet sein.[511] In diesem Sinne meinte auch schon der ehemalige österreichische (und kroatische) Fußballteamchef Otto Baric:[512]

> „ [Ich benötige] mutige Spieler mit Herz ... und Biss."

Abbildung 26 verdeutlicht, dass dies idealerweise in einer Vision zum Ausdruck kommt, die gleichsam ein Programm für Wandel darstellt.[513] Wandel stellt eine permanente Veränderung der Ausrichtung einer Mannschaft dar, wobei bisweilen auch bewährte Abläufe und Konzepte durch eine völlig unterschiedliche Praxis (z.B. Übergang von Typ-CB auf Typ-CA) ersetzt werden können.[514] Das bedeutet jedoch nicht, dass man sich bei diesem Prozess völlig von der bestehenden Mannschaftskultur und dem darauf fußenden Aufgabenverständnis der Spieler loslösen muss.[515] Vielmehr denke ich, dass sich diese Mannschaftskultur in Richtung einer **Kultur des Wandels** weiterentwickeln und das Team zu einer **„produktiven Mannschaft"**[516] werden sollte, die sich auf ständige Veränderungen einstellt. Die Verinnerlichung dieser Werte erleichtert es den Spielern, ein Verständnis für die Vision ihres Trainers und die daraus resultierenden Aufgabenstellungen zu entwickeln, um sich dann verstärkt dafür zu **engagieren**.

---

509 Vgl. Abbildung 19.

510 Vgl. Bennis, W.; Mische, M., 21st Century Organization, Executive Excellence, September 1996, S. 7-8.

511 Vgl. Kabanoff, B.; et al.; Espoused values and organizational change themes, Academy of Management Journal, August 1995, S. 1075-1104. – Vgl. 10.3., 10.4. und 10.5.

512 Otto Baric als Trainer der österreichischen Fussballnationalmannschaft 2001 nach einer Heimniederlage. www.orf.at ORF ON SPORT, 16. August 2001, S. 3.

513 Vgl. Hart, S.L.; Quinn, R.E., Roles executives play, Human Relations, May 1993, S. 543-574.

514 Vgl. Bennis, W.; Mische, M., 21st Century Organization, Executive Excellence, September 1996, S. 7-8.

515 Vgl. Beatty, C.A.; Lee, G.L., Leadership Among Middle Managers, Human Relations, September 1992, S. 957-989.

516 Vgl. 5.5., 7.1., 7.3., 7.5., 7.6., 8.2., 8.4., 9.2., 10.8., 12.3. und 12.4.

Abb. 26: Wandel als permanente Änderung der Ausrichtung eines Teams

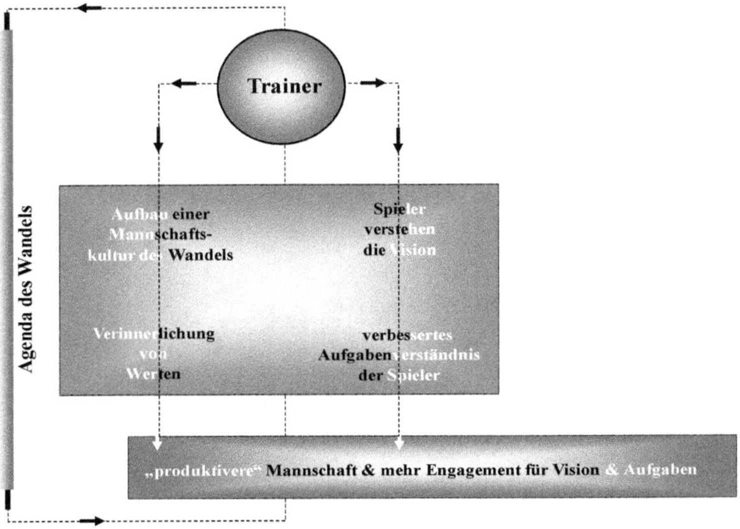

Quelle: Eigenerstellung

Die Realisierung von grundlegendem Wandel ist also eine Führungsaufgabe, die m.E. alle wesentlichen Stufen des strategisch-situativen Führungsprozesses durchlaufen Muss. Dies werde ich im Folgenden am Beispiel dreier Mannschaften näher veranschaulichen. Der Übergang etwa von Typ-CB auf Typ-CA stellt eine besonders auffällige Veränderung in der Ausrichtung eines Teams dar. Die entsprechenden Unterschiede für die Führungsprioritäten eines Trainers im Vergleich zum oben beschriebenen Typ-CB Herren-Amateurfußballteam zeigt der Fall eines Typ-CA-Teams. In dieser dritten Fallstudie wird ein Mittelständler aus der deutschen Damenhandballbezirksliga (5. Liga) untersucht. Der Trainer coacht dieses Team seit vier Jahren und beurteilt die Entwicklungsmöglichkeiten des Potentials seiner überwiegend studentischen Spielerinnen aufgrund der relativ großen Fluktuation realistischerweise als eingeschränkt. Eine Erschwernis auf dem Weg zu einem Spitzenplatz in der Liga ist aber auch die Motivation der Spielerinnen, die sich gegen Ende der Saison vor allem bei Spielerinnen mit weniger Einsätzen als Schwachpunkt erweist. Angesichts der Heterogenität auch der sportlichen Ziele seiner Spielerinnen fordert der Trainer von seinem Team „**mehr Härte**“ als kleinsten gemeinsamen Nenner und

Fokus der gemeinsamen sportlichen Entwicklung in der absehbaren Zukunft. Andererseits preist der Trainer die wertemäßigen Qualitäten seiner Mannschaft, die von ihm als verschworene Truppe mit starkem Zusammenhalt und Teamgeist („starke" Mannschaftskultur") beschrieben wird: ein Team, das mannschaftsintern bereits seine Linie gefunden hat bzw. als stabil bezeichnet werden kann, und das dem im obigen Beispiel dargestellten Typ-CB Herrenfußballteam um ebendiesen Entwicklungsschritt voraus ist. Aus Sicht des Trainers wird der Erfolg seines Teams künftig daher vor allem davon abhängen, ob es gelingt **neue Spielzüge** zu gestalten. Es geht also um die Weiterentwicklung im Sinne einer **„produktiven" Mannschaft**, die Wandel realisiert. Und es geht um die Weiterentwicklung der Mannschaftskultur zu einer Kultur des Wandels. Abbildung 27 klassifiziert diese Mannschaft bei Mannschaftspotential und Spielerfluktuation als drittklassiges **Typ-CA** Team, mit einem ausschließlichen Fokus auf die **„Erneuerung"** der Spielweise als strategische Handlungsalternative für den Trainer.[517]

Abb. 27: Drittklassiges Typ-CA Damenhandballamateurteam

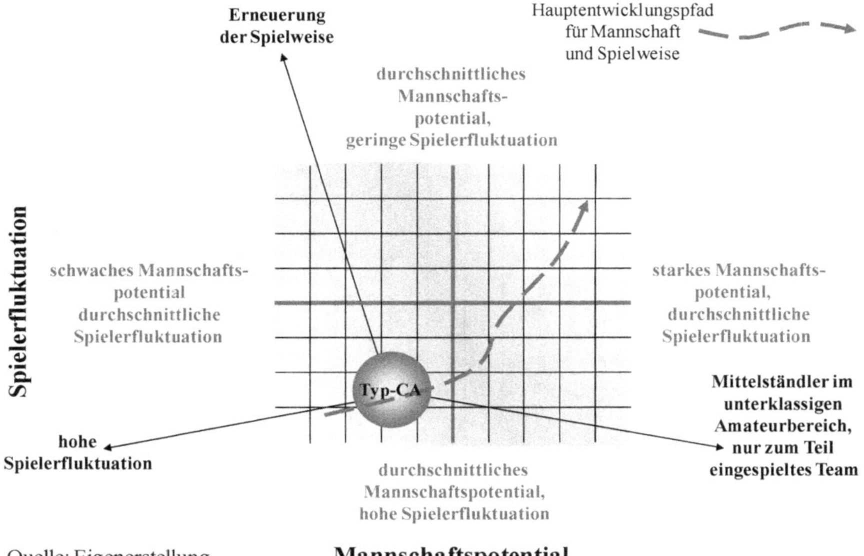

Quelle: Eigenerstellung

[517] Vgl. Abbildung 19 zum Verständnis des Entwicklungsweges dieses Teams. – Vgl. Tabelle 4 in 11.2.

Bei der nächsten Fallstudie handelt es sich um einen Mittelständler aus der deutschen Herrenhandballoberliga (4. Liga). Hier geht es um **von Grund auf veränderte Aspekte der Spielweise** – anders also als bei der vorangehenden Fallstudie, wo eine vollständige Erneuerung der Spielweise anstand. Die Vision des Trainers ist eine Verbesserung in der Tabelle. Zu diesem Zweck versucht er, Eigenbauspieler aus dem Verein zu forcieren und ehemalige Spieler aus der nächst höheren (dritten) Spielklasse zurückzuholen. Damit möchte er das Team v.a. im technischen Bereich weiter aufwerten. Als besondere Herausforderung sieht der Trainer die Tatsache, dass es zu ständigen Neuzugängen und Abgängen kommt. Außerdem sehen viele Spieler die sportliche Betätigung eher nur als Möglichkeit, um vom privaten und beruflichen Stress abzuschalten. Auch aus diesem Grund können vorerst nur drei bis vier Spieler mit den besten Teams der Liga mithalten. Keine unüblichen Probleme für eine Amateurmannschaft - eben **Typ-BC** mit einem Schwerpunkt auf die „**Erneuerung und teilweise Optimierung**“ der Spielweise als strategische Handlungsalternative.[518]

Abb. 28: Zweitklassiges Typ-BC Herrenhandballamateurteam

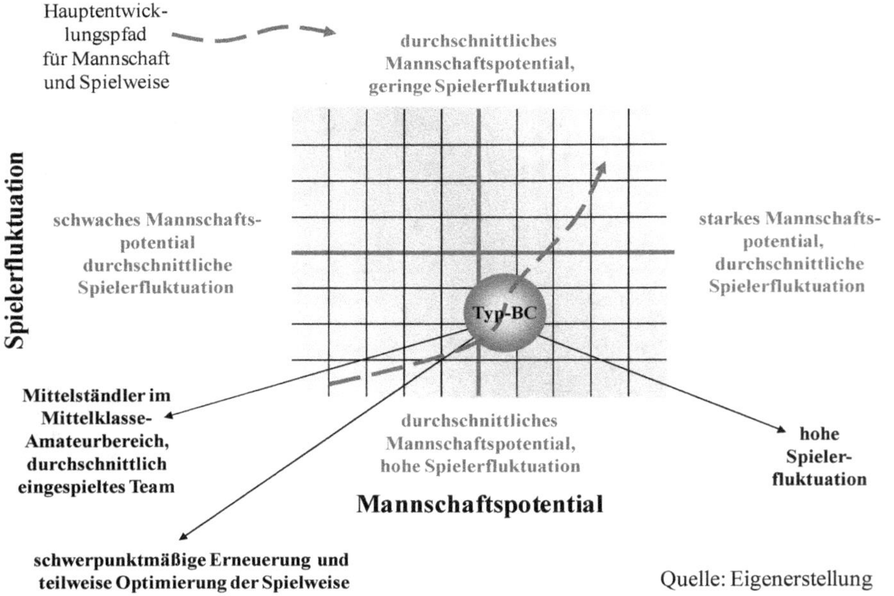

Quelle: Eigenerstellung

518 Vgl. Abbildung 19 zum Verständnis des Entwicklungsweges dieses Teams. – Vgl. Tabelle 4 in 11.2.

„In einem Wettbewerbsumfeld, das Innovationen belohnt, sollte ein Team … stets darauf aus sein, Neues zu entwickeln.“[519]

Auch in der fünften Fallstudie geht es - ähnlich wie in der vorigen Fallstudie - um **von Grund auf veränderte Aspekte der Spielweise**. Dazu wird eines der besten Teams aus der dritten österreichischen Herreneishockeyliga untersucht, das in der vorangegangenen Saison aus der zweiten Liga abgestiegen ist und nun den Wiederaufstieg anstrebt. Ein zweitklassiges **Typ-BB Team** also mit Schwerpunkt auf „teilweiser Erneuerung und teilweiser Optimierung“ der Spielweise. Der Trainer formuliert als Vision den Aufstieg in die zweite Liga, was sich auch mit den sportlichen Zielen der Spieler in Einklang bringen lässt. Mit Blick auf den Aufstieg beurteilt der Trainer die aktuelle Situation des Teams im Vergleich zu den wichtigsten Wettbewerbern freilich als noch eher eingeschränkt. Drei bis vier Leistungsträger haben das Team nämlich verlassen. Diese versucht er nun durch eigenen Nachwuchs zu ersetzen. Außerdem verfügt er zu diesem Zeitpunkt über die zwei besten ausländischen Spieler der Liga. Dadurch kommt es jedoch zu großen Leistungsunterschieden im Team: neben jungen Talenten und Routiniers gibt es auch Spieler, bei denen es sowohl an Spielverständnis als auch an Technik mangelt. Nicht zu unterschätzen ist auch die Tatsache, dass viele Spieler einen Beruf ausüben und der Trainer praktisch nie weiß, wie viele Spieler etwa zum Training kommen. Aus Sicht des Trainers sind künftig die wichtigsten Faktoren für Wandel, dass **a)** manche Spieler mehr Kraft antrainieren müssen, **b)** einige Spieler disziplinierter werden müssen,[520] und **c)** wieder andere mehr über ihr eigenes Spiel nachzudenken beginnen sollten – jeder Spieler muss wissen, dass er eine ganz bestimmte Funktion und Rolle hat. Der Trainer legt also viel Wert auf die Entwicklung einer eigenen Spielweise für das Team. Und er will, dass sich auch die Spieler ständig weiter entwickeln. Im Detail forciert dafür folgende Aspekte: **a)** Schaffen eines kollektiven Bewusstseins um die Mannschaftswerte, **b)** ständiges Erarbeiten neuer Spielzüge, **c)** die Verbesserung des Spielaufbaus, v.a. beim Übertragen neuer Aufgaben auf die Spieler, und **d)** das ständige Arbeiten der Spieler an der Qualität ihres Spiels. Abbildung 29 klassifiziert das Team als zweitklassiges **Typ-BB** (**„teilweise Erneuerung und teilweise Optimierung**“ des Spiels als strategische Handlungsalternative.)[521]

---

519 Westerbeek, H.; Smith, A., Business Leadership and the Lessons from Sport, 2005, S. 200.

520 Studien belegen, dass jüngere Spieler im Vergleich zu erfahreneren Spielern mit Wettkampfstress weniger gut umgehen können. Vgl. Gézi, G.J.; et al.; Anxiety and Coping of Hungarian National Ice Hockey Players, International Journal of Sports Science & Coaching, 2008, S. 277-286.

521 Vgl. Abbildung 19 zum Verständnis des Entwicklungsweges dieses Teams. – Vgl. Tabelle 4 in 11.2.

Abb. 29: Zweitklassiges Typ-BB Herreneishockeyamateurteam

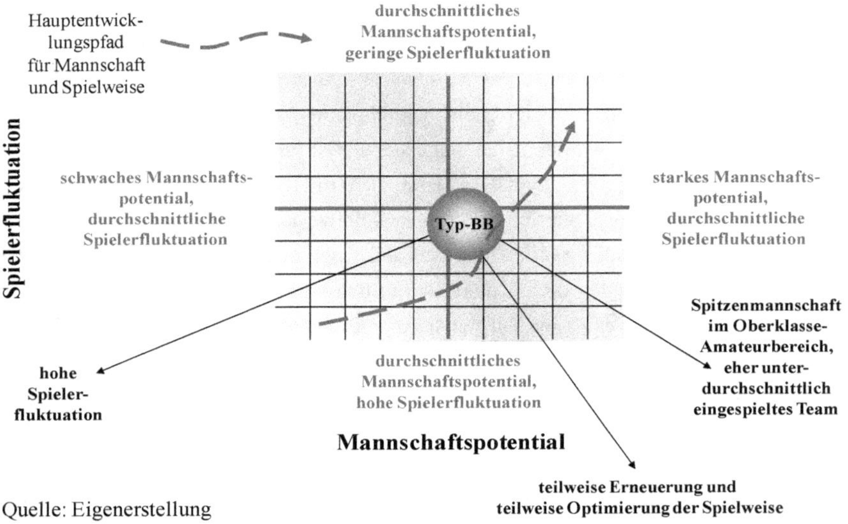

Quelle: Eigenerstellung

5.3. Stufe 3: Das 2-Phasen-Schema als operatives Führungskonzept

> „Wer nur auf eine oder zwei isolierte Maßnahmen setzt anstatt auf ein umfassendes Programm, wird Misserfolg ernten."[522]

In Anlehnung an das Konzept für strategische Unternehmensführung von Hinterhuber[523] folgt auf die Formulierung der Strategie die operative Phase[524]: der Trainer erarbeitet ein **operatives Führungskonzept** zum Realisieren der Vision. Forscher haben wiederholt auf die Bedeutung des **„Ordnens" situativer Faktoren** hingewiesen und dafür Ansätze entwickelt. Was diesen Ansätzen gleich war, ist eine Unterscheidung nach Vision, Zielen, strukturellen („harten") und kulturbezogenen („weichen") situativen Faktoren.[525] Zusätzlich wird in der Forschung darauf verwiesen, dass zwischen situativen Faktoren flexible Verbindungen bestehen, die sich

---

522 Riley, P., The Winner Within, 1993, S. 144.

523 Vgl. Hinterhuber, H.H., Strategische Unternehmensführung, 1989, S. 181ff. - Vgl. Westerbeek, H.; Smith, A., Business Leadership and the Lessons from Sport, 2005, S. 61. – Vgl. http://de.wikipedia.org/wiki/Strategisches_Management – Vgl. LeMar, B., Menschliche Kommunikation im Medienzeitalter, 2001, S. 307.

524 Dies stellt eine untergeordnete Hauptfrage strategisch-situativer Führung dar. - Vgl. Abbildung 8.

525 Vgl. Pawar, B.S.; Eastman, K.K., The nature and implications of contextual influences on transformational leadership, The Academy of Management Review, January 1997, S. 80-109.

gegenseitig verstärken können: trifft ein Trainer bei Änderungen (z.B. der Spielweise oder der Spieltaktik) auf Schwierigkeiten, so kann es daher je nach Schwere der Situation erforderlich sein, nicht nur einige, sondern alle situativen Faktoren, die der Änderung entgegenstehen, zu überwinden[526] - die Frage, wie der Trainer dabei vorgehen sollte, wird in der Literatur nur ansatzweise beantwortet, indem man ein **prozessorientiertes Vorgehen in Phasen** empfiehlt.[527] Mir ist bislang jedoch kein operatives und phasenorientiertes Führungskonzept für Sportmannschaften bekannt. Mit Abbildung 30 stelle ich daher ein **operatives Führungskonzept in zwei Phasen** vor, das **a)** „harte" und „weiche" situative Faktoren[528] auf der Gruppenebene[529], sowie **b)** „harte" und „weiche" situative Faktoren auf der Individualebene[530] „ordnet". Es hat eine **dynamische Perspektive**, denn:[531]

> „...[Führungs-] Phasen können zwar als linearer Prozess dargestellt werden, sind in Wahrheit aber fortschreitend und überlappen sich oft. Außerdem bedingen veränderte situative Aspekte eine ständige Wiederholung einzelner Phasen."

Das Symbol für den strategisch-situativen[532] Führungskreislauf[533] in Abbildung 30 bestätigt, dass sich Phasen in ihrem Zeitablauf überlappen können, weil es z.B. zu Stresssituationen unter den Spielern[534] oder zu anderen mannschaftsdynamischen Phänomenen auf dem Entwicklungsweg eines Teams (z.B. Forcierung der Mannschaftskultur zur Bekämpfung von Subkulturen in SFM)[535] kommen kann.[536]

---

526 Vgl. das Praxisbeispiel von Trainer Fabio Capello bei Real Madrid zu Beginn von Kapitel 5.

527 Vgl. Perrow, C., Organizational Analysis, 1970, S. 6. – Vgl. Pawar, B.S.; Eastman, K.K., The nature and implications of contextual influences on transformational leadership, The Academy of Management Review, January 1997, S. 80-109. - Vgl. Laufer, H., Grundlagen erfolgreicher Mitarbeiterführung, 2005, S. 82.

528 Vgl. Pümpin, C.; et al.; Unternehmenskultur, In: Die Orientierung, Nr. 85 Schriftenreihe der Schweizerischen Volksbank, 1985, S 173.

529 Vgl. Kapitel 6 (taktische Ebene), Kapitel 7 (Mannschaftsbene), Kapitel 8 (SFM-Ebene).

530 Vgl. Kapitel 9.

531 Conger, J.A.; Kanungo, R.; et al., Measuring charisma, Canadian Journal of Administrative Sciences, September 1997, S. 290-302.

532 Von strategisch-situativem Führungshandeln spricht man, wenn der situative Fokus eines Trainers (z.B. auf taktische Aspekte, Engagement, innovatives Spiel, Qualität des Spiels) mit den strategischen Erfordernissen des Teams (entsprechend Typ-C, Typ-B, oder Typ-A) abgeglichen wird.

533 Vgl. Abbildungen 17 und 100. – Die Gruppenebene wird durch die Symbole für **a)** die taktische Ebene (Vgl. Abbildung 45 in Punkt 6.2.), **b)** die Mannschaftsebene (Fussballfeld) und **c)** die SFM-Ebene (Vgl. Abbildung 62 in Punkt 8.1.) verdeutlicht, die Individualebene durch das Symbol von Abbildung 70 (aus Punkt 10.3.).

534 Vgl. 7.2.2.

535 Vgl. Einleitung von Kapitel 7.

536 Vgl. Pawar, B.S.; Eastman, K.K., The nature and implications of contextual influences on transformational leadership, The Academy of Management Review, January 1997, S. 80-109. – Vgl. 7.4.

Abb. 30: Die Dynamik des 2-Phasen-Schemas

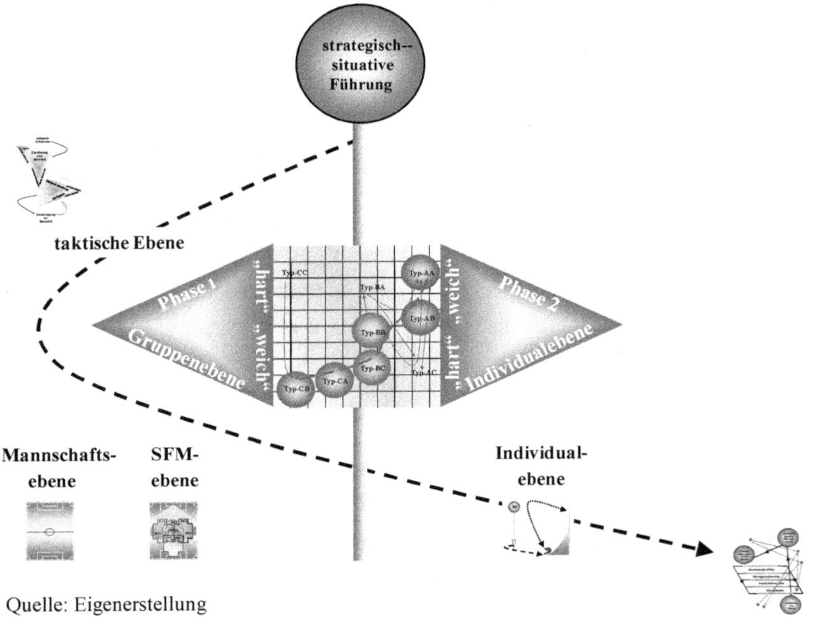

Quelle: Eigenerstellung

Phase 1: „Harte" und „weiche" situative Faktoren auf der Gruppenebene:

a) „harte" situative Faktoren, z.B. Taktik; Mannschaftsstrukturen; SFM; Leistungsstandards;
b) „weiche" situative Faktoren, z.B.: Mannschaftszusammenhalt; Mannschafts-/Subkultur;

„Wenn man gegen ein besseres Team spielt und es früh stört, dann werden die nervös."[537]

„Teams müssen die bestmögliche Struktur finden, um ihre Ziele zu erreichen."[538]

„Harte" situative Faktoren sind „offensichtlich", d.h. sie sind vom Trainer leichter zu diagnostizieren und m.E. schneller veränderbar als „weiche" situative Faktoren. Das ist wichtig, denn rasches, sichtbares und effizientes[539] Führungshandeln mit schnellen und objektiv nachvollziehbaren Ergebnissen zur Änderung einer Situation ist wichtig, damit ein Trainer von seinen Spielern positiv wahrgenommen[540] wird. Bei

537 Hitzfeld, O., In: http://dasmagazin.ch/index.php/der-allemanne/: Der Alemanne, Hartmann, P., 5. Juni 2010.

538 Vgl. Northouse, P.G., Leadership, 2007, S. 219.

539 Vgl. Tabelle 4 in Punkt 11.2.

540 Vgl Dies entspricht auch dem vierten Axiom der „Neuen Führung" (sichtbares Management) von Peters. Vgl. Peters, T., Thriving on Chaos, 1987. - Vgl. Conger, J.A.; et al., Measuring charisma, Canadian Journal of Administrative Sciences, September 1997, S. 290-302. – Vgl. 10.2.

taktischen Aspekten geht es m.E. um **a)** die Zielorientierung eines Teams, und **b)** das Forcieren der spielerischen Entwicklungsrichtung durch konkrete taktische Anordnungen, z.B. defensives oder offensives Spiel. Dies sollte das Teamwork[541] und **Engagement** der Spieler verstärken.[542] Ein Beispiel dafür lieferte zu Beginn dieses Kapitels die Fußballmannschaft Real Madrid (ein Team in der Krise), wo Trainer Capello 2006/07 ganz im Gegensatz zur berühmten Spieltradition des Vereins betont defensive Spieltaktiken forcierte, um die desorientierte Mannschaft wieder zu stabilisieren.
Ein wesentlicher Aspekt der Teamführung[543] liegt auch in der Art der Beziehung, die ein Trainer mit dem Team entwickelt.[544] Ein Trainer sollte dabei das Kollektiv betonen, um seine Autorität zu festigen und gleichzeitig **„weiche“ situative Faktoren zu** fördern, denn „weiche“ situativen Faktoren ergänzen die „harten“: ein Beispiel dafür ist die Mannschaftskultur, die sich innerhalb der Teamstrukturen entfaltet, denn erst das kompromisslose[545] Vorleben von Werten durch Trainer und Schlüsselspieler[546] macht die Mannschaftskultur für den Rest der Spieler nachvollziehbar.[547] Um das zu erreichen, muss ein Trainer versuchen, den Stolz der Spieler auf das Team zu fördern[548] bevor er auf der Individualebene aktiv wird.[549]
Abbildung 31 zeigt, dass es auf der Gruppenebene darum geht, wesentliche Vorgaben für die Spielweise einer Mannschaft zu liefern: zum einen durch **a)** die Ausrichtung der Spieler auf die Taktik des Trainers und **b)** das Einfügen aller Spieler in die entsprechenden Strukturen im Team, zum anderen durch **c)** die Art wie der Trainer seine Beziehung mit dem Team gestaltet (Mannschaftskultur, Umgang mit Subkulturen).

---

541 Vgl. Mancini, V.H., Agnew, M., An Analysis of Teaching and Coaching Behaviours, In: Straub, W.F. (Hrsg.), Sport Psychology: An Analysis of Athlete Behavior, 1978, S. 281.

542 Vgl. Berg, P.O., Symbolic management of human resources, Human Resource Management, 1986, S. 557-579. - Vgl. Alvesson, M., Leadership as Social Integrative Action, Organization Studies, March 1992, S. 185-209.

543 SFM stellen für Trainer eine vergleichbare Herausforderung an das Führen dar wie die Mannschaftsebene: beides ist Führen auf der Gruppenebene. Auf der Gruppenebene hat die Führungstätigkeit auf der taktischen Ebene Vorrang gegenüber der Führungstätigkeit auf der Mannschaftsebene, welche wiederum Vorrang hat gegenüber der SFM-Ebene.

544 Vgl. Mancini, V.H., Agnew, M., An Analysis of Teaching and Coaching Behaviours, In: Straub, W.F. (Hrsg.), Sport Psychology: An Analysis of Athlete Behavior, 1978, S. 281.

545 Vgl. Miller, M., Shared values foster a sense of community, Credit Union Magazine, June 2001, o.S.

546 Vgl. Cabrales, A.L.; et al.; The contribution of core employees to organizational capabilities and efficiency, Human Resource Management, Spring 2006, S. 81-109.

547 Vgl. Kabanoff, B.; et al.; Espoused values and organizational change themes, Academy of Management Journal, August 1995, S. 1075-1104.

548 Vgl. Cocheu, T., Strategic Leadership, Executive Excellence, June 1993, S. 18-19

549 Vgl. Berg, P.O., Symbolic management of human resources, Human Resource Management, 1986, S. 557-579. - Vgl. Alvesson, M., Leadership as Social Integrative Action, Organization Studies, March 1992, S. 185-209.

Abb. 31: „Harte“ und „weiche“ situative Faktoren auf der Gruppenebene

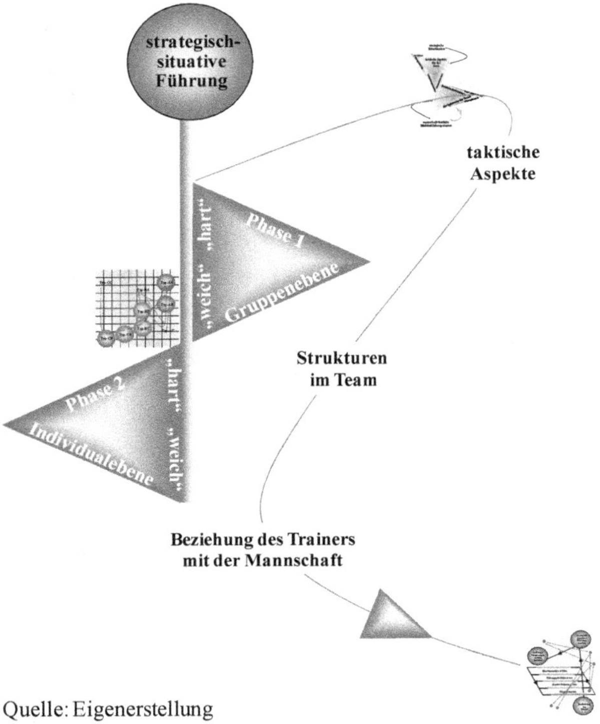

Quelle: Eigenerstellung

Eine **Mannschaftskultur** sollte „stark“[550] sein, den Mannschaftszusammenhalt[551] steigern und bei den Spielern die Bereitschaft zu Wandel fördern.[552] Was aber, wenn sich die Spieler nach außen hin zwar zu den Absichten und Entscheidungen ihres Trainers bekennen, sich intern jedoch in Cliquen mit eigenen Werthaltungen (**Subkulturen**[553]) organisieren?: das kann sich von einer (zunächst harmlosen) Gruppenbildung beim Ein- und Aussteigen aus dem Bus oder dem Flugzeug[554], über Rechtfertigungsversuche

550 Vgl. Ireland, R.D.; Hitt, M.A., Achieving and maintaining strategic competitiveness in the 21st century, The Academy of Management Executive, February 1999, S. 43-57.

551 Vgl. Ravizza, K., Increasing Awareness for Sport Performance; In: Applied Sport Psychology, 1986, S. 157. – Vgl. 7.3.

552 Vgl. Northouse, P.G., Leadership, 2007, S. 220.

553 Vgl. 3.1., 5.4., 7.4., 8.3. und 10.2.

554 Vgl. 7.2.2.

für individuelle Eigenheiten[555], bis hin zu Aversionen gegenüber Trainer und Mitspielern entwickeln[556].[557] Subkulturen sind zwar ein Gruppenphänomen, stellen für den Trainer m.E. aber auch eine Herausforderung auf der Individualebene dar: er muss ja versuchen, die Spieler wieder auf die Mannschaftskultur „einzutrimmen". Subkulturen sollte rasch entgegengewirkt werden[558], weil sonst Probleme beim Realisieren von Wandel für die Spielweise des Teams und bei der Kommunikation mit den Spielern entstehen können.[559] Es hängt dabei von der Situation ab, ob ein Trainer Cliquenbildungen auf der Mannschafts-, SFM- oder Individualebene lösen möchte: eine Visualisierung des Fehlverhaltens von Cliquen vor dem Team kann zur offenen Aussprache, weg von Subkulturen und hin zur Stärkung der Mannschaftskultur führen.[560]

Phase 2: „Harte" und „weiche" situative Faktoren auf der Individualebene:

a) „harte" situative Faktoren, z.B.: Aufgabenvielfalt und Rolle; technische Reife und Leistungen;; **b)** „weiche" situative Faktoren, z.B.: Qualität der Trainer-Spieler Arbeitsbeziehung; Wachstumsbedürfnis und Bedarf nach Coaching; Motivation;

„Ich glaube an die Spieler, die Spieler glauben an mich."[561]

Auch auf der Individualebene werden **„harte" situative Faktoren** gegenüber „weichen" situativen Faktoren priorisiert, um rasches Führungshandeln zu ermöglichen. Beispiele für „harte" situative Faktoren sind etwa die Förderung der technischen Reife von Spielern durch Fehleranalysen und Leistungsfeedback,[562] das man durch Leistungsstatistiken[563] noch objektivieren kann. Die Aufgabenvielfalt und Rolle eines Spielers sind weitere Aspekte - v.a. bei Typ A-Teams, wo die Spielweise ja schwerpunktmäßig optimiert wird. Dies geschieht über eine verbesserte Qualität des individuellen Spiels, was sich aber nicht bei jedem Team gleichermaßen realisieren lässt - zu unterschiedlich sind m.E. nämlich oft die Mannschaftskulturen und Eigenheiten der Spielweisen. Dies lässt sich besonders deutlich an den Beispielen der bei der WM 2010 erfolgreichen Fußballnationalteams von Japan und Mexiko nachvollziehen. Japan etwa

---

555 Vgl. 5.5. (Stufe 1), 10.4.
556 Vgl. Beginn von Kapitel 11.
557 Vgl. Riley, P., The Winner Within, 1993, S. 239.
558 Vgl. Riley, P., The Winner Within, 1993, S. 240f.
559 Vgl. Miller, M., Shared values foster a sense of community, Credit Union Magazine, June 2001, o.S.
560 Vgl. Riley, P., The Winner Within, 1993, S. 240f.
561 Der slowakische Fussballteamchef Vladimir Weiss bei der FIFA Fussball WM-2010, In: http://derstandard.at/1277336790400/Little-Italy-schaemt-sich, Hackl, Ch., 25. Juni 2010.
562 Vgl. 7.3. - Vgl. Riley, P., The Winner Within, 1993, S. 163.
563 Vgl. Northouse, P.G., Leadership, 2007, S. 219.

zeigte schon in der Gruppenphase überraschend starke Leistungen und qualifizierte sich nach Sieg (1:0 gegen Kamerun) und Niederlage (0:1 gegen die Niederlande) mit einem 3:1 gegen Dänemark für das WM-Achtelfinale gegen Paraguay.[564] Bei all diesen Spielen konnten die Japaner v.a. mit schnellem Passspiel und schönen Kombinationen beeindrucken.[565] Spielentscheidende Akzente wurden durch gefährliche Standardsituationen und durch schnelle Konter gesetzt: „wenn man im Ballbesitz war,... versuchte man Tempo ins Spiel zu bringen".[566] Der japanische Teamchef Okada setzte darauf, die gegnerische Spielweise mit einer Art „Ninja"-Taktik zu überwinden, wo der „Gegner auf die Geduldprobe gestellt" und durch ein Tor gestört wurde.[567] Defensive, Disziplin, Schnelligkeit und Standardsituationen dominierten also,[568] das Rollenspiel war m.E. insofern durch eine eher **eng definierte Aufgabenvielfalt** eingeengt. Etwas anders waren die Aufgabenstellungen bei den Mexikanern. Dieses Team praktiziert traditionell einen leidenschaftlichen[569] Spielstil, den Teamchef Javier Aguirre noch durch ein bewegliches 4-1-2-3 System[570] (drei bewegliche Stürmer) zu forcieren wusste.[571] Die Gruppenphase wurde zwar nur mit wechselndem Erfolg gespielt (1:1 gegen Südafrika, 2:0 gegen Frankreich, 0:1 gegen Uruguay),[572] man schaffte aber den Aufstieg ins WM-Achtelfinale. Teamchef Aguirre war es dabei gelungen, aus seinen Spielern ein geschlossen auftretendes Kollektiv[573] zu formen, das v.a. gegen Frankreich mit guter Ballkontrolle und gelungenem Zusammenspiel aufzeigen konnte.[574] Die Stärke der Mexikaner lag nun bei der Defensive: Außenverteidiger Salcido gelang es, sich gut in die Offensive einzubringen,[575] und „auf der linken Außenbahn... [sorgte

---

564 Vgl. http://sport.orf.at/stories/2003708/2003713/ - Vgl. 7.2.1.

565 Vgl. http://sport.orf.at/wm2010/100630-749/index.html: Abend der Premieren, 30. Juni 2010.

566 Vgl. http://sport.orf.at/wm2010/100629-727/index.html: Komano vergibt Elfmeter, Falkner, P., 29. Juni 2010.

567 Vgl. http://sport.orf.at/wm2010/100625-601/index.html: Bestandene „Geduldprobe", 25. Juni 2010.

568 http://sport.orf.at/wm2010/100628-702/index.html: Safety First, 28. Juni 2010. – Vgl. Kronen Zeitung (WM Extra): Größter Triumph für Paraguay, Linden, P., 30. Juni 2010.

569 Vgl. Osario, R., (mexikanischer Teamstürmer), In: http://sport.orf.at/wm2010/100622-518/index.html: Stimmen zur Entscheidung in Gruppe A, 22. Juni 2010.

570 Vgl. http://ll-999.ea.com/sonetfw/footballworldde/_assets/media/de_DE/FIFA%2009%20 Guide/15_FIFA09_Guide_Formationen.pdf. - Vgl. http://www.transfermarkt.de/de/zukuenftigesystementwicklungen/topic/ ansicht_6_692501_seite2.html

571 Vgl. http://www.spox.com/myspox/group-blogdetail/0,105422,10.html?COMORD=2: Blog-Reihe: Taktik-Entwicklung 3, possessionplay, 16. November 2010.

572 Vgl. http://sport.orf.at/stories/2003708/2003709/

573 Vgl. http://sport.orf.at/wm2010/100617-364/index.html, Wagner, Ch., 17. Juni 2010.

574 Vgl. http://sport.orf.at/wm2010/100622-518/index.html: Stimmen zur Entscheidung in Gruppe A, 22. Juni 2010.

575 Vgl. http://www.tagesanzeiger.ch/taplus/standard/Argentinien-dank-Fehlentscheid-und-Tevez-Show-im-Viertelfinal/story/29070197?track, Jonas Racine, 28. Juni 2010.

Mittelfeldspieler] Guardado [wiederholt] „für eine sehenswerte Aktion"[576]. Das war m.E. recht typisch für die Spielweise dieses Teams, wo der Teamchef durch eine wohlüberlegte Aufgabenverteilung den Einzelspielern gewisse **Freiräume** schuf.

Die Fußball-WM 2010 bot aber auch gute Beispiele für ein Mittelding zwischen enger und weiter Auslegung in Sachen Rollenspiel und Aufgabenvielfalt, was m.E. insbesondere kompakten und disziplinierten[577] Teams eine bodenständige Spielweise mit Mut zum Risiko ermöglichte. Es waren v.a. kleinere Fußballnationen wie die Slowakei (3:2 gegen Weltmeister Italien), Schweiz (1:0 gegen Europameister Spanien) und Serbien (1:0 gegen Vize-Europameister Deutschland),[578] die so mit Erfolgen aufhorchen ließen. Ein Team aus diesem Trio, WM-Neuling Slowakei, erarbeitete sich auf der Basis guter Balleroberungen und starker Durchschlagskraft gar den Aufstieg ins Achtelfinale.[579]

Eine häufige und oft unterschätze Erfahrung vieler Trainer kann nun aber der Umgang mit der **Selbstzufriedenheit** eines Spielers (**„weicher" situativer Faktor**) werden: auf eine glanzvolle Vorstellung unter schwierigsten Bedingungen kann ein Spiel gegen einen Tabellennachzügler folgen, wo derselbe Spieler keine Anstalten macht, sich für seine Mannschaft zu engagieren. Das Lob des Trainers und positive Reaktionen der Presse können einen Spieler schnell glauben lassen, dass er den Durchbruch bereits geschafft hat. Wenn sich nach einem einzigen guten Spiel bereits ein gewisses Maß an Selbstzufriedenheit in die Psyche eines Spielers einschleichen kann, um wie viel mehr ist dieser dann nach einer hervorragend gelaufenen Saison – womöglich noch gekrönt durch einen Meistertitel – gefährdet, in das psychologisch so gefährliche Fahrwasser von Erfolg zu kommen?[580] Ich denke, Einzelgespräche des Trainers (Coaching) mit den Spielern (v.a. mit den Spielmachern) über deren technische Reife[581] und Bedürfnisse sollten sich positiv auf die **Qualität ihres Spiels** auswirken. Wenn solche Gespräche Lerneffekte mit sich bringen, können sie überdies deren **innovatives Spiel** verbessern. Außerdem werden Spieler mehr **Ausrichtung auf Taktik** und **Engagement** zeigen, wenn verbesserte Trainer-Spielerbeziehungen ihre Motivation steigern.

---

576 http://www.wm-wetten.eu/wm-2010-teams/mexiko, 4. Juni 2010.

577 Vgl. http://www.n-tv.de/sport/fussball/Das-Ende-der-Fussball-Eiszeit-article623182.html, Stobbe, N., 4. Dez. 2009. – Vgl. Kronen Zeitung, (WM-Extra): Zu viel verlangt, Linden, P., 13. Juni 2010.

578 Serbien agierte z.B. nach dem von Ottmar Hitzfeld, dem Teamchef der Schweiz, ausgearbeiteten Schweizer Modell und konzentrierte sich auf eine kompakte Defensive. Vgl. http://sport.orf.at/wm2010/100618-381/index.html: Fiasko für die DFB-Elf, Wagner, M., 18. Juni 2010.

579 Vgl. http://www.faz.net/s/RubFB1F9CD53135470AA600A7D04B278528/Doc~E6C034256 F7CC 4A71A6715FCC53F4872B~ATpl~Ecommon~Scontent.html: Weltmeister Italien hat fertig, Zorn, R., 25. Juni 2010.

580 Vgl. Riley, P., The Winner Within, 1993, S. 145.

581 Vgl. 2.5.

Abbildung 32 fasst aus strategischer Sichtweise die Bedeutung von „harten“ und „weichen“ situativen Faktoren auf der Individualebene zusammen: hier geht es für einen Trainer um **a)** die Förderung seiner individuellen Arbeitsbeziehungen und **b)** die Förderung der Leistungsfähigkeit der Spieler (v.a. der Spielmacher).

Abb. 32: „Harte“ und „weiche“ situative Faktoren auf der Individualebene

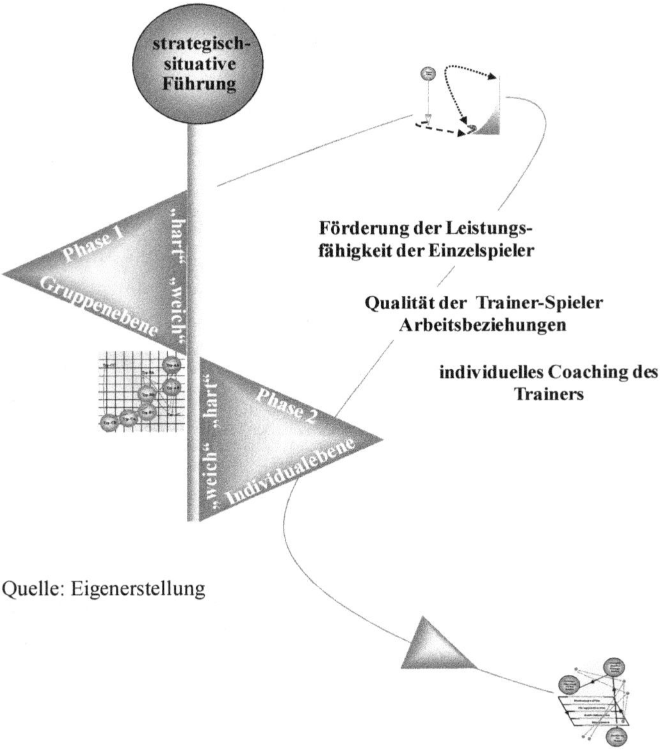

Quelle: Eigenerstellung

Tabelle 1 bietet einen abschließenden Überblick über wesentliche „harte“ und „weiche“ situative Faktoren auf der Gruppen-[582] und Individualebene. Bei den taktischen Aspekten ist hierbei zu beachten, dass die Zielvorgaben von der Ausgangssituation eines Teams (Typ-C, -B, oder -A) abhängen und sich entsprechend an der zur forcierenden grundsätzlichen Spielweise des Teams orientieren. Auch andere

[582] Taktische Ebene (Kapitel 6), Mannschaftsebene (Kapitel 7), SFM-Ebene (Kapitel 8).

Aspekte wie z.B. ein schwerpunktmäßiges Arbeiten mit SFM hängen vom Teamtyp ab: v.a. Typ-B Teams (Ausnahme: Typ-BA), die einen Schwerpunkt auf die Erneuerung ihrer Spielweise legen und auf Basis gefestigter Mannschaftsstrukturen arbeiten (im Unterschied zu Typ-CA), sollten ihre Innovationen am besten über Änderungen auf der SFM-Ebene realisieren. Ein zusätzlicher spezieller Fokus auf die Individualebene zur Verbesserung der individuellen Qualität des Spiels wird bei Typ-A Teams an Bedeutung gewinnen. Ein überwiegend starker Fokus auf die Mannschaftsebene ist hingegen nur bei Typ-C Teams gegeben.

Tab. 1: Phase 1 und Phase 2 eines operativen Führungskonzeptes

Phase	situative Faktoren
Gruppenebene „hart“ **Phase 1** Gruppenebene „weich“	• taktische Aspekte für das Team[583] • Mannschaftsstrukturen[584], Interdependenz bei der Spielweise des Teams • Teamwork, Ausrichtung der Spieler auf das Zusammenspiel-Mannschaftsebene • Unterordnung der Einzelspieler unter das Kollektiv • Leistungsstandards auf der Mannschaftsebene • Kommunikationsstrukturen und Informationsfluss auf der Mannschaftsebene • Partizipation der Mannschaft bei Entscheidungsprozessen des Trainers • Bildung von SFM[585] • Definition von Aufgabenstellungen und Verantwortlichkeiten[586] (z.B. in SFM) • Mannschaftskultur und Subkultur(en)[587] • Beziehung des Trainers mit der Mannschaft als Kollektiv (Status des Trainers) • Bereitschaft der Mannschaft für Wandel
Individualebene „hart“ **Phase 2** Individualebene „weich“	• Aufgabenvariabilität, Aufgabenvielfalt, Rolle bzw. Rollenvielfalt eines Spielers • technische Reife, Fertigkeiten, statistisch erfassbare Leistungen eines Spielers • sportliche Lern- und Entwicklungsziele eines Spielers[588] • Lernvermögen, Motivation und Arbeitszufriedenheit eines Spielers • Qualität der individuellen Arbeitsbeziehung eines Spielers mit dem Trainer[589] • Wachstumsbedürfnis und Bereitschaft eines Spielers zu Wandel • individueller Bedarf nach Feedback & Coaching, Entfaltung, etc.

Quelle: Eigenerstellung

583 Vgl. Kapitel 6.; 10.3.
584 Vgl. 7.1.
585 Vgl. Kapitel 8.
586 Verantwortlichkeiten und „Spielregeln“ im Team sollten mit den Spielern diskutiert werden, um ihr Verständnis zu steigern. Vgl. Cadrain, D., Don't let dormant policies lie, HR Magazine (http:// findarticles. com/p/articles/mi_m3495/is_7_52/ai_n19394927/pg_2?tag=artBody;col1), July 2007.
587 Vgl. 7.3. und 7.4.
588 Vgl. 10.2.
589 Vgl. 9.1.2.

5.4. Stufe 4: Umsetzung des operativen Führungskonzeptes - Führungshandeln

„Es ist ein verhängnisvoller Fehler, zu glauben, man könne die Formulierung einer Strategie abkoppeln von ihrer Umsetzung“[590]

Als die Nationalteams von Chile, Südkorea und den USA mit überraschend starken Leistungen ins Achtelfinale der Fußball-WM 2010 stürmten, nahm auch das öffentliche Interesse an den Führungsschwerpunkten der Trainer dieser Teams zu. Der Teamchef von Südkorea, Jung-Moo Huh, hatte es durch seine **aktive Führung** geschafft, aus talentierten Einzelspielern ein Team zu formen[591] und vorbildlich auf das Turnier einzustellen. Die Spieler beindruckten wie erwartet mit einer hohen Laufbereitschaft, waren in der Lage ihre technischen Fähigkeiten auszuspielen und verblüfften in wichtigen Spielsituationen mit klugen Pässen.[592] Sie funktionierten insbesondere als Kollektiv und man spürte die Motivation hinter ihren Aktionen.[593] Marcelo Bielsa, der argentinische Teamchef von Chile, hatte seinem Team mit Offensiv-Fußball und Mut zum Risiko[594] „ein neues Gesicht verpasst“[595]. Er galt als **„akribisch“** arbeitender Trainer, der bisweilen zu **unkonventionellen Methoden** griff: so kam es vor, dass Bielsa erst das Spielfeld abschritt, bevor er anordnete, in welchen Bereichen die Spieler trainieren sollten. Um sich intensiver mit den einzelnen Mannschaftsteilen zu befassen, ließ er diese gerne auch zu unterschiedlichen Zeiten trainieren.[596] Diese Trainingsmethoden griffen und auch der deutsche Startrainer Ottmar Hitzfeld meinte respektvoll: „Sie spielen sehr geradlinig und zielstrebig, schalten sehr schnell um.“[597] Bob Bradley, der Teamchef der USA, war bekannt für seine todernsten 4-Augen-Gespräche: „Von Mann zu Mann“, wie er zu sagen pflegte. Und: „Ich kann **sehr hart** sein.“ Er war aber auch ein Verfechter von **„Empowerment“**, um mehr Führungsspieler zu formen.[598] Und er ließ sich von großen US-Coaches beeinflussen – wie z.B. von Herb Brooks[599].[600] Unter Bradleys Führung

---

590 Mintzberg,H.,In: Reimann,B.C.,The new strategic leadership,Planning Review,Sept./Oct. 1994,S. 6-8

591 Vgl. http://world.kbs.co.kr/german/news/news_issue_detail.htm?No=18652, 23. Juni 2010.

592 Vgl. http://de.eurosport.yahoo.com/12062010/73/wm-2010-suedkorea-ueberfluegelt-ottos-griechen.html, Laure, T., 12. Juni 2010.

593 Vgl. http://www.goal.com/de/people/south-korea/16700/jung-moo-huh/profile

594 http://sport.orf.at/wm2010/10062971 8/?href=http%3A%2F%2Fsport.orf.at%2Fwm2010%2 F100629-718%2F719bigstory_txt.html: Ungeheuer effizient, 29. Juni 2010.

595 http://www.spox.com/de/sport/fussball/wm/wm2010/1005/Artikel/chile-marcelo-bielsaargentinien-nationaltrainer-roberto-ayala-el-loco.html, Elser, M., 28. Mai 2010.

596 Vgl. http://www.spox.com/de/sport/fussball/wm/wm2010/1005/Artikel/chile-marcelo-bielsa-argentinien-nationaltrainer-roberto-ayala-el-loco.html, Elser, M., 28. Mai 2010.

597 http://sport.orf.at/wm2010/100620-441/index.html: Das Achtelfinale in Griffweite, 20. Juni 2010.

598 Vgl. http://newssportstoday.blogspot.com/2010/10/bob-bradley.html, 1. Oktober 2010.

599 Der Coach des US-Eishockeynationalteams bei der Winterolympiade 1980. - Vgl. 4.4. und 11.3.

entwickelte das Team eine „Schnörkellosigkeit ... [mit] aufs Wesentliche reduzierten Beziehungsmustern ... beim Spielaufbau“[601]. Mit den Erfolgen wuchs das Vertrauen der Spieler in ihn, in sein System und in das ganze Team.[602]

Das Führungshandeln dieser Teamchefs gibt einen ersten Eindruck über die Vielfalt von Führungsschwerpunkten. Eine Möglichkeit Führungsschwerpunkte konkret zu umschreiben, wird durch den Ansatz von Bolman und Deal[603] aufgezeigt, die strukturelles, personelles und symbolisches Führungshandeln empfehlen.[604]

Strukturelles Führungshandeln zielt meines Erachtens v.a. auf „harte“ situative Faktoren ab und schafft „geordnete Verhältnisse“ durch klare Zielsetzungen und Rollenerwartungen[605]. Strukturinitiierendes Führungshandeln, transaktionales Führungshandeln und „Empowerment“, entsprechen m.E. den Anforderungen hierfür.[606]

Ein gutes Beispiel für strukturelles Führungshandeln liefert uns auf der Zeitreise durch fünf Jahrzehnte des Mannschaftssports ein erstmaliger Abstecher in die 1970er Jahre. Während der Halbzeit des Spieles um die Football High-School-Staatsmeisterschaft von Virginia (USA) im Jahre 1971 lag das Team der „Titans“ gegen die „Marshalls“ bereits mit 0:7 zurück. Herman Boone, der Chefcoach der Titans, stellte eine kurze Analyse an und sagte zu seinen Spielern: „...Die zweite Hälfte ist unsere Chance! Wir verändern unsere Verteidigung, denn sie [die „Marshalls“[607]] ziehen uns zu weit auseinander. Wir nehmen also Sunshine, Alan, Glascoe, Davis – Ihr spielt Angriff und Verteidigung. Bis zum Schluss. Und ich erwarte, dass die Passfänger gleich an der Linie gestoppt werden... Coach Joast (der Assistenztrainer) wird Euch sagen wie Ihr spielen müsst.“ Die präzisen strukturellen Anordnungen wurden von den Spielern gut

---

600 Vgl. http://soccernet.espn.go.com/world-cup/story/_/id/5263704/ce/us/bob-bradley-leads-us-men-national-team-world-cup-discipline-intelligence?cc=5739&ver=global, Drehs, W., 9. Juni 2010.

601 http://derstandard.at/1276412960608/Netzwerkanalyse-Englands-stabile-Struktur-im-Zentrum-und-die-Schnoerkellosigkeit-im-US-Spielaufbau, Neundlinger, H., 13. Juni 2010.

602 Vgl. http://bleacherreport.com/articles/393134-bob-bradley-a-closer-look-at-the-man-in-charge-of-the-united-states, Shore, P., 17. Mai 2010.

603 Vgl. Bolman, L.G.; Deal, T.E., Reframing Organization, 1991, S. 43ff. - Auch andere Autoren sprechen von politischen, kulturellen, strukturellen Faktoren, die den Kontext von Wandel prägen. - Vgl. Pawar, B.S.; Eastman, K.K., The nature and implications of contextual influences on transformational leadership, The Academy of Management Review, January 1997, S. 80-109. - Vgl. 5.5.

604 „Politisches“ Führungshandeln (nach Bolman und Deal), ist meines Erachtens für Sportteams nicht relevant. – Chelladurai hat eine „Leadership Scale for Sport“ mit vier Dimensionen entwickelt, welche z.T. mit Bolman und Deal´s Ansatz vergleichbar ist: **1)** Instruktion (strukturelles Führungshandeln); **2-4)** Feedback, soziale Unterstützung (personelles Führungshandeln). Er berücksichtigt aber keine mit symbolischem Führungshandeln vergleichbare Dimension. Vgl. Chelladurai, P., Leadership in sports: A review. International Journal of Sport Psychologie, 1990, 328-354.

605 Vgl. 5.5., 7.5., 8.3. und 10.7.

606 Vgl. 2.7., 4.1., 4.2. und 4.5.

607 Nicht zu verwechseln mit der College-Footballmannschaft „Marshalls“ zu Beginn von Punkt 11.2.

verstanden und „griffen": die „Titans" konnten innerhalb kürzester Zeit den Rückstand verkürzen und erzielten mit dem letzten Spielzug den siegbringenden „Touchdown".[608] Wie uns dieses Beispiel der „Titans" zeigt, stellen Umstrukturierungen, Korrekturen von Spielerrollen, und das Forcieren von Spielregeln wie z.B. die Verantwortlichkeit von Trainer und Spielern[609] ebenso strukturelles Führungshandeln dar wie auch:

- das Betonen von Vision[610] und Richtungsklarheit[611]
- das Definieren von mannschaftlichem und individuellem Erfolg[612]
- das Aufrechterhalten von Training und Spielplan[613]
- das Fördern von Interaktionen der Spieler während des Trainings[614]

Es sind selbstverständlich nicht nur kritische Situationen während eines Spieles, die von einem Trainer rasches strukturelles Führungshandeln erfordern können. Im Falle hartnäckiger Krisen einer Mannschaft über einen längeren Zeitraum muss ein Trainer meiner Meinung nach noch tiefer auf das Selbstverständnis seiner Spieler einwirken, um deren Aufmerksamkeit und Konzentration auf die wesentlichen Erfolgsfaktoren[615] hin zu lenken. Ein interessantes Beispiel dafür lieferte Coach Pat Riley bei den Los Angeles Lakers. Machen wir nun also einen Schwenk in die 1980er Jahre. Nach ihrem ersten großen Sieg über die Boston Celtics und dem damit errungenen NBA-Titel 1985 waren die Spieler noch zu unerfahren, um mit dem neuen Ruhm zurechtzukommen. Die Lakers schlitterten in der darauffolgenden Saison in eine hartnäckige Phase von Selbstzufriedenheit und Arroganz. Auffällige Leistungsschwankungen führten dem aufmerksamen Beobachter bald vor Augen, dass die Mannschaft ihre „Linie" verloren hatte. Spätestens nach dem vorzeitigen Ausscheiden im Play-off gegen einen vom Potential her weit unterlegenen Gegner war Coach Riley klar geworden, dass es mit Worten allein nicht mehr getan war. Er führte ein System zur statistischen Erfassung aller leistungsbezogenen Aktivitäten der Spieler ein, um Aufschluss über deren sportliche Entwicklung zu gewinnen. Dieses strukturelle Führungshandeln stellte eine

---

608 Aus dem Kinofilm „Against all Odds", 2000.

609 Vgl. Harrison, E.F.; Pelletier, M.A., CEO perceptions of strategic leadership, Journal of Managerial Issues, Fall 1997, S. 299-317.

610 Vgl. Hart, S.L.; Quinn, R.E., Roles executives play, Human Relations, May 1993, S. 543-574.

611 Vgl. Heimovics, R.D.; et al.; Executive Leadership and Resource Dependence in Nonprofit Organizations, Public Administration Review, September/October 1993, S. 419-427.

612 Vgl. Riley, P., The Winner Within, 1993, S.168.

613 Vgl. Riley, P., The Winner Within, 1993, S.215f.

614 Vgl. Fessler, C., Rotating Leadership at Harley-Davidson, Strategy and Leadership, July/August 1997, S. 42-43.

615 Vgl. Kapitel 11.

Neuerung dar: es lenkte die Aufmerksamkeit der Spieler auf objektive Leistungsstandards und sollte den Ehrgeiz für die eigene sportliche Entwicklung erwecken.[616] Abbildung 33 fasst diese Aspekte und Komponenten von strukturellem Führungshandeln im strategisch-situativen Kontext einer Sportmannschaft[617] zusammen.

Abb. 33: Strukturelles Führungshandeln im strategisch-situativen Kontext[618]

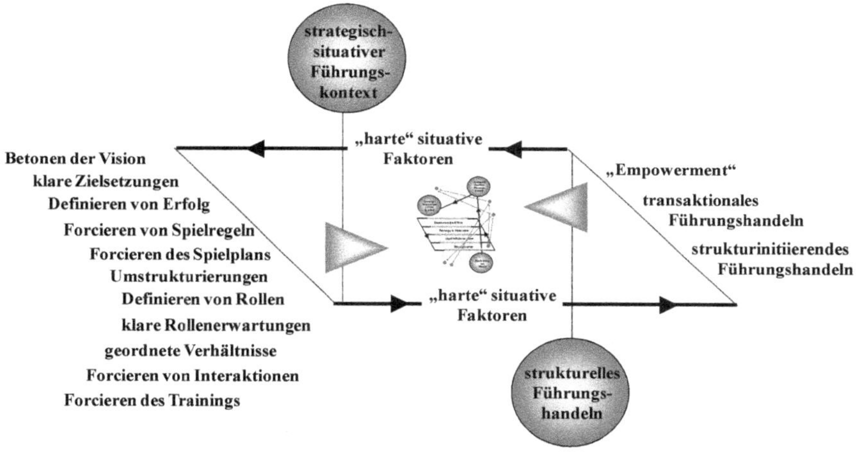

Quelle: Eigenerstellung

Personelles Führungshandeln hingegen zielt m.E. teils auf „harte", teils auf „weiche" situative Faktoren ab und wird mit strukturellem Führungshandeln abgestimmt. Es stellt ein Gleichgewicht zwischen den Zielen des Trainers und den Zielen der Spieler her, indem auf die Erwartungen der Spieler eingegangen und ihnen bestimmte Aspekte von Verantwortung übertragen wird.[619] Rücksichtsvolles Führungshandeln und partizipatives Führungshandeln entsprechen m.E. am besten diesen Anforderungen.[620] Bis aus der High-School-Footballmannschaft „Titans" (die wir weiter oben kennen gelernt haben) endlich ein gut eingespieltes und hoch-motiviertes Team wurde, musste von den Trainern einiges an Hintergrund- und Aufbauarbeit geleistet werden. Aus rein

616 Vgl. Riley, P., The Winner Within, 1993, S. 161.
617 Vgl. Abbildung 17.
618 Das eingeschobene Symbol für den strategisch-situativen Führungskreislauf verdeutlicht, dass strukturelles Führungshandeln mit dem gesamten Führungsprozeses abgestimmt werden muss.
619 Vgl. Heimovics, R.D.; et al.; Executive Leadership and Resource Dependence in Nonprofit Organizations, Public Administration Review, September/October 1993, S. 419-427.
620 Vgl. 4.3. und 4.4.

politischen Gründen wurden nämlich zwei High-Schools in derselben Stadt zur „TC Williams High-School“ zusammengelegt. Das bedeutete auch, dass sich plötzlich ein nur aus Afro-Amerikanern bestehendes Footballteam unter Coach Herman Boone, der ein starrköpfiger und strenger Lehrmeister war und auf Autorität und Disziplin setzte,[621] sowie ein nur aus europäischen Amerikanern bestehendes Team unter Coach Bill Yoast, ein ehrgeiziger aber auch loyaler Trainer, vereinen mussten.[622] So schnell die politische Entscheidung gefallen war, so langsam und zäh ging nun der Prozess der Annäherung in den Köpfen der betroffenen Spieler vonstatten. Darüber hinaus mussten auch die beiden Trainer einen Zugang zueinander finden, der noch dazu durch eine weitere politische Entscheidung erschwert wurde: die Schulbehörde ordnete nämlich an, dass Boone Chefcoach würde, und dass Yoast „nur“ den Assistenztrainerposten übernehmen sollte. Dank eines Trainingscamps vor Beginn der Saison unter der strengen Führung von Coach Boone fanden zunächst einmal die jungen Spieler nach und nach zueinander. Schon im Trainingscamp wurde nämlich klar, dass Boone weniger auf die Hautfarbe, sondern v.a. auf die Leistung achten würde.[623] So mussten sich die Spieler zwangsläufig vertragen, da sie ja in derselben Mannschaft spielten. Sie rauften sich zusammen und auch die beiden Coaches lernten einander schätzen.[624] Zum Annäherungsprozess der beiden Trainer gehörte aber auch eine klare Aufgabenverteilung: während Chefcoach Boone sich um die Offensive des Teams kümmerte, übernahm Assistenzcoach Yoast die Defensive. Und noch etwas zeichnete sich immer klarer ab: während **a)** Boone in seinem Bemühen, die beiden Spieler-gruppen der Mannschaft durch äußerst „hartes“ strukturelles Führungshandeln zusammenwachsen zu lassen, über sich hinauswuchs und sich dabei durch nichts beirren ließ, gelang es **b)** Yoast immer besser, eine „weiche“ Führungsrolle für die Spieler zu übernehmen und durch personelles Führungshandeln (z.B. in Form persönlich gehaltener Gespräche mit den Einzelspielern) die Motivation und das Durchhaltevermögen der Spieler zu stärken. Yoast war darin so gut, dass der sonst so nüchterne Chefcoach Boone von ihm bereits seine eigene Führungsrolle untergraben glaubte. So nahm Boone in einer kritischen Spielsituation gegen die „Hayfield Hawks“ einen Stammspieler nach einem Fehler (der Spieler verfehlte einen Ball) erzürnt aus dem Spiel und stellte ihn zur Rede: „Du hast den Block um eine Meile verfehlt. Spielst

[621] Vgl. http://www.film.at/gegen_jede_regel/detail.html?cc_detailpage=full
[622] Vgl. http://de.wikipedia.org/wiki/Gegen_jede_Regel
[623] Vgl. http://www.allesfilm.com/show_article.php?id=20077
[624] Vgl. http://de.wikipedia.org/wiki/Gegen_jede_Regel

Du hier Football, oder was?“ Er verbannte ihn genervt auf die Bank. Assistenzcoach Yoast beobachtete diese Szene und eilte dem Spieler nach. Dieser meinte, dass er zwei Jahre lang Stammspieler gewesen war, nun aber durch das ganze Geschrei des Chefcoachs immer schlechter spielte: „Ich kann für den Mann nicht spielen“. Yoast überlegte kurz und antwortete: „Dann spiel` als Linebacker[625] für mich [in der Defense]. Die gegnerische Nr. 23 macht uns fertig. Ich möchte, dass Du aufs Feld gehst, und ich will, dass Du den für mich deckst.“ Der Spieler entgegnete ungläubig: „Jetzt sofort? Ich kann das Nicht, ich habe doch nie mit der Defense trainiert.“ Yoast blieb gelassen und antwortete nur: „Das ist doch egal. Ich will, dass Du jetzt rausgehst und die 23 deckst. Mehr nicht. Alles andere bereden wir nach dem Sieg.“ Die „Titans“ gewannen dank der Änderung auch dieses Spiel.[626]

Die Erfahrung der „Titans“ lehrt uns, wie wichtig die Feinabstimmung zwischen unterschiedlichen Führungsmethoden bzw. Führungsarten, die sich ergänzen sollen, ist.[627] In diesem Fall schlüpfte der Assistenzcoach angesichts des bisweilen sehr autoritär auftretenden Chefcoachs kurzerhand in die Rolle des Motivators mit einem besonderen Augenmerk auf personelles Führungshandeln. Beide Trainer spielten also ihre speziellen Rollen, jeder auf seine Weise.

Selbstverständlich sollte personelles Führungshandeln auch von einer einzelnen Person im Zusammenspiel mit strukturellem Führungshandeln geleistet werden können. Ein gutes Beispiel dafür gab Coach Pat Riley als seine Los Angeles Lakers 1985/86 eine Phase durchliefen, wo sie in immer neue Krisensituationen gerieten. Er führte, wie schon im vorigen Beispiel dargestellt, ein System zur statistischen Erfassung aller leistungsbezogenen Aktivitäten der Spieler ein (strukturelles Führungshandeln). Während das Sammeln dieser Daten einen beträchtlichen Aufwand darstellte, der sich aber delegieren ließ, oblag es dem Trainer, die daraus gewonnenen Fakten und Erkenntnisse durch viele persönliche Einzelgespräche mit den Spielern und natürlich auch bei Besprechungen auf der Mannschaftsebene zu verwerten (personelles Führungshandeln). Die persönliche Betreuung durch den Trainer wurde auf diese Weise intensiviert und jeder Spieler durch die objektiven Leistungsstandards stärker auf die eigenen sportlichen Lern- und Entwicklungsziele (im Einklang mit den Mannschaftszielen) ausgerichtet. Selbstzufriedenheit und Arroganz waren schon bald kein Thema mehr.[628]

---

625 Ein Linebacker spielt in der Mitte der Verteidigung. Vgl. http://de.wikipedia.org/wiki/Linebacker
626 Aus dem Kinofilm „Against all Odds“, 2000.
627 Vgl. dazu auch Tabelle 4 in Punkt 11.2.
628 Vgl. Riley, P., The Winner Within, 1993, S. 161.

Abbildung 34 fasst nun die wesentlichen Aspekte von personellem Führungshandeln im strategisch-situativen Kontext einer Sportmannschaft[629] zusammen.

Abb. 34: Personelles Führungshandeln im strategisch-situativen Kontext[630]

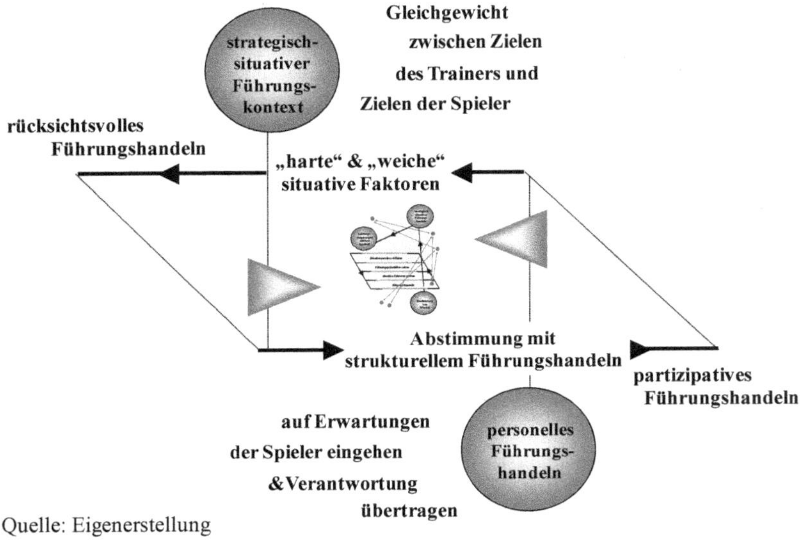

Quelle: Eigenerstellung

Symbolisches Führungshandeln zielt meines Erachtens v.a. auf „weiche" situative Faktoren ab. Es bezieht sich auf die Kultur einer Sportmannschaft,[631] betont kulturelle und ethische[632] Werte[633] und gibt den Spielern Orientierung in Phasen von Unsicherheit und Wandel[634]. Transformatorisches Führungshandeln entspricht z.B. diesen Anforderungen.[635]

Angesichts der turbulenten mannschaftlichen Ausgangssituation beim High-School Footballteam „Titans" war es für Chefcoach Boone nur eine Frage der Zeit, wann er auf eine seiner speziellen Stärken zurückgreifen musste – symbolisches Führungs-

629 Vgl. Abbildung 17.

630 Das eingeschobene Symbol für den strategisch-situativen Führungskreislauf verdeutlicht, dass personelles Führungshandeln mit strukturellem Führungshandeln abgestimmt werden sollte.

631 Vgl. Nerdinger, F.W., Erfolgreich führen, 2000, S. 30.

632 Vgl. Rowe, W.G., Creating wealth in organizations, The Academy of Management Executive, February 2001, S. 81-94.

633 Vgl. Rosenstiel, L.v.; et al.; Führung von Mitarbeitern, 2003, S. 22. - Vgl. 5.3. und 7.4.

634 Vgl. Riley, P., The Winner Within, 1993, S. 215.

635 Vgl. 2.7. und 4.1.

handeln. Noch vor Beginn der neuen Saison wollte er mit den zwei (nunmehr vereinten) Teams ein Trainingslager im Gettysburg College abhalten. Nach einer Rauferei unter den beiden Spielergruppen unterschiedlicher Hautfarbe verschärfte er umgehend die Trainingsmethoden und seinen Umgangston, um die Spieler wieder zur Besinnung zu bringen. Eines Tages ließ er die gesamte Mannschaft um drei Uhr morgens zu einem Waldlauf antreten. Der Lauf war hart und führt die Spieler an die Grenzen der Belastbarkeit. Und er führte sie zu einem Schlachtfeld aus dem amerikanischen Bürgerkrieg. Dort wandte sich Chefcoach Boone an das Team, um eine Rede zu halten: „Hier wurde die Schlacht von Gettysburg geschlagen. Sie trugen denselben Kampf aus, den wir immer noch zwischen uns austragen. Hört auf ihre Seelen und lernt hier von ihnen! Falls wir nicht zueinanderfinden, werden auch wir vernichtet werden. Ihr werdet Euch respektieren - und vielleicht werdet Ihr lernen, dieses Spiel wie Männer zu spielen!" Schon beim nächsten Training zeigten sich die positiven Auswirkungen dieser Rede auf den Teamgeist. Die Spieler hatten auf ihrem langen Weg zu einem Erfolgsteam noch viele Hürden zu meistern. Auf Basis der strukturellen, personellen und symbolischen Vorgaben ihrer Trainer gelang ihnen dies jedoch, und sie legten eine Serie von 13 Siegen hin, der sie zum Landesmeister machte und sogar ins nationale Finale führen würde.[636]

Nicht immer geht m.E. es bei der Entwicklung einer Mannschaftskultur lediglich um das Zusammenwachsen unterschiedlicher Spieler mit unterschiedlichen Werthaltungen. Auch Teams, die diesen Entwicklungsschritt schon lange hinter sich haben, können vor ganz neue Probleme gestellt werden und angesichts schier unüberwindbarer Herausforderungen an sich zu zweifeln beginnen - sie müssen sich immer wieder neu definieren.

Wie uns das folgende Beispiel der „Los Angeles Lakers" im Jahre 1985 verdeutlicht (zeitlich gesehen kurz vor den beiden zuletzt geschilderten Lakers-Fallstudien), stellt symbolisches Führungshandeln eine konstante Führungsaufgabe dar.

Als die Lakers nach einer demütigenden NBA-Finalniederlage gegen die Boston Celtics zu einem weiteren vorentscheidenden Spiel in Boston antreten mussten, versammelte Coach Pat Riley seine Spieler in der Kabine. Die Stimmung war angesichts der Aussichtslosigkeit, sich gegen den schier unbesiegbaren Gegner auch nur ein Mal durchzusetzen, sehr gedrückt. Das Gefühl von Minderwertigkeit und Angst lähmte die Lakers-Spieler. Der Trainer wusste, dass nur er noch in der Lage

[636] Aus dem Kinofilm „Against all Odds", 2000.

war, die Stimmung herumzureißen und die Spieler zu motivieren. Aber wie? Trotz tagelanger Vorbereitung fielen ihm keine passenden Worte ein. Bis er bemerkte, dass einer der am meisten abgebrühten und erfahrensten Spieler seinen Vater mit zum Spiel nahm. Da begriff der Trainer, dass dies ein Symbol für alle Spieler im Team sein konnte. Er überließ schließlich alle weiteren Überlegungen für die letzte Rede vor dem Spiel seiner Intuition. Das Symbol, welches der Vater dieses Leistungsträgers verkörperte, war, dass jeder irgendwo in seinem Leben wenigstens auf eine Persönlichkeit blicken konnte, die ihm Orientierung, Mut und Hoffnung gelehrt hatte, und die man – wäre diese Person anwesend – auf keinen Fall enttäuschen wollte. So erzählte Coach Riley dem Team von seinen eigenen ersten Erfahrungen auf dem Basketballplatz als 9-jähriger Junge, wo er zunächst von den anderen Kindern nur herum geschubst und getreten wurde – Situationen, die ihm Angst machten, und vor denen er am liebsten davongelaufen wäre. Hier war es sein eigener Vater, der selbst Basketballtrainer war und ihm lehrte, sich den Herausforderungen zu stellen: „Im Moment bringt Basketball nur das Schlechteste in Dir hoch, aber wenn Du dran bleibst, wird es das Beste aus Dir rausholen. Pat, Du musst dorthin zurückgehen!" Pat Riley erklärte seinen Lakers-Spielern, dass er damals als Kind nicht daran geglaubt hatte, jemals die Erniedrigungen durch andere Kinder und seine Angst überwinden zu können. Doch mit der Zeit gewöhnte er sich an diese rauen Bedingungen und bald schon war er es, der andere Kinder nach Hause schickte, auf daß sie ihre eigenen Wunden leckten: „Das ist es, worum es im Wettkampf geht", sagte er nun den Lakers-Profis, „das ist es, was uns die Boston Celtics und ihr Stadion heute bieten werden." Die Spieler waren ergriffen und jeder erinnerte sich an eine ihm wichtige Persönlichkeit, für die er nun kämpfen würde. Die Resignation war verflogen und man kämpfte mit dem Mute der Verzweiflung. Der Gegner wurde auf eigenem Boden geschlagen und in der Folge zum ersten Mal die NBA-Finalserie gegen die Boston Celtics gewonnen.[637] Was dem Trainer in Form einer (symbolischen) Rede gelang, wurde fortan Teil einer „starken" Mannschaftskultur.[638]

Abbildung 35 umreißt die in diesem Sinne wesentlichen Aspekte und Komponenten von symbolischem Führungshandeln im strategisch-situativen Kontext einer Sportmannschaft[639].

---

637 Vgl. Riley, P., The Winner Within, 1993, S. 132-134.
638 Vgl. 7.4.
639 Vgl. Abbildung 17.

Abb. 35: Symbolisches Führungshandeln im strategisch-situativen Kontext[640]

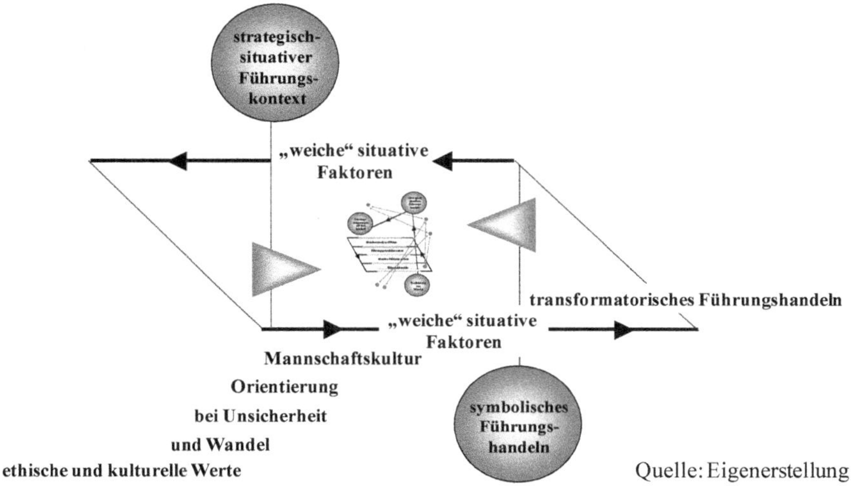

Quelle: Eigenerstellung

Werfen wir abschließend nochmals einen Blick auf jenes zweitklassige Typ-BC Herrenhandballteam (4. deutsche Liga), das wir bereits in Punkt 5.2. kennen gelernt haben. Wir wissen, dass der Trainer mit „Empowerment“ für die schwerpunktmäßige „Erneuerung“ der Spielweise arbeitet und dass die Spieler mehr spielerische Entwicklung wollen (teilweise „Optimierung“ der Spielweise). Was sollte er konkret noch tun? Nachdem es sich um ein Typ-BC Team handelt, kann der Trainer die Herausforderung speziell auf der SFM-Ebene suchen. Hier kann er aktiv werden durch: **a) strukturelle Maßnahmen**: das innovative Spiel kann durch das Erarbeiten neuer Spielzüge auf der SFM-Ebene gefördert werden; dabei sollte der Trainer die Rolle jedes SFM-Spielers stärker verdeutlichen und bei allen Spielern neue Ideen für das Spiel fördern; **b) personelle Maßnahmen**: der Trainer sollte mehr persönliche Gespräche mit den SFM-Spielern führen (Suchen sie neue Aufgaben?; Wie können sie erfolgreich werden?); **c) symbolische Maßnahmen**: hier geht es um das Vorbeugen gegen Subkulturen durch das Ausrichten der Spieler auf die Erwartungen des Trainers und auf die Mannschaftskultur.

Tabelle 2 fasst nun diese und andere Aspekte des Führungshandelns zusammen.

---

640 Das eingeschobene Symbol für den strategisch-situativen Führungskreislauf verdeutlicht, dass symbolisches Führungshandeln mit dem gesamten Führungsprozeses abgestimmt werden muss.

Tab. 2: Strukturelles, personelles und symbolisches Führungshandeln

Führungshandeln	ausgewählte Aspekte von Führungshandeln
strukturelles Führungshandeln	• Betonen von Vision & Richtungsklarheit durch: **a)** Einüben von Taktik, **b)** „Übersetzen" der spielerischen Entwicklung in Aufgaben & Rollen, **c)** Setzen individueller & mannschaftlicher Erfolgsstandards, **d)** Klarstellen der Verantwortlichkeit von Spielern, **e)** spielerische Freiräume begrenzen, **f)** „Orchestrieren" von SFM & Einzelspielern • Forcieren von Training & Spielplan; Unterordnung unter das Team • Forcieren von Interaktionen (Einüben der Interdependenz) & SFM • Spieler in Entscheidungen einbinden[641] (teaminterne Transparenz) • individuelle Entwicklung (technische Eigenheiten & Stärken) fördern • strukturinitiierendes, transaktionales Führungshandeln, „Empowerment"
personelles Führungshandeln	• rollenspezifische Leistungserwartungen; Leistungsevaluierung (Leistungsstatistiken)[642]; auf Erwartungen der Spieler eingehen • stabile Beziehungen fördern (Spieler in SFM & ins Team integrieren) • Spieler-Ideen zur Spielweise abfragen, Aufgabenvielfalt & Multi-Rollenverständnis fördern • Gespräche zu sportlichen Lern- & Entwicklungszielen der Spieler • Feedback zu individuellen Lernprozessen der Spieler • partizipatives Führungshandeln; rücksichtsvolles Führungshandeln
symbolisches Führungshandeln	• Hoffnung auf den „großen Wandel" formulieren (Vision); Sinn bei der Arbeit vermitteln; Spieler durch eigene Leidenschaft zu Bestleistungen inspirieren; Betonen positiver Werte (Mannschaftskultur) und Ideen zur Weiterentwicklung des Teams; Abbau von Subkulturen • Feedback für positive Leistungen; Lernumfeld optimieren; • transformatorisches Führungshandeln

Quelle: Eigenerstellung

5.5. Implikationen für das Führungshandeln: Krisen als Herausforderung

„Rückschläge sind ein Teil von ständig stattfindendem Wandel."[643]

„Du magst keine Wahl haben bei der Art einer Niederlage, aber Du hast die Wahl über die Art des Comebacks, und wie Du Dich darauf vorbereitest."[644]

Rückschläge (z.B. verletzte Spieler) gehören zum Traineralltag und können die Aufbauarbeit für die Teamentwicklung empfindlich stören: sie zwingen das Team aber, sich auf seine Stärken zu konzentrieren - dafür braucht es m.E. eine Mannschaftskultur mit Lern- und Erfolgsorientierung. Um mit Coach Riley von den Los Angeles Lakers zu sprechen, verlangt dies vom Trainer außerdem Wachsamkeit (bei der Einhaltung der

641 Vgl. Meisinger, S., Change management and HR's role, HR Magazine (http://findarticles.com/p/articles/mi_m3495/is_/ai_n25127902?tag=artBody;col1), March 2008.

642 Vgl. Lencioni, P., Minimizing misery, HR Magazine (http://findarticles.com/p/articles/mi_m3495/is/ai_n24267401?tag=artBody;col1), January 2008.

643 Riley, P., The Winner Within, 1993, S. 80.

644 Riley, P., The Winner Within, 1993, S. 103.

Leistungsstandards und bei Verhaltens- und Einstellungsänderungen der Schlüsselspieler) und Restrukturierungsmaßnahmen in Richtung der Teamstärken (um den Entwicklungsplan weiter durchzuziehen): der Weg aus einer Krise kann natürlich begleitet sein von weiterem Verletzungspech, Rückfällen in Leistungstiefs, Provokationen bis hin zu physischer Aggressivität der Gegner, aber auch von einem Verharren in negativen Wertefallen (z.B. Drosseln der Leistung in wichtigen Spielsituationen) oder von einer nicht weniger gefährlichen Selbstgefälligkeit (nach ersten Erfolgen), die oft zu Schwächephasen im Spiel (z.B. übertriebene Spielverzögerungen) und einen Rückfall in veraltete Spielmuster (bezeichnend für „schlampige Talente") führen. Bevor die Los Angeles Lakers 1985 erstmals ein NBA-Finale gegen die Boston Celtics gewannen, hatten sie sieben Finale gegen diesen Gegner verloren: worauf es Coach Riley vor (und nach) diesem Finalsieg also ankommen musste, war nicht so sehr Niederlagen zu vermeiden, sondern auf Sieg zu spielen. Das bedeutete noch härter und leistungsorientierter (z.B. mit individuellen Leistungsstatistiken) zu trainieren, noch überlegter (auf Basis veränderter Führungsprioritäten) zu coachen, und sich noch professioneller **auf Spiele vorzubereiten und einzustellen** (mit einer entsprechend „starken" Mannschaftskultur).[645]
In der folgenden Fallstudie werden wir uns intensiv damit auseinandersetzen.

Stufe 1: Situationsanalyse und Formulieren einer Vision

> „Nach einem glorreichen Sieg in einem großen Krieg, ist die am schwersten zu kämpfende Schlacht das erste kleine Gefecht des nächsten Feldzugs."[646]

> „Praktisch jedes große Team hat einen starken und visionären Kopf."[647]

Coach Pat Riley trat anlässlich einer NBA-Meisterfeier (in Punkt 5.4. haben wir über die Finalspiele gegen die Boston Celtics gelesen) vor seine Lakers-Spieler, um über die kommende Saison zu sprechen. Er wusste, dass sie das Potential hatten eine „Dynastie" zu werden. Das war seine Vision. Nun wollte er von den Spielern wissen, ob sie glaubten, dass sie noch mehr als bisher erreichen können. Einer der Spieler antwortete: „Coach, wir haben Boston in deren eigenen Stadion deklassiert und sie dabei sehr schlecht aussehen lassen. Wie kannst Du von uns erwarten, dass wir unsere Leistung noch überbieten?" Ein Routinier meinte gar, dass er es nicht nötig habe, sich im Training zu schinden. Schließlich sei er ein Wettkämpfer, also jemand, der seine Leistung erst im Wettbewerb erbringt. Eine Tatsache ist aber, dass, sobald man nicht

---

645 Vgl. Riley, P., The Winner Within, 1993, S. 82, 109, 114, 117f., 144 und 161.

646 Riley, P., The Winner Within, 1993, S. 197

647 Bennis,W.,Biederman,P.W.,The Secrets of Creative Collaboration,Inc.Magazine,Dec.1996,S.97-101

mehr versucht besser zu werden, nur noch halbherzige Anstrengungen unternommen werden und die Leistung abfällt. Das Team wurde für seine Selbstzufriedenheit mit schweren Niederlagen und einer misslungenen Titelverteidigung bestraft. Das Schlimme war, dass der sportliche Abstieg in Zyklen vor sich ging, der immer wieder unterbrochen wurde von großartigen Spielen, welche die Spieler in ihrer Selbsttäuschung bestärkten: sie wollten nicht wahrhaben, dass sie auf dem Weg nach unten waren. Niederlagen wurden von den Spielern stets mit fadenscheinigen Ausreden weggewischt. Coach Riley versuchte zwar mit eindringlichen Worten das Team wieder auf den Weg zu bringen, es gelang ihm aber nicht mehr.[648] Noch besser wäre es m.E. gewesen, er hätte strategische Änderungen vorgenommen und sein operatives Führungskonzept daran ausgerichtet. Die Vision müsste dazu zwar nicht verändert werden, wohl aber die Führungsprioritäten, vor deren Hintergrund er seine Entscheidungen traf.[649]

Stufe 2: Das Setzen von Führungsprioritäten

> „Immer und immer wieder muss man sich auf die Beine stellen, und ohne zu wanken eine Aussage darüber treffen, wer man ist und woran man glaubt.“[650]

Ich gehe nun in einem hypothetischen Beispiel davon aus, dass das **Freisetzen der spielerischen Möglichkeiten** mit einer zunächst eher defensiven Spielweise (Stabilisieren) der Los Angeles Lakers zur Führungspriorität von Coach Riley wird: auf dieser Basis kann er später eine (weniger defensive) Erneuerung der Spielweise auf der SFM-Ebene und eine Optimierung der Spielweise auf der Individualebene anvisieren, um das Leistungspotential des Teams auszuspielen.

Wir begeben uns auf der Zeitreise durch fünf Jahrzehnte des Teamsports also in die 1980er Jahre, um Coach Riley ein Stück seines Weges mit den Lakers zu begleiten... Bei Profis hat man es meiner Meinung nach oft mit individualistischen Spielern zu tun, deren Lern- und Entwicklungsziele leicht mit den Teamzielen in Konflikt geraten. Wie Abbildung 36 verdeutlicht, besteht eine erste Herausforderung für Coach Riley darin, die Spieler für eine **„produktive“ Zusammenarbeit** zu mobilisieren. Dies wird durch „produktive“ (d.h. auf Wandel ausgerichtete) Lernprozesse gefördert und von einer starken Mannschaftskultur getragen.[651] Coach Riley sollte m.E. darauf abzielen:

- erneut eine positive subjektive Führungswirklichkeit bei seinen Spielern herzustellen (diese meinten ja, er würde zu viel von ihnen erwarten)

---

[648] Vgl. Riley, P., The Winner Within, 1993, S. 145, 149-152.

[649] Vgl. Brown, T., Jesus CEO?, Industry Week, March 6, 1995, S. 15-20.

[650] Lee Riley, In: Riley, P., The Winner Within, 1993, S. 133.

[651] Vgl. Bennis, W., Leaders of Leaders, Executive Excellence, September 1997, S. 3-4.

- die Ausrichtung der Spieler auf taktische Aspekte zu forcieren
- Leistungssteigerungen zu realisieren[652], d.h. mehr Engagement (auch im Training), mehr Spielqualität, mehr adäquates (d.h. vorerst wenig) innovatives Spiel

Außerdem gilt es, den Spielern verständlich zu machen, dass sie **a)** ihre individuellen Lern- und Entwicklungsziele den Mannschaftszielen unterordnen,[653] und **b)** eine professionelle Einstellung zum Spiel und zu Mitspielern entwickeln, d.h.:[654]

- so wenig Spieler-Konflikte wie möglich, um Interaktionen nicht zu stören[655]
- und so viel soziale Distanz wie nötig, um untereinander kritikfähig zu bleiben[656]

Abb. 36: Führungspriorität – Freisetzen der spielerischen Möglichkeiten

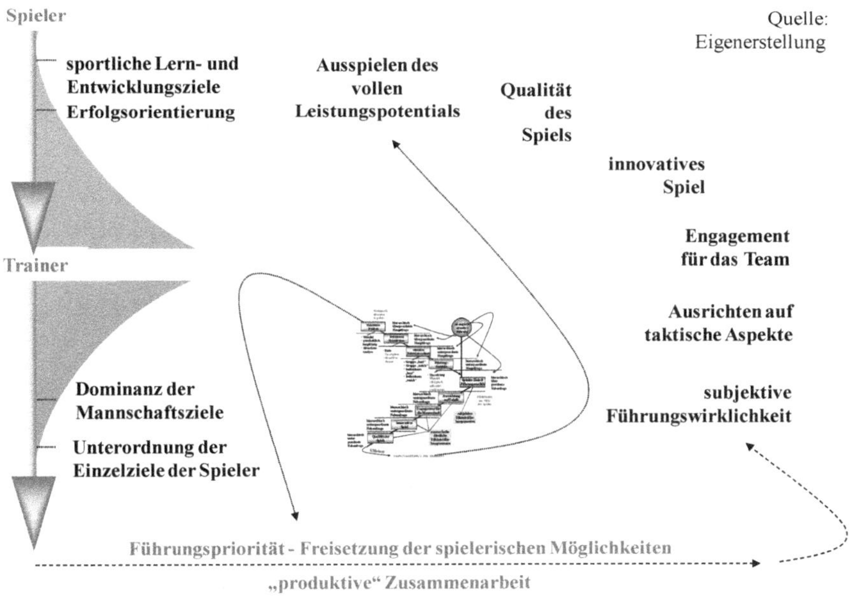

---

652 Vgl. Voight, M.; Carroll, P., Applying Sport Psychology Philosophies, Principles, and Practices Onto the Gridiron, International Journal of Sports Science & Coaching, December 2006, S. 321-333.

653 Das Symbol für die Haupt- und Nebenfragen strategisch-situativer Führung verdeutlicht erneut, dass Mannschaftsziele Hauptfragen darstellen, während Effektivitätskomponenten Nebenfragen sind.

654 Vgl. Cratty, B.J., Psycho-Motor Behaviour in Education and Sport, 1974, S. 150.

655 Vgl. Rosenstiel, L.v.; et al.; Führung von Mitarbeitern, 2003, S. 398. - Vgl. 7.2.2. Vgl. Carless S.A., Does Psychological Empowerment Mediate the Relationship Between Psychological Climate and Job Satisfaction?, Journal of Business and Psychology, 2004, S. 405-425.

656 Vgl. http://science.orf.at/science/news/14642: Konstruktive Kritik als Schlüssel zum Erfolg, Harrington, B., o.J.

Stufe 3: Das 2-Phasen-Schema als operatives Führungskonzept

„Sollten, Könnten und Würden werden es auch nicht hinkriegen"[657]

Phase 1: „Harte" und „weiche" situative Faktoren auf der Gruppenebene: z.B. taktische Aspekte, Informationsfluss, SFM, Mannschaftskultur, Subkulturen;

„Im Wettbewerb muss man stets einen neuen Weg suchen, um zu gewinnen."[658]

Coach Riley sollte m.E. auch darauf bedacht sein, die dominierenden situativen Faktoren (effizient)[659] zu konsolidieren. Zusätzlich zu den aus den Führungsprioritäten abgeleiteten Herausforderungen (Freisetzen der spielerischen Möglichkeiten; zunächst eher defensive Spielweise; „produktive" Zusammenarbeit der Spieler) kommen für ihn auf der Gruppenebene daher weitere Aufgaben hinzu. Langfristig will er ja eine „Dynastie" gründen. Die Lakers brauchen in solchen Zeiten des Wandels die Ideen aller Spieler[660] (z.B. bei der Taktik), um sich auf neue Situationen einzustellen und zu (neuer) Größe zu gelangen. Dazu müssen sie sich erst einmal konsolidieren[661] und wieder als ein Kollektiv definieren.[662] **Informationen der Spieler** sollten im Team dann ungehindert fließen.[663]

Abbildung 37 zeigt, dass das („harte") **Definieren neuer Verantwortlichkeiten** in SFM[664] aufgrund **a)** erhöhter Interdependenz unter den Spielern und **b)** mehr Kommunikationsbedarf unter ebendiesen Spielern die Abstimmungsfähigkeit der Spieler und damit die Umsetzbarkeit der Vision[665] von Coach Riley steigert: Voraussetzung für solch ein „produktives", d.h. auf Wandel ausgerichtetes Zusammenspiel ist eine gesteigerte Informationstransparenz im Team.[666]

---

657 Standardspruch der Los Angeles Lakers-Spieler in den 1980er Jahren, In: Riley, P., The Winner Within, 1993, S. 85.

658 Riley, P., The Winner Within, 1993, S. 153.

659 Vgl. 11.2.

660 Vgl. Bennis, W.; Biederman, P.W., Great Groups, Executive Excellence, April 1997, S. 5-6.

661 Vgl. Bennis, W.; Biederman, P.W., The Secrets of Creative Collaboration, Inc. Magazine, December 1996, S. 97-101.

662 Vgl. Bennis, W.; Biederman, P.W., Great Groups, Executive Excellence, April 1997, S. 5-6.

663 Vgl. Northouse, P.G., Leadership, 2007, S. 219. – Vgl. Nerdinger, F.W., Erfolgreich führen, 2000, S. 63. - Vgl. 4.6., 7.5., 8.3., 9.1.2. und 9.2. - Vgl. Westerbeek, H.; Smith, A., Business Leadership and the Lessons from Sport, 2005, S. 60.

664 Diese untergeordneten Hauptfragen strategisch-situativer Führung werden durch das entsprechende Symbol in Abbildung 37 verdeutlicht. – Vgl. 3.2. – Vgl. Abbildung 8.

665 Vgl. Fessler, C., Rotating Leadership at Harley-Davidson, Strategy and Leadership, July/August 1997, S. 42-43. - Vgl. Chelladurai, P., Human Resource Management in Sport and Recreation, 2006, S. 305f.

666 Vgl. Bennis, W.; Mische, M., 21st Century Organization, Executive Excellence, September 1996, S. 7-8. - Vgl. Heimovics, R.D.; et al.; Executive Leadership and Resource Dependence in Nonprofit Organizations, Public Administration Review, September/October 1993, S. 419-427.

Abb. 37: „Harte“ situative Faktoren auf der Gruppenebene

Quelle: Eigenerstellung

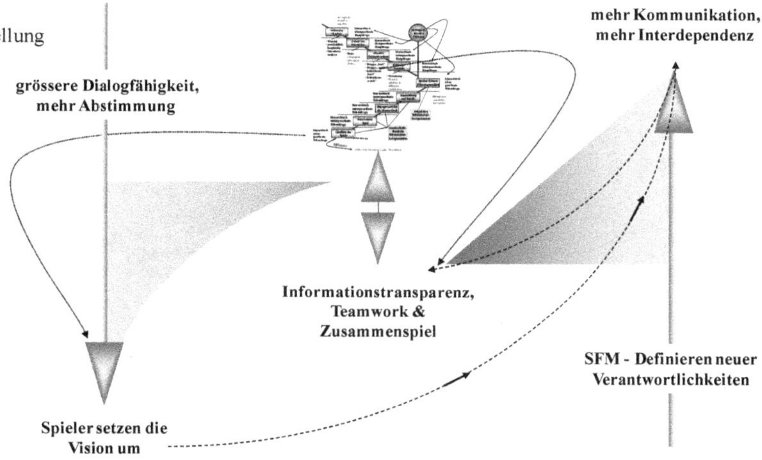

Auch eine leistungsorientierte („weiche“) **Mannschaftskultur** kann die Einstellung der Lakers-Spieler zu Wandel und Leistung wieder herstellen.[667] Abbildung 38 knüpft daran an und verdeutlicht, dass es Coach Riley dabei um **a)** das Funktionieren der Mannschaft als Gefüge, sowie **b)** um die Entfaltung des Spielerpotentials auf der SFM- und Individualebene gehen sollte: Mannschaftszusammenhalt,[668] der Abbau von Subkulturen (die sich leicht bei SFM bilden können) und ein korrekter Umgang untereinander sollten m.E. das Arbeitsklima kennzeichnen, wo wieder ein funktionierendes Mannschaftsgefüge der Lakers aufgebaut wird.[669] Die Entfaltung des Spielerpotentials gedeiht dann in einem Umfeld, das **a)** eine „produktive“ Zusammenarbeit und die **Arbeitszufriedenheit** (im Gegensatz zur Selbstzufriedenheit) der Spieler fördert, und **b)** den Spielern das Gefühl gibt, eine gewisse **Kontrolle** über ihre Positionen auf dem Spielfeld auszuüben – das ist u.a. wichtig für die Ausrichtung der Spieler auf Taktik.[670]

[667] Vgl. Hewson, R., New dimensions in strategic leadership, Strategy & Leadership, September/ October 1997, S. 42-47.

[668] Vgl. Barrick, M.; et al.; The moderating role of top management team interdependence, Academy of Management Journal, 2007, S. 544-557.

[669] Bekannt ist das Spielbuch der Los Angeles Lakers mit Signalen und Verhaltensmustern. – Vgl. Westerbeek, H.; Smith, A., Business Leadership and the Lessons from Sport, 2005, S. 89.

[670] Vgl. Bennis, W., Leaders of Leaders, Executive Excellence, September 1997, S. 3-4.

Abb. 38: „Weiche“ situative Faktoren auf der Gruppenebene

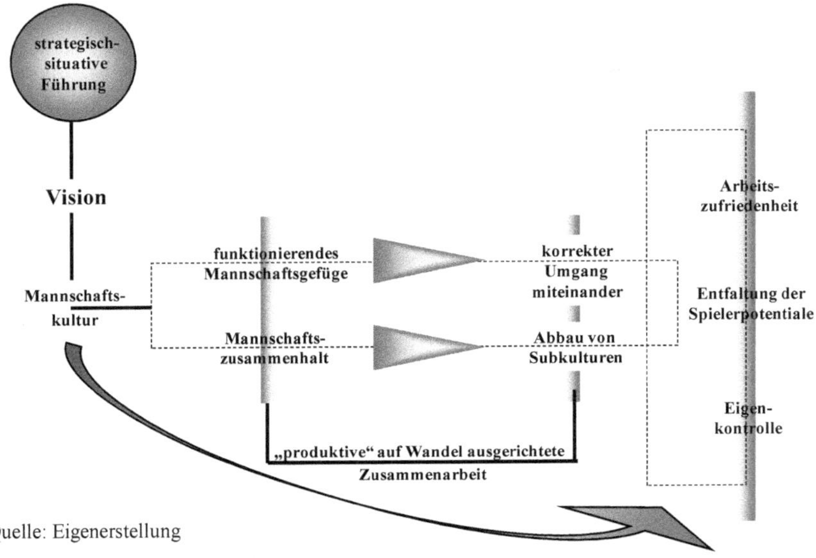

Quelle: Eigenerstellung

Phase 2: „harte“ und „weiche“ situative Faktoren auf der Individualebene: z.B. Aufgabenvielfalt, technische Reife ,Lernvermögen, Wachstumsbedürfnis des Spielers;

> „Irgendwo gibt es immer einen Gegner, der seine Planung verbessert und härter arbeitet, um die momentane Spitzenmannschaft zu überholen und zu entthronen.“[671]

Auf der Ebene der Einzelspieler sollte Coach Riley m.E. noch mehr Leistung verlangen. Abbildung 39 zeigt, welche Rolle **„harte“ situative Faktoren** auf der Individualebene bei diesem Lakers-Team spielen können. Dazu gehört u.a.:[672]

- die Spieler dazu bringen, über eine Änderung ihres Verhaltens nachzudenken
- die Lernorientierung der Spieler im Rahmen ihrer Kernkompetenzen zu fördern
- und die technische Reife der Spieler zu forcieren und weiter zu entwickeln – dies ist ja v.a. im Kontext eines Typ-A Teams von Bedeutung; dazu können individuelle spielerische Präferenzen mit den Funktionen eines Spielers im Team abgeglichen und dessen Position auf dem Spielfeld zweckmäßiger gestaltet werden, was sich positiv auf seine Ausrichtung auf Taktik und sein Engagement auswirken sollte[673]

---

671 Riley, P., The Winner Within, 1993, S. 157.

672 Vgl. Bennis, W., Leaders of Leaders, Executive Excellence, September 1997, S. 3-4.

673 Vgl. Aritzeta, A., et al.; Belbin`s Team Role Model, Journal of Management Studies, January 1st, 2007, S. 96-118.

Abb. 39: „Harte“ situative Faktoren auf der Individualebene

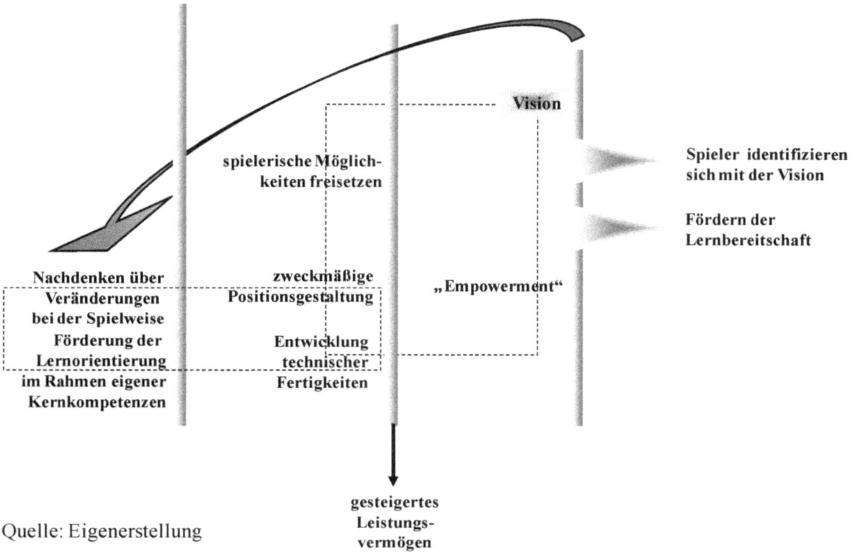

Quelle: Eigenerstellung

Coach Riley sollte auch die Übernahme von Verantwortung fördern und jene Spieler **„empowern“**, die sich mit seiner Vision identifizieren und in diese Richtung entwickeln möchten.[674] Sie sollten unter Leistungsträgern vom Schlage eines Earvin „Magic“ Johnson, Kareem Abdul-Jabbar, Bob Mc Adoo, Mitch Kupchak, Jamaal Wilkes, Michael Cooper, James Worthy und Kurt Rambis zu finden sein. „Empowerment“ ermutigt diese Spieler zu aktiver Spielgestaltung (im Sinne der Taktik), zu selbständigen Entscheidungen[675] und zum Teilen von Wissen mit den Mitspielern – was auch jene beflügeln sollte.[676] Bei der Freisetzung ihrer spielerischen Möglichkeiten sollten sie überdies ein fast grenzenloses Vertrauen in ihre Fähigkeiten entwickeln.[677] Dies ist aber nicht gleichzusetzen mit Selbstüberschätzung, wie es bei einigen Spielern m.E. zunächst ja der Fall war.

[674] Yukl warnt jedoch vor „Empowerment“ von desinteressierten Mitarbeitern in Krisensituationen. Vgl. Yukl, G., Leadership in organizations, 2002, o.S.

[675] Vgl. Bennis, W., Leaders of Leaders, Executive Excellence, September 1997, S. 3-4.

[676] Vgl. Srivastava, A.; et al.; Empowering leadership in management teams, Academy of Management Journal, 2006, S. 1239-1251. – Vgl. Allen, J.B., Hodge, K., Fostering a Learning Environment, International Journal of Sports Science & Coaching, 2006, S. 260-277.

[677] Vgl. Bennis, W.; Biederman, P.W., The Secrets of Creative Collaboration, Inc. Magazine, December 1996, S. 97-101.

In diesem Sinne meinte auch der kanadische Eishockeystar Wayne Gretzky:

> „Du verschießt 100% der Schüsse, die du nicht abgibst.“[678]

Abbildung 40 zeigt uns, wie dieser **Wachstumsprozess** „empowerte“ Spieler befriedigt (**„weicher“ situativer Faktor auf der Individualebene**)[679], und diese **a)** Teil eines Ensembles mit starkem Zusammenhalt bzw. **b)** den Funken zu Wachstum auch bei ihren Mitspielern zünden wollen - in dieselbe Kerbe schlug schon der italienische Dichter De Crescenzo:[680]

> „Wir sind Engel mit einem Flügel und können nur fliegen, wenn wir uns umarmen.“

Abb. 40: „Weiche“ situative Faktoren auf der Individualebene

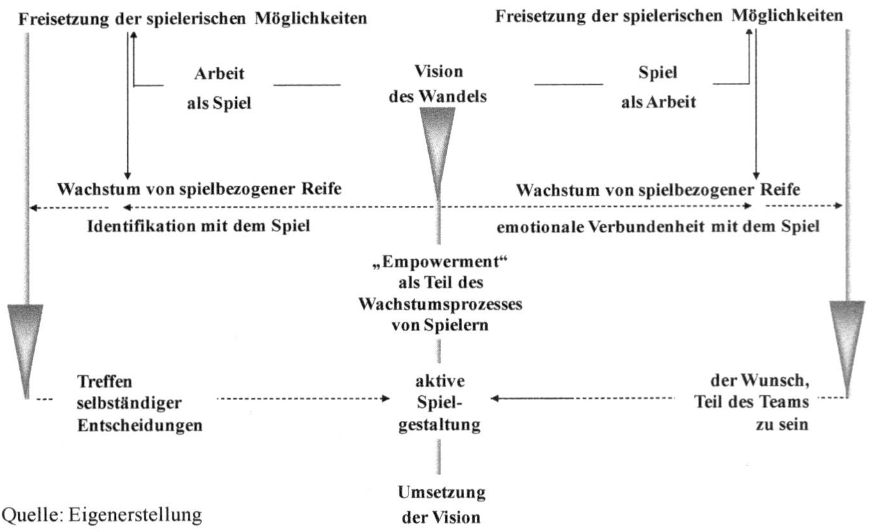

Quelle: Eigenerstellung

Die Fähigkeit von Coach Riley, den Spielern ihre Arbeit als Spiel und umgekehrt das Spiel als Arbeit begreifbar zu machen, wird dann dazu beitragen, sich mit dem Spiel so sehr zu identifizieren, dass man auch emotional damit verbunden ist.[681]

---

678 Bennis, W., Rethinking Leadership, Executive Excellence, February 1998, S. 7-8.

679 Vgl. Bennis, W.; Biederman, P.W., Great Groups, Executive Excellence, April 1997, S. 5-6.

680 De Crescenzo, L., In: Bennis, W., Rethinking Leadership, Executive Excellence, February 1998, S. 7-8.

681 Vgl. Wilsey, M. D., Leadership and human motivation in the workplace, Quality Progress, November 1995, S. 85-88. - Vgl. Westerbeek, H.; Smith, A., Business Leadership and the Lessons from Sport, 2005, S. 108.

Stufe 4: Umsetzung des operativen Führungskonzeptes – Führungshandeln

> „Ein Durchbruch [beim Bemühen aus einer Krise zu kommen] kann nur gelingen, wenn der Mannschaftskern revitalisiert wird und zu neuen Höhen und Bestleistungen herausgefordert wird."[682]

Die spielerischen Möglichkeiten der Lakers sollten m.E. über eine zunächst stabilisierte und dann optimierte (evtl. auch teilweise erneuerte) Spielweise freigesetzt werden. Da hier der Leitsatz „Struktur folgt Strategie"[683] gilt, sollte Coach Riley zur Implementierung dieser Strategie auf **strukturelles Führungshandeln** setzen, z.B.:[684]

- das Aufklären der Spieler über ihre individuellen Rollen auf der Mannschaftsebene und Aufgaben in SFM (das ist u.a. wichtig für das Ausrichten der Spieler auf die taktischen Aspekte des Trainers)
- das Klarstellen der Verantwortlichkeiten der Einzelspieler auf dem Spielfeld

Coach Riley sollte sich außerdem bewusst sein, dass es zunächst zwar um Kontrolle, langfristig aber um das **„Orchestrieren" außergewöhnlicher Leistung** geht.[685] Dieses „Orchestrieren" ist v.a. bei SFM wichtig, wo ja viel mit **„Empowerment"** gearbeitet wird:[686]

- der Trainer sollte nämlich selbst die beste Übersicht über die Netzwerkstrukturen des Teams und die daraus zu erzielenden Synergieeffekte haben
- SFM können aufgrund einer gewissen Eigendynamik dazu neigen, aus dem Gleichgewicht zu kommen – die Gründe dafür sind u.a. die Bildung von Subkulturen oder Überschneidungen mit Aufgaben von Nicht-SFM-Spielern

Der Zusammenhang zwischen strukturellem und **personellem Führungshandeln** zur Freisetzung der spielerischen Möglichkeiten ist für Coach Riley insofern gegeben, als strukturelles Führungshandeln ja stets durch personelles Führungshandeln begleitet werden sollte.[687] Beispiele dafür sind:

- konkrete, regelmäßige Erwartungshaltungen vom Coach an die Spieler[688]

---

682 Riley, P., The Winner Within, 1993, S. 137.

683 Vgl. Chandler, A.D. Jr., Strategy and Structure, 1966.

684 Vgl. Harrison, E.F.; Pelletier, M.A., CEO perceptions of strategic leadership, Journal of Managerial Issues, Fall 1997, S. 299-317.

685 Vgl. Jones, R.L.; Wallace, M., The coach as orchestrator, In: Jones, R.L. (Hrsg.), The sports coach as educator, 2006, S. 61.

686 Vgl. Hewson, R., New dimensions in strategic leadership, Strategy & Leadership, September/ October 1997, S. 42-47.

687 Vgl. Harrison, E.F.; Pelletier, M.A., CEO perceptions of strategic leadership, Journal of Managerial Issues, Fall 1997, S. 299-317.

688 Dies kann die Spieler dazu motivieren, im Team Führungsrollen zu übernehmen. Vgl. Carson, J.B.,

- regelmäßige Leistungsevaluierungen und Analysen von Leistungsstatistiken sowie professionelles Feedback[689] zur sportlichen Entwicklung der Spieler[690]

Auch beim **symbolischen Führungshandeln** geht es für Coach Riley meines Erachtens darum, von Anfang an die Zustimmung der Spieler zu seiner Vision einer „Dynastie" zu gewinnen: er sollte daher versuchen, seinen Spielern (noch) mehr Sinn bei der Arbeit zu vermitteln und sie durch seine eigene Leidenschaft zu Bestleistungen auf dem Court inspirieren. Die Einstellung der Spieler zu ihrem Team wird dadurch neu geformt, und sie werden bessere Möglichkeiten für ihr Spiel entdecken.[691] Weitere Beispiele für symbolisches Führungshandeln bei den Los Angeles Lakers sind in diesem Zusammenhang:[692]

- das Betonen spezifischer Werte zur Teamentwicklung (Vision einer „Dynastie")[693]
- positives, motivierendes Feedback für starke Leistungen von Spielern einholen[694]

Was Coach Pat Riley tatsächlich an Erfolgen, aber auch an Rückschlägen erlebte, die man auf dem langen Entwicklungsweg zu einer Erfolgsmannschaft (in diesem Fall sogar zu einer „Dynastie") eben einstecken muss, werde ich in den nächsten Kapiteln anhand vieler Praxisbeispiele noch ausführlich darstellen.

Abbildung 41 ergänzt nun das in Kapitel 4 begonnene Sammeln von Implikationen für das Führungshandeln. Dazu gehören **a)** das Forcieren einer „produktiven" Zusammenarbeit auf dem Spielfeld, **b)** der Aufbau einer starken Mannschaftskultur, **c)** das „Empowern" und Orchestrieren v.a. von SFM-Spielern, und **d)** das Einhalten von Leistungsstandards auf der Individualebene. Dies verdeutlicht die Notwendigkeit und Fähigkeit eines Trainers, auf allen Führungsebenen gleichzeitig tätig zu sein, und dabei je nach Teamtyp (Typ-C, Typ-B, oder Typ-A) unterschiedlich intensiv (eben effizient) auf die einzelnen Führungsebenen einzuwirken, um eine Vision des Wandels zu realisieren.

---

et al.; Shared Leadership in teams, Academy of Management Journal, 2007, S. 1217-1234.

689 Professionelles Feedback ist Teil der Mannschaftskultur. Vgl. Carless, S.A., Does Psychological Empowerment Mediate the Relationship Between Psychological Climate and Job Satisfaction?, Journal of Business and Psychology, 2004, S. 405-425. - Vgl. Hastings, R.R., Millenials expect a lot from leaders, HR Magazine (http://findarticles.com/p/articles/mi_m3495/is/ai_n24250599?tag=art Body;col1), January 2008.

690 Vgl. Riley, P., The Winner Within, 1993, S. 161.

691 Vgl. Mc Grath, B., The Leadership Wisdom of Jesus, Library Journal, March 1, 1998, o.S. - Vgl. Bennis, W., Rethinking Leadership, Executive Excellence, February 1998, S. 7-8.

692 Vgl. Wilson, I.H., The 5 compasses of strategic leadership, Strategy & Leadership, July/August 1996, S. 26-31.

693 Vgl. meine Empfehlungen zum Aufbau einer „Dynastie" bei Spaniens Fussballnationalmannschaft des Jahres 2010 (Kapitel 12).

694 Vgl. Rosenstiel, L.v.; et al.; Führung von Mitarbeitern, 2003, S. 270.

Abb. 41: Implikationen für das Führungshandeln II

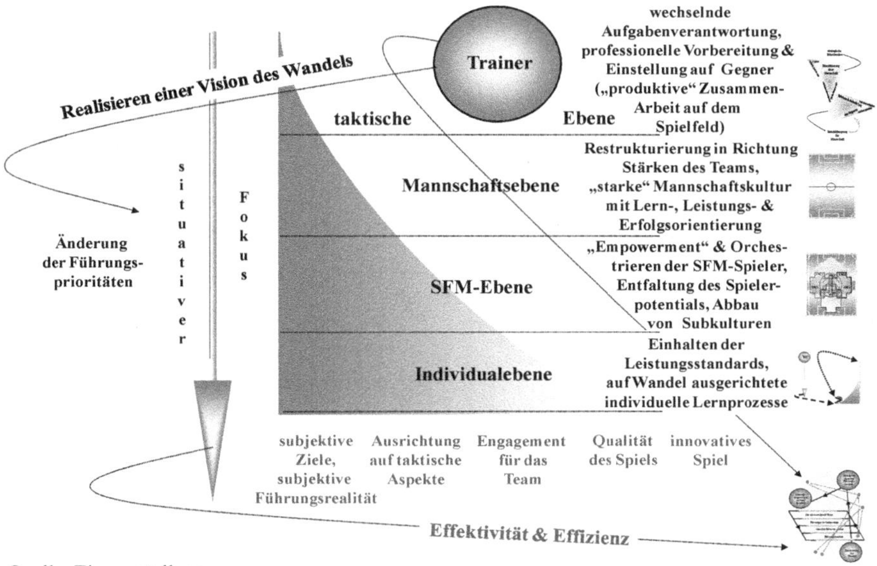

Quelle: Eigenerstellung

Wichtig ist in diesem Zusammenhang die **Effizienz des Führungshandelns**, die durch einen differenzierten **Fokus auf die Führungsebenen** gesteigert wird.[695]

Tabelle 3 zeigt, dass die resultierenden Führungsschwerpunkte bei jedem Teamtyp ganz einfach addiert werden. Dabei gilt, dass **a)** taktische Aspekte die Führung jedes Teams beeinflussen, **b)** die Mannschaftsebene von der Bedeutung her über der SFM-Ebene anzusiedeln ist, und **c)** die SFM-Ebene noch über der Individualebene steht. Dabei ist die Teamklassifizierung (Typ-C, -B,–A)[696] zu beachten:

- Typ-C Teams müssen aufgrund ihrer Defizite (schwaches Mannschaftspotential, hohe Spielerfluktuation) einen **speziellen Fokus auf die Festigung der Mannschaftsstrukturen** (also auf die Mannschaftsebene) legen
- Typ-B Teams verfügen über ein „gereiftes", technisch stärkeres Spielerpotential und bereits gefestigte Mannschaftsstrukturen; sie sind in der Lage nicht nur einen Fokus auf eine „erneuerte" Spielweise zu legen, sondern diese auch mit einem gewissen

[695] Vgl. Abbildungen 87 und 88.
[696] Vgl. 5.1. – Vgl. Abbildung 19.

Schwerpunkt auf die „teilweise Optimierung" der Spielweise zu kombinieren;[697] diese Veränderungen verlangen einen zusätzlichen **speziellen Fokus auf SFM**

- Typ-A Teams gehören in ihrem Umfeld zu den Top-Mannschaften und bauen ihre Spielweise sowohl auf mannschaftlicher Geschlossenheit als auch auf das Arbeiten mit SFM auf; dazu kommt ein zusätzlicher **spezieller Fokus auf die Stärken der Schlüsselspieler** (Qualität von deren Spiel) zur Entwicklung und „Optimierung" von Spielzügen, mit denen man die Gegner dominieren kann

Tab.3: Effizienz I: Mannschaftstypen & spezieller Fokus auf den Führungsebenen[698]

	taktische Ebene	Mannschaft	SFM	Individuum
Typ-C Team	√	√	/	/
Typ-B Team	√	√	√	/
Typ-A Team	√	√	√	√

Quelle: Eigenerstellung

5.6. Zusammenfassung: Strategisch-situative Führung als Kreislauf

> „Wir begeben uns nicht auf das Niveau der Anderen. Es ist wichtig, dass wir konstant auf unserem Niveau bleiben – unabhängig vom Resultat eines Spieles."[699]
>
> „Wir bleiben ruhig und gehen unseren Weg weiter."[700]

Beim hier vorgestellten strategisch-situativen Führungsmodell soll man nicht nur die chronologischen Abläufe aller Stufen/Phasen ins Auge fassen, sondern auch:

- deren **flexiblen Charakter**, um Fehlentscheidungen im Nachhinein zu korrigieren, oder um veränderten situativen Rahmenbedingungen gerecht zu werden
- deren **Durchlässigkeit** – die Vision wird in jeder Stufe thematisiert/aktualisiert
- deren **Wechselbeziehungen**, um spezielle Aspekte zu berücksichtigen – z.B. die Bereitschaft der Spieler angestrebte Ziele (Führungsprioritäten) mitzutragen

---

697 Ausnahme: Typ-BA, wo man auf eine teilweise Optimierung der Spielweise fokussiert.

698 √ = spezieller Fokus; / = normaler Fokus; Die Anforderungen an einen Trainer steigen mit dem Niveau des Teams von Typ-C bis -A im Sinne eines multiplen Führungsfokus stark an.

699 Daly, Ch., America`s Dream Team, 1992, S. 148.

700 Mexikos Fussballteamchef Aguirre beim Einzug ins WM-Achtelfinale 2010, In: http://sport.orf.at/wm2010/100622-518/index.html: Stimmen zur Entscheidung in Gruppe A, 22. Juni 2010.

Abbildung 42 führt die daraus resultierenden weiteren strategisch-situativen Parameter auf dem Entwicklungsweg eines Teams an: auf der Basis von Vision und Führungsprioritäten (Zielen, Strategien) werden situative Faktoren geordnet, um einen Wandel bei der Spielweise des Teams[701] und Leistungssteigerungen bei den Spielern zu realisieren. Dies zeigt sich durch eine verstärkte Ausrichtung der Spieler auf Taktik, mehr Engagement, sowie entsprechend innovatives Spiel bzw. die Qualität des Spiels. Eben das wurde am hypothetischen Beispiel der Los Angeles Lakers in Punkt 5.5. verdeutlicht, wo die „Freisetzung der spielerischen Möglichkeiten“ zur Führungspriorität von Coach Riley wurde, um **a)** die „produktive“ Zusammenarbeit der Spieler zu forcieren und **b)** so zur Realisierung seiner Vision zum Aufbau einer Dynastie beizutragen.

Abb. 42: Strategisch-situativer Kontext auf dem Entwicklungsweg eines Teams II

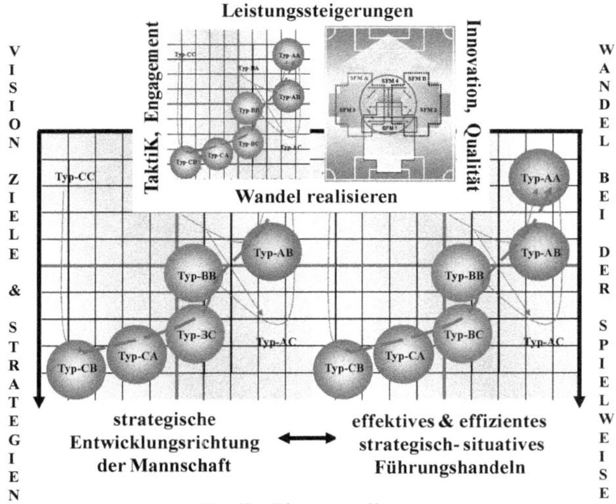

Quelle: Eigenerstellung

In den nächsten Kapiteln werde ich noch vertieft auf die Konsequenzen des strategisch-situativen Führungsmodells für die einzelnen Führungsebenen (taktische Ebene, Mannschaftsebene, SFM-Ebene, Individualebene) eingehen. Im folgenden Kapitel 6 beschäftigen wir uns mit den Besonderheiten der taktischen Ebene, welche ja für alle Teamtypen (Typ-C, -B, und -A) von Bedeutung ist.[702]

---

[701] Vgl. Abbildung 19. – Vgl. 5.2.

[702] Vgl. Tabelle 3 in Punkt 5.5.

6. Führungshandeln auf der taktischen Ebene

„Taktik ist der Fahrplan, um die eigene Strategie umzusetzen und die der Gegner zu zerstören.“[703]

„Meine Meinung ist, man gewinnt nicht mit dem System, sondern mit den Spielern. Es geht ja fast überall ums Gleiche, um einen oder zwei Stürmer, um einen oder zwei Sechser“[704]

Coach Pat Riley war ein erfahrener Coach und wusste um die Bedeutung seiner Schlüsselspieler als es darum ging, die Spieltaktik der Los Angeles Lakers auf dem Weg zu einer „Dynastie“ immer wieder neu festzulegen. Dabei konnte er gar nicht vorsichtig genug sein, die wichtigsten Positionen mit den richtigen Spielmachern zu besetzen. Als 1981/82 mit Mitch Kupchak ein Leistungsträger verletzungsbedingt ausfiel, musste die Lücke wieder geschlossen werden. Bei der Suche nach einem ebenbürtigen Ersatz stieß man auf einen Spieler, der aufgrund von Leistungsschwankungen und seiner eigensinnigen Art, die ihn bei anderen NBA-Teams gekennzeichnet hatten, entweder zum Retter oder zum Sargnagel für die Lakers machen konnten: Bob McAdoo. Diese Entscheidung war mit so weittragenden Konsequenzen für die Spieltaktik verbunden, dass Coach Riley eine Sitzung mit seinen Schlüsselspielern einberief und ihnen folgende Frage stellte: „Ist dieser Mann gut genug, dass er uns helfen kann die Meisterschaft zu gewinnen? Wollen wir uns auf seine Eigensinnigkeiten einlassen?“ Die Lakers-Stars antworteten, dass wenn McAdoo hart arbeiten und für ihr Team punkten würde, sie aus ihm einen Führungsspieler machen wollten. Coach Riley stellte erleichtert fest, dass seine Spieler bereits eine mannschaftsorientierte Reife entwickelt hatten, die es ermöglichen würde, zusammen das Beste aus einem „schlampigen Genie“, wie es McAdoo zu jenem Zeitpunkt eben war, herauszuholen. McAdoo wurde verpflichtet und gelangte in dieser Mannschaft zu neuer Größe: er war tatsächlich das fehlende Puzzle im Team – und mit ihm konnten die Los Angeles Lakers 1982 erneut die NBA-Meisterschaft gewinnen.[705]

Was für eine Top-Mannschaft auf NBA-Niveau gilt, ist selbstverständlich auch auf regionaler Amateurebene von Bedeutung, wenn auch unter anderen Gesichtspunkten.

---

703 Der deutsche Fussballteamchef Joachim Löw in einem Interview am 6. Juni 2008 auf n-tv.

704 Der österreichische Fussballteamchef Dietmar Constantini, In: http://derstandard.at/1282979068290/Constantini-Taktik-generell-ueberbewertet, (APA), 7. September 2010.

705 Vgl. Riley, P., The Winner Within, 1993, S. 67f.

Werfen wir daher einen erneuten Blick auf jenen zweitklassigen Typ-BC Mittelständler aus der deutschen Herrenhandballoberliga (4. Liga), den wir schon in den Punkten 5.2. und 5.4. kennen gelernt haben, und dessen Fokus auf **von Grund auf veränderten Aspekten der eigenen Spielweise**[706] liegt. Der Trainer dieser Mannschaft hat die Herausforderungen im taktischen Bereich erkannt und forciert nach Ansicht der Mehrheit seiner Spieler das **taktische Spiel** gerade richtig. Wenn neue Spielzüge trainiert werden, so werden diese vom Trainer erklärt und an die **Möglichkeiten der Mannschaft** angepasst. Bisher war die Verteidigung eher schwach. Durch viel Spezialtraining, bei dem der Trainer stets selber mitmacht, konnte man sich aber bereits verbessern. Auch das Abspiel wurde mittels Zuteilen des Ballbesitzes durch den Trainer verbessert. Lediglich bei der Forcierung des kampfbetonten Spiels zur Umsetzung der taktischen Vorgaben sehen einige Spieler weiterhin einen Steigerungsbedarf ihres Trainers. Außerdem gibt es bei ihnen in diesem Zusammenhang abweichende Meinungen hinsichtlich der Bedeutung der **Unterordnung der Einzelspieler unter das Kollektiv**. Manche Spieler gehen hier so weit, dass sie meinen, der Trainer gewähre ihnen zu viele Freiheiten. Der Wunsch nach einem stärkeren **Forcieren des Kollektivs** unter taktischen Gesichtspunkten ist somit durchaus gegeben.
In diesem Kapitel geht es also um die Zuordnung bestimmter Aspekte zu den taktischen Überlegungen eines Trainers, wie z.B. **a)** die Bedeutung der Klassifizierung von Teamtypen (Typ-C, Typ-B, Typ-A),[707] **b)** der Zusammenhang zwischen der grundsätzlichen Spielweise einer Mannschaft und Taktik, sowie **c)** der Einfluss von Schlüsselspielern bzw. Spielerpersönlichkeiten auf die Umsetzung taktischer Vorgaben[708]. Dies zeigt bereits, wie sehr die taktische Ebene mit allen anderen Führungsebenen verzahnt ist, und dass Trainer beim Management von Wandel[709] für die Spielweise[710] (um nichts anderes geht es ja bei der Umsetzung taktischer Überlegungen) in ihrem querschnittsorientierten Denken gefordert sind.
Abbildung 43 verdeutlicht, dass wir uns nun im umsetzungsorientierten und eigentlichen Hauptteil dieser Arbeit befinden. Auf dem Entwicklungsweg für strategisch-situatives Denken und Handeln stellt dies Schritt V dar.

---

706 Vgl. Abbildung 29.
707 Vgl. Abbildung 19.
708 Vgl. die Fallstudie über den FC Barcelona beim „Classico-Marathon" gegen Real Madrid im Frühjahr 2011 und in der Finalphase der European Champions League 2010/2011.
709 Vgl. 5.2.
710 Vgl. Abbildungen 105 und 107.

Abb. 43: Entwicklung einer strategisch-situativen Denk- & Handlungsweise V

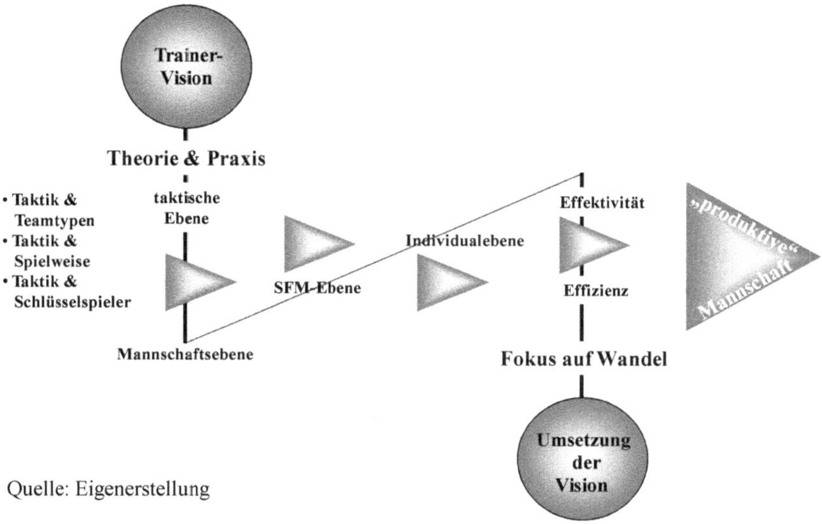

Quelle: Eigenerstellung

6.1. Taktische Aspekte und Mannschaftstypen

> „Trainer unterscheiden ... in offensive und defensive Spielanlagen. Das Entscheidende ist, wie die Mannschaft umschaltet. Spiele entscheiden sich in den Übergängen. Man muss bei Ballverlust ... schnell organisiert sein, sonst ist man verloren."[711]

> „Ein moderner Trainer muss seine Mannschaft ... nicht gegen den Willen der Spieler zu einer Spielweise verpflichten, die der Mannschaft nicht angemessen ist."[712]

Nachdem am 7. September 2007 das österreichische Fußballnationalteam (zu diesem Zeitpunkt ein Typ-CB Team)[713] gegen Japan ein 0:0 erkämpft hatte, kritisierte Teamchef Josef Hickersberger die taktischen Fehler seines Teams: „Es gibt keinen Zweifel, dass das Spiel gegen Japan schlecht ... war.... Japan ist ... eine erfahrene [Typ-BB][714] Mannschaft, die sehr gut eingespielt ist.... [Der japanische Trainer] Osim ... kennt den österreichischen Fußball... Er wollte uns locken, damit wir hinten hinausgehen."[715] Außerdem war es seiner Ansicht nach den Japanern gelungen, die Österreicher „mit langen Ballstafetten im Spielaufbau aus der Reserve zu locken und

711 Ruttensteiner, W., In: http://sport.orf.at/wm2010/100609-101/index.html: Kein Platz mehr für „Stehgeiger", 9. Juni 2010.

712 Lahm, Ph., http://sport.orf.at/stories/2075370/: Der Rest war Schadensbegrenzung, 23. August 2011.

713 Vgl. http://de.fifa.com/associations/association=aut/ranking/gender=m/index.html, September 2007.

714 Vgl. http://de.fifa.com/associations/association=jpn/ranking/gender=m/index.html, September 2007.

715 http://derstandard.at/: Die Angst vor dem Ball, (APA), 8. September 2007.

dadurch zu taktischen Fehlern zu zwingen… Während die ÖFB-Offensivspieler in der gegnerischen Hälfte attackierten, stand die Abwehr tief, wodurch Räume entstanden, die von den Japanern genützt wurden".[716] „In der ersten Hälfte haben wir durch diese Situation taktisch schlecht gespielt", stellte Hickersberger fest und sprach von „leeren Kilometern", die sein Team absolviert hatte.[717] Hickersberger sah aber auch positive Aspekte: „Wir haben ein 0:0 erreicht … das zeugt von einer gewissen Stabilität im Defensivverhalten…. aber die Art und Weise, wie wir nach vorne spielen, ist [noch] nicht zufriedenstellend... Es wird bei einer Mannschaft, die hauptsächlich aus jungen Spielern besteht, immer Schwankungen geben."[718]

Wie uns dieses Beispiel zeigt, geht es bei **taktischen Aspekten** neben der Vorbereitung und Einstellung auf die Stärken und Schwächen der Gegner[719] v.a. um die Forcierung der spielerischen Entwicklungsrichtung des eigenen Teams. Beim österreichischen Fußballnationalteam ging es zu diesem Zeitpunkt ganz klar um die Stabilisierung der Spielweise.[720] Taktische Aspekte rücken darüber hinaus bei folgenden spezifischen Situationen in den (situativen) Fokus eines Trainers:

- stark bis sehr stark bei Teams in Extremsituationen, z.B. bei Teams in der Krise,[721] oder bei Teamtypen wo ein ausschließlicher Fokus auf das „Stabilisieren" (Typ-CB) oder die „Erneuerung" der Spielweise (Typ-CA) besteht[722]
- mittel bis stark bei Typ-B Teams mit Schwerpunkt auf innovatives Spiel bzw. auf eine „teilweise Erneuerung" der Spielweise[723] (Typ-BC, Typ-BB)
- sehr stark bei Typ-A Teams, v.a. um sich bei Turnieren zu beweisen[724]

Dazu schärft der Trainer seinen Spielern das Bewusstsein um die Interdependenz ihrer Aufgaben auf dem Spielfeld und fördert die „produktive" Zusammenarbeit: besser eingespielte Teams mit geringer Spielerfluktuation verfügen hier m.E. über einen natürlichen Vorteil gegenüber weniger gut eingespielten Teams mit hoher Spielerfluktuation.

---

716 Vgl. http://derstandard.at/: Die Angst vor dem Ball, (APA), 8. September 2007.
717 http://derstandard.at/: Die Angst vor dem Ball, (APA), 8. September 2007.
718 http://derstandard.at/: Die Angst vor dem Ball, (APA), 8. September 2007.
719 Vgl. Riley, P., The Winner Within, 1993, S. 82, 109, 114, 117f., 144, 161. - Vgl. Northouse, P.G., Leadership, 2007, S. 219.
720 Vgl. 5.3.
721 Vgl. die Fallstudie zur Spielweise des Fussballclubs Real Madrid in 8.3.
722 Vgl. die Fallstudien zu den drittklassigen Amateurmannschaften aus Deutschland und Österreich in Punkt 5.2.
723 Vgl. die Fallstudie zum Entwicklungsweg des österreichischen Fussballnationalteams in 11.3.
724 Vgl. die Fallstudien zu den Fussballnationalteams von Argentinien, Deutschland und Spanien bei der Fussball-WM 2010 (Beginn-Kapitel 12).

Abbildung 44 zeigt, dass Trainer taktische Überlegungen auf Basis von Situationsanalysen, Vision und Führungsprioritäten für die grundsätzliche Spielweise[725] anstellen[726] und dabei berücksichtigen, dass die taktische Ebene eng mit anderen Führungsebenen verbunden ist. Dies beeinflusst das taktische Verhalten der Spieler.

Abb. 44: Ausrichtung der Spieler an taktischen Aspekten

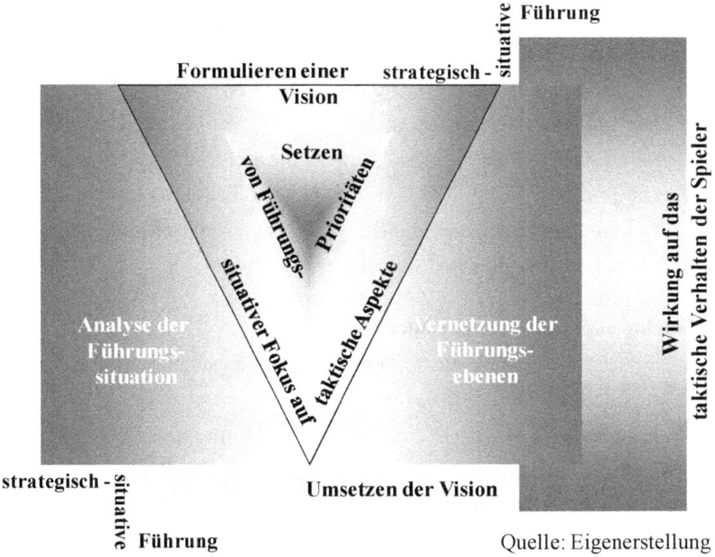

Quelle: Eigenerstellung

Dies waren auch einige der Hauptaufgaben, die sich Chuck Daily, dem Trainer des (Typ-AC) US-Basketball „Dream Teams" 1992 stellten. Daly wurde berühmt, aus den zwölf besten Basketballspielern seiner Zeit auch ein Erfolgsteam geformt zu haben. Ihre Fähigkeiten und Erfahrungen waren so ausgeprägt, dass sie – und gar nicht mehr so sehr der Trainer - es waren, die den Spielfluss und die Spieltaktik bestimmten: „Auf dem Spielfeld können wir uns umgruppieren, je nachdem wie sich das Spiel entwickelt", meinte etwa der Center-Spieler David Robinson.[727] Der Trainer war sich freilich bewusst, dass er die Spieler mit ihren Fähigkeiten nicht allein lassen durfte. Er musste ihnen einen Orientierungsrahmen geben, der sie auf dem Spielfeld zu einem

725 Vgl. 5.1. (Situationsanalysen, Vision), 5.2. (Führungsprioritäten) – Vgl. Abbildung 19.

726 Vgl. Hart, S.L.; Quinn, R.E., Roles executives play, Human Relations, May 1993, S. 543-574.

727 Vgl. Daly, Ch., America`s Dream Team, 1992, S. 179.

schlagkräftigen Team zusammenschweißen würde. Gleichzeitig achtete er darauf, die Spieler nicht mit zu vielen Vorgaben für die Spielweise einzudecken und ihnen angemessene individuelle Aktionsräume zu belassen. Eine erste Aufgabe war, die NBA-Profis auf Unterschiede im internationalen Spiel vorzubereiten, v.a. was das Deckungsspiel und Würfe von der (international kürzeren) Dreierlinie betraf: einerseits musste man darauf achten, andere Teams weniger von dieser Linie zum Wurf kommen zu lassen, andererseits galt es, selber verstärkt von dieser Line aus zu werfen. In einem Trainingsspiel des „Dream Teams" mit allen NBA-Stars setzte es prompt eine empfindliche Niederlage gegen ein Team aus acht ausgewählten US-College Basketballspielern, die angehalten waren europäisch (d.h. viele 3-Punkt Würfe) zu spielen. Die Stars waren nach dieser Niederlage mehr als nervös. Dem Trainer war dies nur recht, denn ab jetzt war jedem klar, wo man bei der Taktik anzusetzen hatte. Schon beim nächsten Trainingsspiel waren die Stars wie ausgewechselt und steigerten sich deutlich bei der Synchronisation ihres Offensiv- und Defensivspiels.[728]

6.2. Taktische Aspekte und die Spielweise einer Mannschaft

> „Gibt es einen Unterschied zwischen 4:4:2, 4:5:1 oder 9:1? Heute greifen alle an, und alle verteidigen. Das ist der moderne Stil."[729]

Überlegungen zur grundsätzlichen Spielweise sollten m.E. mit einer internen und externen Situationsanalyse sowie mit einer entsprechenden Team-Klassifizierung[730] starten, bevor man sich in offensive oder defensive Konstellationen bzw. Mischformen davon ergeht. Werden diese Überlegungen von den Spielern verstanden und angenommen, so wird auch deren Zielorientierung mit der Entwicklungsrichtung des Teams im Einklang stehen und sie werden letzen Endes auch taktisch flexibler.[731]
Während der Fußball-WM 2010 konnte man verschiedene Nationalteams beobachten, die sich ebenfalls auf **Defensivtaktiken** verlegten. Neuseeland etwa war international eher unerfahrenen und zweitklassig (Rang 78 im FIFA-Ranking).[732] In einer Gruppe mit Italien (Rang 5), Paraguay (Rang 31) und der Slowakei (Rang 34) wäre m.E. ein offensives Spiel kaum zu realisieren gewesen. Teamchef Ricki Herbert versuchte es daher mit einem 4-5-1 System (ein Stürmer), teilweise sogar mit zwei defensiven Viererketten knapp in- und außerhalb des Strafraums, wo man mit „langen Bällen nach

728 Vgl. Daly, Ch., America`s Dream Team, 1992, S. 53. 139-142.
729 Englands Fussballteamchef Capello, In: http://sport.orf.at/#/stories/2012513/, 3. September 2010.
730 Vgl. Abbildung 19 in Punkt 5.1.
731 Vgl. http://sport.orf.at/wm2010/100626-632/index.html: Die Schneid abgekauft, 26. Juni 2010.
732 Vgl. http://de.fifa.com/associations/association=nzl/ranking/gender=m/index.html, Juni 2010.

vorn“[733] das Spiel verlagern wollte.[734] So erkämpfte man sich drei Unentschieden in den Gruppenspielen: Neuseeland verpasste zwar das WM-Achtelfinale, blieb aber als eines der wenigen Teams ohne Niederlage.[735] Ein Beispiel für die Forcierung einer **offensiven Spieltaktik** wiederum gab Brasiliens Fußballnationalteam nach der WM 2010: nachdem man dort spielerisch mit einer „körperbetonten und auf Konter ausgerichteten Spielweise“[736] enttäuscht hatte, wurde mit Mano Menezes ein neuer Teamchef eingesetzt, der umgehend auf ein offensives 4-3-3-System (mit drei Stürmern also) umstellte und dabei nur noch auf vier WM-Spieler zurückgriff: „Wir werden diese Linie weiterverfolgen, [denn] jeder kennt das offensive Talent, das Brasilien besitzt“, erklärte Menezes.[737] Blenden wir aber nochmals zurück zur Fußball-WM 2010. Dort zeigte ein Team, wie man auch mit einem Mittelding zwischen defensiver und offensiver Spieltaktik Erfolg haben kann: Paraguay profilierte sich mit einer „**stabilen Defensive und kontrollierten Offensive**“ (wenn auch mit Risikoscheue) und wurde schon als „neues Italien“ bezeichnet.[738] Möglich gemacht hat diese Spielweise Paraguays argentinischer Trainer Gerardo Martino: „Wir beherrschen es gut, den Spielfluss [der Gegner] zu unterbinden“, meinte er dazu. Auch Torhüter Villar verglich die Stärken Paraguays mit der traditionellen italienischen Spielweise: „Die Italiener sind für ihr taktisches Spiel und ihre Defensivkultur berühmt. Wir haben bewiesen, dass wir ihnen in Nichts nachstehen.“[739] Vor allem waren die Verhältnisse so, wie es der Stürmer Santa Cruz formulierte: „Bei uns stimmt alles. Wir sind gut organisiert.“[740] Paraguay erreichte erstmals das WM-Viertelfinale. Hier traf man auf Spanien, das sich nur in „Schwerstarbeit“ mit 1:0 durchsetzen konnte.[741]

Diese Beispiele unterstreichen, dass ein taktisches Konzept zu den Spielern „passen“ muss. Bei der Fußball-WM 2010 gab es auch Trainer, welche die Teams aus Südafrika, Kamerun, Nigeria und der Elfenbeinküste „mit europäischem oder südamerikanischem Fußballstil zum Erfolg führen [wollten]. In ein taktisches Konzept gepresst,

---

733 http://www.zeit.de/sport/2010-06/wm-neuseeland-reid: Besser als Rugby, Horeld, M., 15. Juni 2010.

734 Vgl. http://sport.orf.at/wm2010/100620-457/index.html: All Whites schaffen Überraschung, Falkner, P., 20. Juni 2010. – Vgl. die Fallstudie zu Italiens Fussballteam bei der WM-2010 (Kapitel 1).

735 Vgl. http://sport.orf.at/stories/2003708/2003714/

736 http://sport.orf.at/wm2010/100703-807/index.html: Hoffen auf Heim-WM 2014, 3. Juli 2010.

737 Vgl. http://www.sport.sf.tv/Nachrichten/Archiv/2010/08/11/Fussball/Brasilien-ueberzeugt-gegen-die-USA, 11. August 2010.

738 Vgl. http://sportv1.orf.at/wm2010/100628-702/index.html: Paraguay gegen Japan, 28, Juni 2010.

739 Vgl. http://sport.orf.at/wm2010/100628-702/index.html: Safety First, 28. Juni 2010.

740 http://sport.orf.at/wm2010/100620-448/index.html:Reaktionen zu Slowakei–Paraguay, 20. Juni 2010

741 http://sport.orf.at/wm2010/100703-823/index.html: Schwerstarbeit in Johannesburg, Wagner, Ch., 3. Juli 2010.

ging... [diesen Teams] aber die Luft aus. Gerade von der Leichtigkeit und Freude im Spiel, die afrikanische Teams immer auszeichneten, war [dann] nicht mehr viel zu sehen: ...im Angriff ging kaum etwas, und in der Defensive schlichen sich Fehler und Nachlässigkeiten ein."[742] Ganz anders verlief die Entwicklung in Deutschland, wo Teamchef Löw die Spielweise „fundamental verändert ... [und] auf technisch versierte ... [Spieler] gesetzt hat, ... die in der Lage waren, Tempo zu machen und [das Spiel kreativ][743] selbst zu gestalten."[744] Warum funktionierten diese taktischen Änderungen bei den Deutschen besser als bei den afrikanischen Teams? Uruguays früherer Star Francescoli definierte hierzu den entscheidenden Faktor:„... [wenn] Nationalspieler... in Europa spielen, ... werden sie **taktisch flexibler**, und sie kennen den Hauptgegner."[745] Durch taktische Aspekte kann ein Trainer die grundsätzliche Spielweise seines Teams forcieren - oder eben nicht. Ein taktisches Grundgerüst allein reicht dabei aber nicht aus: auch der Gegner sollte vor einem Spiel eingehend analysiert werden.[746] Dabei geht es u.a. um die Beantwortung folgender Fragen:[747] „Wie sieht der Spielaufbau aus? Über wen läuft das Spiel? Wie ist das Abwehrverhalten und wie ändert es sich bei Rückstand oder bei Führung? Wer spielt die entscheidenden Pässe in die Tiefe? Wann werden die Spieler müde?" Dabei dringt man so tief in Spielsituationen ein, dass man etwa im Falle eines Penalty-Schießens bei einem Fußballspiel über die Eigenheiten der Schützen Bescheid weiß und den Torhüter darauf vorbereitet. Ein Beispiel lieferte das deutsche Team bei der WM-2006 in Deutschland, als sich Jens Lehmann, der Torhüter, „im Achtelfinale vor dem Elfmeterschießen einen Zettel in den Stutzen steckte, auf dem die Strafstoßvorlieben der argentinischen Schützen vermerkt waren"[748].

Taktische Überlegungen sind also wichtig für die konsequente Ausrichtung des Teams, für konkrete Aufgaben auf dem Spielfeld und für die Zielorientierung[749] der Spieler. Für Trainer Capello etwa ging es in der Saison 2006/07 bei Real Madrid darum, die grundsätzliche Spielweise zu stabilisieren und dabei die Taktik bzw. das Spielsystem

---

742 http://sport.orf.at/wm2010/100621-474/index.html Afrikas enttäuschte Erwartungen,21. Juni 2010

743 Vgl. Http://derstandard.at/1277336896249/Hickersberger-Interview-OeFB-Team-kann-auf-Legionaere-nicht-verzichten, Fiala, M., 28. Juni 2010.

744 Http://derstandard.at/1276413573261/Die-Krisen-der-Grossen-Wo-ein-Loewenrudel-ist-auch-Gebruell, 20. Juni 2010.

745 http://sport.orf.at/wm2010/100626-632/index.html: Die Schneid abgekauft, 26. Juni 2010.

746 Vgl. Österreichs Fussballteamchef Dietmar Constantini, In: http://derstandard.at/1282979068290/Constantini-Taktik-generell-ueberbewertet, (APA), 7. September 2010.

747 Buschmann, J., In: http://sport.orf.at/wm2010/100701-764/index.html: Die letzten ein bis zwei Prozent, 1. Juli 2010.

748 http://sport.orf.at/wm2010/100701-764/index.html: Die letzten ein bis zwei Prozent, 1. Juli 2010.

749 Vgl. 5.2.

neu festzulegen (und dennoch flexibel zu bleiben)[750] – das Team war ja schon längerer in einer Krise. Capello setzte nun auf eine defensive Spielweise.[751] Er war dabei stark von seinem Ex-Trainer Helenio Herrera geprägt, der das Verteidigungssystem Catenaccio[752] erfunden hatte. Nicht unbedingt attraktiver Fußball,[753] aber sehr effizient. Abbildung 45 verdeutlicht, dass man ausgehend von einem taktischen Grundgerüst das Spielsystem auch an die Stärken und Schwächen des Gegners anpasst.

Abb. 45: Interner & externer Fokus von Taktik

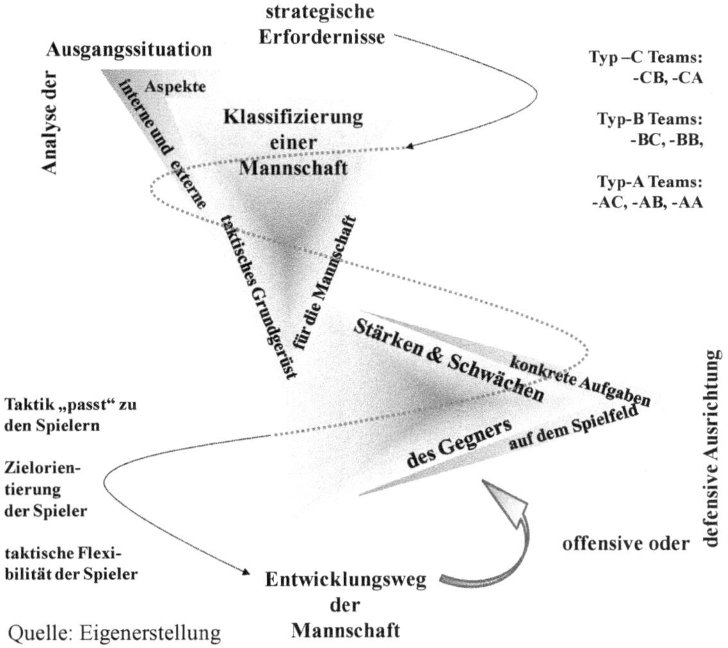

Quelle: Eigenerstellung

Taktische Überlegungen sollten m.E. stets auf die **Positionierung der Schlüsselspieler** fokussieren – je nachdem wie sich deren Qualitäten in das taktische

---

750 Vgl. http://www1.de.uefa.com/memberassociations/news/newsid=638024.html: Der Disziplinfanatiker, Menicucci, P., 14. Dezember 2007.

751 Vgl. dazu auch die Einleitung von Kapitel 5, sowie die Punkte 5.3. und 8.3.

752 Catenaccio macht durch tiefes Stehen in der eigenen Hälfte die Räume so eng, dass kein schnelles Offensivspiel des Gegners mehr möglich ist. Vgl. http://de.wikipedia.org/wiki/Catenaccio

753 Vgl. http://www1.de.uefa.com/memberassociations/news/newsid=638024.html: Der Disziplinfanatiker", Menicucci, P., 14. Dezember 2007. – Vgl. Beginn-Kapitel 5, sowie 5.1., 6.2.

Funktionieren des Teams einbringen lassen. Dann geht es z.B. darum, ob:[754] **a)** der Torhüter „Ruhe und Sicherheit ausstrahlt“, **b)** ein Verteidiger „schnell und auf der Flanke schwer unter Kontrolle zu bringen ist“, dabei auch „die Verteidigung zusammenhält“ und „präzise im Spielaufbau ist“, **c)** ein Mittelfeldspieler als „Antreiber, Organisator und Torvorbereiter mit ... einem Auge für den tödlichen Pass“ fungiert (und dem Spiel „seinen Stempel aufdrückt“), und **d)** ein Angreifer von beiden Seiten seinen „Torinstinkt“ unter Beweis stellen kann.

Abbildung 46 verdeutlicht darüber hinaus noch ein Mal, dass die taktische Ebene v.a. bei der Forcierung der Spielweise für die Teamtypen -CB, -CA, -BC, -BB, -AC, -AB, und -AA eine wichtige Rolle spielt. Bei den anderen Teamtypen (-CC und –BA) ist die taktische Ebene von geringer bis mittlerer Bedeutung. Das taktische Verhalten der Spieler für das Zusammenspiel auf der Mannschaftsebene und der SFM-Ebene wird bei unterschiedlichen Teamtypen vom Trainer also unterschiedlich stark beeinflusst. Das ist wichtig für die effiziente Ausgestaltung des Führungsrepertoirs des Trainers.[755]

Abb. 46: Taktik & Effizienz des Trainers

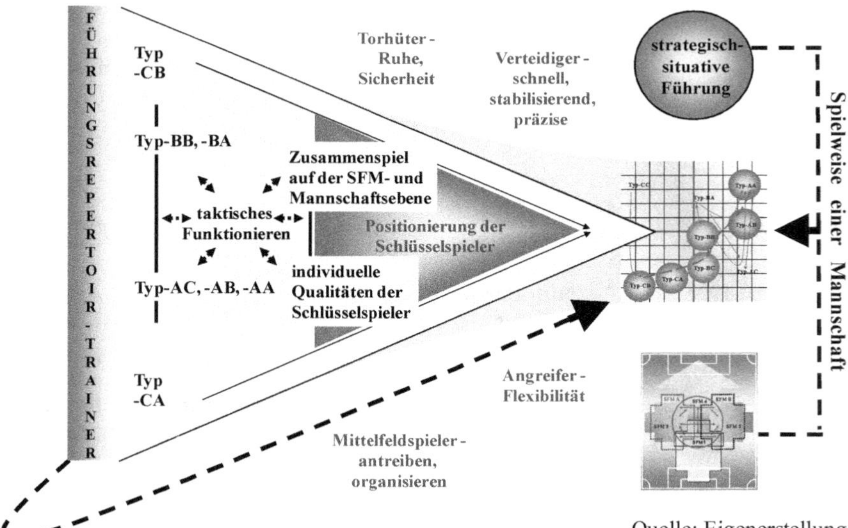

Quelle: Eigenerstellung

[754] Vgl. http://sport.orf.at/wm2010/100711-990/index.html: Die Spieler im Rampenlicht, 11. Juli 2010. - Vgl. http://sport.orf.at/wm2010/100711-990/index.html: Hoch gehandelt, tief gefallen, 11. Juli 2010.

[755] Vgl. Tabelle 4 in Punkt 11.2.

6.3. Implikationen für das Führungshandeln: Arbeiten auf allen Führungsebenen

> „Das schnelle Umschalten sowie die Qualität von Einzelspielern, die sich dem Kollektiv unterordnen, sind der Schlüssel zum Erfolg."[756]

Als die Verantwortlichen des US-Eishockeyverbandes 1979 beschlossen, für die Winterolympiade 1980 ein konkurrenzfähiges Nationalteam aufzustellen, war noch kein Einsatz von Profis gestattet. Daher konnte man den „Staatsamateuren" der Sowjetunion nur eine Auswahl junger US-College-Spieler entgegenstellen, die freilich kaum eine realistische Chance hatten. Nun sollte Herb Brooks[757], ein erfolgreicher College-Trainer, ein neues Team formieren. Brooks war ein ausgesprochener Tüftler und interessierte sich nur für seinen Sport. Er wollte das US-Eishockey revolutionieren und einen **neuen Spielstil** kreieren - den sogenannten „Hybrid"-Stil.[758] Sein Ziel war es, für das US-Olympiateam daraus eine **schnelle und kreative Spielweise** zu entwickeln, die das russische Starensemble 1980 vielleicht doch noch schlagen könnte. Dafür stellte er aber Forderungen: er würde ein halbes Jahr lang mit den College-Spielern trainieren wollen, um sich bestmöglich **aufeinander einzuspielen** und den Mannschaftszusammenhalt zu stärken. Zu diesem Zweck nahm er vorrangig solche Spieler in seinen Kader auf, die ihm zur Umsetzung seiner taktischen Vorstellungen und anvisierten Spielweise charakterlich am Geeignetsten schienen.[759]

Wie man am Beispiel des US-Eishockeyteams von 1980 erkennen kann, wirken sich taktische Aspekte in Abhängigkeit vom Teamtyp auf das Arbeiten mit Spielerachsen (SFM) bzw. auf das Zusammenspiel der Spielerachsen unter Beachtung des Aktionsradius der SFM-Schlüsselspieler aus. Die Schlüsselspieler werden im Sinne der (Neu-) Orientierung eines Teams entsprechend auf dem Spielfeld positioniert (Aktionsradius) und ihr Spielverständnis forciert[760].[761] Trainer sind hier m.E. in ihrem querschnittsorientiertem Denken gefordert. Bei der Umsetzung taktischer Überlegungen geht es daher - wie auch am Beispiel des US-Eishockeyteams gezeigt wurde - nicht zuletzt um eine stärkere Zielorientierung der (Schlüssel-)Spieler. Was ist damit aber gemeint?

---

756 Janeschitz, Th., Ruttensteiner, W., In: http://sport.orf.at/wm2010/100609-101/index.html: Kein Platz mehr für „Stehgeiger", 9. Juni 2010.

757 Vgl. http://en.wikipedia.org/wiki/Herb_Brooks

758 Dieser stellt eine Mischung aus dem europäischen Halten des Pucks und der nordamerikanischen „Umstoßen und Verfolgen"-Spielweise dar. Vgl. http://en.wikipedia.org/wiki/Herb_Brooks

759 Aus dem Kinofilm „Miracle", 2004. – Vgl. http://de.wikipedia.org/wiki/Miracle_on_Ice - Vgl. http://www.filmszene.de/kino/m/miracle.html

760 Vgl. Riley, P., The Winner Within, 1993, S. 125-127.

761 Vgl. Riley, P., The Winner Within, 1993, S. 65f.

Werfen wir zur Beantwortung dieser Frage einen erneuten Blick auf jenes zweitklassige Typ-BC Team (4. deutsche Herrenhandballoberliga), das wir in den Punkten 5.2. und 5.4., sowie zu Beginn dieses Kapitels analysiert haben. Hier verfährt der Trainer bei der Aufgaben- und Rollenverteilung so, dass er Spieler mit zusätzlichen Aufgaben betraut („Empowerment"),[762] um bei Schwachstellen im Team jene daran arbeiten zu lassen, die einem Problem am nächsten stehen. Dabei geht es um die Verbesserung des Spielaufbaus (Erneuerung der Spielweise) - was bei einem Typ-BC Team wesentlich ist - und um die teilweise Optimierung der Qualität des Spiels. Dieser Optimierungs-bedarf lässt sich aber auch dahingehend feststellen, dass bei manchen Spielern das **Bedürfnis nach weiterer spielerischer Entwicklung** noch nicht ganz befriedigt ist. Das hat damit zu tun, dass diese auf dem Spielfeld nur selten eine andere Rolle und zusätzliche Kompetenzen übernehmen können. Der Trainer bestätigt dies insofern, als er angibt, dass es bislang nur Führungsspielern (Kapitän, Leistungsträger) obliegt, bei der Umsetzung der Taktik mitzuhelfen (z.B. auch offensiv anstatt lediglich defensiv zu decken) und den übrigen Mitspielern Anweisungen zu geben. Das kann bei schwierigen Situationen auf dem Spielfeld so weit gehen, dass Führungsspieler die Missstände nach eigenem Ermessen selbstständig regeln oder sich dafür direkt an den Trainer wenden können. Die anderen Spieler müssen sich hier unterordnen. Das ist m.E. auch richtig so, denn Abstimmungsprozesse (z.B. Änderungen bei der Spielweise oder bei den Teamstrukturen) laufen am besten über Schlüsselspieler (mittels Aufgabenvielfalt und Rollenvielfalt)[763]. Dennoch möchte ich hinzufügen, dass es bei der Behebung von Schwachstellen und Problemen von Vorteil ist, möglichst viele Spieler in **Entscheidungsprozesse des Trainers mit Auswirkungen auf Lerneffekte** einzubinden – in der Folge geht es auch um eine wechselnde Aufgabenverantwortung. So werden die Spieler im **querschnitts- und mannschaftsorientierten Denken** geübt. Abbildung 47 baut das in Kapitel 4 begonnene Sammeln von Implikationen für das Führungshandeln aus. Dazu gehört es für den Trainer, auf Basis der grundsätzlichen Spielweise **a)** konkrete Vorgaben für die Taktik zu geben, **b)** das Zusammenspiel auf der Mannschaftsebene und auf der SFM-Ebene zu forcieren, und **c)** das entsprechende Spielverständnis und die Zielorientierung der Schlüsselspieler zu schärfen. Das verdeutlicht einmal mehr die Notwendigkeit zu querschnittsorientiertem Denken eines Trainers.

---

762 Vgl. 4.5.

763 Vgl. http://sport.orf.at/wm2010/100609-101/index.html: Kein Platz mehr für „Stehgeiger", Janeschitz, Th., Ruttensteiner, W., 9.Juni 2010.

Abb. 47: Implikationen für das Führungshandeln III

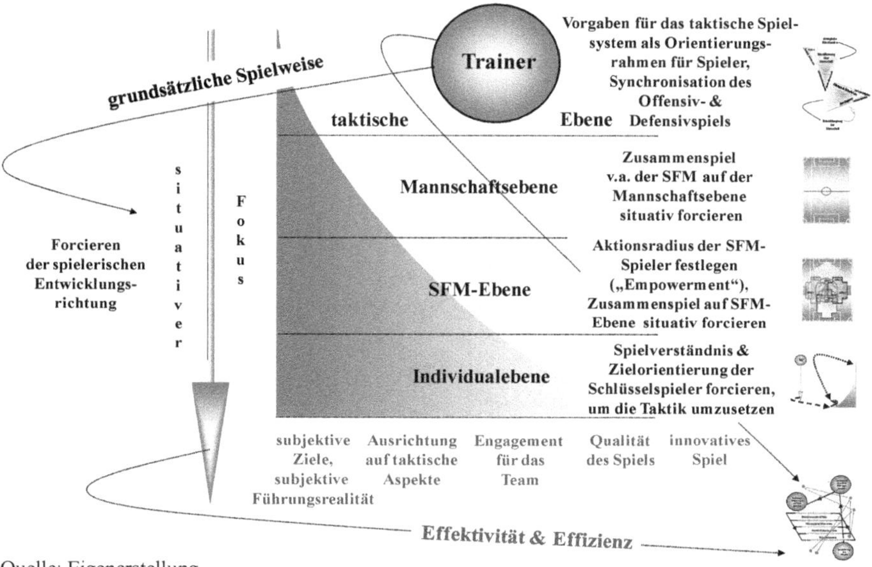

Quelle: Eigenerstellung

6.4. Zusammenfassung: Taktik und der Druck von allen Seiten

> „Ich bin ein Verfechter, dass wir uns nicht nur hinten reinstellen, sondern den Gegner beschäftigen, sonst sind wir sowieso weg."[764]

> „Die angreifenden Mannschaften werden sich durchsetzen."[765]

Auf der taktischen Ebene besteht die Herausforderung m.E. darin, den konstant auf der grundsätzlichen Spielweise des Teams lastenden Druck zu Wandel in Vorgaben für das Spielsystem[766] zu transformieren. Der Druck auf die Spielweise ergibt sich **a)** aus den Führungsprioritäten und **b)** aus dem Spielsystem, den Stärken und Schwächen der Gegner, die es zu überwinden und auszunutzen gilt. Überdies muss man berücksichtigen, dass die taktische Ebene eng mit den anderen Führungsebenen verwoben ist. Die dafür notwendigen Abstimmungsprozesse laufen am besten über Schlüsselspieler. Das

---

764 Der österreichische Fussballteamchef Dietmar Constantini 2010, In: http://derstandard.at/1282979068290/Constantini-Taktik-generell-ueberbewertet, (APA), 7. September 2010.

765 Janeschitz, Th., In: http://sport.orf.at/wm2010/100609-101/index.html: Kein Platz mehr für „Stehgeiger", 9. Juni 2010.

766 Vgl. die Spielsysteme von Real Madrid, dem FC Barcelona und Manchester United in Punkt 10.3.

reibungslose Zusammenspiel dieser Faktoren wird umso bedeutender, je fortgeschrittener die Entwicklung eines Teams ist[767] bzw. je extremer die Ausgangssituation ist[768]. Abbildung 48 verdeutlicht die auf dieser Ebene beanspruchten strategisch-situativen Parameter: auf der Basis von Situationsanalysen, Vision und Führungsprioritäten für die grundsätzliche Spielweise des Teams werden taktische Aspekte abgeleitet, um die spielerische Entwicklung zu konkretisieren. Der Erfolg zeigt sich durch eine verstärkte Ausrichtung der Spieler auf Taktik. Das wurde auch am Beispiel von Real Madrid unter Trainer Capello in Punkt 6.2. verdeutlicht, wo das erfolgreiche Umsetzen eines defensiven taktischen Spielsystems zum Ende der Krise 2006/07 beitragen konnte.

Abb. 48: Strategisch-situativer Kontext auf dem Entwicklungsweg eines Teams III

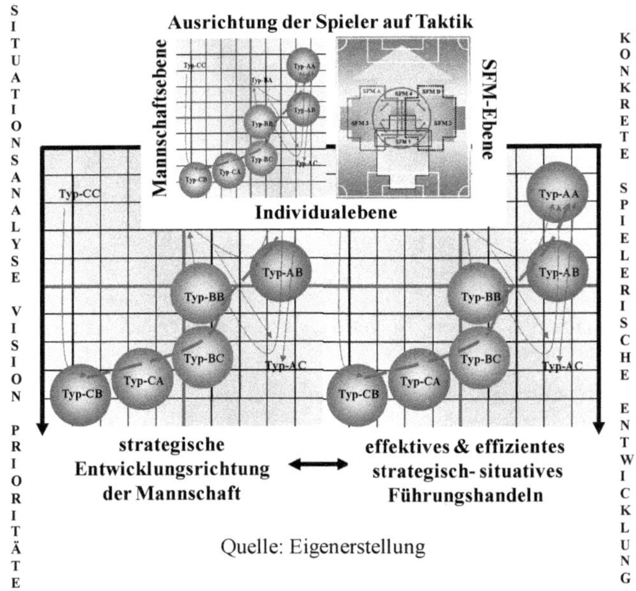

Quelle: Eigenerstellung

Taktische Aspekte unterstützen also den schrittweisen Umsetzungsprozess einer Vision des Wandels. In Kapitel 7 werde ich nun auf „harte“ und „weiche“ Aspekte der Mannschaftsebene eingehen, die ja v.a. für Typ-C Teams von Bedeutung sind.

767 z.B. bei Typ-BC Teams und Typ-BB Teams, sowie bei allen Typ-A Teams.

768 z.B. eine Mannschaft in der Krise, Typ- CB Teams und Typ-CA Teams.

7. Führungshandeln auf der Mannschaftsebene

„Du kannst die Sonne nicht mit Deinem Finger abdecken."[769]

„Wir sind die Mannschaft, die uns besiegen kann."[770]

Spiele werden bisweilen durch Einzelaktionen entschieden. Langfristiger Mannschaftserfolg wird meines Erachtens aber weniger durch ein Nebeneinander großartiger Individualisten als vielmehr durch ein homogenes Team realisiert, wo jeder seine Aufgabe verstanden hat, seine Rolle spielt und in der Lage ist, die Aktionen der Mitspieler auf der Mannschaftsebene zu antizipieren und zu unterstützen.[771]
Die Los Angeles Lakers, der regierende NBA-Champion des Jahres 1985, fiel hingegen schon während der gesamten Vorrunde der Saison 1985/86 durch markante Leistungsschwankungen auf (wir haben zuvor in den Punkten 5.4. und 5.5. ausführlich darüber gelesen). Es folgten die ersten Spiele der Play-offs gegen einen deutlich schwächeren Gegner. Als Coach Riley kurz vor dem Anpfiff des alles entscheidenden dritten Spiels um den Einzug in die nächste Runde die Kabinen betrat, glaubte er seinen Augen nicht zu trauen: lautstarke Auseinandersetzungen waren im Gange. Die betroffenen Spieler waren um nichts in der Welt zu beruhigen. Es ging darum, wer der Presse wohl Insiderinformationen über Spannungen zwischen einzelnen Spielern zugespielt hatte. Niemand wollte diesen Vorwurf auf sich sitzen lassen, und der Streit zwischen zwei verfeindeten Cliquen eskalierte. Währenddessen schnürten sich ältere Routiniers ihre Schuhe und wendeten angewidert von den Querelen der jüngeren Mitspieler ihre Gesichter ab. Es kam wie es kommen musste: als das Spiel auf des Messers Schneide stand, versagte in den letzten Sekunden die Kommunikation zwischen zwei Verteidigern. Der Gegner erzielte einen Korb und gewann mit nur einem Punkt Vorsprung. Die Lakers waren aus dem Bewerb eliminiert. Der Trainer konnte an den Gesichtern der Spieler ablesen, was in ihren Köpfen vor sich ging, und welche Gedanken in den entscheidenden Sekunden zu den Missverständnissen und zu einer falschen Einschätzung der Spielsituation geführt hatten.[772] Hätte er gewisse

---

769 Der Coach des kubanischen Basketballnationalteams, als er vor einem Spiel gegen das US-„Dream Team" 1992 darauf anspielte, wie schwer es sein würde die zahlreichen amerikanischen Ausnahmespieler zu decken, In: Daly, Ch., America`s Dream Team, 1992, S. 150.

770 Daly, Ch., America`s Dream Team, 1992, S. 197.

771 Vgl. die Fallstudie zum spanischen Fussballnationalteam bei der WM-2010 (Beginn-Kapitel 12).

772 Vgl. Riley, P., The Winner Within, 1993, S. 50-52.

Symptome früher erkennen und bearbeiten können? Die Antwort liegt für mich in einem Bündel von Antworten bereit. Das Naheliegendste ist, dass der Trainer noch stärker auf die Bedeutung der Mannschaftsebene[773] achten sollte.

Aus strategischer Sicht ist die Mannschaftsebene ja schon deswegen interessant, weil sich Wandel auf die Gesamtsituation eines Teams bezieht, und zwar:

- in Bezug auf den Führungsprozess (von der Vision bis zum Führungshandeln)[774]
- hinsichtlich der Ausrichtung der Spieler auf gemeinsame Ziele (durch Werte)[775]

Daraus erklärt sich m.E. auch die Bedeutung der Mannschaftskultur für die Leistungsbereitschaft und das Spielverhalten der Spieler. Das trifft gerade auch auf drittklassige Typ-C Teams[776] zu. Werfen wir daher einen Blick auf jenes Typ-CB Herren-Amateurfußballteam aus der 4. österreichischen Liga, das wir bereits in einer Fallstudie in Punkt 5.2. kennengelernt haben. Hier herrscht nach Ansicht des Trainers ja ein gewisser Leichtsinn seiner jungen Spieler auf dem Spielfeld vor. Die Entwicklung in Richtung einer **Stabilisierung der Spielweise** für das Team ist aber noch zu wenig ausgeprägt. Auf der Mannschaftsebene kommen für den Trainer daher weitere Aufgaben hinzu. So konstatieren ihm seine Spieler ein gewisses Manko an **„Leadership" beim Treffen von Entscheidungen**,[777] was auf der für ein drittklassiges Team besonders wichtigen Mannschaftsebene eher ungünstig ist. Die meisten Spieler meinen außerdem, dass ihnen der Trainer „gerade richtig" viele Freiheiten lässt. Was Einzelspielern gefällt, muss aber nicht immer das Beste für das Team sein – eine **Festigung der Mannschaftsstrukturen** wäre daher angeraten. Dabei können **„harte" Vorgaben in Form von strukturellen Entscheidungen**[778] (Taktik, Mannschaftsaufstellung, mannschaftsbezogene Aufgaben zur Stabilisierung der Spielweise) in ihrer Wirkung verstärkt werden, wenn:

- man sie durch entsprechende Werte als Teil der **Mannschaftskultur** ergänzt
- diese Mannschaftskultur auch „stark" ist und den Spielern Orientierung bietet
- und die Spieler von der Bedeutung der Mannschaftskultur überzeugt sind

---

773 „Die Mannschaft ist natürlich bedeutender als jeder Einzelspieler." Westerbeek, H.; Smith, A., Business Leadership and the Lessons from Sport, 2005, S. 71.

774 Vgl. Abbildung 17.

775 Vgl. 7.4.

776 Vgl. 5.1.

777 Studien belegen, dass jüngere und unerfahrene Spieler weniger Wert legen auf demokratische Entscheidungen. Vgl. Hoigaard, R.; et al.; Preferred Coach Leadership Behaviour in Elite Soccer in Relation to Success and Failure, International Journal of Sports Science & Coaching, 2008, S. 241-250.

778 Vgl. 4.2.1. und 4.2.2.

Außerdem ist zu unterscheiden, wo man den Spielern Freiheiten zugesteht:

- wenn es um **Entwicklungsmöglichkeiten** innerhalb eines mannschaftsverträglichen Rahmens geht (hier: „Stabilisierung" der Spielweise)[779], so ist das positiv
- wenn es aber um „Laisser faire" geht, das die **Entwicklung von Subkulturen** zulässt, dann wird dies der mannschaftlichen Entwicklung eher abträglich sein

Neben einer Einführung zu Begriffsabgrenzungen geht es in diesem Kapitel also um die Veranschaulichung bestimmter Mannschaftsaspekte wie z.B. Teamattribute, Mannschaftsdynamik, Mannschaftszusammenhalt und Mannschaftskultur. Abbildung 49 macht deutlich, dass wir uns weiterhin im umsetzungsorientierten und eigentlichen Hauptteil dieser Arbeit befinden.[780] Auf dem Entwicklungsweg für strategisch-situatives Denken und Handeln ist dies Schritt VI.

Abb. 49: Entwicklung einer strategisch-situativen Denk- & Handlungsweise VI

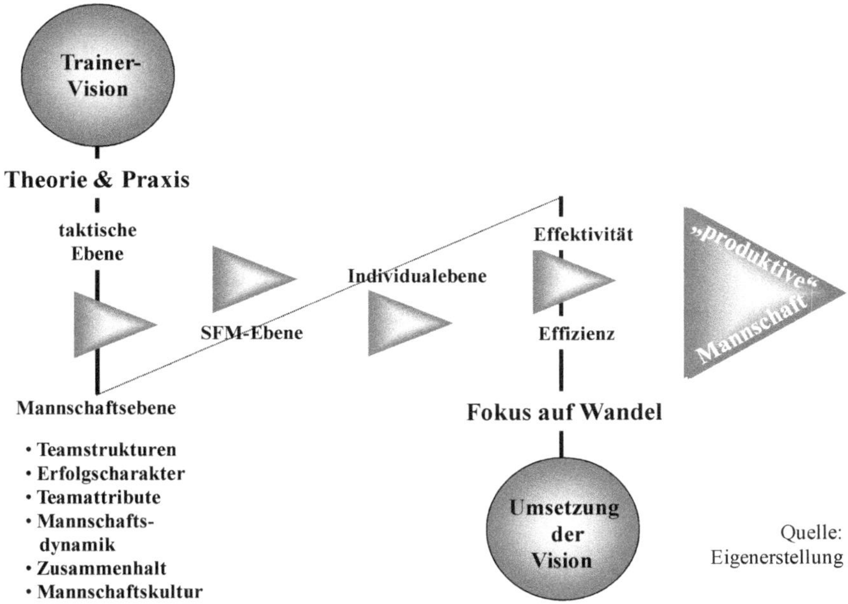

Quelle: Eigenerstellung

[779] Vgl. 5.1.

[780] Die Relevanz der taktischen Ebene für die Umsetzungsorientierung auf der Gruppenebene wurde bereits in Kapitel 6 erörtert.

7.1. Strukturenbildung auf der Mannschaftsebene

> „Man muss das Wort Abwehr nicht verteufeln, zum Fußball gehört es, dass man Stärken des Gegners in Schwächen verwandelt.“[781]

Mannschaften, die auf Wandel ausgerichtet sind, müssen „produktiv“ werden und sich bei Aspekten wie dem Zusammenspiel und der Kommunikation ihrer Akteure auf dem Spielfeld verbessern.[782] Beim **Aufbau einer „produktiven“ Mannschaft des Wandels** sollte sich meines Erachtens v.a. „hartes“ Führungshandeln beim Etablieren fester Mannschaftsstrukturen (z.B. bei Typ-CB oder bei Typ-CA Teams) oder von SFM[783] (z.B. bei Typ-B oder bei Typ-A Teams) manifestieren. „Harte“ Vorgaben in Form struktureller Entscheidungen[784] untermauern dies noch. Dabei geht es auch um die Ausrichtung der Spieler auf die **taktischen Überlegungen** ihres Trainers, z.B. ob man betont defensiv oder offensiv spielt. In diesem Zusammenhang meine ich, dass es für die **Effizienz** eines Trainers wichtig ist, möglichst viele Spieler entsprechend ihrer technischen Reife mit „**Empowerment**“ zu fördern und zu fordern. Die Aufgabenvielfalt und Ausrichtung der „empowerten“ Spieler auf die Realisierung der grundsätzlichen Spielweise sollte dabei auf ein **effizientes Teamwork** ausgerichtet sein (z.B. die Unterstützung von Offensivspielern schon aus der Verteidigung heraus). Das „Empowern“ von Spielern (v.a. der Spielmacher und Leistungsträger) sollte vorzugsweise in und um SFM herum erfolgen, da diese die besten Möglichkeiten für Interaktionen, Bewegungsfreiheit, Rollenflexibilität und Rolleninterdependenz (gegenseitige Abhängigkeit der Rollen) bieten. Dies setzt ein gewisses **Aufgabenverständnis der Spieler** voraus und fördert es gleichzeitig, da „empowerte“ Spieler durch die Übernahme von mehr Verantwortung auch die Folgen ihres Handelns im Zusammenspiel mit dem Rest der Mannschaft (Teamwork) genauer abzuschätzen lernen. Der Entwicklungsprozess eines „produktiven“ Teams, verläuft dann entsprechend erfolgreicher, denn so kann es dem Trainer gelingen, Aspekte wie **a)** querschnittsorientiertes Denken der Spieler[785] und **b)** einen ungehinderten Informationsfluss auf der Mannschaftsebene zu forcieren.

---

781 Uruguays Fussballteamchef Oscar Tabarez, In: http://sport.orf.at/wm2010/100701-777/index.html: „Underdogs wollen mehr“, 1. Juli 2010.

782 Vgl. Bennis, W.; Mische, M., 21st Century Organization, Executive Excellence, September 1996, S. 7-8.

783 Vgl. Kapitel 8.

784 z.B. taktische Aspekte, Mannschaftsaufstellung.

785 Vgl. Society for Human Resource Management, HR Magazine (http://findarticles.com/p/articles/mi_m3495/is_/ai_n24946740?tag=artBody;col1), March 2008.

Die Bedeutung von Strukturen auf der Mannschaftsebene lässt sich am Beispiel des Fußballnationalteams von Uruguay (ein Typ-AA Team)[786] bei der WM 2010 nachvollziehen - wir haben darüber in Kapitel 3 gelesen. Dort wurde Teamchef Oscar Tabarez zum „Baumeister eines **Systems aus stabiler Defensive und effizienter Offensive**", d.h. die Offensive und das Mittelfeld entwickelten sich neben der Verteidigung zu den Stärken im Spiel von Uruguay.[787] Diese Spielstruktur zeigte sich schon in der Gruppenphase der WM[788] und ganz besonders beim Achtelfinalspiel gegen Südkorea: „Auf die Balleroberung folgte **ein möglichst umwegarmes Spiel in die Spitze**. Immer deutlicher kristallisierte sich [dabei] die **Arbeitsteilung** zwischen den beiden Stürmern heraus: Forlan bildete die Drehscheibe, Suarez den Vollstrecker. Beide wurden von ihren Mitspielern in jeder Spielsituation gesucht. Das ... [**Mannschaftsspiel** schien] wie auf die komplementären Qualitäten dieses Duos zugeschnitten. Während Uruguays defensives Zentrum die Aufgabe hatte, das gegnerische Spiel aufzuhalten, entwickelten sich die offensiven Impulse tendenziell über die ... [Flanken]."[789] Uruguay zeigte aber schon in den Spielen vorher, dass seine Spielweise stets darauf ausgelegt war, die Angriffe der Gegner durch seine kompakte Defensive früh zu entschärfen[790], auf Chancen durch Konter zu lauern, und den Sturm mit Spielmacher Forlan zu forcieren[791]. Gegen diese Mannschaft war es für jeden Gegner schwer zu spielen.[792] Die Mannschaftsstrukturen bzw. Spielstrukturen griffen sehr gut und Uruguay präsentierte sich auf dem Weg ins WM-Semifinale[793] als ein **„solides Team"**[794], oder wie es Starstürmer Forlan formulierte: „Die Mannschaft ist gut aufgestellt."[795]

---

786 15 Spieler des WM-Kaders 2010 standen bereits im Kader bei der Copa America 2007. Vgl. http://de.wikipedia.org/wiki/Copa_Am%C3%A9rica_2007/Kader. - Vgl. http://www.weltfussball.at/teams/uruguay-team/wm-2010-insuedafrika/2/#redirect

787 Vgl. http://nationalmannschaft.suite101.de/article.cfm/die-nationalmannschaft-von-uruguay

788 Gegen Frankreich (0:0), gegen Südafrika (3:0), und gegen Mexiko (1:0). Vgl. http://sport.orf.at/stories/2003708/ 2003709/

789 http://derstandard.at/1277336856128/Netzwerkanalyse-Suedkoreas-Beziehungsdichte-im-Offensivdreieck-und-Uruguays-umwegloses-Spiel-in-die-Spitze, Neundlinger, H., 27. Juni 2010.

790 Vgl. http://sport.orf.at/wm2010/100616-325/index.html: Gastgeber noch ohne Sieg, Falkner, P., 16. Juni 2010. – Vgl. http://sport.orf.at/wm2010/100623-531/index.html: Erstes Achtelfinale seit 20 Jahren, 23. Juni 2010.

791 Vgl. http://sport.orf.at/wm2010/100612-179/index.html: Kaum Chancen, keine Tore, Wagner, M., 12. Juni 2010.

792 Vgl. Http://derstandard.at/1276413777410/Stimmen-Viel-erklaeren-kann-man-nicht, 22. Juni 2010.

793 Im Viertelfinale wurde Ghana besiegt. Vgl. http://sport.orf.at/stories/ 2003708/

794 Südafrikas Fussballteamchef Carlos Alberto Pereira, In: http://sport.orf.at/wm2010/100616-325/index.html: Stimmen zu Südafrika – Uruguay, 16. Juni 2010.

795 http://sport.orf.at/wm2010/100616-325/index.html Stimmen zu Südafrika–Uruguay, 16. Juni 2010.

Was Uruguay bei der WM 2010 geleistet hat, steht stellvertretend auch für Teams wie Paraguay und Ghana, die bei diesem Turnier mit der **Eingespieltheit ihres Kollektivs** zu beachtlichen Erfolgen kamen.[796]

Abbildung 50 gibt in diesem Sinne einen Überblick über die Vielfalt der Anforderungen an einen Trainer auf der Mannschaftsebene, wo „**klare Verhältnisse**“ geschaffen und die Spieler auf Wandel ausgerichtet werden, selbst wenn dieser Wandel nur „inkrementell“ sein sollte. Das Arbeiten auf der Mannschaftsebene bedeutet für einen Trainer, die Folgen seines Handelns gleichzeitig auf mehreren Führungsebenen, d.h. auch auf den nachgelagerten SFM- und Individualebenen abzuschätzen, denn dort werden die Vorgaben aus der Mannschaftsebene weiter umgesetzt. Ebenso orientiert er sich bei der Ausgestaltung der Mannschaftsstrukturen an seinen eigenen taktischen Überlegungen zur Forcierung der Spielweise der Mannschaft. So wie der Trainer also **querschnittsorientiert denken** muss, sollten auch die Spieler darin trainiert werden.

Abb. 50: Wandel realisieren durch Strukturenbildung auf der Mannschaftsebene

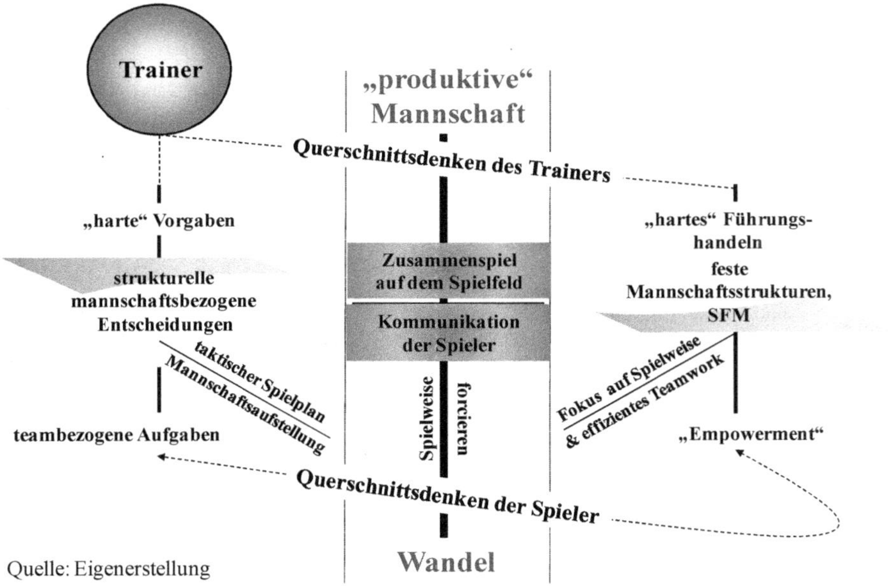

Quelle: Eigenerstellung

[796] Paraguay (Vgl. 6.2.) und Ghana (Vgl. 3.2.) erreichten das Viertelfinale der FIFA Fussball-WM 2010. Vgl. http://sport.orf.at/stories/2003708/

7.2. Der Erfolgscharakter von Sportmannschaften

7.2.1. Mannschaftsattribute als Indikator des „Reifegrades“ einer Mannschaft

> „Man muss mit absolutem Selbstvertrauen spielen, sonst verliert man … und gewöhnt sich daran.“[797]

> „Manchmal muss man einen Gegner so sehr respektieren, dass man überhaupt keinen Respekt mehr vor ihm zeigt.“[798]

> „Eine Meistermannschaft ist mehr wert als ein Team von Champions.“[799]

Erfolge können zur Last werden. Und **Erfolgsdruck** kann lähmen. Im Achtelfinale der Fußball-WM 2010 trafen mit Paraguay und Japan jene zwei Überraschungsteams aufeinander, die bei diesem Turnier nicht zuletzt durch ihre starke Abwehr aufgefallen waren.[800] Nun entwickelte sich ein Spiel, bei dem „beide Teams mit angezogener Handbremse spielten, um nicht in Konter zu laufen. Dazu viel Nervosität und Fehler... [In einer Szene] drosch [ein Verteidiger] einen Freistoß von der Mittellinie aufs Tor.“[801] Auswahlteams setzen sich aus den besten Spielern eines Landes zusammen. Und sie liefern auf dem Spielfeld nicht selten Enttäuschungen. Der Grund dafür liegt m.E. wohl weniger in einem Mangel an Fähigkeiten der Spieler als in einem Mangel an Selbstvertrauen, Motivation, Zusammenspiel und Teamwork. Auf unserer „Zeitreise“ durch fünf Jahrzehnte des Teamsports gibt es aber auch alles überragende Erfolgsbeispiele - wie das des US-Basketball „Dream Teams“, das 1992 die Olympiade gewann. Dieses Team „zauberte und zeigte dem Rest der Welt, wie Basketball gespielt wird“.[802] Sie war (als Typ-AC Team) für viele Experten das wohl beste Sportteam aller Zeiten. Darin tummelten sich geniale teamorientierte Ausnahmespieler, die gegnerische Teams „lesen“ und Spielzüge antizipieren konnten, wie Michael Jordan, Michael „Magic“ Johnson, Larry Bird und Patrick Ewing. Dazu kamen lauf- und kampfstarke Korbwerfer wie Charles Barkley und Karl Malone, sowie weitere vielseitige und wettbewerbsorientierte Spielgestalter wie Charles Drexler, Scottie Pippen, Chris Mullin und David Robinson, sowie der spielkontrollierende und selbstlose Ballverteiler John Stockton. Coach Chuck Daily wusste, worauf es bei der Zusammenstellung dieses Teams ausschließlich ankam: auf **effizientes Teamwork.** Daher setzte er von Anfang an auf eine gemeinsame Vision –

---

797 Paterno, J., In: Riley, P., The Winner Within, 1993, S. 267.

798 Riley, P., The Winner Within, 1993, S. 247.

799 Westerbeek, H.; Smith, A., Business Leadership and the Lessons from Sport, 2005, S. 72.

800 Vgl. 5.3. und 6.2.

801 Kronen Zeitung (WM Extra): Größter Triumph für Paraguay, Linden, P., 30. Juni 2010.

802 http://sport.orf.at/spiele08/080802-46/index.html: Wiedergutmachung ist angesagt, 7. August 2008.

nationale Ehre statt individueller Ruhm - und auf eine Arbeitsethik, die den Geist der Gleichheit unter den Stars und ihren Mitspielern wachsen ließ (und auf einen starken Zusammenhalt abzielte). Außerdem ordnete er an, dass bei jedem Spiel eine andere Anfangsformation auf das Feld laufen sollte, um den Stars das Stigma eines Reservisten zu ersparen. Der Trainer wusste Bescheid um die Sensibilität seiner Superstars, um deren Status und Erfahrungen. Und er spielte den Ball an die Stars zurück, indem er ihnen abwechselnd die Verantwortung für die Führungsarbeit auf dem Spielfeld („Empowerment") übertrug. Das Team verstand, worauf es dem Trainer ankam. Jede Formation bemühte sich darum, die Bälle und Punkte auf dem Spielfeld miteinander zu teilen. In jedem Spiel war ein anderer Star „Rekordpunkter". Und auch die Mitspieler wurden erfolgreiche Werfer: im Semifinale erzielten neun Spieler des „Dream Teams" zweistellige Punktzahlen. Die Überlegung des Coachs, bei jedem Spiel die Führungsrolle durch „Empowerment" unter den Spielern zu wechseln, machte sich bezahlt. Kein Gegner war in der Lage, sich darauf einzustellen. Dabei gab es selbst in diesem Team Spieler, die noch keine Stars waren. Dazu gehörte der Student Christian Laettner, der auf die durchschnittliche Trefferzahl von 4,8 Punkten kam.[803]

Bei der Situationsanalyse obliegt es einem Trainer also den eigenen Teamtyp[804] einzuschätzen und daraus Führungsprioritäten abzuleiten. Wie wichtig diese Situationsanalyse und Klassifizierung gerade bei Typ-A ist, zeigte sich m.E. bei der Fußball-WM 2010 (zu Beginn von Kapitel 12), wo dies zu den unterschiedlichen Spielweisen von Argentinien (Typ-AC) unter Teamchef Maradona, Deutschland (Typ-AB) unter Teamchef Löw, und Spanien (Typ-AA) unter Teamchef Del Bosque beitrug.

Der Teamcharakter zeichnet bei aller Aussagekraft nämlich ein nur oberflächliches Profil. Zusätzlich sind auch technische Daten von Interesse. **Mannschaftsattribute** charakterisieren dabei die technische Reife bzw. den „Reifegrad" eines Teams – die wohl herausragendste Eigenschaft des US-„Dream Teams" 1992:[805]

- die **Breite der technischen Fertigkeiten**, die durch **„Multiskilling"**, d.h. durch das Erwerben zusätzlicher Fähigkeiten[806] mittels Aufgabenvielfalt und Ausrichtung auf Spielzüge, ausgeweitet werden, wenn der angestammte Aufgabenbereich eines Spielers wenig komplex und durch seine Rolle definiert ist (v.a. bei Typ-C Teams)

---

803 Vgl. Westerbeek, H.; Smith, A., Business Leadership and the Lessons from Sport, 2005, S. 73f.

804 Vgl. 5.1. – Vgl. Abb. 19. – Vgl. Tabelle 3 in Punkt 5.5. – Vgl. Abb. 87 und 88 in Punkt 11.2.

805 Vgl. Bryant, B; Dunphy, D., Teams, Human Relations, May 1996, S. 677-699.

806 Vgl. Carless S.A., Does Psychological Empowerment Mediate the Relationship Between Psychological Climate and Job Satisfaction?, Journal of Business and Psychology, 2004, S. 405-425.

- der Grad des **Selbstmanagements**, d.h. der Umfang an Verantwortung von Spielern/SFM für die Spielweise eines Teams (v.a. bei Typ-B Teams)
- der Grad der **Selbstführung**, d.h. die Partizipation von Spielern/SFM bei Problemsungs-/Innovationsprozessen und der Strategieformulierung (v.a. bei Typ-A Teams)

In einem Interview Ende der Länderspielsaison 2007 zog ÖFB-Teamchef Hickersberger Bilanz: „Im Grunde bin ich mit der Entwicklung der jungen Spieler zufrieden.... Im Team hat in der Innenverteidigung immer ein Junger mit einem Routinier gespielt, ... Aus dem Aufgebot versuche ich je nach Situation und Gegner die beste Elf zu bilden... Sie hat das Defensivverhalten stabilisiert... Von der Organisation her hat sich das Team gesteigert.... Der schwierigere Schritt ist der zweite, die Offensive zu verbessern."[807]

Für den von Teamchef Hickersberger genannten zweiten Schritt ist es m.E. erforderlich, den Reifegrad des ÖFB-Teams Ende 2007 zu analysieren. Die **Breite der technischen Fertigkeiten** ist hier (vorerst) noch begrenzt: „Der... [inoffizielle Teamleader], was Einstellung und Führungsrolle betrifft, ist [Spieler A]... [Er] setzt im Team Akzente. Leider unterdrückt er seinen Offensivdrang gänzlich und ist auch nicht vor Fehlern gefeit.... [Spieler B] ist an einem guten Tag durch seine Vorstöße und Flanken für jede Abwehr eine Gefahr. Manchmal läuft das Spiel aber an ihm vorbei.... [Spieler C] ist als Dauerläufer,... [was] Einsatz und Engagement [betrifft], eine fixe Größe. Das Spielerische gleicht [bisweilen] aber einem Sturzflug.... Hätte [der Offensivspieler D] mehr Unterstützung aus dem Mittelfeld, könnte dieser seine Qualitäten öfter unter Beweis stellen." [Diese Unterstützung könnte ihm durch den Einsatz eines Legionärs (Spieler E) aus der englischen Premier League zuteilwerden, der] „im Mittelfeld oder in der Abwehr ... für weitere Stabilität im ÖFB-Spiel sorgt".[808] Was den **Grad des Selbstmanagements und den Grad der Selbstführung** betrifft, so weist Hickersberger darauf hin, dass „eine komplette Fußballer-Generation, nämlich die 24- bis 28-jährigen, fast vollständig fehle"[809]. So mangelt es vielen Spielern nicht nur an Selbstvertrauen zur Übernahme von Verantwortung, es gibt auch „zu wenige, an die sich die Jungen anlehnen können"[810]. Außerdem gibt es „keinen

807 http://sport.orf.at/071129-800/index.html: Wir haben gewisse Fortschritte gemacht, Nestl, W., 29. November 2007. - Vgl. 10.3.

808 Vgl. http://sport.orf.at/071129-822/index.html: Der Kapitän und seine Gehilfen, Wagner, C., 5. Dezember 2007.

809 http://derstandard.at/: ...dann können wir einpacken, 23. August 2007.

810 Prohaska, H., In: http://derstandard.at/: Zehn Antworten auf die Elferfrage, 12. September 2007. – Vgl. 9.7.

[echten] Chef auf dem Platz, einen, der auch mal laut werden kann und auf den die anderen hören. Die Spieler verstecken sich, jeder hat Angst vor Fehlern.“[811] Das Potential dieser Mannschaft ist m.E. ansatzweise zwar bei den technischen Fertigkeiten zu finden. Die Analyse weist aber auch auf den beträchtlichen Mangel im Bereich des Selbstmanagements und der Selbstführung hin. Die Frage ist für mich, mit welchem Führungshandeln Teamchef Hickersberger bei dieser Situation ansetzen könnte.
Abbildung 51[812] zeigt daher, dass „**Multiskilling**“ zu einer gesteigerten **Homogenität** des ÖFB-Teams und (wegen der verbesserten technischen Reife der Spieler) auch zu einem Rückgang an **Interdependenz** führen kann: zunächst durch die „Stabilisierungsphase“ und die daran anschließende „Erneuerung“ der Spielweise dieses drittklassigen Typ-C Teams. Der Rückgang an Interdependenz kann durch den Ausbau von Selbstmanagement und Individualität (v.a. in SFM - vorerst aber noch begrenzt[813]) jedoch wieder ausgeglichen werden. Dies ist in der Folge wichtig für den weiteren Entwicklungsweg des Teams in Richtung Typ B.

Abb. 51: Die Bedeutung von Mannschaftsattributen für die Teamentwicklung

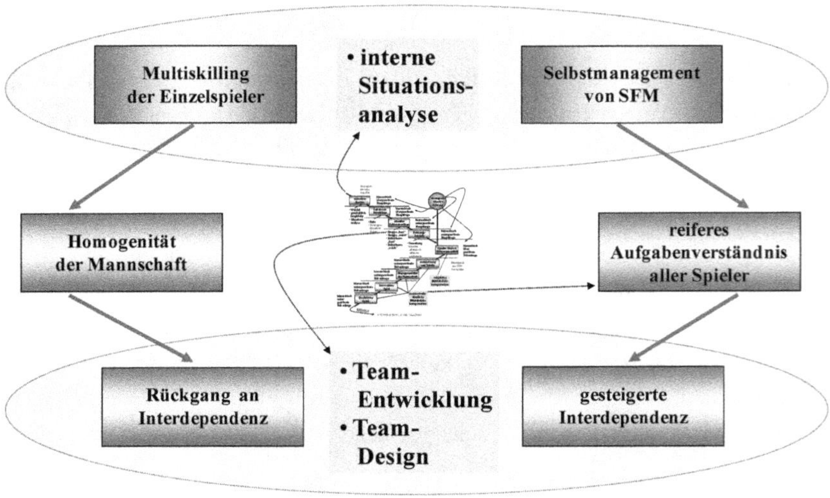

Quelle: Eigenerstellung

---

811 Lederer, F., In: http://derstandard.at/: Zehn Antworten auf die Elferfrage, 12. September 2007.

812 Das Symbol für Haupt- und Nebenfragen strategisch-situativer Führung verweist auf Hauptfragen (Situationsanalyse, Interdependenz) und Nebenfragen (Aufgabenverständnis der Spieler)

813 Vgl. 8.1. und 11.3.

Selbstmanagement verlangt nämlich, dass Spieler bereits über ein gewisses **Aufgabenverständnis** verfügen,[814] was man bei den Profis des ÖFB-Teams voraussetzen kann. Darüber hinaus sollte deren Aufgabenverständnis m.E. durch **Selbstführung** künftig weiter gesteigert werden können (im Rahmen einer zumindest „teilweisen Optimierung" der Spielweise)[815]. Wie man sieht, stellen Mannschaftsattribute mit die Ausgangsbasis für Teamentwicklung und Teamdesign dar. Das heißt, dass Teamchef Hickersberger im Spannungsfeld zwischen Mannschaftsattributen, die einen Rückgang an Interdependenz bewirken (z.B. „Multiskilling"), und Mannschaftsattributen, welche die Interdependenz steigern (z.B. Selbstmanagement, Selbstführung), die Richtung und Stärke dieser Auswirkungen richtig einschätzen muss. Dann erst kann er, so meine ich, den weiteren Aufbau und die Strukturierung des ÖFB-Teams effizient angehen. Außerdem sollte Hickersberger im Rahmen von Situationsanalysen kontinuierlich feststellen, inwiefern seine Spieler für „Multiskilling", Selbstmanagement und Selbstführung geeignet sind. Eine Situationsanalyse ist daher auch wichtig für Aspekte wie Partizipation und „Empowerment", welche die **Leistungsbereitschaft** der Spieler beeinflussen.[816]

Abbildung 52 zeichnet einige Zusammenhänge zwischen Mannschaftsattributen und den Erfolgsindikatoren (Effektivität, Effizienz) von Führung nach:

- die **technischen Fertigkeiten** von Spielern (Qualität des Spiels) können v.a. in SFM zu gesteigertem **Selbstmanagement**, später auch zu mehr **Selbstführung** und zur Beherrschung der hohen Interdependenz einer Mannschaft beitragen
- das **Aufgabenverständnis** der Spieler spiegelt deren mannschaftsdienliche Ausrichtung auf Taktik und ihre subjektive Führungswirklichkeit wieder: je positiver Letztere ist, desto besser wird auch ihr Aufgabenverständnis sein[817]
- SFM[818] bilden den geeigneten Rahmen für **Selbstmanagement** und können über das reifere **Aufgabenverständnis** der Spieler einen Einfluss auf das subjektive Erreichen der individuellen sportlichen Lern- & Entwicklungsziele, sowie auf mannschaftsdienliche Effektivitätskomponenten wie die Ausrichtung auf taktische Aspekte, das Engagement der Spieler für ihr Team, das innovative Spiel und die Qualität des Spiels ausüben

814 Vgl. Bryant, B.; Dunphy, D., Teams, Human Relations, May 1996, S. 677-699.
815 Zunächst auf Typ-B Niveau, später evtl. auch auf Typ-A-Niveau.
816 Vgl. Bryant, B.; Dunphy, D., Teams, Human Relations, May 1996, S. 677-699.
817 Die positive subjektive Führungswirklichkeit eines Spielers drückt das Übereinstimmen seiner Erwartungen mit denen seines Trainers aus, was positiv für das Aufgabenverständnis des Spielers ist.
818 SFM werden durch das in Abbildung 52 eingeschobene 4-farbige Symbol dargestellt. – Vgl. Abb. 62.

Abb. 52: Zusammenhang zwischen Mannschaftsattributen und Erfolgsindikatoren

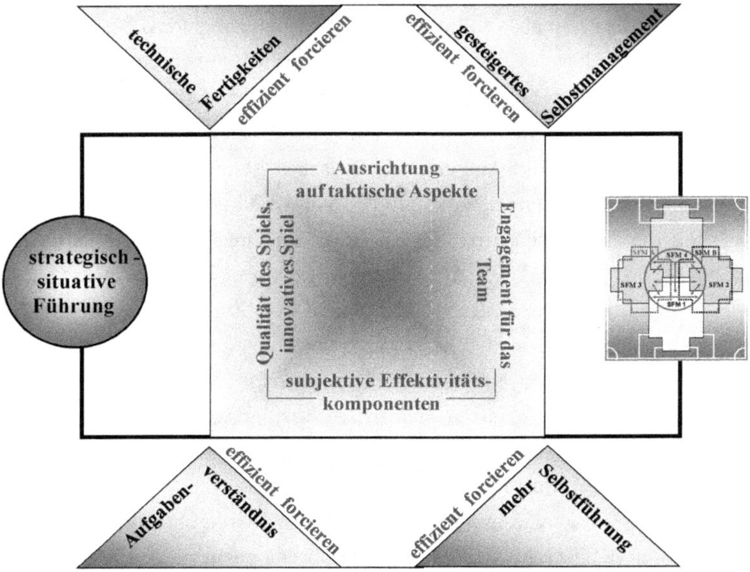

Quelle: Eigenerstellung

7.2.2. Mannschaftsdynamik und Streßfaktoren in der Mannschaft

> „Man kann vertrauensorientiert führen, in jeder Organisation. Man kann Vertrauen aufbauen, gewinnen und erhalten – und man kann es ruinieren."[819]

> „Wenn wir den Glauben aneinander verlieren, werden uns die Wogen der See überfluten und die Lichter gehen aus."[820]

Während der Reifegrad eines Teams einen noch eher objektiven Zustand beschreibt, geht es nun um den meiner Meinung nach schwieriger zu steuernden Bereich von Mannschaftsdynamik und Beziehungsgefügen. Mannschaftsdynamik kann bisweilen ja in Beziehungsphänomenen zwischen den Spielern begründet sein. Diese sind für Trainer naturgemäß schwer einzusehen und stellen eine komplizierte Herausforderung dar. Zwei Tage vor dem Viertelfinalspiel der Fußball-WM 2010 gegen Brasilien traten beim niederländischen Fußballnationalteam **Spannungen** auf: Stürmer Robin van Persie meinte nach seiner Auswechslung im Viertelfinalspiel gegen die Slowakei

[819] Malik, F., Führen-Leisten-Leben, 2001, S. 147.

[820] Der US-Schriftsteller James Baldwin, In: Riley, P., The Winner Within, 1993, S. 50.

verärgert zu Teamchef Bart van Marwijk, dieser „hätte viel besser Wesley Sneijder wechseln sollen, er fühle sich von ihm geschnitten." Der Teamchef redete unter vier Augen mit Sneijder und van Persie, setzte eine mitternächtliche Teamsitzung an und ließ am nächsten Tag unter Ausschluss der Öffentlichkeit trainieren. Das Thema war für ihn damit erledigt: „Es ist nicht so übel, wenn einer über seine Auswechslung böse ist.", meinte er dazu.[821] Van Marwijk hatte einen **schwelenden Konflikt im Team** richtig erkannt und war in der Lage, diesen auch innerhalb kürzester Zeit zu lösen. Spannungen wie diese können sich bisweilen aber auch unbemerkt über das ganze Team ausgebreiten und dann **außer Kontrolle** geraten, wie das folgende Beispiel markant vor Augen führt.

Nach dem ersten, spielerisch eher blassen Gruppenspiel Frankreichs[822], eines der großen Favoriten (man war Vize-Weltmeister und im FIFA-Ranking unter den Top-10)[823] bei der Fußball-WM 2010 in Südafrika, schien für die „Bleus" die Welt noch in Ordnung: man hatte gegen ein anderes Spitzenteam (Uruguay) ein Unentschieden erkämpft - und war „im Rennen". Bei der WM 2006 hatte man ja ebenfalls mit einem 0:0 begonnen, war danach aber noch bis in Finale vorgestoßen. Auch bei der EURO 2008 startete man mit einer „Nullnummer", dann folgte jedoch das Aus in der Vorrunde mit nur einem Punkt und einem erzielten Tor. Seit damals stand der Trainer in der Kritik.[824] Das zweite Spiel gegen Mexiko fand wenige Tage später statt. Das Team präsentierte sich dabei zur großen Enttäuschung „spielerisch wie ein Fußball-zwerg und ging ohne Gegenwehr… [mit 0:2] unter"… Entgegen der Erwartungen der Medien musste dabei zum zweiten Mal hintereinander der Superstar und Rekordjäger des Teams zugunsten eines anderen Stürmers mit einer Rolle als Reservist vorlieb nehmen. [Die Defensive schien verunsichert, und diese] **Unsicherheit erfasste die gesamte Mannschaft**… „Bezeichnend für die Leistung der Franzosen war aber, dass sie auch mit dem Rücken zur Wand nicht in der Lage waren, …gefährlich vor das gegnerische Tor zu kommen. Auch der Coach unterließ Anfeuerungen jeglicher Art und verfolgte mit stoischer Miene das … Treiben [seines Teams auf dem Spielfeld] als

---

821 Vgl. Kronen Zeitung (WM Extra): Auch Holland macht jetzt dicht – im Rugbystadion!, Linden, P., 1. Juli 2010.

822 Frankreich war zu diesem Zeitpunkt ein Typ-AB Team - der Teamchef setzte v.a. auf erfahrene Spieler. Vgl. http://de.uefa.com/worldcup/news/newsid=1494121.html, 1. Juni 2010.

823 Vgl. http://de.fifa.com/worldfootball/ranking/compare/compareteams.html#g=m&t1=FRA&t2=ESP &t3=POR &t=NED&dRange=2&fm=8&fy=2009&tm=8&ty=2010.

824 Vgl. http://sport.orf.at/wm2010/100612-179/index.html: Dritte Auftakt-Nullnummer in Folge, 12. Juni 2010.

ginge ihn das alles nichts mehr an.“[825] Zu diesem „fußballerischen Offenbarungseid“ befragt, antwortete er ratlos: „Ich bin enttäuscht, habe alles noch nicht verkraftet… Ich habe noch keine Analyse. Wir haben es versucht, aber irgendetwas hat nicht funktioniert.“[826] Eine Sportzeitung sorgte kurz nach dem Spiel für Aufsehen: auf der Titelseite wurde über eine heftige **Beleidigung** geschrieben, die ausgerechnet jener Stürmer, der bereits zwei Mal (erfolglos) anstelle des nicht berücksichtigten Team-Superstars aufgestellt worden war, dem Teamchef an den Kopf geworfen haben soll. Laut dieser Zeitung sei der Teamchef in der Pause des letzten Spiels in der Kabine auf den Stürmer zugegangen und habe ihm taktische Anweisungen gegeben, und von ihm gefordert mehr Engagement zu zeigen. Daraufhin habe der Spieler seinen Trainer vor der gesamten Mannschaft beleidigt, worauf ihm der Trainer entgegnet habe: „Okay, du gehst raus.“ Die Insultierung des Teamchefs in dieser Form war etwas Unerhörtes: „Wenn diese Worte wirklich gefallen sind, hat der Spieler nichts mehr bei der WM zu suchen", erklärte umgehend der Vizepräsident des französischen Fußballverbandes. Auch die Mannschaft war aufgebracht: „Wenn er das gesagt hat, verstehe ich nicht, wieso er gestern überhaupt noch [beim Training] auf dem Platz war ", fügte ein Mitspieler hinzu. „Man hätte ihn gleich hinauswerfen sollen, oder er hätte sich entschuldigen müssen. Er kann so nicht im nationalen Dress trainieren, das ist nicht normal, das kann man nicht machen.“[827] Das Unheil nahm seinen Lauf, und das Team zeigte zunehmend **Zerfallserscheinungen**: Ein Teamspieler, der schon vor Beginn der WM mitgeteilt hatte, dass er gegenüber den Medien kein Wort sagen würde, beleidigte mit einer Geste einen Journalisten als dieser ihm das Mikrofon hinhielt - offensichtlich schmollte er, weil ein anderer Spieler statt ihm die Kapitänsbinde erhalten hatte. Aufmerksame Journalisten beobachteten überdies, dass dieser Spieler während der WM im Quartier meist auf seinem Zimmer blieb anstatt etwas mit seinen Mannschaftskollegen zu unternehmen.[828] Zwei weitere Spieler sollen sich geprügelt haben,[829] und der Spielmacher des Teams wurde „von den meisten seiner Kollegen derart **gemobbt und geschnitten**, dass der Teamchef ihn gegen seine eigene Überzeugung aus der Stammmannschaft nahm“.[830] Die Ereignisse überschlugen sich. Der aktuelle

---

825 http://sport.orf.at/wm2010/100617-364/index.html: Fußballerische Bankrotterklärung, 17. Juni 2010.

826 http://sport.orf.at/wm2010/100617-364/index.html: Stimmen zu Frankreich–Mexiko, 17. Juni 2010.

827 Vgl. http://sportv1.orf.at/wm2010/100619-417/: Nerven liegen blank, 19. Juni 2010.

828 Vgl. http://sport.orf.at/wm2010/100620-460/index.html: Kein Platz für Verbaltäter, 20. Juni 2010.

829 Vgl. http://sport.orf.at/wm2010/?href=http%3A%2F%2Fsport.orf.at%2Fwm2010%2Fticker%2F372803.html: Les Bleus" nicht in Bestbesetzung?, 21. Juni 2010.

830 Vgl. http://sportv1.orf.at/wm2010/100619-417/: Nerven liegen blank, 19. Juni 2010.

Mannschaftskapitän war erbost darüber, dass ein Teammitglied jener Sporttageszeitung Information darüber zukommen lassen hatte, was sich in der Pause des vorigen Spiels in der Kabine abgespielt hatte: „Ich bin sehr betroffen, weil wir bereits nach dem Match ein großes Problem hatten, das sich nun vergrößert hat", erklärte er. „Das Problem unseres Teams ist nicht dieser Spieler [der den Teamchef beleidigt hat], sondern der Verräter, der sich unter uns befindet. Er muss aus der Gruppe eliminiert werden."[831] Der „beleidigende" Spieler verweigerte seinerseits eine Entschuldigung beim Trainer. Ein mit diesem Spieler befreundeter Journalist bestätigte, dass dieser sich nicht entschuldigen würde: „Er - wie so viele Nationalspieler auch - **respektiert den Teamchef überhaupt nicht**." Der Spieler wurde daraufhin als Reaktion des Trainers und des nationalen Fußballverbandes suspendiert.[832] Die Situation in der Mannschaft wurde indes immer zerfahrener. In einem Kommuniqué teilte die Mannschaft mit, dass „alle Spieler der Mannschaft ohne Ausnahme ihre **Opposition** gegen den vom nationalen Fußballverband beschlossenen Ausschluss bekanntgeben wollen." Die Situation eskalierte noch am selben Tag weiter als der Teamkapitän und der Fitnesstrainer der Mannschaft sich während dem Training auf dem Spielfeld eine **heftige Auseinandersetzung** lieferten. Der Teamchef musste einschreiten, um den Streit nicht weiter eskalieren zu lassen. Der Fitnesstrainer warf danach seine Uhr auf den Boden und verließ verärgert das Training. Die übrigen Spieler weigerten sich daraufhin, die Trainingseinheit weiter zu absolvieren und verließen ebenfalls den Platz. Der Verbandspräsident ortete eine „inakzeptable Bewegung" und ein „unzulässiges Verhalten der Nationalspieler". Der Schaden für das Nationalteam war indes so groß geworden, dass sich die Sportministerin und sogar der Staatspräsident genötigt sahen, in die laufende Auseinandersetzung einzuschalten und Presseerklärungen zu geben, „um die Situation vor dem [anstehenden] Spiel gegen Südafrika zu beruhigen".[833] Vorerst ohne Erfolg, denn ein Starspieler „blies in der Affäre um den suspendierten [Spieler] nun zur Jagd auf den unbekannten 'Maulwurf' [der die Affäre an die Presse bekannt gegeben hatte]": „Ein Verräter hat einige Sachen ausgeplaudert. Wir werden erst erleichtert sein, wenn wir wissen, wer es war", sagte er emotionsgeladen im Fernsehen. Er habe „Tränen in den Augen gehabt", als der suspendierte Spieler das Quartier verlassen habe. „Alle Spieler hätten gewollt, dass er im Quartier bleibt.", klagte er. „Gerade jetzt, wo wir noch ein wichtiges Spiel haben, schlagen alle

831 http://sport.orf.at/wm2010/100619-427/index.html: Der Kapitän ist sauer, 19. Juni 2010.
832 Vgl. http://sport.orf.at/wm2010/100620-460/index.html: Kein Platz für Verbaltäter, 20. Juni 2010.
833 http://sportv1.orf.at/wm2010/100620-460/index.html: Spieler stehen hinter Anelka, 20. Juni 2010.

auf uns ein."[834] Damit drohte erst recht „dicke Luft", und der Teamchef versuchte vor dem letzten Gruppenspiel gegen Gastgeber Südafrika noch einmal die Situation zu beruhigen: „Ich habe die Probleme intern geregelt", sagte er.[835] Das **Verhältnis** zwischen ihm und dem Team war aber schon **„irreparabel zerstört**. Bei der Ankunft am Flughafen [am nächsten Spielort] ging der Trainer ... alleine vorweg."[836] Frankreich wurde schließlich von einem „bis zum Schluss kämpfenden"[837] Südafrika „problemlos bezwungen"[838] und verlor mit 1:2 - der Vizeweltmeister war damit aber aus dem laufenden Bewerb eliminiert.[839]

Wie dieses Beispiel und die folgende Abbildung 53 zeigen, entstehen und nähren sich **Stressfaktoren** oft aus einer gewissen Stimmung eines Spielers heraus: dieses Phänomen ist umso ausgeprägter, **a)** je interdependenter ein Team ist, **b)** je höher der Status bzw. der Beliebtheitsgrad eines Spielers ist, der eine Emotion äußert, und **c)** je stärker die Stresssituation durch eine Zweideutigkeit der Verhältnisse gekennzeichnet ist.[840] Solche Stressfaktoren haben zwar nichts mit der eigentlichen Aufgabe zu tun, können aber rasch auf mehrere Spieler übergreifen und ein Team polarisieren. Schnell werden dann Sündenböcke gesucht. Das Gefährliche daran ist, dass auf diese Weise Angstgefühle und eine Trägheit in Spieler eingepflanzt werden, die das Team befallen und dessen Schlagkraft hemmen können.[841] Stresssituationen können bei schwankendem Mannschaftszusammenhalt, bei SFM[842] oder bei Rollenveränderungen der Spieler auftreten.[843] Der Teamzusammenhalt kann durch SFM aber auch wieder gefördert werden. SFM bieten nämlich **a)** Gelegenheiten für Interaktionen, **b)** Bewegungsfreiheit, Rollenflexibilität und Rolleninterdependenz, sowie **c)** eine bessere Sozialisierung der SFM-Spieler durch weniger Individualität und mehr gegenseitige Einflussnahme.[844]

---

834 http://sportv1.orf.at/wm2010/100620-460/index.html: Tränen bei Anelka-Abschied, 20. Juni 2010.

835 http://sportv1.orf.at/wm2010/100620-460/index.html: Tränen bei Anelka-Abschied, 20. Juni 2010.

836 Vgl. http://sport.orf.at/wm2010/?href=http%3A%2F%2Fsport.orf.at%2Fwm2010%2Fticker%2F372803.html: Les Bleus nicht in Bestbesetzung?, 21. Juni 2010.

837 Carlos Alberto Parreira, der brasilianische Teamchef von Südafrika, In: http://sport.orf.at/wm2010/100622-518/index.html: Stimmen zur Entscheidung in Gruppe A, 22. Juni 2010.

838 Die französische Zeitung „France Football", In: http://sport.orf.at/wm2010/100623-531/index.html: „Les Bleus" ernten Hohn und Spott, 23. Juni 2010.

839 Vgl. http://sport.orf.at/wm2010/100622-518/index.html: Sieg reicht Südafrika nicht, 22. Juni 2010.

840 Vgl. Ashforth, B.E.; Humphrey, R.H., Emotion in the workplace, Human Relations, Feb. 1995, S. 97-125

841 Vgl. Horwitz, M.; Rabbie, J.M., Individuality and membership in the intergroup system, In: Tajfel, H. (Hrsg.), Social identity and intergroup relations, 1982, S. 269. - Vgl. Ashforth, B.E.; Humphrey, R.H., Emotion in the workplace, Human Relations, February 1995, S. 97-125.

842 Bei SFM können sich bisweilen Subkulturen bilden. - Vgl. 5.3., 5.4., 7.4. und 8.3.,

843 Vgl. Lüscher, G. (Hrsg.), Kleingruppenforschung und Gruppe im Sport, 1966, S. 53.

844 Vgl. Mikalachki, A., Creating a Winning Team, Ivey Business Quarterly, Summer 1994, S. 15-22.

Abb. 53: Mannschaftsdynamik und Stressfaktoren

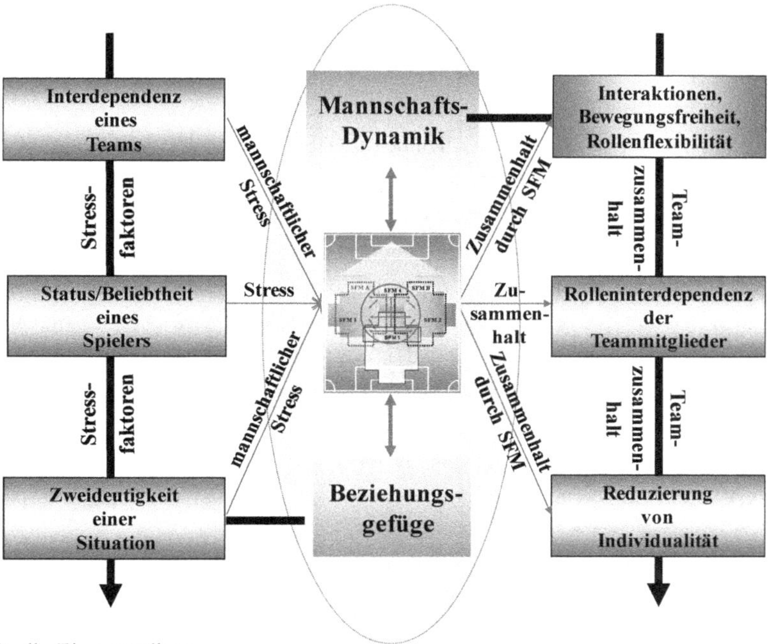

Quelle: Eigenerstellung

Als sich Coach Pat Riley bei den Los Angeles Lakers nach der verpatzten Saison 1985/86 (wie zu Beginn dieses Kapitels beschrieben) mit Grabenkämpfen unter den Spielern, Cliquenbildung und öffentlich ausgetragenen Konflikten beschäftigen musste und einen Weg aus der Krise suchte, kümmerte er sich zunächst um die Motivation seiner Schlüsselspieler. Kareem Abdul-Jabbar etwa ging es angesichts der aufgeheizten Situation im Team v.a. um Zurückhaltung und Gelassenheit. Coach Riley nahm ihn zur Seite und meinte: „Schau, ich weiß nicht, wie lange ich hier sein werde. Aber solange ich hier bin, hoffe ich, dass Du die Situation verstehst. Dieses Team braucht Dich, damit Du ihm hilfst zusammenzustehen.“ „Ich werde für Dich spielen, Du kannst Dich auf mich verlassen“, war die spontane Antwort dieses Führungsspielers. So schnell es gelang, Kareem für einen Neuanfang zu gewinnen, so schwierig war es mit den drei Aufbauspielern Johnson, Nixon und Cooper, die zwar miteinander befreundet waren, aufgrund ihrer Spielmacherfunktionen aber auch recht pingelig sein konn-

ten. Ihnen gab der Coach zu verstehen, dass sie noch zehn Jahre zusammen spielen und als das größte Aufbauspieler-Trio aller Zeiten in die Geschichte eingehen könnten - wenn sie nur zusammenhielten. Danach sprach der Coach zur versammelten Mannschaft, wo er erklärte, dass Probleme ab sofort nur noch im Team besprochen und aufgearbeitet würden. Konflikte dürften nie mehr über die Medien ausgetragen werden.[845]
Pat Riley hat hier demonstriert, wie Trainer und Spieler wieder zusammenfinden können, um **neue Erfolgsstandards** festzulegen: deren Umsetzung sollte nicht nur vom Trainer forciert werden, sondern es sollte auch ein **neues Vertrauensverhältnis** aufgebaut und ein **positiver Erwartungsdruck** von den Schlüsselspielern[846] auf den Rest des Teams ausgeübt werden - so werden die Spieler davon abgehalten, auf irgendeine Weise das Klima erneut zu belasten.[847] Das bedeutet ferner, dass Animositäten gegen Mitspieler klar vorgebracht und aufgegeben werden bzw. das Quertreiben im Team endgültig beendet wird: gerade am Tiefpunkt der mannschaftsinternen Beziehungen wird der Grundstein für einen neuen Aufschwung gelegt, indem den Spielern bewusst wird, dass der Weg aus der Krise über sie geht, und dass sie diesen Weg als Profis beschreiten müssen.[848]

7.3. Mannschaftszusammenhalt und mannschaftliche Stärke

> „Positiver Druck von den Mitspielern ist die Essenz von Mannschaftszusammenhalt. Es ersetzt Schuldzuweisungen durch gegenseitiges Überwachen und Verstärken."[849]

> „Als Trainer suchst Du nach jeder Möglichkeit, um Dein Team zu motivieren. Man weiß ja nie, was einem letztlich den ausschlaggebenden Vorteil bringt."[850]

Mannschaftszusammenhalt und mannschaftliche Stärke bedingen m.E. einander. Dies zeigt die Geschichte des indischen Damenhockeynationalteams, das uns auf der Zeitreise durch fünf Jahrzehnte des Mannschaftssports ins Jahr 2002 führt.[851]
Kabir Khan war einst der Top-Stürmer des indischen Herrenhockeynationalteams. Beim Weltcup-Match gegen Pakistan verschoss er jedoch den entscheidenden

---

845 Vgl. Riley, P., The Winner Within, 1993, S. 66f.

846 Vgl. Falcone, P., On the brink of failure, HR Magazine, (http://findarticles.com/p/articles/mi_m3495/is/ai_n24357818?tag=artBody;col1), February 2008.

847 Vgl. Riley, P., The Winner Within, 1993, S. 66, S. 72.

848 Vgl. Riley, P., The Winner Within, 1993, S. 65f., S. 71f. - Vgl. Hentze, J.; et al.; Personalführungslehre, 2005, S. 550. – Vgl. Birker, G., Birker, K., Teamentwicklung und Konfliktmanagement, 2007, S. 104. – Vgl. Kress, N.-M.; Studnitz, A.v., Teamführung, 2000, S. 153. – Vgl. Lasko, W.W., Dream Teams, 2003, S. 238.

849 Riley, P., The Winner Within, 1993, S. 72.

850 Daly, Ch., America`s Dream Team, 1992, S. 205.

851 Aus dem Kinofilm „Chakde! India", 2007. – Vgl. 8.2., 9.2., 10.7., 11.2. und 12.3.

Strafstoß und war danach als Verräter gebrandmarkt. Sieben Jahre später kehrt er zurück, um den von niemand sonst gewollten Posten des Trainers des indischen Damenhockeyteams anzutreten. Er will das Team bei der WM in Australien zum Sieg führen. Dies gilt als aussichtslos, denn Spielerinnen wie Vidya, Preeti, Komal, Baldir und Bindiya zeichnen sich durch Widerspenstigkeit, Arroganz und persönliche Rivalitäten aus. Von Teamgeist keine Spur. Der Trainer verbannt einige Spielerinnen aufgrund von Undiszipliniertheiten auf die Bank. Diese bringen in der Folge den Rest des Teams gegen den Trainer auf und fordern seinen Rücktritt. Der Trainer beugt sich, doch zwei unvorhergesehene Umstände bringen alle noch einmal auf den Weg. Beim Abschiedsessen kommt es zu einer Prügelei der Spielerinnen mit aufdringlichen jungen Männern. Der Trainer beobachtet die Auseinandersetzung zunächst aus der Distanz, denn er erkennt, dass die jungen Frauen erstmals zusammenhalten. Da möchte jemand eine Spielerin von hinten mit einem Hockeyschläger attackieren. Der Trainer wirft sich auf ihn und brüllt ihn an: „Im Hockey gibt es keine Feiglinge!" Die Spielerinnen sind von ihrem Coach beeindruckt und niemand möchte mehr etwas von seinem Rücktritt wissen. Doch kurz darauf gibt es schon das nächste Hindernis. Der Sponsor springt ab, weil er sich nichts von diesem Damenteam verspricht. Ein Spiel gegen Indiens Männerhockeyteam soll ihn daher vom Gegenteil überzeugen. Dieses Spiel geht zwar mit 2:3 verloren, das couragierte Auftreten der Spielerinnen imponiert dem Sponsor jedoch, und er ebnet ihnen den Weg zur WM nach Australien. Kabir Khan war es geglückt, durch Konsequenz in seinem Führungshandeln bei der Entwicklung des Mannschaftszusammenhalts einen Schritt weiter zu kommen.

Es gibt m.E. aber auch Fälle, wo man den Teamgeist v.a. von „innen" her formen und stärken muss. Unsere „Zeitreise" bringt uns daher wieder in die 1970er Jahre, wo der Trainer der Nachwuchsmannschaft von East Linsing (Michigan) seinen besten Spieler zur Seite nahm und ihm sagte: „Du bist unser bester Spieler. Du solltest ständig den Ball werfen." Der Junge tat, wozu ihm der Trainer geraten hatte. Aufgrund seines großartigen Talentes warf er die meisten Körbe, und die Mannschaft gewann ein Spiel nach dem anderen. Der Trainer war zufrieden. Der junge Spieler hingegen war es nicht, denn er wurde zum Außenseiter im Team. Alle Mitspieler versanken im Schatten ihres alles überragenden Spielmachers und konnten sich nicht mehr mit den Siegen des Teams identifizieren. Wäre die Mannschaft ähnlich erfolgreich gewesen, hätte der Trainer dem jungen Spieler gesagt, er solle z.B. die Verteidiger stärker mit ins Spiel einbeziehen und jedem Mitspieler, der gerade anspielbar ist, den Ball zuspielen? Normalerweise kann man diese Frage im Nachhinein nicht beantworten. Anders aber hier: der junge Spieler - sein Name war Earvin (später „Magic") Johnson - wollte sich die Antwort selber geben. Der Trainer hatte seinen besten Einzelspieler über das Team gestellt, wodurch sich die restlichen Spieler nicht mehr entsprechend entfalten konnten. Der junge Johnson war freilich ungestüm genug, die Entscheidung des Trainers auf seine Weise zu revidieren. Er war unzufrieden mit dem Frust seiner Mitspieler und entwickelte entgegen der Auffassung seines Trainers eine teamorientiertes Spielweise. Er tat dies, indem er sich der Mannschaft unterordnete und seinen Mitspielern jene Art von Erfolgserlebnissen ermöglichte, die vorher nur ihm vergönnt waren. Die Mitspieler waren motiviert und erbrachten nun ihrerseits Höchstleistungen.[852]

Ich denke, es ist für die **Effizienz** eines Trainers wichtig, möglichst viele Spieler entsprechend ihrer technischen Reife zu **„empowern"**. Im obigen Fall tat es anstelle des Trainers eben der junge Earvin („Magic") Johnson. Dies setzt so wie Selbstmanagement nicht nur ein **Aufgabenverständnis**, sondern auch eine **Teamorientierung** der Spieler voraus. Und es fördert beides, da die Spieler durch das Mehr an Verantwortung auch die Folgen ihres Handelns im Zusammenspiel mit dem Team genauer abzuschätzen lernen.

Als etwa die Los Angeles Lakers 1985 die NBA-Meisterschaft gewannen, schwelgte alles im Glück. Jeder Spieler glaubte nun ein „fertiger" Star zu sein. Man war indes zwar ein Team, das eine Meisterschaft gewonnen hatte, aber noch weit von einem „meisterlichen Team" entfernt (wie schon zu Beginn dieses Kapitels zu erkennen war). So geschah es, dass man von der ganzen Wucht eines Phänomens der besonderen Art getroffen wurde: den Nachwirkungen von Erfolg, mit denen man noch nicht umgehen konnte. Es setzte eine Phase ein, wo es mehr um das Zementieren des eigenen Status sowie um Besitzstreben jeder Art ging. Das Streben einiger Spieler nach noch mehr Anerkennung (als ihnen zustand) und Ressentiments gegen die Kompetenz der Mitspieler standen der natürlichen Autorität der wahren Spielmacher und dem Wachstumsprozess des Teams im Wege - und bewirkten das Gegenteil. Das Team schuf sich selbst ein Führungsvakuum an der Spitze und erlebte einen der jähesten Abstürze in die (vorübergehende) sportliche Bedeutungslosigkeit in der Geschichte der NBA.[853]

Was hätte der Trainer tun können, um diesem Prozess noch entgegenzusteuern?

---

852 Vgl. Riley, P., The Winner Within, 1993, S. 36.
853 Vgl. Riley, P., The Winner Within, 1993, S. 40f.

Ein noch tieferes Verständnis der Art seiner Beziehung mit dem Team hätte hilfreich sein können bei „Empowerment“ und dem Wachstumsprozess hin zu einem „produktiven“ Team, das gemeinsame Werte mit ihm teilt - ein Team, das Zusammenhalt beweist, indem es mannschaftsdienlich spielt und Wandel realisiert.[854] Das ist schon deswegen von Bedeutung, wenn man bedenkt, dass der Zusammenbruch von Teamgeist in Team-Sabotage münden kann – Mannschaftserfolg geht ja nicht selten zu Lasten der Sonderrolle und des Sonderstatus von Stars und Spielmachern, und kann dazu führen, dass sich diese Spieler vom Rest des Teams isolieren: so kann ein Führungsvakuum entstehen.[855] Teams mit hohem Zusammenhalt und mit Spielern, die nach mannschaftsdienlichen Kriterien „empowert“ werden, können hingegen auf mehr spielerische Ressourcen zurückgreifen, sind **innovativer**[856] und m.E. auch motivierter. Der **Mannschaftszusammenhalt** kann aber auch gefährdet sein, wenn grundlegender Wandel die etablierten Mannschaftsstrukturen erschüttert: nichts kann ein Team nämlich mehr berühren als der Abgang von wertvollen Spielern und der Zugang von neuen hungrigen Spielern, die zunächst als „Bedrohung“ wahrgenommen werden, und denen kein oder zu wenig Vertrauen entgegengebracht wird.[857] Eine diesbezüglich äußerst pikante Situation erlebte gerade auch Coach Pat Riley zu Beginn der Saison 1991/92 beim NBA-Team der „New York Knicks“. Ein neuer Spieler, der mit seinem harten und aggressiven Spiel darauf angesetzt war, seine Gegenspieler zu dominieren, musste in den Kader integriert werden. So ein Spieler legt viel Wert auf ein eigenes „Territorium“ im Team. Doch es gab bereits einen Spieler, der die exakt gleiche Rolle innehatte. Ein Konflikt war damit vorprogrammiert. Vom ersten gemeinsamen Training an belauerten sich die beiden Spieler und schon bei der ersten gemeinsamen Aktion gerieten sie aneinander: ein wüster Händel entbrannte, bei dem sich die Kontrahenten mit Handgreiflichkeiten über den gesamten Trainingscourt bugsierten. Man wollte sich gegenseitig beweisen, dass man keine Angst voreinander hatte. Coach Riley wusste um die Beweggründe der beiden Spieler für diesen Zwist und griff

854 Vgl. Mancini, V.H., Agnew, M., An Analysis of Teaching and Coaching Behaviours, In: Straub, W.F. (Hrsg.), Sport Psychology: An Analysis of Athlete Behavior, 1978, S. 281. - Vgl. Alvesson, M., Leadership as Social Integrative Action, Organization Studies, March 1992, S. 185-209.

855 Vgl. Riley, P., The Winner Within, 1993, S. 48. - Vgl. Rosenstiel, L.v.; et al.; Führung von Mitarbeitern, 2003, S. 413.

856 Vgl. Fessler, C., Rotating Leadership at Harley-Davidson, Strategy and Leadership, July/August 1997, S. 42-43.

857 Vgl. Riley, P., The Winner Within, 1993, S. 223-225. - Vgl. Birker, G., Birker K., Teamentwicklung und Konfliktmanagement, 2007, S. 102. - Vgl. Sparrowe, R.T., Liden, R.C., Process and Structure in Leader-Member Exchange, Academy of Management Review, April 1997, S. 522-552.

bewusst nicht ein. Die Auseinandersetzung war hart und endete unentschieden. Die Spieler waren einander nichts schuldig geblieben und erkannten, dass auch der jeweils andere hart im Nehmen und hart im Geben war. Sie würden fortan im Team prächtig miteinander harmonieren.[858]

7.4. Der Aufbau einer „starken" Mannschaftskultur

> „Wer Angst hat, ist ... fehl am Platz. Eine Spannung ist da. Das ist aber in der Situation ganz normal. ... Man muss einfach von sich überzeugt sein."[859]

> „Wahre Teamveteranen wissen, dass - wenn es im Wettbewerb hart auf hart geht - nur volle Konzentration, Zusammengehörigkeitsgefühl und Stärke zählen."[860]

Jedes Team pflegt gewisse Werte, die quasi als weiches Erfolgsrezept dienen.[861] Die Bedeutung der **Mannschaftskultur** als Erfolgsfaktor im Führungsprozess[862] - auch dass diese „**stark**"[863] und **leistungsorientiert**[864] sein sollte - wird im Folgenden an einem weiteren Praxisbeispiel der Los Angeles Lakers näher erläutert.

Nachdem die Los Angeles Lakers in den 1960er Jahren viermal die NBA-Finalserie gegen die Boston Celtics verloren hatten – noch dazu mit viel Pech und fast immer in der Schlussphase des letzten Finalspiels – entwickelte sich über die Jahre hinweg bei den Lakers-Spielern ein Selbstverständnis, dass die Niederlagenserie höhere Gewalt sei, und man gegen die Celtics eben nicht gewinnen könne. Als es 20 Jahre später wieder eine NBA-Finalserie zwischen diesen Teams gab (das entscheidende Spiel wurde in Punkt 5.4. beschrieben) und man kurz vor einem großen sportlichen Zwischenerfolg stand, schnappte die negative „Wertefalle" erneut zu. Diesmal allerdings beim Trainer, Pat Riley. Trotz einer knappen Führung und Ballbesitz kurz vor dem Schlusspfiff verlangte er nach einem Zeit-Aus und wechselte einen Spieler ein, von dem er glaubte, er könne den Ball noch besser halten als ein routinierter All-Star Stürmer. Die Motivation hinter dieser Entscheidung war Schutzdenken:

---

858 Vgl. Riley, P., The Winner Within, 1993, S. 20f. – Vgl. 3.1., 4.1., 5.2. und 10.1.

859 Ballack, M., In: Online-Dienst von Sport.1.de, http://news.focus.msn.de/G/GN/gn.htm? snr=126956 &streamsnr=280: Wer Angst hat, ist fehl am Platz, 25. November 2003.

860 Riley, P., The Winner Within, 1993, S. 51.

861 Vgl. Deal, T.; Kennedy, A., Corporate Cultures, 1988.

862 Vgl. Colyer, S., Organizational Culture in Selected Western Australian Sport Organizations, Journal of Sport Management, 2000, S. 321-341.

863 Eine „starke" Mannschaftskultur spiegelt einen ausgeprägten Konsens der Spieler eines Teams zu den zentralen Werten ihres Teams wieder. Vgl. Viessmann, M.: Der strategische Stellenwert der Unternehmenskultur in mittelständischen Industrieunternehmen in der BRD und West-Berlin, 1990, S. 11. - Vgl. Hentze, J.; et al.; Personalführungslehre, 2005, S.475.

864 Vgl. http://derstandard.at/: Leistung als Wertebasis, Meier, H.F., 16. März 2005.

Verteidigung statt Angriff. Der eingewechselte Spieler war unerfahren und versuchte den Ball zu halten. Im entscheidenden Moment lief und warf er den Ball jedoch in die falsche Richtung. Ein Fehler, den der für ihn ausgewechselte Veteran wohl kaum gemacht hätte. So konnte ein Gegenspieler den Ball nämlich „stehlen“ und in letzter Minute punkten. In der Verlängerung ging auch dieses Spiel knapp verloren.[865] Negatives Denken führte m.E. so zu einer unnötigen Niederlage.

Abbildung 54 visualisiert das Spannungsfeld von negativem Denken auf dem Spielfeld, das sich etwa bei **a)** Angstgegnern und **b)** dem Durchlaufen einer „Durststrecke“ entwickeln kann. Beide Phänomene tragen zu einem übersteigerten Schutzdenken beim Trainer sowie zur Entwicklung eines Gefühls der Unterlegenheit bzw. einer negativen „Wertefalle“ bei den Spielern bei. Damit aber nicht genug. Sitzen Trainer und Spieler erst einmal in dieser „Falle“, so führt dies unweigerlich zu Fehlentscheidungen auf dem Spielfeld. Deshalb geht es bei einer starken Mannschaftskultur m.E. auch um eine grundlegende (starke) **charakterliche und verhaltensmäßige Prägung der Spieler**, wo negative Werte und Verhaltensaspekte aus dem Weg geräumt und kompromisslos durch positive ersetzt werden. Dies ist sinnvoll beim Entwickeln einer professionellen Einstellung und **Lernbereitschaft** der Spieler.

Abb. 54: Negatives Denken auf dem Spielfeld

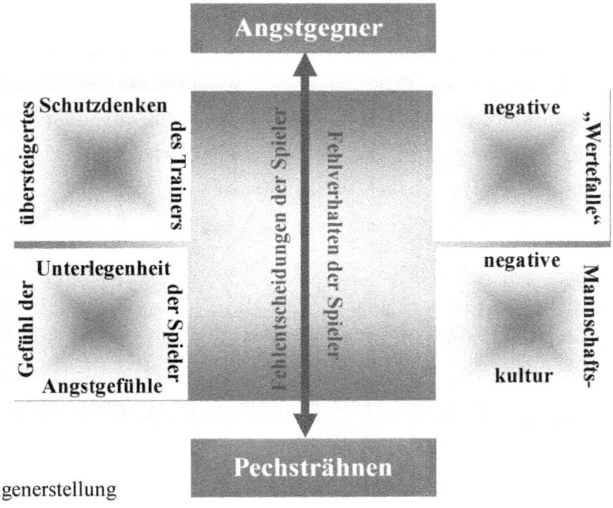

Quelle: Eigenerstellung

865 Vgl. Riley, P., The Winner Within, 1993, S. 111-113.

Die Los Angeles Lakers lieferten im Lauf der vielen NBA-Finalspiele gegen die Boston Celtics auch Beispiele für negative „Wertefallen“ seitens der Spieler. Die Erfahrung unnötiger Niederlagen und Demütigungen durch den Angstgegner Boston Celtics war schon vor diesen Spielen im Kopf eines jeden Lakers eingeprägt. Es bedurfte nur eines kleinen Anstoßes während des Spiels und die negative Haltung würde im ungünstigsten Moment erwachen. Während eines weiteren Finalspieles kam es zu so einer kritischen Situation als ein Celtic-Spieler einen der Leistungsträger der Lakers sehr hart foulte. Diesem Foul folgte eine krasse Fehlentscheidung des Schiedsrichters zu Ungunsten der Lakers. Dies brachte das Team völlig aus dem Konzept. Anstatt sich weiterhin darauf zu konzentrieren, den herausgespielten Vorsprung auszubauen, fühlten sich die Lakers als Opfer und sannen bei jeder Gelegenheit auf Revanche. Außerdem stieg in den Spielern die alte Angst vor dem Versagen gegen „diesen“ Gegner wieder auf. Der Spielfaden riss und der Gegner konnte das Spiel noch drehen. Die Celtics waren für ihre raue Spielweise bekannt. Coach Riley hätte seine Spieler auf diese Gefahr aufmerksam machen und ihnen beibringen müssen, dass man sich in Stresssituationen auf keinen Fall ablenken lassen darf. Vielmehr müsste man konzentriert und erfolgsorientiert bleiben. Das latent vorhandene Minderwertigkeitsgefühl gegenüber den Celtics wurde nicht durch positive sportliche Zielsetzungen behandelt und verleitete die Spieler zu unprofessionellem Handeln.[866]

In Abbildung 55 stelle ich als positives Gegenstück dazu ein **2-Säulen-Modell zum Aufbau einer „starken“ Mannschaftskultur** vor. Bei der ersten Säule geht es um das Kommunizieren von Aspekten der Vision, die auf Wandel bei der Spielweise[867] abzielen. Dies gelingt, wenn Informationen ungehindert fließen können[868] und jeder Spieler weiß, was im Team vor sich geht.[869] Das Team hat ein besseres Verständnis für die Vision und unterstützt deren Umsetzung.[870] Bei solchen Arbeitsbeziehungen[871] werden Spieler eher durch Werte als durch Kontrolle angetrieben[872] und „produktiver“ spielen

866 Vgl. Riley, P., The Winner Within, 1993, S. 114-116.

867 Vgl. Abbildung 19 in Punkt 5.1. – Vgl. die deutschen und österreichischen Amateur- und Profiteams in Punkt 5.2. – Vgl. die Langzeitfallstudie zum österreichischen Fussballnationalteam in Punkt 11.3.

868 Vgl. Alvesson, M., Leadership as Social Integrative Action, Organization Studies, March 1992, S. 185-209.

869 Vgl. Wilsey, M..D., Leadership and human motivation in the workplace, Quality Progress, November 1995, S. 85-88.

870 Vgl. 5.4. und 5.5.

871 Vgl. Deluga, R.J., Leader-Member Exchange Quality and Effectiveness Ratings, Group & Organization Management, June 1998, S. 189-216. – Vgl. sogenannte “In-groups” in Punkt 9.1.

872 Vgl. Alvesson, M., Leadership as Social Integrative Action, Organization Studies, March 1992, S. 185-209.

(das ist m.E. wichtig für die **Effizienz** des Trainers). Säule 2 wird durch folgende Komponenten geprägt:

- Konsens bei zentralen Werten bzw. Teilen einer gemeinsamen Haltung[873]
- hohe ethische Standards und hohes gegenseitiges Vertrauen[874]
- Sympathie der Spieler füreinander[875], Pflegen einer gemeinsamen Sprache[876]

Dies fördert die Lernbereitschaft der Spieler[877] und kann m.E. zur **Effektivität** des Trainers beitragen. Weitere auf gute Leistung abzielende Komponenten einer Mannschaftskultur sind das Revanchieren für Gefälligkeiten und Hilfeleistungen[878], sowie eine starke emotionale Einbindung der Spieler in ihr Team[879].

Subgruppen wie SFM können zur Bildung von Subkulturen tendieren.[880] Eine **„starke" Mannschaftskultur** hingegen fördert (wie ich in 10.1. am Beispiel der „New York Nicks" noch zeigen werde) die Bildung einer **Gemeinschaftsidentität.** Um insofern einen starken **Mannschaftszusammenhalt**[881] zu fördern, sollten neben Teambesprechungen auch regelmäßige Sitzungen mit SFM stattfinden,[882] wo man:

- eine gemeinsame Richtung für alle Spieler vorgibt (ein Konsens bezüglich der Natur der Aufgabe allein ist nicht ausreichend,[883] man muss die Spieler vielmehr dazu bewegen ihre Einzelziele den Mannschaftszielen unterzuordnen[884])
- einen mannschaftsorientierten Zusammenhalt in den Subgruppen einfordert[885]

---

873 Vgl. Bennis, W.; Biederman, P.W., Great Groups, Executive Excellence, April 1997, S. 5-6.

874 Vgl. Turban, D.B.; Jones, A.P., Supervisor-subordinate similarity, Journal of Applied Psychology, 1988, S. 228-234. – Vgl. Deluga, R.J., Leader-Member Exchange Quality and Effectiveness Ratings, Group & Organization Management, June 1998, S. 189-216.

875 Vgl. Deluga, R.J., Leader-Member Exchange Quality and Effectiveness Ratings, Group & Organization Management, June 1998, S. 189-216.

876 Vgl. Bennis, W.; Biederman, P.W., The Secrets of Creative Collaboration, Inc. Magazine, December 1996, S. 97-101.

877 Vgl. Lombardo, M.M.; Eichinger, R.W., High potentials as high learners, Human Resource Management, Winter 2000, S. 321-329.

878 Vgl. Graen, G.; Cashman, J., A role-making model of leadership in formal organizations, 1975, In: Hunt, J.G.; Larson, L. (beide: Hrsg.), Leadership Frontiers, 1975, S. 143-165. – Vgl. Deluga, R.J., Leader-Member Exchange Quality and Effectiveness Ratings, Group & Organization Management, June 1998, S. 189-216.

879 Vgl. Alvesson, M., Leadership as Social Integrative Action, Organization Studies, March 1992, S. 185-209.

880 Vgl. 3.1., 5.3., 5.5. und 8.3.

881 Vgl. Alvesson, M., Leadership as Social Integrative Action, Organization Studies, March 1992, S. 185-209.

882 Vgl. Bennis, W., Leading Teams, Executive Excellence, March 1998, S. 6-7.

883 Vgl. Beatty, C.A.; Lee, G.L., Leadership Among Middle Managers, Human Relations, September 1992, S. 957-989.

884 Vgl. Pillai, R., Context and charisma, Academy of Management Journal, 1995, S. 332-336.

885 Vgl. Northouse, P.G., Leadership, 2007, S. 220.

Abb. 55: Komponenten einer „starken" Mannschaftskultur

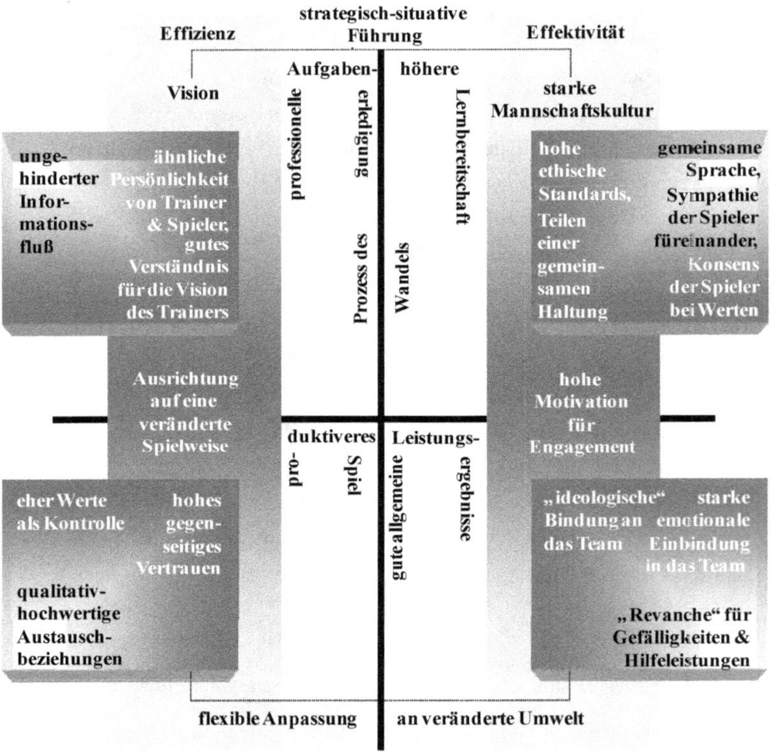

Quelle: Eigenerstellung

Zur Herausbildung einer starken Mannschaftskultur können auch markante Ereignisse im Leben eines Teams beitragen: ein großes Spiel, der Zugang eines charismatischen Spielers, oder gar, wenn sich der Trainer mit dem Schiedsrichter in die Haare kriegt.[886] Ein denkwürdiges Beispiel für solch eine Auseinandersetzung lieferten einander der österreichische Teamchef Josef Hickersberger und der deutsche Teamchef Joachim Löw bei der Fußball EM-2008: einem heftigen Wortwechsel zwischen den Trainern folgte eine gemeinsame Kontroverse mit dem vierten UEFA-Referee – in der Folge wurden beide Trainer auf die Tribüne verbannt.[887]

886 Vgl. Ashforth, B.E.; Humphrey, R.H., Emotion in the workplace, In: Human Relations, February 1995, S. 97-125.

887 Vgl. http://derstandard.at/: Löw zufrieden, Kritik an Ausschluss, APA, 17. Juni 2008. – Vgl. 10.3.

7.5. Implikationen für das Führungshandeln: Aufbau eines „produktiven" Teams

> „Das, worauf es bei einer Erfolgsmannschaft ankommt, ist ihre Fähigkeit Chancen und Möglichkeiten zu erkennen, wenn die Dinge einmal nicht so gut laufen."[888]

> „Siegen ist keine Eintagsfliege. Es findet ständig statt. Man gewinnt nicht hin und wieder mal. Man macht etwas nicht hin und wieder richtig. Man macht es immer richtig. Siegen ist eine Gewohnheitssache. Leider auch Verlieren."[889]

Der **Prozess des Realisierens von Wandel** sollte m.E. auf Basis einer Vision, einer starken Mannschaftskultur des Wandels sowie durch Partizipation und „Empowerment" vom ganzen Team mitgetragen werden.

Wie Abbildung 56 beschreibt, wird dies durch das Einbinden von Spielern in Beziehungsnetzwerke des Trainers und in SFM[890] unterstützt: so baut der Trainer eine **„produktive" Mannschaft** auf, wo Schlüsselspieler gefördert werden und den anderen Spielern geholfen wird mit den Veränderungen Schritt zu halten.

Abb. 56: Realisieren von Wandel auf der Mannschaftsebene

Quelle: Eigenerstellung

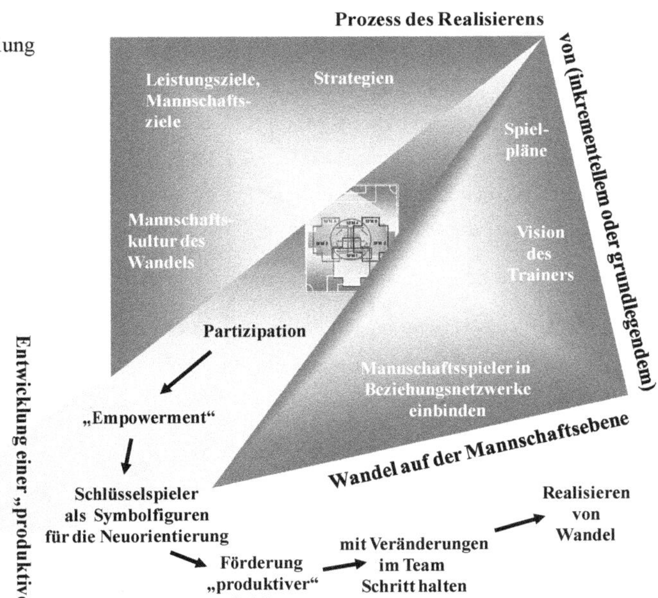

---

[888] Westerbeek, H.; Smith, A., Business Leadership and the Lessons from Sport, 2005, S. 85.

[889] Lombardi, V., In: Westerbeek, H.; Smith, A., Business Leadership and the Lessons from Sport, 2005, S. 86.

[890] Das wird in Abb. 56 durch das eingeschobene 4-farbige Symbol für SFM verdeutlicht. – Vgl. Abb. 62.

Man weiß aus vielen Wettkampfsituationen, dass Spieler sich eher zielorientiert für ihr Team zu engagieren bereit sind als persönliche Animositäten mit Mitspielern darüber dominieren zu lassen – v.a. Profispieler sollten jederzeit in der Lage sein, zumindest ein **anonymes Mannschaftsspiel** zu spielen.[891] Aber solche Teams werden m.E. kaum an ihr Leistungsvermögen herankommen. Auch das Beispiel der Los Angeles Lakers zu Beginn dieses Kapitels, wo es aufgrund der Weitergabe von „Insiderinformationen" an die Presse zu Auseinandersetzungen zwischen Spielerfraktionen gekommen war, zeigte, wie sehr Spannungen zu Schwankungen bei der Leistungserbringung beitragen können. Trainer entwickeln deshalb die Fähigkeit, Stimmungen und Erwartungshaltungen im Team[892] durch Beobachtung der Zusammenarbeit ihrer Spieler zu erfassen und Maßnahmen zu setzen,[893] z.B. in Form von Erfolgsstandards[894].

„Strategisches" Fördern des Wachstumsprozesses einer Mannschaft

Als Real Madrid im Frühjahr 2007 unter Fabio Capello immer noch keine beständige Form zeigte (in zwei Partien hintereinander verlor man gegen Abstiegskandidaten; in elf Heimspielen erzielten man bislang nur 12 Treffer; teamintern sorgten überalterte Stars, Wechselgerüchte und angebliche Alkoholprobleme für Wirbel)[895] und man auch im Achtelfinale der European Champions League gegen Bayern München (unter Ottmar Hitzfeld) ausgeschieden war, reagierte die Presse mit beißender Kritik:[896]

> „Das Problem von Real Madrid ist nicht Mangel an guten Spielern [oder] fehlende Motivation... Sondern, dass niemand eine genaue Vorstellung davon zu haben scheint, welchen Fußball die Männer ... spielen sollen. Zurzeit ... spielen sie gar keinen."

Capello sah sich daher vor dem anstehenden Auswärtsspiel gegen FC Barcelona genötigt, eine Zwischenbilanz ziehen. Er legte dabei eine große Nüchternheit an den Tag und verwies auf die positiven Aspekte: „Wir sind an der Tabellenspitze mit dabei. Also müssen wir doch auch einiges richtig gemacht haben", sagte er.[897] Capello wollte

---

891 Vgl. Lüscher, G. (Hrsg.), Kleingruppenforschung und Gruppe im Sport, 1966, S. 53.

892 Vgl. Riley, P., The Winner Within, 1993, S. 71f.

893 Vgl. Northouse, P.G., Leadership, 2007, S. 209.

894 Vgl. die Praxisbeispiele der Los Angeles Lakers in den Punkten 4.4., 7.2., 5.3. und 10.6..

895 http://www.welt.de/sport/article725888/Hohe_Abfindung_bewahrt_Capello_vor_Rauswurf. html, 20. Februar 2007. – Vgl. http://www.abendblatt.de/daten/ 2007/02/20/692528.html: Aufbau-Gegner Real Madrid, 20. Februar 2007. - Vgl. http://www.europolitan.de/cms/?s=ep_artikel&artikelid =2585&: Von alten Zöpfen und leeren Flaschen, 10. Januar 2008.

896 http://www.faz.net/s/RubFB1F9CD53135470AA600A7D04B278528/Doc~EA2EEB5DFB17 F42519C 77221EC5A56985~ATpl~Ecommon~Scontent.html: Capello wankt, 20. Februar 2007.

897 http://www.focus.de/sport/fussball/int_ligen/fussball-spanien-gelbe-u-boote-lassen-real-in-krise-versinken_aid_294369.html, 28. Januar 2007. - Vgl. Riley, P., The Winner Within, 1993, S. 112.

es aber nicht bei selbstbewussten Worten bewenden lassen und griff auf die Methode „Zuckerbrot und Peitsche" zurück. Er kündigte an, künftig härter mit „Heiligen Kühen" wie Beckham, Raul oder dem Brasilianer Ronaldo umzugehen und dafür mehr auf hoffnungsvolle, junge Schlüsselspieler zu setzen.[898] Dann ließ Capello das Training für die Öffentlichkeit sperren, um das mannschaftsdienliche Spiel zu forcieren und die Mannschaftskultur mit einer Art „Festungsmentalität" zu stärken.[899] Dem FC Barcelona wurde mit dem besten Spiel der laufenden Saison ein 3:3 abgerungen und Real startete „eine Aufholjagd, die mit einem der glücklichsten Meistertitel in der Vereinsgeschichte endete".[900]

Abbildung 57 zeigt uns in diesem Sinne, dass Wachstum auf dem Entwicklungsweg eines Teams heißt, dass der Trainer den Spagat schafft zwischen **a)** einem optimalen Spannungsverhältnis zwischen Schlüsselspielern und schwächeren Spielern[901] und **b)** dem Aufbau eines Wir-Gefühls, das z.B. auf das Meistern einer Krise ausgerichtet ist[902].[903] Weitere Faktoren für Wachstum, Zusammenhalt und Leistungssteigerungen bei Wandel sind:[904]

- das Einbinden der Mannschaft in den Prozess der Zielformulierung[905] und das unbedingte Einschwören aller Spieler auf die neuen Mannschaftsziele[906]
- das Hervorheben der Bedeutung auch von Einzelrollen (v.a. bei Typ-A Teams)
- der Aufbau gemeinsamer Erwartungshaltungen, offener Kommunikationskanäle und einer positiven Sprache, die von Vertrauen und Respekt geprägt ist[907]
- Rollenklarheit[908] bei Aufgabenvielfalt[909], Rollenzufriedenheit und Rollenleistung

---

898 Vgl. http://www.tagesspiegel.de/sport/Sport-real-krise;art116,1875843: Man sah die Krise kommen, 9. Januar 2007. – Vgl. Beginn von Kapitel 5; 9.2.

899 Vgl. http://www.welt.de/sport/article725888/Hohe_Abfindung_bewahrt_Capello_vor_Rauswurf.html: Hohe Abfindung bewahrt Capello vor Rauswurf, 20. Februar 2007.

900 Vgl. http://www.faz.net/s/RubFB1F9CD53135470AA600A7D04B278528/Doc~EC5F19E6F61E544DB98B F9B760C9D56BB~ATpl~Ecommon~Scontent.html, 9. Dezember 2008. – Vgl. Beginn von Kapitel 5.

901 Stärkere Spieler sollten schwächere Spieler antreiben. Dies kann v.a. auf der SFM-Ebene forciert werden, was das 4-farbige SFM-Symbol in Abbildung 57 verdeutlicht. - Vgl. Abb. 62.

902 Vgl. Falcone, P., On the brink of failure, HR Magazine, (http://findarticles.com/p/articles/mi_m3495/is/ai_n24357818?tag=artBody;col1), February 2008.

903 Vgl. Cratty, B.J., Psycho-Motor Behaviour in Education and Sport, 1974, S. 151.

904 Vgl. Carron, A.V., The Sport Team as an Effective Group, Applied Sport Psychology, 1986, S. 85-87.

905 Vgl. Meisinger, S., Change management and HR's role, HR Magazine (http://findarticles.com/p/articles/mi_m3495/is_/ai_n25127902?tag=artBody;col1), March 2008.

906 Vgl. Riley, P., The Winner Within, 1993, S. 77.

907 Vgl. Alvesson, M., Leadership as Social Integrative Action, Organization Studies, March 1992, S. 185-209.

Abb. 57: „Strategisches" Fördern des Wachstumsprozesses einer Mannschaft[910]

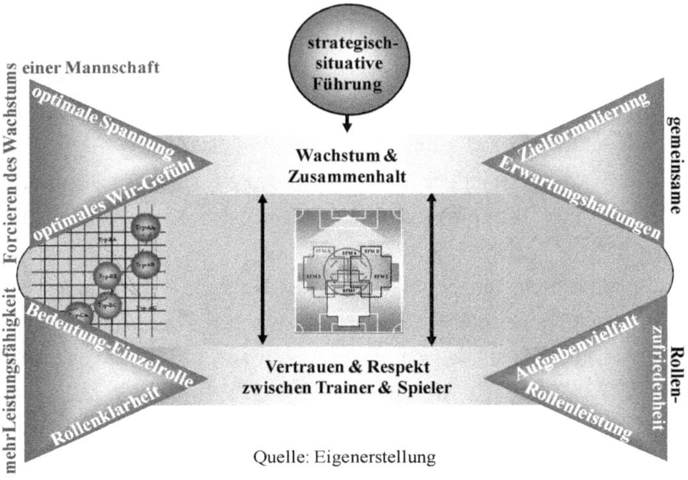

Quelle: Eigenerstellung

Auch Abbildung 58 führt diesen Gedanken fort und zeigt, dass Trainer etablierte Denkstrukturen hinterfragen müssen, um neue Wege zu finden, welche die Spieler „produktiv" auf (grundsätzlichen oder inkrementellen) Wandel ausrichten und zum Lernen motivieren. Da Lernen ohne Motivation wohl kaum in zielorientierte Aktivitäten münden wird[911] und Motivation ein wichtiger Aspekt beim „Empowern" von Spielern ist[912], sollte Lernen meines Erachtens **a)** durch die Förderung einer „starken" Mannschaftskultur mit Lernorientierung und **b)** durch „Empowerment" forciert werden. Die Entwicklung eines **„produktiven" (d.h. auf Wandel ausgerichteten) Teams** verläuft dabei umso erfolgreicher, je mehr es gelingt auf Basis eines operativen Führungskonzeptes folgende Aspekte zu realisieren: **a)** querschnittsorientiertes Denken[913] der Spieler und Mannschaftszusammenhalt zum Aufbau eines Teams von Partnern

908 Vgl Carless, S.A, Does Psychological Empowerment Mediate the Relationship Between Psychological Climate and Job Satisfaction?, Journal of Business and Psychology, 2004, S. 405-425.

909 Vgl. Jermier, J.M., Berkes, L.J., Leader Behaviour in a Police Command Bureaucracy, Administrative Science Quarterly, March 1979, S. 1-23.

910 Dieser Prozess wird durch das entsprechende Symbol in Abb. 57 visualisiert. – Vgl. Abb. 19 und 105. - Die v.a. für Typ-B wichtigen SFM werden durch das 4-farbige Symbol dargestellt. – Vgl. Abb. 62.

911 Vgl. Herber, H.J., Vásárhelyi, É., Lewins Feldtheorie als Hintergrundspanorama moderner Motivations- und Willensforschung, In: http://www.sbg.ac.at/erz/salzburger_beitraege/fruehling_2002/herber.pdf, 2002.

912 Vgl. Carron, A.V., Motivating the Athlete, Sport Psychology, 1986, o.S.

913 Vgl. Society for Human Resource Management, HR Magazine (http://findarticles.com/p/articles/mi_m 3495/is/ai_n24946740?tag=artBody;col1), March 2008.

(v.a. bei Typ-C Teams), **b)** die Forcierung von SFM und Interdependenz bei adäquater Rollenverteilung (v.a. bei Typ-B Teams), **c)** die Selbständigkeit und Mehrwertkreativität der Schlüsselspieler (v.a. bei Typ-A Teams). Das ist wichtig für die **Effizienz** eines Trainers.

Abb. 58: Der Aufbau „produktiver" Teams im strategisch-situativen Kontext I

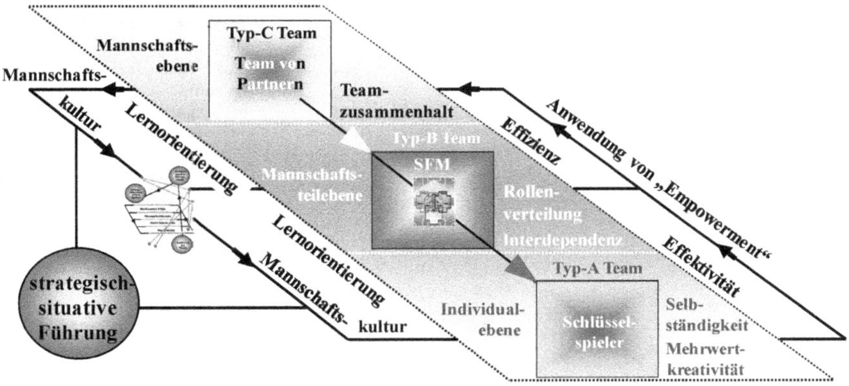

Quelle: Eigenerstellung

Wie das obige Beispiel von Trainer Capello bei Real Madrid gezeigt hat, kann man das Realisieren von Wandel auch fördern, wenn man die Schlüsselspieler im negativen wie im positiven Sinne als Symbolfiguren für eine Neuorientierung und den Aufbau einer „starken" Mannschaftskultur gewinnt.[914] Gerade in hochinterdependenten Teams registrieren Spieler m.E. nämlich schnell, **a)** ob und wie das Prinzip des Vertrauens und des offenen Informationsflusses gebrochen oder missbraucht wird, und **b)** ob sich dadurch für Einzelne oder Subgruppen Vorteile zu Lasten des Teamerfolges ergeben: erst eine **starke Vertrauensbasis auf der Mannschaftsebene** schafft ein Ambiente für das Gedeihen eines ungehinderten Informationsflusses, der es den Spielern ermöglicht, sich auf mannschaftsdienliches Spiel zu konzentrieren und Werte zu teilen. Die Frage des „Wie" von Führungshandeln wird nun Abbildung 59 beantwortet, wo das seit Kapitel 4 laufende Sammeln von Implikationen für das Führungshandeln fortgesetzt wird.

[914] Vgl. Riley, P., The Winner Within, 1993, S. 65f.

Abb. 59: Implikationen für das Führungshandeln IV

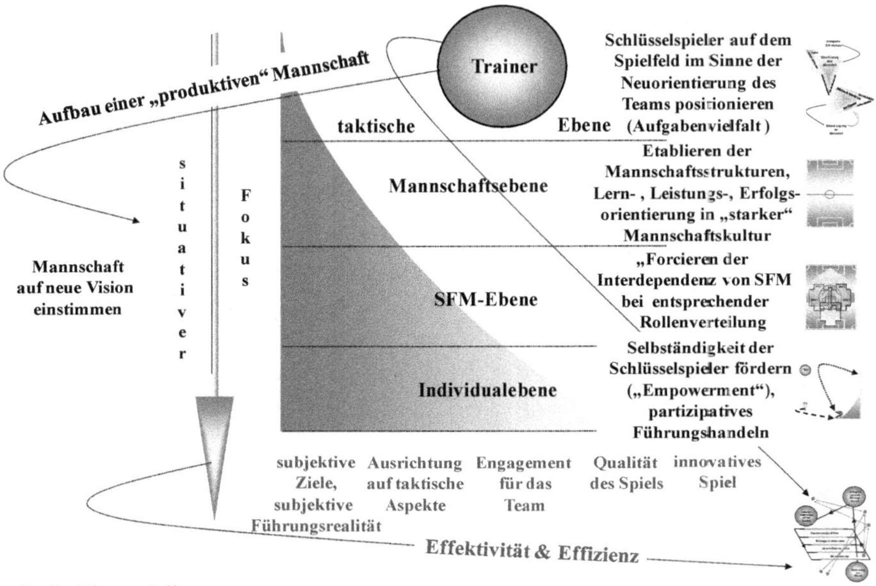

Quelle: Eigenerstellung

So kann ein Trainer durch **eine Vision des Wandels** das Team auf seine Führungsprioritäten für die Spielweise einstimmen und dabei v.a. die Aufgabenvielfalt der Schlüsselspieler forcieren.[915] Die volle Tragweite dieses Vorgehens wird m.E. durch **Lernerfolge auf der Mannschaftsebene** sichtbar - das ist wichtig für die **Effektivität** des Trainers. Beim Aufbau einer „produktiven" Mannschaft des Wandels sollte sich **a)** „hartes" Führungshandeln im Etablieren der Mannschaftsstrukturen manifestieren, und **b)** eine Lern-, Leistungs- und Erfolgsorientierung durch „weiches" Führungshandeln in die Mannschaftskultur integriert werden. Dies fördert jene Art von Wachstum und Größe, die den Los Angeles Lakers (Typ-AA) in diesem Kapitel noch gefehlt hat: vielmehr war die Erfahrung unnötiger Niederlagen gegen die Boston Celtics schon tief in allen Lakers-Spielern eingeprägt und es hatte sich eine negative Wertefalle gebildet. Das „Empowern" von Schlüsselspielern und partizipative Führung scheinen mir in einem solchen Falle neben einer „starken" Mannschaftskultur am vielversprechendsten, um den angestrebten Wandel auch in den Köpfen der Spieler zu realisieren.

[915] Abbildung 59 betont dies durch das Symbol für den strategisch-situativen Führungskreislauf.

Auch für den Trainer jenes drittklassigen Typ-CB Herrenfußballteams aus der 4. österreichischen Liga, das wir schon in Punkt 5.2. und zu Beginn dieses Kapitels angetroffen haben, ergibt sich ein Bündel von Maßnahmen auf der Mannschaftsebene. Der Schlüssel zum Erfolg liegt für ihn in einem differenzierten Entwicklungsprozess zur Stabilisierung der Spielweise. Das wird durch eine **Mannschaftskultur** unterstützt, die mit wenigen, aber umso verständlicheren Begriffsinhalten (z.B. Kampfgeist, Zusammenhalt) Zweck und Inhalt der spielerischen Entwicklung verdeutlicht und eine **„lernende" Mannschaft** forciert. Wesentlich ist, dass man für die Spieler dieses nicht-heterogenen Teams zwar individuelle „Entwicklungsgeschwindigkeiten" definieren kann, diesen Unterschieden durch **Interaktionen auf der Mannschaftsebene** (weniger auf der SFM-Ebene – dafür ist es zu früh) jedoch Grenzen gesetzt werden müssen. Dabei geht es auch um **situatives „Empowerment"** und Partizipation: einerseits sollen die Spieler bei der Aufgabenverteilung nicht selbst entscheiden, andererseits werden sie unter Anleitung des Trainers in dessen Entscheidungsprozesse eingebunden. So hat der Trainer – mehr als vorher - in jeder Situation das Heft in der Hand.

7.6. Zusammenfassung: Ein „produktives" Team als Motor des Wandels

„Wir sind hier noch lange nicht fertig"[916]

Auf Wandel ausgerichtete Teams müssen „produktiv" werden und sich bei Aspekten wie dem Zusammenspiel und der Kommunikation verbessern.[917] Durch **„Empowerment"**[918] kann man dabei jene Fähigkeiten der Schlüsselspieler steigern, die ihnen helfen, eine Führungsrolle beim Zusammenspiel auszuüben.[919] Die Vision eines Trainers sollte dann in eine **„starke" Mannschaftskultur** (stetes Einschwören der Spieler auf die Mannschaftsziele)[920] mit einer Orientierung auf Zusammenhalt und Lernen eingebettet sein.[921] Zur Förderung der Lernorientierung formuliert der Trainer Ideen für die Teamentwicklung (veränderte Mannschaftsaufstellungen), die im Trainings- und Spielbetrieb umgesetzt werden - so kann er den Spielern auch klar machen, wie groß der

---

916 Der japanische Teamspieler Keisuke Honda nach dem Erreichen des Achtelfinales bei der Fussball-WM 2010, In: http://sport.orf.at/wm2010/100628-702/index.html: Safety First, 28. Juni 2010.

917 Vgl. Bennis, W.; Mische, M., 21st Century Organization, Executive Excellence, September 1996, S. 7-8.

918 Vgl. Luthans, F., Organizational Behaviour, 1995, S. 43.

918 Vgl. Bennis, W.; Mische, M., 21st Century Organization, Executive Excellence, September 1996, S. 7-8.

919 Vgl. Senge, P.M., Communities of leaders and learners, Harvard Business Review, September/ October 1997, S. 30-32.

920 Spieler sollen sich gegenseitig unterstützen. Vgl. Riley, P., The Winner Within, 1993, S. 76.

921 Vgl. Harari, O., When intelligence rules, the manager`s job changes, Management Review, July 1994, S. 33-35. - Vgl. 12.3. - Vgl. Abbildung 104.

Abstand bis zur angestrebten Spielweise[922] (noch) ist.[923] Diese Methode wandte Coach Daly beim US-„Dream Team" 1992, (in Punkt 7.2.1.) an: er musste aus seinen Stars ja ein Team mit Zusammenhalt formen, das noch einiges am Zusammenspiel zu optimieren hatte: so ordnete er an, dass bei jedem Spiel **a)** eine andere Anfangsformation auf das Feld laufen würde, und **b)** die Führungsrollen durch „Empowerment" wechselten. Abbildung 60 enthält weitere Parameter auf dem Entwicklungsweg eines Teams, und macht klar, dass sich Führen auf der Mannschaftsebene in mehrfacher Hinsicht bezahlt macht: so kann der Trainer auf die Spielweise des Teams einwirken, und es bieten sich ihm eine Fülle von Maßnahmen zum Umsetzen der Vision an. Der Aufbau eines „produktiven" Teams als Motor des Wandels ist dabei eine Erfolg versprechende Zutat und Aufhänger für ein operatives Führungskonzept.

Abb. 60: Strategisch-situativer Kontext auf dem Entwicklungsweg eines Teams IV

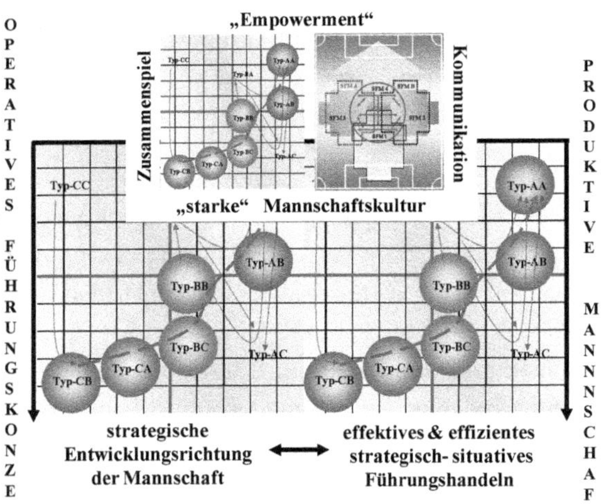

Quelle: Eigenerstellung

Diese Aspekte forcieren also den laufenden Umsetzungsprozess einer Vision des Wandels. In Kapitel 8 werde ich nun auf die Besonderheiten der SFM-Ebene eingehen, die ja v.a. für Typ-B Teams von Bedeutung ist.

922 Vgl. 5.1. – Vgl. Tabelle 3 in Punkt 5.5. – Vgl. Abbildungen 87 und 88.

923 Vgl. Dickson, R., Culturing personal leadership, The Management Accounting Magazine, February 1995 (http://www.accessmylibrary.com/article-1G1-16736645/culturing-personal-leadership-cover.html).

8. Führungshandeln auf der Mannschaftsteilebene (SFM)

> „Alle Spieler der verteidigenden Mannschaft beteiligen sich an der Abwehr, und die angreifende Mannschaft bindet fast alle verfügbaren Spieler im Angriff mit ein.“[924]

Mitten in der Saison 1981/82 setzten die Los Angeles Lakers eine neue „Geheimwaffe“ ein. Nachdem die Trainer sich davon überzeugt hatten, dass in der Mannschaft ausreichend Leistungsreserven und ein gutes Vertrauensverhältnis vorhanden waren, entschieden sie sich dafür, eine neue defensive Spielerformation einzurichten. Deren zusätzliche Aufgabe war es, den Aufbau offensiver Spielzüge der gegnerischen Mannschaften zu zerstören. Die betroffenen Spieler gaben ihre sonstigen Funktionen im Team aber nicht etwa auf, sondern übten diese aus bis ganz bestimmte Spielsituationen eintraten. Dann mussten mehrere Spieler gleichzeitig den angreifenden Gegenspieler attackieren. Wie die fünf Finger an der Hand würden sie zusammenwirken und quasi eine Faust bilden. Um den Gegner noch stärker zu verwirren, wurde die neue Taktik nur während ca. 30% der Spielzeit angewandt. Den Rest der Zeit griff man auf einen konventionellen Spielaufbau zurück. Das zwang die Gegner, ihre Angriffsaktionen schneller aufzubauen, was zu Fehlern bei der Ballabgabe führte und den Lakers Kontermöglichkeiten eröffnete. Diese Taktik konnte nur durch ein hoch interdependentes Zusammenwirken der Spieler funktionieren: man war bereits gut aufeinander eingespielt und hatte zusätzlich die Bewegungen und das Spielverhalten der zu diesem Mannschaftsteil gehörenden Spieler einstudiert. Der Erfolg der neuen und überraschenden Spielweise war beeindruckend.[925]

Wie dieses Beispiel der Los Angeles Lakers zeigt, geht es auf der SFM-Ebene darum, Spieler in „Spielerachsen“ zusammenzufassen und mit besonderen Kompetenzen und Aufgaben („Empowerment“) zur Gestaltung von Spielzügen auszustatten.[926] Der Bedarf an SFM steigt dabei mit der Vielfalt der Aufgaben der Spieler.[927] Das ist meines Erachtens v.a. für die Bildung von SFM bei Typ-B (und Typ-A) Teams wichtig. Wie z.B. bei jenem zweitklassigen Typ-BB Herren-Amateureishockeyteam

---

924 Definition für Kombinationsfussball, In: http://de.wikipedia.org/wiki/Taktik(Fu%C3%9Fball)

925 Vgl. Riley, P., The Winner Within, 1993, S. 72f.

926 Vgl. Stewart, G..L.; Manz, C.C., Leadership for Self-Managing Work Teams, In: Pierce, J.L.; Newstrom, J.W., Leaders & The Leadership Process, 2006, S. 358. - Vgl. Westerbeek, H.; Smith, A., Business Leadership and the Lessons from Sport, 2005, S. 85.

927 Vgl. Beatty, C.A.; Lee, G.L., Leadership Among Middle Managers, Human Relations, September 1992, S. 957-989.

aus der dritten österreichischen Liga, dessen Ausgangssituation wir im Rahmen einer Fallstudie in Punkt 5.2. kennen gelernt haben, und dessen Schwerpunkt auf einer „teilweisen Erneuerung und einer teilweisen Optimierung“ der Spielweise liegt. Aus diesem Schwerpunkt lassen sich Herausforderungen an die (Weiter-) Entwicklung von SFM ableiten, wobei der Trainer u.a. folgende Aspekte forcieren möchte: **a)** die ständige **Erarbeitung neuer Spielzüge**, und **b)** wenn dabei neue Aufgaben an Spieler übertragen werden, dann geht es v.a. um die **Verbesserung des Spielaufbaus**. Daher werden im Rahmen von SFM schon jetzt **schwächere Spieler mit stärkeren Spielern zusammen** getan (in Abhängigkeit von der Stärke des Gegners), damit sie von den Besten lernen können. Außerdem sollen alle SFM künftig noch stärker auf die **Realisierung konkreter Aufgaben** eingewiesen werden. Der Trainer meint in diesem Zusammenhang, dass er derzeit nur über sieben Spieler verfügt, die über das geforderte Leistungsniveau der nächsthöheren Liga verfügen. Und nur vier Spieler davon werden von ihm als Leistungsträger bzw. „Führungsgruppe“[928] gesehen. Manche Spieler wollen den vom Trainer angestrebten Wandel, der sich durch den Aufstieg in die nächsthöhere Liga und den damit verbundenen erhöhten Reiseaufwand ergibt, nämlich gar nicht mittragen – ein nicht untypisches Problem für Amateurmannschaften.[929] Wenn, dann kommen daher nur jene Spieler in den Genuss einer **gesteigerten Verantwortung**[930] („Empowerment“), die bereits einer SFM angehören, außerdem zur **Führungsgruppe der Leistungsträger** gehören und eben auch willens sind, den künftigen **Kurs des Trainers mitzutragen**. Dieser selektive Kurs zum Aufbau des Teams bescheinigt dem Trainer ein sehr gutes Augenmaß bei der Ausstattung seiner SFM-Spieler mit Freiraum und Kompetenzen.

Dieses Kapitel beleuchtet also die strukturellen und strategischen Implikationen bei der Bildung von SFM. Aus Sicht des Praktikers befinden wir uns weiterhin im umsetzungsorientierten Teil dieses Buches. Wie Abbildung 61 zeigt, ist es der nun schon siebte Schritt auf dem Entwicklungsweg für strategisch-situatives Denken und Handeln.

---

[928] Führungsfähige Spieler zeichnen sich nach Meinung des Trainers durch ihren Willen das Spiel zu gewinnen, sowie durch Macherqualitäten aus. Sie antizipieren Spielsituationen und arbeiten am gezielten Aufbau der Mannschaft mit, indem sie bestimmte Spieler beim Zusammenspiel fördern. Die Leistungsträger der Führungsgruppe können auch selbstständig während eines Spieles einwechseln.

[929] Vgl. 12.4.

[930] Dazu gehört in diesem Fall auch das Delegieren von Führungsaufgaben des Trainers, wie z.B. die Mitwirkung bei taktischen Überlegungen und bei der Mannschaftsaufstellung.

Abb. 61: Entwicklung einer strategisch-situativen Denk- & Handlungsweise VII

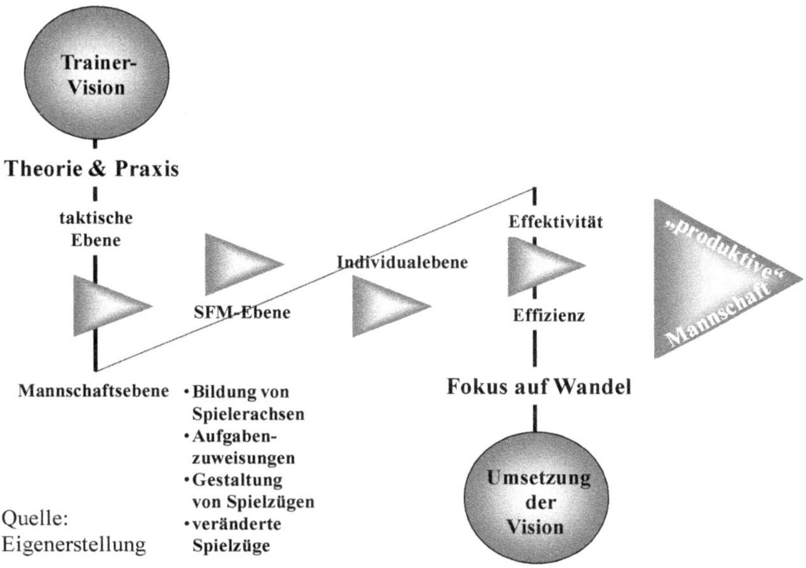

Quelle: Eigenerstellung

8.1. Strukturelle Aspekte: „Empowerment“ und taktisches Improvisieren

„Teams müssen in Abhängigkeit von ihrer Aufgabe die beste Struktur finden.“[931]

Mannschaftsdesign und -entwicklung[932] können auch bei der Bildung von SFM zu Erfolgsfaktoren werden.[933] SFM können nämlich aus Spielern aller Formationen bestehen: diese Spieler strukturieren sich bis zu einem gewissen Grad selbständig um[934] und treffen während eines Spieles selbständige Entscheidungen.[935] In SFM werden die kompetentesten Spieler mit Führungsaufgaben betreut (z.B. für den Spielaufbau bestimmter „Achsen“)[936] und verkörpern dabei glaubwürdig die **Mannschaftskultur**[937]. Bei der Auswahl weiterer Spieler ist entscheidend, inwiefern diese fähig

931 Nerdinger, F.W., Erfolgreich führen, 2000, S. 57.

932 Vgl. Abbildung 19. – Vgl. 7.2.1.

933 Vgl. Bryant, B; Dunphy, D., Teams, Human Relations, May 1996, S. 677-699.

934 Vgl. Hackman, J.R., The design of work teams, In: Lorsch, J.W. (Hrsg.), Handbook of organizational behaviour, 1986, S. 315-342. – Vgl. Bryant, B; Dunphy, D., Teams, Human Relations, May 1996, S. 677-699.

935 SFM-Spieler sollten gleichberechtigt mitentscheiden. Vgl. Hoegl, M.; Parboteeah, K.P., Autonomy and teamwork in innovative projects, Human Resource Management, Spring 2006, S. 67-79.

936 Vgl. Westerbeek, H., Smith, A., Business Leadership and the Lessons from Sport, 2005, S. 69.

937 Vgl. Mahoney, A.I., Recalibrating for the customer, Association Management, August 1999, o.S.

sind, **a)** sich von ihren gewohnten Positionen auf dem Spielfeld zu lösen und **b)** bisherige Spielpraktiken aufzugeben oder abzuändern.[938] Der Trainer sollte auch darauf achten, dass er auf **vielseitige Spieler** zurückgreifen kann, um sich eine maximale **Flexibilität** zu sichern (wichtig für seine **Effizienz**): um dies zu trainieren, eignen sich Überlappungsbereiche bei der Aufgabenverteilung des Teams.[939] Der Spieler sollte **ganzheitliche Aufgabenbereiche** übertragen bekommen und sich der Ganzheitlichkeit dieser Aufgabe bewusst sein. So hat er die Gewissheit, dass das, was er tut, auch wirklich von Bedeutung ist.[940]

Gibt es innerhalb eines Teams mehrere SFM, so können diese wie in Abbildung 62 in einem Netz miteinander verwoben sein. Der Kommunikationsfluss zwischen SFM und Spielern kann m.E. dadurch relativ ungehindert erfolgen. Das bedeutet ferner, dass SFM **strukturell durchlässig** sein müssen, um andere Spieler in die eigenen Spielzüge einzubauen. Ich zeige nun am Beispiel eines Fußballteams, wie man SFM zusammensetzen kann. Das erste Beispiel besteht aus SFM A und SFM B mit je einem Verteidiger, Mittelfeldspieler und Stürmer („Flügeldreiecke").[941] Das zweite Beispiel sind SFM 1 bis SFM 4: hier werden alle Spieler des Teams in SFM integriert, wobei SFM 1 Defensivaufgaben übernimmt, SFM 4 Offensivaufgaben, und SFM 2 und SFM 3 den Spielaufbau im Mittelfeld. Dass es auch SFM gibt, wo der Tormann in Offensivaufgaben eingebunden wird, zeigt ein Beispiel von der Fußball-WM 2010: ein Abstoß des deutschen Torhüters Neuer flog über 71 Meter auf Stürmer Klose. Dieser setzte sich gegen Englands Upson durch und spitzelte den Ball zum 1:0 ins Tor. Nach dem Spiel kommentierte Klose sein Tor selbst: „Ich weiß, dass Manuel [Neuer] weit abschlägt. Darauf habe ich spekuliert."[942] Eine Erkenntnis daraus war: „Das deutsche Team unter Teamchef Löw hatte eine neue **Achse** [bzw. SFM]. Solche Achsen kennzeichnen seit jeher erfolgreiche Teams: beim deutschen Vizeweltmeister 2002 hieß sie Kahn-Metzelder-Ballack-Klose, beim deutschen Vizeeuropameister 2008 Lehmann-Mertesacker-Ballack-Podolski. [Und beim deutschen WM-Dritten 2010] hieß sie Neuer-Friedrich-Schweinsteiger-Klose."[943]

---

938 Vgl. Luthans, F., Organizational Behaviour, 1995, S. 263.

939 Vgl. Hanna, D.P., Build Integrity into Self-Directing Teams, Executive Excellence, Dec. 1991, S. 4-5.

940 Man kann Spieler durch kleine Verantwortlichkeiten an Aufgaben heranführen. Vgl. Murray, M.C., Leadership Effectiveness; In: Applied Sport Psychology, 1986, S.103f.

941 Vgl. www.derstandard.at: Analyse: Ineffiziente Spitzen, Neundlinger, H., 31. Mai 2007.

942 Vgl. http://www.bild.de/BILD/sport/fussball-wm-2010-suedafrika/2010/06/28/deutsch/klose-poldi-mueller/ schiessen-england-heim.html, 28. Juni 2010.

943 http://www.spiegel.de/sport/fussball/0,1518,703205,00.html: Löws Welt-Meisterprüfung, 28. Juni 2010.

Abb. 62: Struktur & Funktionsweise von SFM[944]

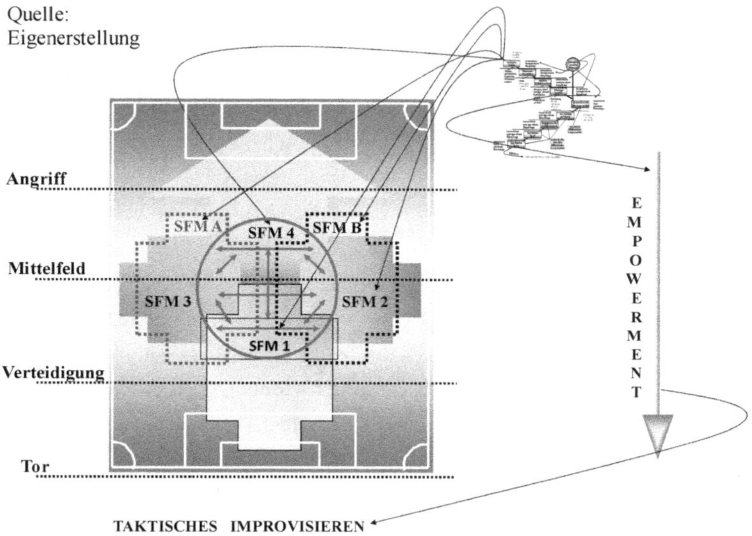

„**Empowerment**" und **taktisches Improvisieren** prägen diesen Prozess und helfen die Aufgabenorientierung, Bereitschaft zu Wandel und Lernfähigkeit[945] der SFM-Spieler zu steigern - v.a. wenn der Trainer auf Partizipation setzt.[946] Da Erfolg auch von **Kooperation** und **Teamarbeit** abhängt, ist überdies ein starkes **Engagement** für das Team vonnöten:[947] das Vorleben der Mannschaftskultur durch (SFM-)Schlüsselspieler,[948] „Multiskilling" (Forcieren der technischen Reife durch Rollenvielfalt), strukturelle Durchlässigkeit, ein ungehinderter Informationsfluss unter den Spielern sowie das Treffen selbständiger Entscheidungen der Leistungsträger auf dem Spielfeld („**Empowerment**") erleichtern dies.

944 Das Symbol für Haupt- und Nebenfragen strategischer Führung weist darauf hin, dass der Bildung von SFM ein strategisches Konzept (Vision, Führungsprioritäten) für die Spielweise zugrunde liegt.

945 Vgl. Ireland, R.D.; Hitt, M.A., Achieving and maintaining strategic competitiveness in the 21st century, The Academy of Management Executive, February 1999, S. 43-57.

946 Vgl. Stewart, G..L.; Manz, C.C., Leadership for Self-Managing Work Teams, In: Pierce, J.L.; Newstrom, J.W., Leaders & The Leadership Process, 2006, S. 361f. – Vgl. Cunningham, G.B.; Mahoney, K., Self-Efficacy of Part-Time Employees in University Athletics, Journal of Sport Management, 2004, S. 59-73.

947 Vgl. Doyle, R.J., Caution: Self-Directed Work Teams, HRMagazine, June 1992, S. 153-155. - Mitglieder von Mannschaftsteilen weisen ein „produktiveres" Verhalten und entsprechende Einstellungsmerkmale auf. Vgl. Luthans, F., Organizational Behaviour, 1995, S. 262.

948 Vgl. Mahoney, A.I., Recalibrating for the customer, Association Management, August 1999, o.S.

Ein Beispiel für die Bildung von SFM unter dem **Gesichtspunkt des taktischen Improvisierens** lieferte das österreichische Fußballnationalteam 2007. Bei einem Spiel gegen Frankreich (0:1) stellte sich heraus, dass sich „...die spieltragenden Achsen der Österreicher weiter hinten befanden“[949]. Darüber hinaus ließ sich aber auch die Herausbildung zweier SFM mit drei Spielern nachzeichnen: die Verteidiger Fuchs und Stranzl banden in ihren Spielaufbau nämlich intensiv den Mittelfeldspieler Ivanschitz ein (defensive Dreier-SFM). Ivanschitz wiederum spielte recht häufig mit den Stürmern Linz und Kuljic zusammen (offensive Dreier-SFM).[950] Diese beiden Dreier-SFM sollten allerdings nicht lange halten, denn schon beim Spiel gegen Schottland (0:1) war davon nichts mehr zu erkennen. Das lag daran, dass **a)** Stranzl verletzt war, **b)** man eine neue Dreier-SFM mit Linz auf dem linken Flügel einrichtete, und **c)** die bestehende offensive Dreier-SFM, deren Drehscheibe Ivanschitz war, durch einen neuen Verteidiger und einen neuen Stürmer verändert wurde.[951] Das dritte Match der Länderspielserie gegen Paraguay (0:0) brachte die nächsten Änderungen: der Verteidiger Stranzl war zentraler orientiert, Linz war der einzige Stürmer,[952] und Ivanschitz wurde eine Sonderrolle im Mittelfeld zugedacht (als Flügelspieler, über den die meisten Aktionen zum Angriff laufen sollten).[953] Dies ließ auf eine Wiederbelebung bzw. Verschmelzung der beiden Dreier-SFM aus dem Frankreichspiel in ein neues „Flügeldreieck“ schließen.[954] Aus strategischer Sicht sollte Teamchef Hickersberger m.E. aber noch keinen zu starken Fokus auf SFM legen. Und wenn, dann nur zur Stabilisierung der Spielweise, denn sein Team war zu diesem Zeitpunkt ja erst Typ-CB, wo man v.a. die Mannschaftsstrukturen festigen musste. Das Experimentieren mit flexiblen SFM zur Erneuerung der Spielweise sollte erst auf Typ-B Niveau voll angegangen werden, denn:

> „Voraussetzungen für Kombinationsfußball sind neben Ballsicherheit sowie hoher balltechnischer Versiertheit ebenfalls eine hohe Laufbereitschaft der angreifenden Mannschaft, ... um den Gegner in der eigenen Spielhälfte oder in Strafraumnähe abzuschnüren und zu Fehlern zu zwingen, um so zum Torerfolg zu kommen.“[955]

So weit war das ÖFB-Team zu diesem Zeitpunkt aber noch nicht.

---

949 www.derstandard.at Analyse: Frankreich–Österreich, Neundlinger, H. (FAS.research), 14. April 2007.

950 Vgl. www.derstandard.at: Analyse: Frankreich – Österreich, Neundlinger, H. (FAS.research), 14. April 2007.

951 Vgl. www.derstandard.at: Analyse: Ineffiziente Spitzen, Neundlinger, H. (FAS.research), 31. Mai 2007.

952 Vgl. www.derstandard.at: Umstellungen vor dem Paraguay-Match (APA), 1. Juni 2007.

953 Vgl http://sport.orf.at/070601-10439/index.html: Einmannsturm und neues Mittelfeld, 2. Juni 2007.

954 Vgl. www.derstandard.at: Analyse: Dünnes Süppchen, Neundlinger, H., et al. (FAS.research), 4. Juni 2007

955 http://de.wikipedia.org/wiki/Taktik_(Fu%C3%9Fball)

8.2. Strategische Aspekte bei der Forcierung der Spielweise eines Teams

> „Wenn ein Schiff in Seenot geraten ist und der Kapitän ruft in die Kombüse hinunter, Jungs, kommt rauf und helft mit, dann können die Köche nicht antworten, Kapitän, wir können nur Eier braten... Ein Rechtsaußen kann auch links spielen, ein Spielmacher auch verteidigen."[956]

Nach einer weiteren verheerenden Niederlage im Rahmen der NBA-Finalserie 1985 gegen die Boston Celtics war die Mannschaft der Los Angeles Lakers am Boden zerstört. Eine allgemeine Niedergeschlagenheit gepaart mit Selbstmitleid und nagender Unsicherheit hatte die Mannschaft erfasst. Die Trainer beratschlagten sich über einen möglichst schnellen **Weg aus der Krise**, weil das nächste Finalspiel schon in wenigen Tagen stattfinden würde. Man entschied sich schließlich für ein 2-Stufen Modell:[957]

- zunächst würde man einige zentrale Spieler identifizieren, die zwar Spielmacher und Leistungsträger waren, aber gerade in dieser Rolle völlig versagt hatten; dennoch - diese Spieler hatten das größte Potential und auch die nötige Routine, um derartige Stresssituationen (und Kritik) gut verarbeiten zu können
- dann sollten diese Spielerpersönlichkeiten vorübergehend mit speziellen Spielerformationen trainieren und im Zusammenspiel geübt werden; in diesen SFM würden die „Stars" des Teams eine führende Rolle übernehmen, ihr volles Potential ausspielen und den Rest des Teams aus der Lethargie herausreißen

Ein intensives Arbeiten mit (hier: defensiven) SFM sollte bei den Lakers also einen Umschwung bewirken und **die Spielweise „stabilisieren"**.

Auch für das indische Damenhockeyteam, das wir im vorigen Kapitel 7 kennen gelernt haben, kam bei der WM-2002 in Australien der Moment, wo das Zusammenspiel der Schlüsselspielerinnen auf SFM-Ebene über Sieg oder Niederlage entscheiden sollte. Das erste Spiel bei der WM ging mit 7:0 gegen die Gastgeberinnen verloren. Bindiya, die wichtigste indische Spielerin, verhielt sich dabei so teamschädigend, dass sie vom Trainer auf die Ersatzbank verbannt wurde. Fernsehreporter beobachteten diese Szenen und kommentieren treffend: „Das, was immer schon die größte Schwäche des indischen Teams war, nämlich das Zusammenspiel, führte zu dieser Niederlage." Die Spielerinnen erkannten nun aber ihr Problem und schafften in der Folge Siege gegen England, Neuseeland, Südafrika und Argentinien. Es folgte das Semifinale gegen Südkorea, das für seine effiziente Manndeckung bekannt war: keinem Team war es im Laufe des Turniers gelungen, auch nur in den Strafraum der Südkoreanerinnen

---

956 Otto Rehhagel, In: http://derstandard.at/,: König Ottos kaiserliche Schmähs, 23. Mai 2005.
957 Vgl. Riley, P., The Winner Within, 1993, S. 125.

einzudringen. Coach Kabir Khan wusste sich zunächst keinen Rat. Da entschied er, Bindiya ins Team zurückzuholen, und erklärte ihr auch warum: „Es gibt etwas, das nur Du hast." Nur sie war in der Lage, mit ihrer Erfahrung und Klasse die Verteidigung der Gegner zu überwinden. In der Tat gelang es ihr auch, im geschickten Zusammenspiel mit der ebenfalls erfahrenen Gunjun die südkoreanische Verteidigung zu „knacken". Indien war im WM-Finale.[958]

Abbildung 63 zeigt nun, dass das Arbeiten mit SFM gut vorbereitet werden sollte. Dabei kristallisieren sich folgende **Führungsschwerpunkte** heraus:[959]

- Wandel konzipieren: es werden Spielmacher identifiziert, die einen Schwerpunkt auf das Zusammenspiel (Spielweise) des Teams legen; der Trainer gibt Leistungsfeedback
- Wandel realisieren: SFM setzen nicht nur die Strategie und taktischen Anweisungen ihres Trainers zur Realisierung der Spielweise um, sie sind für den Rest der Mannschaft auch in Bezug auf Motivation und Moral beispielgebend

Abb. 63: Strategische und taktische Aspekte beim Aufbau von SFM

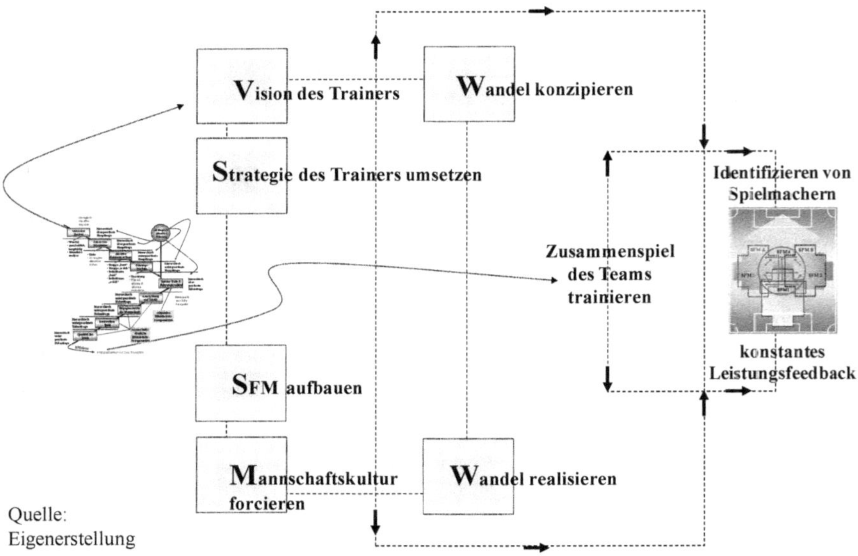

Quelle: Eigenerstellung

958 Aus dem Kinofilm „Chakde! India", 2007. – Vgl.7.3., 9.2., 10.7., 11.2. und 12.3.

959 Vgl. Riley, P., The Winner Within, 1993, S. 170. – In Abbildung 63 werden SFM durch das entsprechende 4-farbige Symbol visualisiert. – Vgl. Abbildung 62.

Ein hoher Grad an **Interdependenz** ergibt sich dabei bei den operativen Aufgaben der Spieler und bei den Führungstätigkeiten der Schlüsselspieler: in jedem Team gibt es ja Spieler, die in hitzigen Spielsituationen nicht die Übersicht verlieren und durch ihre Führungsarbeit eine hohe spielerische Qualität sichern.[960]

Auf Führungspersönlichkeiten war Portugals Fußballteamchef Carlos Queiroz bei der Fußball-WM 2010 angewiesen, nachdem sein (Typ-AA)[961] Team beim 0:0 im ersten Gruppenspiel gegen die Elfenbeinküste eher müde und defensiv[962] gewirkt hatte.[963] Vor dem nächsten Spiel gegen Nordkorea forderte er daher eine **optimierte Spielweise**: „Wir müssen von Beginn an aktiv sein..." Sturmspitze Liedson ergänzte: „Nordkorea hat ein sehr gut eingestelltes, defensives Team."[964] Queiroz stellte sein **Spielsystem** nun von 4-2-3-1 (ein Stürmer) auf 4-3-3 (drei Stürmer) um. Der Erfolg gegen Nordkorea, das zunächst noch „frech mitspielte"[965], „Lust am Kontern"[966] hatte und „den Weg nach vorne suchte"[967], gab ihm Recht: **seine Offensive kombinierte** „wie aus einem Guss"[968]. Meireles, der vor der eigenen Abwehr „zentral als **Abfangjäger, Schaltstation und Ideengeber**"[969] fungierte, und Mittelfeldspieler Tiago bildeten eine erste SFM und trieben Portugals Spiel effektiv nach vorne. Tiago fand die erste Lücke in Nordkoreas Verteidigung, seinen Pass nütze Meireles zum 1:0.[970] Danach „kombinierten die Portugiesen weiterhin bis zum Strafraum flüssig. Noch

---

960 Dazu gehört, dass sie den Spielplan des Trainers durchziehen. Vgl. Westerbeek, H.; Smith, A., Business Leadership and the Lessons from Sport, 2005, S. 35.

961 Portugal war im FIFA-Ranking Dritter. Vgl. http://de.fifa.com/associations/association =por/ranking/gender=m/index.html, 11. August 2010. - Im WM-Kader von 2010 standen 8 Spieler der WM 2006 und 12 Spieler der EURO 2008. Vgl. http://www.goal.com/de/news/ 964/wm2010/2010/05/10/1918569/portugals-carlos-queiroz-gibt-vorl%C3%A4ufigen-wm-kader-bekannt, (bed), 10. Mai 2010. – Vgl. http://www.weltfussball.at/ teams/portugal-team/wm-2006-indeutschland/2/#redirect – Vgl. http://www.weltfussball.de/teams/portugal-team/em-2008-oesterreich-schweiz/2/

962 Vgl. http://www.kicker.de/news/fussball/wm/spielplan/weltmeisterschaft/2010/1/833333/spielbericht_elfen-beinkueste_portugal.html, 15 Juni 2010.

963 Vgl. Kronen Zeitung (WM-Extra): Angst vor Brasilien führte zu lähmender Nullnummer, 16. Juni 2010.

964 http://sport.orf.at/wm2010/100620-455/index.html: Polster für Brasilien-Spiel soll her, 20. Juni 2010.

965 http://www.kicker.de/news/fussball/wm/spielplan/weltmeisterschaft/2010/2/833335/spielbericht _portugal_ nordkorea.html., 21. Juni 2010.

966 http://derstandard.at/1276413656356/Portugal-zerlegt-Nordkorea, 21. Juni 2010.

967 http://www.kicker.de/news/fussball/wm/spielplan/weltmeisterschaft/2010/2/833335/spielbericht _portugal nordkorea.html., 21. Juni 2010.

968 http://sport.freenet.de/wm2010/gruppe-g-portugal--nordkorea-70-portugal-ballert-sich-richtung-achtelfinale_1744484_489876.html, 21. Juni 2010.

969 http://www.spox.com/de/sport/fussball/wm/wm2010/wm-endrunde/wm-gruppe-g/spielberichte/ portugal-nordkorea/analyse-scuetzenfest-fuer-seleccao-achtelfinale-fast-sicher-ronaldo-tiago-mereiles-almeida.html, 21. Juni 2010.

970 http://www.merkur-online.de/ereignisse/fussball-weltmeisterschaft-2010/aktuell/portugal-nordkorea-spielbericht-wm-812564.html, 21. Juni 2010.

fehlte aber der Pass in die Spitze. [In der zweiten Halbzeit sollte ihnen das gelingen und] Meireles und Almeida [die eine weitere SFM formten] spielten am Strafraum Doppelpass".[971] Meireles sorgte für „kraftvolle Vorstöße durch die Mitte"[972], Almeida diente in dieser SFM als „robuste **Anspielstation** und **verteilte klug die Bälle**".[973] Portugal dominierte das Spiel mit **Kombinationsfußball**.[974] Zunächst erhöhte Simao nach Zusammenspiel von Meireles und Almeida[975] auf 2:0 – diese SFM war somit ebenfalls an einem Tor beteiligt. Aber damit nicht genug: Almeida und Tiago erzielten die Treffer zum 3:0 und 4:0.[976] Auch Christiano Ronaldo, Weltfußballer von 2008, profitierte von einem **Positionswechsel** vom Zentrum zum linken Flügel[977]: „er riss das Spiel mehr und mehr an sich ... und erarbeitete sich selbst und seinen Teamkollegen Chancen, die diese dann auch nutzten"[978] – hier zeichnete sich m.E. also eine weitere SFM über Christiano Ronaldo ab. Wie man sah, verfügte Portugal nicht nur über eine starke Defensive[979], sondern hatte auch **offensive Alternativen in Form von SFM**[980] - das Spiel endete mit einem 7:0 Portugals gegen Nordkorea,[981] das aber „erhobenen Hauptes verloren hatte [982]".

Dieses Spiel der Portugiesen führt einmal mehr vor Augen, dass durch das **Rotieren von Führungsaufgaben in SFM** immer mehr Spieler Führungsarbeit zu leisten imstande sein sollen: niemand darf den Ruf eines Mitspielers nach Hilfe oder Führung ignorieren, da er später ja gerade dessen Unterstützung benötigen kann.[983] SFM

---

971 http://www.rp-online.de/sport/fussball/nationalelf/wm/welt/Portugal-im-Fussball-Rausch_aid_871505.html, 21. Juni 2010.

972 http://www.zeit.de/sport/2010-06/portugal-nordkorea-2, 21. Juni 2010.

973 http://www.spox.com/de/sport/fussball/wm/wm2010/wm-endrunde/wm-gruppe-g/spielberichte/portugal-nordkorea/analyse-scuetzenfest-fuer-seleccao-achtelfinale-fast-sicher-ronaldo-tiago-mereiles-almeida.html, 21. Juni 2010.

974 Vgl. http://sport.orf.at/wm2010/100621-483/index.html: Historisches Schützenfest, Wagner, Ch., 21. Juni 2010.

975 Vgl. http://www.stern.de/sport/fussball-wm/wm-kantersieg-70-portugal-schiesst-nordkorea-ab-1575689.html, 21. Juni 2010. – Vgl. http://www.noows.de/schutzenfest-fur-portugal-gegen-nordkorea-19316, 21. Juni 2010.

976 Vgl. http://sport.orf.at/wm2010/100621-483/index.html: Historisches Schützenfest, Wagner, Ch., 21. Juni 2010.

977 Vgl. Kronen Zeitung (WM Extra): Der Deco hat gespielt wie in Versager, Stessl, H., 16. Juni 2010.

978 http://www.noows.de/schutzenfest-fur-portugal-gegen-nordkorea-19316, 21. Juni 2010.

979 Vgl. http://sport.orf.at/wm2010/100628-700/index.html: Fans hoffen auf Leistungsexplosion, 28. Juni 2010.

980 Vgl. http://www.zeit.de/sport/2010-06/portugal-nordkorea-2, 21. Juni 2010.

981 Vgl. http://sport.orf.at/wm2010/100621-483/index.html: Historisches Schützenfest, Wagner, Ch., 21. Juni 2010.

982 Queiroz, C., In: http://sport.orf.at/wm2010/100622-513/index.html: Einfach nur fantastisch, 22.6.2010.

983 Vgl. Hanna, D.P., Build Integrity into Self-Directing Teams, Executive Excellence, December 1991, S. 4-5.

unterstützen Spieler bei der Entwicklung ihrer rollenspezifischen Reife und sollten gesondert behandelt werden, d.h. **a)** möglichst oft zusammen trainieren sowie **b)** ständig über eigene Leistungsdaten informiert sein.[984]

Abbildung 64 visualisiert in diesem Sinne erneut den Ablauf der Einrichtung von SFM und zeigt, worauf es dabei im strategisch-situativen Kontext ankommt.[985]

Abb. 64: SFM im Kontext von strategisch-situativer Führung

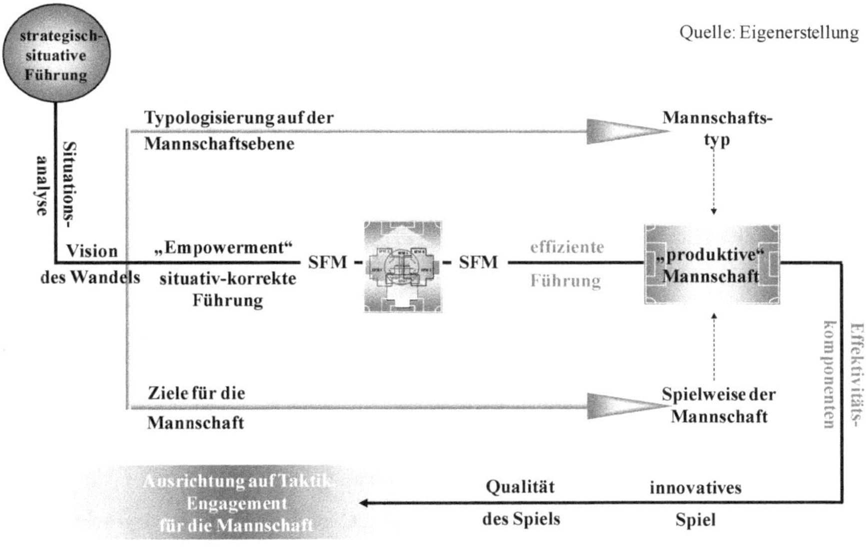

Zunächst bereitet der Trainer neue SFM durch eine sorgfältige Situationsanalyse und entsprechende Führungsprioritäten für die Spielweise seines Teams vor.[986] Dazu gehört m.E. von Anfang an eine **Vision des Wandels**, die den Rahmen von SFM absteckt, wo Spieler „empowert“ und situativ korrekt (**effizient**) geführt werden. Dies wurde schon zu Beginn von Punkt 8.2. am Beispiel der Los Angeles Lakers verdeutlicht, als die Trainer zunächst jene zentralen Spieler identifizierten, die im Spiel zuvor versagt hatten, und dann wieder im Zusammenspiel mit SFM eingeübt werden

984 Vgl. Riley, P., The Winner Within, 1993, S. 170.

985 Die Mannschaftsebene wird in Abbildung 64 durch ein Fussballfeld visualisiert, SFM durch das 4-farbige Symbol (Vgl. Abbildung 62.).

986 Vgl. 5.1. und 5.2. – Vgl. Abbildung 19.

mussten. Das Einrichten von SFM gelang den Lakers deshalb so gut, weil der Kern des Teams schon lange gut aufeinander eingespielt war: so konnte sich jeder Spieler **a)** auf die Bewegungen und das Spielverhalten seiner Mitspieler in der SFM einstellen sowie **b)** eigene Schwächen überwinden. Die Flexibilität des Teams zeigte sich darin, dass alle defensiven SFM mehrmals während eines Spieles zwischen konventionellen und neuartigen Verteidigungsstrukturen hin- und herwechseln konnten.[987] So gelang es, ein „produktives" Team zu kreieren, das die Ausrichtung auf **mannschaftsdienliche Effektivitätskomponenten**[988] verbesserte. Aspekte wie diese fließen in die Strukturierung von SFM ein. Ändern sich situative Faktoren, z.B. durch Spielerfluktuation, so wird man m.E. auch die Zusammensetzung von SFM neu überdenken müssen.
Auch Chuck Daly, der Coach des US-Basketball „Dream Teams" 1992, beriet sich mit seinen Assistenztrainern darüber, ob und welche SFM man einrichten sollte. Schließlich entschied man sich für ein Experiment: erstmals sollten die zwei Center-Spieler[989] Patrick Ewing und David Robinson zusammen aufgestellt werden. Diese Spieler konnte man gemeinsam in einer SFM spielen lassen, weil beide sehr schnell, beweglich und flexibel und nicht zuletzt gegen großgewachsene Gegenspieler effektiv waren. Es wurde also eine defensive SFM mit zwei der renommiertesten Offensivspieler der NBA als Wurfblocker eingerichtet. Ihre Aufgabe in dieser Wurfblock-SFM sollte es sein, nicht nur gemeinsam die gegnerischen Angriffe abzublocken, sondern auch äußerst druckvoll aus der Defensive heraus zu agieren. Der Trainer stellte schon beim ersten Einsatz gegen Argentinien (128:87) fest, dass diese Aufstellungsvariante sehr erfolgreich war[990]: indem diese SFM **a)** das Denken der Spieler in Systemen und Netzwerken[991] förderte und sich durch **b)** schnellere Entscheidungen positiv auf die Lernneigung[992] der Spieler auswirkte,[993] unterstützte sie den Trainer also bei seiner **Strategieimplementierung.**[994]

---

987 Vgl. Riley, P., The Winner Within, 1993, S. 73.

988 Vgl. 3.1., 3.2., 10.3., 10.4., 10.5. und 10.6.

989 Die Centerposition ist Teil der Offensivformation im Basketball und am schwersten zu besetzen. Ein Team mit einem sehr guten Center hat den Vorteil, dass ihm fast alle anderen Teams auf dieser Position unterlegen sind. Vgl. http://de.wikipedia.org/wiki/Center (Basketball).

990 Vgl. Daly, Ch., America`s Dream Team, 1992, S. 150.

991 Vgl. Bennis, W.; Mische, M., 21st Century Organization, Executive Excellence, September 1996, S. 7-8.

992 Vgl. Offermann, L.R.; Spiros, R.K., The science and practice of Team development, Academy of Management Journal, April 2001, S. 376-392.

993 Vgl. Bryant, B; Dunphy, D., Teams, Human Relations, May 1996, S. 677-699.

994 Vgl. Fessler, C., Rotating Leadership at Harley-Davidson, Strategy and Leadership, July/August 1997, S. 42-43.

8.3. Implikationen für das Führungshandeln: SFM im strategisch-situativen Kontext

> „Im Kontext von SFM kann durch Rolleninterdependenz „... jedes Teammitglied in einzigartiger Weise zum Mannschaftserfolg beitragen“.[995]

Der Aufbau von SFM stellt m.E. eine der am meisten lohnenden Herausforderungen für Trainer dar. Es ist aber ein schwieriges Unterfangen, da die Führungsarbeit um eine Ebene (Mannschaftsteile) erweitert wird, was zusätzliche Anforderungen bringt:

- komplexere Aufgaben bei neuen Leistungskriterien[996] und Erwartungen[997]
- das Zulassen einer Gruppendynamik auf der SFM-Ebene, was einer Gratwanderung zwischen „Laisser faire“ und gebotener Intervention[998] (bei Subkulturen) entspricht

Dieser Aufwand macht sich m.E. aber bezahlt, denn es „winken“ Verbesserungen bei der strategischen Flexibilität und Leistungsfähigkeit des Teams, wie schon beim US-Basketball „Dream Team“ 1992 in Punkt 7.2.1. gezeigt wurde: hier übertrug Coach Daly den Spielern abwechselnd Verantwortung für die Führungsarbeit. In der Folge bemühte sich jede Spielerformation, die Bälle und Punkte optimal zu teilen.

Abbildung 65 visualisiert diese Zusammenhänge. So zielt der Aufbau von SFM auf eine **gesteigerte Leistungsfähigkeit** des Teams ab. Wichtige ist hierbei **a)** das Verankern der Führungsprioritäten für die Spielweise auch auf der SFM-Ebene[999], **b)** das Definieren neuer Rollen mittels veränderter Rollenerwartungen, und **c)** „Empowerment“. Dabei sollte der Trainer der Entwicklung von SFM-Subkulturen vorbeugen. Die erfolgreiche Handhabe dieser Schlüsselfaktoren führt nicht unmittelbar zu einer adäquaten Ausrichtung der Spieler auf **Taktik**, **Engagement**, **Innovation**, oder **Qualität** - vielmehr entfaltet sich dies erst nach und nach. Den Anfang setzt hier die Forcierung eines **Multi-Rollenverständnisses**[1000] bei den (Schlüssel-)Spielern. Ein Beispiel dafür lieferte ja der österreichische Fußballteamchef Hickersberger in Punkt 8.1., wo er die Spielweise seines Typ-CB Teams durch das Testen von Spielern in wechselnden SFM-Formationen[1001] zu stabilisieren versuchte.

---

995 Hanna, D.P., Build Integrity into Self-Directing Teams, Executive Excellence, December 1991, S. 4-5.

996 Vgl. Nerdinger, F.W., Erfolgreich führen, 2000, S. 59.

997 Vgl. Riley, P., The Winner Within, 1993, S. 173.

998 Vgl. Langfred, C.W., The downside of self-management, Academy of Management Journal, 2007, S. 885-900.

999 Das Symbol für die Haupt- und Nebenfragen strategisch-situativer Führung in Abbildung 65 verdeutlicht den ganzheitlichen Ansatz. Das 4-farbige Symbol (Vgl. Abbildung 62) stellt SFM dar.

1000 Vgl. Kranz, M., Management von Strategieprozessen, 2006, S. 185.

1001 Das Wechseln zwischen SFM betrifft m.E. zuerst die Schlüsselspieler. – Vgl. Abb. 77. - Vgl. 11.3.

Abb. 65: Die Rolle von SFM bei der Realisierung von Wandel

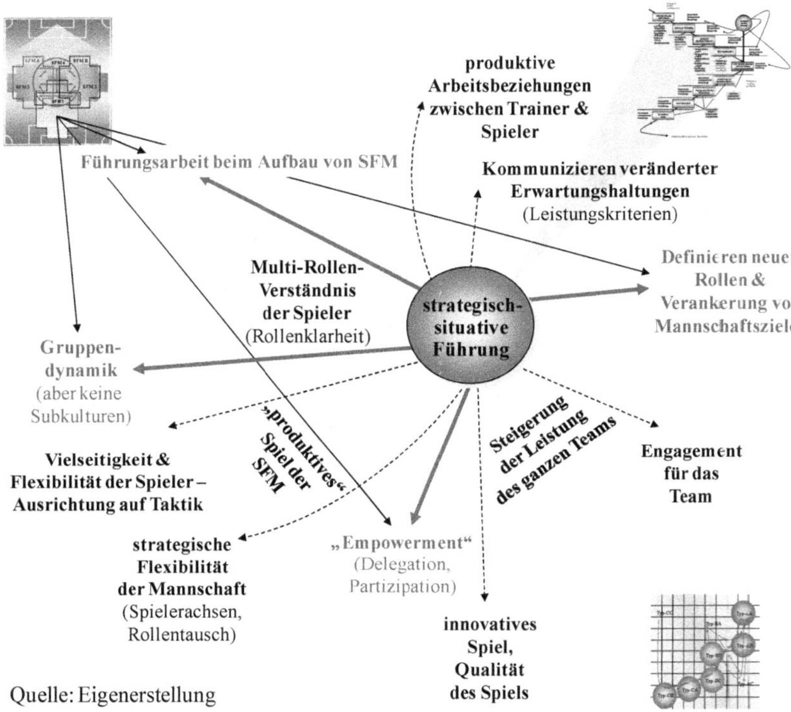

Quelle: Eigenerstellung

Ähnlich war die Grundregel von Trainer Fabio Capello als es darum ging, die Taktik und das Spielsystem für das krisengeschüttelte Real Madrid 2006/07 neu festzulegen, um die Spielweise zu stabilisieren (**inkrementeller Wandel**). Schon früher, „beim AC Milan,[1002] hatte Capello den Franzosen Desailly vor den Innenverteidigern installiert, womit er immensen Erfolg hatte. Seitdem hatte fast jedes [von Capello trainierte Team] einen vergleichbaren Spieler in seinen Reihen. So nahm er auch [den Brasilianer] Emerson von AC Rom mit zu Juventus Turin, und von dort zu Real Madrid."[1003] Darüber hinaus ließ Capello viel über die Flügel spielen.[1004] Davon

1002 Capello führte den AC Milan zu vier Meistertiteln sowie zu einem historischen 4:0 Sieg im European Champions League Finale 1994. Dies war nach Expertenmeinung freilich keine typische Vorstellung eines von Capello trainierten Teams. - Vgl. http://www1.de.uefa.com/member associations/news/newsid=638024.html: Der Disziplinfanatiker, Menicucci, P., 14. Dezember 2007.

1003 http://www1.de.uefa.com/memberassociations/news/newsid=638024.html: Der Disziplinfanatiker, Menicucci, P., 14. Dezember 2007.

abgesehen bevorzugte er aber kein bestimmtes Spielsystem mit weiteren fixen Spielerachsen (SFM): „Man muss sich nach den Spielern richten, die man … hat. Man darf niemals jemanden ins System pressen…. Viele denken, es gibt nur das eine gute System, aber ich glaube, dass es viele gibt“, meinte er.[1005] Höchste Flexibilität bei einer zumeist eher konservativen und defensiven grundsätzlichen Spielweise war kennzeichnend für den Stil von Fabio Capello - dies musste von seinen Spielern bis ins letzte Detail umgesetzt werden.[1006]

Abbildung 66 führt in diesem Sinne die in Kapitel 4 begonnene Sammlung von Implikationen für das Führungshandeln fort und verdeutlicht, dass ein Trainer auch zur Führung von SFM[1007] eine Vision und konkrete Ziele benötigt. Für Trainer Capello waren dies bei Real Madrid der Gewinn der spanischen Meisterschaft und die Wiederbelebung des Teams bei zunächst defensivem Spielverhalten. Dabei galt für Capello - so wie für jeden anderen Trainer auch -, dass konkrete Ziele und die konsequente Ausrichtung der Spieler auf Taktik die Forcierung einer bestimmten Spielweise erleichtern. Der Aufbau eines Spielsystems mit Spielerachsen, eine **„starke“ Mannschaftskultur** mit Produktivitätsorientierung[1008], sowie entsprechende Umstrukturierungen im Team helfen dabei die strategische Flexibilität zu verbessern.[1009] Dazu sollten Schlüsselspielern in SFM mit **„Empowerment“** Kompetenzen[1010] übertragen werden (mehr Aufgabenvielfalt,[1011] Autonomie,[1012] ein festgelegter Aktionsradius). Schließlich prägt der Trainer diesen Spielern seine **rollenspezifischen Erwartungen**[1013] ein und unterstützt sie durch sein Vertrauen.

1004 Vgl. http://www.welt.de/sport/article725888/Hohe_Abfindung_bewahrt_Capello_vor_Rauswurf.html, 20. Februar 2007.

1005 Vgl. http://www1.de.uefa.com/memberassociations/news/newsid=638024.html: Der Disziplinfanatiker, Menicucci, P., 14. Dezember 2007.

1006 Vgl. http://www1.de.uefa.com/memberassociations/news/newsid=638024.html: Der Disziplinfanatiker, Menicucci, P., 14. Dezember 2007. – Vgl. http://chinadaily.com.cn/sports/2007-06/29/content_905526.htm: Real Madrid sack title-winning coach Capello, 29. Juni 2007. – Vgl. Beginn von Kapitel 5, sowie 5.1. und 6.1.

1007 Ein Trainer muss … „Subteams unterstützen.“ Vgl. Katzenbach, J.R., Teams an der Spitze, 1998, S. 206.

1008 Produktivität bezeichnet die Realisierung von Wandel. Vgl. 4.5., 5.2., 5.5., 5.6., 6.1., 7.1., 7.3., 7.4., 7.5., 7.6., 8.2., 8.4., 9.2., 10.5., 10.6., 10.8., 12.3. und 12.4.

1009 Das Symbol für den strategisch-situativen Führungskreislauf in Abbildung 66 verdeutlicht, dass Vision und Ziele die Lerneigung der Spieler (subjektive sportliche Lern- und Entwicklungsziele) beeinflussen. – Vgl. Abbildung 100.

1010 Vgl. Doyle, R.J., Caution: Self-Directed Work Teams, HRMagazine, June 1992, S. 153-155.

1011 Vgl. IBM Global Human Capital Study 2008, In: Davis, N.M., Build leaders from within, HR Magazine (http://findarticles.com/p/articles/mi_m3495/is_/ai_n24357793?tag=artBody;col1), Feb. 2008.

1012 Vgl. Punkt 4.5.

1013 Dies ist ein wichtiger Aspekt bei der Erneuerung der Spielweise einer Mannschaft. – Vgl. 10.

Abb. 66: Implikationen für das Führungshandeln V

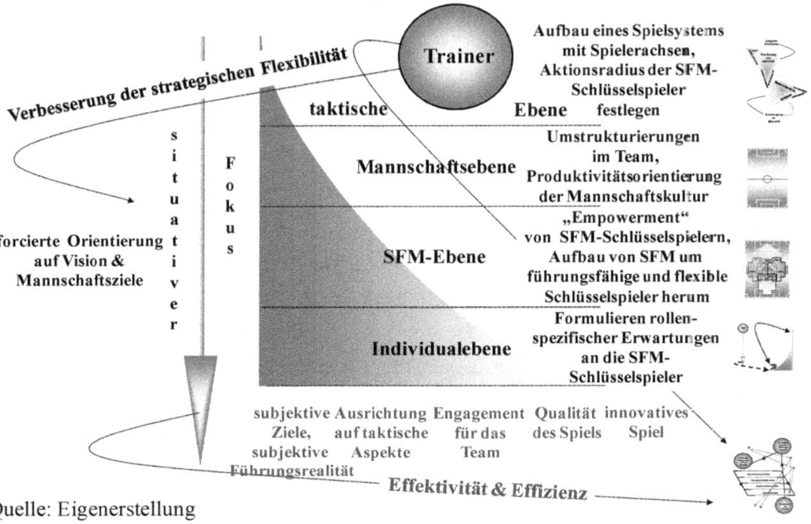

Quelle: Eigenerstellung

Auch für den Trainer unseres zweitklassigen Typ-BB Herren-Amateureishockeyteams aus der 3. österreichischen Liga, das wir von Punkt 5.2. und dem Beginn dieses Kapitels kennen, ergibt sich die Notwendigkeit, SFM-Spieler stärker auf ihre Aufgabe und Rolle zur **Realisierung von Vision und Mannschaftszielen** einzuweisen. Ist erst einmal ein **verbessertes Aufgabenverständnis** geschaffen - ein wesentlicher Baustein zur Entwicklung einer „lernenden" Mannschaft - geht es **a)** um spielerisch-technische Aspekte bzw. um ein **verbessertes Zusammenspiel**, und **b)** um ein weiterhin forciertes Arbeiten mit **„Empowerment"**. Zusätzlich sollten auch schwächere SFM-Spieler in die aufgabenbezogenen Entscheidungsprozesse des Trainers eingebunden werden. Was vorerst nur Leistungsträgern und Schlüsselspielern vorbehalten ist, kann so auf breiterer Basis zur Schaffung von **mehr Aufgaben- und Rollenvielfalt** beitragen.

8.4. Zusammenfassung: Wandel realisieren durch SFM

> „Um [als Spielmacher] Akzente zu setzen, musst Du Dich für dein Spiel begeistern, für jene, die neben Dir arbeiten, und für das Potential, das dem Spiel innewohnt."[1014]

SFM sind m.E. in der idealen Lage, **Wandel bei der Spielweise** umzusetzen. Sie geben sich dabei nicht etwa ihre eigene Richtung vor, sondern orientieren sich an den Mannschaftszielen - wie die SFM der Los Angeles Lakers in Punkt 8.2.: diese sollten

[1014] Riley, P., The Winner Within, 1993, S. 256f.

einen Umschwung bei den Spielern bewirken und das Spiel stabilisieren. Abbildung 67 bringt die entsprechenden zusätzlichen strategisch-situativen Parameter ins Spiel. Dabei gilt, dass Mannschaftsziele sich am Potential der (Schlüssel-)Spieler orientieren – ein Ergebnis der Situationsanalyse. SFM sind ein ideales **„Exerzierfeld"** für die Führungsqualitäten eines Trainers und werden durch ihre Stellung zwischen Mannschafts- und Individualebene zum **„Puffer"** zwischen mannschaftsbezogenen Aufgaben und dem Ausleben der Entfaltungsbedürfnisse der Spieler. Dies kann sich positiv auf die Vielseitigkeit der Spieler bzw. auf die strategische Flexibilität des ganzen Teams auswirken. Außerdem sollte es durch die spezifischen Aufgabenstellungen innerhalb von SFM keine Unklarheiten bezüglich der Rollen von Spielern mehr geben („blindes Verständnis" der Akteure)[1015] und ein „produktiveres" Spiel zur Realisierung von Wandel bei der Spielweise möglich werden.

Abb. 67: Strategisch-situativer Kontext auf dem Entwicklungsweg eines Teams V

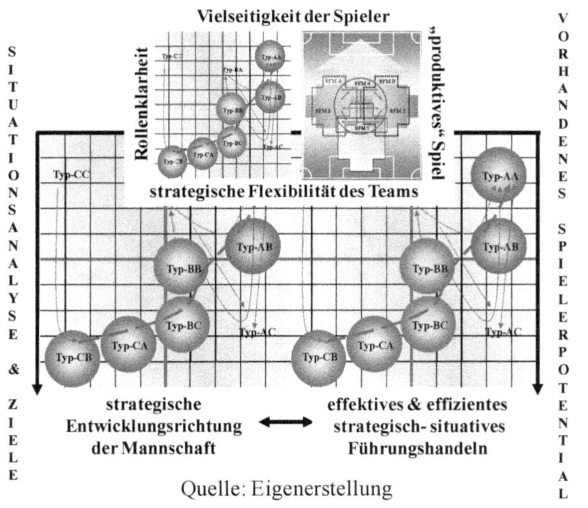

Quelle: Eigenerstellung

SFM stellen aber auch eine **Spielwiese für die Talente der Spieler** dar, was u.a. bei der Realisierung von deren individuellen sportlichen Lern- und Entwicklungszielen und bei der Forcierung der individuellen Spielqualität hilfreich ist. Auf die v.a. für Typ-A Teams wichtige Individualebene gehe ich nun in Kapitel 9 ein.

1015 Vgl. Beginn von Kapitel 1. – Vgl. 3.1. und 10.6.

9. Führungshandeln auf der Individualebene

„Ein entscheidender Fehler bei vielen Ansätzen zur Führung von Teams ist deren … Rat, Individualität vollständig zugunsten des Kollektivs zu unterdrücken."[1016]

„Motiviere die Spieler, die Du hast, und weine nicht jenen nach, die Du nicht hast."[1017]

„Letztendlich „gehört" eine Mannschaft den Spielern, die ihren Job erledigen."[1018]

Nachdem Earvin „Magic" Johnson 1980 in zwei NBA-Spielen hintereinander schwer von seinen Gegenspielern bedrängt und jedes Mal an derselben Stelle seines linken Knies getreten wurde, kam ein verletzungsbedingtes Aus für 100 Tage. Ein schwerer Schlag für das Team. Ein Mitspieler sagte den Reportern: „Das wird ein weiterer Test für unsere Mannschaft sein." Und ein anderer meinte: „Das wird beweisen, woraus wir alle wirklich gemacht sind." Sie sagten das eine und meinten doch das andere, denn fast jeder Mitspieler der Los Angeles Lakers Meistermannschaft litt unter dem Starkult, der um „Magic" Johnson entfacht worden war. Sie alle hatten Unglaubliches geleistet, um den nationalen Titel zu gewinnen, doch das meiste Medieninteresse erntete stets der Superstar, der nun verletzungsbedingt pausieren musste. Selbst in dieser Phase war die Sportwelt mehr an der Abwesenheit des Superstars als an den aktuellen Leistungen der restlichen Meistermannschaft interessiert. Das war für einige Spieler zu viel. Vor allem jene, die sich im Zuge des Mannschaftserfolges in ihrer Bedeutung maßlos zu überschätzen begannen, sahen nun den Moment gekommen, wo sie endlich beweisen konnten, dass sie viel besser und wichtiger waren als man ihnen allgemein zugebilligt hatte. Sie wollten nun „ihren Teil des Kuchens". Tatsächlich hatte sich bis dahin niemand ausreichend um die korrekte Darstellung ihrer Vorzüge und Qualitäten in der Öffentlichkeit und - noch wichtiger - innerhalb des Teams bemüht. Der Coach hätte die Bedeutung dieses Umstandes früher erkennen müssen, um abzuschätzen, welche Gefahren nun auf der Individualebene lauerten: kleinliche Rivalitäten zum Zwecke der Selbstbestätigung, ein tagtäglich Energie verschwendender Kampf um Anerkennung, und ein schwindendes Engagement der Spieler für ihr Team.[1019] Wie hätte der Chefcoach (Pat Riley war damals Assistenzcoach) aber reagieren sollen? Am besten wäre wohl gewesen, er hätte vorausblickend ein noch professionelleres Arbeitsumfeld mit hochwertigen **Arbeitsbeziehungen** auf der

[1016] Westerbeek, H.; Smith, A., Business Leadership and the Lessons from Sport, 2005, S. 71.
[1017] Riley, P., The Winner Within, 1993, S. 47.
[1018] Riley, P., The Winner Within, 1993, S. 70.
[1019] Vgl. Riley, P., The Winner Within, 1993, S. 45-54.

Individualebene gefördert[1020] (und m.E. dabei die Orientierung der Einzelspieler auf die Werte einer „starken“ **Mannschaftskultur**[1021] forciert).
Aus strategischer Sicht, so meine ich, ist die Individualebene v.a. für erstklassige Typ-A Teams interessant, und zwar weil hier **a)** die individuellen Qualitäten der Spieler (v.a. der Spielmacher) zielgerichtet vom Trainer gefördert werden, und dabei gleichzeitig **b)** auf die ehrgeizigen Ziele des Teams ausgerichtet werden.
So z.B. bei jenem erstklassigen Typ-AA Profi-Damenhandballteam, das wir in Punkt 5.2. kennen gelernt haben. Der Trainer will, dass sein Team weiter so leistungsbezogen spielt wie bisher und sich dabei in allen spielerischen Bereichen weiter entwickelt – es geht also vorrangig um die Qualität des Spiels. Auf diesem Leistungsniveau lassen sich die Führungsprioritäten des Trainers über das Forcieren leistungsbezogener Aspekte[1022] hinaus v.a. durch eine **verstärkte individuelle Förderung im spielerischen Bereich** („Optimierung“) realisieren. Der Trainer ist deswegen auch gefordert, mehr **Einzelgespräche über individuelle Ziele** zu führen. Insbesondere die Schlüsselspielerinnen können daraus eine große Motivation beziehen. Einzelgespräche sind bei der Realisierung von inkrementellem Wandel bzw. bei der „Optimierung“ der Spielweise darüber hinaus auch für alle anderen Spielerinnen von Bedeutung. Denn, selbst wenn in diesem Team v.a. Schlüsselspielerinnen mit der Umsetzung von Wandel betraut werden, so wird Wandel doch für die ganze Mannschaft „(be-) greifbarer“ und als Teamaufgabe verstanden.[1023] Dem Trainer obliegt es dabei heraus zu finden, ob die Spielerinnen zusätzliche **neue Aufgaben und Herausforderungen** suchen, und welche **Erwartungen und Ziele** sie damit verbinden. Ihm liegt aber auch daran, **a)** dass er die Spielerinnen im Training so weit bringen kann, dass sie mehr an ihre Leistungsgrenzen gehen (und sich z.B. weniger auf Standardsituationen fixieren), **b)** dass die Spielerinnen ihre Eigenverantwortlichkeit steigern und im Spiel mehr selbständige Entscheidungen treffen sowie **c)** dass diese ihre Chancen besser erkennen und sich dennoch stärker auf das Mannschaftsspiel[1024] ausrichten. Zusätzlich geht es

---

[1020] Vgl. Westerbeek, H.; Smith, A., Business Leadership and the Lessons from Sport, 2005, S. 60.
[1021] Vgl. 7.4. – Vgl. Abbildung 55.
[1022] Studien weisen darauf hin, dass das strukturelle Führungshandeln eines Trainers für Handballteams besonders geeignet ist, da transaktionales Führungshandeln (als Komponente von strukturellem Führungshandeln) erfolgsfördernd sein kann. Vgl. Schmidt, M., Führungsverhalten von Trainern im Leistungssport (unveröffentlichte Diplomarbeit), In: Scholz, Ch., Handball-Weltmeister ohne Zaubertrank, Wirtschaftspsychologie aktuell, 2007, S. 27-30.
[1023] Das Mitdenken der Spielerinnen beim Umsetzen des operativen Führungskonzeptes des Trainers ist essentiel.
[1024] Vgl. Abbildung 19.

für den Trainer auch um den Aufbau einer „starken" Mannschaftskultur[1025], die dem Streben der hochkarätigen Spielerinnen nach **Individualität wieder gewisse Grenzen setzt**. Dies verdeutlicht für mich ein Mal mehr die Vernetztheit der Führungsebenen[1026] im strategisch-situativen Kontext[1027].

Abbildung 68 zeigt, dass wir uns nach wie vor in der Umsetzungsphase (Schritt VIII) zur Entwicklung strategisch-situativen Denkens und Handelns befinden. Neben der Komplexität von Führungssituationen auf der Individualebene (u.a. individuelle Rollen und die Leistungserbringung der Spieler, Arbeitsbeziehungen der Spieler mit dem Trainer) geht es in diesem Kapitel auch um deren Einordnung in den strategisch-situativen Kontext.

Abb. 68: Entwicklung einer strategisch-situativen Denk- & Handlungsweise VIII

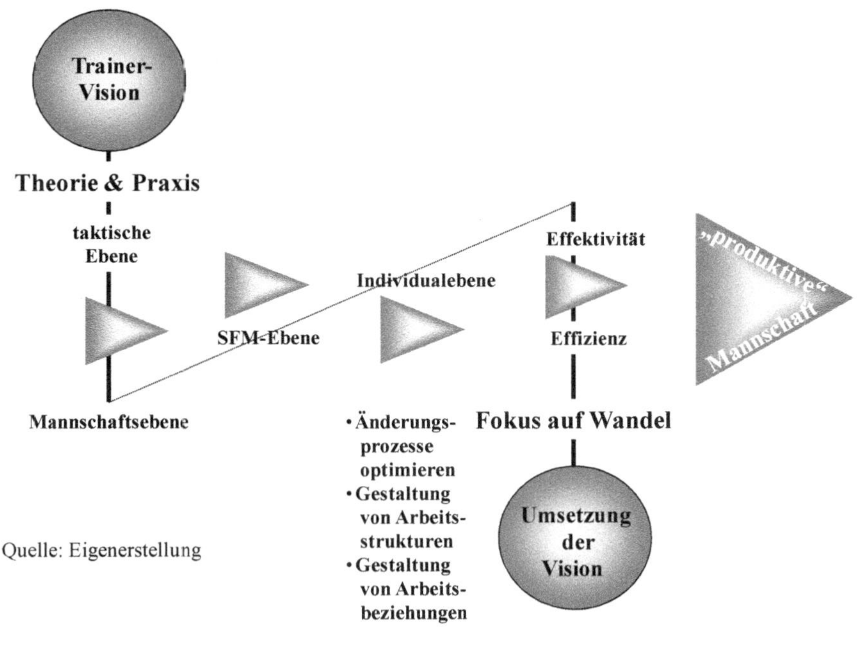

Quelle: Eigenerstellung

[1025] Vgl. 7.4.
[1026] Vgl. Tabelle 1, Tabelle 3. - Vgl. Abbildung 107.
[1027] Vgl. Abbildung 17.

9.1. Trainer-Spieler-Beziehungen

9.1.1 Individuelle Rolle & Leistungserbringung

„Ich laufe dorthin, wo der Puck sein wird, und nicht dorthin, wo er war."[1028]

Im August 2006 schloss ein österreichischer Fußballspieler mit „seinem" Nationalteam ab: „Im ÖFB geht es absolut unprofessionell zu ... mein Rücktritt war und ist endgültig".[1029] Teamchef Hickersberger musste angesichts seiner bloßgestellten Mannschaft schnell reagieren: „So lange ich Teamchef bin, werde ich ihn nicht mehr einberufen".[1030] Und weiter: „Ich habe ihm damals gesagt: 'Entweder Du bist jetzt beim Um- und Neuaufbau der Mannschaft dabei, oder du verzichtest auf die Europameisterschaft.'[1031] Wenn jemand trotz Bedenkzeit behauptet, im Team sei ihm zu viel negative Energie, er könne daher bei seinem [englischen] Club seine Leistung nicht mehr bringen, und meint, mit denen [österreichisches Nationalteam] kann ich nicht spielen, dann ist alles gesagt."[1032] Viele enttäuschende Länderspiele später wollten Journalisten vom Teamchef wissen, ob er „wirklich auf einen Stammspieler der englischen Premier League, der Woche für Woche Gelegenheit hat, von den besten Spielern zu lernen, verzichten will?" Josef Hickersberger gab selbst angesichts eines neuen Angebots dieses Spielers wieder ins Team zurückzukehren, trocken zur Antwort: „Er ist ein Fußball-Athlet und auf der Position, wo er ... bei seinem Verein spielt, haben wir ... sehr gute Alternativen."[1033] Der Teamchef war in einer prekären Situation, denn er musste sich festlegen, wie er mit einem aus seiner Sicht wohl zu wankelmütigen[1034], aber hochbegabten Spieler umgehen würde. Über die Zeit kristallisierte sich seine Führungsstrategie heraus: nur für ihn absolut verlässliche Spieler würden von ihm gefördert werden, während er andere auf das Wartegleis stellte. Mehr Teamgeist und mehr Engagement der Spieler sollten in diesem Sinne die sichtbaren Ergebnisse der Überlegungen von Teamchef Hickersberger für die Spielerzusammenstellung und das Halten der Balance im Team sein.[1035]

1028 Gretzky, W., In: Westerbeek, H.; Smith, A., Business Leadership and the Lessons from Sport, 2005, S. 15.

1029 http://sport.orf.at/070928-13732/index.html: Einmal nein ist immer nein, 29. September 2007.

1030 http://www.krone.at/Sport/Hickersberger_pfeift_auf_Paul_Scharner-Nicht_zu_gebrauchen-Story-51464, 14. Oktober 2007.

1031 http://derstandard.at/3053181: Hickersberger wirft Scharner Tür zu, 12. November 2007.

1032 http://sport.orf.at/071015-14236/index.html: Es ist zwecklos, Wagner, M., 15. Oktober 2007.

1033 Vgl. http://sportv1.orf.at/071103-14828/index.html: Hickersberger im Interview, Tragschitz, Ch., 3. November 2007.

1034 Vgl. http://sport.orf.at/070928-13732/index.html: Einmal nein ist immer nein, 29. September 2007.

1035 Vgl. Butt, D.S.; The Psychology of Sport: The Behaviour, Motivation, Personality and Performance of Athletes, Van Nostrand Reinhold, New York, 1976, S. 141. – Vgl. 11.3.

Überlegungen wie diese spielen also bei der Auswahl der Führungsspieler eine Rolle. Das deutsche Fußballnationalteam etwa geriet kurz vor der WM 2010 in eine heikle Situation, weil der langjährige Teamkapitän Michael Ballack verletzt ausgefallen war. Teamchef Löw ernannte Philipp Lahm zum neuen Kapitän, der seine neue Aufgabe mit Freude übernahm und die „Last der Teamführung anders als Ballack auf viele Schultern verteilte“.[1036] Ohne Ballack wurde das DFB-Team also eines mit flacher Hierarchie - das Gegenteil des hierarchisch orientierten („ausrechenbaren Vorgesetzten“-) Fußballs, der mit Ballack nach Expertensicht wohl nicht zu vermeiden gewesen wäre.[1037] Noch zwei Jahre zuvor hatte Ballack eine „zu große Harmonie in der Nationalmannschaft“ angeprangert[1038] - was bei vielen Mitspielern schlecht ankam (und durch eine Ohrfeige von Stürmer Podolsk für Ballack dokumentiert wurde). Dennoch, was Ballack nach Ansicht von Teamchef Löw auszeichnete, war nicht nur seine Erfahrung: „Michael ist ein Spieler, der oft im Verlauf eines Turniers wichtige Akzente gesetzt und Spiele gegen große Mannschaften entschieden hat.“[1039] Nun machte Lahm seine Rolle als Kapitän jedoch gut und war nicht mehr bereit, diese Funktion aufzugeben. Es kam zu einem Streit. Die angespannte Situation eskalierte als Bastian Schweinsteiger, der inoffizielle Spielerführer des DFB-Teams, in den Machtkampf eingriff: „Zwei Kapitäne, das wäre einer zu viel auf dem Platz. Für mich ist Ballack der Kapitän... Ich glaube schon, dass diese junge Truppe von [seiner] Erfahrung... profitieren kann.“[1040] Teamchef Löw musste sich nun festlegen und tat dies mit Augenmaß: „Ballack bleibt Kapitän der deutschen Nationalmannschaft und wird in seiner Abwesenheit von Philipp Lahm vertreten.“ Löw forderte von Ballack aber entsprechende Leistungssteigerungen: „Und dann kann er die Mannschaft wieder verstärken“, sagte er.“[1041] Eine erneute Verletzung im Herbst 2010 warf Ballack jedoch „erneut und endgültig zurück“, und im Juni 2011 gab Teamchef Löw das Ende der Teamkarriere von Michael Ballack bekannt...[1042]

1036 Vgl. http://sport.orf.at/wm2010/100618-370/index.html: Ohne „Leitwolf“ besser?, 18. Juni 2010.

1037 Vgl. http://derstandard.at/1277337125875/Deutschlands-Stil-Die-Piefke-und-die-Deutschen, Weisgram, W., 30. Juni 2010.

1038 Vgl. http://www.welt.de/sport/em2008/article2133504/Kapitaen_Ballack_kritisiert_Poker_um_Gomez.html., Lars Wallrodt, 22. Juni 2008.

1039 Vgl. http://sport.orf.at/wm2010/100618-370/index.html: Ohne „Leitwolf“ besser?, 18. Juni 2010. – Vgl. meinen Kommentar zum Spiel Deutschland gegen Spanien bei der Fussball WM-2010 (Beginn-Kapitel 12).

1040 Vgl. Kronen Zeitung (WM-Extra): Ein Kapitän zu viel, 12. Juli 2010.

1041 Vgl. http://sport.orf.at/stories/2012300/2012142/: Lahm muss ins zweite Glied zurück, 2. September 2010.

1042 Vgl. http://sport.orf.at/stories/2064217/2063936/: „Ein Foul als Anfang vom Ende“, 18. Juni 2011.

Ein Führungsspieler nimmt seine Position auf dem Spielfeld also nicht nur deshalb ein, weil er Mitspieler gut in Spielzüge einbinden und mitreißen kann[1043], sondern auch, weil er dort am leistungsfähigsten ist - ein Spielmacher eben. Die beiden NBA-Legenden und Mitglieder des „Dream Teams" 1992 **Earvin „Magic" Johnson**, der sein eigenes Spiel auf den Stärken der Mitspieler aufbaute, und **Michael Jordan**[1044], der mit allen nur denkbaren offensiven und defensiven Qualitäten ausgestattet war und aufgrund seiner mentalen Stärke zur Antriebsfeder für seine Mitspieler wurde, der argentinische Weltfußballer 2009 und 2010, **Lionel Messi**, der sich als Stürmer nicht zu schade war, seine Mitspieler auch in der Defensive zu unterstützen, die spanischen Fußballweltmeister 2010 **Xavi** und **Iniesta**, deren gegenseitige Verlässlichkeit und Fähigkeit, die Bälle zu verteilen, geradezu sprichwörtlich war,[1045] und **Diego Forlan**[1046], der als Akteur und Antreiber seines Teams die unangefochtene Führungspersönlichkeit von Uruguay und bester Spieler der Fußball-WM 2010 wurde - sie alle stellen m.E. herausragende Beispiele für solch mannschaftsdienliches Verhalten dar.

Auch das „Vertical-Dyad Linkage-Modell" stellt Überlegungen an, demzufolge Trainer individuell unterschiedlich führen sollten.[1047] Spieler mit besonderen Fähigkeiten, Vertrauenswürdigkeit und bedingungslosem Engagement für die Mannschaftsziele[1048] werden dann bevorzugt behandelt (**„In-group"**).[1049] Emotionelle Unterstützung und das Gewähren von Freiheiten[1050] kennzeichnen die Arbeitsbeziehung eines Trainers mit „In-groups".[1051] Gute Leistungen eines Spielers können zu dieser bevorzugten Behandlung führen, sie stellen aber auch Investitionen und Dankesleistungen des Spielers dar.[1052] **Intensive Zusammenarbeit** und **gegenseitige Unterstützung**[1053]

1043 Vgl. Bennis, W., Rethinking Leadership, Executive Excellence, February 1998, S. 7-8. – Vgl. 10.6.

1044 Vgl. Daly, Ch., America`s Dream Team, 1992, S. 88-91.

1045 Vgl. Fallstudien zum argentinischen und zum spanischen Fussballteam (Beginn-Kapitel 12).

1046 Vgl. http://de.fifa.com/worldcup/news/newsid=1272561/index.html#forlan+gewinnt+goldenen+ball +adidas.

1047 Vgl. Northouse, P.G., Leadership, 2007, S. 152. – Vgl. Gibbons, P.T., Impacts of Organizational Evolution on Leadership–Roles and Behaviours, Human Relations, January 1992, S. 1-18.

1048 Vgl. Riley, P., The Winner Within, 1993, S. 71.

1049 Vgl. Liden, R.G; Graen, G, Generalizability of the vertical dyad linkage model of leadership, Academy of Management Journal, 1980, S. 451-465. - Vgl. Gibbons, P.T., Impacts of Organizational Evolution on Leadership–Roles and Behaviours, Human Relations, January 1992, S. 1-18.

1050 Vgl. Yammarino, F.J.; Dubinsky, A.J., Superior-Subordinate Relationships, Human Relations, June 1992, S. 575-600.

1051 Vgl. Sparrowe, R.T.; Liden, R.C., Process and structure in leader-member exchange, The Academy of Management Review, April 1997, S. 522-552.

1052 Vgl. Yammarino, F.J.; Dubinsky, A.J., Superior-Subordinate Relationships, Human Relations, June 1992, S. 575-600.

1053 Vgl. Perreault, G., Leadership as Friendship, Executive Excellence, Provo, June 1991, S. 8-9.

prägen solche Trainer-Spieler-Beziehungen ebenso wie „**Empowerment**" und ein rollengerechtes,[1054] gesteigertes Engagement der Spieler von „In-groups".[1055] Abbildung 69 zeigt, dass es zu einem Kreislauf der Förderung von „In-groups" kommen kann, während „Out-groups" vernachlässigt werden - dort gibt es nur geringe Leistungssteigerungen. Andererseits kann der Versuch eines Trainers ein reziprokes Verhältnis mit allen Spielern aufrechtzuerhalten dazu führen, dass er zu viel in solche Kontakte investiert und seine eigene Leistung darunter leidet – er wird **ineffizient.**[1056]

Abb. 69: Das Vertical-Dyad-Linkage-Modell im strategischen Kontext

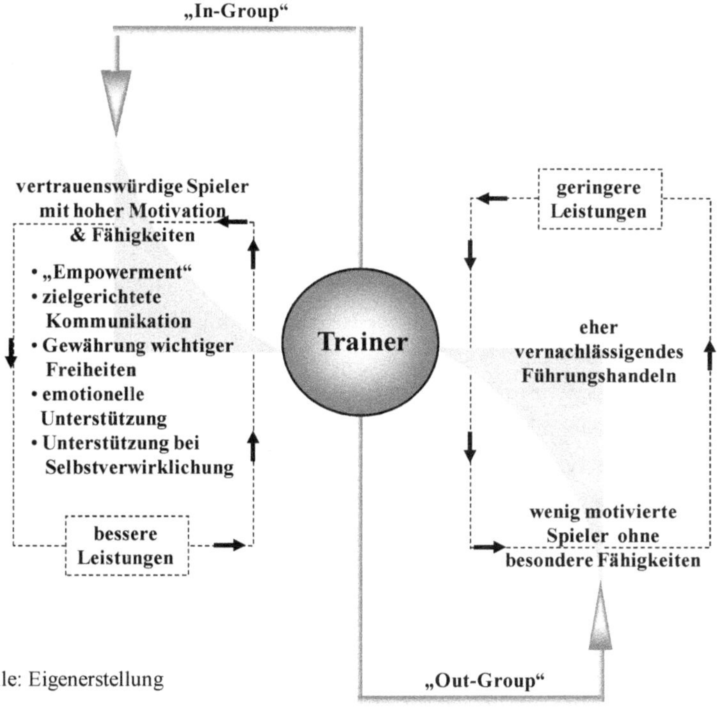

Quelle: Eigenerstellung

1054 Vgl. Deluga, R.J., The Effects of Transformational, Transactional and Laissez faire Leadership Characteristics on Subordinate Influencing Behavior, Basic and Applied Social Psychology, March 1990, S. 191-203.

1055 Vgl. Wilsey, M.D., Leadership and human motivation in the workplace, Quality Progress, November 1995, S. 85-88.

1056 Vgl. Sparrowe, R.T.; Liden, R.C., Process and structure in leader-member exchange, The Academy of Management Review, April 1997, S. 522-552.

9.1.2. Arbeitsbeziehungen des Trainers auf der Individualebene

„Die Schlüsselspieler sind für den Trainer die Brücke zur Führung eines Teams.“[1057]

„Wer sich auf die Zehenspitzen stellt, steht nicht.“[1058]

Die **Erwartungshaltungen** und Motivation eines Spielers können sich entsprechend seiner sportlichen Entwicklung ändern: es ist daher zweckmäßig, dass man der Entwicklungsrichtung eines Spielers konstante Aufmerksamkeit schenkt.[1059] Dazu gehört dem Spieler relevante Informationen mitzuteilen und ihm „auf Augenhöhe“ ermutigende Gesten und Feedback zu geben.[1060] Dabei kann eine Leistungsdatenbank helfen den Spielern Leistungsvorgaben zu geben in Form von:[1061]

- belehrendem Feedback („Zerlegen“ einer Fertigkeit in Leistungskomponenten)
- informierendem Feedback (Was ist zu tun, wie sollen Spieler sich verhalten?)

Untersuchungen zeigen, dass Leistungsfeedback zu objektiven **Leistungssteigerungen** führen kann.[1062] Durch Leistungsfeedback kann man aber auch das **innovative Spiel** der Spieler positiv beeinflussen, v.a. wenn dabei Lerneffekte erzielt werden (z.B. durch Aufgabenvielfalt).[1063] Während dieses Instrument auf eine gewisse Zurückhaltung bei Spielern treffen kann (das Unterordnen unter Statistiken „kratzt“ schnell am Selbstverständnis), so ist es bei professioneller Handhabe doch ein wirkungsvolles Mittel zur Entwicklung einer positiven Arbeitsbeziehung mit Einzelspielern und steht über der „Motivationsschiene“ in einem Verhältnis zu deren sportlicher Entwicklung. Gerade Mannschaftsspieler haben ja einen berufsbedingten Bezug zu Statistiken (Torschützenlisten, Nominierungen ins „Team der Runde“, etc.). Diese Aspekte können durch die Verwendung formeller Programme zum Setzen sportlicher Lern- und Entwicklungsziele für Spieler noch weiter ausgebaut werden.[1064]

1057 Riley, P., The Winner Within, 1993, S. 66.

1058 http://derstandard.at/: Umsichtig führen, Loyalität beweisen, Dueck, G., 19. Januar 2005.

1059 Vgl. Dickson, R., Culturing personal leadership, The Management Accounting Magazine, February 1995 (http://www.accessmylibrary.com/article-1G1-16736645/culturing-personal-leadership-cover.html).

1060 Vgl. Danserau, F.; et al.; A vertical dyad linkage approach to leadership within formal organizations, Organizational Behaviour and Human Performance, February 1975, S. 46-78. – Vgl. Yammarino, F.J.; Dubinsky, A.J., Superior-Subordinate Relationships, Human Relations, June 1992, S. 575-600.

1061 Vgl. Kopelman, R.E., Improving productivity through objective feedback, National Productivity Review, Winter 1982, S. 43-55.

1062 Vgl. Kopelman, R.E., Improving productivity through objective feedback, National Productivity Review, Winter 1982, S. 43-55.

1063 Vgl. 4.5., 5.3. und 10.5.

1064 Vgl. Smith, R. E., Principles of Positive Reinforcement and Performance Feedback, In: Williams, J.M. (Hrsg.), Applied Sport Psychology (5th ed.), 1986, S. 43f.

Vor dem ersten Trainingscamp mit dem US-Basketball „Dream“ Team 1992 beschäftigte Coach Chuck Daly v.a. eine Frage: wie würden die Stars miteinander harmonieren? Individualisten wie Charles Barkley waren bekannt für ihre (oft lauten) Kontroversen auf dem Spielfeld. Alle Spieler waren sich während der NBA-Saison als Rivalen gegenüber gestanden. Es war also nicht auszuschließen, dass der eine oder andere Star die Konfrontation mit Mitspielern suchen würde. Der Trainer wusste, dass mögliche Rivalitäten auf der Individualebene überwunden werden mussten, um als Team zu reüssieren. Zwei Stunden lang wurde nun über alle wesentlichen Aspekte gesprochen, die meisten davon Angelegenheiten abseits des Spielfelds (z.B. organisatorische Aspekte). Dann übergab der Trainer den Spielern mehrere Handouts mit klaren Anweisungen für den Trainingsbetrieb. Vom ersten Moment an lag sein Fokus darauf, den Spielern klar zu machen, worum es ging: die Last zu gewinnen lag nicht, wie man es sonst gewohnt war, nur auf den Schultern der Trainer, sondern bei jedem einzelnen Spieler. Um die Verantwortung „gerecht“ unter den Einzelspielern zu verteilen, wählte Coach Daly schon im Vorfeld drei Führungsspieler für ein „Führungstriumvirat“ aus: Earvin „Magic“ Johnson, Larry Bird und Michael Jordan. Jordan würde die Mitspieler durch sein Beispiel anleiten. Johnson und Bird sollten - als die zwei älteren Stars - das Team als Mannschaftsführer auf dem Spielfeld und auch abseits des Spielfeldes führen. So war es auch Earvin „Magic“ Johnson, der anregte, potentielle individuelle Rivalitäten durch gemeinsame Freizeitaktivitäten (Mannschaftskultur)[1065] zu überwinden. Erst auf dieser Basis wollte der Trainer das Arbeiten mit Leistungsstatistiken und mit einer minutengenau definierten individuellen Einsatzdauer forcieren: sollten Spieler unbefriedigende Leistungen zeigen, würden sie auf die Reservebank verbannt und ihre Einsatzminuten anderen Mitspielern gutgeschrieben werden. Mit diesem Führungsansatz vermochte Coach Daly **a)** die Aufmerksamkeit der Spieler auf die Mannschaftsziele auszurichten, und **b)** potentiellen Reibereien durch klare mannschaftsinterne Strukturen, Arbeitsanweisungen und Leistungsanforderungen von Anfang an einen Riegel vorzuschieben. Noch wichtiger war, dass der Trainer diese Besprechung mit dem Gefühl der Gewissheit verlassen konnte, dass seine Spieler mit ihm mitziehen würden – und dass er beziehungsmäßig in dieses Team hineinwachsen konnte.[1066]

[1065] Vgl. 7.4.

[1066] Vgl. Daly, Ch., America`s Dream Team, 1992, S. 133-138, 168f., 181, 212. – Vgl. 7.2.1.

9.2. Implikationen für das Führungshandeln: Arbeits- und Teamorientierung

> „Nur durch die tägliche Arbeit an den persönlichen Stärken und Schwächen kann sich der Spieler im modernen Fußball ständig verbessern und weiter entwickeln.“[1067]

> „Ein Trainer sollte verschiedene Techniken anwenden, um Spieler auf Basis ihrer individuellen Unterschiede zu motivieren.“[1068]

> „Er ist eben nicht wie jeder andere. Ich möchte ihn aber nicht bändigen. Er wird als Toptalent gehandelt, und ich bin überzeugt, dass er seinen Weg machen wird“[1069]

Als die Los Angeles Lakers 1985 wieder einmal in einem NBA-Finalspiel von ihren „ewigen“ Peinigern, den Boston Celtics, vernichtend geschlagen wurden – die Presse sprach von einem „Massaker“ und die Celtic-Spieler und deren Fans bezeichneten die Lakers nur noch als „Fakers“[1070] – waren die Spieler am Boden zerstört und die Trainer ratlos. Zum wiederholten Male versagten nach einer großartigen Saison just bei einem Entscheidungsspiel die Nerven der Spieler, während der Gegner sich wie gewohnt zu einer besonders starken Leistung emporschwang. Coach Riley hatte sein Bestes gegeben, um die Spieler zu motivieren und ihnen Selbstvertrauen einzuimpfen. Man wollte doch nach dem verpatzten Saisonfinale 1984[1071] erneut den Durchbruch schaffen. Der Weg dorthin ging freilich nur über ebendiesen Angstgegner. Coach Riley wurde klar, dass er nur noch eine Waffe besaß, die sich kurzfristig mobilisieren ließ: seine Superstars rund um Earvin „Magic“ Johnson. Wenn das Team in einer Krise steckte, dann waren der Schlüssel zum Erfolg die Spielmacher und Leistungsträger, denn: „Ein ...Team braucht Superstars, um ein Superstar zu sein.“[1072] Diese Stars mussten nun aktiviert werden, indem ihre Erwartungshaltungen und ihr Engagement für das Team gesteigert wurden. Im Zentrum der Bemühungen stand der Kapitän, ein 36-jähriger Routinier, der zu den besten NBA-Spielern aller Zeiten zählte, bei der vorangegangenen Niederlage jedoch äußerst schwach agiert hatte. Der Trainer fertigte ein 30-Minuten Video der schlechtesten Spielszenen an, wobei im Mittelpunkt der meisten Szenen der Kapitän stand. Das Video wurde gemeinsam mit dem Team analysiert. Es wurde keine Schmutzwäsche gewaschen, doch der Kapitän sah sein

---

[1067] Die deutsche Fussballlegende Franz Beckenbauer, In: http://sport.orf.at/stories/2051994/2051992/: So kann man nicht Fussballspielen, 8. April 2011.

[1068] Chelladurai, P., Sport Management: Its Scope and Career Opportunities; In: Parkhouse, B.L. (Hrsg.), The Management of Sport. Its Foundation and Application, 1996, 2. Auflage, S. 23.

[1069] Österreichs Fussballteamchef Constantini über den Spielmacher Arnautovic, In: http://sport.orf.at/stories/2019056/2019053/: Zwischen Genie und Wahnsinn, Wagner, H., 9. Oktober 2010.

[1070] Was m.E. so viel bedeutet wie „... die tun nur so, als verstünden sie etwas von Basketball“

[1071] Eine Niederlage gegen die Boston Celtics, die schon in Punkt 6.3. beschrieben wurde.

[1072] Riley, P., The Winner Within, 1993, S. 125.

mangelndes Spielverständnis (zu wenig Ausrichtung auf Taktik[1073]), sein mangelndes Engagement, seine Spielfehler. Und er verstand: das Team würde mit ihm aus der Krise kommen oder gar nicht. Er musste die Botschaft annehmen, seine zentrale Stellung für das Spiel des Teams erkennen und wieder zum „Leithammel" für die Mitspieler werden.[1074] Coach Riley setzte in dieser Situation auf wenige Karten, eigentlich nur auf eine, und gewann alles.

Nichts kann für Individuen schwieriger sein, als für das Team persönliche Opfer zu bringen. Die Versuchung egoistisch zu sein und zu erwarten, dass die Mitspieler doch v.a. „für mich" spielen sollen, kann da sehr groß werden. Wem fällt es in so einer Stimmung noch leicht, sich seinen Mitspielern wieder zu öffnen und ihnen Unterstützung für deren Spiel anzubieten? Genau das ist von den Schlüsselspielern - in der Folge auch von jedem anderen Spieler - gefordert, wenn das Team wieder sein volles Potential entfalten soll.[1075]

Auch das indische Damen-Hockeynationalteam, das wir schon in den Punkten 7.3. und 8.2. begleitet haben, war bei der WM-2002 in Australien schließlich an einem Punkt angelangt, wo die letzte Hürde auf dem Erfolgsweg nur noch über die charakterliche und mentale Größe der Einzelspielerinnen zu bewältigen war. Coach Kabir Khan war es nur mühsam gelungen, aus den jungen Spielerinnen ein echtes Team zu formen.[1076] Vorerst sorgten seine harten und kompromisslosen Trainingsmethoden nämlich für handfeste Krisen bei Vidya, Preeti, Komal, Rachna, der temperamentvollen Baldir, und bei Bindiya, der besten und erfahrensten Spielerin. Die Spielerinnen erkannten aber ihr Problem und schafften durch ein verbessertes Zusammenspiel überraschende Siege gegen England, Neuseeland, Südafrika und Argentinien. Nur die Stürmerinnen Komal und Preeti wollten sich weiterhin keinen Ball zuspielen. Im Finale wartete dann erneut Australien, gegen das man schon zu Beginn der WM hoch verloren hatte. In der Nacht vor dem Spiel verlangte der Trainer von Komal und Preeti, endlich ihre Rivalität zu beenden. Er führte ihnen deutlich vor Augen, worum es ging: dass sie nur noch an das Team denken durften und keinesfalls mehr an ihre egoistischen Einzelziele. Ein

---

1073 Vgl. Kapitel 6. – Vgl. 10.3.

1074 Vgl. Riley, P., The Winner Within, 1993, S. 125-127.

1075 Vgl. Riley, P., The Winner Within, 1993, S. 53. – Vgl. Bommer, W.H.; Dierdorff; E.C., Does prevalence mitigate relevance?, Academy of Management Journal, 2007, S. 1481-1494.

1076 Aus dem Kinofilm „Chakde! India", 2007. - Vgl. http://en.wikipedia.org/wiki/Chak_De! India – Vgl. http://www.mariakaefer.de/2007/10/28/filmkritik-chak-de-india-810/ - Vgl. http://de.lifestyle.yahoo.com/19062008/401/chakde-unschlagbares-team-klinsi-khan-hockeyfeld.html - Vgl. http://www.focus-bollywood.de/filmkritiken/ab2007/chakdeindia/index.html. – Vgl. 7.3., 8.2., 10.7., 11.2. und 12.3.

selbstloses Zusammenspiel zwischen den beiden führte tatsächlich zu einem Tor und rettete den Inderinnen vorerst das Finale, das mit 2:2 endete. Es kam zum Penalty-Schießen, wo der Trainer nicht nur die Dramatik dieser Spielsituation, sondern in Gedanken auch das ganze Drama seines eigenen sportlichen Scheiterns sieben Jahre zuvor noch einmal durchlebte. Bindiya verwandelte erfolgreich den letzten Penalty für Indien. Fieberhaft überlegte der Trainer, in welche Ecke nun die letzte Australierin wohl schießen würde. Vidya, die Torfrau, blickte zu ihm: er signalisierte ihr die Ecke - und sie hielt. Indien war Weltmeister.[1077] Kabir Khan hatte seine Ehre wieder.

Um Spieler, wie am Beispiel der indischen Hockeydamen Komal und Preeti gezeigt, zu einer selbstlosen Haltung zu bewegen, sollte ein Trainer m.E. auf subtile Weise die Zusammenhänge zwischen Einzel- und Mannschaftsleistung aufzeigen. So wie es Kabir Khan getan hat. Weiters denke ich, dass ein Trainer bevor er auf der Individualebene aktiv wird, sich über die Mannschaftsstrukturen im Klaren sein und eine starke Mannschaftskultur aufgebaut oder wenigstens initiiert haben sollte (**Effizienz** des Trainers). Dann erst kann er mit jedem Spieler den **persönlichen Weg zum Erfolg** definieren, was wichtig ist für seine **Effektivität** aus Sicht der Spieler[1078] (v.a. bei Typ-A Teams). Im Rahmen solch **individueller Lernprozesse der Spieler auf dem Entwicklungsweg eines Teams** forcieren Trainer also leistungsfördernde Arbeitsbeziehungen:[1079]

- zunächst geht es dabei um die Optimierung des Lernumfeldes durch die Gestaltung seiner Arbeitsbeziehungen mit dem Team, sowie zwischen den Spielern selbst[1080]
- dann sollte er individuell auf die Spieler eingehen (Zuhören, Feedback)[1081]
- wesentlich sind auch die Art seiner Kommunikation mit den Spielern und die Art der Führung (z.B. „Empowerment“)[1082] entlang individueller Lernprozesse

Das wurde nicht zuletzt auch am Beispiel des Lakers-Kapitäns in Punkt 9.2. verdeutlicht, wo man mit Videoanalysen die Bedeutung seiner Rolle für das Team (Engagement, Ausrichtung auf Taktik) erfassen und daraus lernen wollte.

Abbildung 70 zeigt weiters, dass der einmal durch eine Vision eingeschlagene Weg schon insofern einen Erfolgsfaktor auf der Individualebene darstellt, als dadurch:[1083]

1077 In der Realität waren es die Commonwealth-Spiele 2002 in Australien, die Indien gewonnen hat.

1078 Vgl. 3.1. – Vgl. Kapitel 10.

1079 Vgl. http://www.oldenbourg-link.com/doi/abs/10.1524/9783486592924.107: Organisation und Aufbau eines ERM, Stotz, W., 2007, S. 107-123.

1080 Vgl. 5.3., 5.5. und 7.4.

1081 Vgl. Bennis, W., Learning to Lead, Executive Excellence, January 1996, S. 7.

1082 Die Spieler sollten dabei den Spielaufbau und die Leistungsstandards mitgestalten. Vgl. Gibbons, P.T., Impacts of Organizational Evolution on Leadership–Roles and Behaviours, Human Relations, January 1992, S. 1-18.

- Erwartungshaltungen (durch Trainer[1084] und Spieler) und Leistungsfeedback (durch den Trainer) auf ein für jeden verständliches Ziel ausgerichtet werden
- Arbeitsbeziehungen zweckgerichtet (d.h. noch professioneller) werden[1085]
- der individuelle Lernprozess[1086] konkret wird (zum Motivationsinstrument) [1087]
- der Bedarf[1088] an „empowerten“[1089] Spielern für den Trainer deutlicher wird

Abb.70: Kommunikation auf der Individualebene im strategisch-situativen Kontext

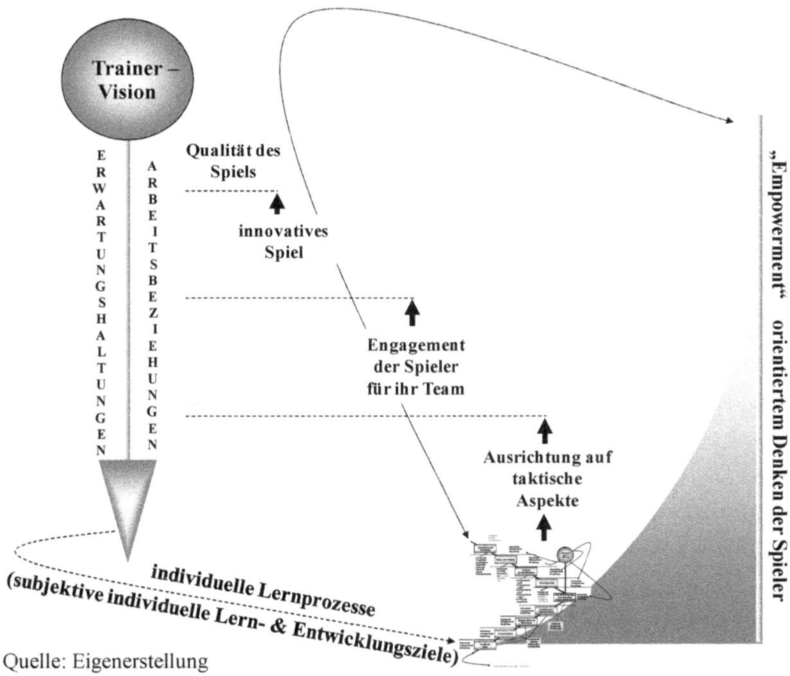

Quelle: Eigenerstellung

1083 Das Symbol für die Haupt- und Nebenfragen strategisch-situativer Führung verweist auf die Bedeutung von Vision und Führungsprioritäten für Wandel auf der Individualebene.

1084 Vgl. Gauvin, N., Rules of Engagement — and disengagement, HR Magazine (http://findarticles.com/p/articles/mi_m3495/is_/ai_n24357798?tag=artBody;col1), February 2008.

1085 Vgl. Lencioni, P., Minimizing misery, HR Magazine (http://findarticles.com/p/articles/mi_m3495/is/ai_n24267401?tag=artBody;col1), January 2008.

1086 Vgl. 5.5., 9.3., 10.5., 11.1. und 12.2.

1087 Das ist wichtig für die subjektiven individuellen Lern- & Entwicklungsziele der Spieler. – Vgl. 10.2.

1088 Vgl. Hees, F., et al., Partizipation und Empowerment, In: DLR-Projektträger „Arbeitsgestaltung und Dienstleistungen“ (Hrsg.): Arbeitsschutz im Wandel, http://www.ima-zlw-ifu.rwth-aachen.de/forschung/projekte/pe/dokumente/artikel.pdf, 2001, S. 5ff.

1089 Vgl. 4.5.

Solch individuelle Lernprozesse zielen m.E. auf die Entfaltung eines Spielers, auf seine Leistungsentwicklung und auf dessen Rolle und Integration in SFM und im Team ab. Dies waren wohl auch einige der Überlegungen von Teamchef Hickersberger, als er sich (in Punkt 9.1.1.) gegen die neuerliche Einberufung eines „abgefallenen" Stammspielers entschied und ihn aus dem Team verbannte.

Die Integration von (Schlüssel-) Spielern in das Team

Einem Trainer muss daran gelegen sein, durch die **Integration von Spielern** in Beziehungsnetzwerke **ein homogenes Team** aufzubauen.[1090] Enge Arbeitsbeziehungen helfen nämlich Leistungsziele zu realisieren,[1091] den Zusammenhalt zu stärken, Partizipation und „Empowerment" anzuwenden, sowie Wandel (bei der grundsätzlichen Spielweise) zu realisieren. Das fördert m.E. die Entwicklung eines „produktiven" Teams.
Mit Abbildung 71 möchte ich nun zeigen, wie es in diesem Zusammenhang auch zu **unterschiedlichen Arbeitsbeziehungen** kommen kann. Hier werden mit den Spielern 3 bis 7, 9 und 11 „nur" normale Arbeitsbeziehungen gepflegt. Die Schlüsselspieler 1, 2, 8 und 10 kommen hingegen in den Genuss hoch-qualitativer Arbeitsbeziehungen. Ein Trainer kann solche Arbeitsbeziehungen bewusst mit Spezialfeedback zur Förderung ausgewählter Spieler aufbauen[1092] – ein Vorgehen, das Chuck Daly, der Trainer des US-Basketball „Dream Teams" 1992 (in Punkt 9.1.2.) anwandte, als er die Führungsspieler seines Teams bestimmen musste. Ähnlichkeiten bei Persönlichkeitsmerkmalen mit dem Trainer oder einfach nur die Zugehörigkeit zu SFM können solch positive Arbeitsbeziehungen fördern[1093] - wie auch das Beispiel des deutschen Stürmers Miroslav Klose bei der Fußball-WM 2010 unter Teamchef Löw zeigte. Klose war nach Vorstellung von Löw in seiner SFM[1094] die ideale Besetzung für die Spielweise des deutschen Teams, um in gegnerische Abwehren einzubrechen. Klose hatte allerdings eine äußerst schlechte Saison beim FC Bayern München hinter sich, und stritt sich dort mit seinem Mitspieler Gomez, wer denn nun als erster

1090 Trainer-Spieler-Bindungen sind v.a. bei grundlegendem Wandel von Bedeutung, da sie Vertrauen, Kooperation und Mannschaftszusammenhalt fördern. Gleichzeitig verringern solche Bindungen die Individualität der Akteure, indem sie Einzelaktivitäten durch Verschärfungen der Teamnormen entgegentreten. Vgl. Sparrowe, R.T.; Liden, R.C., Process and structure in leader-member exchange, The Academy of Management Review, April 1997, S. 522-552.

1091 Vgl. Balkundi, P.; Harrison, D., Ties, leaders and time in teams, Academy of Management Journal, 2006, S. 49-68.

1092 Vgl. Chelladurai, P.; Weaver, M.A., Mentoring in Intercollegiate Athletic Administration, Journal of Sport Management, 2002, S. 96-116 (Tabelle 1: „Mentoring Functions").

1093 Vgl. Daly, Ch., America`s Dream Team, 1992, S. 38.

1094 Vgl. 8.1.

eingewechselt werden sollte. Zumeist war es dann Klose, der auf Bayerns Ersatzbank sitzen blieb. Er war angeschlagen, und Beobachter fanden, dass er auf dem Spielfeld leicht melancholisch wirkte. Bei den wenigen Testspielen der deutschen Fußballnationalmannschaft vor der WM 2010 ersetzte dann auch noch Cacau mit Selbstsicherheit den „hadernden“ Klose, sodass kaum noch jemand mit ihm rechnete. Allein Teamchef Löw stellte sich in dieser Situation hinter ihn und wankte nicht in der Einschätzung der Fähigkeiten seines „Lieblingsangreifers“. Er hielt an ihm fest und gab ihm so viel **Zutrauen**, dass dieser seine Melancholie verlor und wieder zu seiner alten Energie und Spielfreude fand. Miroslav Klose, der schon je fünf Tore bei den vorangegangenen Weltmeisterschaften 2002 in Südkorea/Japan und 2006 in Deutschland gemacht hatte, erzielte bei der WM 2010 in Südafrika noch einmal vier Tore. Teamchef Löw bemerkte dazu nur: „Ich habe nie an ihm gezweifelt.“[1095]

Abb. 71: Unterschiedliche Qualitäten von Arbeitsbeziehungen eines Trainers

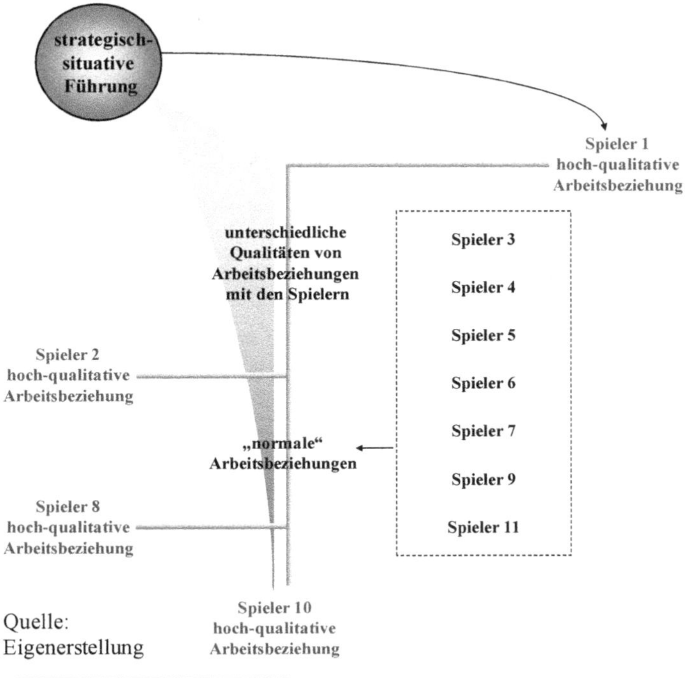

Quelle: Eigenerstellung

1095 Vgl. http://www.sueddeutsche.de/sport/wm-miroslav-klose-tore-fuer-die-geschichte-1.973046, 10. Juli 2010. - Vgl. die Fallstudie zum DFB-Team bei der WM-2010 (Beginn-Kapitel 12).

Die Intensivierung der Arbeitsbeziehungen mit den Spielern von Real Madrid rückte ab einem bestimmten Zeitpunkt auch bei Trainer Capello in den Mittelpunkt. Nachdem man bei Villarreal 0:1 unterlegen war (die dritte Niederlage im fünften Spiel im Frühjahr 2007), war das Ziel, endlich wieder den Meistertitel zu gewinnen, in weite Ferne gerückt. Real Madrid gelang im Spiel gegen Villarreal in der zweiten Spielhälfte nicht ein einziger Schuss auf das Tor. Das spanische Sportblatt „Marca“ weinte daher dem Brasilianer Ronaldo nach, der schon bald zum AC Mailand wechseln würde: „Seid ihr sicher, dass ihr Ronaldo nicht mehr braucht?“ „Den Madrilenen fehlte jegliche Persönlichkeit, sie schlichen in Villarreal wie Gespenster über den Platz“, meinte auch die Zeitung „El País“.[1096] Capello betrieb indes Ursachenforschung und kam zu dem Schluss, die psychologische Stärke des Gegners sei ausschlaggebend gewesen: „Jetzt muss ich meine Spieler aufmuntern.“[1097] Es ging Capello also um psychologische Feinarbeit bei der Führung seiner angeschlagenen Stars. Dazu „impfte“ er ihnen seine „Gib-niemals-auf“ Mentalität ein. So gelang es ihm, zwei bislang eher erfolglose Neuverpflichtungen wieder aufzurichten. Auch van Nistelrooy gewann nach dem Abgang von Ronaldo, in dessen Schatten er sich nie richtig entfalten konnte, an Selbstvertrauen. Beckham wurde wieder erfolgreich eingesetzt: dies kam einer Art Wiedergutmachung gleich, denn Capello gab zu, Beckhams Potential nicht richtig eingeschätzt zu haben. Auch Raul und Robinho beendeten ihre Formkrisen, und wurden mit Kampfeswillen „wiederbelebt“.[1098]

In Abbildung 72 sammle ich am Beispiel von Capello weitere Implikationen für die in Kapitel 4 begonnene Liste von Führungshandeln. So können Trainer Lernerfolge bei Spielern durch gute Arbeitsbeziehungen[1099] und zielgerichtete Kommunikation[1100] realisieren: beide Aspekte bedingen m.E. einander, denn **a)** gute Arbeitsbeziehungen[1101] verlangen nach **Transparenz** bei teaminternen Vorgängen, und **b)** zielgerichtete Kommunikation (d.h. was man sagt und wie man etwas sagt) funktioniert v.a. bei

---

1096 Vgl. http://www.welt.de/sport/article711990/Real_Madrid_rutscht_immer_tiefer_in_die_Krise.html: 28. Januar 2007.

1097 Vgl. http://www.focus.de/sport/fussball/int_ligen/fussball-spanien-gelbe-u-boote-lassen-real-in-krise-versinken_aid_294369.html, 28. Januar 2007.

1098 Vgl. http://blogs.guardian.co.uk/sport/2007/06/17/how_capellos_aperitivos_downed.html, 17.6.2007.

1099 Vgl. 4.5., 5.3., 7.4., 9.1.1., 9.1.2., 9.2., 10.2., 10.3. und 10.6.

1100 Evaluieren/Feedback, Korrigieren/Demonstrieren, Erklären. Vgl. DelVecchio, S.K., Predicting Sales Manager Control, Journal of Applied Business Research, Fall 1996, S. 100-114. - Nach Kasson (1974) sind 37% des Trainer-Verhaltens verbal; In: Mancini, V.H.; Agnew, M., An Analysis of Teaching and Coaching Behaviours, In: Straub, W.F. (Hrsg.), Sport Psychology, 1978, S. 281.

1101 Vgl. Davis, N.M., Build leaders from within, HR Magazine (http://findarticles.com/p/articles/mi_m3495/is_/ai_n24357793?tag=artBody;col1), February 2008, S. 1.

guten Arbeitsbeziehungen.[1102] So wird u.a. das Spielverständnis der Schlüsselspieler forciert und sie werden noch besser integriert. Dennoch kann es leicht zu Missverständnissen kommen. Nach einer Niederlage der „Los Angeles Lakers" in den Playoffs 1988 bei den „Utah Jazz", wo v.a. Earvin „Magic" Johnson und Kareem Abdul-Jabbar nicht überzeugen konnten, lud Coach Riley zur Spielanalyse. Er wusste sich keinen anderen Rat mehr, außer sich verbal an Earvin und Kareem anzulehnen und zu versuchen, diese Leistungsträger zu härterem Spiel zu motivieren. Earvin schien durch die Worte des Trainers jedoch verletzt zu sein und meinte wohl, dass Coach Riley das Vertrauen in ihn verloren hatte. So startete er eher lustlos in das nächste Spiel und die Lakers gerieten wieder in Rückstand. In dieser Situation warfen sich die Mitspieler ins Zeug, um Earvin wieder ins Spiel zu bringen – es war wohl das einzige Mal in seiner Karriere, dass er diese Unterstützung benötigte. Aber es wirkte: Earvin war schnell wieder der Alte, die Lakers konnten ihr Spiel umsetzen und siegten.[1103]

Abb. 72: Implikationen für das Führungshandeln VI

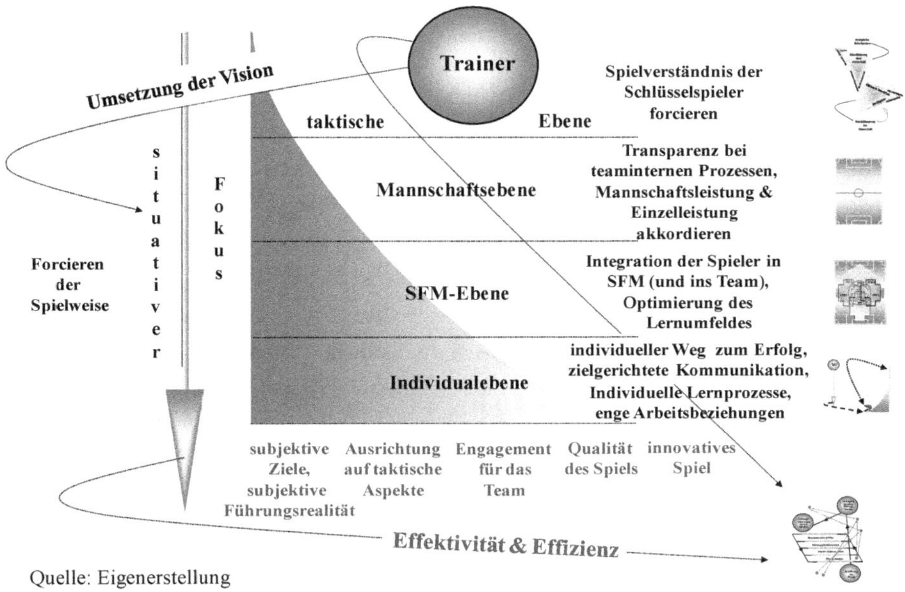

Quelle: Eigenerstellung

[1102] Vgl. Davis, N.M., Build leaders from within, HR Magazine (http://findarticles.com/p/articles/mi_m3495/is_/ai_n24357793?tag=artBody;col1), February 2008.
[1103] Vgl. Riley, P., The Winner Within, 1993, S. 199.

Für den Trainer unseres erstklassigen Typ-AA Damenhandballteams aus der 1. deutschen Liga (in Punkt 5.2. und zu Beginn dieses Kapitels), ergibt sich ebenfalls ein zusätzlicher Handlungsbedarf auf der Individualebene. Dazu gehört eine stärkere **Forcierung der individuellen Qualität des Spiels**. Dies nicht zuletzt deshalb, weil dem Trainer ja daran gelegen sein muss, seine Vision des Wandels konsequent umzusetzen. Dazu ist es nötig, **a)** die großen Mannschaftsziele klarer vorzugeben, **b)** in **persönlichen Gesprächen** den Beitrag jeder Spielerin zur Realisierung dieser Ziele zu verdeutlichen (Darstellen des individuellen Leistungsvermögens), **c)** diese Beiträge mit den **individuellen Bedürfnissen** der Spielerinnen bzw. deren Wünschen nach neuen Aufgaben und Herausforderungen abzugleichen (Abfragen von Ideen für die Spielweise des Teams), und **d)** deren **individuelle Erwartungen** bzw. sportliche Lern- und Entwicklungsziele dabei von Anfang an verstärkt zu berücksichtigen (Erstellen individueller Entwicklungspläne).

9.3. Zusammenfassung: Lernorientierte Führung auf der Individualebene

> „Die Rolle von Führungskräften ... ist es, den Mitarbeitern zu demonstrieren, dass diese in der Lage sind mehr zu erreichen als man ihnen zutrauen würde, und niemals mit dem zufrieden zu sein, was sie gerade haben und was sie sind."[1104]

> „Coach, ich bin bereit für größere Aufgaben." „Nein, das bist Du nicht." „Aber warum nicht?" „Weil Du nicht [ausreichend] vorbereitet bist."[1105]

Auf der Individualebene geht es m.E. primär um die Entfaltung und Förderung der Fähigkeiten der Spieler. Dabei sollten Trainer folgende Prämissen beachten:

- die Spieler definieren ihre **subjektiven Lern- und Entwicklungsziele** in Anlehnung an die strategischen Erfordernisse des Teams (Typ-C, -B, -A)[1106]
- die Spieler sollten auf ihrem Weg der Zielerreichung Lernerfolge verzeichnen
- die Ausrichtung der Spieler auf **mannschaftsdienliche Effektivitätskomponenten** (Taktik, Engagement, innovatives Spiel, Qualität) wird dabei forciert

Deshalb meine ich, dass Trainer stets auch gute Lehrer sein sollten, die den Lernprozess verstehen und in einer **Vielzahl von Situationen** unterrichten (**Effizienz**). Abbildung 73 ergänzt zu diesem Zweck die Liste strategisch-situativer Parameter auf dem Entwicklungsweg eines Teams und zeigt, dass die Ausrichtung auf Mannschaftsziele das **querschnittsorientierte Denken** von Trainer und Spielern fördert. So wird

---

1104 Heinrich von Pierer, In: Miller, W.H., Leadership at a Crossroads, Industry Week, August 19, 1996, S. 43-57.

1105 Coach Pat Riley im Dialog mit einem Spieler, In: Riley, P., The Winner Within, 1993, S. 105.

1106 Vgl. Abbildung 19. - Vgl. Tabelle 3 in Punkt 5.5.

der „Brückenschlag“ von der Fixierung eines Spielers auf eigene Ziele hin zur Vision des Trainers bewerkstelligt.[1107] Das geht Hand in Hand mit mannschaftsdienlichem Spiel. Arbeitsbeziehungen und Kommunikationsprozesse werden dann zum Verstärker und „Schmiermittel“ von Führungshandeln auf der Individualebene. Dieser Führungsprozess zielt m.E. aber auch auf das Definieren eines individuellen Weges zum Erfolg ab. Hier möchte ich an den Lakers-Kapitän in Punkt 9.2. erinnern: beim Betrachten der Videos über eine Niederlage wurde ein (z.T. stillschweigender) Kommunikationsprozess in Gang gesetzt, wo ihm geholfen wurde, seine Fehler zu erkennen. Und er verstand: das Team würde mit ihm oder gar nicht aus der Krise kommen. Solche Denk- und Lernprozesse bei den Spielern in Gang zu bringen und in Richtung mannschaftsdienliches Spiel zu lenken, liegt also in der Führungsverantwortung des Trainers.

Abb. 73: Strategisch-situativer Kontext auf dem Entwicklungsweg eines Teams VI

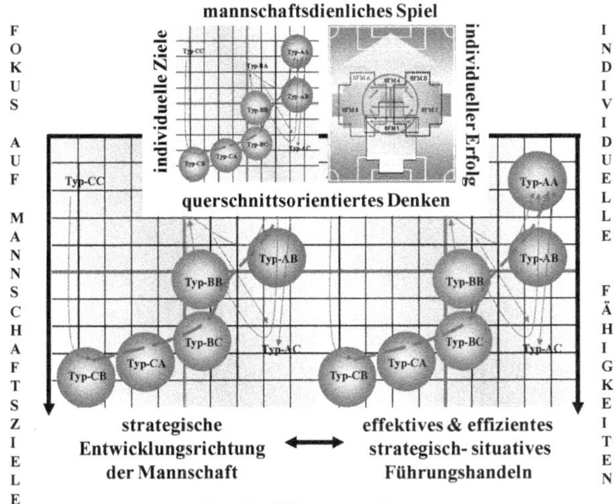

Quelle: Eigenerstellung

Auch das Führungshandeln eines Trainers auf der Individualebene ist eine Hauptfrage strategisch-situativer Führung. Die Effizienz[1108] von Führungshandeln schließt die Thematik dieser Hauptfragen ab. Zuvor werde ich im folgenden Kapitel 10 zum besseren Verständnis von Effizienz (aus Sicht des Trainers) aber noch auf die Effektivität (aus Sicht der Spieler) eingehen – eine Nebenfrage strategisch-situativer Führung.

1107 Vgl. Lencioni, P., Minimizing misery, HR Magazine (http://findarticles.com/p/articles/mi_m3495/is/ai_n24267401?tag=artBody;col1), January 2008.

1108 Vgl. Kapitel 11.

10. Effektivität – nachhaltige Führungserfolge

„Ich habe noch nie ein Team gesehen, das so viel gelaufen ist, ohne etwas zu erreichen. Jeder ist irgendwo hingerannt. Da war keine Ordnung, kein Konzept, keine Idee...“[1109]

Als sich die Los Angeles Lakers in der Saison 1982/83 anschickten, ihren erneut errungenen Titel zu verteidigen, schien zunächst alles nach Plan zu laufen. Man hatte erfahrene Routiniers in den Reihen und konnte sich überdies auf Earvin „Magic“ Johnson und die Neuverpflichtung James Worthy stützen. Als das letzte und bereits bedeutungslose Vorrundenspiel angepfiffen wurde, ahnte noch niemand, welche Rückschläge das Team schon bald heimsuchen würden. In den letzten Minuten dieses Spiels stürzte James Marvin so unglücklich, dass er sich ein Bein brach. Man konnte diesen Ausfall aufgrund der Leistungsdichte aber gut verkraften und hatte auch in den Playoffs keine Probleme. Vor dem letzten Spiel war man bereits für das Finale qualifiziert. In diesem Spiel zog sich ein weiterer Leistungsträger, Bob McAdoo, einen Muskeleinriss zu. Und als ob das alles noch nicht genug gewesen wäre, erlitt im ersten Finalspiel auch noch Norm Nixon eine Schulterluxation und fiel ebenso aus wie die beiden anderen Spieler, die während der Saison zusammen 40% aller Punkte erzielt hatten. Man verfügte zwar immer noch über eine Anzahl der besten Spieler der Liga und über eine starke Reservebank, doch mit dieser Unglücksserie wurden Spieler und Trainer nicht mehr fertig. Man ergab sich einem kollektiven Gefühl der Hoffnungs- und Schuldlosigkeit und fühlte keine Verpflichtung mehr zu gewinnen. Anstatt auf die vorhandenen Stärken zu setzen und diese in einem großartigen Aufbäumen zu mobilisieren, wurde frühzeitig das Handtuch geworfen. Dabei waren noch drei Spiele ausständig.[1110]

Man muss sich fragen, welcher fatale Prozess sich hier abgespielt hat, und ob dieser nicht doch durch den Trainer hätte gestoppt werden können? Auch dieser gab sich nämlich der vermeintlichen Ausweglosigkeit und Gewissheit hin, dass es „eben nicht sein wollte“. So fühlten die Spieler keinen Druck von ihrem Coach mehr. Schnell sanken ihre eigenen Erwartungshaltungen gegen Null. Die Stimmung wurde noch vom frühzeitigen „Trost“ durch Presse und Fans genährt, der signalisierte, dass niemand mehr an einen Erfolg glaubte. Angefangen beim Trainer setzte sich so ein Mecha-

---

1109 Die deutsche Fussballlegende Franz Beckenbauer nach einem Spiel des österreichischen Fussballnationalteams, In: http://sport.orf.at/stories/2051994/2051992/: So kann man nicht Fussballspielen, 8. April 2011.

1110 Vgl. Riley, P., The Winner Within, 1993, S. 83f.

nismus in Gang, der die Leistungserbringung und die Qualität des Spiels zwar nicht unterdrückte, aber doch lähmte. Und der Trainer vergaß, dass es an ihm gelegen wäre, alle Signale von Resignation zu registrieren und mit den verbliebenen Leistungsträgern auf die ureigensten Vorzüge des Teams zu setzen: das eigene Leistungsvermögen und die unbedingte Hoffnung[1111] und Willen, die sportlichen Ziele zu erreichen.[1112] Die Effektivität des Führungshandelns aus Sicht der Spieler wurde so zum eigentlichen „Wettkampfbereich“ von Coach Riley.[1113]

Die Effektivität von Führungshandeln ist klarerweise nicht nur ein Erfolgskriterium von Trainern erstklassiger Teams. Das Beispiel jenes drittklassigen Typ-CA Amateur-Damenhandballteams aus der 5. deutschen Liga, das wir im Rahmen einer Fallstudie in Punkt 5.2. kennen gelernt haben, zeigt, dass auch das Arbeiten mit einer überwiegend studentischen Mannschaft eine komplexe Herausforderung darstellt. Wie der Trainer selbst festgestellt hat, ist eine Erschwernis auf dem Entwicklungsweg dieses Teams die Motivation seiner Spielerinnen. Das bedeutet, dass dem Trainer künftig v.a. im proaktiven Führungsbereich neue Aufgaben erwachsen werden. Dazu gehört u.a. die Verbesserung der Gesprächsbasis mit den Spielerinnen, um neue Akzente im Zuge des Aufbaus einer „lernenden“ Mannschaft bzw. beim **innovativen Spiel** zu setzen – ein Typ-CA Team sollte ja einen strategischen Schwerpunkt auf die „Erneuerung“ seiner Spielweise setzen. Eine neue, verbesserte Gesprächsbasis ist aber auch wichtig für die **subjektive Führungswirklichkeit** der Spielerinnen, denn diese ist vorerst eher negativ gefärbt: so sind lediglich 30% der Spielerinnen mit ihrem Trainer uneingeschränkt zufrieden, 30% sind nur teilweise zufrieden, 40% sogar unzufrieden. Bei den meisten jener Spielerinnen, die mit ihrem Trainer nur teilweise zufrieden oder gar unzufrieden sind, fällt auf, dass diese meinen, die individuelle **Qualität ihres Spiels** sei unter ihm nur teilweise besser geworden. Die meisten von ihnen finden aber auch, dass ihr Spiel mannschaftsdienlicher geworden sei (**Engagement für das Team**), und dass sie etwas gelernt hätten (**subjektive sportliche Lern- und Entwicklungsziele**). Und 60% der Spielerinnen bestätigen, dass der Trainer das **taktische Spiel** bereits ausreichend betont. Wichtig ist in diesem Zusammenhang die Tatsache, dass es sich um ein drittklassiges (Typ-C) und eben kein erstklassiges (Typ-A) Team handelt. Das bedeutet ferner, dass die (individuelle) Qualität des Spiels bei der Mannschaft zwar trainiert wird, aber nicht im Vordergrund stehen sollte. Ob dies den Spielerinnen

[1111] Vgl. Hutson, H.; Perry, B., Führen mit Hoffnung, Harvard Business Manager, Feb. 2007, S. 18-19.
[1112] Vgl. Riley, P., The Winner Within, 1993, S. 92.
[1113] Untergeordnete Nebenfragen strategisch-situativer Führung. - Vgl. 3.2. – Vgl. Abbildung 8.

gefällt oder nicht, ist eine andere Frage. Vielmehr geht es bei diesem Typ-CA Team ja um einen speziellen Fokus auf die Mannschaftsebene.[1114] Dass der Trainer dabei bereits einen gewissen Fokus auf das Engagement der Spielerinnen und auf deren Ausrichtung auf Taktik legt, ist umso konstruktiver zu sehen.

Abbildung 74 verdeutlicht, dass wir uns in diesem Kapitel mit der Analyse der Effektivitätskomponenten auf einem der letzten Teilstücke des Weges (Schritt IX) hin zu einer strategisch-situativen Denk- und Handlungsweise befinden.

Abb. 74: Entwicklung einer strategisch-situativen Denk- & Handlungsweise IX

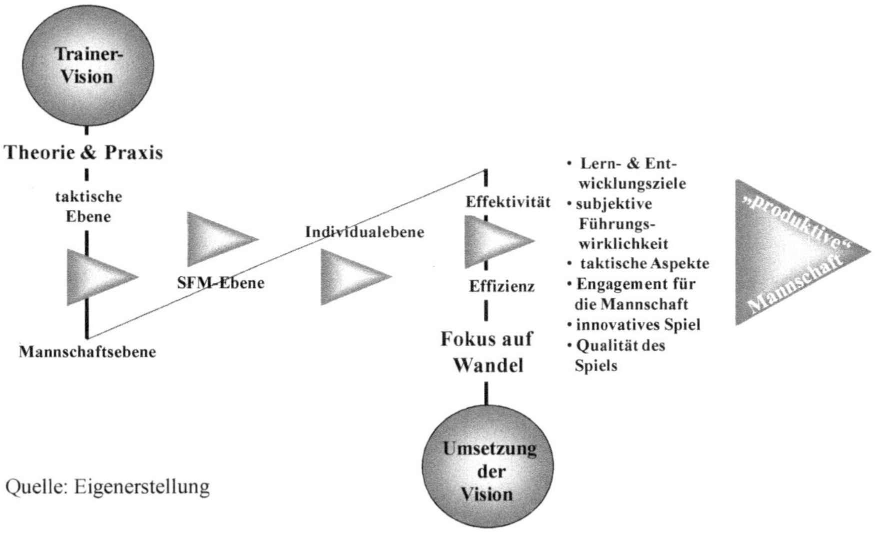

Quelle: Eigenerstellung

10.1. Effektivitätskomponente I: Subjektive Lern- & Entwicklungsziele der Spieler

> „Ich verfolge in erster Linie meine sportlichen Ziele."[1115]
>
> „Erfolg beruht darauf, zu wissen wie lange man braucht, um Erfolg zu haben."[1116]

Man kann das Führungshandeln eines Trainers von den Spielern selbst beurteilen lassen[1117] und mit dem Erfüllen ihrer Erwartungen[1118] bzw. subjektiven sportlichen

---

1114 Vgl. Kapitel 7.

1115 Der deutsche Fussballteamspieler Özil kurz vor seinem Transfer zu Real Madrid, In: http://de.eurosport.yahoo.com/01082010/73/bundesliga-oezil-fakt-bleibe-werder.html, 1. August 2010.

1116 Montesquieu, In: Riley, P., The Winner Within, 1993, S. 106.

Lern- und Entwicklungsziele beantworten, eine subjektive Effektivitätskomponente also. Diese Ziele sollten in Richtung „Erfolg“ und weniger in Richtung „Vermeiden von Versagen“ ausgerichtet sein, weil der Trainer so in die Rolle des **Promotors von Verbesserungen** schlüpft.[1119] Außerdem müssen Einzelziele stets den Mannschaftszielen untergeordnet werden (das ist wichtig für die Effizienz des Trainers).[1120]

Ein Beispiel dafür, wohin ein negativer Fokus („Vermeiden von Versagen“) führen kann, lieferte das NBA-Team der New York Knicks. Diese hatten immer wieder starke Serien, und nicht selten schaffte man den Einzug ins Play-off. Dort warteten Teams mit großen Namen. Und es wären nicht die New York Knicks gewesen, wenn sie gegen diese großen Namen im entscheidenden Moment nicht immer wieder gescheitert wären: zu viel Respekt vor dem Gegner, zu wenig Vertrauen in die eigene Leistung, aber auch zu wenig Ausdauer und Härte, um einen Vorsprung nach Hause zu spielen.[1121] Doch Coach Pat Riley (nach seiner Tätigkeit bei den Los Angeles Lakers)[1122] schaffte dort den Umschwung. Er tat dies, indem er den Spielern nach Niederlagen und vor schweren Spielen in bildhaften Vergleichen darstellte, wie es um sie stand. Er erzählte ihnen in mitreißenden Worten Fabeln, die Charaktereigenschaften von Spielern symbolisierten, und teilte ihnen Erlebnisse mit, die stets eines ausdrücken sollten: man muss an sich selbst glauben, Professionalität über alles stellen, und hart und unablässig um seine Chance kämpfen. Durch konsequentes Vorleben einer starken Mannschaftskultur eröffnete er ihnen neue Quellen der Motivation. Der Erfolg kam nicht über Nacht, und es gab Rückschläge. Doch die Spieler wurden aus Schaden klug und lernten, dass der Weg zum Erfolg strukturiert sein kann, und dass man bei all dem auch eine „positive“ Basis braucht: ein gesundes Selbstvertrauen und Verlass auf sich und das ganze Team.[1123]

Abbildung 75 verdeutlicht, dass uns die Geschichte der New York Knicks noch eines gezeigt hat: wenn man nämlich davon ausgeht, dass jedes Bedürfnis eines Spielers mit

1117 Vgl. Heimovics, R.D.; et al.; Executive Leadership and Resource Dependence in Nonprofit Organizations, Public Administration Review, September/October 1993, S. 419-427.

1118 Vgl. Pierce, J.L.; Newstrom, J.W., Leaders & The Leadership Process, 2006, S. 19.

1119 Vgl. Zander, A., Motivation and Performance of Sports Groups, Sport Psychology, 1986, o.S.

1120 Vgl. Carless S.A., Does Psychological Empowerment Mediate the Relationship Between Psychological Climate and Job Satisfaction?, Journal of Business and Psychology, 2004, S. 405-425.

1121 Die Amerikaner nennen das „choking“: man drosselt das eigene Leistungsvermögen durch mangelndes Selbstbewusstsein und fehlende Ernsthaftigkeit bei der Vorbereitung - und wird unter seinem Wert geschlagen.

1122 Vgl. 3.1., 4.1., 5.2. und 7.3.

1123 Vgl. Riley, P., The Winner Within, 1993, S. 235-241.

einer zielorientierten Handlungstendenz verbunden ist,[1124] so lässt sich weiter folgern, dass beim Teamsport das Bedürfnis eines Spielers nach dem Erreichen seiner Lern- und Entwicklungsziele auch mit seiner subjektiven Führungswirklichkeit, der Ausrichtung auf taktische Aspekte, dem Engagement für das Team, der Qualität des Spiels und dem innovativen Spiel (z.B. im Rahmen von SFM[1125]) korreliert. Daran erkennt man die Bedeutung der Ziele von Spielern für die Spielweise eines Teams und für die Effektivität des Trainers, der sich im Rahmen des strategisch-situativen Führungskreislaufes[1126] immer wieder damit auseinandersetzen sollte.

Abb. 75: Sportliche Lern- & Entwicklungsziele der Spieler

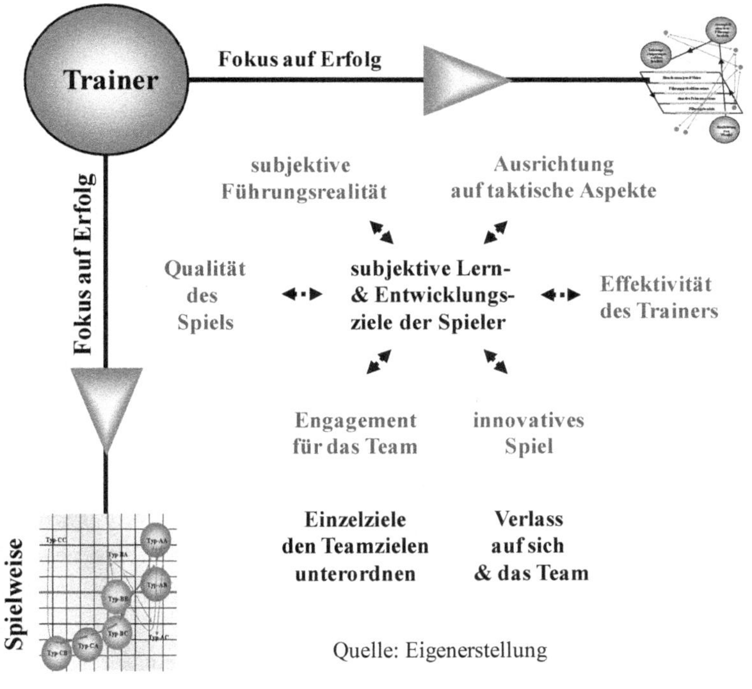

Quelle: Eigenerstellung

[1124] Vgl. Herber, H.J., Vásárhelyi, É., Lewins Feldtheorie als Hintergrundspanorama moderner Motivations- und Willensforschung, In: http://www.sbg.ac.at/erz/salzburger_beitraege/fruehling_2002/herber.pdf, 2002.

[1125] Dies wird durch das 4-farbige Symbol für SFM verdeutlicht. – Vgl. Abbildung 62. - Vgl. Kapitel 8.

[1126] Vgl. das eingeschobene Symbol für den strategisch-situativen Führungskreislauf in Abbildung 75. - Vgl. Abbildungen 17 und 100.

10.2. Effektivitätskomponente II: Subjektive Führungswirklichkeit von Spielern

> „Führung setzt sich nicht additiv aus diskreten objektiven Verhaltensbestandteilen zusammen, sondern wird von Adressaten und Beobachtern als Ganzheit erlebt. Die Wahrnehmung von Führung ... ist in einem Gesamteindruck verdichtet. "[1127]

Nachdem bekannt wurde, dass der erst 21-jährige Earvin „Magic" Johnson den bislang höchst dotierten Spielervertrag – 25 Millionen US$- in der Geschichte des Leistungssports erhalten hatte, veränderte sich der Charakter der Los Angeles Lakers grundlegend. Spieler, die bis dahin als team- und leistungsorientiert galten und wahre Vorbilder an mannschaftsdienlichem Verhalten waren, konnten sich mit den unglaublichen Unterschieden bei der Bezahlung nicht mehr abfinden. Cliquen formierten sich, die sich bei jeder Gelegenheit von den anderen Spielern absonderten und eine eigene Subkultur aufbauten, die im Wesentlichen aus Gerüchten genährt wurde. Aus Angst, den Anschluss an eine „starke" Gruppe zu verpassen und womöglich im luftleeren Raum zwischen den Cliquen übrig zu bleiben, schlossen sich so viele Spieler wie möglich irgend einer Fraktion innerhalb des Teams an, und würden fortan gegen die anderen Parteien opponieren oder zumindest misstrauisch sein. Jeder Spieler hatte dabei sein Verständnis von der Situation und wusste, wie weit er gerade noch gehen konnte, ohne über das Ziel hinaus zu schießen und seine Existenz in der Mannschaft zu gefährden. Außerdem versuchte man, so viele andere Spieler wie möglich in den eigenen Teufelskreis aus Enttäuschung und Opposition zu Management, Trainer und Mitspieler hineinzuziehen. Einer der Leistungsträger wollte überhaupt die Mannschaft verlassen. Unter dem Strich verringerte jeder Spieler seine Leistung auf das gerade noch notwendige Minimum. Ein allgemeiner Sündenbock für diese untragbare Situation wurde gesucht und in Coach Pat Riley gefunden...[1128]

Dieses Beispiel der Los Angeles Lakers verdeutlicht, dass Profisportler äußerst sensibel sein können, wenn es um Aspekte wie Gerechtigkeit, Vertrauen und Vertrauenswürdigkeit geht. Sie arbeiten seit ihrer frühesten Jugend, viel früher als die meisten ihrer Alterskollegen, hart an ihrer sportlichen Entwicklung und wollen letztendlich eine Position erreichen, wo eine ganz einfache Regel gilt: man bringt seine Leistung, befolgt die Regeln und produziert Resultate. Alles ist in Ordnung, und man wird entsprechend entlohnt. Dabei hängt das Schicksal der eigenen Karriere oft genug von entscheidungsbezogenen Prozessen des Trainers ab, die ein Spieler nicht nachvollziehen kann. Alles, was diese einfache Weltanschauung der Spieler stört, dazu

---

[1127] Neuberger, O., Führung: Ideologie - Struktur - Verhalten, 2. Auflage, 1985, S. 108.

[1128] Vgl. Riley, P., The Winner Within, 1993, S. 60.

können auch Diskrepanzen im Führungshandeln ihrer Trainer beitragen,[1129] erzeugt tiefstes Misstrauen.[1130] So kann sich beim Spieler eine negative subjektive Führungswirklichkeit bilden. Um gerade in Stresssituationen aber eine positive subjektive Führungswirklichkeit aufzubauen, müssen Trainer schnell eine faire und vertrauensvolle Position beziehen. Coach Riley wusste das, und gab seinen Spielern deshalb schon früh zu verstehen:[1131]

> „Ein in sich geteiltes Haus kann nicht bestehen. Ihr seid für mich oder gegen mich.“

Eine positive subjektive Führungswirklichkeit der Spieler ist wichtig für gute Arbeitsbeziehungen und stellt für einen Trainer eine weitere Effektivitätskomponente aus Sicht der Spieler dar. Wie Abbildung 76 zeigt, handelt es sich freilich auch hier um eine subjektive Effektivitätskomponente, denn im Teamsport spielt oft weniger das tatsächliche als das **wahrgenommene Führungshandeln** des Trainers eine vorrangige Rolle.[1132] Spieler sind in ihren Rollen, Orientierungen und Wirklichkeitsinterpretationen mitunter ja stark durch persönliche Kontakte mit den Mitspielern geprägt.[1133] Interessant ist, woran man das erkennt:[1134]

> „Vorgesetzte [Trainer], die Führungspraktiken verwenden, welche Mitarbeiter [Spieler] „empowern“, werden ... als fair wahrgenommen. ... Wenn Mitarbeiter [Spieler] ihre Vorgesetzten [Trainer] als fair betrachten, so ist es plausibel, dass sie mit ihren Vorgesetzten auch zufrieden sind.“

Wesentlich ist, ob ein Spieler das Gefühl hat, die Beziehung zu seinem Trainer beeinflussen[1135] zu können: die **subjektive Kontrolle der Qualität einer Arbeitsbeziehung** beeinflusst nämlich **a)** die Einschätzung eines Spielers, inwiefern die eigene Leistung mit den Präferenzen des Trainers übereinstimmt, **b)** die Wahrnehmung des Spielers bezüglich der Fairness des Trainers und **c)** die Zufriedenheit mit dem Trainer.[1136]

1129 Vgl. Voight, M.; Callaghan, J., A Structural Model on the Determinants and Reactions to Athlete Dissatisfaction, International Journal of Sports Science & Coaching, March 2006, S. 37-51.

1130 Vgl. Riley, P., The Winner Within, 1993, S. 64f.

1131 Riley, P. (zitiert frei nach Abraham Lincoln), In: Riley, P., The Winner Within, 1993, S. 65.

1132 Vgl. Deluga, R.J., Relationship of transformational and transactional leadership with employee influencing strategies, Group & Organization Studies, 13 (4), June 1988, S. 456-467. - Vgl. Rosenstiel, L.v.; et al.; Führung von Mitarbeitern, 2003, S. 20.

1133 Vgl. Türk, K., Personalführung und soziale Kontrolle, 1981, S. 28. – Vgl. Neuberger, O., Führung: Ideologie - Struktur - Verhalten, 2. Auflage, 1985, S. 122.

1134 Vgl. Keller, T.; Danserau, F., Leadership and empowerment, Human Relations, February 1995, S. 127-144.

1135 Vgl. 9.1.1., 9.1.2., 9.2. und 9.3.

1136 Vgl. Keller, T.; Danserau, F., Leadership and empowerment, Human Relations, February 1995, S. 127-144.

Abb. 76: Der Prozess der subjektiven Wahrnehmung

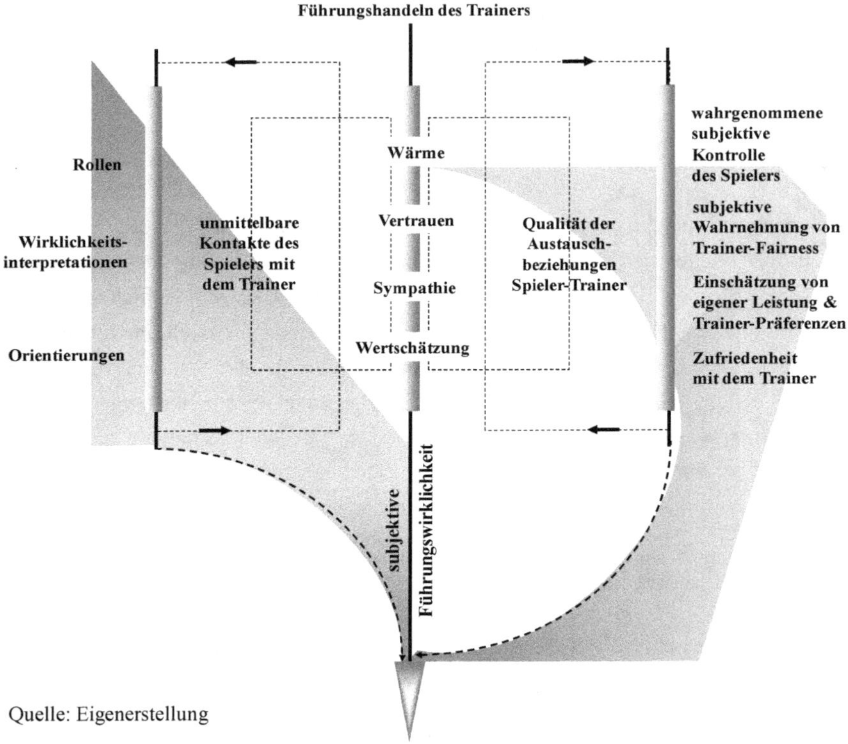

Quelle: Eigenerstellung

Aspekte wie Vertrauen, Sympathie oder Wertschätzung sind wichtige Kriterien beim **Prozess der subjektiven Wahrnehmung im Teamsport** [1137] und charakterisieren das Führungshandeln eines Trainers. Darüber hinaus beeinflussen auch die Qualität der Arbeitsbeziehungen[1138] sowie Spieler-Trainer Kontakte die subjektive Führungswirklichkeit eines Spielers - das ist wichtig, wenn man die Leistung eines Trainers an anderem als nur an den erzielten Toren seiner Mannschaft[1139] messen möchte.[1140]

1137 Vgl. Neuberger, O., Führung: Ideologie - Struktur - Verhalten, 2. Auflage, 1985, S. 89.

1138 Vgl. 9.1.2. und 9.2.

1139 Fiedler verwendete bei einer Basketballmannschaft den Tabellenstand als Erfolgsmaß. Dies allein beurteilt Neuberger aber als systemlos. Vgl. Neuberger, O., Führung: Ideologie - Struktur - Verhalten, 2. Auflage, 1985, S. 120.

1140 Vgl. Hart, S.L.; Quinn, R.E., Roles executives play, Human Relations, May 1993, S. 543-574.

10.3. Effektivitätskomponente III: Ausrichtung der Spieler auf taktische Aspekte

> „Gute Trainer erkennt man daran, welche Idee sie in der Offensive verfolgen... Das hängt nicht nur von den Spielern ab, sondern von dem, welche Möglichkeiten du ihnen gibst. Siehst du ihre Schwächen? Oder ihre Stärken und ihr Potenzial?"[1141]

Taktik ist nicht zwingend richtig oder falsch, aber sie kann hilfreich sein.[1142] Taktische Überlegungen sind auch wichtig für die Arbeitsbeziehung zwischen Trainer und Spieler: bei der **Ausrichtung der Spieler auf taktische Aspekte** geht es nämlich **a)** um eine stärkere Zielorientierung, und **b)** um die spielerische Entwicklungsrichtung des Teams, denn es wird das **Zusammenspiel** forciert.

Was Taktik freilich nicht kann, ist alle unvorhergesehenen Umstände während eines Wettkampfes zu kalkulieren, oder die Gesamtheit des Spielverhaltens der Spieler im Vorhinein[1143] festzulegen. Wie sehr diese Aspekte gerade bei Turnieren von Bedeutung sind, lässt sich etwa am Auftritt der beiden großen Fußballnationen Brasilien und Niederlande bei der Fußball-WM 2010 nachvollziehen. Beide Teams erregten schon im Vorfeld durch ihre außergewöhnlichen Spielkonzepte das Interesse der Experten. Bei Brasilien richtete Teamchef Carlos Dunga die grundsätzliche Spielweise des Teams v.a. auf seinen Star Kaka (Weltfußballer 2007) aus. „Meine Funktion ist es, die Stürmer mit Bällen zu füttern, sodass Robinho und Luis Fabiano die Tore machen können"[1144], meinte dieser auch über sich selbst [und deutete damit die SFM an, in der er spielte]. Der Teamchef hatte sich bei der Nominierung des Kaders in die **Abhängigkeit von der Spielweise dieses Kreativspielers** begeben (er gewährte ihm als einzigem taktische Freiheiten)[1145] und hatte keine Alternative in der Hinterhand: „Wir arbeiten weiter an unserem Plan, damit Kaka so zur WM kommt, wie Brasilien ihn braucht", erklärte er.[1146] Schon im ersten WM-Gruppenspiel (2:1 gegen Nordkorea) zeigte sich bei Brasilien aber ein Mangel an spielerischem Esprit. Die Nordkoreaner versperrten überdies mit bis zu neun Spielern ihren Strafraum[1147] und wagten gar

---

1141 Schopp, M., In: http://derstandard.at/1302515886417/Ballesterer-Meine-Auffassung-ist-eine-andere, Krennhuber, R., Rosenberg, J., 12. April 2011.

1142 Vgl. http://www.zonalmarking.net/2011/05/29/barcelona-3-1-man-utd-champions-league-final-2011/#more-6616: Barcelona 3-1 Manchester United, 29. Mai 2011.

1143 Vgl. George, J.M.; Brief, A.P., Feeling good-doing good, Psychological Bulletin, 1992, S. 310-329.

1144 http://derstandard.at/1277337082766/Europas-Suedamerikaner-vs-Suedamerikas-Europaeer, 1. Juli 2010.

1145 Vgl. Linden, P., In: Kronen Zeitung (WM-Extra): Alle gegen Dunga!, 15. Juni 2010.

1146 Vgl. http://sport.orf.at/wm2010/100614-229/index.html: Er ist der Lenker im Team, 14. Juni 2010.

1147 Vgl. http://sport.orf.at/wm2010/100615-280/index.html: Zu kalt für Samba, Wagner, M., 15. Juni 2010

vereinzelte Vorstöße in die gegnerische Hälfte.[1148] Über lange Strecken „neutralisierten sie [dabei] das Spiel der Brasilianer, indem gut koordinierte Zweier- bzw. Dreierformationen den jeweils ballführenden Gegner" angingen.[1149] Erst in der zweiten Hälfte vermochte Brasilien mit **schnelleren Vorstößen** Lücken in die nordkoreanische Verteidigung zu reißen.[1150] Und Kaka „kämpfte um seine Form ... und verlor ... [zunächst] fast jeden Ball"[1151]. Hier zeigte sich, wie riskant es ist, wenn man das Spiel zu sehr auf nur einem Spielmacher aufbaut. Dadurch werden m.E. die Möglichkeiten zum Arbeiten mit weiteren SFM[1152] (taktische Alternativen) eingeengt. Insgesamt standen aber auch **nur wenige kreative Mittelfeldspieler** in Brasiliens WM-Kader.[1153] Die „Arbeiter" um Kaka herum konzentrierten sich v.a. auf ihre Defensivaufgaben.[1154] Ausgerechnet die Außenverteidiger „entwickelten sich [dabei] zu den **Schlüsselfiguren im Spielaufbau**".[1155] Torschütze Elano kommentierte folgerichtig: „Wir brauchen einen Gegner, der mitspielt. Die Taktik von Nordkorea hat es uns schwer gemacht."[1156] Wirklich überraschend war das eher „sparsame" Auftreten der Brasilianer aber nicht. Brasilien hatte unter Teamchef Dunga, der für Disziplin, Kampfgeist und eine körperbetonte Spielweise[1157] stand, Länderspiele oft nur dank **Kontertoren und individueller Kreativaktionen** gewonnen. Den Raum für solche Aktionen erhoffte man sich nun bei den zwei noch ausstehenden WM-Gruppenspielen: „Wenn man gegen offensivere Teams spielt, dann erhält man Platz", meinte Dunga.[1158] Immerhin, im nächsten Spiel gegen die Elfenbeinküste siegte Brasilien mit 3:1.[1159] Die Gruppenphase wurde dann aber mit einem spielerisch eher enttäuschenden 0:0 gegen Mitfavorit Portugal (das zuvor Nordkorea mit 7:0 besiegt hatte[1160]) abgeschlossen.[1161]

1148 Vgl.http://sport.orf.at/wm2010/100615-280/index.html:Zu kalt für Samba,Wagner,M.,15. Juni 2010.

1149 Vgl. Http://derstandard.at/1276413269398/Netzwerkanalyse-BRA---PRK-Zeitweise-zeit gemaesse-Zerstoerer, Neundlinger, H., 16. Juni 2010.

1150 Vgl. Http://derstandard.at/1276413269398/Netzwerkanalyse-BRA---PRK-Zeitweise-zeit gemaesse-Zerstoerer, Neundlinger, H., 16. Juni 2010.

1151 Vgl. http://sport.orf.at/wm2010/100616-303/index.html: Müssen mehr bieten, 16. Juni 2010.

1152 Vgl. Abbildung 62.

1153 Vgl. http://sport.orf.at/wm2010/100622-513/index.html: Spielmacher gesperrt, 22. Juni 2010.

1154 Vgl. http://sport.orf.at/wm2010/100616-303/index.html: Müssen mehr bieten, 16. Juni 2010.

1155 Vgl. Http://derstandard.at/1276413269398/Netzwerkanalyse-BRA---PRK-Zeitweise-zeit gemaesse-Zerstoerer, Neundlinger, H., 16. Juni 2010.

1156 http://sport.orf.at/wm2010/100616-303/index.html: Stimmen zu Brasilien–Nordkorea, 16. Juni 2010

1157 Vgl. http://sport.orf.at/wm2010/100703-807/index.html: Hoffen auf Heim-WM 2014, 3. Juli 2010.

1158 Vgl. http://sport.orf.at/wm2010/100616-303/index.html: Müssen mehr bieten, 16. Juni 2010.

1159 Vgl. http://sport.orf.at/wm2010/100621-470/index.html: Selecao zu stark für Elfenbeinküste, Srb, R., 21. Juni 2010.

1160 Vgl. http://sport.orf.at/stories/2003708/2003715/

1161 Vgl. http://sport.orf.at/wm2010/100625-620/index.html: Spektakel abgesagt,Hofstetter,H.,25.6.2010.

Das lag auch daran, dass „Portugal im Mittelfeld sehr tief gestanden ist“[1162]: Aus taktischer Sicht ergab sich somit ein recht differenziertes Bild der Brasilianer: Effizienz im Spiel, ja, aber eine nur **bedingte Durchsetzungsfähigkeit der technischen Stärken in der Offensive**. Dennoch, im Achtelfinale wurde Chile souverän mit 3:0 besiegt. Diesmal machte man über die „**defensive Ordnung**“, welche ja zu den Stärken Brasiliens zählte, Fortschritte.[1163] Ein „**Präzisionsfußball** moderner Prägung“, der mit Kaka, Robinho und Fabiano auch optisch Anspruchsvolles bot. Doch dieses **spielgestaltende Spitzentrio** - nicht mehr nur Kaka alleine also - profitierte v.a. davon, dass sich das ganze Team **in der eigenen Hälfte „kompakt“** verhielt.[1164] Im Viertelfinale würde man mit den Niederlanden nun auf einen Gegner treffen, der taktisch ebenfalls tonangebend war und sich auf ein äußerst **„ökonomisches“ Spiel** verstand. „Sie spielen ein bisschen wie wir“, warnte Dunga ahnungsvoll.[1165] Brasiliens Fußballlegende Pele war da schon pessimistischer, denn: „Brasilien beherrscht das Spiel nicht.“[1166] Die Niederlande waren unter Teamchef Bert van Marwijk mit einem 2:0 Sieg gegen Dänemark in das Turnier gestartet. Sie setzten dabei auf ihre 4-2-3-1-Taktik[1167], mit van Persie als einziger Sturmspitze. Eine eher **defensive Startaufstellung** also. Da die Dänen schon im Mittelfeld versucht hatten, den Spielaufbau der Niederländer mit Laufarbeit unter Druck zu setzen, war es den Niederländern schwer gefallen, in die Spitze zu spielen.[1168] Auch der folgende Sieg im Gruppenspiel gegen Japan (1:0) musste eher hart erkämpft werden. Wie schon den Brasilianern gegen Nordkorea fiel es auch den Niederländern schwer, aus fast ununterbrochenem Ballbesitz Kapital gegen ein defensives Team zu schlagen. So „blieb die **Angriffstaktik** der Niederländer bis zur Pause viel zu **ineffizient**“ - erst in der zweiten Spielhälfte wurden ihre **Angriffe zielgerichteter**.[1169] Der niederländische Mittelfeldspieler van Bommel meinte nach dem Spiel: „Japan war sehr defensiv. Es

---

1162 Vgl. http://sport.orf.at/wm2010/100625-620/index.html: Stimmen zum Gruppe-G-Abschluss, 25. Juni 2010.

1163 Vgl. http://sport.orf.at/wm2010/100628-709/index.html: Revanche für 1998 bleibt aus, Wagner, Ch., 28. Juni 2010.

1164 Vgl. http://sport.orf.at/wm2010/100629-718/?href=http%3A%2F%2Fsport.orf.at%2Fwm2010%2F100629-718%2F719bigstory_txt.html: Ungeheuer effizient, 29. Juni 2010.

1165 Vgl. http://derstandard.at/1277336997840/Eine-andere-Art-Schoenheit, 29. Juni 2010.

1166 Pele, In: Kronen Zeitung (WM Extra): Kritik der Legenden macht Stars von heute brandheiß, 2. Juli 2010.

1167 Vgl. http://ll-999.ea.com/sonet-fw/footballworld-de/_assets/media/de_DE/FIFA%2009%Guide/15_FIFA09 Guide_Formationen.pdf

1168 Vgl. http://www.goal.com/de/match/43217/niederlande-vs-d%C3%A4nemark/report, 14.Juni 2010.

1169 Vgl. http://sport.orf.at/wm2010/100619-420/index.html: Sneijder erzielt Goldtor, Hofstetter, H., 19. Juni 2010.

war nicht einfach, die Löcher zu finden. Bisher hat sich jedes Team an unser Spiel angepasst."[1170] Und Teamchef Bert van Marwijk ergänzte: „Die Japaner haben unsere **Kreativspieler isoliert**. Man muss aber auch **mit gut organisierten Gegnern umgehen** können." „Dafür zeigte sein Team ... **Stabilität in der Defensive.**[1171] Das letzte Gruppenspiel gegen Kamerun gewann man dann ebenso (2:1)[1172] wie das WM-Achtelfinale gegen den „Riesentöter" Slowakei (der zuvor Weltmeister Italien mit 3:2 besiegt und aus dem laufenden Bewerb eliminiert hatte)[1173]. Vor allem Robben war dabei **„überall" auf dem Spielfeld** zu finden.[1174] Der slowakische Teamchef Martin Weiss drückte die Bedeutung dieses Spielmachers folgendermaßen aus: „Wir haben uns drei Tage lang auf Robben und seine Spielweise vorbereitet. Die Niederlande sind mit ihm um 50 Prozent stärker."[1175] Auf diesen Robben wartete im WM-Viertelfinale nun Brasilien, das im Verlauf der WM so wie die Niederlande auf eine **gesicherte Defensive** setzte.[1176] „Robben selbst meinte [zu den taktischen Aspekten dieser Spiels]: 'Von den Brasilianern kannst du erwarten, dass sie auch Fußball spielen - und das gibt **mehr Räume** für uns.' Räume, die v.a. Robben nutzen wollte.... 'Unsere Hauptaufgabe wird es sein, die Bälle in seine Richtung zu entschärfen', sagte dazu Brasiliens Innenverteidiger Juan."[1177] Und Torjäger Fabiano ergänzte: „Die Niederländer werden **die Initiative ergreifen**."[1178] Nun, es wurde die erwartete hitzige Auseinandersetzung. Die vorerst „nur mit Weitschüssen aufzeigenden Niederländer blieben den Brasilianern in Sachen ... [**Härte**] nichts schuldig"[1179]. Brasilien ließ nicht eine Torchance der Niederländer zu, vorne gelangen Kaka und Robinho gut vorgetragene **Passfolgen**. Die Niederländer wirkten in dieser Phase eher uninspiriert[1180] und „wurden von den [taktisch] überzeugenden Brasilianern [die zur Pause mit 1:0 führten]

1170 http://sport.orf.at/wm2010/100619-420/index.html: Stimmen zu Niederlande–Japan, 19. Juni 2010. - Vgl. http://sport.orf.at/wm2010/100620-439/index.html: Unansehnlich gewinnen, 20. Juni 2010.

1171 Vgl. http://sport.orf.at/wm2010/100620-439/index.html: Unansehnlich gewinnen, 20. Juni 2010.

1172 Vgl. http://www.bz-berlin.de/sport/wm2010/gruppe-e/1-2-gegen-holland-kamerun-ohne-punktarticle 895053. html, 24. Juni 2010.

1173 Vgl. http://sport.orf.at/stories/2003708/2003714/ - Vgl. 5.3.

1174 Vgl. http://sport.orf.at/wm2010/100628-704/index.html: Titelkandidat eine Runde weiter, Hofstetter, H., 28. Juni 2010.

1175 http://sport.orf.at/wm2010/100628-704/index.html: Stimmen zu Niederlande–Slowakei, 28. Juni 2010.

1176 Vgl. http://sport.orf.at/wm2010/100701-775/index.html: Duell der Superlative, 1. Juli 2010.

1177 http://sport.orf.at/wm2010/100701-766/index.html: Robben macht den Unterschied, 1. Juli 2010.

1178 http://sport.orf.at/wm2010/100701-775/index.html: Duell der Superlative, 1. Juli 2010.

1179 Vgl. http://sport.orf.at/wm2010/100702-797/index.html: Erster Sieg seit 36 Jahren, Hofstetter, H., 2. Juli 2010.

1180 Vgl. http://www.welt.de/sport/wm2010/article8278053/Holland-entzaubert-Rekordweltmeister-Brasilien. html, Haupt, F., 2. Juli 2010.

nahezu vorgeführt“[1181]. Auch danach „**hielten** die Brasilianer **den Ball** zunächst **perfekt in ihren Reihen**“[1182]. Die Niederländer hatten jedoch erkannt, dass sie spielerisch zwar nicht mithalten, aber **mit hohen Bällen zu Möglichkeiten** kommen konnten.[1183] Und plötzlich fielen zwei Tore für die Niederlande. Das Spiel drehte sich, und Brasilien war gegen die gut organisierten Niederländer in Auflösung begriffen[1184]. Eine neue Schwäche in der Abwehr hatte Brasilien den Nerv gezogen.[1185] Der niederländische Co-Trainer de Boer kommentierte später die Spielweise seines Teams: „Unser Ziel war es, **Stabilität zu gewinnen**. Dieses Team ist reif, es hat **ein System verinnerlicht**. Wir können ... ein Spiel schlecht beginnen und doch siegen.“[1186] Was er damit ausdrücken wollte, war die wohl spielentscheidende Tatsache, dass die Niederlande ein hochklassiges, sehr gut eingespieltes Typ-AA Team[1187] waren, bei dem sieben Akteure aus dem WM-Team 2006 und 11 Spieler des EM-Kaders 2008[1188] auf dem Spielfeld standen.[1189] Brasilien war hingegen ein Typ-AB Team: seit 2006 hatte Teamchef Dunga über 80 Spieler getestet, von denen nur wenige häufig nominiert wurden. Zumindest galt das für Mittelfeldspieler und Stürmer.[1190] Die Konsequenzen daraus offenbarten sich für mich in den entscheidenden Situationen des Spieles gegen die Niederlande als mit dem Nachlassen des einzigen gut eingespielten Mannschaftsteils, der Verteidigung, auch der Rest des brasilianischen Teams ins Wanken geriet. So feierten die Niederlande ihren ersten Sieg gegen Brasilien seit 36 Jahren.[1191]

Die Beispiele von Brasilien und den Niederlanden verdeutlichen m.E. außerdem, wie sehr die Umsetzung taktischer Konzepte von der Eingespieltheit eines Teams und der konsequenten Ausrichtung der Spieler auf Taktik abhängt.

1181 Vgl. http://sport.orf.at/wm2010/: „Das Halbfinale ist nicht das Ziel, 3. Juli 2010.

1182 http://sport.orf.at/wm2010/100702-797/index.html: Erster Sieg seit 36 Jahren, Hofstetter, H., 2.7.2010.

1183 Vgl. http://www.welt.de/sport/wm2010/article8278053/Holland-entzaubert-Rekordweltmeister-Brasilien. html, Haupt, F., 2. Juli 2010.

1184 http://sport.orf.at/wm2010/100702-797/index.html: Erster Sieg seit 36 Jahren, Hofstetter, H., 2. Juli 2010.

1185 Vgl. http://www.welt.de/sport/wm2010/article8278053/Holland-entzaubert-Rekordweltmeister-Brasilien. html, Haupt, F., 2. Juli 2010.

1186 http://derstandard.at/1277337352321/Revolutionaere-und-Ueberlebenskuenstler, 4. Juli 2010.

1187 Vgl. Abbildung 19 in Punkt 5.1.

1188 Vgl. Kronen Zeitung (WM-Extra): Glas-Robben wurde hart, Linden, P., 6. Juli 2010.

1189 Vgl. http://sport.orf.at/wm2010/: Das Halbfinale ist nicht das Ziel, 3. Juli 2010.

1190 Vgl. http://de.fifa.com/worldcup/news/newsid=1159570/index.html, 20. Januar 2010. - Vgl. http://sport. orf.at/wm2010/100614-229/index.html: Er ist der Lenker im Team, 14. Juni 2010. – Vgl.http://www.weltfussball.at/entry/54503wm-kader-maradona-konservativ-du/#redirect, 20. Mai 2010.

1191 Vgl. http://sport.orf.at/wm2010/100702-797/index.html: Erster Sieg seit 36 Jahren, Hofstetter, H., 2. Juli 2010.

Abbildung 77 zieht die Lehren aus den Erfahrungen der beiden Trainer Dunga und van Marwijk bei der Fußball-WM 2010, und hält fest, dass **taktische Aspekte** zunächst einmal das **Zusammenspiel** auf der Mannschaftsebene und in SFM fördern. Die Qualität und Art des Zusammenspiels hängt von der Zusammensetzung und Eingespieltheit eines Teams ab.[1192] Und es müssen **Schlüsselfiguren für den Spielaufbau** bestimmt werden. Spielmacher also, die **„überall" auf dem Spielfeld** agieren können. Mit diesen Spielmachern **„reift" eine Mannschaft** und **verinnerlicht das taktische System** – die Spieler richten sich an der Taktik aus. Das alleine würde noch nicht ausreichen - zu schnell können sich während einer Begegnung **Spielsituationen** ändern, die es dennoch zu „beherrschen" gilt. Gerade dann sollte jenes Team, das aus einer gesicherten und stabilen Defensive heraus Raum für Aktionen zu schaffen in der Lage ist, auch die Mannschaft sein, die ihre technischen Stärken in der Offensive besser zur Geltung bringen kann.

Abb. 77: Ausrichtung auf Taktik im Kontext von Spielaufbau & Situationsvielfalt

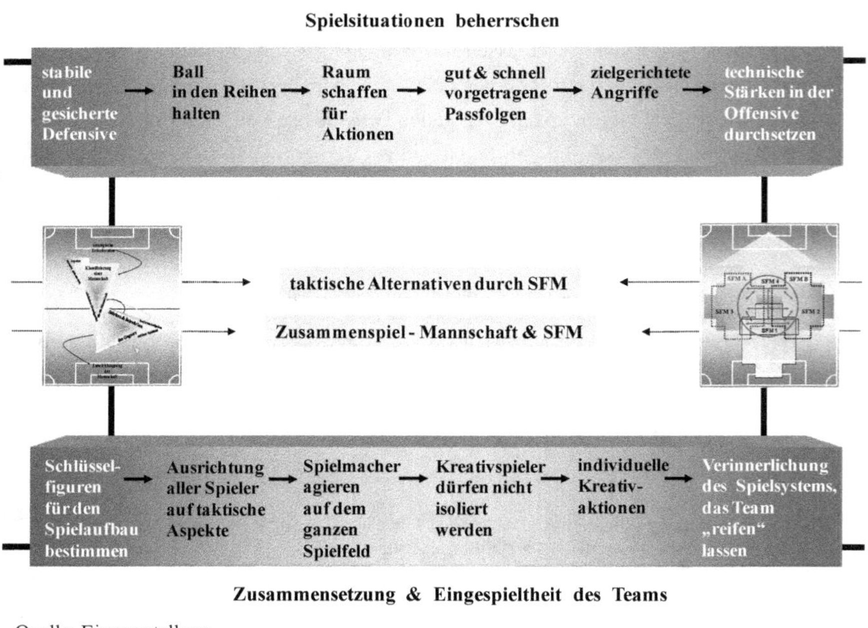

Quelle: Eigenerstellung

[1192] Vgl. Abbildung 19.

„Unmöglich, aus dem katalanischen Ensemble Einzelteile hervorzuheben. Mit präzisestem Timing von Abspiel und Antritt sowie permanenten Rochaden beweist jeder einzelne Barcelona-Spieler die Fähigkeit, jede mögliche Position einzunehmen.... Wunderschön und doch an der Grenze zur Unerbittlichkeit.“[1193]

Spielsituationen hängen m.E. oft genug von der Kreativität und Durchsetzungsfähigkeit der Schlüsselspieler ab. Ein taktisch gereiftes Team sollte daher alles daran setzen, diese Kreativspieler nicht vom Gegner isolieren zu lassen, geschweige denn sollte man sich in die Abhängigkeit von nur einem Spielgestalter begeben. Vielmehr, denke ich, liegt es am Trainer, **taktische Alternativen** mit weiteren Spielgestaltern zu entwickeln und z.B. **im Rahmen von SFM** zu forcieren. Gerade diese Schlüsselspieler müssen aber auch in der Lage sein, flexibel zwischen verschiedenen Spielsystemen und SFM zu wechseln.[1194] Indem SFM **a)** das Denken der Spieler in Systemen[1195] fördern und sich **b)** durch schnellere Entscheidungen positiv auf ihre Lerneigung[1196] auswirken,[1197] unterstützten sie den Trainer also bei der **Umsetzung seiner Taktik**.[1198] In diesem Zusammenhang gewährt uns die Spielweise des FC Barcelona in der Saison 2010/11 interessante Einblicke in einige der taktischen Alternativen, die sich der mit harter Hand führende[1199] „Offensivapostel“[1200] und Trainer Pep Guardiola[1201] je nach dem Gegner für sein Team vorbehalten hatte: Barcelona hatte z.B. „neben dem 4-1-2-3 Spielsystem und dem 4-2-4 auch eine weitere (eher seltene) Variante im Programm - das 4-2-1-3, eine Abwandlung des 4-2-3-1. Das [zumeist angewandte] Spielsystem

---

1193 Robausch, M., In: http://derstandard.at/1289609066180/El-Klatschico-Die-Demonstration, 30. November 2010.

1194 Vgl. http://www.spox.com/myspox/groupblogdetail/0,105422,10.html?COMORD=2: Blog-Reihe: Taktik-Entwicklung 3, posessionplay, 16. November 2010. – SFM bilden meines Erachtens den geeigneten Rahmen für „Selbstmanagement“ der Spieler und fördern deren Aufgabenverständnis und Ausrichtung auf Taktik. - Vgl. 7.2.1.

1195 Vgl. Bennis, W.; Mische, M., 21st Century Organization, Executive Excellence, September 1996, S. 7-8. – Vgl. 8.2.

1196 Vgl. Offermann, L.R.; Spiros, R.K., The science and practice of Team development, Academy of Management Journal, April 2001, S. 376-392. – Vgl. 8.2.

1197 Vgl. Bryant, B; Dunphy, D., Teams, Human Relations, May 1996, S. 677-699. – Vgl. 8.2.

1198 Vgl. Fessler, C., Rotating Leadership at Harley-Davidson, Strategy and Leadership, July/August 1997, S. 42-43. – Es geht um eine dem Teamtyp entsprechende Spielweise. - Vgl. 5.1. und 8.2.

1199 Vgl. http://sport.orf.at/stories/2060456/2060455/: United-Legende gegen Barca-General, Huber, K., 27. Mai 2011.

1200 http://sport.orf.at/stories/2060972/2060971/: Fußball in Perfektion, Hofstetter, H., 30. Mai 2011.

1201 Guardiola leitete zu Beginn seiner Trainertätigkeit einen Umbruch bei Barcelona ein. Er wollte nicht mehr auf das Star-Trio Ronaldinho, Deco und Eto'o bauen und füllte die so entstandene Lücke mit eigenen Nachwuchsspielern. Darüber hinaus schickte er den schwedischen Teamspieler Zlatan Ibrahimovic, der nach Ansicht von Guardiola charakterlich nicht zu seiner Mannschaft passte, nach nur einer Saison nach Italien zu Milan zurück. Vgl. http://derstandard.at/1302745288408/Protagonisten-Die-Duelle-des-Clasico: José Mourinho vs Pep Guardiola, Aigner, A., 15. Mai 2011, S. 2.

von Barcelona [aber], das 4-3-3, [schien] ein Hybrid aus 4-1-2-3 und 4-2-1-3" [zu sein][1202]: beim 4-3-3 ging nämlich neben Rechtsverteidiger „Alves auch Linksverteidiger Maxwell oft mit nach vorne, dann rückte [der defensive Mittelfeldspieler] Busquets zwischen die beiden Innenverteidiger und kreierte so eine [defensive] Dreierkette[1203]. [Aus taktischen Gründen] ging manchmal Innenverteidiger Pique ins Mittelfeld und die Außenverteidiger blieben (etwas) defensiver. Pique und Busquets spielten [dabei] eine Art moderner Libero: Busquets [etwa] konnte das Spiel extrem breit machen, da die Innen- und ... Außenverteidiger sehr weit außen standen [und] ... die Außenstürmer [z.B. Pedro und Messi][1204] so nach innen zogen.[1205] Messi bewegte sich als Außenstürmer aber auch gerne tiefer nach vorne, woraufhin Pedro und David Villa [ein Mittelstürmer][1206] diagonal in den Rücken der Außenverteidiger bzw. in den Raum des Innenverteidigers hinein laufen würden...[1207] Zu alledem praktizierte Barcelona auch noch „Tiqui-taca", das schnelle Kurzpassspiel.[1208] Und auch „das Pressing[1209], d.h. die Zonen, in denen Barcelona Forechecking betrieb, veränderte sich"[1210] [immer wieder]. Für Gegner war es äußerst schwierig, sich auf diese Spielweise einzustellen. Dennoch, im ersten Achtelfinalspiel der europäischen Champions League am 17. Februar 2011 musste sich auch der FC Barcelona taktisch eines Besseren belehren lassen: „Arsenal London ... schien [zunächst] chancenlos zu sein.... Für [dessen französischen Trainer Arsene] Wenger war die [anfängliche] Dominanz der Gäste [aber] keine Überraschung: 'Wir haben uns geistig darauf vorbereitet, mit dieser Überlegenheit zu leben' [**Ausrichtung der Spieler auf Taktik**], sagte er. Während Barcelona nach dem Seitenwechsel [dann] den letzten Nachdruck vermissen ließ, unterband Arsenal das spanische [Kombinationsspiel][1211]..., zeigte

1202 Vgl. http://www.spox.com/myspox/groupblogdetail/0,105422,10.html?COMORD=2: „Blog-Reihe: Taktik-Entwicklung 3", posessionplay, 16. November 2010.

1203 Vgl. http://www.fussball-training.org/taktik/defensivtaktik/dreierkette.html

1204 Vgl. http://de.wikipedia.org/wiki/Pedro_Rodr%C3%ADguez_Ledesma – Vgl. http://de.Wikipedia.org/wiki/ Lionel_Messi

1205 Vgl. http://www.spox.com/myspox/groupblogdetail/0,105422,10.html?COMORD=2: Blog-Reihe: Taktik-Entwicklung 3, posessionplay, 16. November 2010.

1206 Vgl. http://de.wikipedia.org/wiki/David_Villa

1207 Vgl. http://www.zonalmarking.net/2011/05/27/barcelona-v-manchester-united-tactical-preview/, 27. Mai 2011.

1208 Vgl. http://sport.orf.at/stories/2060456/2060455/: United-Legende gegen Barca-General, Huber, K., 27. Mai 2011.

1209 Vgl. dazu die Fallstudie über die spanische Fussballnationalmannschaft (Beginn-Kapitel 12).

1210 Manchester Uniteds Trainer Sir Alex Ferguson über Barcelonas Spielweise, In: http://sport.orf.at/stories/2060456/2060455/: United-Legende gegen Barca-General, Huber, K., 27. Mai 2011.

1211 Vgl. http://sport.orf.at/stories/2042763/2042650/: „Gunners" gelingt Revanche, 17. Februar 2011.

dessen Verwundbarkeit bei schnellen Kontern auf [und gewann mit 2:1]."[1212] Barcelona musste sich **neu auf den Gegner einstellen** und ging mit einer veränderten Taktik ins Rückspiel. Dort gab es einen 3:1-Sieg und „Zauberfußball von Barcelona"[1213], das vom Anpfiff weg versuchte „das Ruder für sich herumzureissen"[1214] und auch wieder sein „Tiqui-taca"-Kurzpassspiel durchzog.[1215] Dies brachte den Aufstieg ins Viertelfinale[1216] und später ins Halbfinale, wo es zu einem Duell kam, das einfach nur „El Classico" genannt wird – gegen Real Madrid. Und das gleich vier Mal innerhalb von 18 Tagen, denn man traf auch in der spanischen Meisterschaft und im spanischen Cupfinale aufeinander.[1217] Real Madrids Christiano Ronaldo umriss die Dimension dieses „Classico-Marathons" kurzerhand mit folgenden Worten: „Wir sind momentan die beiden besten Teams der Welt. Es wird interessant für jeden, den Fußball begeistert."[1218] Und gerade auch in taktischer Hinsicht gab es unter Barcelonas Pep Guardiola und Real Madrids José Mourinho[1219], den beiden „vielleicht größten Trainer-Perfektionisten des Weltfußballs", eine wohl „noch nie zuvor interessantere Ausgangslage für einzelne Fußballspiele".[1220] Nachdem Barcelona das erste Spiel der Saison 2010/11 gegen Real Madrid am 29. November 2010 zu Hause mit 5:0 gewonnen und es mit seinem „Kombinationswirbel" und seinen über die Flügel mit hohen und flachen Steilvorlagen vorgetragenen Angriffen „in einem nicht für möglich gehaltenen Ausmaß beherrscht hatte",[1221] richteten sich nun alle Augen auf die Antwort von Real unter Mourinho. Dieser galt als der Taktiker schlechthin und war „bei seinen Spielern, denen er seine **Ideen bestens vermitteln** konnte [**Ausrichtung**

1212 http://sport.orf.at/stories/2042763/2042769/: Es ist erst Halbzeit, 17. Februar 2011.

1213 http://www.bild.de/sport/fussball/champions-league-achtelfinale/die-higlights-des-spiels-1667078 8.bild.html: 3:1! Barcelona - Arsenal, 10. März 2011.

1214 http://www.nachrichten.at/sport/fussball/art99,570620: Dank Superstar Lionel Messi bezwang Barcelona Arsenal, 8. März 2011.

1215 Vgl. http://de.uefa.com/uefachampionsleague/matches/season=2011/round=2000119/match= 200376 4/postmatch/report/index.html: Barca meistert Aufgabe gegen zehn Gunners, Pertsch, F., 8. März 2011.

1216 Vgl. http://sport.orf.at/stories/2031584/: Champions-League-Finalphase.

1217 Vgl. http://derstandard.at/1302745257938/Vier-mal-Ein-Highlight-in-der-Endlosschleife, Jan Marot, DER STANDARD, Printausgabe, 14. April 2011.

1218 http://sport.orf.at/stories/2055198/2055197/: Mourinho und sein „Anti-Barca-Mittel", 27. April 2011. – Vgl. http://www.tt.com/csp/cms/sites/tt/Nachrichten/NachrichtenTicker/ 2596146-42/fu%C 3%9Fball-clasico-real-madrid---barcelona-endete-11.csp, 17. April 2011.

1219 Mourinho wurde 3 Jahre nach dem in diesem Buch oft portraitierten Fabio Capello Trainer von Real Madrid.

1220 Vgl. http://derstandard.at/1302745445274/Clasico-Analyse-Erste-Karte-im-Clasico-Quartett---hat-alles-aber-ohne-Spitzenwert-gewinnt-man-nichts: Gregorits, R.; Jager, V., 17. April 2011.

1221 Vgl. http://derstandard.at/1289609066180/El-Klatschico-Die-Demonstration, Robausch, M., 30. November 2010.

der Spieler auf Taktik], extrem beliebt"[1222] **[positive subjektive Führungswirklichkeit der Spieler]**: „Er ist ein Phänomen", erklärte Torhüter Casillas. „Er ist der Kapitän des Schiffs, und mit seiner Philosophie versucht er uns Werte beizubringen, die uns extrem viel nützen", fügte Verteidiger Ramos hinzu.[1223] Mourinho hatte es in der Tat geschafft, aus einem „Haufen von individuellen Stars"[1224] ein Team aufzubauen, wo das Zusammenspiel und v.a. die Verteidigung funktionierten.[1225] Vor den hochbrisanten vier Aufeinandertreffen mit Barcelona hatte nun „das **Spekulieren und Tricksen** Hochkonjunktur. Das betraf natürlich auch die Taktik: 'Mourinho probierte [daher] schon seit vielen Spielen verschiedene Varianten aus, in der Hoffnung, eine Aufstellung auszuarbeiten, die Barcelonas[1226] **Offensivfußball stoppen** könnte', vermutete da etwa die spanische Zeitung „Sport"."[1227] Nun, das erste Aufeinandertreffen des „Classico-Marathons" am 16. April 2011 endete 1:1: Mourinho hatte für dieses Spiel „Anleihen an jener **Defensivtaktik** genommen, die er schon ein Jahr zuvor als Coach von Inter Mailand in der europäischen Champions League gegen Barcelona erfolgreich angewendet hatte".[1228] Die Madrilenen standen daher mit ihrem **4-3-3 System**[1229] „extrem tief und suchten ihr Glück in Kontern"[1230]. Außerdem versuchte man, dem ersten Pressing von Barcelona auszuweichen, indem lange und direkte Pässe gespielt wurden – speziell zu den Flanken.[1231] Bei Ballbesitz von Barcelona wiederum versperrte Real jene Räume, aus denen Barcelona seine Pässe in

---

1222 http://derstandard.at/1302745288408/Protagonisten-Die-Duelle-des-Clasico: José Mourinho vs Pep Guardiola, Aigner, A., 15. April 2011, S. 2.

1223 http://sport.orf.at/stories/2054326/2054327/: Die Leute können sagen, was sie wollen, 21. April 2011

1224 In Reals Kader standen Spaniens Weltmeister Casillas (Welttorhüter 2008-2010), Albiol, Arbeola, Ramos und Xabi Alonso, die Portugiesen Christiano Ronaldo (Weltfussballer 2008), Carvalho und Pepe, die Brasilianer Kaka (Weltfussballer 2007) und Marcelo, der Franzose Benzema, die Deutschen Özil und Khedira, sowie die Argentinier Di María und Higuaín. Vgl. http://www.transfermarkt.at/de/realmadrid/kader/verein_418.html

1225 Vgl. http://www.taz.de/1/sport/artikel/1/mou-unter-druck/Madrid gegen Barcelona,15. April 2011.

1226 In Barcelonas Kader standen u.a. die spanischen Weltmeister Valdes, Piqué, Puyol, Busquets, Iniesta, Xavi, Villa und Pedro, die Argentinier Milito, Mascherano und Messi (Weltfussballer 2009 und 2010), sowie die Brasilianer Adriano und Dani Alves. Vgl. http://www.weltfussball.de/teams/fc-barcelona/2012/2/

1227 http://www.taz.de/1/sport/artikel/1/mou-unter-druck/Madrid gegen Barcelona, 15. April 2011

1228 http://sport.orf.at/stories/2053588/2053587/: Barca vor erfolgreicher Titelverteidigung, 17. April 2011.

1229 Real Madrid begann mit 4-3-3 (drei defensive und drei offensive Mittelfeldspieler); phasenweise spielte man auch 5-4-1 (ein offensiver Mittefeldspieler), oder 4-2-2 (wenn Ronaldo offensiver wurde). Vgl. http://derstandard.at/1302745445274/Clasico-Analyse-Erste-Karte-im-Clasico-Quartett---hat-alles-aber-ohne-Spitzenwert-gewinnt-man-nichts, Gregorits, R.; Jager, V., 17. April 2011.

1230 http://sport.orf.at/stories/2053588/2053587/: Barca vor erfolgreicher Titelverteidigung, 17. April 2011.

1231 Vgl. http://www.zonalmarking.net/2011/04/17/real-madrid-1-1-barcelona-tactics/, 17. April 2011.

die Schnittstellen spielen wollte.[1232] Real übte als Kollektiv zwar kein besonders gutes Pressing aus, es zwang Barcelona jedoch zu überhasteten Pässen im zentralen Mittelfeld.[1233] Auch Barcelona spielte grundsätzlich mit einem **4-3-3 System**.[1234] „In beiden Mannschaften wurden **laufend Positionen getauscht**, allerdings mit so hoher Geschwindigkeit und Präzision, dass niemals Raum frei blieb... Die **Unterschiede** lagen [dabei] in der Feldposition und jener des zentralen Offensivspielers: während Real mit Benzema 'den Punkt vorne hatte',... ließ sich Messi oft auf eine klassische Spielmacherposition zurückfallen, bildete in seiner Dreierreihe also den Punkt hinten.... Der bestimmende Faktor für das Tempo dieses ersten Spiels ... war aber „der Respekt Reals vor Xavi und Iniesta und jener Barcelonas vor Di María und Christiano Ronaldo."[1235] Die beiden Trainer mussten darauf reagieren und entwickelten **Gegenmaßnahmen**, die Wirkung zeigten: „Reals Xabi Alonso, Khedira und v.a. Pepe attackierten die Spielmacher... des Gegners, [und] Barcelonas Außenverteidiger Adriano und ... Dani Alves standen ... sowohl bei eigenem, als auch bei gegnerischem Ballbesitz so tief wie sonst nie."[1236] Erst mit Fortdauer der Partie legte Real das Defensivkonzept ab, entwickelte Druck und schaffte noch den Ausgleich.[1237] „[Die Madrider] wechselten von 4-3-3 auf 4-4-2 und zurück (nach Albiols Ausschluss [sogar] von 4-4-1 zu 4-3-2 und zurück), und spielten [durch **Spielerwechsel**[1238]] mit verschiedenen Stürmertypen und Flügeln... Nur die Außenverteidiger wurden von Mourinho konstant gleich verwendet, alles andere schien sehr bewusst, immer für einige Minuten durchgezogen, um Barcelona vor neue Aufgaben zu stellen.... Das Spiel erinnert in dieser Phase an die Champions League-Duelle zwischen Barcelona und Chelsea[1239], in denen sich immer wieder gezeigt hatte,

---

1232 Vgl. http://derstandard.at/1302745445274/Clasico-Analyse-Erste-Karte-im-Clasico-Quartett---hat-alles-aber-ohne-Spitzenwert-gewinnt-man-nichts, Gregorits, R.; Jager, V., 17. April 2011.

1233 Vgl. http://www.zonalmarking.net/2011/04/17/real-madrid-1-1-barcelona-tactics/, 17. April, 2011.

1234 Vgl. http://derstandard.at/1302745445274/Clasico-Analyse-Erste-Karte-im-Clasico-Quartett---hat-alles-aber-ohne-Spitzenwert-gewinnt-man-nichts, Gregorits, R.; Jager, V., 17. April 2011.

1235 http://derstandard.at/1302745445274/Clasico-Analyse-Erste-Karte-im-Clasico-Quartett---hat-alles-aber-ohne-Spitzenwert-gewinnt-man-nichts, Gregorits, R.; Jager, V., 17. April 2011.

1236 Vgl. http://derstandard.at/1302745445274/Clasico-Analyse-Erste-Karte-im-Clasico-Quartett---hat-alles-aber-ohne-Spitzenwert-gewinnt-man-nichts, Gregorits, R.; Jager, V., 17. April 2011.

1237 Messi hatte Barcelona zuvor durch einen Foulelfmeter in Führung gebracht. Vgl. http:// sport. orf.at/stories/2053588/2053587/: Barca vor erfolgreicher Titelverteidigung, 17. April 2011.

1238 Adebayor kam für Alonso, Arbeloa für Di Maria, Özil wurde zur Unterstützung von Benzema weiter nach vor beordert – Real wurde dadurch mobiler und angriffsfreudiger, und ermöglichte seinem Spielmacher Pepe eine dominante Stellung im zentralen Mittelfeld einzunehmen, nachdem er durch Albiolas Ausschluss vorübergehend in das defensive Mittelfeld zurückgehen musste. Vgl. http://www.zonalmarking.net/2011/04/17/real-madrid-1-1-barcelona-tactics/, 17. April, 2011.

1239 siehe oben

dass es für Barcelona schwierig ist, mit Druck auf die Innenverteidigung umzugehen, weil sie ihn nicht gewohnt sind."[1240] Trotz Unterzahl[1241] konnte Real Madrid das Spiel nach Rückstand dadurch noch drehen. Interessanterweise meinte Mourinho nach dem Spiel: „Schön langsam habe ich genug davon, meine Mannschaft gegen Barcelona immer **auf ein Spiel in Unterzahl vorbereiten** zu müssen."[1242] Davon abgesehen widerfuhr Mourinho Kritik in Person von Real Madrids Ehrenpräsident Di Stefano, der zur Defensivtaktik meinte: „Gegen Barcelona auf Konter zu spielen, ist nicht sehr effektiv."[1243] „Der **Konter** [aber] ist **das stilprägende Mittel** aller von Mourinho trainierten Teams - und damit auch von Real Madrid."[1244] Bereits vier Tage später ging das spanische Cupfinale in Valencia über die Bühne, und Mourinho blieb bei seiner **Defensivtaktik**[1245]: erneut setzte er auf drei zentrale defensive Mittelfeldspieler (bei einer offensiveren Grundaufstellung), die auch ohne den Ball pro-aktiv[1246] **a)** in Zusammenarbeit mit den vier Verteidigern rigoros an den Mann gingen und gleichzeitig **b)** mögliche Anspielstationen zustellen mussten. Zusätzlich „zeigten Carvalho und Ramos im Madrider Abwehrzentrum hervorragendes Timing im Tackling und mentale Stärke trotz dauerndem 'Tiefstehen', die Mourinho-Schule [eben]."[1247] Barcelonas Spielmacher Xavi wurde außerdem von Pepe manngedeckt: um dem „Würgegriff" dieses Pressings von Real zu entgehen, ließ sich Busquets bisweilen in Barcelonas Verteidigung zurückfallen, und selbst Messi bewegte sich mehr nach hinten, um Bälle aufzugreifen - sehr zu Lasten seiner Torgefährlichkeit.[1248] So „kontrollierte Real zumindest vor der Pause das Spiel"[1249], um Barcelona „zu Fehlern zu zwingen - und das gelang: weil [Reals] Pepe ... im defensiven 1:1-Stellungsspiel sehr weit vorne

---

1240 http://derstandard.at/1302745445274/Clasico-Analyse-Erste-Karte-im-Clasico-Quartett---hat-alles-aber-ohne-Spitzenwert-gewinnt-man-nichts, Gregorits, R.; Jager, V., 17. April 2011.

1241 Albiol war in der 51.Minute vom Platz verwiesen worden.

1242 Vgl http://sport.orf.at/stories/2053588/2053587/ Barca vor erfolgreicher Titelverteidigung, 17. April 2011.

1243 Vgl. http://sport.orf.at/stories/2054022/2054021/: Di Stefano kritisiert Mourinho, 20. April 2011.

1244 http://derstandard.at/1303291107155/Copa-del-Rey-Der-lenkende-Arm-des-Jose-Mourinho: Samstag vs. Mittwoch - oder: Changes!, Gregorits, R.; Jager, V., 21. April 2011, S. 5.

1245 Vgl. http://derstandard.at/1303291107155/Copa-del-Rey-Der-lenkende-Arm-des-Jose-Mourinho: Samstag vs. Mittwoch-oder: Changes!, Gregorits, R.; Jager, V., 21. April 2011, S. 1, 8, 13.

1246 Vgl. http://www.zonalmarking.net/2011/04/21/real-madrid-1-0-barcelona-copa-del-rey-tactics/: Real Madrid 1-0 Barcelona (AET), 21. April, 2011.

1247 http://derstandard.at/1303291107155/Copa-del-Rey-Der-lenkende-Arm-des-Jose-Mourinho: Samstag vs. Mittwoch - oder: Changes!, Gregorits, R.; Jager, V., 21. April 2011, S. 14.

1248 Vgl. http://www.zonalmarking.net/2011/04/21/real-madrid-1-0-barcelona-copa-del-rey-tactics/: Real Madrid 1-0 Barcelona (AET), 21. April, 2011.

1249 http://derstandard.at/1303291096072/Clasico-II-Ronaldo-entscheidet-mit-Koepfchen?seite=9: Clasico II: Ronaldo entscheidet mit Köpfchen, 21. April 2011.

attackierte, fand Barcelona keinen Raum, um seine typischen **Passdreiecke** aufzuziehen. Deshalb konnten sich alle Formationen von Real weit in Richtung Barcelona-Tor drängen"[1250] [v.a. bei Vorstößen und weiten Bällen[1251] über die Flanken[1252]]. „Erst nach Seitenwechsel gab Barcelona mit seinem 4-3-3[1253] den Ton an"[1254], wobei auch dessen **Verteidigungsabsicherung** zutage trat: „so rückten bei Ballbesitz oft beide Außenverteidiger mit auf. Dafür sicherte nur ein defensiver Mittelfeldspieler (Busquets) [die letzte Linie] ab (die so im hinteren Verteidigungsbereich von Barcelona entstandenen offeneren Räume könnten taktisch gesehen im Sinne von Real Madrid gewesen sein[1255]).... Im zentralen Mittelfeld versuchten Iniesta und Messi mit Dribblings von den nicht wirklich funktionierenden Passdreiecken (SFM) abzugehen (und das Spiel typisch für Barcelona weit zu machen[1256])."[1257] In der Verlängerung war es jedoch erneut Real, das seine Klasse ausspielte, und Christiano Ronaldo markierte den 1:0 Sieg.[1258] Vor dem dritten Spiel, der ersten Begegnung im Halbfinale der europäischen Champions League (in Madrid) war die taktische Ausrichtung für die Spieler von Barcelona somit klar: „Wir müssen etwas ändern, aber wir werden an unserem [grundsätzlichen] Stil festhalten. Ich erwarte Real wieder defensiv. Das kümmert uns aber nicht. Wir sind Barca und werden zu 100 Prozent wie Barca agieren", versprach Verteidiger Dani Alves. Und auch Barcelonas Innenverteidiger Gerard Pique glaubte, die Taktik Mourinhos zu kennen: „Es ist normal, dass die Madrilenen ein Augenmerk auf ihre Defensive legen und damit unser **Passspiel unterbinden** wollen."[1259] Mourinho setzte wie erwartet auf eine extrem defensive, ja destruktive Taktik, um den spielerisch besseren Gegner zu

---

1250 http://derstandard.at/1303291107155/Copa-del-Rey-Der-lenkende-Arm-des-Jose-Mourinho: Samstag vs. Mittwoch - oder: Changes!, Gregorits, R.; Jager, V., 21. April 2011, S. 1.

1251 Vgl. http://www.zonalmarking.net/2011/04/21/real-madrid-1-0-barcelona-copa-del-rey-tactics/: Real Madrid 1-0 Barcelona (AET), 21. April, 2011.

1252 Vgl. http://www.zonalmarking.net/2011/05/04/barcelona-1-1-real-madrid-barca-progress/, 4. Mai 2011.

1253 http://derstandard.at/1303291107155/Copa-del-Rey-Der-lenkende-Arm-des-Jose-Mourinho: Samstag vs. Mittwoch - oder: Changes!, Gregorits, R.; Jager, V., 21. April 2011, S. 1.

1254 Vgl. http://derstandard.at/1303291096072/Clasico-II-Ronaldo-entscheidet-mit-Koepfchen?seite=9: Clasico II: Ronaldo entscheidet mit Köpfchen, 21. April 2011.

1255 Vgl. http://www.zonalmarking.net/2011/04/21/real-madrid-1-0-barcelona-copa-del-rey-tactics/: Real Madrid 1-0 Barcelona (AET), 21. April 2011.

1256 Vgl. http://www.zonalmarking.net/2011/04/21/real-madrid-1-0-barcelona-copa-del-rey-tactics/: Real Madrid 1-0 Barcelona (AET): Ronaldo header wins Real the Copa del Rey, 21. April 2011.

1257 Vgl. http://derstandard.at/1303291107155/Copa-del-Rey-Der-lenkende-Arm-des-Jose-Mourinho: Samstag vs. Mittwoch - oder: Changes!, Gregorits, R.; Jager, V., 21. April 2011 S. 13.

1258 Vgl. http://sport.orf.at/stories/2054300/2054299: Befreiungsschlag der Königlichen, 21. April 2011.

1259 http://sport.orf.at/stories/2055198/2055197/: Mourinho und sein „Anti-Barca-Mittel", 27. April 2011

entzaubern.[1260] Es war „**ballbesitzorientierter Fußball** [von Barcelona] gegen **Catenaccio** der Prägung Mourinho“[1261]. „Nach einer halben Stunde hatte Barcelona ... nicht weniger als 80 Prozent Ballbesitz, aber kein wirkliches Rezept, um Real zu knacken“.[1262] „Trotz Reals erfolgreich erprobtem Defensivkonzept ... [im 4-3-3] spielte Barcelona mit ausgezeichneter **Raumbesetzung in Breite und Tiefe**. Weil aber auch Real durch das **Zustellen aller vertikalen Passwege** alles richtig machte, lief Barcelonas Spielaufbau hauptsächlich über deren Innenverteidiger.... 60 Minuten lang bewegten sich weder Real noch Barcelona außerhalb ihrer Matchpläne und boten eine Vertiefung des in den Duellen der... [vorangegangenen] Woche Gesehenen. Madrid bestimmte durch die **Höhe des Pressings**[1263] Spielrhythmus und Spieltempo, Barcelona wurde trotz oder wegen der intensiven Ballsicherung in eine passive Haltung gedrückt.“[1264] Spielerische Höhepunkte waren daher lange Zeit Mangelware.[1265] Das war insofern wesentlich als „die Freude am eigenen Spiel für den fußballerischen Ansatz Barcelonas wesentlich war und ihr Selbstvertrauen speiste. Mourinhos Strategie nahm ihnen beides und stärkte so das Selbstbewusstsein seines eigenen Teams.“[1266] Dann sah aber erneut ein Real-Spieler (Pepe) die Rote Karte. In Überzahl münzte Barcelona nun seine Überlegenheit in ein Tor um. Danach „hatte Barcelona mehr Platz, konnte so agieren, wie es am besten funktioniert“[1267] und erzielte den Endstand zum 2:0 Auswärtssieg [beide Tore: Messi]. Der sichtlich aufgebrachte Mourinho fasste das Spiel aus seiner Sicht wie folgt zusammen: „Ich habe jetzt dreimal gegen Barcelona gespielt, und jedes Mal mussten wir mit zehn Mann auskommen.“[1268] Abgesehen von der Erschwernis eines Spiels in numerischer Unter-

---

1260 Vgl. http://sport.orf.at/stories/2055387/2055386/: Taktik, Emotionen und Messi im „Clasico“, 27. April 2011.

1261 http://derstandard.at/1303950397086/CL-Analyse-Komoedie--Tragoedie--Messi--Epos, Gregorits, R.; Jager, V., 28. April 2011, S. 1.

1262 http://sport.orf.at/stories/2055387/2055386/: Taktik, Emotionen und Messi im „Clasico“, 27. April 2011.

1263 Die Grundidee des Pressings ist, dem Gegner möglichst wenig Zeit zu geben, sein Spiel kontrolliert aufzubauen und ihn so zu Fehlern zu zwingen. Das Druckspiel beginnt durch frühzeitiges Stören des gegnerischen Angriffs bereits in der gegnerischen Hälfte. Vgl. http://de.wikipedia.org/wiki/Pressing

1264 http://derstandard.at/1303950397086/CL-Analyse-Komoedie--Tragoedie--Messi--Epos, Gregorits, R.; Jager, V., 28. April 2011, S. 1.

1265 Vgl. http://sport.orf.at/stories/2055387/2055386/: Taktik, Emotionen und Messi im „Clasico“, 27. April 2011.

1266 http://derstandard.at/1303950397086/CL-Analyse-Komoedie--Tragoedie--Messi--Epos, Gregorits, R.; Jager, V., 28. April 2011, S. 1.

1267 http://sport.orf.at/stories/2055387/2055386/: Taktik, Emotionen und Messi im „Clasico“, 27. April 2011.

1268 http://sport.orf.at/stories/2055457/2055464/: Rundumschlag in der Pressekonferenz, 28. April 2011.

legenheit gab es aber auch Mängel bei der Ausrichtung seines portugiesischen Spielmachers Christiano Ronaldo[1269] auf die Taktik: „Auf Grund seiner selbst gesteckten Ziele[1270] spielte er bei entscheidenden Torszenen besser postierte Mitspieler nicht an, oder ordnete sich dem Defensivkonzept nicht unter... Er spielte teilweise allein auf weiter Flur ein Pressing 'für die Galerie'. Die Selbstvermarktung [von Christiano Ronaldo] in den Griff zu bekommen, war sicherlich eine der schwierigeren Aufgaben für Mourinho, dem [dabei] aber zu Gute kam, dass er ein Landsmann war."[1271] Ausgerechnet Christiano Ronaldo kritisierte nach dem verlorenen Spiel nun aber die Taktik seines Trainers: „Ob ich in einem solch defensiven Team wie Real Madrid spielen möchte? Nein, aber ich muss das umsetzen, was der Trainer von mir verlangt. Dennoch bin ich nicht zufrieden mit dem System, das wir gespielt haben."[1272] Zu allem Überdruss erwuchs Mourinho auch noch internationale Kritik: „Eine solche Spielweise kann nicht der Anspruch der Königlichen aus Madrid sein." Zum Glück habe die destruktive Methode, nur zu provozieren und die Aktionen des Gegners zu zerstören, nicht gegriffen, meinte etwa der deutsche Startrainer Ottmar Hitzfeld.[1273] Ob Real Madrid im letzten Spiel des „Classico-Marathons" wieder offensiv spielen würde, kam in diesem Sinne bereits einer „Richtungsentscheidung" von Mourinho gleich.[1274] Reals brasilianischer Star Kaka meinte jedenfalls vor dem Spiel: „Wir wollen ein großes Spiel zeigen, Real gibt nie ein Spiel auf."[1275] Nun, es wurde die erwartet hochklassige Auseinandersetzung: „Diesmal stand der Fußball deutlich mehr im Mittelpunkt als im Hinspiel. Das lag vor allem daran, dass Real Madrid angesichts des deutlichen Rückstands nicht wie sechs Tage zuvor 'mauern' konnte, sondern **zum Agieren gezwungen** war."[1276] „Obwohl Madrid erneut nur mit einer Spitze spielte – diesmal in einem 4-2-3-1-System[1277] -, begann es ... mutiger."[1278] „Nach einer halben

[1269] Der Portugiese Christiano Ronaldo ist nicht zu verwechseln mit dem früheren Real Madrid-Star Ronaldo aus Brasilien.

[1270] Subjektive sportliche Lern- und Entwicklungsziele. - Vgl. 10.2.

[1271] http://derstandard.at/1303950397086/CL-Analyse-Komoedie--Tragoedie--Messi--Epos, Gregorits, R.; Jager, V., 28. April 2011, S. 6.

[1272] http://www.spiegel.de/sport/fussball/0,1518,759713,00.html: Champions-League-Clasico: Madrid kontert Barça-Beschwerde, jar/dpa/sid, 29. April 2011.

[1273] Vgl. http://sport.orf.at/stories/2056098/2056177/: Das Image wurde beschädigt, 2. Mai 2011.

[1274] Vgl. http://derstandard.at/1303950397086/CL-Analyse-Komoedie--Tragoedie--Messi--Epos, Gregorits, R.; Jager, V., 28. April 2011, S. 11.

[1275] http://sport.orf.at/stories/2056098/2056105/: Niemand gibt die Hoffnung auf, 2. Mai 2011.

[1276] http://sport.orf.at/stories/2056425/2056401/: Souveräner Auftritt im eigenen Stadion, 4. Mai 2011.

[1277] Mourinho brachte mit dem Argentinier Higuain einen reinen Angreifer ins Spiel, zudem spielte der Brasilianer Kaka im Mittelfeld, um mit hohen Flanken den Gegner zu überwinden. Vgl.

Stunde drehte dann aber Barcelona richtig auf … und stürmte … im Minutentakt in Richtung Real-Gehäuse"[1279]: neben Messi stach dabei v.a. Xavi ins Auge – „er hatte schon in der ersten Hälfte 102 Ballkontakte"[1280]. Nach der Pause erzielte Pedro nach einem Traumpass von Iniesta in der 54. Minute[1281] das 1:0 für Barcelona.[1282] Damit war Real Madrids Traum vom Finale zwar endgültig geplatzt, doch die Madrilenen hielten mit Pressing[1283] dagegen - Marcelo erzielte bald darauf den Ausgleich.[1284] „Mit einer abgeklärten Leistung brachte Barcelona [das geschickt die hinter den Pressing-Aktionen von Real **frei werdenden Räume** für eigene Vorstöße zu nutzen versuchte][1285] die Partie [schließlich] über die Bühne."[1286] Barcelona winkte nunmehr nicht nur der spanische Meistertitel, sondern auch der Champions League-Pokal"[1287]. Im Finale dieser Champions League 2011 wartete nun Manchester United, gegen das Barcelona schon 2009 das Finale mit 2:0 gewonnen hatte.[1288] Und schon damals wurde Manchester United von Sir Alex Ferguson[1289] trainiert, der ähnlich wie Barcelona bisweilen auf ein 4-3-3 Spielsystem zurückgriff,[1290] bisweilen auch auf ein defensiveres 4-4-1-1[1291]. Wie flexibel Manchester United sein Spielsystem handhabt,

---

http://www.n-tv.de/sport/fussball/ Barcelona-spielt-sich-ins-Finale-article3245386.html: Real-K.o. in der Champions League, 3. Mai 2011.

1278 http://derstandard.at/1304428440556/Im-Regen-von-Barcelona-brannte-nichts-mehr-an: (sid/red), 3. Mai 2011.

1279 http://sport.orf.at/stories/2056425/2056401/: Souveräner Auftritt im eigenen Stadion, 4. Mai 2011.

1280 http://www.n-tv.de/sport/fussball/Barcelona-spielt-sich-ins-Finale-article3245386.html: Real-K.o. in der Champions League, 3. Mai 2011.

1281 http://kurier.at/sport/fussball/2098965.php: Barca im Champions-League-Finale, 3. Mai 2011.

1282 Vgl. http://derstandard.at/1304428440556/Im-Regen-von-Barcelona-brannte-nichts-mehr-an, (sid/red), 3. Mai 2011.

1283 Vgl. http://www.zonalmarking.net/2011/05/04/barcelona-1-1-real-madrid-barca-progress/, 4. Mai 2011.

1284 Vgl. http://sport.orf.at/stories/2056425/2056401/: Souveräner Auftritt im eigenen Stadion, 4. Mai 2011.

1285 Vgl. http://www.zonalmarking.net/2011/05/04/barcelona-1-1-real-madrid-barca-progress/, 4. Mai 2011.

1286 Vgl. http://www.n-tv.de/sport/fussball/Barcelona-spielt-sich-ins-Finale-article3245386.html: Real-K.o. in der Champions League, 3. Mai 2011.

1287 Vgl. http://sport.orf.at/stories/2056425/2056401/: Souveräner Auftritt im eigenen Stadion, 4. Mai 2011.

1288 Vgl. http://derstandard.at/1304551093988/Ferguson-erwartet-ein-fantastisches-Finale, (APA), 5. Mai 2011.

1289 Alex Ferguson war zu diesem Zeitpunkt bereits seit fast 25 Jahren als Trainer bei Manchester United tätig und damit einer der zu diesem Zeitpunkt am längsten dienenden Trainer eines Top-Fussballproficlubs in Europa. Vgl. http://de.wikipedia.org/wiki/Alex_Ferguson

1290 Vgl. http://www.spox.com/myspox/group-blogdetail/Blog-Reihe--Taktik-Entwicklung-5,107431.html? COMORD=2, possessionplay, 30. November 2010.

1291 Vgl. http://derstandard.at/1302516030474/Geld-kann-Ihre-Titeltraeume-gefaehrden, Schaffer, T., 13. April 2011.

bewies es im Viertelfinale der Champions League am 12. April 2011 gegen Chelsea:[1292] zunächst begann man mit einem 4-4-1-1, wechselte dann ab der 40. Minute aber auf ein System, wo **kurzfristig die linke Seite aufgegeben** wurde. So verhinderte Manchester United, dass Chelsea dessen **rechte Flanke einfach „abwürgen"** konnte. Zur Pause stellte Manchester dann wieder auf die Ursprungsformation zurück. Zusätzlich betrieb das Team in der zweiten Spielhälfte ein effektives Pressing: „die Stürmer und Flügel **attackierten höher**, die Verteidiger blieben allerdings tief stehen. So gelangen zwei Dinge: man streckte Chelsea in die Länge, weshalb Chelsea im Mittelfeld plötzlich **weniger Druck auf die Ballführer** von Manchester United bekam. Diese konnten ... die Bälle [dann] souveräner verteilen und **das Spiel beruhigen.**"[1293] Manchester United gewann dieses Heimspiel mit 2:1 (Gesamtscore 3:1) und stieg ins Halbfinale auf (4:1 und 2:0 gegen Schalke 04).[1294] Ferguson betonte nun vor dem Champions League Finalspiel gegen Barcelona, dass man einen Spielplan entwickelt habe.[1295] Guardiola sprach lediglich davon, dass sein Ziel war, **schneller nach vorn zu spielen** sobald man den Ball hatte.[1296] Nun, das Finalspiel am 28. Mai 2011 brachte ein „temporeiches" Match - Barcelona agierte dominant und siegte mit 3:1.[1297] [Dabei] „wollte Ferguson die Fehler, die 2009 zur Niederlage ... geführt hatten [beide Teams traten im Finale 2011 mit fast unveränderten Startaufstellungen an[1298] – zwei Typ-AA Teams eben], unbedingt vermeiden"[1299]. Eine wesentliche Überlegung dabei war, Hernandez im Angriff spielen zu lassen und auf einen zusätzlichen Mittelfeldspieler zu verzichten - dies zeugte von einem **offensiven Spielplan** - ein Folgeeffekt für Manchester United war jedoch, dass das zentrale Mittelfeld von Barcelona überrollt wurde (und **kaum Verteidigungsaufgaben** übernehmen

1292 Vgl. http://derstandard.at/1302516030474/Geld-kann-Ihre-Titeltraeume-gefaehrden, Schaffer, T., 13. April 2011.

1293 http://derstandard.at/1302516030474/Geld-kann-Ihre-Titeltraeume-gefaehrden, Schaffer, T., 13. April 2011.

1294 http://sport.orf.at/stories/2031584/

1295 Vgl. die englische Zeitung „Mail on Sunday", In: http://sport.orf.at/stories/2060931/2060952/: Pressestimmen zum CL-Finale, 29. Mai 2011.

1296 Vgl. Linden, P., In: Kronen Zeitung: Noch genug Leidenschaft, 30. Mai 2011.

1297 Vgl. http://sport.orf.at/stories/2060851/2060850/: Demonstration der Extraklasse, Hofstetter, H., 28. Mai 2011.

1298 Vgl. http://kurier.at/sport/fussball/3907699.php. Déjà-vu im Champions-League-Finale, (apa/wol), 27. Mai 2011.

1299 http://www.n-tv.de/sport/fussball/Barcelona-schlaegt-Manchester-article3448236.html, 28. Mai 2011.

konnte[1300]).[1301] Und auch „Messi bekamen … die [Manchester] Spieler überhaupt nicht in den Griff"[1302]. Dabei ließ Ferguson den **Gegner sehr früh attackieren**,[1303] und es gelang zunächst die Ballstafetten Barcelonas zu unterbinden,[1304] das „als Reaktion [aber] das **Spiel enorm breit machte**, um … nicht zu stark unter Druck zu geraten"[1305]. „Nach einer Viertelstunde übernahm Barcelona im Mittelfeld dank der größeren individuellen Klasse [und der relativ großen **Freiheit am Ball**, welche die zentralen Defensivspieler diesmal ausspielen konnten][1306] … dann aber das Kommando"[1307] und zog sein „Tiqui-taca"-Kurzpassspiel auf: Manchester lief dem Ball dabei meistens nur hinterher[1308] – „irgendwo wurde immer versucht auszuhelfen, was das Team jedoch aus der Formation riss und Räume [für Barcelona] auftat…. Die Ursache dafür war…, [dass] Hernandez keine Defensivaufgaben in der eigenen Hälfte hatte…. Real-Trainer Mourinho hatte seine Stürmer gegen Barcelona [hingegen] zur Defensivarbeit verdonnert."[1309] Außerdem funktionierten Barcelonas **aggressive Abseitsfallen**, wenn sie es mussten.[1310] „Messi, Iniesta und Xavi schalteten … nach Belieben[1311], der … Rest der Mannschaft **kreiste in ständiger Bewegung um dieses**

1300 Vgl. http://derstandard.at/1304553181646/StandardSituation-Da-kann-man-machen-was-man-will?_blog Group=1, Schaffer, T., 29. Mai 2011.

1301 Vgl. http://www.zonalmarking.net/2011/05/29/barcelona-3-1-man-utd-champions-league-final-2011/#more-6616: Barcelona are European Champions, 29. Mai 2011.

1302 http://www.n-tv.de/sport/fussball/Barcelona-schlaegt-Manchester-article3448236.html: Mit Fußballkunst zum CL-Titel: Barcelona schlägt Manchester, 28. Mai 2011.

1303 Vgl. http://sport.orf.at/stories/2060851/2060850/: Demonstration der Extraklasse, Hofstetter, H., 28. Mai 2011.

1304 Vgl. http://derstandard.at/1304553141213/Die-Ueberlegenheit-traegt-Blau-Rot, (sid/red), 28. Mai 2011.

1305 http://derstandard.at/1304553181646/StandardSituation-Da-kann-man-machen-was-man-will?_blog Group=1, Schaffer, T., 29. Mai 2011.

1306 Vgl. http://www.zonalmarking.net/2011/05/29/barcelona-3-1-man-utd-champions-league-final-2011/#more-6616: Barcelona are European Champions, 29. Mai 2011.

1307 http://www.n-tv.de/sport/fussball/Barcelona-schlaegt-Manchester-article3448236.html: Mit Fußballkunst zum CL-Titel: Barcelona schlägt Manchester, 28. Mai 2011.

1308 Vgl. http://sport.orf.at/stories/2060851/2060850/: Demonstration der Extraklasse, Hofstetter, H., 28. Mai 2011.

1309 http://derstandard.at/1304553181646/StandardSituation-Da-kann-man-machen-was-man-will?_blog Group=1, Schaffer, T., 29. Mai 2011.

1310 Vgl. http://www.zonalmarking.net/2011/05/29/barcelona-3-1-man-utd-champions-league-final-2011/#more-6616: Barcelona are European Champions, 29. Mai 2011.

1311 Im Verlauf dieses Finales spielten sich Xavi, Iniesta und Messi 305 Pässe zu - mehr als das gesamte Team von Manchester. Vgl. http://sport.orf.at/stories/2060972/2060971/: Fußball in Perfektion, Hofstetter, H., 30. Mai 2011. - Zudem fiel diesen drei Spielern (Xavi, Iniesta und Messi) mit mehr als 40 Prozent der Hauptanteil an Barcelonas Passspiel zu: Xavi wurde mit 280 gegebenen und erhaltenen Zuspielen zum überragenden Schlüsselspieler. Vgl. http://derstandard.at/1304553169520/Eine-hochverspielte-Schnoerkel-losigkeit-die-nicht-einmal-an-sich-selbst-scheiterte, Helmut Neundlinger, 29. Mai 2011.

magische Dreieck"[1312] [welches m.E. die stärkste SFM des Weltfußballs bildete][1313]. Darüber hinaus „verfügte Barcelonas Netzwerk über eine Reihe ebenfalls dreiecksförmiger **Zentrum-Peripherie-Verknüpfungen**: sowohl in den defensiven Rückraum (Busquets) als auch auf die Flügel (Alves-Villa bzw. Abidal-Pedro) setzen sich die triangulären Muster ... fort."[1314] „Meistens folgte [im Zusammenspiel mit diesen SFM] auf einige **Zuspiele in die Breite** oder sonstige **Spielverlagerungen** sofort einer der gefürchteten Nadelstiche in den Strafraum.... [Und bei Ballverlust] zogen die Offensivspieler ... blitzschnell in der gegnerischen Hälfte ein erbarmungsloses Pressing auf."[1315] Barcelona hatte die Manchester-Spieler „wie so viele Gegner davor zu Statisten degradiert"[1316], seiner nahezu perfekten Spielkunst[1317] hatten diese letztlich nichts entgegenzusetzen[1318]: „zwar fanden sich [auch bei Manchester United] **Dreiecke [SFM]**, doch mangelte es [diesen] an der **Einbettung**"[1319] **[in den Spielaufbau]** und m.E. auch an der notwendigen Stabilität, denn Ferguson unterließ es, das unterlegene zentrale Mittelfeld durch Einwechslungen[1320] zu verstärken. „Vorstöße [von Manchester] fanden so meist im Duo, damit in Unterzahl und ausrechenbar statt... Das Problem für Manchester lag nämlich darin, dass Barcelonas Xavi und Iniesta auf Giggs und Carrick zukamen und Busquets Manchesters Stürmerstar Wayne Rooney aus dem Geschehen zog. So entstanden **3 gegen 2-Situationen**, in denen der FC Barcelona **die Reihen des Gegners auseinander-**

[1312] http://sport.orf.at/stories/2060851/2060850/: Demonstration der Extraklasse, Hofstetter, H., 28. Mai 2011.

[1313] Xavi belegte in der Wahl zum Weltfussballer 2010 den dritten Rang, Iniesta den zweiten Rang und Messi (wie schon 2009 und auch wieder 2011) den ersten Rang. Vgl. http://www.zonalmarking.net/2011/05/29/barcelona-3-1-man-utd-champions-league-final-2011/#more-6616: Barcelona are European Champions, 29. Mai 2011.

[1314] http://derstandard.at/1304553169520/Eine-hochverspielte-Schnoerkellosigkeit-die-nicht-einmal-an-sich-selbst-scheiterte, Helmut Neundlinger, 29. Mai 2011.

[1315] http://sport.orf.at/stories/2060972/2060971/: Fußball in Perfektion, Hofstetter, H., 30. Mai 2011.

[1316] http://sport.orf.at/stories/2060851/2060850/: Demonstration der Extraklasse, Hofstetter, H., 28. Mai 2011.

[1317] Barcelonas Spieler spielten bei Ballbesitz im Schnitt alle 4,5 Sekunden einen Pass (insgesamt 772 Pässe) - 86 % davon kamen an. http://sport.orf.at/stories/2060972/2060971/: Fußball in Perfektion, Hofstetter, H., 30. Mai 2011.

[1318] Vgl. http://derstandard.at/1304553141213/Die-Ueberlegenheit-traegt-Blau-Rot, (sid/red), 28. Mai 2011.

[1319] http://derstandard.at/1304553169520/Eine-hochverspielte-Schnoerkellosigkeit-die-nicht-einmal-an-sich-selbst-scheiterte, Helmut Neundlinger, 29. Mai 2011.

[1320] z.B. die Spieler Fletcher, Anderson, oder Scholes http://www.zonalmarking.net/2011/05/29/barcelona-3-1-man-utd-champions-league-final-2011/#more-6616: Barcelona are European Champions, 29. Mai 2011.

zog."[1321] Ferguson versuchte noch mit Umstellungen auf ein 4-1-3-2 Spielsystem an den Flügeln mehr Offensive zu erzeugen, was aber keinen Umschwung mehr brachte.[1322] Und Guardiola führte ein „legendäres Team zum zweiten Mal an die Spitze Europas"[1323]. Nach dem Spiel meinte Ferguson: „Ich habe gehofft, dass wir besser sind. Aber am Ende des Tages mussten wir zur Kenntnis nehmen, dass wir ... vom besten Team, dem wir je gegenüber gestanden sind, geschlagen worden sind."[1324] Und Barcelonas Villa ergänzte: „Wir wussten um unser Potenzial und mussten nur das Beste daraus machen."[1325]

Diese Beispiele des taktischen Kräftemessens verdeutlichen ein Mal mehr, dass das Umsetzen taktischer Prozesse von den Spielern ein **Multi-Rollenverständnis**[1326] bzw. ein Maximum an Flexibilität verlangt, um **ausgehend vom grundsätzlichen Spielstil zwischen verschiedenen Spielsystemen hin- und herwechseln** zu können. Manchesters grundsätzlicher Spielstil etwa war darauf angelegt, den Ball weit über die Flanken zu spielen und in die Mitte zu bringen. Außerdem ist man es dort nicht gewohnt, Manndeckung zu betreiben – ein Faktor, der wohl mit dazu beigetragen hat, dass man Barcelona im Finale 2011 das Mittelfeld nahezu vollständig überlassen musste.[1327] Der FC Barcelona wiederum hat deutlich demonstriert, dass es über einen grundsätzlich offensiven Spielstil verfügt, und dass „jeder [im Team] weiß, wie er arbeiten muss, für das Kollektiv und individuell"[1328], wie Innenverteidiger Ferdinand von Manchester United neidlos anerkannte. Zu diesem grundsätzlichen Spielstil von Barcelona gehören das schnelle „Tiqui-taca"-Kurzpassspiel und dass die Räume durch Pressing[1329] für den Gegner eng gemacht werden[1330]: „meistens folgt [dann] auf einige Zuspiele in die Breite oder sonstige Spielverlagerungen sofort einer der Nadelstiche in den

---

1321 http://derstandard.at/1304553181646/StandardSituation-Da-kann-man-machen-was-man-will?_blogGroup=1, Schaffer, T., 29. Mai 2011.

1322 Vgl. http://derstandard.at/1304553181646/StandardSituation-Da-kann-man-machen-was-man-will?_blogGroup=1, Schaffer, T., 29. Mai 2011.

1323 Vgl. http://sport.orf.at/stories/2060851/2060850/: Demonstration der Extraklasse, Hofstetter, H., 28. Mai 2011.

1324 http://sport.orf.at/stories/2060851/2060885/: Stimmen zum Finale, 28. Mai 2001.

1325 http://sport.orf.at/stories/2060851/2060885/: Stimmen zum Finale, 28. Mai 2001.

1326 Vgl. Kranz, M., Management von Strategieprozessen, 2006, S. 185.

1327 Vgl. http://www.zonalmarking.net/2011/05/27/barcelona-v-manchester-united-tactical-pre view/, 27. Mai 2011. – Vgl. http://www.zonalmarking.net/2011/05/29/barcelona-3-1-man-utd-champions -league-final-2011/#more-6616: Barcelona are European Champions, 29. Mai 2011.

1328 http://de.eurosport.yahoo.com/29052011/73/uefa-champions-league-falschen-heimat-film. html, 29. Mai 2011.

1329 Vgl. http://www.zonalmarking.net/2011/05/29/barcelona-3-1-man-utd-champions-league-final-2011/#more-6616: Barcelona are European Champions, 29. Mai 2011.

1330 Vgl. Prohaska, H. (ehemaliger österreichischer Fussballteamchef), In: ORF 1, 28. Mai 2011.

Strafraum…. Barcelonas Messi ist dabei in ein **perfekt abgestimmtes Kollektiv** eingebettet[1331]. So hält ihm der rechte Außenverteidiger Alves perfekt den Rücken frei. Auch der defensive Mittelfeldspieler Busquets räumt im Mittelfeld verlässlich ab, wenn [sich] Messi gerade im gegnerischen Strafraum … [aufhält]."[1332] Messi, Alves und Busquets bilden m.E. eine zusätzliche SFM, die den grundsätzlichen Spielstil von Barcelona mitprägt. Barcelonas Spieler sind aber auch in der Lage, sich flexibel auf offensives Pressing der Gegner einzustellen (z.B. zu Beginn des Champions League-Finales 2011),[1333] und etwa zwischen einem 4-3-3[1334], einem 3-4-3[1335] oder auch einem sporadischen 4-2-4[1336] zu wechseln.[1337] All dies zeigt uns, dass die Ausrichtung der Spieler auf taktische Aspekte zum Knackpunkt der Bemühungen eines Trainers beim Wettbewerb mit dem Gegner wird. Er muss den Spielern seine Ideen und Werte vermitteln, damit sie seinen **grundsätzlichen Spielstil** verinnerlichen und ihr eigenes Selbstvertrauen[1338] stärken. Dabei gilt es für den Trainer, die Spieler zur Mitarbeit an der Umsetzung seiner Ideen zu bewegen[1339], sowie deren Lernorientierung (**subjektive Lern- und Entwicklungsziele**) und Spontaneität zu fördern.[1340] Hier braucht es charakterlich geeignete Spieler.[1341] Insbesondere die Führungsspieler können dabei als „Übersetzer" der anvisierten Änderungen fungieren.[1342] Je motivierender sich der

---

1331 Der Großteil des Kaders von Barcelona wie Xavi, Iniesta, Puyol oder Messi durchliefen die berühmte Nachwuchsschule La Masia, die von der niederländischen Fussballlegende Johan Cruyff entwickelt wurde. Dort wurden die Ballkontrolle als oberste Maxime und das 4-3-3 als Spielsystem schon im jungen Alter gefördert. Vgl. http://www.goal.com/de/news/839/primera-division/ 2010 /04/08/1869902/mythos-barcelona-wie-cruyff-einen-verein-ver%C3%A4nderte, Ram, R., 8. April 2010.

1332 http://sport.orf.at/stories/2060972/2060971/: Fußball in Perfektion, Hofstetter, H., 30. Mai 2011.

1333 Vgl. http://www.krone.at/Sport/Zauber-Fussball_bringt_Barcelona_den_CL-Sieg-3_1_gegen_Manchester-Story-265127, 29. Mai 2011.

1334 http://www.goal.com/de/news/839/primera-division/2010/04/08/1869902/mythos-barcelona-wie-cruyff-einen-verein-ver%C3%A4nderte, Ram, R., 8. April 2010.

1335 Vgl. http://www.zonalmarking.net/2011/05/27/barcelona-v-manchester-united-tactical-preview/, 27. Mai 2011.

1336 Vgl. http://www.zonalmarking.net/2011/05/27/barcelona-v-manchester-united-tactical-preview/, 27. Mai 2011.

1337 Vgl. http://www.spox.com/myspox/groupblogdetail/0,105422,10.html?COMORD=2: Blog-Reihe: Taktik-Entwicklung 3, posessionplay, 16. November 2010.

1338 Vgl. 7.2.1., 9.2., 10.1.

1339 In diesem Sinne sollten Trainer m.E. „transformatisch" führen. Vgl. 4.1.

1340 Bei Typ-B Teams betrifft dies v.a. das innovative Spiel, bei Typ-A Teams v.a. die Qualität des Spiels. - Vgl. Rowe, W.G., Creating wealth in organizations, The Academy of Management Executive, Februar 2001, S. 81-94. - Vgl. 5.1. und 5.2. - Vgl. Abbildung 22. - Vgl. Tabelle 4 in Punkt 11.2.

1341 Vgl. die Auswahl von Spielern durch US-Eishockeycoach Herb Brooks in Punkt 6.3.

1342 Dazu gehört, den Spielplan durchzuziehen, sowie das schnelle organisierte Umschalten von Offensive auf Defensive oder umgekehrt. Vgl. Westerbeek, H.; Smith, A., Business Leadership and

Trainer mit verbesserten Arbeitsbeziehungen[1343] einklinken kann, umso mehr werden sich diese Spieler bei der Umsetzung taktischer Vorgaben unterstützen.[1344] Je positiver nämlich die subjektive Führungswirklichkeit der Spieler ist, desto klarer wird auch ihr Aufgabenverständnis sein.[1345] Durch „Empowerment" und weniger durch das Einzwängen in zu enge taktische Korsette - das war m.E. wohl auch ein gewisser Mangel im Spielsystem von Jose Mourinho bei so manchem „Classico" 2011 - werden diese Spieler noch kompetenter und gewissenhafter[1346] (**Ausrichtung auf Taktik, Engagement**).[1347] Die **Entfaltung des individuellen Spielerpotentials** – beim Typ-AA Team[1348] des FC Barcelona wurde dies von Trainer Guardiola im Rahmen seiner Taktik und des nahezu perfekt eingespielten Ensembles m.E. im besten Sinne des Wortes auf die Spitze getrieben - gedeiht am Besten in einem Umfeld, welches dem Spieler das Gefühl gibt, eine gewisse **Kontrolle** über seine Position auszuüben[1349]. Dazu werden individuelle spielerische Präferenzen[1350] mit den Funktionen des Spielers im Team abgeglichen[1351]. Das ermutigt sie auch zu einer aktiven Spielgestaltung im Sinne der Taktik.[1352] Im dritten Spiel des „Classico-Marathons" etwa wurde das Pressing zum spielgestaltenden taktischen Element von Real Madrid: dass diese Taktik

---

the Lessons from Sport, 2005, S. 35. - Vgl. 6.3., 10.7. - Vgl. http://sport.orf.at/wm2010/10060-101/index.html: Kein Platz mehr für „Stehgeiger", Janeschitz, Th., Ruttensteiner, W., 9.Juni 2010.

1343 Vgl. 9.1.2. und 9.2.

1344 Vgl. Riley, P., The Winner Within, 1993, S. 34, S. 40ff.

1345 Vgl. Bryant, B.; Dunphy, D., Teams, Human Relations, May 1996, S. 677-699. - Vgl. 7.2.1.

1346 Vgl. Graen, G.; Cashman, J., A role-making model of leadership in formal organizations, 1975, In: Hunt, J.G.; Larson, L., (Hrsg.), Leadership Frontiers, 1975, S. 143-165. – Vgl. Deluga, R.J., Leader-Member Exchange Quality and Effectiveness, Group & Organization Management, June 1998, S 189-216. – Vgl. 4.5.

1347 Vgl. Deluga, R.J., Basic and Applied Social Psychology, March 1990, S. 191-203. – Vgl. 4.5.

1348 Im Kader von Barcelona 2010/11 standen 12 Neuverpflichtungen (von denen allerdings nur zwei Spieler, Mascherano und Villa, direkt in die Stammmannschaft übernommen wurden: d.h. sie kamen auf ca. 1.500 Minuten und mehr Einsatzzeit in der spanischen Meisterschaft bei mindestens 15-maliger Aufstellung in der Startelf – das Team galt schon vorher als gut eingespielt, da 7 Spieler in Spaniens WM-Team 2010 standen). Vgl. http://www.weltfussball.de/ teams/fc-barcelona/2010/2/. Vgl. http://www.weltfussball.de/teams/fc-barcelona/2011/2/. Vgl. http://www.weltfussball.de/team_ einsaetze/fc-barcelona/esp-primera-division-2010-2011/. - Vgl. http://sport.orf.at/wm2010/100707-890/index.html: Stimmen zu Spanien–Deutschland, 7. Juli 2010.

1349 Vgl. Bennis, W., Leaders of Leaders, Executive Excellence, September 1997, S. 3-4. Vgl. 5.5.

1350 Gerade beim beim Teamsport sollte das Bedürfnis eines Spielers nach dem Erreichen seiner subjektiven sportlichen Lern- und Entwicklungsziele mit seiner Ausrichtung auf Taktik korrelieren. Vgl. Herber, H.J., Vásárhelyi, É., Lewins Feldtheorie als Hintergrundspanorama moderner Motivations- und Willensforschung, In:http://www.sbg.ac.at/erz/salzburger_beitraege/fruehling 2002/herber.pdf, 2002. – Vgl. 10.1.

1351 Vgl. Aritzeta, A., et al.; Belbin`s Team Role Model, Journal of Management Studies, January 1st, 2007, S. 96-118. – Vgl. 5.5.

1352 Vgl. Srivastava, A.; et al.; Empowering leadership in management teams, Academy of Management Journal, 2006, S. 1239-1251.

erst durch das Einwechseln von Adebayor und Özil in der zweiten Spielhälfte zur Entfaltung kam, deutet auf eine eher misslungene Startaufstellung von Mourinho hin.[1353] Während sich eine taktische Maßnahme wie Pressing im Laufe eines Spiels als vorteilhaft erweisen kann, müssen meiner Meinung nach die Spieler offen bleiben für **situative taktische Änderungen**: obwohl das taktische Grundkonzept gleich bleibt, werden während eines Spiels nämlich öfters Positionen und Spielsysteme getauscht, um Gegenmaßnahmen auf die stilprägenden Mittel[1354] des gegnerischen Trainers zu treffen.[1355] Diese Möglichkeiten wurden m.E. von Mourinho im dritten „Classico" gegen Barcelona noch nicht ausreichend ausgeschöpft, und der Handlungsspielraum des Typ-AB Teams[1356] von Real Madrid[1357] zu restriktiv belassen: ein angemessener Handlungsspielraum für das Wechseln von einem Spielsystem zum Nächsten wäre aber gerade bei einem Typ-AB Team notwendig, wo ja noch dazu etwas mehr Fokus auf innovatives Spiel gelegt wird als etwa bei einem Typ-AA Team.[1358] Bei der Definition dieses Handlungsspielraums geht es v.a. um die **Ausrichtung auf die wichtigsten gegnerischen Spielmacher**, um deren Spiel zu lesen bzw. deren Passwege zuzumachen[1359] und so deren Wirkungsbereich einzuengen, zu neutralisieren und zu Fehlern zu zwingen[1360] – das betrifft auch das Spiel ohne Ball[1361]. Im vierten Spiel des „Classico-Marathons" 2011 etwa hatte Barcelona-Trainer Guardiola (nur) seine zentralen Defensivspieler angewiesen, fix auf ihren Positionen zu bleiben. So konnten Reals Vorstöße über die Flanken - die noch im spanischen Cupfinale 2011 sehr effektiv waren - weitgehend aufgefangen werden.[1362] Hat man die gegnerischen

---

1353 Vgl. http://www.zonalmarking.net/2011/05/04/barcelona-1-1-real-madrid-barca-progress/, 4. Mai 2011.

1354 Von Mourinho trainierte Teams haben z.B. den Konter als stilprägendes Mittel. http://derstandard.at/13 0329 1107155/Copa-del-Rey-Der-lenkende-Arm-des-Jose-Mourinho, Gregorits, R.; Jager, V., 21. April 2011, S. 5.

1355 Vgl. http://derstandard.at/1302745445274/Clasico-Analyse-Erste-Karte-im-Clasico-Quartett---hat-alles-aber-ohne-Spitzenwert-gewinnt-man-nichts, Gregorits, R.; Jager, V., 17. April 2011.

1356 Vgl. Abbildung 19 in Punkt 5.1.

1357 Im Real Madrids Kader 2010/11 standen 15 Neuverpflichtungen, von denen vier Spieler - Özil, Di Maria, Carvalho, Khedira – in die Stammelf übernommen wurden: d.h. sie kamen auf mindestens 1.500 Minuten Einsatzzeit in der spanischen Meisterschaft bei mindestens 15-maliger Aufstellung in der Startelf. Vgl. http://www.weltfussball.de/teams/real-madrid/2010/2/. Vgl. http://www. Weltfussball.de/teams/real-madrid/2011/2/. Vgl. http://www.weltfussball.de/team_einsaetze/real-madrid/esp-primera-division -2010-2011/.

1358 Vgl. Tabelle 4 in Punkt 11.2.

1359 Vgl. http://derstandard.at/1304552305632/Einfach-eine-Klasse-besser, Schaffer, T., 19. Mai 2011.

1360 Vgl. http://www.zonalmarking.net/2011/04/28/real-madrid-0-2-barcelona-tactics/, 28. April 2011.

1361 Vgl. http://www.zonalmarking.net/2011/04/28/real-madrid-0-2-barcelona-tactics/, 28. April 2011.

1362 Vgl. http://www.zonalmarking.net/2011/05/04/barcelona-1-1-real-madrid-barca-progress/, 4. Mai 2011.

Spielmacher aber erst einmal im Griff, so wird es auch leichter, die verwundbaren Stellen des Gegners anzugreifen und Druck an Positionen zu erzeugen, die er nicht gewohnt ist.[1363] Durch die **Höhe des Pressings** können die Spieler dann einen stärkeren **Einfluss auf Spielrhythmus und Spieltempo** nehmen.[1364] Was könnte das bei einem Spiel gegen das wohl beste Clubteam aller Zeiten[1365], nämlich diesen FC Barcelona, weiter bedeuten? Nach Expertensicht kann man einerseits [wie Manchester United zu Beginn des Champions League-Finales 2011] „versuchen, ein extrem aggressives Pressing zu spielen und Barcelona zu 'überfallen' [um es **a)** tiefer stehen zu lassen bzw. dessen Spielaufbau in die Länge zu 'strecken', und **b)** gleichzeitig Raum für eigene Aktionen zu schaffen][1366]. Andererseits kann man [wie Real Madrid bei so manchem der 'Classicos' 2011] versuchen, **c)** hart einzusteigen, sich **d)** hinten zu verschanzen und **e)** auf Konter zu setzen [wie auch Arsenal London im Achtelfinale der Champions League 2011].“[1367] Davon abgesehen ist es m.E. zielführend, **f)** auf Basis des grundsätzlichen Spielstils, der in einem gut eingespielten Ensemble perfektioniert wird [innoviert wenn nötig; optimiert wo möglich][1368], **g)** „Barcelona mit dessen eigenen Waffen schlagen zu versuchen: nämlich selbst den Ball zirkulieren zu lassen“[1369] [am besten innerhalb stabiler SFM[1370]] – und Barcelona dadurch „auseinanderzuziehen“[1371] [wie es Manchester United zu Beginn des Champions League-Finales 2011 noch gelungen ist]“. Außerdem ist **h)** „die Abwehr von Barcelona gegen schnelles Kurzpassspiel verwundbar“[1372]. Dazu braucht es sehr viel **Mobilität**[1373] und **technisch versierte Spieler**, die Tempo machen (**Engagement für das Team**)[1374] und auch das Spiel kreativ[1375] selbst gestalten können (**individuelle**

1363 Vgl. http://derstandard.at/1302745445274/Clasico-Analyse-Erste-Karte-im-Clasico-Quartett---hat-alles-aber-ohne-Spitzenwert-gewinnt-man-nichts, Gregorits, R.; Jager, V., 17. April 2011.

1364 Vgl. http://derstandard.at/1303950397086/CL-Analyse-Komoedie--Tragoedie--Messi--Epos, Gregorits, R.,; Jager, V., 28. April 2011, S. 1.

1365 Vgl. Prohaska, H., In: Kronen Zeitung: Dieses Team ist fast unschlagbar, 30. Mai 2011.

1366 Vgl. http://www.zonalmarking.net/2011/05/27/barcelona-v-manchester-united-tactical-preview/, 27. Mai 2011.

1367 Prohaska, H., In: Kronen Zeitung: Dieses Team ist fast unschlagbar, 30. Mai 2011.

1368 Vgl. Tabelle 4 in Punkt 11.2.

1369 Prohaska, H., In: Kronen Zeitung: Dieses Team ist fast unschlagbar, 30. Mai 2011.

1370 Deren Leistungen können zur Ausrichtung der Spieler auf Taktik statistisch mit den SFM von Barcelona verglichen werden. Vgl. Riley, P., The Winner Within, 1993, S. 164-170.

1371 http://derstandard.at/1304553181646/StandardSituation-Da-kann-man-machen-was-man-will?_ blog Group=1, Schaffer, T., 29. Mai 2011.

1372 Vgl. http://ballverliebt.eu/2011/05/29/die-kronung-von-wembley/#more-4907, (phe), 29 Mai 2011.

1373 Vgl. http://www.zonalmarking.net/2011/05/27/barcelona-v-manchester-united-tactical-preview/, 27. Mai 2011.

1374 Vgl. 10.4.

Qualität des Spiels)[1376].[1377] Das dritte Spiel des „Classico-Marathons“ 2011 lieferte auch diesbezüglich ein interessantes Beispiel mit zwei Gesichtern. Hier war Real Madrids Spieltaktik auf Defensive angelegt. Christiano Ronaldo wollte sich, wie wir wissen, aber nicht mit dem taktischen Korsett Mourinhos abfinden und versuchte an einem bestimmten Punkt des Spiels, drei Barcelona-Spieler an sich zu binden – er erhielt aber keine Unterstützung von den Mitspielern.[1378] Ein taktischer Alleingang wie dieser ist der Klasse eines Christiano Ronaldo geschuldet und m.E. durchaus positiv zu sehen, er passte offensichtlich aber nicht in Mourinhos Spielkonzept und hätte mit ihm abgeklärt werden müssen. Die dafür notwendigen **Abstimmungsprozesse im Team** hätten dann über die weiteren Schlüsselspieler laufen können (mittels Aufgaben- und Rollenvielfalt[1379]): sollte es dabei Probleme geben, so kann man jene Spieler „empowern“[1380] und daran arbeiten lassen, die dem Problem am nächsten stehen.[1381] Im obigen Fall, meine ich, wäre das eine Möglichkeit gewesen, um dem Entfaltungsdrang von Christiano Ronaldo entgegenzukommen. Dabei ist es vorteilhaft, möglichst viele Spieler in die **Entscheidungsprozesse des Trainers**[1382] einzubinden – es geht ja um eine wechselnde Aufgabenverantwortung auf dem Spielfeld. So werden diese im **querschnitts- und mannschaftsorientierten Denken**[1383] geübt.

Abbildung 78 zeigt uns, dass ein Trainer **ausgehend vom (grundsätzlichen) Spielstil** seines Teams in Abhängigkeit von **a)** der Fähigkeit zu querschnittsorientiertem Denken (Multi-Rollenverständnis[1384]) der Spieler und **b)** dem gegnerischen Spielstil bzw. gegnerischen Spielmachern auf das rasche, flexible **Wechseln zwischen Spielsystemen**[1385] fokussiert. Dann kann er dazu übergehen, Spielrhythmus und Spieltempo zu beeinflussen (auch beim Spiel ohne Ball), um den Gegner in den Griff zu bekommen und dabei **a)** dessen Spiel zu strecken, **b)** dessen Räume enger zu machen bzw. den Aktionsradius von dessen Spielmachern einzuengen und **c)** mehr Raum für

---

1375 Vgl. Http://derstandard.at/1277336896249/Hickersberger-Interview-OeFB-Team-kann-auf-Legionaere-nicht-verzichten, Fiala, M., 28. Juni 2010.

1376 Vgl. 10.6.

1377 Vgl. 6.2.

1378 Vgl. http://www.zonalmarking.net/2011/04/28/real-madrid-0-2-barcelona-tactics/, 28. April, 2011.

1379 Vgl. http://sport.orf.at/wm2010/100609-101/index.html: Kein Platz mehr für „Stehgeiger“, Janeschitz, Th., Ruttensteiner, W., 9. Juni 2010.

1380 Vgl. 4.5.

1381 Vgl. 6.3.

1382 Vgl. 4.4.

1383 Vgl. 5.2., 6.3., 7.1., 7.5., 9.3., 107., 10.8., 11.3., Beginn-Kapitel 12, 12.3. und 12.4.

1384 Vgl. Kranz, M., Management von Strategieprozessen, 2006, S. 185.

1385 Vgl. http://sport.orf.at/wm2010/100609-101/index.html: Kein Platz mehr für „Stehgeiger“, Janeschitz, Th., Ruttensteiner, W., 9.Juni 2010.

eigene Aktionen zu schaffen, d.h. das eigene Spiel in die Länge oder Breite[1386] zu ziehen. So kann es gelingen, an neuralgischen Punkten auf dem Spielfeld **ein Übergewicht zu erzeugen**. Trainer sollten ihre spezifischen Ideen und Werte durch Führungsspieler[1387] auf dem Spielfeld „übersetzen" lassen.[1388] Dies wird verstärkt durch **a)** eine dem Teamtyp entsprechende **Aufgaben- und Rollenvielfalt**[1389], **b)** Vertrauen,[1390] und **c)** ein Verständnis gesunder Abhängigkeiten[1391], da Spieler ihre Stärken einsetzen[1392] und sich von Mitspielern „befruchten" lassen sollten[1393].

Abb. 78: Flexibilität der Spieler bei der Ausrichtung auf taktische Aspekte

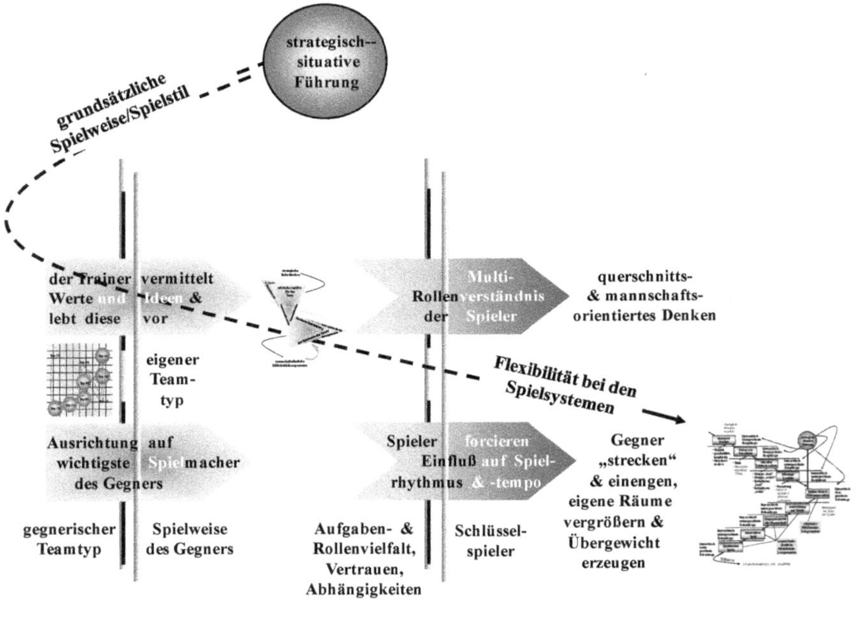

Quelle: Eigenerstellung

1386 Vgl. http://ballverliebt.eu/2011/05/29/die-kronung-von-wembley/#more-4907, (phe), 29. Mai 2011.
1387 Vgl. 9.1.
1388 Vgl. 7.4.
1389 Vgl. 8.3. und 10.7.
1390 Vgl. 4.3.1., 4.3.2., 4.4., 7.2., 7.4., 7.5., 8.3., 10.2. und 10.5.
1391 Vgl. das Praxisbeispiel von Earvin (später: „Magic") Johnson in der Nachwuchsmannschaft von East Linsing in Punkt 10.3.
1392 Vgl. 10.6.
1393 Vgl. Riley, P., The Winner Within, 1993, S. 31. - Vgl. Drexler, A.B.; Forrester, R., Interdependence, HRMagazine, September 1998, S. 52-66.

10.4. Effektivitätskomponente IV: Engagement der Spieler für ihr Team

> „Die Niederlage hat uns vor Augen geführt, wie viel Arbeit wir noch vor uns hatten – und dass uns unsere Ehre verpflichtete, diese Anstrengungen zu unternehmen."[1394]

> „Frage nicht, was Deine Mitspieler für Dich tun können. Frage, was Du für Deine Mitspieler tun kannst."[1395]

Als einer der Stars der Los Angeles Lakers der Saison 1985/86 nach einem Spiel von Journalisten auf seine alles andere als überragende Leistung angesprochen wurde, antwortete dieser grinsend: „Schaut mir [beim Finale] im März zu". Er war sich absolut sicher, dass er zum richtigen Zeitpunkt wie auf Knopfdruck seine Leistung erbringen würde. Nichts aber ist für ein Team schädlicher als Mitspieler, die glauben, sie seien aufgrund ihres zweifellos vorhandenen Talentes „zu gut", um sich stets voll zu engagieren, und die deshalb nur während des Wettkampfes - noch schlimmer: nur bei wichtigen Spielen - bereit sind, sich zu engagieren. Was passiert dann beim tagtäglichen Training, wo ja das Zusammenspiel und der Zusammenhalt der Spieler erst erarbeitet werden müssen? Spieler mit einer solchen Einstellung gefährden in höchstem Maße die Arbeitsethik und die strategische Ausrichtung des ganzen Teams.[1396] Es zeigte sich, dass den Lakers, je länger die Saison dauerte, die Kraft zunehmend ausging, und man schon während der Play-offs vorzeitig gegen eine an und für sich weitaus schwächer eingestufte, aber besser eingestellte Mannschaft ausschied.[1397]

Wie das Beispiel der Los Angeles Lakers zeigt, ist auch das Engagement eines Spielers eine mannschaftsdienliche Effektivitätskomponente und (v.a. bei Typ-CB, -BC, -BB, -BA und allen Typ-A Teams) schon deswegen von Bedeutung, weil man weder alle unvorhergesehenen Umstände während eines Wettkampfes kalkulieren noch die **Gesamtheit des Spielverhaltens** aller Spieler im Vorhinein festlegen kann.[1398] Abbildung 79 verdeutlicht dies und weist darauf hin, dass das Engagement der Spieler für den Teamzusammenhalt und das **Zusammenspiel auf der Mannschaftsebene** von Bedeutung ist.

1394 Riley, P., The Winner Within, 1993, S. 171.

1395 Earvin „Magic" Johnson, In: Riley, P., The Winner Within, 1993, S. 19.

1396 Vgl. Meisinger, S., Management holds key to employee engagement, (Towers-Perrin Consulting-Studie) HR Magazine (http://findarticles.com/p/articles/mi_m3495/is/ai_n2435792?tag=artBody;col1), February 2008.

1397 Vgl. Riley, P., The Winner Within, 1993, S. 150.

1398 Vgl. George, J.M.; Brief, A.P., Feeling good-doing good, Psychological Bulletin, 1992, S. 310-329. – Vgl. Deluga, R.J., Leader-Member Exchange Quality and Effectiveness Effectiveness Ratings, Group & Organization Management, June 1998, S. 189-216. - Das Symbol für Haupt- und Nebenfragen strategisch-situativer Führung in Abbildung 79 verweist auf den Konnex von Spieler-Engagement und Zusammenspiel des Teams.

Abb. 79: Engagement der Spieler im Kontext der Mannschaftsentwicklung

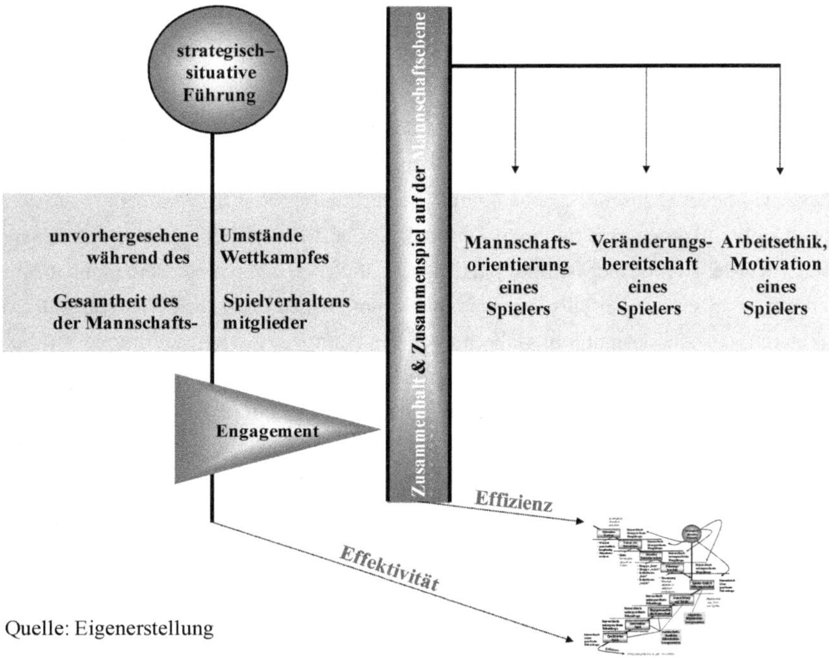

Quelle: Eigenerstellung

Ein Trainer sollte m.E. die charakterlichen Stärken und Schwächen der Spieler - v.a. der Schlüsselspieler, wie uns das obige Beispiel der Los Angeles Lakers vor Augen geführt hat - realistisch einschätzen und ihre Teamorientierung[1399] und Motivation fördern. In der Saison 1986/87 zeigten die Lakers dann wieder deutliche Leistungssteigerungen. Bisweilen gab es aber Durchhänger im Leistungsbereich, und in den Playoffs verlor man ein fast schon gewonnenes Spiel gegen „Golden State". Vor dem Retourspiel zeigte Coach Riley seinen Spielern nun eine Sammlung von Schlagzeilen aus der Presse über die „Dallas Mavericks", die sich wie folgt lasen: „Dallas zerreißt Seattle und steht vor dem Durchmarsch", „Dallas wird gezwickt und die Serie steht unentschieden", „Seattle zerstört Dallas", und „Dallas würgt sich selbst ab". All das in nur sechs Tagen. Danach wandte sich Coach Riley an seine Spieler: „Eure Spiele gegen Golden State stehen auch auf des Messers Schneide. Wollt Ihr dieselben

1399 Vgl. 7.3.

Schlagzeilen über Euch in der Presse lesen? Nach all dem, was wir vergangene Saison durchgemacht haben?“ Ein Ruck ging durch das Team und die Folgespiele wurden deutlich gewonnen: in einer Partie gelang es sogar, einen 29-Punkte Rückstand wettzumachen.[1400] Teamorientierung und Motivation zeigen sich also auch darin, dass Spieler an einem konstruktiven Arbeitsklima mitarbeiten und mit Änderungen, die das Team betreffen, Schritt halten.[1401] Diese Eckpfeiler von Engagement sollten sich mit der strategischen Ausrichtung des Teams ergänzen (m.E. wichtig für die Trainer-**Effizienz**).

10.5. Effektivitätskomponente V: Innovatives Spiel

> „Ich werde meine Spieler immer dazu ermuntern, ... den Ball zu passen. Der Einzelne soll das das Team inspirieren, etwas Anderes, Neues probieren.“[1402]

In der Saison 1986/87 stellte die Reserve der Centerposition bei den Los Angeles Lakers eine Schwäche dar, und man musste nach Verstärkung Ausschau halten. Mit Michael Thompson hoffte man diese gefunden zu haben: er schlug ein wie eine Bombe und konnte schon beim ersten Einsatz ein verloren geglaubtes Spiel gegen die Boston Celtics drehen. Mit ihm gelang den Lakers eine neue Siegesserie, die jedoch einen Makel hatte: die Leistungsstatistik des Teams war ins Wanken geraten: man konnte an ihr ablesen, dass die Erfolge primär der Leistung des Neuzugangs zu verdanken waren. Einige Spieler ließen nach und fielen in alte Spielweisen zurück, v.a. in Bereichen, wo Thompson stark war. Ein Heimspiel ging knapp verloren: abgesehen von Thompson und anderen Ersatzspielern hatte sich das Team nur phasenweise bemüht ins Spiel zu kommen, und gerade in entscheidenden Situationen war es zu Leistungsabfällen gekommen. Als Coach Riley nach dem Spiel die Kabinen betrat, schwieg er zunächst lange. Dann explodierte er: „Wir haben das Spiel aufgegeben als es zäh wurde. Genauso wie in den Play-offs letztes Jahr. Ihr habt Euch gegenseitig aufgegeben und so das Spiel verloren!“ Er nannte keine Namen, doch die betroffenen Spieler verstanden und waren erschüttert angesichts des kontrollierten Zornes ihres Trainers. Earvin „Magic“ Johnson musste seine Führungsrolle im Team wahrnehmen und die Spieler wieder auf das Mannschaftsspiel ausrichten.[1403]

[1400] Vgl. Riley, P., The Winner Within, 1993, S. 17f.

[1401] Vgl. Deluga, R.J., Leader-Member Exchange Quality and Effectiveness Ratings, Group & Organization Managegement, June 1998, S. 189-216. – Vgl. Meisinger, S., Management holds key to employee engagement, HR Magazine (http://findarticles.com/p/articles/mi_m3495/is/ai_n 243577 92?tag=artBody;col1), February 2008.

[1402] McLeish, A., schottischer Fussballteamchef, In: www.derstandard.at: Fußball ist die Nummer eins, Robausch, M., 26. Mai 2007.

[1403] Vgl. Riley, P., The Winner Within, 1993, S. 173-176.

Wie uns dieses Beispiel der Lakers zeigt, müssen die Auswirkungen eines neuen Spielers auf die Spielweise des Teams vom Trainer überwacht und gefördert werden, damit sie sich im Spielsystem nachhaltig etablieren können: um in diesem Sinne die **Spielweise** zu **erneuern** (v.a. bei Typ-CA, -BC, -BB, -AC), bedarf es einer innovativen und „lernenden" Mannschaft.[1404] Dazu muss der Trainer den Spielern das Bewusstsein um die **Interdependenz aller Aufgaben** auf dem Spielfeld schärfen.[1405] Dann geht es um die **innovative Anwendung bestehender Kernkompetenzen**[1406] bzw. um die **Forcierung neuer Kernkompetenzen** durch Lernen v.a. bei Schlüsselspielern.[1407] Diese müssen erkennen, welchen Wert ihre Fähigkeiten für das Team darstellen.[1408] „Empowerment" und von Vertrauen und Wertschätzung geprägte Interaktionen schaffen eine „produktive" Trainer-Spieler Beziehung, wo der Spieler ermutigt wird, im Einklang mit den Erwartungen des Trainers seine Stärken innovativ zu entfalten.[1409] „Produktive", d.h. auf Wandel der Spielweise ausgerichtete Beziehungen der Spieler,[1410] fördern deren **Lernprozesse**, z.B. bei der Weitergabe von Informationen.[1411] Eine solche Situation machte im Kinofilm „Unbesiegbar"[1412] Geschichte, die uns auf der „Zeitreise" durch fünf Jahrzehnte des Mannschaftssports wieder in die späten 1970er Jahre bringt. Es ist die Geschichte von Vince Papale, einem Hobby-Footballspieler. Mit 30 Jahren langt er an einem Wendepunkt seines Lebens an: er verliert seinen Job und seine Frau verlässt ihn. Zum selben Zeitpunkt lädt Dick Vermeil, der neue Chefcoach der Philadelphia Eagles, zu einem öffentlichen Training ein, um Talente für sein krisengebeuteltes Team zu finden - die Philadelphia Eagles

1404 Vgl. Cocheu, T., Strategic Leadership, Executive Excellence, June 1993, S. 18-19.

1405 Vgl. Harari,O., When intelligence rules-the manager`s job changes, Management Review, July 1994, S. 33-35.

1406 Vgl. Roper, S.; Love, J., The organization of innovation, Cambrigde Journal of Economics, 2004, S. 1-18.

1407 Vgl. Cabrales, A.L.; et al.; The contribution of core employees to organizational capabilities and efficiency, Human Resource Management, Spring 2006, S. 81-109.

1408 Vgl. Dickson, R., Culturing personal leadership, The Management Accounting Magazine, Feb. 1995. (http://www.accessmylibrary.com/article-1G1-16736645/culturing-personal-leadership-cover.html)

1409 Vgl. Scott, S.G.; Bruce, R.A., Determinants of innovative Behaviour, Academy of Management Journal, June 1994, S. 580-607. - Vgl. Alvesson, M., Leadership as Social Integrative Action, Organization Studies, March 1992, S. 185-209.

1410 Vgl. Ireland, R.D.; Hitt, M.A., Achieving and maintaining strategic competitiveness in the 21st century, The Academy of Management Executive, February 1999, S. 43-57.

1411 Vgl. Dickson, R., Culturing personal leadership, The Management Accounting Magazine, February 1995 (http://www.accessmylibrary.com/article-1G1-16736645/culturing-personal-leadership-cover.html). – Job Rotation kann bei der Weitergabe von Informationen den Lernprozess fördern. Vgl. Laursen, K; Foss, N., New human resource management practices, complementaries and the impact on innovation performance, Cambridge Journal of Economics, 2003, S. 243-283.

1412 Dieser Film dokumentiert eine wahre Geschichte, 2006.

haben zu diesem Zeitpunkt die schwächste Verteidigung der NFL und eine ebenso schwache Offensive. Papale geht hin – und wird als einziger ausgewählt. Dies stellt für Papale jedoch eine harte Zeit der Bewährung dar, denn die Profis akzeptieren den Neuling nicht. Der Coach legt Papale nun mit Denny Franks in einem Zimmer zusammen, wo sich ein erstes Gespräch zwischen den beiden ungleichen Akteuren entwickelt. Eine unbedachte Äußerung von Papale führt zu einem Wutausbruch von Franks, der ihn packt und auf den Boden zerrt. Dort stützt er sich vor ihm auf drei gespreizte Finger und schreit: „Welche Farbe haben meine Fingergelenke!“ „Sie sind weiß“, antwortet Papale. „Genau, weil ich es auf Dich abgesehen habe! Wenn ich mich zurücklehne, kommt die Farbe wieder!“ Dann stößt Franks Papale wieder zurück und bemerkt verächtlich: „Es nervt, wie Du jeden Tag umgehauen wirst…“ Papale ist verwirrt von diesem Zornesausbruch, doch er begreift: der Routinier wollte ihm so zu verstehen geben, dass, wenn gegnerische Spieler beim Balleinwurf auf drei Fingern vor ihm knien, und deren Fingergelenke weiß bleiben, sie sich gleich auf ihn stürzen würden, um ihn am Wegsprinten zu hindern. Einige Wochen später, kurz vor Ende des Spiels gegen die New York Giants, würde Papale auf die Farbe der Fingergelenke seiner Gegenspieler vor ihm schauen und daran erkennen, dass sie nicht vorhatten, sich auf ihn zu stürzen. Papale ruft seinen Teamkollegen eine Spielzugänderung zu. Der Ball kommt zu Papale, der sich freiläuft und nicht mehr gehalten werden kann. Mit einem Touchdown erringt er den ersten Sieg für die Philadelphia Eagles. Ein Wendepunkt für das Team, mit dem er später die Super-Bowl gewinnen und endgültig zum ungewöhnlichsten NFL-Newcomer aller Zeiten werden sollte.

Abbildung 80 zeigt, dass das, was während einer markanten Szene dieses Films geschah, nämlich als Franks an Papale den Hinweis über den Dreipunkt-Fingerstand gab, während des Trainings stattfinden sollte: dort kann man direkte Erfahrungen mit innovativen Aufgaben und Spielzügen machen.[1413] Während das Besondere am Spiel des Einzelnen[1414] bei Innovationen also gefördert wird, kann dies nur so weit funktionieren als innovatives Spiel niemals zu Lasten der Effizienz der Leistung eines Spielers oder gar des Teams[1415] gehen darf – deswegen sprechen wir von einer mannschaftsdienlichen Effektivitätskomponente.[1416] Erst dann kann man **innovative**

1413 Vgl. Shipton, H.; et al; HRM as a predictor of innovation, Human Resource Management Journal, 2006, S. 3-27.

1414 Vgl. Riley, P., The Winner Within, 1993, S. 47.

1415 Das ist meines Erachtens auch wichtig für die Effizienz eines Trainers.

1416 Dies wird durch das eingeschobene Symbol für den strategisch-situativen Führungskreislauf verdeutlicht. - Vgl. Riley, P., The Winner Within, 1993, S. 33.

Ideen[1417] durch informelle und schnelle Kommunikation, Offenheit und Ehrlichkeit,[1418] Vertrauen[1419], Fairness und Spaß an der Arbeit forcieren.[1420] Das wird erleichtert, wenn die Mannschaftskultur[1421] innovationsorientiert ist[1422] und ein Bewusstsein um die **individuellen Bedürfnisse der Spieler** ausdrückt.[1423]

Abb. 80: Förderung von innovativem Spiel

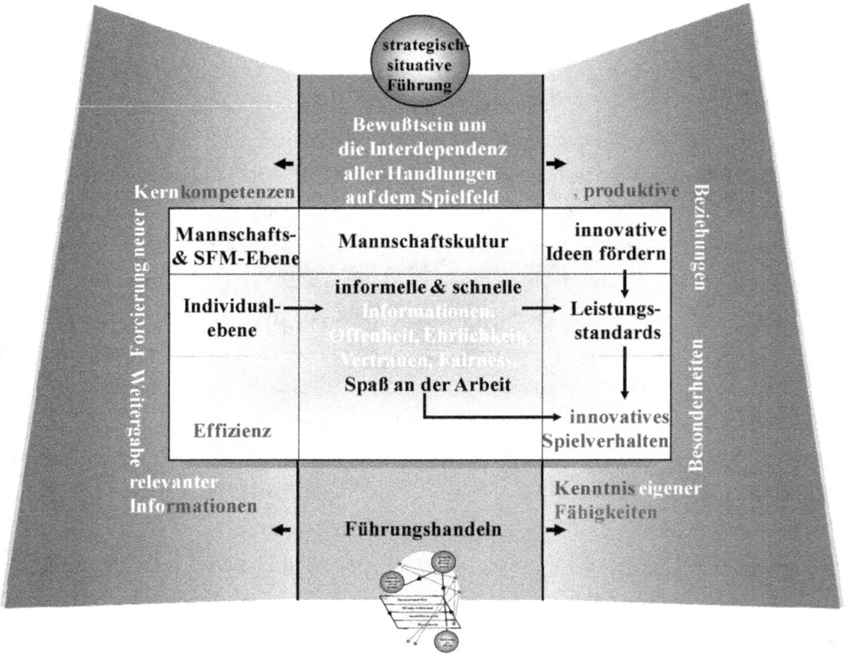

Quelle: Eigenerstellung

1417 Vgl. Hiebert, M.; Klatt, B., The Encyclopedia of Leadership, 2001, S. 189.

1418 Vgl. McGrath, B., The Leadership Wisdom of Jesus, Library Journal, March 1, 1998, o.S.

1419 Vgl. Beatty, C.A.; Lee, G.L., Leadership Among Middle Managers, Human Relations, September 1992, S. 957-989.

1420 Vgl. Alvesson, M., Leadership as Social Integrative Action, Organization Studies, March 1992, S. 185-209.

1421 Vgl. Scott, S.G.; Bruce, R.A., Determinants of innovative Behaviour, Academy of Management Journal, June 1994, S. 580-607.

1422 Vgl. Kark, R.; Van Dijk, D., Motivation to lead, motivation to follow, Academy of Management Review, 2007, S. 500-528.

1423 Vgl. Ravizza, K., Increasing Awareness for Sport Performance, Applied Sport Psychology, 1986, S. 157.

10.6. Effektivitätskomponente VI: Qualität des Spiels

„Erfolg hat man nicht, weil man ein goldenes Händchen hat, sondern weil man mit seiner schwachen Hand gut umgehen kann.“[1424]

„Man kann nicht gewinnen ohne 100%ige Qualität und ohne ständig an sich zu arbeiten.“[1425]

Earvin „Magic“ Johnson wurde als Basketballspieler bei den Los Angeles Lakers der 1980er Jahre berühmt, weil er einen einzigartigen Spielstil praktizierte und ein effizienter Mannschaftsspieler war. Er verfügte über eine überlegene Technik und wurde zum dominierenden Spieler seines Teams. Er verstand es, seine Mitspieler bei der Entwicklung der Qualität ihres Spiels mitzureißen, indem er ihre individuellen Spielweisen studierte und sein eigenes Spiel darauf aufbaute. So förderte er auch die Stärken seiner Mitspieler. Diese Art von mannschaftsdienlicher Qualität des Spiels und Spielkontrolle festigte seine Rolle als uneingeschränkter Spielmacher - und er selber wuchs weiter in seinen Fähigkeiten.[1426]

Um die **Qualität des Spiels** zur **Optimierung der Spielweise** einer Mannschaft (v.a. wichtig auf Typ-BA und Typ-A Niveau) zu sichern, sollte ein Trainer m.E. zunächst die sensible Konstruktion des Zusammenspiels seiner Spieler fördern. Was kann er aber tun, um bei möglichst vielen Spielern die **individuelle Qualität des Spiels** zu steigern? Zunächst braucht es eine Situationsanalyse, eine Vision und Führungsprioritäten.[1427] Daraus leitet sich m.E. die Positionierung des Teams im spielerischen Bereich ab (grundsätzliche Spielweise): **Qualitätssicherung** wird so zu einer strategischen Führungsaufgabe des Trainers und sollte selbst im Falle eines selbstlos mitdenkenden Spielmachers, wie es Earvin „Magic“ Johnson war, nicht einfach delegiert werden. Dies verlangt nach:

- einem Wissen um die Grenzen der Entfaltungsmöglichkeiten der Spieler[1428]
- „produktiven“, d.h. auf Wandel ausgerichteten Arbeitsbeziehungen durch Belohnungssysteme, Leistungsfeedback, rücksichtsvolles Führungshandeln[1429]
- einer Mannschaftskultur mit Qualitätsorientierung[1430]

1424 Waitley, D., und Rem, L., Witt, In: Riley, P., The Winner Within, 1993, S. 80.

1425 Riley, P., The Winner Within, 1993, S. 147.

1426 Vgl. Riley, P., The Winner Within, 1993, S. 33.

1427 Vgl. Hart, S.L.; Quinn, R.E., Roles executives play, Human Relations, May 1993, S. 543-574.

1428 Vgl. 5.2., 7.5.; Beginn von Kapitel 9 (Fallstudie: Typ-AA Damenhandballteam); 11.5. und 12.1.

1429 Vgl. George, J.M.; Zhou, J., Dual tuning in a supportive context, Academy of Management Journal, 2007, S. 605-622.

1430 Vgl. Kark, R.; Van Dijk, D., Motivation to lead, motivation to follow, Academy of Management Review, 2007, S. 500-528.

Auf der **Individualebene** wird dies durch qualitative Leistungsstandards und das **Fördern der Kernkompetenzen** v.a. der Schlüsselspieler konkretisiert.[1431] Dies geschieht im Sinne einer **effizienten Forcierung bestimmter Rollen** und sollte m.E. stets in Richtung der angestrebten grundsätzlichen Spielweise[1432] des Teams gehen. Das Schaffen einer „kreativen Spannung" als Ausdruck der Diskrepanz zwischen aktuellen und angestrebten Rollen bzw. zwischen aktueller und angestrebter Spielweise wird durch eine Vision begünstigt, die auf eine gesteigerte Qualität des Spiels abzielt.[1433]

In Abbildung 81 stelle ich die **zwei Arten der Führungsverantwortung** eines Trainers zur Forcierung der spielerischen Qualität seiner Mannschaft in Form zweier Säulen dar. Die erste Säule bezieht sich auf die **Gruppenebene**[1434], wo man **a)** die gegenwärtige und zukünftige Positionierung des Teams fixiert, **b)** die Spielweise daran ausrichtet, und **c)** die Variabilität von Verhaltensweisen/Rollen der Spieler insofern effizient einschränkt, als dem Team eine „Linie" gegeben wird – so wird m.E. **d)** eine homogene Mannschaft aufgebaut. Die zweite Säule konkretisiert die Aufgaben auf der **Individualebene**. Dazu gehören u.a. eine Problemanalyse, die Implementierung nützlicher Ideen der Spieler, sowie eine insgesamt nur mäßige (aber effiziente) Einschränkung der Aktionsräume und Rollen der Leistungsträger - schwächere Spieler sollen sich ja weiterhin an der Virtuosität der stärkeren Spieler orientieren. Dies allein würde m.E. so aber noch nicht funktionieren: zusätzlich muss der Trainer nämlich auch noch einiges an der Feinabstimmung seiner Spieler leisten und neben einer Forcierung der individuellen spielerischen Qualität auch das „blinde" Verständnis der Akteure auf dem Spielfeld fördern. Es waren wohl auch einige dieser Aspekte auf der Gruppen- und Individualebene bei den Führungsaufgaben der Teamchefs Diego Maradona (Argentinien), Joachim Löw (Deutschland) und Vincente Del Bosque (Spanien), die im Viertel- und Semifinale der Fußball-WM 2010 mit den Ausschlag für Sieg und Niederlage gaben,[1435] denn:

1431 Vgl. Cabrales, A.L.; et al.; The contribution of core employees to organizational capabilities and efficiency, Human Resource Management, Spring 2006, S. 81-109.

1432 Vgl. Abbildung 19 in Kapitel 5.

1433 Vgl. Cocheu, T., Strategic Leadership, Executive Excellence, June 1993, S. 18-19. - Vgl. Ancona, D.; Caldwell, D., Management Issues facing new product teams in high technology companies, In: Lewin, D.; et al.; (alle: Hrsg.), Advances in industrial and labour relations, Vol. 4, 1987, S. 191-221. – Vgl. Scott, S.G.; Bruce, R.A., Determinants of innovative Behaviour, Academy of Management Journal, June 1994, S. 580-607.

1434 Zur Gruppenebene gehören die taktische Ebene, die Mannschaftsebene und die SFM-Ebene (die SFM-Ebene wird in Abbildung 81 durch das eingeschobene 4-farbige Symbol visuell hervorgehoben. – Vgl. Abbildung 62.).

1435 Vgl. die Fallstudien über Argentinien, Deutschland und Spanien zu Beginn von Kapitel 12.

„Sobald man nur ein bisschen an Qualität verliert, wird die Lücke [zum Nächsten] kleiner.“[1436]

Abb. 81: Steigerung der Qualität des Spiels

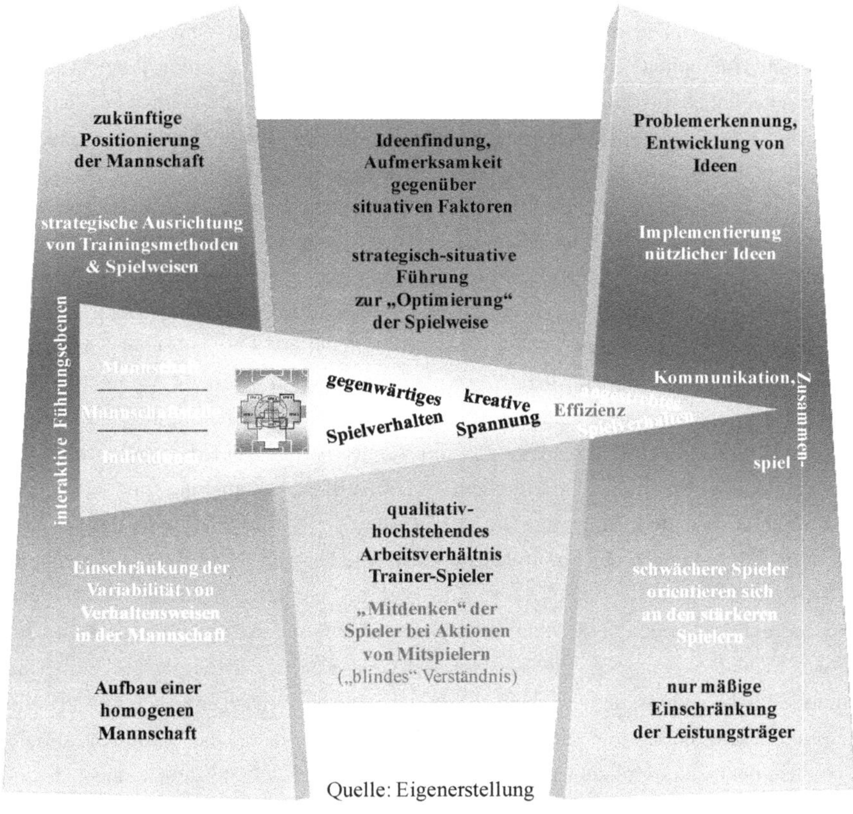

Quelle: Eigenerstellung

So lösen sich Spieler von ihrem gewohnten Spielverhalten, forcieren ihre Rollen und entwickeln sich in Richtung angestrebtes Spielverhalten weiter: auch hier gilt, dass die Qualität des Spiels niemals zu Lasten der Effizienz der Leistung eines Spielers oder gar des Teams gehen darf – eine mannschaftsdienliche Effektivitätskomponente eben.[1437]

1436 Der österreichische Bundesliga-Fussballtrainer Hans Pacult, In: Http://derstandard.at/1285199637324/Pacult-im-Interview-Arnautovic-total-ueberschaetzt, (APA), 30. September 2010.

1437 Vgl. Riley, P., The Winner Within, 1993, S. 33.

Das war auch die Herausforderung für Chuck Daily, den Trainer des US-Basketball „Dream Teams", während der Vorbereitung auf die olympischen Sommerspiele 1992 in Barcelona. Er wurde mit dieser Aufgabe betraut, weil er schon vorher in seiner Trainerkarriere wertvolle Erfahrungen im Umgang mit Top-Athleten gesammelt hatte. Die Stars des „Dream Teams" waren vorbehaltlos bereit, mit diesem Trainer zusammenzuarbeiten. Sie zeichneten sich auch durch einen immensen Respekt für die außergewöhnlichen Fähigkeiten ihrer Mitspieler aus. Das ging manchmal so weit, dass sie beim Zusammenspiel auf dem Spielfeld geradezu übervorsichtig agierten, um einander nicht auf die Zehen zu treten. Was diese Spieler außerdem auszeichnete, war ein großes Ausmaß an technischer Reife – Chuck Daily bezeichnete es als überlegene spielerische Intelligenz. Und sie arbeiteten unablässig an ihrer körperlichen Fitness und an ihren technischen Fähigkeiten, um Schwächen zu eliminieren und Stärken auszubauen. Dem Trainer war klar, dass er sich intensiv mit der zielorientierten Entfaltung der besonderen Fähigkeiten seiner Stars auseinandersetzen musste. Er achtete deshalb darauf, den Einzelspielern angemessene individuelle Aktionsräume zu belassen. Diese mussten aufgrund bestimmter taktischer Vorgaben freilich auch wieder begrenzt werden. Nicht nur, dass sich die Spieler nämlich auf die Unterschiede im internationalen Spiel einstellen mussten (v.a. was das Deckungsspiel und Würfe von der international etwas kürzeren Dreierlinie betraf),[1438] selbst die Länge der Spielzeit und die Abmessungen des Spielfelds waren für die US-Stars neu: statt der gewohnten 48 Minuten wie in der NBA, war ein Spiel bei der Olympiade auf 40 Minuten beschränkt, und außerdem ließ das olympische Spielfeld den Spielern unter dem Korb etwas mehr Bewegungsfreiheit. Das war der erste Schritt, der bei der Forcierung der individuellen technischen Stärken der Spieler berücksichtigt werden musste. Der zweite Schritt bestand in einer Verbesserung des Abspiels, das nach Ansicht des Trainers noch zu kompliziert war und vereinfacht werden musste. Anders ausgedrückt: anstatt zunächst von A nach C und dann nach B zu spielen, sollten die Stars nun darin trainiert werden, direkt von A nach B zu passen. Diese Rolle war für die Profis fast zu einfach. Aber – anders als in den Vereinen der NBA – waren in diesem Team eben nur Top-Spieler aufgestellt, die man ruhigen Gewissens und ohne Umwege direkt anspielen konnte. Eine Verbesserung der Qualität des Spiels bedeutete in diesem Sinne, eine „zurückhaltendere" und direktere Spielweise zu forcieren. Zufrieden stellte der Trainer fest, dass seine Spieler auch diese Umstellung innerhalb weniger Tage

[1438] Vgl. 6.1.

bewerkstelligen konnten (und den College-Spielern der Universität San Diego keine Überraschungen gegen das „Dream Team" mehr gelangen).[1439]

10.7. Implikationen für das Führungshandeln: Erwartungshaltungen austauschen

> „Du musst Deine Leistung auf einem konstant höheren Niveau erbringen als die anderen. Das macht Dich zu einem wahren Profi."[1440]

> „Das Training muss mehr werden als nur eine Basketballerfahrung. Es muss eine Gruppenerfahrung werden und Spaß machen, denn sonst verlieren wir Spieler."[1441]

Nachdem das österreichische Fußballnationalteam von 2006 bis Mitte 2007 durchwegs enttäuschende Leistungen geboten hatte, versuchte man die Gründe hierfür zu definieren und gelangte zu drastischen Erkenntnissen:[1442] So glich der Angriff „...einer Großbaustelle ohne Absperrung: vor dem Tor des Gegners schien eine tiefe Grube ausgehoben, wo die Stürmer hineinfielen und für die gesamte Spieldauer verschwanden". In mehr als sechs Spielen hintereinander erzielte kein Stürmer ein Tor – sie „hingen aber auch... in der Luft, denn das Spiel des Mittelfeldes nach vorne klappte alles andere als reibungslos" [**Ausrichtung der Spieler auf taktische Aspekte**]. [Überdies wirkte das Team trotz vieler Trainings nicht eingespielt]: „Ballannahme, Sprints in die gegnerische Hälfte und schnelle Pässe in die Spitzen wurden oft gar nicht, schlecht, zu langsam oder zu wenig direkt ausgeführt". [Beim **innovativen Spiel** und der **Qualität des Spiels** war man ebenso zurückgefallen, denn es gab beträchtliche Mängel bei Spielaufbau und Technik.] [Und] „die Zeiten von Antreibern im Team waren vorbei, denn es fehlten Typen..., „die Verantwortung übernehmen und mit Willen und Energie die restlichen Mitspieler mitreißen" würden (**Engagement für das Team**). Der Kapitän „war noch kein Anker, an dem sich das Team anhalten konnte. Der inoffizielle Teamleader [wiederum]... versuchte zwar sein Bestes, nicht alle ließen sich davon aber anstecken." Auch von Selbstbewusstsein war nicht viel zu merken.[1443] Und die Presse meinte, Teamchef Hickersberger sollte in seinem Coaching-Stil umschwenken und vom Analytiker zum Motivator (m.E. für das Realisieren **a)** einer

---

[1439] Vgl. Daly, Ch., America`s Dream Team, 1992, S. 53. 139 -142. Auf die Idee, das US-Team durch Spiele gegen ein College-Team mit europäischer Spielweise auf die Olympiade vorzubereiten, wurde übrigens auch bei der Vorbereitung auf die Olympiade 2008 in Peking zurückgegriffen.

[1440] Vgl. Riley, P., The Winner Within, 1993, S. 152.

[1441] Daly, Ch., America`s Dream Team, 1992, 1992, S. 49.

[1442] Vgl. http://sport.orf.at/070607-10610/?href=http%3A%2F%2Fsport.orf.at%2F07060710610%2F10612bigstory_txt.html: Alarmstufe rot, Wagner, M., 7. Juni 2007.

[1443] Vgl. http://sport.orf.at/070607-10610/?href=http%3A%2F%2Fsport.orf.at%2F07060710610%2F10612bigstory_txt.html: Alarmstufe rot, Wagner, M., 7. Juni 2007. – Vgl. 7.2.1.

positiven subjektiven Führungswirklichkeit der Spieler und **b)** von deren **subjektiven sportlichen Lern- und Entwicklungszielen**) werden.[1444]
Trainer von drittklassigen Teams - wie dieses ÖFB-Team 2006/07 - stehen üblicherweise nicht im Rampenlicht der Öffentlichkeit. Österreich würde aber schon ein Jahr später Gastgeber der EM-2008 sein und sich gegen die europäische Elite behaupten müssen.[1445] Was können Trainer in schier ausweglosen Situationen wie diesen tun? Überraschende Wendungen passieren selten, doch sie passieren - wie beim indischen Damenhockeyteam, das uns in den letzten drei Kapiteln begleitete und auf der „Zeitreise" durch fünf Jahrzehnte des Mannschaftssports noch ein Mal ins Jahr 2002 führt.[1446] Dort war es Coach Kabir Khan ja gelungen, das zerstrittene Team just in einer wüsten Rauferei mit jungen Männern durch sein energisches Einschreiten von seinen Führungsqualitäten zu überzeugen (**subjektive Führungswirklichkeit** der Spielerinnen). So wie die Spielerinnen in dieser Situation zusammengefunden hatten, würden sie ihr **Engagement für das Team** auch in einem Testspiel ausgerechnet gegen Indiens Männer-Hockeyteam unter Beweis stellen. Das Abhalten dieses Spiels war als ein weiterer geschickter Schachzug von Coach Kabir Khan zu werten. Bei der WM entschied er sich dafür, die charakterlich schwierige Bindiya ins Team zurück zu holen, weil nur mit ihr die **taktischen Vorgaben** umgesetzt und im Zusammenspiel mit den Stärken der Teamkolleginnen die gegnerische Verteidigung überwunden werden konnte (**innovatives Spiel** und **Qualität des Spiels**). Vor dem Sieg im Finale musste er schließlich die Rivalitäten seiner erfolgreichsten Stürmerinnen Komal und Preeti zu beenden helfen, indem er ihnen klar machte, dass sie ihre egoistischen **subjektiven sportlichen Lern- und Entwicklungsziele** dem Team unterzuordnen hatten. Überraschungen wie diese können also passieren, doch Wunder brauchen etwas länger. Wenn, wie im Fußball oder Basketball, die Dichte an Weltklasseteams nämlich hoch ist, wird jeder Entwicklungsschritt nur über die Zeit gelingen.[1447]
Mit Abbildung 82 möchte ich daher zeigen, wie Trainer aus einem operativen Führungskonzept[1448] sowie aus situativen Möglichkeiten und Engpässen wie bei **a)** den vom Verletzungspech heimgesuchten Los Angeles Lakers, oder **b)** dem zwischen 2006 und 2007 technisch noch wenig ausgereiften ÖFB-Team Anleitungen für ihr Füh-

---

[1444] Vgl. http://sport.orf.at/070607-10610/?href=http%3A%2F%2Fsport.orf.at%2F070607l0610%2F10612bigstory_txt.html: Alarmstufe gelb., Wagner, M., 7. Juni 2007.
[1445] Vgl. 11.3.
[1446] Aus dem Kinofilm „Chakde! India", 2007. – Vgl. 7.3., 8.2., 9.2., 11.2. und 12.3.
[1447] Vgl. 11.3. (Entwicklungsweg des österreichischen Fussballnationalteams von 2007 bis 2011).
[1448] Vgl. 5.3.

rungshandeln gewinnen können[1449]: dieses muss sich im Spannungsfeld von Trainer-Vision und Spieler-Erwartungen bzw. auf den einzelnen Führungsebenen bewähren, wo es auf „harte" und „weiche" situative Faktoren trifft. Dies zeichnet den Weg zum Realisieren der subjektiven Führungswirklichkeit und Ziele der Spieler vor und kann an deren „Gesichtern" bzw. an der Ausprägung der mannschaftsdienlichen Effektivitätskomponenten abgelesen werden.

Abb. 82: Effektivität & Herausforderungen an das Führungshandeln

Quelle: Eigenerstellung

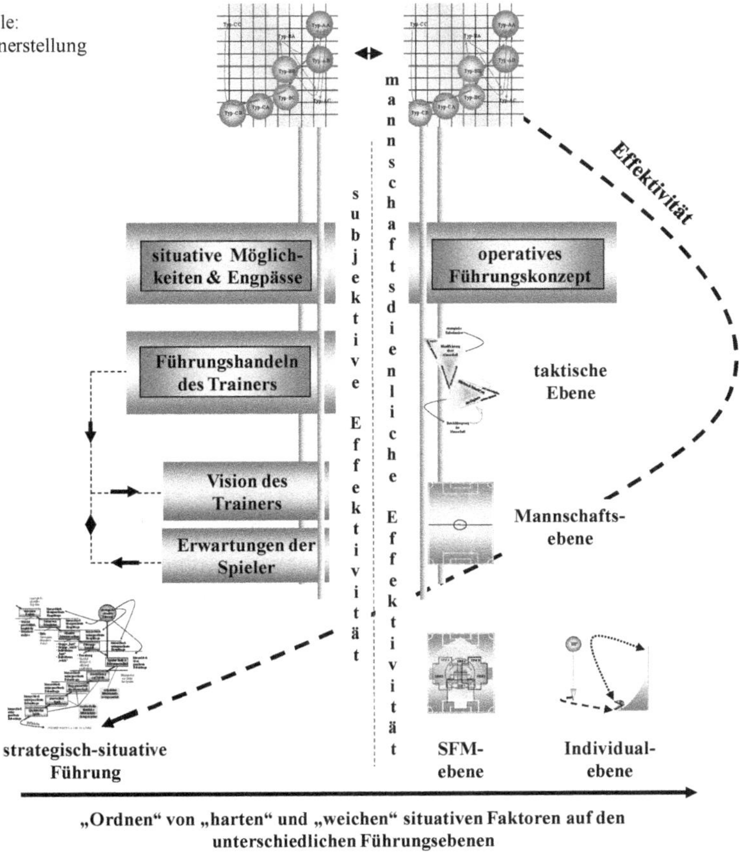

1449 Das Symbol für die Haupt- und Nebenfragen strategisch-situativer Führung in Abbildung 82 verdeutlicht diesen Ansatz. – Vgl. Abbildung 8.

Trainereffektivität zwischen Erwartungshaltungen & Rollenvielfalt der Spieler

Effektive Trainer entwickeln eine besondere Fähigkeit, die Stimmung im Team zu erfassen und mit der Realität zu konfrontieren.[1450] Das bedeutet, dass ein Trainer sich m.E. erst über die Erwartungshaltungen der Spieler im Klaren sein sollte, und sie dann mit aller Entschlossenheit auf seine Vision und gemeinsamen Ziele einschwört - indem er den Spielern dies vermittelt, werden nämlich:

- ihr Verständnis für **notwendigen Wandel** bei der Spielweise des Teams gesteigert
- ihre **Bereitschaft zu Flexibilität** gefördert
- ihre Einzelleistungen in Richtung **mannschaftsdienliches Spiel** kanalisiert

Als Real Madrid im Frühjahr 2007 von einer Krise zur nächsten taumelte und der anvisierte Gewinn der spanischen Meisterschaft in immer weitere Ferne zu rücken schien, legte auch Trainer Fabio Capello ein besonderes Augenmerk auf die Stimmung im Team und forcierte resolut den Aufbau einer neuen, „starken" Mannschaftskultur. Dies gelang ihm, indem er die Spieler unter Ausschluss der Öffentlichkeit trainieren ließ. Der neu gewonnene Teamgeist wurde noch durch einen von Capello eingeführten und ritualisierten gemeinsamen Umtrunk zwei Tage vor jedem Spiel gestärkt: dabei sollten alle Spieler bei einem Aperitif gesellig zusammensitzen und sich untereinander und v.a. mit dem Trainer über ihre Ansichten und Erwartungshaltungen austauschen. Anfangs kamen dazu nicht mehr als drei oder vier Spieler. Bald schon waren aber nicht nur alle 24 Sitzplätze von den Kaderspielern besetzt, der Rest des Teams war sogar bereit, stehend an diesem Ritual teilzunehmen.[1451]

Während einem Trainer durch persönliche Gespräche mit den Spielern – womöglich auf so stilvolle Weise wie bei Trainer Capello und den Spielern von Real Madrid - also deren Erwartungshaltungen klar werden sollten, obliegt es ihm m.E., Wandel mit adäquaten Spiel- und Trainingskonzepten auch effizient zu realisieren: er sollte den Spielern seine rollenspezifischen Erwartungshaltungen daher verständlich machen und evident halten. Um diese Aufgabe kam auch Chuck Daly, der Trainer des US-Basketball „Dream Teams" 1992, in Punkt 10.6. nicht umhin, als er sein Team auf die international übliche Spielweise einüben musste. Das bedeutete u.a., bei einem Vorbereitungsspiel bewusst auch eine Niederlage in Kauf zu nehmen, um dann erst recht eine etwas zurückhaltendere und direktere Spielweise zu forcieren - was seinen

---

1450 Vgl. Riley, P., The Winner Within, 1993, S. 71.

1451 Vgl. http://www.guardian.co.uk/sport/blog/2007/jun/17/howcapellosaperitivosdowned: How Capello's aperitivos downed the Galacticos, 17. Juni 2007. - Vgl. Beginn-Kapitel 5.

Stars letztlich auch gelang. Abbildung 83 rundet nun die seit Kapitel 4 durchgeführte Sammlung wesentlicher Implikationen für das Führungshandeln weiter ab. So sollte die **Bedeutung individueller Rollen** durch das Konkretisieren der Vision des Trainers, der Mannschaftsziele und der anvisierten Spielweise des Teams (nicht zuletzt auch in Hinblick auf die Eigenheiten und Stärken der Gegner) dargestellt werden - das ist wichtig für das **querschnittsorientierte Denken der Spieler.**[1452] Die Schlüsselspieler müssen meines Erachtens dabei v.a. ihre Rollen auf der SFM-Ebene beherrschen, denn gerade dort wird ja **hoch interdependentes Spiel** realisiert. Die Mannschaftskultur trägt dem Rechnung, indem sie das Erkennen, Nützen und **Fördern interner Potentiale** als zentrale Werte definiert.

Abb. 83: Implikationen für das Führungshandeln VII

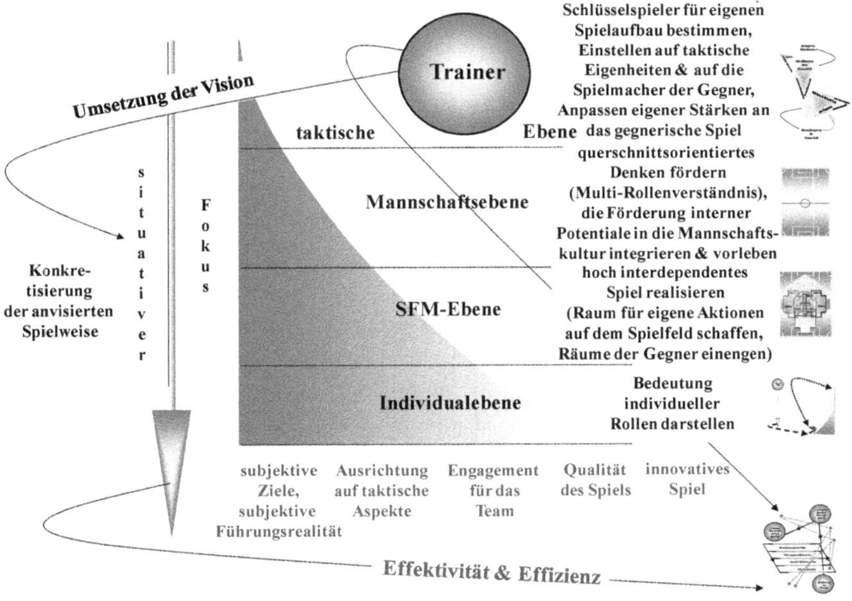

Quelle: Eigenerstellung

Auch für den Trainer unseres drittklassigen Typ-CA Damenhandballteams aus der 5. deutschen Liga, mit dem wir uns in Punkt 5.2. und zu Beginn dieses Kapitels beschäftigt haben, ergibt sich künftig v.a. im pro-aktiven Führungsbereich ein zusätzlicher

[1452] Vgl. Northouse, P.G., Leadership, 2007, S. 219.

Handlungsbedarf. Zuallererst sollte der Trainer den Spielerinnen (es handelt sich um ein studentisch geprägtes Team) die angestrebten spielerischen Innovationen bzw. neuen Spielzüge anhand konkreter Beispiele verdeutlichen. Die Schlüsselspielerinnen können dabei als Sprachrohr des Trainers und als „Übersetzer“ der anvisierten Innovationen auf dem Spielfeld dienen (Ausrichtung auch auf **taktische Aspekte**). Parallel dazu sollte er die Schlüsselspielerinnen **pro-aktiv** durch **situatives „Empowerment“** (nicht unbedingt aber durch Gewährung von mehr Unabhängigkeit – damit sollte bei einem drittklassigen Team eher sparsam umgegangen werden) zu noch mehr **Innovation und Mitarbeit bei der Gestaltung von Spielzügen** ermuntern (innerhalb eines mannschaftsverträglichen Rahmens). Das Schaffen einer größeren **Aufgaben und Rollenvielfalt**[1453] entsprechend der individuellen technischen und psychologischen Reife der Schlüsselspielerinnen sollte freilich erst nach einem intensiven Abklären der gegenseitigen **Erwartungshaltungen** erfolgen (wichtig für die subjektive Führungswirklichkeit dieser Spielerinnen). Erst dann kann man auch die „Leithammelfunktion“ der Schlüsselspielerinnen für die übrigen Spielerinnen bei der **„Erneuerung“ der Spielweise** der Mannschaft weiter forcieren (wichtig für deren Engagement und innovatives Spiel).

10.8. Zusammenfassung: Effektivität durch querschnittsorientiertes Denken

„Wir müssen alle zusammenhängen - sonst wird man uns alle einzeln hängen.“[1454]

Wer als Trainer **effektiv führen** und die Spieler zu maximaler Leistung bei der **effizienten Realisierung von Wandel** (**„Produktivität“**) bringen will, sollte nach meinem Dafürhalten strategisch-situativ führen. Doch was bedeutet das? Es bedeutet, auf Basis des in Kapitel 5 entwickelten strategisch-situativen Führungsmodells[1455] Wandel auf dem Entwicklungsweg eines Teams zu realisieren.
Abbildung 84 fasst die dafür wesentlichen strategisch-situativen Parameter zusammen. Zunächst sollte ein Trainer die Erwartungshaltungen der Spieler mit seiner Vision für die Weiterentwicklung des Teams in Einklang bringen. Dadurch werden ihre Einzelleistungen stärker in Richtung **mannschaftsdienliches Spiel**[1456] kanalisiert, und **hoch interdependentes Spiel** kann im wahrsten Sinne des Wortes zur Realität werden. Auf

1453 Vgl. 8.3. und 10.3.
1454 Benjamin Franklin bei der Unterzeichnung der amerikanischen Unabhängigkeitserklärung, In: Riley, P., The Winner Within, , S. 55.
1455 Vgl. Abbildung 17.
1456 Ausrichtung auf taktische Aspekte, Engagement, innovatives Spiel, individuelle Qualität des Spiels.

sich selbst fokussiertes Denken wird dann in sinnvolle Schranken gewiesen, und querschnittsorientiertes Denken der Spieler wird zum **Motor für Wandel**: dies wurde auch am Beispiel von Earvin „Magic“ Johnson in Punkt 10.6. gezeigt, der bewusst die Spielweise und Stärken seiner Mitspieler studierte, um sein eigenes Spiel darauf aufzubauen. So förderte er auch deren Stärken und das Spiel des ganzen Teams.

Abb. 84: Strategisch-situativer Kontext auf dem Entwicklungsweg eines Teams VII

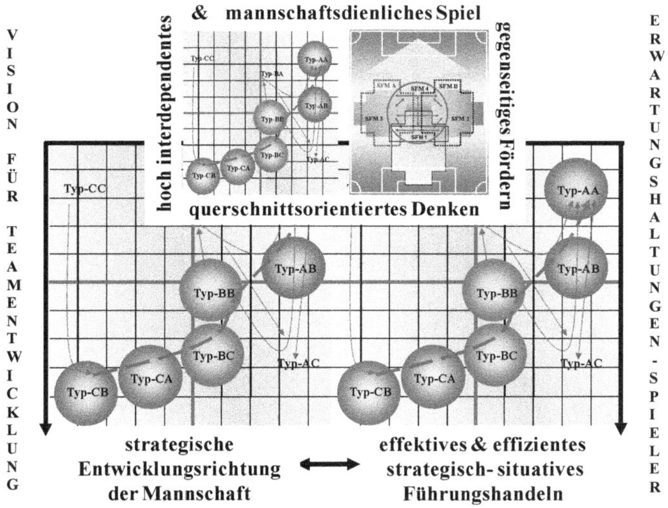

Quelle: Eigenerstellung

Verschiedene Aspekte von Führungshandeln wie z.B. die Effektivität haben wir schon seit dem dritten Kapitel diskutiert – und entsprechende Herausforderungen an das Führungshandeln eines Trainers abgeleitet.[1457] Nun werde ich diese und weitere im Laufe dieser Diskussion gesammelten Erkenntnisse im folgenden elften Kapitel unter Effizienzgesichtspunkten auf ihre Anwendbarkeit untersuchen und verständlich machen. Insbesondere geht es mir darum zu zeigen, wie weit Effektivität und Effizienz ineinander verzahnt sind bzw. wie sehr das eine (Effektivität) erst im Zusammenspiel mit dem anderen (Effizienz) auf dem Entwicklungsweg eines Teams voll zur Geltung kommt. Die Bedeutung der **Effektivität eines Trainers aus Sicht der Spieler** wird also im Lichte der **Effizienz aus Sicht des Trainers** relativiert.

[1457] Vgl. Abbildungen 14, 41, 47, 59, 66, 72, 83, 93 und 107.

11. Effizienz - das Bündeln von Führungserfolgen

„Die Größe einer sportlichen Dynastie kann zehn Jahre lang währen. Fünf Jahre lang ist diese Mannschaft vielleicht wirklich groß, und weitere fünf Jahre reitet sie nur noch auf ihren Lorbeeren."[1458]

Mit dem Start in die Saison 1989/90 wurde das Team der Los Angeles Lakers immer stärker von der Aura einer Zeitenwende erfasst. Einer der verlässlichsten Leistungsträger und Spielmacher, Kareem Abdul-Jabbar, beendete nach 20 Profi-Jahren in der NBA seine Karriere. Die Mannschaft verlor mit ihm ihren „Patriarchen": er hatte durch seine Aggressivität auf dem Spielfeld jahrelang erfolgreich die Leistungsfähigkeit der gegnerischen Teams beeinträchtigt. Mit seinem Abgang geriet nun aber das Gefüge der Lakers selber aus dem Gleichgewicht. Als Coach Riley vor der Mannschaft seine Rede zum Saisonstart hielt und auf den Weggang von Kareem zu sprechen kam, stand Earvin „Magic" Johnson auf und meinte lachend:" Riles, wir haben uns schon vorher überlegt, was Du heute wohl zu uns sagen wirst. Aber die Frage ist nicht, ob wir in den Neunziger-Jahren ohne Kareem gewinnen können, sondern ob Du ohne ihn coachen kannst." Coach Riley und „Magic" Johnson lachten beide herzlich, doch sie lachten nur kurz. Denn beide wussten, dass die Lakers auf dem Papier zwar nach wie vor hervorragende Leistungsstatistiken aufweisen konnten. Was diese Statistiken jedoch nicht widerspiegelten, war der Prozess der Selbstauflösung des Mannschaftskerns. Nach einem Jahrzehnt großer sportlicher Erfolge brach das zusammen, was den Kern der Größe der Lakers ausgemacht hatte: das Teamwork. Das zeigte sich nirgendwo deutlicher als bei zwei Stammspielern. Die Leistungsstatistik des Jüngeren der beiden zeigte immer deutlicher nach unten. Bei einem emotionsgeladenen Teammeeting warf dieser Spieler seinem Trainer vor, dass dieser ihn zu streng anfassen würde. Coach Riley konterte, dass er ihm sehr wohl vorhalten müsste, dass seine Leistungen und auch seine Einstellung zum Team deutlich zu wünschen übrig ließen. Der ältere Spieler wiederum war nicht mehr so spritzig wie gewohnt. Er stand kurz vor der Beendigung seiner Karriere und konnte sich nicht damit abfinden. So verschloss er sich der Realität seiner Situation und brachte stattdessen Schuldzuweisungen gegen den Trainer vor. Beide Spieler erhielten in der Folge weniger Spielzeit zu Gunsten eines Neulings. Obwohl der Neue selbstlos versuchte das Team zu stärken, hielten ihm andere Lakers-Spieler vor, er wäre

---

[1458] Vgl. Riley, P., The Winner Within, 1993, S. 214.

egoistisch. Auch abseits des Spielfeldes rückten die Spieler voneinander ab und der Teamzusammenhalt löste sich zunehmend auf. Schließlich suchte ein Spieler sein Heil in Beschuldigungen hinter dem Rücken des Trainers… All das zu einem Zeitpunkt, als man die NBA noch anführte. 1990 war aber das Jahr, wo es aufgrund der veränderten Teamsituation zu einem grundlegenden Wandel kommen musste[1459]:

- entweder man würde durch das Einschwören aller Spieler auf neue Ziele (v.a. durch die Schlüsselspieler, die positiven Druck auf den Rest des Teams ausüben sollten)[1460] wieder angemessene Leistungen erzielen - auf der Basis neuer Ziele ließe sich dann eine neue (grundsätzliche) Spielweise[1461] forcieren, wobei der situative Fokus des Trainers **effizient** auf mannschaftsdienliches Spiel wie **a)** die Ausrichtung der Spieler auf taktische Aspekte, **b)** das Engagement der Spieler für ihr Team, **c)** innovatives Spiel, und **d)** die Qualität des Spiels ausgerichtet (und neu gewichtet) werden müsste[1462]
- oder die wesentlichen Akteure (Spielmacher, Trainer) würden das Team verlassen

Acht Jahre vorher, zu Beginn der Saison 1981/82, stand Pat Riley vor einer ähnlich schwierigen Situation. Auch damals gab es starke Spannungen und großes Misstrauen im Team, der damalige Trainer wurde gefeuert und die Mannschaft war vor dem Zerfall. Dann wurde Pat Riley zum neuen Chefcoach der Los Angeles Lakers ernannt. In seiner Antrittsrede sagte er zu den Spielern nichts weiter, außer dem Folgenden:[1463]

> „Ihr seid diejenigen, die den Spieß noch einmal herumdrehen können. Wenn Ihr weiterhin verliert und nicht beginnt wie ein Team zu spielen, was werden die Leute dann sagen? Höchstwahrscheinlich, dass man den falschen Mann gefeuert hat. Wenn das passiert, wird man dieses Team durch Spielerverkäufe auflösen und neue Spieler verpflichten. Aber wenn Ihr wirklich ein großes Basketballteam seid, werdet Ihr trotz mir gewinnen."

Damals legte Coach Riley mit dieser Rede den Grundstein zur Wende.

Nun, im Jahre 1990, war es dem Coach jedoch nicht mehr möglich, die Spieler mit Worten auf eine neue Ausrichtung einzuschwören, und die Los Angeles Lakers wurden in der zweiten Runde der NBA Play-Offs von einer hungrigeren, fröhlicheren und vor allem aufsteigenden Mannschaft eliminiert. Danach folgte ein Mannschaftsmitglied nach dem anderen - darunter auch Coach Pat Riley selbst - dem ehemaligen

---

1459 Vgl. Riley, P., The Winner Within, 1993, S. 222-225.
1460 Vgl. Riley, P., The Winner Within, 1993, S. 57f.
1461 Vgl. 5.2.
1462 Vgl. Tabelle 4 in Punkt 11.2.
1463 Vgl. Riley, P., The Winner Within, 1993, S. 65.

Spielmacher Kareem Abdul-Jabbar zur Tür hinaus. Pat Riley wurde im Moment seines Abgangs noch zum Trainer des Jahres und sogar des Jahrzehnts gewählt. Die Lakers-„Dynastie“ der 1980er Jahre war damit aber Geschichte.[1464]

In diesem Kapitel wird Führungshandeln eingehend unter dem Aspekt der **„Effizienz“** behandelt und in den strategisch-situativen Kontext eingeordnet. Effizienz wird von Trainern auf allen Leistungsniveaus eingefordert, seien es nun erstklassige Profi-Teams oder Amateure auf zweit- und drittklassigem Niveau. Nehmen wir daher nochmals das Beispiel jenes drittklassigen Typ-CA Damenhandballteams aus der 5. deutschen Liga, das wir bereits aus den Fallstudien in Punkt 5.2. und in Kapitel 10 kennen. Der Trainer dieses studentisch geprägten Teams legt nach Ansicht der großen Mehrheit seiner Spielerinnen bereits einen ausreichenden situativen Fokus auf taktische Aspekte. Außerdem billigen die meisten Spielerinnen dem Trainer zu, dass sie unter ihm mehr Engagement für ihr Team entwickelt haben und mit ihm ihre subjektiven sportlichen Lern- und Entwicklungsziele erreichen werden. Beim innovativen Spiel bzw. der Qualität des Spiels ist die Mehrheit der Spielerinnen jedoch kritischer und meint, dass **a)** der Trainer **innovatives Spiel zu wenig fördert** und **b)** die **Qualität ihres Spiels nur teilweise besser** wurde. Auch die subjektive Führungswirklichkeit der Spielerinnen ist in Bezug auf den Trainer vorerst eher negativ gefärbt. Aus Sicht der Spielerinnen gibt es somit bei jeweils der Hälfte der zwei subjektiven Effektivitätskomponenten (hier: subjektive Führungswirklichkeit) und der vier mannschaftsdienlichen Effektivitätskomponenten (hier betrifft es das innovative Spiel und die Qualität des Spiels) einen gewissen Verbesserungsbedarf. Was bedeutet das für den Führungsalltag des Trainers? Nun, er ist sich bereits bewusst, dass einige seiner Spielerinnen, v.a. jene, die öfters zum Einsatz kommen, in gewisser Weise „ballverliebt“ sind: sie werden vom Trainer auch als „Schönspielerinnen“ bezeichnet und sind wohl diejenigen im Team, die primär an ihrer individuellen Spielqualität „feilen“ wollen bzw. gerade bei diesem Punkt mit dem Trainer unzufrieden sind. Ein starker situativer Fokus des Trainers auf die Förderung der individuellen Qualität dieser Spielerinnen lässt sich aber noch nicht mit den Prioritäten für ein drittklassiges Typ-CA Team vereinen – lediglich ein geringer Fokus ist angemessen. Hier geht es vielmehr um eine Erneuerung der (grundsätzlichen) Spielweise[1465] mit einem sehr starken situativen **Fokus auf innovatives Spiel** und mit einer starken bis sehr starken

[1464] Vgl. Riley, P., The Winner Within, 1993, S. 222-225.

[1465] Vgl. 5.1. - Vgl. Abbildung 19.

Ausrichtung der Spielerinnen auf taktische Aspekte. Dazu sollte auch ein gewisses **Engagement der Spielerinnen** eingefordert werden.[1466] Aus Effizienzgesichtspunkten ergibt sich für den Trainer also lediglich ein Manko bei der Förderung des innovativen Spiels.[1467]

Wie Abbildung 85 zeigt, sind wir in diesem Kapitel noch immer im praxisbezogenen, nunmehr aber letzten Teilstück (Schritt X) auf unserem Weg zur Entwicklung einer strategisch-situativen Denk- und Handelsweise. Zunächst werfen wir einen Blick auf die vier Formen von situativem Fokus und deren Bedeutung für die einzelnen Teamtypen. Um dem Leser die Bedeutung des Aspektes Effizienz noch näher zu bringen, wird später auch die (zunächst drittklassige, später zweitklassige) österreichische Fußballnationalmannschaft in einer Langzeitfallstudie vor, während und nach der EM-2008 analysiert.

Abb. 85: Entwicklung einer strategisch-situativen Denk- & Handlungsweise X

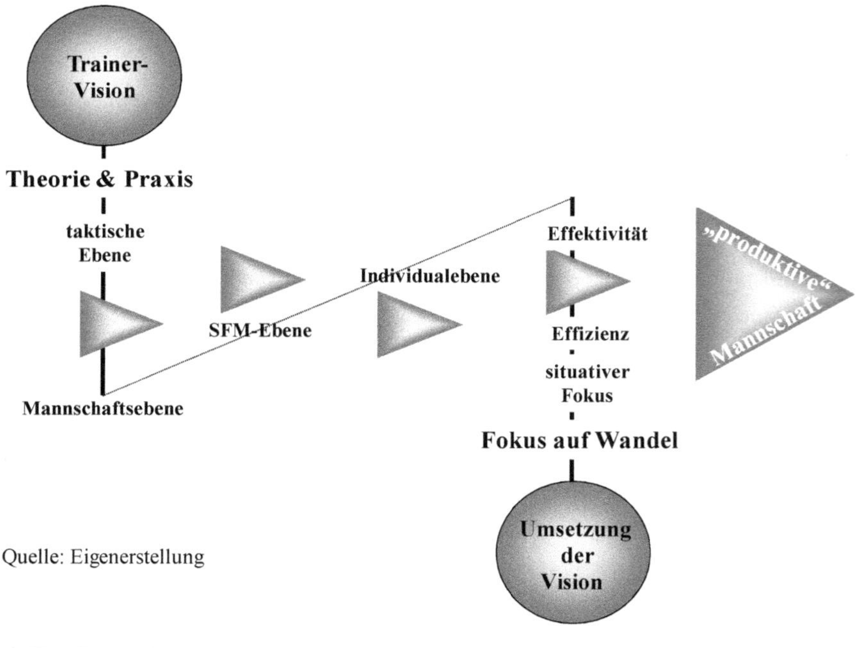

Quelle: Eigenerstellung

1466 Vgl. Tabelle 4 in Punkt 11.2.

1467 Vgl. 10.5.

11.1. Die vier Formen von situativem Fokus

> „Der Wille zu gewinnen ist wichtig, aber entscheidend ist der Wille sich darauf vorzubereiten."[1468]

> „Wenn man sich nur auf eine oder zwei isolierte Maßnahmen aus einem Gesamtprogramm konzentriert, dann geht das mit Sicherheit schief."[1469]

Das Beispiel der 1990 zu Ende gehenden Lakers-Dynastie zu Beginn dieses Kapitels zeigt uns, dass Trainer in Zeiten des Umbruchs (und nicht nur dort) vor der Aufgabe stehen, dem Team eine neue strategische Ausrichtung zu geben: dazu stellen Trainer ihren situativen Fokus **effizient** (d.h. sie tun etwas „richtig") auf strategische Erfordernisse ab. Vier Jahre früher, in der Saison 1986/87 waren die Lakers-Spieler ebenfalls in einer Phase des Umbruchs, denn zu diesem Zeitpunkt beschritten sie die letzte Etappe auf dem Weg von einer Meistermannschaft zu einem meisterlichen („exzellenten") Team. Zuvor waren sie immer wieder in Krisen geschlittert, die z.T. selbstverschuldet waren (Selbstzufriedenheit der Spieler, negative Wertefallen, stark schwankende individuelle oder mannschaftliche Leistungskurven). Coach Riley führte daher (in Punkt 5.4.) ein System zur statistischen Erfassung aller leistungsbezogenen Aktivitäten der Spieler ein, wo selbst nebensächliche Aspekte beachtet wurden (z.B. das Bücken auf den Boden, um einen herumspringenden Ball zu schnappen; das Nachsetzen hinter Rebounds, egal ob man sie erwischt oder nicht; die Aufgabe eines Mitspielers übernehmen, wenn er vom Gegner überspielt wurde). So wurde die grundsätzliche Spielweise des Teams **innoviert**. Aufgaben wurden dabei auch in Teilaufgaben und Bewegungskomponenten zerlegt und das **Engagement der Spieler** und deren Leistungen durch Statistiken dokumentiert: eine Schussstatistik etwa analysierte die Wurfgenauigkeit eines Spielers von jedem Punkt auf dem Spielfeld aus (**Qualität des Spiels**). Selbst bestimmte Leistungen der SFM wurden statistisch mit SFM der Gegner verglichen (**taktische Aspekte**). Die Lakers-Spieler waren zunächst eher skeptisch, entwickelten dann aber ein immer größeres Interesse an ihren Leistungsdaten (steigende Moral). Ja einige von ihnen würden schon bald zu den effizientesten Spielern der NBA gehören. Und diese Steigerungen bei Moral, Leistung und Effizienz schlugen sich letztendlich in Siegen nieder.[1470]

Diese Erkenntnisse von Coach Riley werde ich nun nach Effizienzgesichtspunkten und aufgrund folgender Logik in **vier Formen von situativem Fokus** weiter verdichten:

1468 Paterno, J., in: Vgl. Riley, P.: The Winner Within, New York, 1993, S. 159.

1469 Riley, P., The Winner Within, 1993, S. 144.

1470 Vgl. Riley, P., The Winner Within, 1993, S. 164-170.

- jeder situative Fokus „behandelt" ganz bestimmte situative Faktoren[1471]
- aufgrund von inhaltlichen Beziehungen der situativen Faktoren untereinander werden diese nicht isoliert betrachtet, sondern zusammengefasst (Fokus)

Jeder **situative Fokus** forciert also ganz konkrete **Führungsschwerpunkte**:[1472]

- ein situativer **Fokus auf taktische Aspekte** forciert z.B. **a)** die spielerische Entwicklungsrichtung und Zielorientierung eines Teams, **b)** strukturelles Führungshandeln (wichtig für die Zielorientierung und Spielweise des Teams, z.B. wenn man SFM bildet);[1473] dieser Fokus wird zur Realisierung aller Spielweisen benötigt, v.a. aber bei Extremfällen („Stabilisierung", „Optimierung"; „Erneuerung"; nicht jedoch bei „Verharren") sowie bei allen Typ-A Teams
- ein situativer **Fokus auf das Engagement der Spieler für ihr Team** forciert u.a. **a)** das Ausschöpfen des Leistungspotentials der Spieler, und **b)** eine leistungsorientierte Entwicklung des Teams; Engagement wird v.a. bei der „Stabilisierung" der Spielweise (Typ-CB Team), weiters (unterschiedlich) stark bei Typ-B Teams sowie grundsätzlich sehr stark bei allen Typ-A Teams benötigt
- ein situativer **Fokus auf innovatives Spiel** forciert u.a. **a)** die Aufgabenvielfalt der Spieler und **b)** deren Eigenständigkeit beim Spielaufbau (Freiraum bei der Aufgaben-Aufgabenerledigung); hier geht es darum, dass Trainer neue Aspekte bei der grundsätzlichen Spielweise des Teams realisieren und den Lernprozess der Spieler forcieren – v.a. wichtig bei Typ-CA und -BC (teilweise auch bei Typ-BB und -AC)
- ein situativer **Fokus auf die Qualität des Spiels** forciert v.a. **a)** individuelle Rollen (Rollenvielfalt) und **b)** die Spielerentwicklung; technische Stärken der Spieler kommen in ihren Rollen zur Geltung und werden als Kernkompetenzen beim Zusammenspiel v.a. bei Typ-BA, -AB, und -AA Teams optimiert

Die Effizienz von Führungshandeln allein ist jedoch noch nicht „das Maß aller Dinge". Wie uns Abbildung 86 verdeutlicht, müssen alle vier Formen von situativem Fokus auch in den 4-stufigen strategisch-situativen Führungsprozess (aus Kapitel 5) integriert werden. Zunächst wird auf **Stufe 1** die Ausgangssituation eines Teams analysiert[1474] und das Team entsprechend klassifiziert[1475]. Daraus leiten sich strategische Erforder-

---

1471 Vgl. Tabelle 1 in Punkt 5.3.

1472 Vgl. Tabelle 4 in Punkt 11.2.

1473 Vgl. das strukturelle Führungshandeln der Coaches Boone und Yoast des Highschool-Footballteams „Titans" in einer Spielszene gegen die „Marshalls" zu Beginn von Punkt 5.4.

1474 Vgl. 5.1.

1475 Vgl. Abbildung 19 in Punkt 5.1.

nisse[1476] für die grundsätzliche Spielweise des Teams (Führungsprioritäten - **Stufe 2**) und den darauf aufbauenden situativen Fokus eines Trainers ab. Auf **Stufe 3** wird sein operatives Führungskonzept abgeleitet[1477] und auf **Stufe 4** sein Führungshandeln weiter konkretisiert. Die vier Formen von situativem Fokus[1478] gehen dabei in strukturelles, personelles und symbolisches Führungshandeln[1479] auf. Dies geschieht, um das Führungshandeln des Trainers auf der Gruppenebene und auf und Individualebene nach „harten“ und „weichen“ situativen Faktoren weiter auszudifferenzieren.[1480]

Abb. 86: Die vier Formen von situativem Fokus

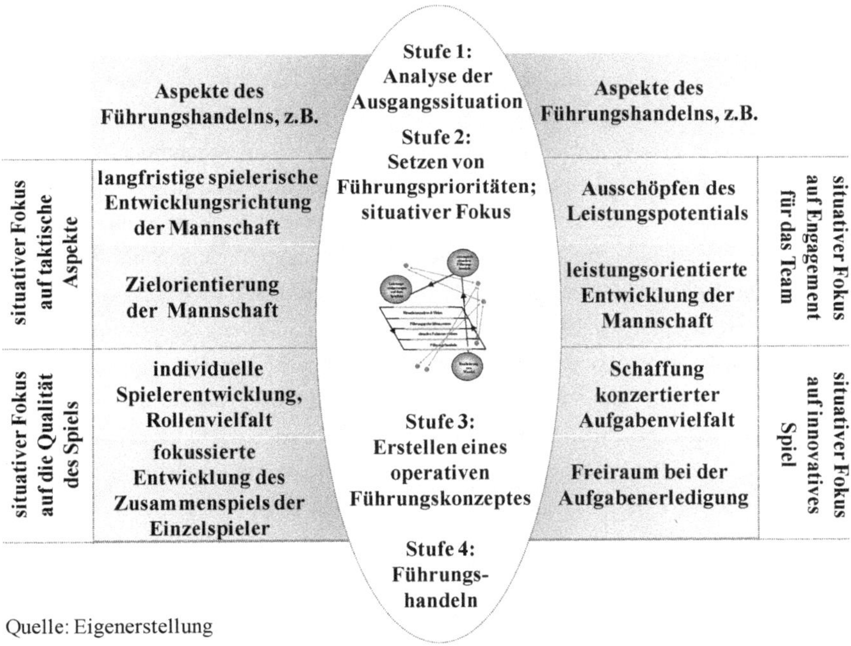

Quelle: Eigenerstellung

1476 Vgl. 5.2.

1477 Vgl. 5.3.

1478 Es macht m.E. übrigens wenig Sinn, einen situativen Fokus auf das Realisieren der subjektiven sportlichen Lern- und Entwicklungsziele der Spieler oder auf die subjektive Führungswirklichkeit der Spieler zu definieren, da diese im Gegensatz zur Ausrichtung auf taktische Aspekte, auf Engagement für die Mannschaft, auf innovatives Spiel und auf die Qualität des Spiels keine „mannschaftsdienlichen“ Effektivitätskomponenten sind. Vgl. 3.2. und 4.3. - Vgl. Kapitel 10.

1479 Vgl. Tabelle 2 in Punkt 5.4. - Vgl. 5.4. und 5.5.

1480 Vgl. Tabelle 1 in Punkt 5.3.

11.2. Situativer Fokus und Effizienz

> „[Moderne] Führungsansätze fokussieren immer mehr auf veränderliches Führungshandeln für unterschiedliche Führungssituationen.[1481]

> „Trainer spielen eine Vielzahl an Rollen in Abhängigkeit vom Niveau und den Umständen der zu trainierenden Mannschaft.“[1482]

Auf unserer Zeitreise durch fünf Jahrzehnte des Mannschaftssports stoßen wir jetzt auf das College-Footballteam der Marshall University[1483] aus Greenville, North Carolina.[1484] Am 14. November 1970 verliert dieses Team gegen das Greenville College. Rick Tolley, der Coach der Marshalls, lobt seine Spieler nach dem Spiel in der Kabine zwar für ihren Einsatz, weist sie jedoch bedeutungsvoll auf das hin, worauf es seiner Meinung nach am meisten ankommt: „Gut spielen ist nicht genug - Gewinnen ist alles". Während der Assistenzcoach des Teams, Greg Dawson, nach dem Spiel mit dem Auto nach Hause fährt, verunglückt das Flugzeug mit fast allen Spielern (einige verletzte Spieler waren nicht mitgereist) und den übrigen Trainern auf dem Heimflug. Niemand überlebt den Absturz. Der vermögende Stahlwerksbesitzer Paul Griffin, Vater eines beim Absturz ums Leben gekommenen Quarterbacks, hat großen Einfluss auf die Marshall University und sieht nach dieser Tragödie keinen Sinn mehr, eine neue Mannschaft für die kommende Saison aufzubauen. Doch Nate Ruffin, einer der wenigen Spieler, die beim Flugzeugabsturz nicht im Flugzeug saßen, und andere Studenten der Universität protestieren erfolgreich gegen dieses Ansinnen. Donald Dedmon, der Rektor der Marshall University, wird daher beauftragt, die schier aussichtslos scheinende Suche nach einem neuen Chefcoach aufzunehmen. Nachdem alle Wunschkandidaten absagen, meldet sich ein unbekannter Footballcoach namens Jack Lengyel auf eine Zeitungsannonce für die vakante Stelle des neuen Trainers. Schon beim ersten Gespräch zum Kennenlernen erklärt er dem Rektor, dass er ein begeisterter Verfechter der „Power I“-Offensivspielstrategie sei[1485]. Zusammen mit Rektor Dedmon schafft er es trotz größter Schwierigkeiten tatsächlich wieder ein

---

1481 Westerbeek, H.; Smith, A., Business Leadership and the Lessons from Sport, 2005, S. 9.

1482 Conway, D., ETP The Structured Programme & Project Management Company, http://www.etpint.com/leadership.htm.

1483 Dieses Team ist nicht zu verwechseln mit der High-School Footballmannschaft „Marshalls“ in Punkt 5.4

1484 Aus dem Film „Sie waren Helden“, 2006. – Vgl. http://de.wikipedia.org/wiki/Sie_ waren_ Helden.

1485 Dabei geht es v.a. darum, während dem Ballbesitz durch gezielte Blocks verschiedener Mannschaftslinien durchschnittlich drei bis vier Yards auf dem Weg zur Touchdownlinie zu gewinnen. Vgl. http://www.guidetocoachingsports.com/i_football_offense.htm: How to coach, teach and use the 'Power I' football offense for youth leagues.

Team auf die Beine zu stellen und nach seinen taktischen Vorstellungen zu trainieren. So wird mühsam eine Mannschaft aufgebaut, die aus Basketballern, Fußballspielern und sogar Baseballspielern besteht und gemäß dem „Power-I“ Spielplan intensiv auf die neue Saison vorbereitet wird. Doch bereits nach einigen Wochen zeigt sich, dass die Mannschaft einfach nicht in Schwung kommen will. Der Assistenzcoach macht Coach Lengyel darauf aufmerksam und meint: „Wir haben ein Riesenproblem an der Offense-Linie. Coach Lengyel antwortet ihm: „Ja, und das liegt nicht daran, dass unsere Defense so stark ist...“ Er hat bereits erkannt, dass dieses junge, unerfahrene und bunt zusammengewürfelte Team noch nicht so weit ist, nach den Grundsätzen des „Power I“ trainiert zu werden. Der Coach muss sich schnellstens etwas einfallen lassen, um diesen situativen Erfordernissen gerecht zu werden (**Effizienz**). Beim nächsten Meeting erklärt er seinem Trainerstab: „Ihr wisst, ich bin ein Verfechter der „Power I“-Strategie. Die letzten zwei Wochen zeigen aber, das klappt nicht. Deshalb wandert „Power I“ ab sofort in den Müll, zusammen mit jedem „Flea Flicker“, allen „Doppel-Reserve“ Spielzügen und den ganzen anderen Tricks in Eurem Spielzugheft. Es wird Zeit, das Spiel zu vereinfachen. Überlegen wir doch mal: was ist der einfachste Angriff, den Ihr je eingesetzt und mit dem Ihr gewonnen habt?“ Assistenzcoach Dawson antwortet spontan: „Da wäre doch die „Veer“. Die „Veer“ ist ein optionales Offense-Spiel. Die Spieler verteilen sich mehr, und das entlastet den Einzelnen. Das wäre eigentlich gedacht für Teams, die keine Offense-Linie haben.“ Coach Lengyel muss sich die Kenntnisse dieser Spielweise, wo es v.a. um das Zusammenspiel auf der **Mannschaftsebene** geht, erst aneignen, doch sie ist die richtige Maßnahme, um die Spieler der Marshall University – ein Team im Umbruch, ja am Neuanfang, und noch dazu in einer schweren Krise – auch mit einem „angemessenen“ **Fokus auf Taktik und Innovation** zu führen und deren **Engagement** dafür zu gewinnen. Coach Lengyel weiß um die legendären Worte seines verunglückten Vorgängers bei den Marshalls und meint daher in einem nachdenklichen Moment zu seinem Assistenten: „Nur Das Gewinnen zählt, und sonst nichts. Aber jetzt stimmt das nicht. Wichtig ist nur, dass wir spielen.“ Das erste Meisterschaftsspiel am 18. September 1971 auswärts gegen die Morehead State University geht verloren. Als Reaktion wird der Rektor der Universität gefeuert. In dieser Situation versammelt Coach Lengyel die Mannschaft am Mahnmal der beim Flugzeugabsturz ums Leben gekommenen Teamkameraden und hält seine erste flammende Rede: „Auf dem Papier sind unsere Gegner besser. Das wissen sie. Aber eines wissen sie nicht: wie es in unseren Herzen aussieht. Das ist die Möglichkeit für Euch, aus der Asche aufzuerstehen. Die Trauerfeuer endet heute!“ Die Mannschaft wird durch diese Worte endlich von einem neuen Geist erfasst und im nächsten Heimspiel gelingt tatsächlich der erste Sieg. Es sollte zwar der einzige Sieg dieser Saison bleiben, und der Weg zu neuer sportlicher Größe war noch lang - doch die Wende war geschafft.

Trainer sollten nach meinem Dafürhalten bei jedem Teamtyp[1486] ihren situativen Fokus also anders gewichten, um ihre **Effizienz** zu steigern – so wie Coach Lengyel beim (Typ-CA) Team der Marshalls mit der „Veer“ die Mannschaftsebene betonte.

Abbildung 87 ruft daher in Erinnerung, worauf es auf dem **Entwicklungsweg eines Teams**[1487] ankommt:[1488] bei Typ-C wird v.a. die Mannschaftsebene forciert, bei Typ-B zusätzlich speziell die SFM-Ebene, bei Typ-A zusätzlich speziell die Individualebene.[1489]

Abb. 87: Der Weg zur Erfolgsmannschaft IV - Situativer Fokus

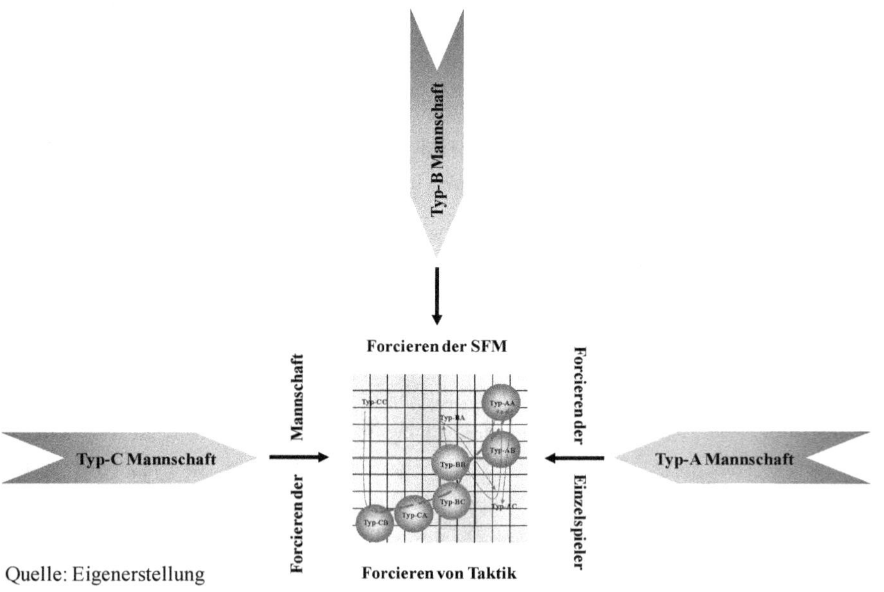

Quelle: Eigenerstellung

[1486] Typ-**C**B, Typ-**C**A; Typ-**B**C, Typ-**B**B, Typ-**B**A; Typ-**A**C, Typ-**A**B, Typ-**A**A.

[1487] Dieser Entwicklungsweg wird durch das Symbol für Teamtypen verdeutlicht. – Vgl. Abbildung 19.

[1488] Vgl. Tabelle 3 in Punkt 5.5. (Situationsanalyse von Sportmannschaften).

[1489] Vgl. 5.1. – Vgl. Abbildungen 1, 2, 19, 87, 88, 100, 105 und 106.

Das alleine reicht m.E. noch nicht für Handlungsempfehlungen im Sinne von Effizienz. Besser ist ein **Aktionsplan**, der wie in folgender Tabelle 4 auf Teamtypen abstellt. So ein Aktionsplan gilt auch für Teams im Umbruch wie die Marshalls 1971, oder Teams in der Krise wie Italien (Kapitel 1) und Frankreich (Punkt 7.2.2.) bei der Fußball-WM 2010, Real Madrid von 2004 bis 2007[1490] und die Los Angeles Lakers phasenweise zwischen 1980 und 1990 (u.a. zu Beginn dieses Kapitels). Diese Teams können m.E. zwar nicht unmittelbar an der Spielweise arbeiten, die eigentlich ihrer Klasse entspräche, wohl aber an der Zwischenstufe „Freisetzen der spielerischen Möglichkeiten“[1491]. Spiele können schlecht laufen. Schwierigkeiten können aber auch von Dritten verursacht werden und ein Team aus dem Gleichgewicht bringen. Englands Fußballteam um Stürmer Wayne Rooney etwa kam selbstbewusst zur WM 2010 nach Südafrika: von den 24 Spielen, die Fabio Capello (nach seinem Abgang bei Real Madrid) als Teamchef der Engländer absolviert hatte, wurden 18 gewonnen. Nach dem Aus bei der EM-Qualifikation 2008 schien man endlich aus der **Krise** gefunden zu haben: „Wir haben uns enorm verbessert“, meinte Capello.[1492] Wie schon zuvor bei Real Madrid hatte er auch in England **hart durchgegriffen**. „Er entmachtete Spielerführer, setzte auf **Taktik** und **Disziplin**: ein Telefonverbot beim Training und Pünktlichkeit waren äußere Zeichen dafür. Bei Verstößen gab es schnell ein 'Donnerwetter' – da flogen sogar Teller an die Wand. Dazu kamen 'Halbzeitgewitter' bei Spielen, nach denen 'England immer zwei Gänge zulegte': 'Er hält uns auf den Zehenspitzen', meinte Innenverteidiger Terry.“[1493] England startete aber mit zwei enttäuschenden Unentschieden gegen die USA und Algerien in die WM. Vor dem Spiel gegen Slowenien griff Capello daher zu einem ähnlichen **Motivationstrick** wie früher bei Real Madrid - und ging mit den Spielern ein Bier trinken.[1494] England zeigte sich danach verbessert, und stieg mit einem 1:0 Sieg ins Achtelfinale auf.[1495] Dort führte Deutschland mit 2:1, als ein Schuss von Lampard fast einen Meter hinter der Torlinie aufprallte.[1496] Die Fernsehbilder schwenkten zu Capello, der sein Konzept aufgehen sah und zufrieden

---

1490 Vgl. Einleitung-Kapitel 1; 3.2., 4.1.; Einleitung-Kapitel 5; 5.1., 6.2., 7.5., 8.3., 9.2., 10.7. und 12.2.

1491 Vgl. 5.2.

1492 Vgl. http://derstandard.at/1276043570816/Bedeutender-Football-lockerer-Soccer, Schaffer, T., 11. Juni 2010.

1493 Vgl. Kronen Zeitung (WM Extra): Fabios **„eiserne Hand“** greift nach dem Pokal, Silli, V., 12.6.2010.

1494 Vgl. http://sport.orf.at/wm2010/100624-566/?href=http%3A%2F%2Fsport.orf.at%2Fwm2010%2F100624-566%2F567bigstory_txt.html: Eine ungewöhnliche Maßnahme, 24. Juni 2010. – Vgl. 10.7.

1495 Vgl. http://sport.orf.at/stories/2003708/2003711/

1496 Auch Franz Beckenbauer meinte: „Das war ein klares Tor“. Vgl. http://sport.orf.at/wm2010/100627-669/index.html: Am Ende siegte Deutschland 4:1, Wagner, Ch., 27. Juni 2010.

applaudierte - doch nur wenige Augenblicke lang, denn der Treffer wurde aberkannt. Dem bis dahin entschlossenen Aufbäumen der Engländer wurde dadurch ein schwerer Schlag versetzt, und die [weiterhin beeindruckend spielenden] Deutschen[1497] gewannen mit 4:1. England war zu Beginn dieser WM erneut in eine Krise gerutscht und hatte sich eben erst mit dem Aufstieg ins Achtelfinale daraus befreien können. Nun kam der nächste Rückschlag - eingeleitet durch die Schiedsrichter. Da kaum eine Entwicklung linear verläuft, konnte dies für Capello m.E. dennoch nur bedeuten, durch wiederholtes „Freisetzen der spielerischen Möglichkeiten" (z.B. durch das Stabilisieren der Spielweise) hartnäckig an seinem darauf fußenden **situativen Fokus für den Teamaufbau** (z.B. spezielles Fokussieren auf die Individualebene) festzuhalten. Tabelle 4 verdeutlicht dies: sie liest sich von oben (Typ-CC) nach unten (Typ-AA) bzw. von links (taktische Aspekte) nach rechts (individuelle Qualität des Spiels).[1498]

Tab. 4: Effizienz II - Mannschaftstypen & situativer Fokus

	taktische Aspekte	**Engagement**	**innovatives Spiel**	**Qualität des Spiels**
Typ-CC	gering	gering	kein	gering
Typ-CB	sehr stark	sehr stark	gering-mittel	gering
Typ-CA	stark	mittel-stark	sehr stark	gering
Typ-BC	stark	stark	stark	gering-mittel
Typ-BB	mittel-stark	stark-sehr stark	mittel-stark	mittel
Typ-BA	mittel	sehr stark	gering	stark-sehr stark
Typ-AC	sehr stark	sehr stark	mittel-stark	stark
Typ-AB	sehr stark	sehr stark	mittel	stark-sehr stark
Typ-AA	sehr stark	sehr stark	gering-mittel	sehr stark

Quelle: Eigenerstellung

1497 Vgl. die englische Zeitung „Daily Telegraph", In: http://de.eurosport.yahoo.com/28062010/73/wm-2010-presse-three-lions-wurden-zerrissen.html, 28. Juni 2010.

1498 Vgl. Tabelle 3 in Punkt 5.5. – Nach Westerbeek und Smith sollte man bei der Teamentwicklung auf **a)** gemeinsame Werte, **b)** Ziele, **c)** Unterstützung und Vertrauen, **d)** Selbstmotivation, **e)** Zufriedenheit, und **f)** Leistung achten. Vgl. Westerbeek, H.; Smith, A., Business Leadership and the Lessons from Sport, 2005, S. 80f. Dies hat Ähnlichkeiten mit den vier Formen von situativem Fokus in obiger Tabelle 4. Der Unterschied zu Tabelle 4 liegt meines Erachtens aber in dem nach Teamtypen differenzierten situativen Fokus.

Ein **Typ-CC** Team ist m.E. ein Extremfall und verharrt bei seiner erfolglosen Spielweise. Diese Spielweise lässt sich nicht mit strategischen Grundsätzen vereinen (und wird daher im Rahmen dieser Arbeit nicht behandelt). Eine erste Weiterentwicklung unter strategischen Gesichtspunkten wird für mich bei **Typ-CB** - ebenfalls ein Extremfall - ins Auge gefasst. Die Stabilisierung der Spielweise eines vom Potential her schwachen Teams, das noch dazu unter starker Spielerfluktuation „leidet", verlangt vom Trainer einen sehr starken Fokus auf taktische Aspekte. Die „Stabilisierung" der Spielweise kann überdies nur durch den vollen Einsatz der Spieler für ihr Team erzielt werden. Daher ist auch ein sehr starker Fokus des Trainers auf das Engagement der Spieler erforderlich, was einen engen Spielraum bei der strategischen Ausrichtung lässt. Dadurch wird ein durch Leistungsschwankungen und enttäuschende Spielergebnisse verunsichertes Team auf realistische Ziele ausgerichtet, und jene Faktoren, die für Unsicherheit sorgen, stabilisiert. Um die völlige „Erneuerung" der Spielweise geht es hin-gegen bei einem **Typ-CA** Team. Auch dies ist ein Extremfall und verlangt daher nach einem starken Fokus auf taktische Aspekte. Die Erneuerung der Spielweise bedingt auch einen sehr starken Fokus auf den Aufbau eines innovativen Teams, sowie einen mittleren bis starken Fokus auf das Engagement der Spieler zur Umsetzung der Erneuerungsmaßnahmen. Bei einem **Typ-BC** Team steht die „Erneuerung" der Spielweise zwar nicht mehr uneingeschränkt, aber noch immer schwerpunktmäßig auf dem Programm. Mit ähnlichen Konsequenzen wie für ein Typ-CA Team. Der zusätzlich ins Spiel kommende Aspekt der Optimierung gewisser spielerischer Aspekte erfordert überdies einen leicht erhöhten Fokus auf die Qualität des Spiels. Auch bei Typ **-BB** und **Typ-BA** wird die Entwicklung der Spielweise in ähnlicher Weise weiter forciert (mit der Einschränkung, dass der situative Fokus auf innovatives Spiel weiter abnimmt und jener auf die Qualität des Spiels stetig ansteigt). Bei Typ-BB hat die Erneuerung der Spielweise (innovatives Spiel) aufgrund der Bedeutung von SFM (die Spielweise wird bei zweitklassigen Teams am besten ja auf der SFM-Ebene erneuert) einen „strategischen" Vorrang gegenüber der Optimierung der Spielweise. Bei **Typ-AC** ist es umgekehrt, weil hier die Individualebene zusätzlich an Bedeutung gewinnt: die Qualität des Spiels wird dann v.a. über die technischen Stärken der Schlüsselspieler optimiert. Eine weitere Verschiebung der Führungsschwerpunkte hin zu noch mehr individueller Qualität des Spiels ist bei **Typ-AB** erforderlich. Dies ergibt sich aus der umfangreicheren Optimierung individueller spielerischer Facetten. Ein letzter Extremfall ist ein **Typ-AA** Team, bei dem die Optimierung der Spielweise Priorität hat. Das bringt einen sehr starken Fokus auf taktische Aspekte mit sich - in diesem Fall, weil es den Spielern ein hohes Verständnis für die Umsetzung der Führungsprioritäten des Trainers abverlangt (und im Zusammenhang mit den taktischen Überlegungen gesehen werden müssen). Den besonderen Anforderungen von „Optimierung" wird außerdem durch einen sehr starken Fokus auf die individuelle Qualität des Spiels und einen sehr starken Fokus auf das Engagement der Spieler bei gleichzeitig geringem bis mittlerem Fokus auf innovatives Spiel entsprochen. Auf dieser Basis – und wenn man sich zu einem der weltweit besten Teams einer Sportart zählen kann - kann der Aufstieg zu einer „Dynastie" angestrebt werden.

Beim österreichischen Fußballnationalteam 2006-2008 handelt es sich m.E. anfangs um ein Typ-CB Team, später um Typ-CA, dann um Typ-BC und bei der EM-2008 schließlich um Typ-BB.[1499] Das US Profi-Footballteam „Philadelphia Eagles"[1500] ist zu Beginn der Saison 1978 ebenso Typ-CA wie auch das US College-Team der „Marshalls" zu Beginn der Saison 1971[1501] und das indische Damenhockeynationalteam beim Start der Vorbereitungen auf die WM-2002 in Australien[1502]. Das US College-Basketballteam „Texas Western Miners" geht als Typ-BC Team in die Saison 1965/66.[1503] Ein klassisches Typ-A Team (zuerst Typ-AB, vorübergehend Typ-AC, dann Typ-AA) ist das Fußballteam Real Madrid, das von 2003 bis 2008 beobachtet wurde.[1504] Ein Typ-AA Team ist auch der FC Barcelona 2010/11.[1505] Das US-Eishockeynationalteam 1979/80 ist ein nur für die Olympiade zusammengestelltes Typ-AC Team.[1506] Das Gleiche gilt für das US-High-School Footballteam „Titans"[1507] im Jahre 1971 und das US-Basketball „Dream Team" von 1992[1508]. Und die „Dynastie" des NBA-Basketballteams Los Angeles Lakers in den 1980er Jahren ist auf ihrem Zenit - von einigen Krisen abgesehen – natürlich ein Typ-AA Team.[1509]

Abbildung 88 zeigt, dass ein gewisser situativer Fokus auf **taktische Aspekte** bei allen Teamtypen, v.a. aber bei Typ-CB, bei Teams mit einem Schwerpunkt auf Erneuerung

---

1499 Vgl. 4.1., 5.1., 6.1., 7.2.1., 8.1., 9.1.1., 10.7. und 12.1.

1500 Vgl. 10.5.

1501 Vgl. 11.1.

1502 Vgl. 7.3., 8.2., 9.2., 10.7. und 12.3.

1503 Vgl. 3.1., 4.2., 4.3. und 4.5.

1504 Vgl. Beginn-Kapitel 1; 3.2., 4.1.; Beginn-Kapitel 5; 5.1., 6.2, 7.5., 8.3., 9.2., 10.7. und 12.2.

1505 Vgl. 10.3.

1506 Vgl. 4.4., 6.3. und 11.3.

1507 Vgl. 5.4.

1508 Vgl. 5.1., 6.1., 7.2.1., 8.2., 9.1.2, 10.6., 11.3. und 12.4.

1509 Vgl. Beginn-Kapitel 2; 5.1., 5.4., 5.5.; Beginn-Kapitel 6; Beginn-Kapitel 7; 7.3., 7.4.; Beginn-Kapitel 8; 8.2.; Beginn-Kapitel 9; 9.2.; Beginn-Kapitel 10; 10.2., 10.4.; Beginn-Kapitel 11..

(Typ-CA, Typ-BC, z.T. auch Typ-BB) und bei allen Typ-A Teams von Bedeutung ist. Ein situativer Fokus auf **Engagement für das Team** wird ebenfalls bei jedem Teamtyp (Ausnahme: Typ-CC) mittel bis sehr stark benötigt. Ein situativer Fokus auf **innovatives Spiel**, ist v.a. bei Typ-CA (auf der Mannschaftsebene) und bei Typ-BC (auf der SFM-Ebene) von Bedeutung. Interessant ist der Verlauf von situativem Fokus auf die **Qualität des Spiels**, die von Typ-CB (gering) bis Typ-AA (sehr stark) kontinuierlich an Bedeutung gewinnt und dabei auf den individuellen Spielerstärken aufbaut.

Abb. 88: Der Weg zur Erfolgsmannschaft V - Differenzierter Führungsfokus[1510]

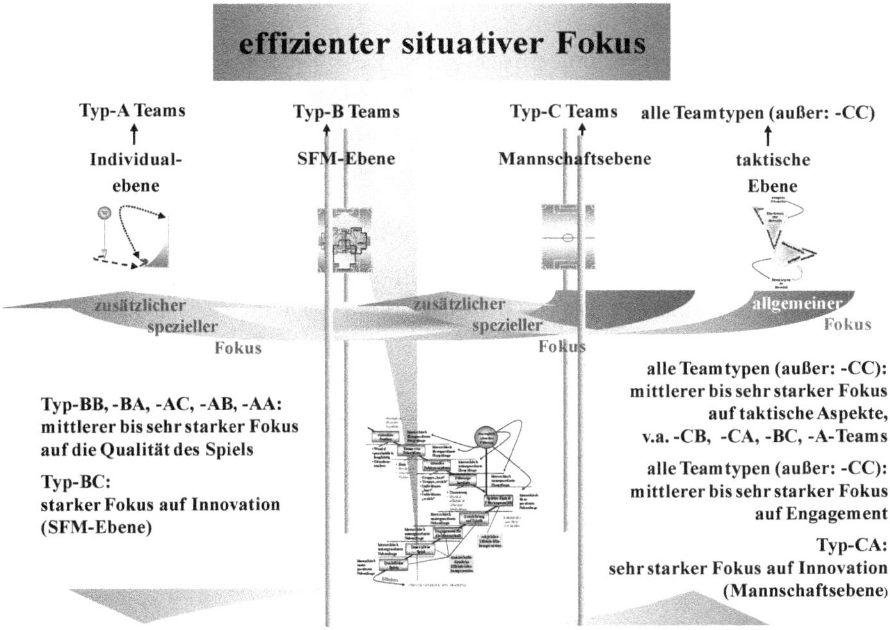

Quelle: Eigenerstellung

Die Situationsanalyse ist also das Um und Auf für die strategische Positionierung eines Teams bzw. für den situativen Fokus seines Trainers. Das griechische Fußballnational-

1510 Der ganzheitliche Ansatz wird in Abbildung 88 durch die Symbole für **a)** die Haupt- und Nebenfragen strategisch-situativer Führung (Vgl. Abbildung 8), **b)** die Mannschaftsebene (Fussballfeld), **c)** die SFM-Ebene (4-farbiges Symbol: Vgl. Abbildung 62), und **d)** die Individualebene (Vgl. Abbildung 70) verdeutlicht.

team unter dem deutschen Erfolgstrainer Otto Rehagel etwa zeigte bei der WM 2010, wie veränderlich diese Aufgabe sein kann. Rehagel hatte Griechenland 2001 auf Rang 56 des FIFA-Rankings übernommen und 2004 zum EM-Titel geführt (dabei wurde Gastgeber Portugal im Eröffnungsspiel und im Finale besiegt).[1511] Seither waren die Augen der Fußballwelt auf dieses kleine Land gerichtet, wobei Rehagel wegen seiner als antiquiert bezeichneten defensiven Spielweise öfters in die Kritik geriet. Dem setzte er seine Sicht entgegen: „Wenn wir [Christiano] Ronaldo, Kaka oder Messi im Team haben sollten, könnten wir auch den entsprechenden Fußball spielen."[1512] Nun trat er mit vier Spielern seines Europameisterteams von 2004 (bzw. mit 14 Spielern des EM-Kaders 2008 - ein Typ-AA Team also)[1513] bei der WM 2010 in Südafrika an. Griechenland enttäuschte jedoch schon im ersten Spiel gegen Südkorea (0:2) und war ... „**im Spielaufbau ratlos und statisch**.... Der Plan, wie gewohnt aus einer kontrollierten Defensive heraus ins Spiel zu finden, war [durch ein schnelles Gegentor] hinfällig geworden. Die Griechen waren somit gezwungen, das Spiel zu machen, was sie aber ... überforderte"[1514]. Im zweiten Spiel gegen Nigeria begann man mit gleich fünf Verteidigern – und erreichte den ersten griechischen Sieg (2:1) der WM-Geschichte. Das letzte Gruppenspiel gegen Argentinien ging aber wieder verloren (0:2), der Aufstieg ins WM-Achtelfinale war verpasst.[1515] Das griechische Team war m.E. an seine **Leistungsgrenzen** gestoßen und würde es künftig **schwer** haben sich **spielerisch weiter zu entwickeln**. Außerdem drangen **Differenzen im Team** verstärkt nach außen.[1516] Eine reine Optimierung der Spielweise als Entwicklungsrichtung war für dieses Typ-AA Team m.E. daher nicht mehr realistisch. Ist ein Team auf AA-Niveau aber am Ende seines Weges angelangt, so kann die strategische Alternative nur ein Schritt „zurück" in Richtung „(teilweiser) Optimierung und teilweiser Erneuerung" der Spielweise sein - mit neuen Spielern also. In der Folge müssen auch der Fokus auf taktische Aspekte und der Fokus auf innovatives Spiel überdacht werden.

1511 Vgl. http://de.fifa.com/associations/association=gre/ranking/gender=m/index.html, Stand August 2001. – Vgl. http://de.wikipedia.org/wiki/Otto_Rehhagel

1512 http://www.faz.net/s/RubFB1F9CD53135470AA600A7D04B278528/Doc~EACEB8F91F7F04F189 03734BD6D8B71EE~ATpl~Ecommon~Scontent.html, Kamp, Ch., 22. Juni 2010.

1513 Vgl. http://sport.orf.at/wm2010/100613 -197/index.html: Rehhagels Fußball aus der Antike, 13. Juni 2010. - Vgl. http://www.weltfussball.de/teams/griechenland-team/em-2008-oesterreich-schweiz/2/ - Vgl. http://www.weltfussball.de/teams/griechenland-team/wm-2010-in-suedafrika/2/

1514 http://sport.orf.at/wm2010/100612-183/index.html, Wagner, Ch., 12. Juni 2010.

1515 Vgl. http://sport.orf.at/wm2010/100623-534/index.html, Wagner, Ch., 23. Juni 2010.

1516 Vgl. http://sport.orf.at/stories/2025729/2025569/: Guter Qualistart trotz interner Querelen, 16. November 2010.

Muss ein Team erst in eine Sackgasse geraten, um das Ende einer Etappe des Entwicklungsweges oder gar das Ende einer Ära zu erkennen? Welche Symptome lassen darauf schließen, dass ein Team nicht mehr das ist, was es zu sein glaubt? Blenden wir auf unserer Zeitreise durch fünf Jahrzehnte des Mannschaftssports noch ein Mal zurück ins Jahr 1990 (wo wir bereits zu Beginn dieses Kapitels waren): dort war es Coach Pat Riley, der zur Kenntnis nehmen musste, dass das Ende der Dynastie der Los Angeles Lakers gekommen war. Er wurde von dieser Entwicklung jedoch nicht gänzlich überrascht, denn er hatte schon frühzeitig registriert, dass sich die Anzeichen für den Zerfall des Teams zu häufen begannen. Der Führungsspieler der Lakers, Kareem Abdul-Jabbar, hatte die Lakers bereits verlassen. Weitere Leistungsträger näherten sich nach Überschreiten ihres Leistungszenits dem Karriereende. Der Mannschaftskern befand sich in Auflösung und die Strukturen und die gewohnte Ordnung im Team mussten geändert werden. Aber wie? Pat Riley bemerkte, dass seine Taktiken und auch seine Reden bei den Spielern immer weniger ankamen. Es gelang ihm nicht mehr wie gewohnt, die Aufmerksamkeit der Spieler auf das Wesentliche zu lenken, oder sie auf den notwendigen Wandel auszurichten. Er musste sich überdies die Frage stellen, ob:

- sich sein Spielplan für die Spieler nicht schon wie ein „Korsett" anfühlte
- die Leistungsstandards im Team irgendwie zurückgeschraubt worden waren
- man beim innovativen Spiel und bei der Qualität des Spiels überhaupt noch über ein wettbewerbsfähiges Ausbaupotential verfügte
- man irgendwie den Bezug zu den gegnerischen Teams verloren hat
- es unter den Spielern bereits offene Meinungsunterschiede darüber gab, wer eigentlich die Gegner waren und wie man diese schlagen konnte
- die Führungsspieler mehr Zeit mit der Beilegung kleinlicher Streitigkeiten im Team verbrachten als mit der Wahrung der Schlüsselprinzipien und Teampläne

Coach Riley erkannte diese Symptome und musste sich eingestehen, dass sein Typ-AA Team infolgedessen orientierungslos geworden war. Das lähmte die Spieler. Er wusste, dass es für ihn an der Zeit war, seinen Weg anderswo weiter zu gehen, um den Lakers einen grundlegenden Umbruch und Neuanfang zu ermöglichen.[1517]

Für mich verdeutlicht dies, dass nicht jedes Team stets exakt einem Teamtyp mit konkreten Führungsprioritäten zuordenbar ist. Abbildung 89 versucht diesem Umstand gerecht zu werden und zeigt, dass es vielmehr darum geht, das eigene Team bestmöglich und im realistischen **Vergleich mit direkten Wettbewerbern** einem

[1517] Vgl. Riley, P., The Winner Within, 1993, S. 216-227.

Teamtyp zuzuordnen. Das war die Aufgabe für Teamchef Otto Rehagel beim griechischen Fußballnationalteam, das (so wie die Los Angeles Lakers im obigen Beispiel) vor einem grundlegenden Umbruch stand. Das war auch die Aufgabe für Teamchef Fabio Capello beim englischen Fußballnationalteam, das noch dazu wiederholt in Krisen abrutschte. Das bedeutet, dass ein Trainer ausgehend von seiner Vision langfristige Ziele und Strategien für die Spielweise[1518] des Teams ableitet und auf die Tauglichkeit ihrer situativen Umsetzung bei Taktik, Engagement, Innovation und Qualität prüft. Die **Übergänge der Spielweisen** zwischen den unterschiedlichen Teamtypen sind so wie die **Übergänge zwischen den Intensitäten des situativen Fokus** dabei bis zu einem gewissen Grad „fließend" und gewähren dem Trainer einen Spielraum bei der **effizienten Ausgestaltung seines Führungsrepertoirs.**

Abb. 89: Teamtypen & situativer Fokus im strategisch-situativen Kontext

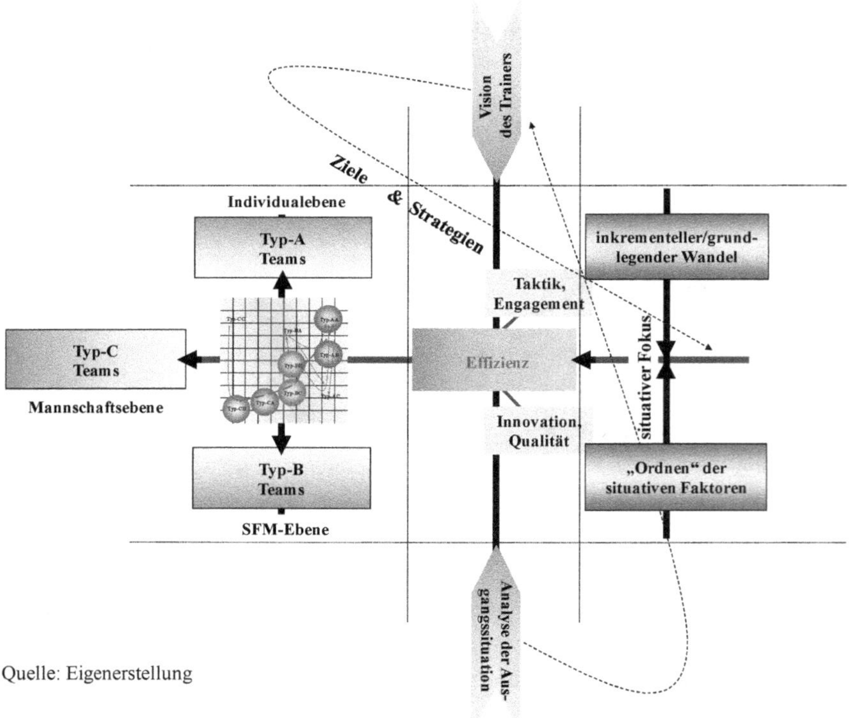

Quelle: Eigenerstellung

[1518] Vgl. 5.2. – Vgl. Abbildung 17.

11.3. Effizienz im Spannungsfeld von Spielweise und Wandel

„Wie beabsichtigst Du zu spielen? Was für eine Mannschaft willst Du haben?“[1519]

Nur selten wird einem Trainer eine Frage wie die obige gestellt. Hier handelte es sich allerdings um Coach Chuck Daly, den Coach des US-Basketball „Dream Teams“ bei der Sommerolympiade 1992 in Barcelona. Das, was er wollte, war Flexibilität, d.h. Spieler, die man problemlos auf verschiedenen Positionen einsetzen kann, sodass auch andere Spieler im Team rotieren können.[1520] Im Normalfall, so wusste er, hat ein Trainer nicht so viel Flexibilität und muss auf Basis des zur Verfügung stehenden Spielerpotentials, evtl. ergänzt um den einen oder anderen Neuzugang, seine Strategie zum Realisieren von Wandel bei der grundsätzlichen Spielweise der Mannschaft festlegen. Coach Daly aber konnte auf Earvin „Magic“ Johnson, Michael Jordan, Larry Bird, Scottie Pippen, Patrick Ewing und noch viele andere Leistungsträger zurückgreifen, die ihm diese Möglichkeiten für die Spielweise bzw. für die Realisierung von Wandel eröffneten.[1521]

Etwas schwieriger war die Situation für den amerikanischen Eishockeyverband im Jahre 1979 als man beschloss, für die Winterolympiade 1980 in Lake Placid eine konkurrenzfähige Mannschaft aufzustellen.[1522] Hier sollte (wie wir schon in den Punkten 4.4. und 6.5. gelesen haben) Coach Herb Brooks ein neues Team formieren. Sein Ziel war es, für die Olympiamannschaft eine **schnelle und kreative Spielweise** (den sogenannten „Hybrid“-Stil) zu entwickeln. Dafür würde er ein halbes Jahr lang mit College-Spielern trainieren, damit diese sich bestmöglich **aufeinander einspielen** und den Zusammenhalt[1523] stärken konnten (**Effizienz**). Die Trainingsintensität und die Härte, mit der Coach Brooks seine Spieler führte, aber auch die Distanz, die er dabei zu ihnen hielt, führte die Spieler an die Grenzen ihrer Belastbarkeit. Schon beim ersten Training kam es daher zu einer starken Vorselektion des Teams. Den verbliebenen Spielern erklärte er lapidar: „In sieben Monaten werden 20 Namen auf meiner endgültigen Liste stehen. Es werden also noch mehr von Euch nach Hause fahren. Gebt Ihr nur 99%, wird mein Job sehr leicht. Ich werde Euer Coach sein, nicht Euer Freund.“ Als zu Beginn des nächsten Trainings alte Rivalitäten zwischen einigen

---

1519 Newton, C.M., In: Daly, Ch., America`s Dream Team, 1992, S. 36f.

1520 Vgl. 7.2.1. und 9.1.2.

1521 Vgl. Daly, Ch., America`s Dream Team, 1992, S. 48.

1522 Aus dem Kinofilm „Miracle“, 2004. – Vgl. http://de.wikipedia.org/ wiki/Miracle_on_Ice - Vgl. http://www.filmszene.de/kino/m/miracle.html

1523 Vgl. 7.3.

Spielern aufbrachen, schaute Coach Brooks zunächst eine Weile zu. Dann erst fuhr er zwischen die zwei Raufhähne und wollte von ihnen wissen: „Nun Jungs, sieht das etwa wie Eishockey aus? Wenn Ihr alte Rechnungen begleichen wollt, seid Ihr im falschen Team. Wir fangen jetzt noch mal ganz von vorne an. Wir fangen an ein Team zu werden, und zwar jetzt! Laufen, Passen, Spielfluss und Kreativität. Das ist das Einzige, worum es in diesem Team geht! Die Spieler waren sprachlos, dass der Coach Ihnen ausgerechnet in solch einer Situation in knappen Worten sein Spielkonzept vorstellen wollte. Doch damit nicht genug, unterbrach er seine erste Rede auch schon wieder, um die Spieler aufzufordern sich gegenseitig vorzustellen. Dies führte ihnen schnell vor Augen, was fortan zählen würde: das **Aneignen der Spielweise** nach den Vorstellungen des Trainers und - **Teamgeist**. Schon beim nächsten Training würde Coach Brooks damit fortfahren, den Spielern seine Prioritäten zu präzisieren: „Wir werden vielleicht nicht das Beste Team sein, aber wir werden das Team mit der besten Kondition sein.“ Zwischen kräftezehrenden Drills brachte er den Spielern dabei regelmäßig seine taktischen Vorstellungen näher, erklärte Spielzüge und bildete erste SFM. Und immer wieder stellte er Einzelspielern vor der versammelten Mannschaft die gleiche Frage: „Wie heißt Du? Für wen spielst Du?“ Jedes Mal gaben ihm die Spieler prompt ihren Namen und den Namen ihres College-Eishockeyclubs zur Antwort… Bald darauf kam es beim ersten Test-Länderspiel in Norwegen zu einem Eklat. Das Spiel endete 3:3, doch Coach Brooks war außer sich. Während das Team seiner Ansicht nach auf dem Eis nicht mit vollem Einsatz spielte, beobachtete er überdies, dass sich einige seiner Spieler auf der Bank über attraktive Zuseherinnen unterhielten. Die Mannschaft wurde nach dem Spiel dazu vergattert im Stadion zu bleiben und bis zur Erschöpfung Extra-Drills zu absolvieren. Und all das unter den pausenlosen Schmähungen des Trainers. Nach Stunden der Qual - die Spieler waren bereits am Ende ihrer Kräfte - brüllte ein Spieler auf dem Eis kniend plötzlich seinen Namen: „Mike Eruzione! Der Trainer blickte ihn an und fragte ihn: „Für wen spielst Du?“ Dieser ruft zurück: “Für die Vereinigten Staaten von Amerika!“. Der Coach hatte endlich die Antwort, auf die er so lange gewartet hatte - und ließ die Spieler endlich das Training beenden und in die Kabinen gehen. Wieder zurück in den USA, kam bei einer Mannschaftsversammlung das Gespräch auf den übermächtigen Gegner – das Team der UDSSR. Coach Brooks eröffnete seinen Spielern nun, worauf es ihm ankam: „Ich weiß, es gibt einen Weg mit diesem Team mitzuhalten. Ihr dürft nicht verteidigen. Ihr müsst sie angreifen! Ihr müsst ihren Stil annehmen und es ihnen direkt ins Gesicht schmettern! Das Team, das bereit ist, das zu tun, ist das Team, das eine Chance hat, sie zu besiegen. Niemand hat je hart genug gearbeitet, um mit den sowjetischen Team ein ganzes Spiel lang mit zu laufen. Gentlemen, wir werden hart genug arbeiten!“ Den Spielern imponierten die selbstbewussten Worte ihres Trainers, und sie begannen nicht nur das zu tun, was er von ihnen im Training verlangte, sondern auch mit ihm mitzudenken (**Querschnittsdenken der Spieler**)[1524]. Bei einer weiteren **Taktikbesprechung** erklärte Coach Brooks einen neuen Spielzug und fragte seine Spieler: „Und was eröffnet uns das?“ Diese antworteten wie aus einem Mund: „Möglichkeiten!“ Auch der Teamgeist wurde stärker. Als der Coach nach den vielen Monaten intensiven Trainings einen neuen Spieler in die Mannschaft holen wollte, kam es zum einzigen Spielerprotest während der gesamten Vorbereitungszeit. Einige Spieler kritisieren, dass es zu spät sei, einen Neuen in den Kader aufzunehmen, denn nun seien sie bereits eine „Familie. Das gefiel dem Coach und er sicherte ihnen zu, den neuen Spieler wieder nach Hause zu schicken.[1525] Die Vorbereitungszeit ging zu Ende und es kam zum ersten echten Härtetest - einem Testspiel drei Tage vor Eröffnung der Winterspiele gegen das sowjetische „Sbornaja“-Team. Dieses Spiel ging jedoch sang- und klanglos mit 3:10 verloren. Alle Bemühungen mit diesem Gegner mitzuhalten schienen vergebens gewesen zu sein. Doch die Wettkämpfe begannen, und das US-Team bewies Moral. Bei der Vorrunde zeigten sich zum ersten Mal die Früchte der harten Vorbereitung, denn die Mannschaft bestach durch ihr physisch starkes Spiel. Kein Spiel ging verloren. In der Finalrunde wartete dann aber die UDSSR. Und für Coach Brooks brachte das die schwierige Aufgabe mit sich, den Spielern in einer letzten Ansprache vor dem Spiel noch einmal Mut zu machen. Er begann seine Rede:

> „Große Momente ergeben sich durch große Möglichkeiten. Genau die habt Ihr Euch heute Abend verdient: ein Spiel. Wenn wir zehnmal gegen sie spielen, werden sie vielleicht neunmal gewinnen. Aber nicht dieses Spiel. Nicht heute! Heute werden wir mitlaufen. Wir werden uns dagegen stellen, weil wir es können. Heute sind wir das größte Eishockeyteam auf der Welt. Ihr wurdet geboren, um Eishockey zu spielen. Und Ihr seid dazu bestimmt, heute Abend hier zu sein. Das ist Eure Zeit. Geht raus und zeigt`s denen!“

Danach verließ der Coach die Kabine und überließ seinen Spielern den Gang auf das Eis. Die Dramatik der Ereignisse dieses Spiels ist Geschichte: das US-Team siegte mit 4:3 - und wurde in der Folge noch Olympiasieger.

1524 Vgl. 5.2.; Beginn-Kapitel 12 (Fallstudie zur spanischen Fussballnationalmannschaft bei der WM-2010 in Südafrika); 12.4.

1525 Vgl. 4.4.

Das Beispiel des US-Eishockeynationalteams aus dem Jahre 1980 hat uns ein Mal mehr vor Augen geführt, dass **a)** eine **klare Priorität für eine bestimmte Spielweise** und **b)** eine starke Mannschaftskultur die Basis **für effizientes Führungshandeln in einer konkreten Situation** sind (und dass der Trainer sein Ziel in relativ kurzer Zeit erreichen konnte). Weniger spektakulär, dafür aber zeitlich langwieriger und inhaltlich differenzierter stellt sich der folgende Fall dar, wo ich **effizientes Führungshandeln über die Zeit** mit **unterschiedlichen Prioritäten für veränderte Spielweisen** analysieren werde.

Bei dieser Fallstudie handelt es sich um das österreichische Fußballnationalteam der Jahre 2007 und 2008 (und später). Teamchef Josef Hickersberger hatte zwar mehr Zeit als Herb Brooks, um sich auf ein großes Turnier (die EM-2008) vorzubereiten. Er hatte insofern aber eine besondere Aufgabe zu lösen, als sein Team nicht mehr zu den Top-80 der Welt gehörte (international also drittklassig war). Seine Einstellung zu dieser Herausforderung brachte er mit knappen Worten auf den Punkt:

> „Die Wahrheit liegt ... auf dem Platz."[1526]

Nach einer Serie enttäuschender Länderspiele im Jahre 2007 antwortete Hickersberger auf die Frage, ob es schlimm sei, ein Jahr vor der EM österreichischer Teamchef zu sein: „Nein, es hat sich weder an der Schwierigkeit der Aufgabe noch an der Herausforderung etwas geändert."[1527] Und weiter: „Es wird ... nur über den Mannschaftsgeist gehen."[1528] Er war sich wohl bewusst, dass der Entwicklungsweg seines jungen [Typ-CB-]Teams ein langer würde und nur Schritt für Schritt bewältigt werden könnte. Es galt, einen der **umfassendsten Entwicklungsprozesse** in der Geschichte des österreichischen Fußballs zu bewältigen, um bis 2008 – eine der letzten Etappen auf unserer Zeitreise durch fünf Jahrzehnte des Teamsports - internationales Format zu erlangen:

- bei der **Stabilisierung der Spielweise als Typ-CB Team**[1529] ging es meines Erachtens v.a. um eine Anhebung des Mannschaftspotentials. Dazu musste ein sehr starker Fokus auf die Ausrichtung der Spieler auf Taktik gelegt werden. Der Nachwuchs gab hier Anlass zur Hoffnung, denn bei internationalen Nachwuchsturnieren[1530]

[1526] Hickersberger, J., in: http://derstandard.at/: Der Glaube ans Geschenk, 30. Mai 2008.

[1527] www.derstandard.at: Interview: Josef Hickersberger, 5. Juni 2007.

[1528] http://sport.orf.at/070603-10498/index.html: Das ist der Status quo, Tragschitz, C., 3. Juni 2007.

[1529] Vgl. 5.1., 10.6., 11.2. und 12.1. – Vgl. http://derstandard.at/: Ein Netzwerk mit Zukunft, Neundlinger, H. (fas.research), 28. März 2008.

[1530] Dritter Platz bei der U-19 EM 2006 und ein vierter Platz bei der U-20 WM 2007. Vgl. http://derstandard.at/: Gludovatz: Vier Schlüsselspieler sind zu wenig, 22. Juni 2007. - Vgl. http://sport.orf.at/070723-11827/index.html: Wehmütiger Abschied vom Erfolgsteam, 24. Juli 2007.

lieferten österreichische Teams immer wieder gute Leistungen.[1531] „Indem jungen Spielern die Möglichkeit gegeben wurde, sich im Training zu verbessern“[1532], sich einen Stammplatz in einem Verein zu erkämpfen[1533] und an den entsprechenden Stärken zu arbeiten, konnte aber erst der Übergang zu den Profis realisiert werden.[1534] Daneben musste das Engagement der Spieler für ihr Team stark verbessert werden. Hickersberger wusste um diese Notwendigkeit und meinte, dass „bis zur EM-2008 unser Teamgeist perfekt wird“[1535]. Schon das nächste Länderspiel gegen Tschechien am 21. August 2007 bestätigte, dass er diese Aufgabe gut angegangen hatte, denn es wurde ein respektables Unentschieden (1:1) erkämpft. Hickersberger kommentierte, dass dieses Spiel „... ein kleiner Schritt Richtung EM war. Das Team hat gekämpft. Man hat ... Leidenschaft gesehen“[1536].

- die Phase der **Erneuerung der Spielweise als Typ-CA Team** schloss sich nahtlos an die Phase der Stabilisierung an. Die Länderspiele gegen die Elfenbeinküste (3:2), gegen England (0:1) und das letzte Aufeinandertreffen 2007 gegen Tunesien (0:0) ließen eine Fortsetzung des Aufschwungs erkennen, denn Österreich spielte durchwegs offensiv [innovative Spielweise].[1537] Hickersberger meinte dazu: „Das beste Spiel vom Spielaufbau [im Jahre 2007] war gegen Tunesien, weil wir sehr langen und guten Ballbesitz in der gegnerischen Hälfte gehabt haben. Leider haben wir den letzten Pass nicht gut genug und im letzten Drittel nach vorne nicht ruhig gespielt [Taktik]. Da gilt es, den Hebel anzusetzen und da müssen wir noch viel arbeiten.“[1538] Immerhin, das Spiel gegen Tunesien wurde auch von der Presse als „Steigerung“ vermerkt.[1539]

[1531] Vgl. http://sport.orf.at/070603-10498/index.html: Viel Schatten, wenig Licht, 3.Juni 2007. - Vgl. http://derstandard.at/?url=/?id=2904470: Keine Fortschritte, 3.Juni 2007. - Vgl. http://sport.orf.at /070723-11827/index.html: Spielern das Vertrauen schenken, Herzog, A., 24. Juli 2007.

[1532] http://derstandard.at/: Interview: Herzog hofft auf Vereins-Spielpraxis für U20-Kicker, 3. Juli 2007.

[1533] Vgl. http://derstandard.at/: Im Nachwuchs im Spitzen-Niveau, Ruttensteiner, W., 5. Juli 2007.

[1534] Vgl. http://derstandard.at/: Gludovatz: Vier Schlüsselspieler sind zu wenig, 22. Juni 2007. - Wie wichtig Nachwuchsarbeit ist, zeigte Belgien: Der Erfolg bei der U-18 EM-1977 legte den Grundstein für ein erfolgreiches A-Team: „Nach der 1:2-Niederlage gegen die BRD im Finale der EM-1980 ... zeigte Belgien ... immer wieder beeindruckende Leistungen. Bei der WM-2002 ... waren die Belgier bereits zum sechsten Mal in Folge bei einer Endrunde vertreten.... 1986 in Mexiko schaffte das Team sogar den Einzug ins Halbfinale.“ http://de.uefa.com/competitions/under17/finals/newsid =523432.html: Gastgeber: Belgien, 1. März 2007.

[1535] http://derstandard.at/: Hicke: Kein Wunderteam in Sicht, 23. Juli 2007.

[1536] Vgl. http://derstandard.at/: Stimmen: Voll erwischt, 22. August 2007.

[1537] Vgl. http://sport.orf.at/071122-565/index.html: 1-6-5 und 7:13, Wagner, M., 22. November 2007. – Vgl. 7.2.1.

[1538] http://www.krone.at/Sport/OeFB-Teamchef_Josef_Hickersberger_zieht_BilanzHicke_im_Interview-Story-85013, 29. November 2007.

[1539] Vgl. http://sport.orf.at/071122-565/index.html: Österreich keine Torfabrik, Wagner, M., 22. November 2007.

• dies war die Voraussetzung für den **Aufstieg der Mannschaft von einem Typ-C Team zu einem Typ-B Team** [exakt: Typ-BC mit einem Schwerpunkt auf Erneuerung und teilweiser Optimierung der Spielweise], wofür nach Expertensicht 3 bis 5 Monate nötig waren.[1540] Auch dieses Konzept schien immer besser aufzugehen, denn man zeigte weiterhin Leistungssteigerungen. Mit Spannung wurden daher die ersten Länderspiele des Jahres 2008 erwartet. In den Spielen gegen Deutschland (0:3)[1541] und gegen die Niederlande (3:4)[1542] – beide Teams lagen im FIFA-Ranking sehr weit vor Österreich[1543] - wurde überraschend viel Druck erzeugt (gegen Deutschland, wenn auch nur während der ersten 60 Minuten) und es wurden mehr Tore geschossen als erwartet (gegen die Niederlande). Teamchef Hickersberger bemerkte dazu treffend: „...Die Leistungen gegen Deutschland und auch gegen die Niederlande gaben Anlass zum Optimismus. Sie haben ... gezeigt, dass wir, wenn wir eine gute Tagesform und Spielglück haben, ... auch Top-Nationen vielleicht sogar besiegen können."[1544] Die Entwicklung im spielerischen Bereich [innovatives Spiel] „...hat sich ... [dabei] im Stillen vollzogen, ... [denn nun hatte man] ein Team, dessen SFM in immer größerer Selbstverständlichkeit ineinander zu greifen begannen.... Dies erwies sich als tragfähiges Gleichgewicht aus Stabilität und Dynamik".[1545] Die Defensive wurde „taktisch neu formiert und bildete eine ... Dreierkette. Im Bedarfsfall wurde sie durch sich zurückziehende Flügel ... auf eine Fünferreihe erweitert. Dieses System [Taktik] erwies sich als sehr flexibel, auch aufgrund der sehr konzentrierten Arbeit seiner Bestandteile."[1546] „Das Hin- und Her Geschiebe als Reaktion auf den Druck des Gegners wurde dadurch phasenweise in ein Spiel nach vorn umgewandelt.... Man erkannte diese

---

1540 Vgl. http://derstandard.at/: Im Nachwuchs im Spitzen-Niveau, Ruttensteiner, W., 5. Juli 2007.

1541 Vgl. http://derstandard.at/: Freudige und nüchterne Reaktionen, 7. Februar 2008.

1542 Vgl. http://derstandard.at/: Ein Problem der Ökonomie, (Hackl, Ch.), 28. März 2008.

1543 Österreich befand sich zu diesem Zeitpunkt auf dem 88. Platz. Im April 2008 gar nur auf Platz 102. Zum Vergleich: Deutschland war beim Länderspiel gegen Österreich die Nummer 5, die Niederlande waren die Nummer 9, und der nächste Länderspielgegner, Nigeria (1:1 am 27. Mai 2008 in Wien), immerhin die Nummer 39. Einzig der letzte Testgegner der Österreicher vor dem Beginn der EM, Malta, war im FIFA-Ranking hinter Österreich zu finden, nämlich auf Platz 135. Dieses Spiel endete am 30. Mai 2008 in Wien mit einem 5:1 Sieg der Österreicher. - Vgl. http://sport.orf.at/0804094620/?href=http%3A%2F%2Fsport.orf.at%2F080409-4620%2F4621big story_txt. html: Nur noch zehn Europäer schlechter, 9. April 2008. – Vgl. http://derstandard.at/: Die wichtigsten und schönsten Tage, 1. Juni 2008. – Vgl. http://sport.orf.at/euro2008/080531-249/index.html: Das verwandelte Team, 31. Mai 2008.

1544 http://www.krone.at/Fussball/Hickes_Team_fuer_Kroatien-Match_steht-Startformation_fix-Story-102781, 1. Juni 2008.

1545 http://derstandard.at/: Ein Netzwerk mit Zukunft, Neundlinger, H. (fas.research), 28. März 2008. – Vgl. 8.1.

1546 http://derstandard.at/: Frühlingsgefühle und alte Weisheiten, (Robausch, M.), 7. Februar 2008.

positive Entwicklung... an der starken Achse Pogatetz-Säumel-Ivanschitz"[1547] ... und an „offenen Varianten wie Fuchs-Ivanschitz-Harnik bzw. Säumel-Ivanschitz-Linz".[1548]

- dann musste für den **Aufstieg der Mannschaft von einem Typ-BC Team zu einem Typ-BB Team** (Fokus auf eine teilweise Erneuerung und eine teilweise Optimierung der Spielweise) die extreme Spielerfluktuation abgebaut werden: hatte Teamchef Hickersberger im Jahre 2006 insgesamt 37 Spieler in acht Spielen eingesetzt, so waren es Ende 2007 in zwölf Spielen 35 Spieler (in beiden Jahren zusammen wurden insgesamt 47 Spieler eingesetzt). Acht Spieler debütierten im Jahre 2007 (2006 waren es elf).[1549] Hickersberger meinte dazu: „Im bevorstehenden EM-Jahr [2008] ist die Zeit für Experimente vorbei. Es wird bei der EM keinen Debütanten geben".[1550] Dies war essentiell, denn „...auch wenn es bei der EM-2008 mit dem großen Ziel Viertelfinale nicht klappen sollte, so hat man [doch] einen Kader, der einige Zeit zusammenbleiben wird und seine beste Zeit noch vor sich hat"[1551]. Der Vorbereitungsplan führte dann auch zu einer Reduzierung des Spielerpools auf 23 Spieler, welche in Trainingslagern zu einem Team zusammengeschweißt wurden.[1552] Mit einem besser eingespielten Team sollten sich die Ideen des Trainers [u.a. mittlerer bis starker Fokus auf Taktik, mittlerer bis starker Fokus auf Innovationen, mittlerer Fokus auf die individuelle Qualität des Spiels][1553] m.E. besser umsetzen lassen und die Voraussetzungen für das **Etablieren als Typ-BB Team** erfüllt sein. Hickersberger führte ebendiese Aspekte als vorrangig an und betonte kurz vor der EM: „Wir werden uns im Training vor den einzelnen Spielen taktisch vorbereiten. Es kann aber immer vorkommen, am Spielkonzept Kleinigkeiten zu ändern. Wir müssen alles daran setzen, dass der Teamgeist so bleibt wie er sich zuletzt entwickelt hat: dass alle den Erfolg der Mannschaft als oberste Maxime akzeptieren, ihre Einzelinteressen unterordnen, und dass jeder weiß, wie wichtig er für ein Gelingen der EM ist [starker bis sehr starker Fokus auf das Engagement der Spieler für ihr Team]."[1554]

Abbildung 90 fasst die **Entwicklung von C- auf B-Niveau unter Effizienzgesichtspunkten** zusammen. Das Führungshandeln auf **C-Niveau** war bei Teamchef Hickers-

---

1547 http://derstandard.at/: Ein Netzwerk mit Zukunft, Neundlinger, H. (fas.research), 28. März 2008.

1548 http://derstandard.at/: Die doppelte Vertikalität..., 8. Februar 2008.

1549 Vgl. http://derstandard.at/: Teambilanz: Das Länderspieljahr 2007, 22. November 2007.

1550 http://sport.orf.at/071122-579/index.html: Spieler an hohes Niveau gewöhnen, 23. November 2007.

1551 http://sport.orf.at/07060710610/?href=http%3A%2F%2Fsport.orf.at%2F07060710610%2F10612 bigstory txt.html: Im grünen Bereich, Tragschitz, C., 7. Juni 2007.

1552 Vgl. http://derstandard.at/: Der Glaube ans Geschenk, 30. Mai 2008.

1553 Dazu gehört die Festigung von Teamstrukturen, der Mannschaftskultur, sowie von SFM.

1554 http://derstandard.at/: Die wichtigsten und schönsten Tage, 1. Juni 2008.

berger m.E. von einem Fokus auf die Mannschaftsebene geprägt. Dabei ging es zunächst v.a. um die Förderung der kämpferischen Stärken des Teams (Stabilisierung der Spielweise), dann um die Forcierung der Offensive (Erneuerung der Spielweise). Die Last der Realisierung der Spielweise lag bei den wenigen Schlüsselspielern, die als „Zugpferde" Verantwortung beim Teamaufbau und auf dem Spielfeld übernahmen. Auf **B-Niveau** legte Hickersberger einen zusätzlichen Fokus auf die SFM-Ebene, wo man weitere innovative Veränderungen für den Spielaufbau erarbeitete. Die Bedeutung der SFM-Ebene als „Motor" für Veränderungen resultierte dabei aus dem Spielerpotential, denn es waren Schlüsselspieler vorhanden, die lernbereit waren und mit ihren Fähigkeiten das Spiel prägen konnten. Häufige (Re-)Strukturierungsmaßnahmen um die Schlüsselspieler herum prägten in dieser Phase die Entwicklung des Teams.

Abb. 90: Kriterien für eine effiziente Entwicklung von Sportmannschaften I

Quelle: Eigenerstellung

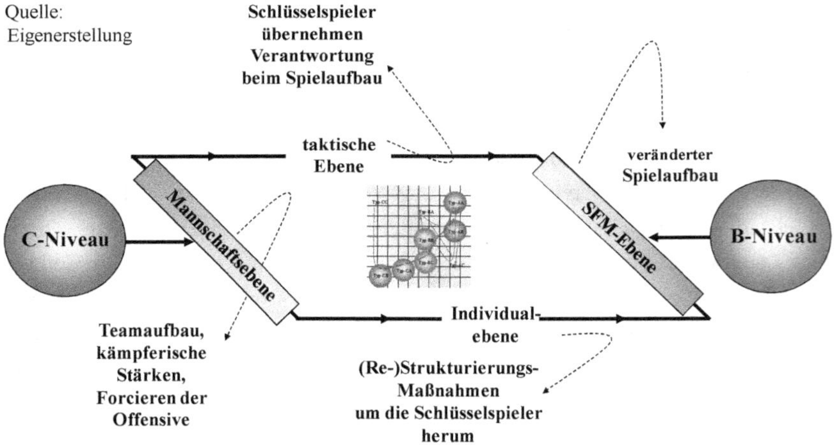

Auf dem Papier war die Ausgangsposition der Österreicher – nunmehr also Typ-BB - zu Beginn der EM-2008 klar. Man war krasser Außenseiter: 48 FIFA-Plätze hinter der am zweitschlechtesten gereihten Schweiz und 62 FIFA-Plätze hinter dem am drittschlechtesten gereihten Schweden.[1555] Was das FIFA-Ranking m.E. jedoch nicht beurteilen konnte, waren der **Teamgeist** und das **Mannschaftspotential**, das der Trainer:

- zunächst im Zuge der Stabilisierung der Spielweise seines Teams in feste Mannschaftsstrukturen gießen konnte (und weiter formen musste)

[1555] Vgl. http://de.fifa.com/worldfootball/ranking/lastranking/gender=m/fullranking.html

- dann in den Phasen der Erneuerung und beginnenden teilweisen Optimierung der Spielweise zielorientiert immer mehr zur Entfaltung brachte
- und gleichzeitig auf seine taktischen Überlegungen eingeschworen hatte

Dem deutschen Fußballweltmeister von 1990, Olaf Thon, war diese Entwicklung nicht entgangen, und so orakelte er einen Tag vor der Eröffnung der EM-2008:[1556]

> „Ich denke, wir werden in unserer Gruppe zwei Siege einfahren – gegen Polen und gegen Kroatien - ... und den Österreichern ein Unentschieden abtrotzen."

Österreich startete jedoch mit einer Niederlage gegen Kroatien ins Turnier (0:1). Immerhin: „80 Minuten war man ebenbürtig, 50 eher überlegen - davon 20 drückend. Und zwar in konstruktiver Weise."[1557] Auch auf der für die Österreicher als Typ-BB Team wichtigen SFM-Ebene gab es Positives zu vermerken, denn: „...[es] ließ sich ein in allen Mannschaftsteilen robustes Netzwerk ausmachen: sowohl auf dem linken ... als auch auf dem rechten Flügel ... formierten sich stabile Dreiecke"[1558]. Negativ war jedoch die Abschlussschwäche. Teamassistent Herzog forderte daher mehr „Effizienz".[1559] Diese Tor-Effizienz kam vorerst nur auf Raten, denn das zweite Spiel (1:1 gegen Polen) begann so wie das erste geendet hatte - mit gut vorgetragenen Angriffen der Österreicher, die vorerst aber nichts einbrachten: „Darin manifestierte sich eine gewisse Ratlosigkeit im Aufbau und die daraus resultierende Hoch-Nach-vor-Tendenz im Passspiel. Das Schnelligkeitspotenzial ... konnte nur in der ersten halben Stunde durch hohe Variationsfähigkeit Gefährlichkeit entfalten - mit der entscheidenden Einschränkung der Ermangelung eines kompetenten Vollstreckers."[1560] Eine Tageszeitung titelte denn auch sinngemäß: „[Ein] Königreich für einen Knipser!"[1561]
Das dritte Gruppenspiel der Österreicher gegen den WM-Dritten Deutschland wurde somit ein echtes „Endspiel"[1562] um den Aufstieg ins Viertelfinale. Das trug dazu bei, dass die Österreicher eher nervös begannen. Nach 20 Minuten ließ sich aber feststellen: „Österreich wurde Deutschland und kämpfte sich ins Spiel. Man leistete sich keinen gravierenden Fehler, es gelang zumindest ein 'Fight' auf Augenhöhe.

1556 Thon, O., Fernsehinterview am 6. Juni 2008 im Fernsehsender n-tv.
1557 http://derstandard.at/: Ein Hauch von Hollywood, Robausch, M., 8. Juni 2008.
1558 http://derstandard.at/: Eine Niederlage und ihre Gründe, Neundlinger, H., 10. Juni 2008.
1559 http://sport.orf.at/euro2008/080609-492/index.html: Ohne Tore geht es nicht, Wagner, M., 9. Juni 2008.
1560 http://derstandard.at/: Netzwerkanalyse: Einbahntendenzen, Neundlinger, H., 13. Juni 2008.
1561 http://derstandard.at/: Analyse: Königreich für einen Knipser, Robausch, M., 13. Juni 2008.
1562 http://www.be24.at/blog/entry/18113/em-tipps-oesterreich-spielt-gegen-deutschland-um-den-aufstieg-ins-viertelfinale, 13. Juni 2008.

Österreich blieb bei aller Anstrengung [jedoch] was es war: harmlos“[1563]. Das DFB-Team von Joachim Löw gewann mit 1:0 [Tor: Ballack] und zog ins Viertelfinale ein, später sogar ins Finale.[1564] Das frühe Aus bei der EM war für das ÖFB-Team lehrreich: technische Schwächen („...sie stolperten über ihre technischen Defizite, die sie bei solchen Großereignissen [noch] von der Elite trennen.“)[1565] wurden nämlich ebenso aufgedeckt wie das Wachstumspotential („Hickersberger setzte auf ein offensives Konzept mit Spielern wie Harnik, der eine interessante Generation anführt.“)[1566]. Hickersberger sah indes seine Mission als Teamchef als erfüllt an - und trat zurück.

Auf dem weiteren Entwicklungsweg des ÖFB-Teams eröffneten sich [ausgehend von Typ-BB] als Alternativen m.E. nun Schritte in Richtung **a)** Typ-BA, **b)** Typ-AC, und **c)** Typ-AB. Typ-BA bot angesichts des Wachstumspotentials dieses Teams zu wenig Perspektiven: Typ-BA verzichtet nämlich nahezu völlig auf eine fortschreitende Erneuerung der Spielweise, und zieht auch kein vergleichbares Wachstum des Mannschaftspotentials in Betracht. Und Typ-AC kommt eher für Typ-A Teams mit sehr hoher Spielerfluktuation in Frage.[1567] Ausgehend von dem, was man bis zum Ausscheiden bei der EM-2008 erreicht hatte, wollte man daher offensichtlich den **Übergang auf Typ-AB** [Optimierung und teilweise Erneuerung der Spielweise] wagen. Zu diesem Zweck wurde der erfahrene Taktiker Karel Brückner aus Tschechien als neuer Teamchef gewonnen. Ihm kam nun die Aufgabe zu, „ein Spielernetzwerk ohne Individualartisten, aber mit enormem Wachstumspotenzial, was die Teamfähigkeit betrifft, weiter zu entwickeln“[1568]. Das bedeutete, weiterhin einen gewissen Fokus auf das Arbeiten mit SFM zu legen, und die Entfaltung der individuellen Stärken der Schlüsselspieler [stark bis sehr stark] zu forcieren. Das, was Österreich bei der EM-2008 nämlich noch von einem Klasseteam unterschied, die mangelnde Chancenverwertung, könnte dann wettgemacht werden.[1569] Karel Brückner

---

1563 http://derstandard.at/: Analyse: Ein deutsches Österreich, 17.Juni 2008.

1564 Spanien gewann das Finale mit 1:0. Vgl. http://derstandard.at/: Netzwerkanalyse: Beziehungsarmut um Ballack, rotierende Dynamik um Xavi, Neundlinger, H., 30. Juni 2008.

1565 Die spanische „EFE“, In: http://derstandard.at/: Pressestimmen: „Wunder abgesagt“, 17. Juni 2008.

1566 Die spanische Tageszeitung „El Mundo“, In: http://sport.orf.at/euro2008/080617-791/index.html: Wien 2008 ist nicht Cordoba 1978, 17.Juni 2008.

1567 Typ-B Teams können sich durch Einkäufe von Spielern zwar ebenfalls verstärken und zu Typ-AC „aufsteigen“, das ist bei Nationalteams meines Erachtens aber grundsätzlich nicht der Fall.

1568 http://derstandard.at/: Ein Netzwerk mit Zukunft, Neundlinger, H. (fas.research), 28. März 2008. - Vgl. http://sport.orf.at/euro2008/080531-249/index.html: Das verwandelte Team, 31. Mai 2008.

1569 Schon Basketballstar Michael Jordan hatte sich zu derlei Problemen geäußert: „Wenn ich an der Freiwurf-Linie an die Fernsehzuschauer gedacht hätte, wäre mir nichts gelungen. Ich dachte an die vielen Freiwürfe, die ich im Training geworfen hatte und bin im Geiste dieselben Bewegungen,

wollte dazu ein taktisches „Grundsystem mit Alternativen“[1570] aufbauen [mittlerer Fokus auf innovatives Spiel]. So konnten sich „sowohl auf dem rechten als auch auf dem linken Flügel zusätzliche stabile … Vertikalketten [SFM] entfalten... Das lag auch an einer disziplinierten Defensive und einer neuen Ausgewogenheit im Spiel“[1571]. Nur aus dieser „Position der spielerischen Stärke heraus würde es möglich sein, auch den letzten Pass“[1572] zu meistern und die Abschlussschwäche zu überwinden. Das erstmalige Testen des Übergangs in die Erstklassigkeit [A-Niveau] vollzog sich dann in kürzester Zeit: die Spiele gegen Weltmeister Italien (2:2)[1573] und Vize-Weltmeister Frankreich (3:1)[1574] ließen Hoffnung aufkommen, dass jener deutsche Fernsehkommentator, der schon zu Beginn des Spieles Österreich gegen Deutschland bei der EM-2008 meinte: „Dieses ÖFB- Team ist nicht mehr drittklassig, auch nicht zweitklassig, sondern erstklassig“[1575], sich vorerst wohl nur im Zeitpunkt geirrt hatte.[1576] Bei den Spielern wuchs so das Bewusstsein, dass große Teams durchaus in Reichweite waren, auch wenn man phasenweise noch zu leicht ausgespielt wurde, einen mangelhaften Ballbesitz aufwies, zu viele Fehlpässe oder zu lange Pässe produzierte, und weiterhin einiges im taktischen Bereich zu arbeiten hatte.[1577] Aus diesem Grund forcierte Brückner das Taktiktraining[1578] und stellte auf ein Spielsystem um, wo das Team tiefer stand [innovatives Spiel], um den Gegnern weniger Räume zu lassen und aus Kontern [hohe Bälle][1579] Tore zu schießen - Hickersberger bevorzugte ja das frühzeitige Attackieren.[1580] Brückner meinte dazu: „Ich habe nur dort weitergemacht, wo Hickersberger aufgehört hat.“[1581] Beim **Etablieren als Typ-A Team** müsste man m.E.

---

dieselbe Technik durchgegangen…“, In: Westerbeek, H.; Smith, A., Business Leadership and the Lessons from Sport, 2005, S. 165.

1570 http://sport.orf.at/080812-7485/index.html: Das gemeinsame Werk, Wagner, Ch., 12. August 2008.

1571 http://derstandard.at/: Netzwerkanalyse, Neundlinger, H. (fas.research), 7. September 2008.

1572 Fuchs, Ch., In: http://sport.orf.at/euro2008/080617-791/index.html: Enttäuscht, aber zuversichtlich, Wagner, Ch., 17. Juni 2008.

1573 Vgl. http://sport.orf.at/080821-7602/index.html: Alte Schwächen, neue Perspektiven, Wagner, Ch., 21. August 2008.

1574 Vgl. http://derstandard.at/: Sensationelles ÖFB-Team überrumpelt Vizeweltmeister, APA, 6. September 2008.

1575 Fernsehkommentar des ersten deutschen Fernsehens (ARD), 16. Juni 2008.

1576 Vgl. http://diepresse.com/home/sport/fussball/411109/index.do, 3. September 2008.

1577 Vgl. http://sport.orf.at/080821-7602/index.html: Alte Schwächen, neue Perspektiven, Wagner, Ch., 21. August 2008. – Vgl. http://sport.orf.at/080821-7613/index.html: Viel Arbeit für den Analytiker, Wagner, Ch., 21. August 2008.

1578 http://sport.orf.at/080904-7972/index.html: Brückner weiß mehr, 4. September 2008.

1579 Vgl. Kronen Zeitung: Wie Barcelona für Arme, Linden, P., 9. Juni 2011.

1580 Vgl. http://derstandard.at/: Schwätzen in der Sportschule, Hackl, Ch., 3. September 2008. – Vgl. http://derstandard.at/: Stimmen: Auf dem Boden bleiben, 6. September 2008.

1581 http://derstandard.at/: Ein Vogel macht noch keinen Frühling, APA, 7. September 2008.

der Auf- und Ausbau des individuellen Spielerpotentials[1582] bei begrenzter Spielerfluktuation forcieren, denn man war noch kein Team, „das den Gegner mit spielerischer Brillanz dominieren konnte“[1583]. Der deutsche Teamchef Löw definierte in diesem Zusammenhang die künftige Qualität: „Spiel ohne Ball, Direktspiel in hohem Tempo und unter Druck.“[1584] Außerdem „müssten sich mehr Spieler in den Angriff einschalten, um vorne zwingender zu werden [Taktik]“[1585]. Das bedeutete, „mehr Vertrauen in die eigenen Stärken und mehr Konsequenz - auch mehr Risiko - beim Spiel nach vorne zu zeigen“[1586]. Es fehlte bislang nämlich an der „Qualität in den letzten 30 Metern“[1587], wozu auch das Mittelfeld gehörte, das „mehr helfen sollte“[1588] [Taktik]. Auch an den Zweikampfstärken [Engagement] musste gearbeitet[1589] und der Spielaufbau verbessert werden [Innovation], denn viele Pässe gingen noch ins Leere bzw. blieben in der gegnerischen Abwehr hängen.[1590] Da immer mehr Spieler bei ausländischen Profi-Clubs arbeiteten,[1591] sollte der Sprung unter die „Top-20 der Welt“ beizeiten aber zu schaffen sein.[1592] Ex-Teamchef Hickersberger zog den zeitlichen Horizont dafür freilich weit in die Zukunft: „Wenn sich die Spieler weiterentwickeln, werden wir in 3 bis 4 Jahren ein viel besseres Team haben.“[1593] Da wartete noch viel Arbeit auf Karel Brückner.[1594]

Abbildung 91 visualisiert diese **Entwicklung unter Effizienzgesichtspunkten.** Hickersberger forcierte auf **B-Niveau** die SFM-Ebene, wo es angesichts einer beträchtlichen Spielerfluktuation um Innovationen beim Spielaufbau ging, die von häufigen (Re-)

1582 Die deutsche Zeitung „Die Welt“ spricht von einer „… individuellen Qualität, die für den Triumph nötig [ist]“. http://sport.orf.at/euro2008/0806301152/?href=http%3A%2F%2Fsport.orf.at%2Feuro2008%2F080630-1152 %2F1153bigstory_txt.html: Die Könige Europas, 30. Juni 2008.

1583 Herzog, A., In: http://www.krone.at/: ÖFB-Elf nach 0:2 gegen Litauen ernüchtert, 11. September 2008.

1584 http://sport.orf.at/euro2008/0806301152/?href=http%3A%2F%2Fsport.orf.at%2Feuro2008%2F080630115%2F1153bigstory_txt.html: Harte Bergtour gegen leichten Spaziergang, Wagner, Ch., 30. Juni 2008.

1585 http://derstandard.at/: Herzog fordert nächsten Streich, 8. September 2008.

1586 Prödl, S., In: Kronen Zeitung: Jetzt muß Brückner ein Kompromiß einfallen, Linden, P., 12. September 2008, S. 64.

1587 Kocian, J., In: http://sport.orf.at/080911-8182/index.html: Die Taktik bleibt gleich, 11. September 2008.

1588 Brückner, K., In: Kronen Zeitung: Die Sorge mit den letzten 30 Metern, 12. September 2008.

1589 Fernsehkommentar des ersten österreichischen Rundfunks (ORF 1), 10. September 2008.

1590 Vgl. http://sport.orf.at/080910-8149/index.html: Danilevicius schießt ÖFB-Elf k.o., 10. September 2008.

1591 Vgl. http://sport.orf.at/080819-7578/index.html: Vorfreude bei Italien-Legionären, 19. August 2008.

1592 Vgl. Payer, H., In: Kronen Zeitung, 13. Juni 2008. – Vgl. Wikus, Ch., Kronen Zeitung, 12. September 2008.

1593 http://sport.orf.at/071122-579/index.html: Spieler an hohes Niveau gewöhnen, 23. November 2007.

1594 Vgl. http://www.kurier.at/sportundmotor/198509.php: Verdiente Pleite in Litauen, 10. Sept. 2008.

Strukturierungsmaßnahmen um die Schlüsselspieler herum geprägt waren. Taktische Überlegungen und ein Fokus auf individuelle Qualität waren die Eckpfeiler des Konzeptes von Brückner für den anvisierten Übergang auf **A-Niveau**. Er verfügte dabei aufgrund des mittlerweile besser eingespielten Mannschaftsgefüges über Ressourcen:

- die er weniger für Anpassungsprozesse unter den Spielern benötigte
- und stattdessen direkt z.B. für taktisch hochwertiges Spiel einsetzen konnte

Es gelang jedoch nicht, diese Pläne[1595] in die Tat umzusetzen, denn letztlich „passten sie [noch] nicht"[1596] [zum Spielerpotential]. Dadurch fehlte eine gewisse „Konstanz [in der Teamentwicklung, und so wurde manches von dem, was Hickersberger aufgebaut hatte, doch wieder] …zerstört"[1597] – und Brückner verließ den ÖFB 2009.[1598] Dieter Constantini sollte sodann den nächsten Anlauf als Teamchef auf A-Niveau unternehmen:[1599] ein Neuanfang glückte mit einem 4:4 in Belgien, ab dem sich über viel Ballbesitz[1600] und Freude am (Zwei-)Kampf m.E. ein neuer Spielstil mit „Liebe zum [schnellen, flachen][1601] Kurzpassspiel"[1602] abzeichnete, wo man mit Wechselpässen Räume für Angriffe über die Seiten schuf[1603], um den Gegner unter Druck zu setzen[1604]. 3½ Jahre nach Hickersberger fand man sich auf Rang 71 des FIFA-Rankings wieder.[1605] Starke und schwache Leistungen wechselten ab – m.E. recht typisch für dieses (nun wieder Typ-BC) Team, das sich (erneut) „finden" und weiterentwickeln[1606] musste. Dennoch, ein neues Selbstbewusstsein machte sich bemerkbar, wie ein Dialog zwischen Belgiens Teamchef Leekens und Constantini verdeutlichte:[1607]

> „Das Spiel hätte auch 8:4 für Belgien ausgehen können." (Georges Leekens)
> „Es hätte auch 8:8 ausgehen können." (Dieter Constantini)

1595 Welche Herausforderung international erstklassiges A-Niveau darstellt, zeige ich in drei Fallstudien zu Beginn von Kapitel 12. Als international erstklassig definiere ich die Plätze 1 – 30 des FIFA-Rankings, als zweitklassig die weiteren Plätze bis 80, als drittklassig den Rest.

1596 Vgl. Kronen Zeitung: Wie Barcelona für Arme: Das ist der richtige Weg, Linden, P., 9. Juni 2011.

1597 Osim, I., In: http://sport.orf.at/stories/2086263/2086262/: Sturm als Vorbild für Österreich, 28.10.2011.

1598 Vgl. http://de.wikipedia.org/wiki/Karel_Br%C3%BCckner

1599 Vgl. http://sport.orf.at/stories/2017108/2017095/: Arnautovic ist menschlich in Ordnung, 28.9.2010.

1600 Vgl. Kronen Zeitung: Wie Barcelona für Arme: Das ist der richtige Weg, Linden, P., 9. Juni 2011.

1601 Vgl. Kronen Zeitung: Wie Barcelona für Arme: Das ist der richtige Weg, Linden, P., 9. Juni 2011.

1602 http://sport.orf.at/stories/2062583/2062582/: Problemzone Chancenverwertung, Huber, K., 8. Juni 2011.

1603 Vgl. http://sport.orf.at/stories/2062684/2062656/: Entscheidung für das Kollektiv, Wagner, M., 9. Juni 2011.

1604 Vgl. Kronen Zeitung: Wie Barcelona für Arme: Das ist der richtige Weg, Linden, P., 9. Juni 2011.

1605 Vgl. http://de.fifa.com/worldranking/rankingtable/index.html, Stand vom 15. Febuar 2012.

1606 Vgl. http://derstandard.at/1304553979019/Verdienter-Sieg-verfehlter-Test, Schaffer, T., 8. Juni 2011.

1607 http://sport.orf.at/stories/2019786/2019760/: Ein Spiel für das Selbstbewusstsein, Wagner, M., 13. Oktober 2010.

Abb. 91: **Kriterien für eine effiziente Entwicklung[1608] von Sportmannschaften II**

Quelle: Eigenerstellung

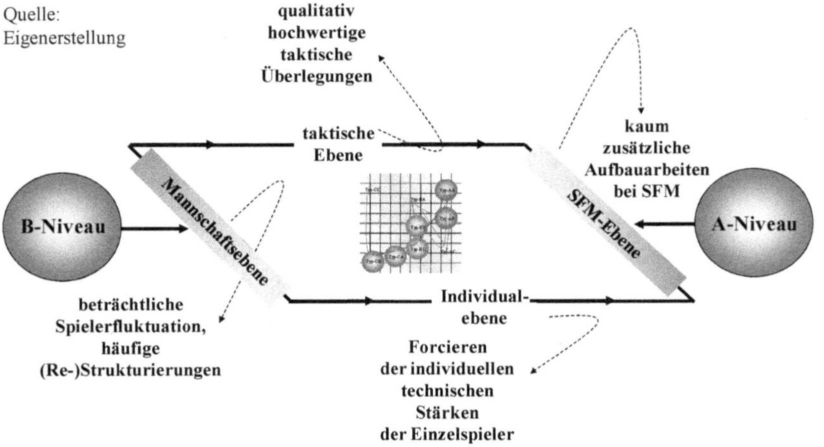

11.4. Implikationen für das Führungshandeln: Forcieren der Schlüsselspieler

„Schmerzvolle Erfahrungen sind lehrreich.“[1609]

„Wenn man mit fünf Toren Unterschied verliert, darf man nicht jammern, sondern muss noch härter arbeiten.“[1610]

„Das Einschwören der Spieler auf (neue) Ziele schafft die Grundlage für Teamwork, harte Arbeit und volle Konzentration auf das Beste im Team.“[1611]

Auf jeder Entwicklungsstufe eines Teams geht es m.E. um das **effiziente Forcieren einer Spielweise**[1612]. Abbildung 92 zeigt, dass dabei folgende Aspekte gelten:

- Abstimmungsprozesse (Änderungen bei der Spielweise und Teamstrukturen) laufen am besten über Schlüsselspieler (Aufgabenvielfalt, Rollenvielfalt)[1613]
- der Rest der Mannschaft wird trainiert, um die Mannschaftsspielweise mitzutragen und die Schlüsselspieler zu ergänzen und zu entlasten
- SFM testen die Änderungen des Zusammenspiels auf der Mannschaftsebene

---

1608 Abbiödung 91 verdeutlicht dies durch das Symbol für die Team-Klassifizierung. – Vgl. Abb. 19.

1609 Benjamin Franklin, In: Riley, P., The Winner Within, 1993, S. 89.

1610 Jose Mourinho als Real-Trainer nach einer 0:5 Niederlage beim FC Barcelona, In: http://sport.orf.at/stories/2028230/2028222/: Debakel für Trainer kein Beinbruch, 30. November 2010.

1611 Riley, P., The Winner Within, 1993, S. 58.

1612 Dies wird durch das Symbol für den strategisch-situativen Führungskreislauf in Abbildung 92 verdeutlicht. – Vgl. Abbildung 100.

1613 Für Schlüsselspieler werden daher individuelle Entwicklungskonzepte erarbeitet, wobei auch diese sich dem Kollektiv unterordnen müssen. Vgl. http://sport.orf.at/wm2010/100609-101/index.html: Kein Platz mehr für 'Stehgeiger', Janeschitz, Th., Ruttensteiner, W., 9.Juni 2010.

Abb. 92: Effiziente Führung auf dem Entwicklungsweg von Sportmannschaften I

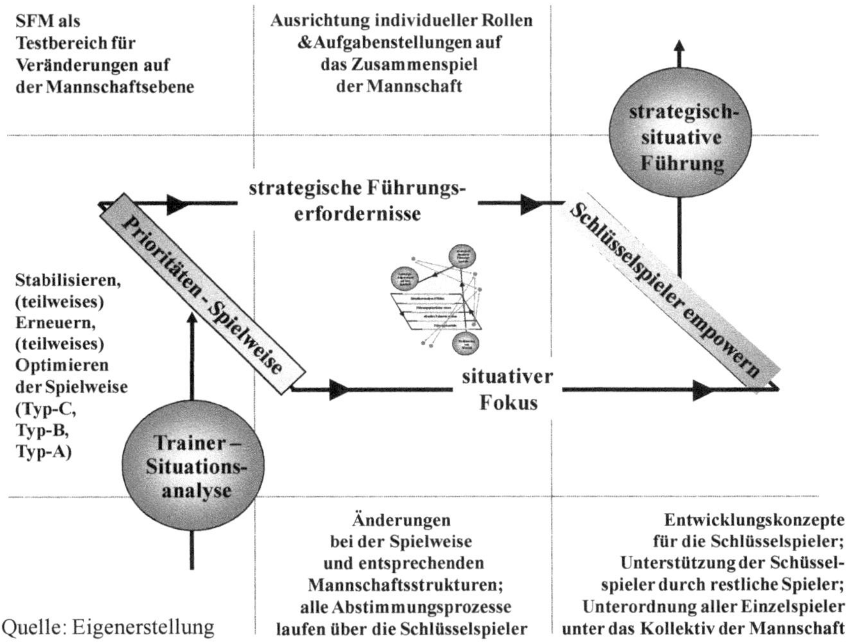

Quelle: Eigenerstellung

Abbildung 93 fügt in diesem Sinne den seit Kapitel 4 gesammelten Implikationen für das Führungshandeln weitere hinzu.[1614] Um eine stete **leistungsmäßige Weiterentwicklung und entsprechende Abstimmungsprozesse im Team** sicherzustellen, setzt man an den Stärken „empowerter" Schlüsselspieler an, die das Team mitreißen sollen. Individuelle Rollen sollten m.E. dabei kompromisslos auf das Kollektiv ausgerichtet werden.[1615] Gerade das Beispiel des US-Eishockeyteams 1980 hat diese Aussagen (in Punkt 11.3.) eindrucksvoll untermauert: um die „Hybrid"-Spielweise zu forcieren nahm Coach Brooks nur solche Spieler in den Kader auf, die ihm charakterlich am Geeignetsten schienen und die er an die Grenzen der Belastbarkeit führen konnte. Diese Spieler waren in der Lage, nicht nur das zu tun, was er im Training von ihnen verlangte, sondern auch mit ihm mitzudenken. Das Aneignen der Spielweise nach seinen Vorstellungen und die Entwicklung eines Teamgeistes konnten so gelingen.

[1614] Das Symbol für den strategisch-situativen Führungskreislauf in Abbildung 93 visualisiert diese Wechselwirkungen zwischen den einzelnen Führungsebenen. – Vgl. Abbildung 100.

[1615] Vgl. 9.1.1.

Abb. 93: **Implikationen für das Führungshandeln VIII**

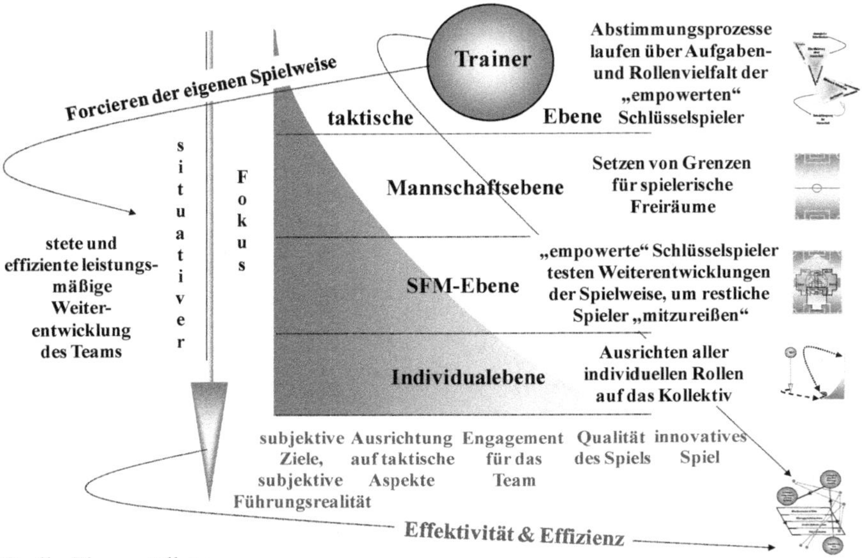

Quelle: Eigenerstellung

Werfen wir nun ein letztes Mal einen Blick auf unser Typ-CA Damenhandballteam (5. deutsche Liga), das wir zu Beginn dieses Kapitels unter Effizienzgesichtspunkten analysiert haben. Dort konstatierten wir dem Trainer ein **Manko bei der Förderung des innovativen Spiels** (Typ-CA Teams sollten einen sehr starken Fokus auf innovatives Spiel legen). Der Trainer ist sich dessen bewusst und meint, dass künftiger Erfolg von der **Weiterentwicklung der Spielweise** abhängt, d.h.:

- **neue Spielzüge** entwickeln (v.a. auf der Mannschaftsebene, denn SFM dienen auf CA-Niveau eher als Testzone), die weniger über die Brechstangen des Teams laufen
- dabei einfach mehr „Leben" **(Variationen/Innovationen) ins Spiel** bringen
- und auch mehrere **Wurfvarianten**[1616] trainieren und im Spiel umsetzen (Qualität des Spiels: aber mit einem vergleichsweise geringen Fokus)

Wie wir schon in Punkt 10.7. unter dem Gesichtspunkt der Effektivität festgestellt haben, könnten bei dem Team insbesondere die Schlüsselspielerinnen als Sprachrohr des Trainers und als „Übersetzer" der anvisierten Innovationen auf dem Spielfeld dienen. Einmal mehr zeigt sich, wie sehr Effektivität und Effizienz miteinander verzahnt sind.

[1616] Neben Sprungwürfen will der Trainer z.B. Knick-, Fall-, Unterhand- und Schlagwürfe üben.

11.5. Zusammenfassung: Effizientes Führungshandeln in Theorie und Praxis

> „Ich bin der Meinung, dass unsere Mannschaft Qualität hat. Sie kann es nur leider nicht immer abrufen, warum auch immer.“[1617]
>
> „Wir müssen entweder einen Weg finden, oder einen machen“[1618]

Bei jedem Team geht es m.E. um eine effiziente (strategisch-situative) Weiterentwicklung der Spielweise auf Basis eines operativen Führungskonzeptes. Abbildung 94 komplettiert demgemäß die Sammlung strategisch-situativer Parameter. Die Gruppenebene stellt dabei jene Ebene dar, an denen sich individuelle Aufgaben und Rollen ausrichten, und wo spielerischen Freiräumen die letzten Grenzen gesetzt werden. Das ist auch wichtig für die Ausrichtung der Spieler auf Taktik.[1619] Dieser Entwicklungsprozess kann sehr langwierig sein, wie in Punkt 11.3. am Beispiel des ÖFB-Teams 2006 bis 2008 gezeigt wurde: hier ging es für Teamchef Hickersberger v.a. darum, die Spielweise des Teams kontinuierlich an neuen strategischen Vorgaben auszurichten.

Abb. 94: Strategisch-situativer Kontext auf dem Entwicklungsweg eines Teams VIII

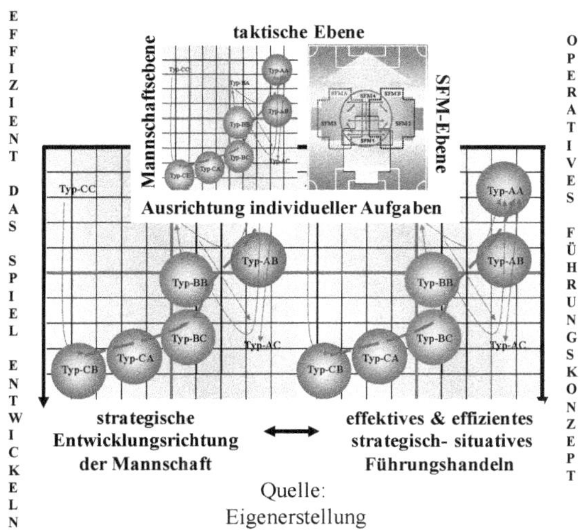

Quelle: Eigenerstellung

Im folgenden Kapitel 12 werde ich diesen Entwicklungsweg noch einmal gerafft durchlaufen und die Erkenntnisse abschließend auf den Punkt bringen.

[1617] Der österreichische Fussballteamspieler Marc Janko, In: http://sport.orf.at/stories/2049784/2049783/: Fehler analysieren und besser machen, Hofstetter, H., 27. März 2011.

[1618] Der karthagische Heerführer Hannibal, In: Riley, P., The Winner Within, 1993, S. 25.

[1619] Vgl. HTTP://DERSTANDARD.AT/1276043666252/FUSSBALL-UND-WIRTSCHAFT-SPRENGER-GUTE-TRAINER-SIND-EIN-MYTHOS, Sprenger, R.K., 15. Juni 2010.

12. Finale – Schlussbemerkungen

„30 Tage, um diesen Pokal küssen zu dürfen, sind ein verschwindend geringes Opfer im Leben eines Mannes."[1620]

„In den Play-Offs zieht der Charakter einer Mannschaft das Spiel entweder durch - oder nach unten."[1621]

„Wenn Du eine Meistermannschaft haben willst, musst Du meisterlich denken."[1622].

Während einer Meisterschaftssaison kann es zu manch unvorhergesehenen Wendungen kommen: Spielerfluktuationen führen zu Anpassungsschwierigkeiten des Teams auf dem Spielfeld, und Leistungssteigerungen der Gegner können die Planung für die eigene spielerische Entwicklungsrichtung obsolet machen. Auch unvorhergesehene Umstände während eines Spieles sowie die Nicht-Planbarkeit des Spielverhaltens der Spieler stehen m.E. außerhalb des Einflussbereiches eines Trainers. Gerade auch bei Turnieren, denn ... „in einem Turnier gibt es immer unterschiedliche Situationen"[1623].
Beim Turnier um die 18. FIFA-Fußballweltmeisterschaft im Jahre 2010 in Südafrika – hier endet allmählich unsere „Zeitreise" durch fünf Jahrzehnte des Mannschaftssports - rückten gleich mehrere erfolgreiche Trainer in den Mittelpunkt des Sportinteresses. Jeder von ihnen führte eine Mannschaft an, die zum engsten Kreis der Favoriten zählte. Und jeder von ihnen hatte seine eigene Methodik, um das Team zum Erfolg zu führen - der erste erreichte das Viertelfinale, der zweite das Semifinale, und der dritte das Finale.
Der erste Trainer war Diego Maradona, Teamchef von Argentinien, und selbst einer der weltbesten Fußballspieler aller Zeiten. Für viele Journalisten galt Maradona bis zur WM 2010 aufgrund seines impulsiven und bisweilen auch theatralischen Auftretens aber lediglich als „Meister der Selbstinszenierung"[1624], denn die Qualifikation zur WM wurde nur mühsam geschafft.[1625] Für die deutsche Fußballlegende Franz Beckenbauer stellte Maradona jedoch „eine der spektakulärsten Persönlichkeiten im Fußball" dar. Und auch Deutschlands Michael Ballack meinte respektvoll: „Der Schein, der um Maradona herrscht, ist außergewöhnlich für uns alle". Diese Art von Verehrung wurde

---

1620 Maradona, D., In: Kronen Zeitung (WM-Extra): Nur ein sehr kleines Opfer, 26. Juni 2010.
1621 Vgl. Riley, P., The Winner Within, 1993, S. 225.
1622 Riley, P., The Winner Within, 1993, S. 85.
1623 DFB-Teamchef Löw, J., In: Kronen Zeitung (WM-Extra): Grandiose Leistung, 28. Juni 2010.
1624 http://derstandard.at/1277337193202/WM-Trainer-Die-Masterminds?sap=2&_slideNumber=2&seite=1, 1. Juli 2010.
1625 Vgl. http://www.wm-wetten.eu/wm-2010-teams/argentinien, 18. Juni 2010.

Maradona insbesondere auch von seinem Team entgegengebracht: Es sei etwas „ganz Besonderes", unter Maradona zu spielen, fand Superstar Lionel Messi. Wie auch immer, Maradona war „kein Trainer, der auf Distanz geht" und es sich auch nicht nehmen ließ, seine Spieler nach dem Training oder dem Spiel des Öfteren zu küssen.[1626] Mit diesen und anderen Gesten fesselte der Trainer seine Spieler emotional an sich, um in ihnen die äußerste Leistungsbereitschaft zu wecken: „Wir haben in unserem Team das beste Klima seit Jahren"[1627], bestätigte auch Stürmer Gonzalo Higuain. Maradonas **Schwerpunkt als Teamchef** lag insofern also eher auf „der inneren Einstellung, der Siegermentalität, dem Glauben an sich, kurz: der **Motivation**"[1628] seiner Spieler. Aber Maradona tat natürlich nicht nur das. Nachdem er im Oktober 2008 die Nachfolge von Alfio Basile[1629] als Teamchef angetreten hatte, testete er bis zur WM 2010 über 100 Profispieler, und immerhin – nur drei Monate vor der WM schlug sein Team die ebenfalls zum Favoritenkreis zählenden Deutschen in München mit 1:0.[1630] Und auch die WM entwickelte sich positiv. Nigeria wurde als erster Gegner in der Gruppenphase mit 1:0 geschlagen und „Argentinien demonstrierte von Beginn an, dass es gewillt war, die Rolle des Mitfavoriten zu erfüllen"[1631]. Im Anschluss an dieses Spiel bestätigte Lionel Messi erneut, welchen Erfolg Maradona etwa beim **Aufbau der starken Mannschaftskultur** vorweisen konnte: „Er ist ein Teamchef, der immer in unserer Nähe und für uns da ist. Er hat viel Erfahrung als Spieler und so ziemlich alles erlebt, er weiß in jedem Moment, was passieren kann. Das gibt uns viel Selbstvertrauen."[1632] Auch Maradonas Selbstverständnis spiegelte das wieder: „Ich kann meiner Mannschaft in jeder Situation eine Antwort geben. Das ist mein … Beitrag zum Zusammenhalt dieser 23 Spieler."[1633] Messi analysierte aber noch weiter und wies darauf hin, wo die Schwachstellen seines Teams lagen: „Argentiniens größter Gegner ist Argentinien selbst. Gegen Nigeria haben wir noch Nerven gezeigt."[1634] Auch Maradona meinte, dass das Team sich noch verbessern

---

1626 Vgl. http://www.ftd.de/sport/wm-2010/gruppe-b/news/:genial-oder-verrueckt-ein-name-maradona/50125493.html, 10. Juni 2010.

1627 Kronen Zeitung (WM-Extra): Tollwut und Teufels-Trio – nichts macht Lahm Angst, 3. Juli 2010.

1628 Sprenger, R.K., In: HTTP://DERSTANDARD.AT/1276043666252/FUSSBALL-UND-WIRTSCHAFT-SPRENGER-GUTE-TRAINER-SIND-EIN-MYTHOS, 15. Juni 2010.

1629 Vgl. http://de.wikipedia.org/wiki/Alfio_Basile

1630 Vgl. http://sport.orf.at/wm2010/100610-126/index.html: Kleiner Mann ganz groß, 11. Juli 2010.

1631 http://sport.orf.at/wm2010/100612-186/index.html: Heinze läßt Maradona jubeln, Wagner, M., 12. Juni 2010.

1632 http://sport.orf.at/wm2010/: Messi lobt Teamchef Maradona, 14. Juni 2010.

1633 Kronen Zeitung (WM-Extra): Deutschland? Schreibt doch, was ihr wollt!, Linden, P., 29. Juni 2010.

1634 http://sport.orf.at/wm2010/: Messi lobt Teamchef Maradona, 14. Juni 2010.

müsste, „um bis ins Finale zu kommen“.[1635] Er ließ zwar offen, was er damit genau gemeint hat, ein Blick auf die Spielstatistik zeigte aber, dass es den Argentiniern v.a. am Abschluss mangelte: trotz einer äußerst offensiv aufgestellten Anfangsformation (4-1-2-3)[1636] sowie 58% Ballbesitz, 10 Cornern und 7 Torschüssen während des ganzen Spiels gelang nämlich nur 1 Tor.[1637] Darüber hinaus offenbarten sich Schwächen in der Abwehr und im Mittelfeld.[1638] Und es gab offen kritisierte **Mängel im taktischen Bereich**, denn Maradona hatte bei der Kaderzusammenstellung auf Spieler wie Zanetti, Cambiasso und Milito verzichtet, womit es auf dem Platz für Spieler wie Veron und Mascherano an aktiver Unterstützung mangelte. Die Spielweise der ganzen Mannschaft „hing dadurch noch mehr als ohnehin vom Genie [eines] Messi ab“.[1639] Und gerade bei Messi widerstrebte es Maradona, ihm taktische Zügel anzulegen: „Ich bin zu ihm nach Barcelona gefahren, und habe ihm erklärt, dass mir nie jemand gesagt hat, wo ich spielen soll“, so Maradona. „Also sage ich auch Messi nicht, was er machen soll. Es liegt an ihm, wo er spielt.“[1640] Maradona sprach hier aus seiner eigenen Erfahrung. Doch was würde sein, wenn Messi einmal nicht ins Spiel finden sollte? Im nächsten Gruppenspiel (gegen Südkorea) konnten die Argentinier zunächst aber stark zulegen und „machten mit Anpfiff das Spiel“: man war dem Gegner in allen Belangen überlegen und siegte dank dreier Tore von Higuain mit 4:1. Interessanterweise begann dieses Spiel ohne Veron. Und wieder fiel auf, dass Argentinien mit der Fortdauer des Spiels – trotz der Treffer von Higuain - immer weniger „Zug aufs Tor“ entwickelte.[1641] Es zeigte sich ein gewisser **Mangel an Engagement**, den selbst der Trainer der Südkoreaner bestätigte. Higuain meinte dazu sinngemäß: „Wir müssen weiter hart arbeiten, auch im mentalen Bereich.“[1642] Im dritten Gruppenspiel gegen das

---

1635 Vgl. http://sport.orf.at/wm2010/100612-186/index.html: Reaktionen zu Argentinien – Nigeria, 12. Juni 2010.

1636 Vgl. Linden, P., In: Kronen Zeitung (WM-Extra): Der Rapid-Schreck ließ auch Messi verzweifeln, 13. Juni 2010. – Fast alle anderen Teams spielten ein 4-2-3-1-System mit einer Spitze ganz vorne; Prohaska, H., In: Kronen Zeitung (WM-Extra): Wenig Fieber, viel Gänsehaut, 30. Juni 2010.

1637 Vgl. http://sport.orf.at/wm2010/100612-186/index.html: Heinze läßt Maradona jubeln, Wagner, M., 12. Juni 2010.

1638 Vgl. Kronen Zeitung (WM-Extra): Der Rapid-Schreck ließ auch Messi verzweifeln, Linden, P., 13. Juni 2010.

1639 Vgl. http://derstandard.at/1276043562736/Zwei-die-sich-sehr-steigern-müssen, Schaffer, T., 11. Juni 2010.

1640 http://sport.orf.at/wm2010/100630-740/index.html: Auch taktisch gereift, 30. Juni 2010.

1641 Vgl. http://sport.orf.at/wm2010/100617-345/index.html: Schützenfest in Soccer City Stadium“ Wagner, M., 17. Juni 2010.

1642 Vgl. http://sport.orf.at/wm2010/100617-345/index.html: Reaktionen zu Argentinien–Südkorea, 17. Juni 2010.

vom Deutschen Erfolgstrainer Otto Rehagel[1643] betreute Griechenland feierte Argentinien den dritten Sieg (2:0). Anstelle von Mascherano spielte Milito. Den Argentiniern fiel zunächst wenig ein, um gegen die „dicht gestaffelte griechische Abwehr" vorzugehen. Im Vergleich zum vorigen Spiel steigerte sich Argentinien nun aber gegen Ende des Spiels und erzielte in der Schlussviertelstunde zwei Tore.[1644] Die drei Siege in den Gruppenspielen waren international überzeugend. So bewunderte auch Frankreichs Ex-Fußballstar Zinedine Zidane nach dem Spiel gegen Mexiko das „Offensivpotential und die perfekt organisierte argentinische Defensive".[1645] Offensichtlich reagierte Trainer Maradona von Spiel zu Spiel recht erfolgreich auf die Mängel seiner Mannschaft. Die Herausforderung für ihn als Teamchef lag m.E. jedoch im pro-aktiven Einstellen seiner Spieler auf den Gegner.[1646] Im anschließenden Achtelfinalspiel, dominierte so zu Beginn überraschenderweise Mexiko, das auch „gewillt war mit Argentinien mitzuspielen". Erst ein Treffer durch Tevez nach einer Fehlentscheidung des Schiedsrichters in der 26. Minute brachte die Wende, und Argentinien gewann mit 3:1.[1647] Nunmehr wartete im Viertelfinale Deutschland, das soeben England mit 4:1 besiegt hatte.[1648] Maradona bezog nun eine bewusst pro-aktive Stellung: „Wir wissen, dass Deutschland eine ganz andere Mannschaft als Mexiko ist"[1649], … „aber wir werden nicht so offen spielen wie England."[1650] Das ließ m.E. auf taktische Änderungen schließen. Dennoch, „vorne [im Angriff] blieb alles beim Alten". Auch das [Spiel-]System. Maradona wollte also nicht auf das [drei Monate vor der WM] beim 1:0-Sieg im Testspiel [gegen Deutschland] praktizierte 4-4-2 Spielsystem wechseln. [Das bedeutete, dass] vorne wieder die Offensiv-Asse Messi, Tevez und Higuain… [agieren würden]: „Es wäre eine Sünde, das System zu ändern, wenn alles so gut läuft wie bis jetzt", erklärte Maradona denn auch gelassen, als er auf **Innovationen bei der Spielweise**[1651] angesprochen wurde.[1652] Das Spiel gegen

---

1643 Vgl. Beginn-Kapitel 4.; 11.2.

1644 Vgl. http://sport.orf.at/wm2010/100623-534/index.html: Ohne Punktverlust ins Achtelfinale, Wagner, Ch., 23. Juni 2010.

1645 Zidane, Z., In: Kronen Zeitung (WM-Extra): Zizou glaubt an Gauchos, 24. Juni 2010.

1646 Vgl. 6.2.

1647 Vgl. http://sport.orf.at/wm2010/100627-679/index.html: Tevez wird zum Matchwinner, Wagner, Ch., 27. Juni 2010.

1648 Vgl. http://sport.orf.at/wm2010/100627-669/index.html: Am Ende siegte Deutschland 4:1, Wagner, Ch., 27. Juni 2010. - Vgl. Kronen Zeitung (WM-Extra): Beckham wollte dem Referee an die Gurgel, 28. Juni 2010. – Vgl. 10.2.

1649 http://sport.orf.at/wm2010/100628-697/index.html: Die bisher größte Hürde, 28. Juni 2010.

1650 Kronen Zeitung (WM-Extra): Deutschland? Schreibt doch, was ihr wollt!, Linden, P., 29. Juni 2010.

1651 Vgl. Abbildung 19. - Vgl. 10.5. – Vgl. Tabelle 4 in Punkt 11.2.

Deutschland ging schließlich sensationell hoch mit 0:4 verloren. Ein Fiasko für Argentinien, denn „die Deutschen waren im Angriff so gefährlich wie sie in der Verteidigung sicher waren, und auf der Gegenseite konnte das Team von Maradona in 90 Minuten kein Mittel finden, um Deutschland zu gefährden."[1653] „Nach dem frühen Rückstand präsentierten sich die ... [Argentinier] ... ideenlos und wussten sich v.a. in der zweiten Hälfte gegen die effiziente Kontertaktik der Deutschen ... nicht mehr zu helfen."[1654] Das, was im **taktischen Bereich** den modernen Fußball auszeichnet, das schnelle organisierte Umschalten - egal ob von Offensive auf Defensive oder umgekehrt -[1655] war eindeutig die Stärke der Deutschen und weniger der Argentinier. „Wille und Drang waren da bei Argentinien, aber ... [eben wenig] Taktik. Die Kanonen der Stürmer schwiegen, mit denen man die Schwächen zuvor überdeckt hatte."[1656] Und wenn man zu Chancen kam, dann eher über Einzelaktionen.[1657] „Ohne Tor und ohne Strategie stand Maradonas Team letztlich entblößt da. Den Einzug ins Semifinale schafften deshalb auch nur die, die als einzige auf dem Platz wirklich eine Mannschaft bildeten"[1658] - und das waren die Deutschen. „Uns hat es an **Kreativität** gefehlt",[1659] erklärte Maradona in Bezug auf die **mangelnde Qualität des Spiels** denn auch in einer ersten Analyse. So zeigte sich m.E., dass Maradona zwar ein überragender Motivator ist, der es versteht, eine starke Mannschaftskultur aufzubauen. Außerdem bewies er bei den vier Siegen in Folge (10:2 Tore) bis zum Spiel gegen Deutschland, dass er von Spiel zu Spiel aus eigenen Fehlern und den Schwächen seines Teams gelernt hatte und konsequent darauf reagierte. Andererseits zeigten seine Spieler im Laufe des Turniers wiederholt **Schwächen bei den mannschaftsdienlichen Effektivitätskomponenten**: **a)** gegen Südkorea war es ein gewisser Mangel an **Engagement** der Spieler mit Fortdauer des Spiels, **b)** gegen Mexiko machten sich v.a. zu Beginn des Spieles **taktische** Mängel bemerkbar, **c)** gegen Deutschland gab es neben

---

1652 http://www.n-tv.de/sport/FussballWM/Maradona-faehrt-den-Konter-article968101.html: Schweinsteiger, bist du nervös? Maradona fährt den Konter, 1. Juli 2010.

1653 Vgl. http://sport.orf.at/wm2010/100703-815/index.html: Argentinien zerbricht an DFB-Elf, Wagner, M., 3. Juli 2010.

1654 http://derstandard.at/1277337340556/Schland-im-siebten-Himmel, 3. Juli 2010.

1655 Vgl. http://sport.orf.at/wm2010/100609-101/index.html: Kein Platz mehr für „Stehgeiger", Janeschitz, Th., Ruttensteiner, W., 9.Juni 2010.

1656 Die argentinische Zeitung „Clarin", In: http://de.eurosport.yahoo.com/04072010/73/wm-2010-presse-diego-junge-heisst-mueller.html., 4. Juli 2010.

1657 Vgl. Kronen Zeitung (WM-Extra): Tochter Dalma stützt weinenden Maradona, 4. Juli 2010.

1658 Die argentinische Zeitung „Clarin", In: http://de.eurosport.yahoo.com/04072010/73/wm-2010-presse-diego-junge-heisst-mueller.html., 4. Juli 2010.

1659 http://sport.orf.at/wm2010/100703-821/index.html: Der Traum ist zu Ende, 3. Juli 2010.

taktischen Defiziten auch Mängel beim **innovativen Spiel** und bei der **Qualität des Spiels.** Wo hätte Maradona bei seinem Coaching also noch ansetzen sollen? Zunächst einmal hätte m.E. das argentinische Team wegen der seit 2008 **beträchtlichen Spielerfluktuation** genau klassifiziert werden müssen:[1660] während zwar eine ganze Reihe von Weltklassespielern im Kader standen, waren in den zwei Jahren vor der WM 2010 zusätzlich über 100 Profis getestet worden[1661]. Spielmacher wie Messi genossen beim Trainer absolute Freiheiten in ihrer Spielweise, was für ein Typ-AA Team noch am ehesten nachvollziehbar gewesen wäre. Dieses argentinische Team war bei all den **überragenden Qualitäten seiner Einzelspieler** aber noch nicht Typ-AA, sondern aufgrund der Spielerfluktuation[1662] **Typ-AC**. Es hätte daher einen noch stärkeren situativen Fokus auf das Engagement der Spieler für das Team und auf taktische Aspekte gebraucht.[1663] Dasselbe galt abgeschwächt für den Fokus auf das innovative Spiel. Außerdem sollte trotz der vielen Ausnahmespieler in der Mannschaft die individuelle Qualität des Spiels nicht zu Lasten der Teamtaktik gehen. In diesem Zusammenhang hätte m.E. eine mäßig forcierte Unterordnung von Messi unter das Kollektiv[1664], etwa im Rahmen von SFM, der Entwicklung des Teams weiteren Auftrieb geben können: die Synergieeffekte des Zusammenspiels wären dann weniger stark auf Messi als den alleinig dominierenden Spielmacher zugeschnitten gewesen, sondern auch auf andere Spieler. Dies hätte sich wiederum positiv auf Messi zurückwirken können, denn: „unterschiedliche Qualifikationen ergänzen sich, unterschiedliche Kräfte verstärken sich, unterschiedliche Rollen greifen ineinander“[1665]. Voraussetzung dafür wäre ein verändertes taktisches Konzept, das gerade bei einem Spieler wie Messi auf fruchtbaren Boden fallen müsste, denn: „Er arbeitet permanent für seine Kollegen, macht auch Defensivarbeit.“[1666]
Für Teamchef Maradona ging es also um **mehr Effizienz.**[1667]

1660 Vgl. 5.1. – Vgl. Abbildung 19.

1661 Vgl. http://www.wm-wetten.eu/wm-2010-teams/argentinien, 18. Juni 2010.

1662 Es waren auch nur noch vier Spieler dabei, die bereits bei der WM-2006 in der Mannschaft gestanden hatten. Vgl. Linden, P., In: Kronen Zeitung (WM-Extra): Eingestellt auf totale Revanche, 2. Juli 2010.

1663 Vgl. Tabelle 4 in Punkt 11.2.

1664 Vgl. Tabelle 1 in Punkt 5.3. – Vgl. Tabelle 2 in Punkt 5.4. – Vgl. 9.1.1. und 10.6.

1665 Sprenger, R.K., In: HTTP://DERSTANDARD.AT/1276043666252/FUSSBALL-UND-WIRTSCHAFT-SPRENGER-GUTE-TRAINER-SIND-EIN-MYTHOS, 15. Juni 2010.

1666 Janeschitz, Th., In: http://sport.orf.at/wm2010/100609-101/index.html: Kein Platz mehr für „Stehgeiger“, 9. Juni 2010.

1667 Vgl. Kapitel 11.

In Abbildung 95 arbeite ich nun einige Kriterien des Übergangs eines Teams von Typ-AC (Argentinien) auf Typ-AB (Deutschland) heraus. Mir geht es hier v.a. um Antworten auf die Herausforderungen der **(Re-) Strukturierungsmaßnahmen** auf der Gruppenebene: angesichts der beträchtlichen Spielerfluktuation eines Typ-AC Teams ist es nicht verwunderlich, dass es dabei zunächst zu Abstimmungsproblemen auf dem Spielfeld kommen kann, welche einige, wenn nicht alle Linien des Teams betreffen. Letztlich geht es bei alledem ja auch um eine forcierte Ausrichtung der Spieler auf die **taktischen Überlegungen**[1668] ihres Trainers. Hier zeigt sich, welch wertvolle Hilfestellung SFM beim Erarbeiten einer bestimmten Spielweise für das Kollektiv leisten können: während **SFM** nämlich das Einüben einer gewissen Unterordnung der Spielmacher unter die vom Trainer anvisierte Spielweise erleichtern, lässt sich so gleichzeitig das **Konzept für den Spielaufbau des Teams** besser verwirklichen. Für den Trainer ist wichtig, dass er dabei auf sehr **vielseitige Spieler** zurückgreifen kann, um sich und dem Team eine maximale strategische **Flexibilität** zu bewahren.[1669] Um diese Vielseitigkeit zu trainieren, eignen sich Überlappungsbereiche bei den Aufgaben im Team (z.B. durch Multiskilling, Rollentausch, rotierende Führungsfunktionen).[1670]

Abb. 95: Kriterien für eine effiziente Entwicklung von Sportmannschaften III

Quelle: Eigenerstellung

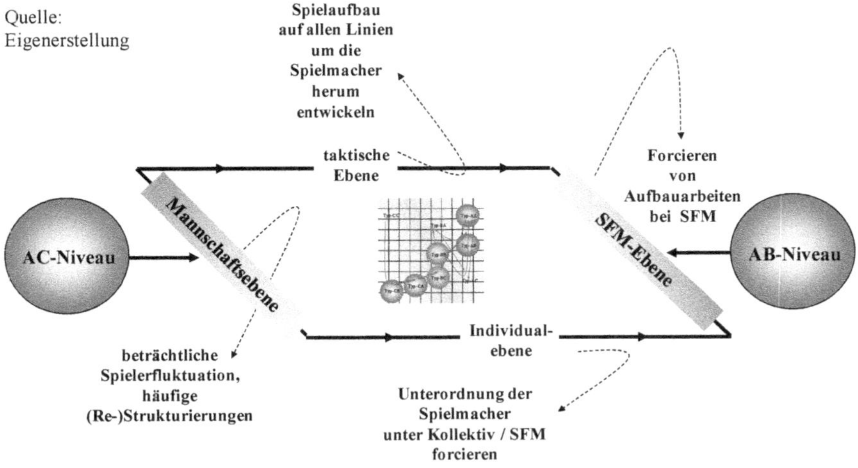

[1668] Vgl. 6.1., 6.2. und 10.3.

[1669] Vgl. Daly, Ch., America`s Dream Team, 1992, S. 48. – Vgl. 11.3.

[1670] Vgl. Hanna, D.P., Build Integrity into Self-Directing Teams, Executive Excellence, December 1991, S. 4-5. – Vgl. 7.2.1. und 8.1. – Vgl. Abbildung 51.

„Gewisse Rechtecke müssen immer besetzt sein.“[1671]

Was aber hat das deutsche Team in im Spiel gegen Argentinien getan, dass es dieses überragende 4:0 zustande brachte? Was hat der deutsche Teamchef Joachim Löw anders gemacht? Auf jeden Fall hatte Löw ein **klares taktisches Konzept**, und er wusste genau: „Die Argentinier leben von ihrer extrem guten Offensive. Nach hinten gehen diese Spieler ungern weite Wege.“[1672] Außerdem: „Sie sind eine zweigeteilte Mannschaft“, erläuterte er die fehlende Balance und Zusammenarbeit zwischen Offensive und Defensive. „So entstehen Lücken, wenn man mit Tempo kommt. Ich habe zu unseren Spielern gesagt: Ihr seid jünger, ihr seid schneller, ihr seid ausdauernder. Ich habe gesagt, dass sie Probleme bekommen, wenn wir sie fordern.“[1673] Sein Team war konsequent darauf eingestellt, dieses Konzept umzusetzen, was von Außenverteidiger Philipp Lahm bestätigt wurde: „Wir haben sehr wenige Chancen zugelassen, und dass wir vorne die Qualität haben, wissen wir.“[1674] Die brasilianische Zeitung „Folha de Sao Paulo“ sprach aus, was offensichtlich war: „Mit dem **effizientesten Fußball der WM** schlug Deutschland Argentinien.“[1675] Teil dieses effizienten Konzeptes war, dass sich „Schweinsteiger und Khedira abwechselnd um Messi kümmerten. Es gelang ihnen zwar nicht, Messi völlig aus dem Spiel zu nehmen, doch wurde ihm durch konsequentes Pressing viel an Wirkung genommen“[1676]. „Und wenn man in einem WM-Viertelfinale gegen Argentinien kein Tor bekommt, dann kann man im defensiven Mittelfeld so schlecht nicht aufgestellt gewesen sein.“[1677] „Schweinsteiger/Khedira erwiesen sich... [dabei] nicht nur als defensivstark, sondern auch entscheidend für den Aufbau.“[1678] Das DFB-Team „machte die Räume in der eigenen Hälfte extrem eng, ... fuhr bei Ballgewinn schnelle Konter“[1679], ... „ließ seine kalte Effizienz hinter sich und schuf einen **Fuß-**

[1671] DFB-Teamchef Löw teilt das Spielfeld in 18 Rechtecke, damit jeder Spieler weiß, wo er sich aufhalten muss. In: Kronen Zeitung (WM-Extra): Deutschland holt WM-Titel, 6. Juli 2010.

[1672] http://www.n-tv.de/sport/FussballWm/Wir-haben-es-jetzt-in-der-Hand-article981726.html, Nickler, Th., 4. Juli 2010.

[1673] http://sport.orf.at/wm2010/100704-827/index.html: Deutschland will mehr, 4. Juli 2010.

[1674] http://sport.orf.at/wm2010/100703-815/index.html: Reaktionen zu Argentinien – Deutschland, 3. Juli 2010.

[1675] http://sport.orf.at/wm2010/?href=http%3A%2F%2Fsport.orf.at%2Fwm2010%2Fticker%2F374364.html: „Pressestimmen zu Argentinien – Deutschland“, 3. Juli 2010.

[1676] http://n-tv.de/sport/FussballWM/Jogis-Jungs-demontieren-Argentinien-article979236.html, 3. Juli 2010.

[1677] http://www.n-tv.de/sport/FussballWM/Grosses-Kino-mit-Schweinsteiger-article979796.html, 3. Juli 2010.

[1678] http://n-tv.de/sport/FussballWM/Jogis-Jungs-demontieren-Argentinien-article979236.html, 3.7.2010.

[1679] http://derstandard.at/1277337340556/Spielbericht-Schland-im-siebten-Himmel, (APA), 3. Juli 2010.

ball voller Kreativität“[1680]. „Wie gegen England wurde [dabei] ... ein ähnlich lauf- und kombinationsintensives Konterangriffsspiel aufgezogen. [Dazu gehörte, dass es gelang], neben der vertikalen Ausrichtung auf Stürmer Klose auch eine ... diagonale Dimension ins Angriffsspiel einzubringen ... und das Spiel schnell ... in die Schwachstellen und Lücken der gegnerischen Verteidigung zu verlagern.“[1681] Teamchef Löw hatte aus einem ... berechnenden und grundsoliden Team ein neues Ganzes geformt, das ... **lernwillig**[1682] ... **und innovativ** war.[1683] Technisch gesehen waren die Spieler [noch] nicht die Besten,... [aber] **im Strategischen der Konkurrenz voraus.**[1684] Zu diesem Zeitpunkt hatte Deutschland in fünf WM-Spielen ein Torverhältnis von 15:3.[1685] Dabei ließen sie sich auch durch die Niederlage im zweiten Gruppenspiel gegen Serbien nicht aus der Ruhe bringen (Teamchef Löw: „Wir haben genug Qualität!“)[1686] und erfingen sich rasch mit einem 1:0 Sieg gegen Ghana. Löw kritisierte zwar, dass das Team im Spiel nach vorne nicht so zwingend zwar und Fehler machte, aber dass man das den jungen Spielern nicht vorwerfen konnte.[1687] Löw hatte es geschafft, mit einen Kern von sechs Kaderspielern, die schon bei der WM-2006 bzw. bei der EM-2008 im Einsatz waren, sowie mit einem Block von sechs Bayern München-Spielern[1688] ein gut eingespieltes **Typ-AB Team** aufzubauen, das m.E. bei der WM 2010 dem Typ-AC Team von Argentinien um ebendiesen Entwicklungsschritt voraus war. „Deutschland spielt anders... - spielfreudig und kreativ“, meinte Österreichs Ex-Teamchef Josef Hickersberger.[1689] Und: „Es ist ja nicht so, dass Löw 2006 eine tolle Truppe übernommen und von diesem Erbe gelebt

---

1680 Die belgische Zeitung „La Derniere Heure“, In: http://de.eurosport.yahoo.com/04072010/73/wm-2010-presse-diego-junge-heisst-mueller.html., 4. Juli 2010.

1681 http://DERSTANDARD.AT/1277337366558/NETZWERKANALYSE-ARGENTINIENS-VERZWEIFELTE-RUECKLÄUFIGKEIT-UND-DEUTSCHLANDS-DYNAMISCHES-GLEICHGEWICHT-IN-DER-OFFENSIVE, 4. Juli 2010.

1682 Vgl. Fraisl, G., In: Kronen Zeitung (WM-Extra): Der coole Jogi surft voll auf der neuen deutschen Welle, 13. Juni 2010.

1683 Die belgische Zeitung „De Morgen“, In: http://de.eurosport.yahoo.com/04072010/73/wm-2010-presse-diego-junge-heisst-mueller.html., 4. Juli 2010.

1684 Die französische Zeitung „Le Parisien“, In: http://de.eurosport.yahoo.com/04072010/73/wm-2010-presse-diego-junge-heisst-mueller.html., 4. Juli 2010.

1685 Vgl. http://sport.orf.at/stories/2003708/

1686 Löw, J., In: Kronen Zeitung (WM-Extra): Wut und Enttäuschung, 19. Juni 2010.

1687 Vgl. http://sport.orf.at/wm2010/100623-559/index.html: Ein Spiel mit zwei Gewinnern, Wagner, M., 23. Juni 2010.

1688 Vgl. http://de.eurosport.yahoo.com/08062010/73/wm-2010-hop-oder-top-staerken-schwaechen.html, Wollny, M., 8. Juni 2010. – Vgl. Kronen Zeitung (WM-Extra: Der coole Jogi surft voll auf der neuen deutschen Welle, Fraisl, G., 13. Juni 2010.

1689 HTTP://DERSTANDARD.AT/1277336896249/HICKERSBERGER-INTERVIEW-OEFB-TEAM-KANN-AUF-LEGIONAERE-NICHT-VERZICHTEN, 28. Juni 2010.

hat. Er hat den Mut gehabt, personelle Veränderungen vorzunehmen und die Spielweise zu verändern"[1690], betonte Löws Manager Bierhoff [was m.E. bezeichnete, dass Löw den **Übergang des DFB-Teams von Typ-AC zu Typ-AB** bereits vollzogen hatte][1691]. Dabei musste er aus der Not eine Tugend machen und die zahlreichen Verletzungen im Team dazu nutzen, die Mannschaft zu verjüngen und die als „unbeweglich" geltende Spielweise zu verändern.[1692] Dies wurde schon nach dem 4:0 Auftaktsieg gegen Australien deutlich. „Im Gegensatz zu anderen großen Fußballnationen zog das DFB-Team [dabei] seine Taktik konsequent durch, erwies sich als ballsicher und kreativ".[1693] „Dieser Auftritt war effizient, gut organisiert und ... geprägt von Unvorhersehbarkeit."[1694] Die schwedische Zeitung „Aftonbladet" schrieb ahnungsvoll:[1695] „Die jüngste WM-Elf hat noch längst nicht alles gezeigt. Aber mehr als alle anderen. Deutschland wird noch andere Teams als Australien demütigen." Noch deutlicher war die englische „Daily Mail": „Aufgepasst, England, Deutschland wartet."[1696] Die Journalisten sollten Recht behalten, denn auch der Sieg gegen das vom ehemaligen Real Madrid Trainer Fabio Capello[1697] gecoachte England war spektakulär (Löw: „Wir waren heute entschlossener als gegen Ghana.")[1698]. Löw hatte es verstanden, die Spielweise seines Teams zu forcieren. Und er legte m.E. einen **effizienten situativen Fokus** auf **a)** Taktik (sehr stark), **b)** Engagement (sehr stark), **c)** innovatives Spiel (mittel) und **d)** die Qualität des Spiels (stark bis sehr stark). Deutschlands Außenverteidiger Lahm bestätigte die erfolgreiche Entwicklung und meinte, dass dies das spielerisch beste DFB-Team war, das er je erlebt hatte."[1699] Im Semifinale wartete nun Europameister Spanien auf Vize-Europameister Deutschland.

1690 http://sport.orf.at/wm2010/100701-761/index.html: Das kann sich sehen lassen, 1. Juli 2010.

1691 Vgl. 5.1. (Situationsanalyse) , insbesondere Abbildung 19.

1692 Vgl. Die französische Zeitung „La Liberation", In: http://sport.orf.at/wm2010/100614-235/index.html: Pressestimmen zu Deutschland–Australien, 14. Juni 2010.

1693 Die Schweizer Zeitung „Basler Zeitung", In: http://sport.orf.at/wm2010/100614-235/index.html: Pressestimmen zu Deutschland–Australien, 14. Juni 2010.

1694 Die englische Zeitung „Daily Telegraph", In: http://sport.orf.at/wm2010/100614-235/index.html: Pressestimmen zu Deutschland–Australien, 14. Juni 2010.

1695 http://sport.orf.at/wm2010/100614-235/index.html: Pressestimmen zu Deutschland –Australien,14. Juni 2010.

1696 http://sport.orf.at/wm2010/100614-235/index.html: Pressestimmen zu Deutschland–Australien,14. Juni 2010.

1697 Vgl. Beginn-Kapitel 5; 5.1., 6.2., 7.5., 8.3., 9.2., 10.7., 11.2. und 12.2. - Neben Capello saß bei der WM-2010 einer seiner ehemaligen Spieler von Real Madrid, David Beckham, auf der Betreuerbank. Vgl. http://derstandard.at/1276413525707/Nicht-die-Mannschaft-die-ich-kenne, 19. Juni 2010.

1698 http://sport.orf.at/wm2010/100627-669/index.html: Stimmen zu Deutschland–England, 27. Juni 2010.

1699 Kronen Zeitung (WM-Extra): Deutschland tanzt so schön wie noch nie, 4. Juli 2010.

Doch just in diesem Spiel war Deutschland nicht wiederzuerkennen und verlor mit 0:1. „Die Deutschen zeigten nichts [mehr] von den neuen Tugenden..., sondern überließen den eingespielten Spaniern das Feld, die bis auf wenige Szenen das Geschehen ... diktierten.... Die DFB-Elf schien mit einer ... Passivtaktik das Spiel einschläfern zu wollen."[1700] Teamchef Löw musste resignierend feststellen: „Das Umschalttempo fehlte diesmal. Wir hatten nicht den Mut und die vollständige Überzeugung, unsere Aktionen zu Ende zu spielen.[1701] „Es passierte jedenfalls nicht viel [und] auch das deutsche Offensivspiel war gelähmt. Stattdessen dominierte das „uninspirierte... Lauern auf den Konter.... Sollte die Rückkehr zur 'alten' Spielweise bei Deutschland Absicht gewesen sein, ging diese Taktik völlig daneben."[1702] Während das routinierte „Spanien den lang erwarteten Dominanzfußball zelebrierte"[1703], stand [das junge und weniger erfahrene Deutschland förmlich] neben sich[1704]: sie „respektierten die Spanier zu sehr, standen zu oft Spalier und brachten den Gegner zu selten in Bedrängnis"[1705]. **Effektiver** wäre m.E. gewesen, auf das zurück zu greifen, was schon die österreichische Trainerlegende Ernst Happel[1706] seinen Spielern als handgeschriebenes Vermächtnis hinterlassen hatte:[1707]

> „Jede Mannschaft ist in einem bestimmten Moment zu schlagen. Wie? Keine Hochachtung vor dem Gegner. Frechen, aggressiven, offensiven Fußball spielen. Es geht um die richtige Einstellung. Ich muss mit Herz zur Sache gehen."

Dies war erst das zweite Mal im Laufe des Turniers, dass es beim DFB-Team **Mängel im taktischen Bereich** gab, denn auch im Spiel gegen Serbien war aufgefallen, dass „der Spielaufbau [bisweilen] eher behäbig war, ... [und] Flanken ins Nirgendwo flogen"[1708]. Doch nun war der Traum der Deutschen vom vierten WM-Titel zu Ende.[1709]

1700 http://sportv1.orf.at/wm2010/100707-890/index.html: Deutschland nicht wieder zu erkennen, Wagner, M., 7. Juli 2010.

1701 http://sport.orf.at/wm2010/100708-909/index.html: Optimistischer Blick in die Zukunft, 8. Juli 2010.

1702 http://sportv1.orf.at/wm2010/100707-890/index.html: Deutschland nicht wieder zu erkennen, Wagner, M., 7. Juli 2010.

1703 Die deutsche Zeitung „Tagesspiegel", In: http://sport.orf.at/wm2010/100708-909/index.html: Pressestimmen in Deutschland, 8. Juli 2010.

1704 http://derstandard.at/1277337678351/Ein-Triumph-des-schoenen-Fussball, 10. Juli 2010.

1705 Die deutsche Zeitung „Süddeutsche Zeitung", In: http://sport.orf.at/wm2010/100708-909/index.html: Pressestimmen in Deutschland, 8. Juli 2010.

1706 Vgl. Beginn-Kapitel 3.

1707 Happel. E., In: HTTP://DERSTANDARD.AT/1276043666252/FUSSBALL-UND-WIRTSCHAFT-SPRENGER-GUTE-TRAINER-SIND-EIN-MYTHOS, Sprenger, R.K., 15. 6. 2010.

1708 http://derstandard.at/1276413467911/Serbien-holt-Deutsche-zurueck-auf-den-Boden, 18. Juni 2010.

1709 Vgl. http://sportv1.orf.at/wm2010/100707-890/index.html: Deutschland nicht wieder zu erkennen, Wagner, M., 7. Juli 2010.

„Wir sind enttäuscht, aber nicht demoralisiert. Wir … werden noch besser werden", sagte Teamchef Löw danach mit einem Blick in die Zukunft. Am liebsten würde man selbst nach dem Vorbild des spanischen „Tiqui-Taca" agieren: „Wir wollen den Gegner spielerisch in Verlegenheit bringen [**Qualität des Spiels**] und nicht durch blinde Rennerei und aggressives Attackieren…. [Vielmehr durch] Offensive, Laufwege, und hohen Rhythmus auch ohne Ball [**Taktik**]….. Abgeschlossen ist diese Entwicklung noch lange nicht", so Löw.[1710] Welche Prioritäten müsste er bei seinem Coaching nun aber setzen, um das DFB-Team auf seinem Entwicklungsweg voranzubringen? Das Ziel konnte m.E. nur sein, die bestehende Position mit einem weiterhin **a)** sehr starken Fokus auf Taktik und Engagement, **b)** starken bis sehr starken Fokus auf die Qualität des Spiels, und **c)** mittleren Fokus auf innovatives Spiel zu festigen. „Seit Löw beim Nationalteam ist, sind wir viel stärker geworden", betonte denn auch Mittelfeldregisseur Schweinsteiger, der künftig nicht auf den bei der WM 2010 verletzten Kapitän Ballack, den „Leitwolf" des Teams,[1711] verzichten wollte.[1712] Dessen Führungsstil hatte zu Diskussionen unter den Spielern geführt, doch Teamchef Löw meinte dazu nur: „Ballack hat das Team schon auf seine eigene Art und Weise geführt, [aber] nie so diktatorisch, wie es teilweise dargestellt wurde."[1713] Diese wichtige Verstärkung – die m.E. gerade im Spiel gegen Spanien den Unterschied hätte ausmachen können - hätte dem Team ohne große personelle Veränderungen helfen können. Dies war ja schon in der Vergangenheit die Personalpolitik von Teamchef Löw gewesen, der konstant auf WM-Veteranen wie z.B. Klose und Podolski gesetzt hatte, obwohl diese bei ihren Vereinen nicht immer erste Wahl waren.[1714] „Fakt ist, dass dieses Team bei der WM funktioniert hat. Und ein gut funktionierendes Team sollte man nicht auseinanderreißen", so DFB-Präsident Zwanziger.[1715] Je mehr sich die Mannschaft aber einspielt, desto weniger Fokus wird Löw m.E. künftig auf **Innovationen** legen müssen und umso stärker wird sein Fokus auf die Weiterentwicklung der individuellen **Qualität des Spiels** (Optimierung) mit **Blickrichtung auf Typ-AA** Niveau sein.

1710 http://sport.orf.at/wm2010/100708-909/index.html: Optimistischer Blick in die Zukunft, 8. Juli 2010.

1711 Vgl. http://www.focus.de/sport/fussball/michael-ballack-leitwolf-einer-fussballnation_did_30280.html, 16. September 2010. – Vgl. 9.1.1.

1712 Vgl. http://sport.orf.at/wm2010/100708-909/index.html: Optimistischer Blick in die Zukunft, 8. Juli 2010.

1713 http://1asport.de/sport/fussball/nationalteam/000031041/loew-traut-ballack-dfb-comeback-zu.html, 15. September 2010.

1714 http://sport.orf.at/wm2010/100614-235/index.html: Nun ist alles möglich, 14. Juni 2010.

1715 http://sport.orf.at/wm2010/100709-924/index.html: Kniefall via „Bild", 9. Juli 2010.

In Abbildung 96 arbeite ich vor diesem Hintergrund Kriterien für den Übergang eines Teams von Typ-AB auf Typ-AA heraus. Hier geht es m.E. darum, ein „blindes“ Verständnis[1716] auf dem Spielfeld zu entwickeln. Dazu gehört mehr als (fast) alles andere eine „starke“ Mannschaftskultur[1717], welche die **verhaltensmäßige Prägung der Spieler** forciert. Für ein Typ-AB Team bedeutet dies (wie beim jungen DFB-Team der WM 2010 deutlich wurde) neben der technischen auch die psychologische Reife der Spieler zu forcieren[1718]: fokussierte Rollenklarheit[1719], Aufgabenvielfalt[1720] und querschnittsorientiertes Denken der Spieler[1721] gewinnen dann an Bedeutung. Dies, um die Selbständigkeit und Mehrwertkreativität v.a. der Schlüsselspieler zu forcieren. Erst auf dieser Grundlage gedeiht schließlich das (taktisch vorgegebene) Zusammenlaufen der SFM als Kern der Eingespieltheit der gesamten Mannschaft.

Abb. 96: Kriterien für eine effiziente Entwicklung von Sportmannschaften IV

Quelle: Eigenerstellung

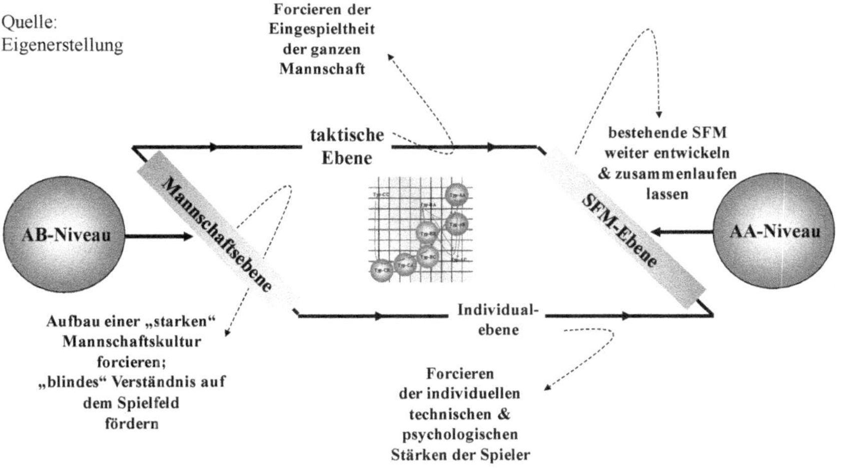

1716 Vgl. Beginn-Kapitel 1; 3.1., 8.4. und 10.6.

1717 Vgl. 7.4.

1718 Vgl. 9.1.1., 9.1.2. und 9.2.

1719 Vgl. Carless S.A., Does Psychological Empowerment Mediate the Relationship Between Psychological Climate and Job Satisfaction?, Journal of Business and Psychology, 2004, S. 405-425. – Vgl. 7.5.

1720 Vgl. Jermier, J.M., Berkes, L.J., Leader Behaviour in a Police Command Bureaucracy, Administrative Science Quarterly, March 1979, S. 1-23. – Vgl. 5.3., 6.3., 7.1., 7.2.1., 7.5., 9.1.2., 11.1. und 11.4. – Vgl. Tabelle 1.

1721 Vgl. Society for Human Resource Management, HR Magazine (http://findarticles.com/p/articles/mi_m3495/is_/ai_n24946740?tag=artBody;col1), March 2008. – Vgl. 5.2., 6.3., 7.1., 7.5., 9.3., 10.7., 10.8., 11.3., 12.3. und 12.4.

„Die einen geraten bei Widrigkeiten ins Wanken, die anderen schwingen sich dabei zu Bestleistungen auf.“[1722]

Das führt uns zum dritten Trainer unserer Analyse: den spanischen Teamchef Vincente Del Bosque, einen ehemaligen Trainer von Real Madrid, der sein Amt nach der EM-2008 angetreten hat.[1723] Was war bei ihm anders als beim deutschen Teamchef Löw? Nun, zunächst und vor allem – die Mannschaft. Spanien lief mit sieben gut aufeinander eingespielten Spielern des FC Barcelona auf das Feld. Außerdem standen im Kader fünf Spieler von Real Madrid. Deutschlands Teamchef Löw hatte diesen Aspekt richtig erkannt: „Sie sind über drei Jahre eingespielt“[1724] – „den Unterschied hat man in einigen Situationen gemerkt.“[1725] Diese **Eingespieltheit** der Spanier war in der Tat entscheidend, denn man entfaltete sich als **„spielmachendes Kollektiv**, das sich gegenüber den Anfechtungen der gegnerischen Überwindungsstrategien unantastbar erwies“[1726]. Spanien war zu diesem Zeitpunkt m.E. ein **Typ-AA Team** und Deutschland um ebendiesen Entwicklungsschritt voraus. Wie wichtig so ein Vorsprung sein kann, hatte schon der ehemalige deutsche Teamchef Rudi Völler angedeutet: „Spätestens ab dem WM-Viertelfinale spielst du gegen Hochkaräter, da entscheiden dann auch Kleinigkeiten.“[1727] Von 48 Länderspielen vor der WM 2010 hatte Spanien 45 Spiele gewonnen und nur eines verloren.[1728] Im Verlauf dieses WM-Turniers hatte Spanien bis zum Spiel gegen Deutschland dabei noch kaum mit seinem „bei der EM-2008 so beeindruckend aufgezogenen ... Tiqui-taca“ (Einmal-berühren-Kurzpassspiel) geglänzt“[1729]. Das erste Gruppenspiel gegen die vom deutschen Star-trainer Ottmar Hitzfeld[1730] betreute und „sehr intelligent“[1731] (diszipliniert-defensiv auf Entlastungsangriffe lauernd)[1732] spielende Schweiz ging prompt mit 0:1 verloren, denn

---

1722 Der Schriftsteller William A. Ward, In: Riley, P., The Winner Within, 1993, S. 34, S. 213.

1723 Vgl. http://sport.orf.at/wm2010/100706-862/index.html: Ohne Glanz zum Titel?, 6. Juni 2010. – Vgl. http://sport.orf.at/wm2010/100711-995/index.html: Mit „Tiqui-Taca“ zum ersten WM-Titel, 11. Juli 2010.

1724 http://sport.orf.at/wm2010/100707-890/index.html: Stimmen zu Spanien–Deutschland, 7. Juli 2010.

1725 http://derstandard.at/1277337662351/Loew-im-Interview-Haben-uns-die-Grenzen-aufgezeigt, 8. Juli 2010.

1726 http://derstandard.at/1277337939934/Netzwerkanalyse-Das-ist-Spanien, Neundlinger, H., 12. Juli 2010

1727 Völler,R.,In: http://sport.orf.at/wm2010/100618-370/index.html: Ohne „Leitwolf“ besser?, 18.6.2010.

1728 Vgl. Leblhuber,G., In: Kronen Zeitung (WM-Extra): Duell der Giganten Welle, 16. Juni 2010.

1729 http://derstandard.at/1277337366552/Des-Europameisters-Respekt-Vorm-Vize, 4. Juli 2010.

1730 Vgl. Einleitung von Kapitel 5; 5.3. (Phase 1), 5.4., 7.5. und 10.3.

1731 Hitzfeld, O., http://sport.orf.at/wm2010/100616-316/index.html: Stimmen zu Spanien-Schweiz, 16. Juni 2010.

1732 Vgl. http://sport.orf.at/wm2010/100616-316/index.html: 1:0 dank Matchwinner Fernandes, Hofstetter, H., 16. Juni 2010.

„es fehlte die Pass-Präzision.“[1733] Obwohl vom spanischen Europameister-2008 bei der WM 2010 immer noch 15 Spieler dabei waren, war die aktuelle Spielweise mit der von 2008 (vorerst) kaum zu vergleichen. So präsentierte man sich zu Beginn der WM viel statischer. Trotz Startniederlage, Formkrisen und wenig Spektakel meinte Teamchef Del Bosque aber nur: „Wir werden das System nicht ändern! Nicht wegen einer einzigen Niederlage.“[1734] Dieses Selbstvertrauen zeichnete auch die Spieler aus, die – wie Stürmer Torres - ihrem Trainer großes **Vertrauen** entgegenbrachten[1735]: „Wenn wir hier scheitern sollten, dann nur nach unseren eigenen Ideen und nicht nach anderen!“[1736] Während die Spanier in den nächsten vier Spielen[1737] in der Offensive trotz fünf Toren[1738] und einer Quote von 66% bei den angekommenen Pässen von Villa[1739] weiterhin nicht zu glänzen wussten („viele Querpässe durch die eigene Hälfte und das Mittelfeld“[1740]) agierten sie zumindest in der Defensive solide[1741]: die größten Trümpfe ihrer Verteidigung waren dabei Beharrlichkeit,[1742] Ruhe, **individuelle technische Versiertheit,** gutes **Reagieren auch ohne den Ball**[1743], sowie die Offensivqualitäten der Außenverteidiger Ramos und Capdevila.[1744] Erst im Spiel gegen Deutschland erwachten endlich die weiteren ureigensten Vorzüge der Spanier und man spielte wieder **„Tiqui-taca“**: unermüdlich ließ das kreative Mittelfeldgespann „Xavi und Iniesta den Ball durch die eigenen Reihen gehen, ... wirbelte ... [das deutsche Team] durcheinander [und] .... konnte perfekt aufeinander abgestimmt den Rhythmus vorgeben“.[1745] Sie zeichneten sich aber auch durch die Fähigkeit aus, „das Spiel zu lesen und so die Pässe des Gegners zu schneiden“[1746] bzw. die Bälle optimal zu

---

1733 Del Bosque, V., In: Kronen Zeitung (WM-Extra): Schweizer Laufwunder, 17. Juni 2010.
1734 Vgl. Leblhuber, G., In: Kronen Zeitung (WM-Extra): Spanien klammert sich an seine Traumbilanz, 18. Juni 2010.
1735 Vgl. http://sport.orf.at/wm2010/100706-862/index.html: Ohne Glanz zum Titel?, 6. Juni 2010.
1736 Vgl. Linden, P., In: Kronen Zeitung (WM-Extra): Olè oder oje–wohin geht Spaniens Reise?, 21. Juni 2010.
1737 Vgl. http://sport.orf.at/stories/2003708/2003716/
1738 Vgl. Leblhuber, G., In: Kronen Zeitung (WM-Extra): Meine Tore sind nicht so wichtig!, 1. Juli 2010.
1739 Vgl. Leblhuber, G., In: Kronen Zeitung (WM-Extra): Zwei wie Tag und Nacht – für einen wird es finster, 29. Juni 2010.
1740 Vgl. Leblhuber, G., In: Kronen Zeitung (WM-Extra): Die Hassliebe, 2. Juli 2010.
1741 Vgl. http://sport.orf.at/wm2010/100706-862/index.html: Ohne Glanz zum Titel?, 6. Juli 2010.
1742 Vgl. Leblhuber, G., In: Kronen Zeitung (WM-Extra): Die Hassliebe, 2. Juli 2010.
1743 Niederlandes Teamchef Bert van Marwijk über die spanische Defensive, In: Kronen Zeitung (WM-Extra): Anders als Deutschland - aber das bleibt geheim, Linden. P., 9. Juli 2010.
1744 Vgl. http://sport.orf.at/wm2010/100710-974/index.html: Ein würdiges Endspiel, Wagner, Ch, 10. Juli 2010.
1745 http://derstandard.at/1277337678351/Ein-Triumph-des-schönen-Fussballs, 8. Juli 2010.
1746 Wikus, Ch., In: Kronen Zeitung (WM-Extra): „Was lernen wir?, 13. Juli 2010.

verteilen[1747] (**Querschnittsdenken der Spieler**), und galten als das Beste, was eine **Kreativabteilung** zu bieten hat.[1748] Xabi Alonso und Sergio Busquets – er bringt laut Statistik neun von zehn Pässen an den Mann [**sehr hohe Qualität des Spiels**] - hielten ihnen dazu den Rücken frei[1749]. Del Bosque geriet nach dem Spiel gegen Deutschland ins Schwärmen: „Wir streben nach dem besten Fußball: den Ball erobern, den Ball kontrollieren."[1750] „Wenn man sah, wie die Spanier bei Ballverlust als ganzes Team – inklusive der Offensivspieler - den Gegner unter Druck setzten [**sehr starkes Engagement**], dann war das [auch] ganz klar eine ihrer Stärken."[1751] Eben eine **optimierte Spielweise**, wie ich meine. „Die komplexe Stabilität in den Beziehungen der Spanier auf dem Spielfeld bildete [dabei] die … Grundlage für jene spielerische Dominanz, in der sich … [die individuellen Stärken] mit den kollektiven Aktionsmustern [des Teams] verzahnten [**hochwertige Taktik**]."[1752] Auch Deutschlands Mittelfeldregisseur Schweinsteiger bestätigte die taktische Überlegenheit der Spanier: „In einem Spiel gegen die beste Mannschaft der Welt muss man taktisch gut stehen. Das haben wir nicht gemacht. Wir waren im Mittelfeld einfach nicht kompakt genug.[1753] Wir sind nur hinterher gelaufen."[1754] Das Fazit aus dem Spiel der Spanier gegen Deutschland – nun in Blickrichtung Finale gegen die Niederlande (diese gewannen bis zum Finale alle sechs WM-Spiele)[1755] - war simpel: wenn die Spanier den Niederländern ihre „Tiqui-Taca"-Spielweise aufzwingen könnten und sich keine ungewohnten Fehler leisteten, wären sie wohl kaum zu stoppen.[1756] Del Bosque fasste vor dem Finale zusammen, worauf es ankam: „Das Wichtigste ist, dass wir unserem **Konzept** vertrauen. Aus dieser Organisation heraus sollten die **individuellen Fähigkeiten** gut genug sein, ein

---

1747 Vgl. HTTP://DERSTANDARD.AT/1276043666252/FUSSBALL-UND-WIRTSCHAFT-SPRENGER-GUTE-TRAINER-SIND-EIN-MYTHOS", Sprenger, R.K., 15. Juni 2010.

1748 Vgl. http://sport.orf.at/wm2010/100710-974/index.html: Ein würdiges Endspiel, Wagner, Ch, 10. Juli 2010.

1749 Vgl. http://sport.orf.at/wm2010/100710-974/index.html: Ein würdiges Endspiel, Wagner, Ch, 10. Juli 2010.

1750 http://derstandard.at/1277337678351/Ein-Triumph-des-schönen-Fussballs, 8. Juli 2010.

1751 http://derstandard.at/1277337782226/Spaniens-Spielkultur-als-niederlaendische-Herausforderung (Van Marwijk), 10. Juli 2010.

1752 http://derstandard.at/1277337720114/Netzwerkanalyse-Die-Spurenelemente-der-deutschen-Herrlichkeit-und-das-Herz-in-Spaniens-ballesterischem-Bergwerk, Neundlinger, H., 8. Juli 2010.

1753 Vgl. http://derstandard.at/1277337678351/Ein-Triumph-des-schönen-Fussballs, 8. Juli 2010.

1754 Kronen Zeitung (WM-Extra): Bitter und blöd: „Man hat gesehen, was uns fehlt", 9. Juli 2010.

1755 Vgl. http://sport.orf.at/stories/2003708/2003713/ - Vgl. http://sport.orf.at/stories/2003708/ - Vgl. 10.3.

1756 Vgl. http://sport.orf.at/wm2010/100710-974/index.html: Ein würdiges Endspiel, Wagner, Ch., 10. Juli 2010.

Spiel zu entscheiden."[1757] „Die Niederländer schafften [in diesem Finale] mit ... aggressivem Forechecking [jedoch] das, was den Deutschen im Semifinale nicht gelungen war - sie brachten das Kombinationsspiel der Spanier vorerst zum Erliegen."[1758] „Selbst dem sonst so robusten Netzwerk der Spanier merkt man [in dieser Phase] eine diffuse ... Gedrücktheit an. Dennoch wäre wohl kein anderes Team ... in der Lage gewesen, ... die Spielweise der Niederländer [an diesem Tag] zu überstehen. Die ... Gegenseitigkeit zwischen [den Spaniern] Xavi und Iniesta [wuchs sich] in dieser Extremsituation ... zu einer unverbrüchlichen Solidarität aus."[1759] Mit Fortdauer des Spiels bewahrheitete sich dann, dass gutes Spiel der kürzeste Weg zum Erfolg ist[1760] - das siegbringende Tor zum von Iniesta[1761] wurde dabei zum Symbol für die **„Kreativkraft"** des spanischen Spiels[1762]: Spanien gewann gegen das Team „mit dem bestem Stellungsspiel der Welt"[1763] mit 1:0 [Tor: Iniesta] und war Weltmeister.[1764] Aber nicht nur das. Spanien zeigte auch ein **„dichteres Beziehungsgeflecht"** im Spiel (d.h. mehr spanische Spieler wurden in die Spielzüge einbezogen und gaben den Ball auch wieder weiter).[1765] „[Letztlich war also] die **Eingespieltheit** der Spanier der Schlüssel [zum Erfolg].... Was ihnen ... insgesamt an spielerischem Glanz gefehlt haben mag, wurde durch die dazugewonnene Fähigkeit kompensiert, sich aus ... Konfrontationen zu befreien: sei es der Versuch..., die Spanier in die Defensive zu zwingen, sei es präzises Pressing... oder ... physische Aggressivität."[1766] Welche Ziele konnte Del Bosque mit seinen Europa- und Weltmeistern nun überhaupt noch anstreben? Am besten das Größte und Seltenste, was es m.E. im Teamsport gibt – eine **„Dynastie"**. Der Fokus würde dann über den Gewinn eines weiteren Meistertitels

---

1757 http://derstandard.at/1277337782226/Spaniens-Spielkultur-als-niederlaendische-Herausforderung, 10. Juli 2010.

1758 http://sport.orf.at/wm2010/100711-1004/index.html: Entscheidung in der 116. Minute, Hofstetter, H., 11. Juli 2010.

1759 http://derstandard.at/1277337939934/Netzwerkanalyse-Das-ist-Spanien, Neundlinger, H., 12. Juli 2010.

1760 Die spanische Zeitung „As", In: http://sport.orf.at/wm2010/100711-995/index.html: Pressestimmen zum WM-Triumph, 11. Juli 2010.

1761 Vgl. http://sport.orf.at/wm2010/100711-1004/index.html: Entscheidung in der 116. Minute, Hofstetter, H., 11. Juli 2010.

1762 Die französische Zeitung „Le Figaro", In: http://sport.orf.at/wm2010/100711-995/index.html: Pressestimmen zum WM-Triumph, 11. Juli 2010.

1763 Österreichischer TV-Kommentator auf ORF 1 über das niederländische Team.

1764 Deutschland wurde mit einem 3:2 Sieg gegen das Überraschungsteam Uruguay noch WM-Dritter. Vgl. http://sport.orf.at/wm2010/100711-985/index.html: Deutschland wieder Dritter, 11. Juli 2010.

1765 Vgl. http://www.spiegel.de/wissenschaft/mensch/0,1518,701239,00.html: Fußball-Netzwerkforschung: So spielen Champions, (Luís Nunes Amaral, USA), 17. Juni 2010.

1766 http://derstandard.at/1277337939934/Netzwerkanalyse-Das-ist-Spanien, Neundlinger, H., 12. Juli 2010.

hinaus darauf liegen, eine Meistermannschaft zu sein.[1767] Dazu müsste Del Bosque das Team zusammenhalten, die Spieler auf Basis einer „**starken**“ **Mannschaftskultur** mit hoher Moral auf eine noch **größere Vision als bisher** einschwören, und so bei ihnen Druck erzeugen, sich auf die Herausforderung einzustellen und diese mit Entschlossenheit zu verfolgen.[1768] Es müsste ihm gelingen, sie dazu motivieren, sich **selbstlos und mit immenser Ausdauer**[1769] gegenseitig auf dem Entwicklungsweg des Teams zu unterstützen.[1770] Außerdem ginge es für ihn darum, einen weiterhin **sehr starken Fokus auf Taktik und Engagement** zu legen (z.B. beim Stellungsspiel der Verteidigung[1771]) und dabei die **spielerische Exzellenz** v.a. der Ausnahmespieler zu forcieren (**sehr starker Fokus auf die individuelle Qualität des Spiels**).[1772] Auch der deutsche Teamchef Löw billigte Spanien zu, ein Team zu sein, „das seit 2008 auf einem sehr hohen Niveau spielt und die wichtigen Spiele nicht verloren hat. Da sind viele Spieler von Real Madrid und Barcelona dabei, was sich qualitativ bemerkbar macht. Dieses Team ist so kompakt, so ballsicher.“[1773] Del Bosque war sich gewiss bewusst, dass sein Team für jene Qualität bürgte, aus der nicht nur Weltmeister, sondern eben auch Dynastien gemacht werden. Wie sehr diese Vision wirkte und selbst die altgedienten Teamspieler ansteckte, zeigte sich am Verhalten von Carles Puyol: nach dem WM-Sieg gab er seinen Rücktritt vom Team bekannt, drei Wochen später revidierte er diese Entscheidung. „Ich habe mich entschieden, noch zwei Jahre zu spielen“, erklärte er nun mit Blick auf die EM-2012.[1774] Die Mission zur ersten unmittelbaren Titelverteidigung (als ein Kriterium für eine Dynastie)[1775] war damit vorgegeben und wegen des Alters von Spielern wie Puyol auch dringlich. Spaniens Xavi gab am klarsten zu erkennen, worauf es letztlich ankommen würde:[1776]

> „Wir haben alles, was man braucht... Wenn wir demütig damit umgehen, wird unsere Stunde schlagen.“

1767 Vgl. Riley, P., The Winner Within, 1993, S. 34, 205.

1768 Vgl. Riley, P., The Winner Within, 1993, S. 34, 182, 188f.

1769 Vgl. Riley, P., The Winner Within, 1993, S. 34, 205.

1770 Vgl. Riley, P., The Winner Within, 1993, S. 34, 40ff.

1771 Vgl. http://sport.orf.at/stories/2015084/2015020/, Wagner, M., 17. September 2010. – Vgl. Hitzfeld, O., In: Kronen Zeitung (WM-Extra): Duell der Giganten, Lebhuber, G., 16. Juni 2010.

1772 Vgl. Abbildung 19. – Vgl. 5.1. – Vgl. Tabelle 4 in Punkt 11.2.

1773 Der deutsche Teamchef Joachim Löw, In: http://derstandard.at/1277337662351/Loew-im-Interview-Haben-uns-die-Grenzen-aufgezeigt, 8. Juli 2010.

1774 Vgl. http://sport.orf.at/#/stories/2006751/: Puyol will doch weiter für Spanien spielen, 1. August 2010.

1775 Vgl. Riley, P., The Winner Within, 1993, S. 34, 190.

1776 Vgl. Kronen Zeitung (WM-Extra): Duell der Giganten, Lebhuber, G., 16. Juni 2010.

Die Erfahrungen der drei hier analysierten Teamchefs bei der Fußball-WM 2010 verdeutlichen m.E., wie sehr es gerade auf international erstklassigem Niveau darauf ankommt, eine realistische Vision zu verfolgen, die Prioritäten für die Spielweise auf dem Entwicklungsweg richtig zu setzen, darauf aufbauend eigene Stärken effizient zu akzentuieren und vorausschauend die nachteiligen Auswirkungen von unerwarteten Wendungen im Wettbewerb zu minimieren[1777]. Für den argentinischen Teamchef Maradona offenbarten sich diese Herausforderungen bereits auf Typ-AC Niveau. So wie alle WM-Favoriten verfolgte aber auch er die Vision, dieses Turnier zu gewinnen.[1778] Wie sich zeigte, war diese Vision noch zu hoch gegriffen. Das argentinische Team befand sich zwar auf einem guten Weg, dennoch war man als Kollektiv noch nicht ausreichend eingespielt und im direkten Vergleich mit Deutschland taktisch unterlegen: die angemessene Priorität für die Weiterentwicklung der Spielweise als Typ-AC Team (hohe Spielerfluktuation) wäre m.E. eine teilweise Optimierung und teilweise Erneuerung gewesen (mit einem sehr starken Fokus auf Taktik und Engagement)[1779] und nicht etwa, wie es den Anschein hatte, nur die Optimierung der Spielweise - so wurden den Spielmachern spielerische Freiheiten eingeräumt, die bis zu einem gewissen Grad wohl zu Lasten ihrer Unterordnung unter das Kollektiv (und unter die SFM) gegangen sind. Beim deutschen Teamchef Löw war die Situation anders, denn sein Team war aufgrund des größeren Mannschaftskerns m.E. bereits Typ-AB und konnte bei der Entwicklung der Spielweise etwas andere Prioritäten verfolgen (Optimierung und teilweise Erneuerung): man war vergleichsweise gut eingespielt und auf komplexere taktische Herausforderungen vorbereitet. Im Aufeinandertreffen mit Argentinien zeigte sich, dass dadurch auch die individuellen Stärken der Deutschen stärker zum Tragen kamen als jene ihrer Gegenspieler. Und nicht viel anders verhielt es sich m.E. letztlich beim direkten Vergleich zwischen Deutschland und Spanien. Spanien war Deutschland um einen entscheidenden Entwicklungsschritt voraus und aufgrund der sehr geringen Spielerfluktuation bereits auf Typ-AA Niveau angelangt. Hier ging es v.a. um die Optimierung der Spielweise, wenngleich dies nicht von Anfang an gelang: so fanden die Spanier erst mit Fortlauf des Turniers im Rahmen ihres eingespielten Kollektivs zu ihren individuellen spielerischen Stärken, die im „Tiqui-taca"-Kurzpassspiel ausgelebt wurden. Teamchef Del Bosque war sich dabei wohl bewusst, dass, gerade weil sein Team schon längere Zeit erfolgreich und den

[1777] Vgl. Riley, P., The Winner Within, 1993, S. 116.
[1778] Vgl. http://sport.orf.at/wm2010/100613-197/index.html: In Maßanzug und Krawatte, 13. Juni 2010.
[1779] Vgl. Abbildung 19.

Gegnern überlegen war, die Konkurrenz stets darauf abzielte, sein Team zu „entthronen“[1780]: er forcierte daher v.a. Taktik, Qualität, und ein entsprechendes Engagement der Spieler: „Wir werden bis zum Umfallen … kämpfen“,[1781] merkte er dazu an. Abbildung 97 zeigt, dass man sich auch auf international erstklassigem A-Niveau über den eigenen Entwicklungsweg im Klaren sein sollte, möchte man die strategische Initiative nicht den Gegnern überlassen. Am wirksamsten handelt ein Trainer, wenn er auf effiziente Weise **a)** taktische, kämpferische und innovative bzw. qualitative Stärken forciert (sowie entsprechende Schwächen minimiert), und **b)** auf einen steten Wandel der Spielweise (forciert durch SFM) abzielt. Dazu fördert er die Bereitschaft der Spieler zu interdependentem Spiel (Querschnittsdenken der Spieler),[1782] indem er ihre technische und psychologische Reife forciert. Die Spieler selbst sollten äußerst vielseitig ein, um dem Trainer eine maximale strategische **Flexibilität** zu gewährleisten.

Abb. 97: Effiziente Führung auf dem Entwicklungsweg von Sportmannschaften II

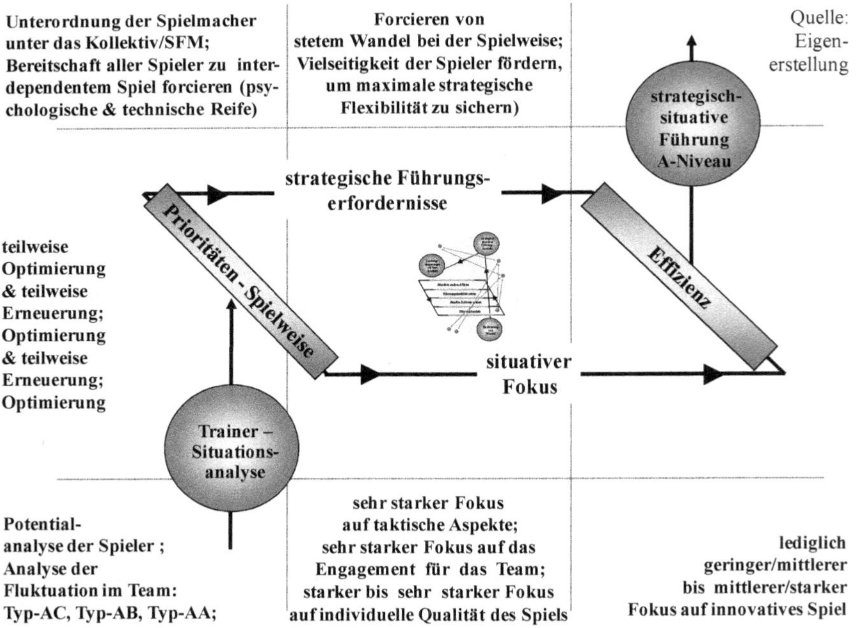

1780 Vgl. Riley, P., The Winner Within, 1993, S.157.

1781 http://sport.orf.at/#/stories/2108673/: Spanien-Teamchef Del Bosque hofft auf Paradesturm, 7.3.2012.

1782 Vgl. Riley, P., The Winner Within, 1993, S. 48.

Coach Pat Riley beherrschte dieses **Instrumentarium der Mannschaftsführung** wie kaum ein anderer – bei allen Rückschlägen und bitteren Erfahrungen, die man während einer langen Karriere als Profitrainer eben einstecken muss. Er brachte es als Trainer in der NBA auf 1.210 Siege. Dabei gewann er fünf NBA-Titel als Chefcoach sowie einen als Assistenzcoach, und wurde 2008 in die berühmte US-„Hall of Fame" gewählt. Seine Karriere als Basketballcoach in der NBA startete er mit einem Meistertitel gleich im ersten Jahr als Assistenzcoach 1980. Diesen errang er ebenso mit den „Los Angeles Lakers" wie die nächsten vier Titel als deren Chefcoach bis 1988. Die Lakers wurden so zu einer Dynastie.[1783] **Strategisch-situatives Denken und Handeln** half ihm meines Erachtens dabei nicht nur Krisen zu überwinden, sondern auch neue sportliche Wege zu beschreiten.

Abbildung 98 gibt in diesem Sinne einen Überblick über alle erforderlichen Etappen strategisch-situativen Denkens und Handelns, die wir in diesem Buch zurückgelegt haben, um beim Erwerb eines theoretischen Verständnisses für die Konzeption eines operativen Führungskonzeptes den richtigen Weg zu gehen.[1784] So wurden in den Kapiteln 2 bis 4 die Entwicklung der strategisch-situativen Führungslehre sowie die Haupt- und Nebenfragen strategisch-situativer Führung beleuchtet, um die Konzeption des **4-stufigen strategisch-situativen Führungsmodells** (Kapitel 5) voranzutreiben. **Stufe 1** dieses Führungsmodells ist **a)** die Situationsanalyse und Klassifizierung eines Teams[1785], wodurch die Weichen für **b)** die Formulierung einer Vision des Wandels gestellt werden. Der Hauptzweck dieser Vision ist die effiziente Realisierung von Wandel bei der grundsätzlichen Spielweise einer Mannschaft (**Stufe 2**) entsprechend ihrer Klassifizierung in Typ-C, Typ-B oder Typ-A. Darauf erfolgt in **Stufe 3** die Konzeption eines operativen Führungskonzeptes, das in **Stufe 4** durch strukturelles, personelles und symbolisches Führungshandeln umgesetzt wird. Während es auf der taktischen Ebene und auf der Mannschaftsebene (Kapitel 6 und 7) um den Aufbau einer „produktiven" Mannschaft geht, werden auf der SFM-Ebene (**s**elbstge**f**ührte, **f**unktionenübergreifende **M**annschaftsteile - Kapitel 8) Spieler in „Spielerachsen" zusammengefasst und mit Kompetenzen zur Gestaltung von Spielzügen ausgestattet.

1783 Vgl. http://sports.yahoo.com/nba/news?slug=ap-heat-Riley&prov=ap&type=lgns: Person close to Riley says he'll step down as Heat coach, Reynolds, T., 28. April 2008. – Vgl. Beginn-Kapitel 2; 3.1., 4.1., 5.1., 5.2., 5.4., 5.5.; Beginn-Kapitel 6; Beginn-Kapitel 7; 7.3., 7.4.; Beginn-Kapitel 8; 8.2.; Beginn-Kapitel 9; 9.2.; Beginn-Kapitel 10; 10.1., 10.2., 10.4.; Beginn-Kapitel 11; Beginn-Kapitel 12; 12.1.

1784 Vgl. auch die Abbildungen 3, 9, 16, 43, 49, 61, 68, 74 und 85.

1785 Vgl. 5.1. – Vgl. Abbildung 21. - Vgl. Tabelle 4 in Punkt 10.2.

Auf der Individualebene (Kapitel 9) steht schließlich das Schaffen eines professionellen Arbeitsumfeldes mit hochwertigen Arbeitsbeziehungen zwischen Trainer und Spielern im Mittelpunkt. Die einmal durch die Vision geschaffene „Sinn-Basis“ erfährt bei der Umsetzung des operativen Führungskonzeptes somit die Nagelprobe aus Sicht der Spieler. Für das Verständnis dieses Entwicklungsweges ist daher auch ein konkreter Fokus auf die **Effektivität**[1786] **und Effizienz von Führungshandeln** eines Trainers aus Sicht der Spieler (Kapitel 10 und 11) förderlich.
Insgesamt wird jener Trainer Wandel erfolgreich in die Tat umsetzen, der auf eine stete leistungsmäßige Weiterentwicklung seiner Mannschaft auf allen Führungsebenen abzielt.

Abb. 98: Entwicklung einer strategisch-situativen Denk- & Handlungsweise XI

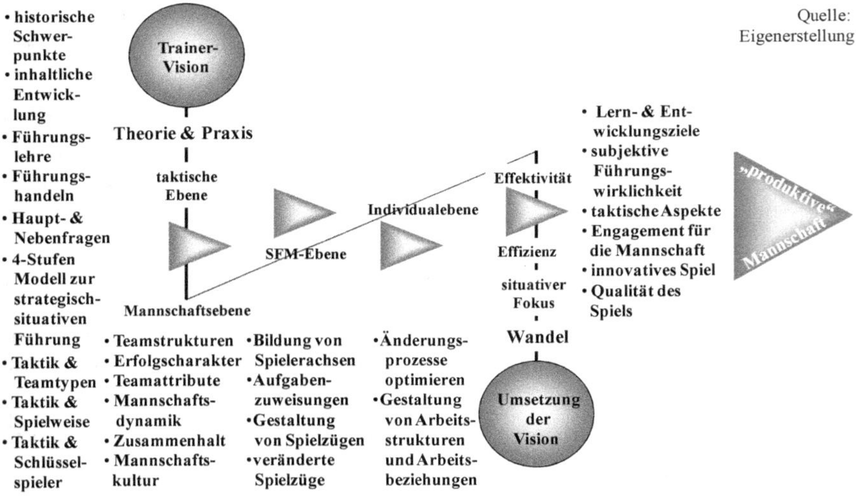

Quelle: Eigenerstellung

Die Ausrichtung der Spieler auf Taktik stellt die Initialzündung für die **effiziente** Umsetzung des operativen Führungskonzeptes[1787] zunächst auf der Gruppeneben und

[1786] Deshalb wurde schon in Kapitel 3 eine Definition für Trainer-Effektivität aus Sicht der Spieler in Form von sechs Effektivitätskomponenten vorgegeben: zwei subjektive Effektivitätskomponenten (10.1. und 10.2.) sowie vier mannschaftsdienliche Effektivitätskomponenten (10.3., 10.4., 10.5. und 10.6.).

[1787] Vgl. 5.3.

schließlich auch auf Individualebene dar. Dabei sollte man durch das **Vermitteln von Vision und Zielen**[1788] nicht nur den Erstkontakt mit dem Team gestalten und auf Tuchfühlung mit den Spielern gehen:

- sondern auch eine Kostprobe seiner **strategischen Kompetenz** geben
- und das Team auf die neue Strategie für die Spielweise[1789] einzutrimmen beginnen

Für das Realisieren dieses Entwicklungsweges ist auch ein entsprechendes Verständnis für die **Effektivität** des Trainers **aus Sicht der Spieler** förderlich – und zwar in Form von zwei **subjektiven Effektivitätskomponenten**[1790] und vier **mannschaftsdienlichen Effektivitätskomponenten**[1791]. Diese Aspekte fördern das Querschnittsdenken eines Trainers und werden in Abbildung 99 nochmals überblickmäßig dargestellt.

Abb. 99: Führungsaspekte & Querschnittsdenken eines Trainers

Quelle: Eigenerstellung

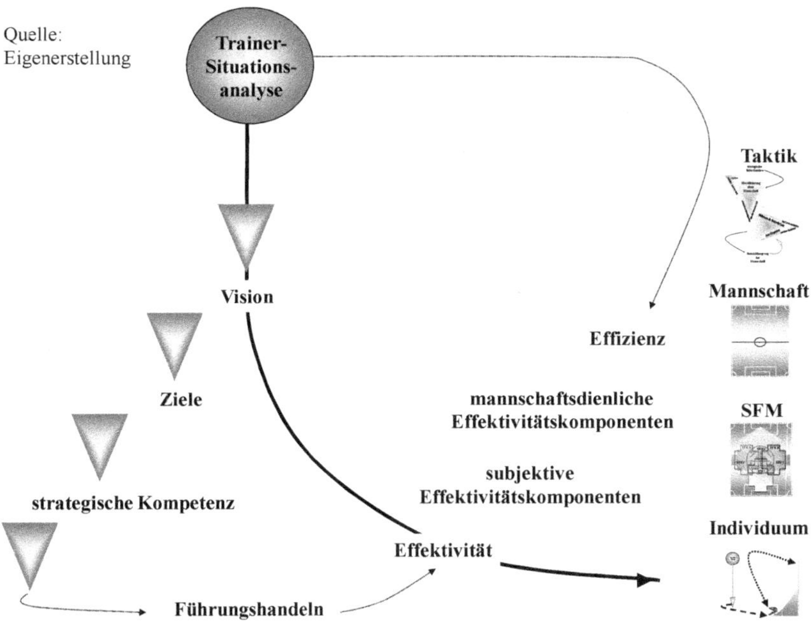

1788 Vgl. 5.1., 5.2.

1789 Vgl. 5.2.

1790 Subjektive Führungswirklichkeit, subjektive sportliche Lern- und Entwicklungsziele der Spieler.

1791 Ausrichtung der Spieler auf taktische Aspekte, Engagement für die Mannschaft, innovatives Spiel, Qualität des Spiels.

In der Realität handelt es sich, wie in Abbildung 100 dargestellt, um einen Führungskreislauf.[1792] Der Trainer formuliert auf Basis einer **Vision** seine **Führungsprioritäten** (Ziele, Strategien) und forciert einen bestimmten **situativen Fokus**[1793] zum **„Ordnen"** **situativer Faktoren** (operatives Führungskonzept). Sein **Führungshandeln** zielt auf **Leistungssteigerungen** der Spieler ab, um **Wandel auf dem Entwicklungsweg des Teams effizient zu realisieren**. Dieser Entwicklungsprozess läuft in Richtung flexibler Aufgabenverantwortung der Spieler (z.B. mit „Empowerment"). Je fortgeschrittener dieser Prozess ist, umso wichtiger wird m.E. das Arbeiten mit situativen Faktoren und deren Querverbindungen (z.B. „weiche" situative Faktoren ergänzen „harte" situative Faktoren). Dazu muss der Trainer Wandel pro-aktiv initiieren (z.B. die Vision aktualisieren) und reagierend managen (effektives und effizientes Führungshandeln).

Abb. 100: Strategisch-situativer Führungskreislauf II - Der Weg zum Erfolg

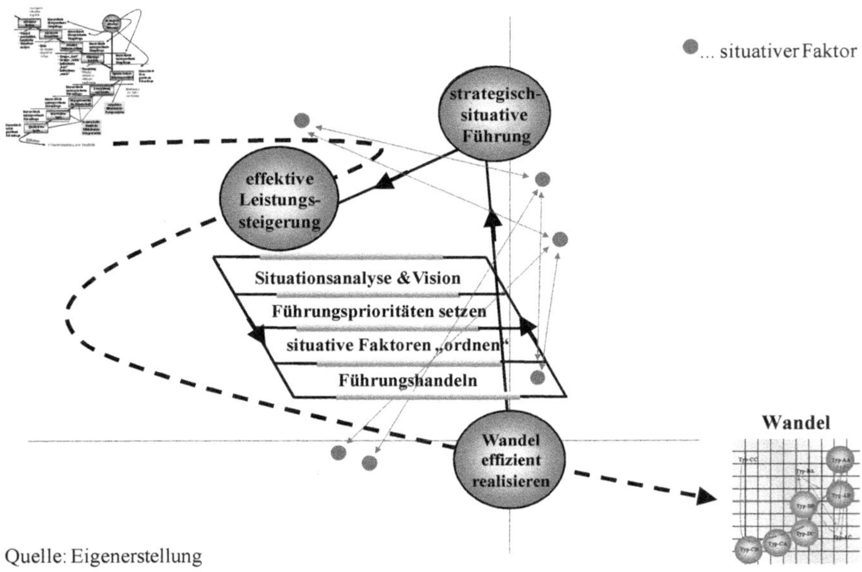

Quelle: Eigenerstellung

[1792] Vgl. Abbildung 17. – Das Symbol für die Haupt- und Nebenfragen strategisch-situativer Führung verdeutlicht, dass der Führungskreislauf ganzheitlich alle diese Haupt- und Nebenfragen abdeckt.
[1793] Vgl. Tabelle 4 in Punkt 11.2.

Vor diesem Hintergrund zählt Abbildung 101 jene strategisch-situative Parameter auf, die den Entwicklungsweg eines Teams dominieren:[1794] eine Situationsanalyse (Teampotential, Spielerfluktuation), die Klassifizierung des Teams (Typ-C, Typ-B, Typ-A), das Forcieren einer bestimmten Spielweise, sowie das Forcieren einer „produktiven" (d.h. auf Wandel ausgerichteten) Mannschaft. Strategisch-situatives Führen begünstigt so das ganzheitliche Denken eines Trainers und erhöht gleichzeitig seine Flexibilität.

Abb. 101: Strategisch-situativer Kontext auf dem Entwicklungsweg eines Teams IX

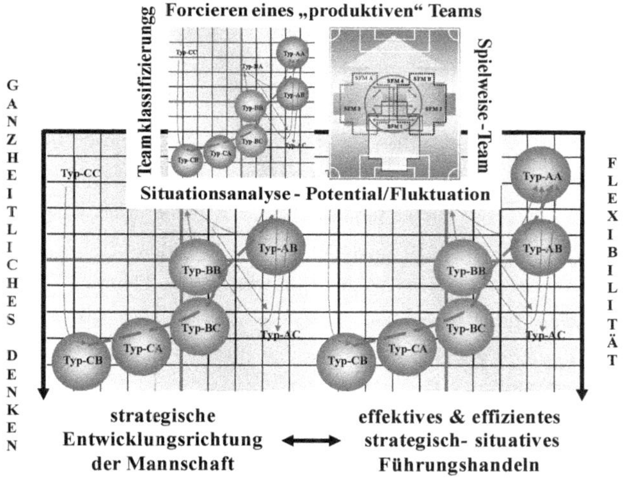

Quelle: Eigenerstellung

12.1. Standortbestimmung, Vision des Wandels & Entwicklungsweg eines Teams

„Wo es keine Visionen gibt, stirbt das Volk (Bibelzitat)."[1795]

Man weiß aus Studien, dass sich Trainerwechsel positiv auf Wandel und die Leistung von Teams auswirken können.[1796] Was sagen die Erkenntnisse dieser Arbeit aber über die **„Zuordenbarkeit" von Trainern zu unterschiedlichen Mannschaftstypen** aus?

1794 Vgl. auch die Abbildungen 15, 42, 48, 60, 67, 73, 84 und 94.

1795 Vgl. Brown, T., „Jesus CEO?, Industry Week, March 6, 1995, S. 15-20.

1796 Vgl. White, Ph.; et al.; The Effect of Mid-Season Coach Turnover on Team Performance, International Journal of Sports Science & Coaching, 2007, S. 143-152. Vgl. Petersen, D.V., High potential, high risk, HR Magazine (http://findarticles.com/p/articles/mi_m3495/is_/ai_n25127916?tag=art Body;col1), March 2008.

Josef Hickersberger bewältigte mit dem ÖFB-Team die **langwierigen Etappen von C-Niveau und B-Niveau** auf dem Sprung **zum A-Niveau**,[1797] und Joachim Löw legte beim DFB-Team den Grundstein für den **Aufstieg zu einem Typ-AA Team**[1798]. Pat Riley[1799] und Fabio Capello[1800] schafften mit ihren Teams **trotz Krisen den Durchruch an die Spitze**. Chuck Daley mit dem US-Basketball „Dream Team" 1992, Vincente Del Bosque mit dem spanischen Fußball-WM-Team 2010 und Pep Guardiola mit dem FC Barcelona 2010/11 stellten ihr Können bei der **Teambildung mit Top-Spielern** unter Beweis.[1801]

Der Hauptzweck strategisch-situativer Führung ist m.E. also das langfristige Realisieren von (inkrementellem oder grundlegendem) Wandel[1802] auf Basis **a)** einer **Standortbestimmung** und **b)** einer **Vision des Wandels**. Dies hilft, klare Vorgaben für die **Weiterentwicklung des Teams** zu geben, indem man:

- den Spielern weniger individuelle Grenzen setzt, als dass man ihnen verdeutlicht in welche Richtung die spielerische Entwicklung des Teams gehen soll[1803]
- bei der Verfolgung der großen Ziele den Spielern aber klar macht, dass sie selbst sich nur in ganz bestimmten spielerischen Bereichen verändern sollen

Abbildung 102 zeigt den unterschiedlichen Fokus der **Spielweisen von Teams**:[1804]

- ein klarer Fokus auf die Mannschaftsebene zum Forcieren fester Mannschaftsstrukturen bei drittklassigen **Typ-C Teams**[1805], wo entweder das Stabilisieren oder das vollständige Erneuern der Spielweise im Vordergrund stehen
- ein zusätzlicher spezieller Fokus auf die SFM-Ebene beim Aufbau zweitklassiger **Typ-B Teams**[1806], wo **a)** Strukturen und Aufgaben zur Erneuerung (teils auch zur

---

1797 Vgl. http://de.wikipedia.org/wiki/Josef_Hickersberger

1798 Vgl. http://de.wikipedia.org/wiki/Joachim_L%C3%B6w

1799 Vgl. http://sports.yahoo.com/nba/news?slug=ap-heat-Riley&prov=ap&type=lgns: Person close to Riley says he'll step down as Heat coach, Reynolds, T., 28. April 2008.

1800 Vgl. http://sport.orf.at/080911-8171/index.html: Capello und Walcott gefeiert, 11. September 2008.

1801 Vgl. http://en.wikipedia.org/wiki/Chuck_Daly - Vgl. http://de.wikipedia.org/wiki/Josep_Guardiola - Vgl. http://de.wikipedia.org/wiki/Vicente_del_Bosque

1802 Vgl. 5.2.

1803 Teamklassifizierung in Typ-**C** (-C**C**, -**C**B, -**C**A), Typ-**B** (-**B**C, -**B**B, -**B**A), Typ-**A** (-**A**C, -**A**B, -**A**A). - Vgl. 5.1., 5.4., 5.5. und 11.2. – Vgl. Abbildung 19 in 5.1. - Vgl. Tabelle 4 in 11.2.

1804 Vgl. Abb. 1, 2, 19, 87, 88, 100, 105, und 106. - Das Symbol für Haupt- und Nebenfragen strategisch-situativer Führung verweist auf die unterschiedliche Führungssituation jedes Teamtyps. – Vgl. 5.1.

1805 Ein Typ-C Team ist weniger gut eingespielt. Das Mannschaftspotential (durchschnittliche bis niedere technische Reife) hebt sich nicht von den Wettbewerbern ab, man hat Schwierigkeiten mit dem Großteil der Gegner mitzuhalten. Fluktuationen in der Aufstellung sind sehr häufig.

1806 Ein Typ-B Team ist ein mittelmäßig eingespieltes Team. Das Mannschaftspotential (durchschnittliche bis eher hohe technische Reife) hebt sich kaum von den Wettbewerbern ab, man kann aber mit dem Großteil mithalten. Fluktuationen in der Aufstellung sind eher häufig.

Optimierung) der Spielweise erarbeitet und **b)** durch Abstimmungsprozesse unter den Spielern mit dem Konzept des Trainers abgeglichen werden

- bei „erstklassigen" **Typ-A Teams**[1807] liegt ein zusätzlicher spezieller Fokus auf der Individualebene, wo man die Unterordnung der Schlüsselspieler unter das Kollektiv forciert, und wo die Spielweise des Teams mittels individueller technischer Stärken und Rollenvielfalt im Sinne der taktischen Vorgaben optimiert wird

Einen Spezialfall stellt m.E. ein Team in der Krise dar, das nicht unmittelbar an der Spielweise arbeitet, die eigentlich seinem Typ entsprechen würde. Hier kommt die Zwischenstufe des „Freisetzens der spielerischen Möglichkeiten" mit Elementen aller Spielweisen zur Anwendung. Dabei es geht zunächst um ein eher defensives Stabilisieren, dann zusätzlich um ein Erneuern (v.a. bei Typ-B Teams) bzw. Optimieren der Spielweise (v.a. bei Typ-A Teams).[1808]

Abb. 102: Der Weg zur Erfolgsmannschaft VI - Führungsprioritäten

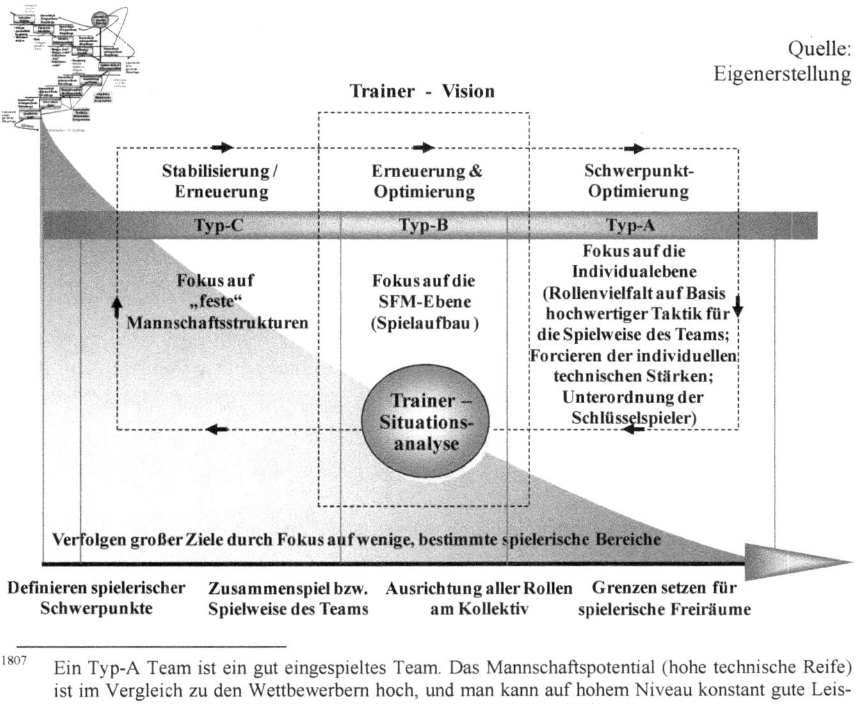

Quelle: Eigenerstellung

[1807] Ein Typ-A Team ist ein gut eingespieltes Team. Das Mannschaftspotential (hohe technische Reife) ist im Vergleich zu den Wettbewerbern hoch, und man kann auf hohem Niveau konstant gute Leistungen zu erbringen. Es gibt eher wenig Fluktuationen in der Aufstellung.

[1808] Vgl. Kapitel 1; 5.1., 5.5., 7.2.2., 7.5., 8.3. und 9.2. - Typ-CA ist definitionsgemäß in keiner Krise.

Die taktische Ebene und das Kollektiv stellen für mich jene Ebenen dar, an der sich die Aufgaben und Rollen aller Spieler ausrichten, und wo spielerischen Freiräumen letzte Grenzen gesetzt werden. Hier können sich Schlüsselspieler (und nicht nur diese) entfalten und werden zu wertvollen Helfern des Trainers bei der **effizienten Umsetzung einer Vision des Wandels**. So meinte auch der österreichische Fußballteamchef Hickersberger, der dem neu formierten ÖFB-Team innerhalb von 2½ Jahren (2006-2008) jene internationale Anerkennung wiedergab, die ihm viele Jahre vorenthalten geblieben war, und mit ihm die schwierigen Entwicklungsschritte von einem (drittklassigen) Typ-CB Team zum wettbewerbsfähigen (zweitklassigen) Typ-BB Team schaffte:[1809]

> „Für mich zählt…, ob ein Trainer aus dem … Spielerpotenzial das Optimum herausholt.… Was hat der Trainer an Spielern zur Verfügung, und was macht er daraus?"

12.2. Wandel und das „Ordnen" situativer Faktoren

> „Es liegt an einem selbst, den Mut zu haben, um zu ändern, was man ändern kann, die Klugheit zu wissen, was man nicht ändern kann, und die Weisheit den Unterschied zwischen beiden zu erkennen."[1810]

Wandel kann sich schon kurzfristig zeigen (z.B. bei der Mannschaftsaufstellung), wird m.E. aber erst mit langfristigen Zielen für die Spielweise und einem operativen Führungskonzept realisiert. Das war wohl auch die Absicht von Trainer Capello, der 2006 mit Real Madrid das teuerste Fußballteam seiner Zeit übernahm und auch noch mit Spielern um 100 Millionen € verstärken ließ.[1811] Aber die Spielerwechsel – die Presse argwöhnte, er würde bei den vielen Zugängen wohl den Überblick verlieren[1812] - waren m.E. nicht Capellos vorrangige Aufgabe: ihm ging mehr es um das effiziente Realisieren von Wandel durch Beherrschung jener dominanten situativen Faktoren, die Real jahrelang geschwächt hatten, sowie um die Umsetzung einer Spielweise, mit der man zwar nicht sofort, aber doch auf absehbare Zeit wieder erfolgreich würde.[1813]
Abbildung 103 verdeutlicht das. Strategisch-situatives Führungshandeln zielt auf die Beherrschung aller relevanten situativen Faktoren[1814] ab. Voraussetzung dafür ist eine

---

1809 http://derstandard.at/: Die Mannschaft spielt so langsam, wie der Trainer spricht, 13. Oktober 2007 - Vgl. 4.1., 5.1., 6.1., 7.2.1., 8.1., 9.1.1., 10.7., 11.3. und 12.1. - Vgl. http://derstandard.at/: Man kann sich wieder sehen lassen, 12. August 2008.

1810 Niebuhr, R., In: http://gegge.de/weisheiten/weisheiten.php, 2006.

1811 Vgl. http://www.sueddeutsche.de/sport/real-madrid-fussball-zum-heulen-1.827438, Caceres, J., 8. Januar 2007.

1812 Vgl. http://www.fussball.com/news-view-24113/real-madrid-geraet-immer-tiefer-in-die-krise.html: Real Madrid gerät immer tiefer in die Krise, 8. Januar 2007.

1813 Vgl. Einleitung Kapitel 1; 3.2., 4.1.; Einleitung Kapitel 5; 5.1., 6.2., 7.5., 8.3., 9.2., 10.7. und 11.2.

1814 Vgl. 5.3.

Standortbestimmung des Teams, eine Vision des Wandels und entsprechende Führungsprioritäten für die Spielweise (**Wandel konzipieren**)[1815], sowie das Führungshandeln selbst (**Wandel effizient realisieren**).[1816] Beim „**Handling**" **situativer Faktoren** wird Spielern mit „Empowerment" Verantwortung übertragen, die bereit sind, sich einem ständigen teamorientierten **Lernprozess**[1817] zu unterziehen. Das ist wichtig für die **Effektivität** des Trainers.[1818]

Abb. 103: Konzeption & Realisierung von Wandel II - Umsetzung der Vision

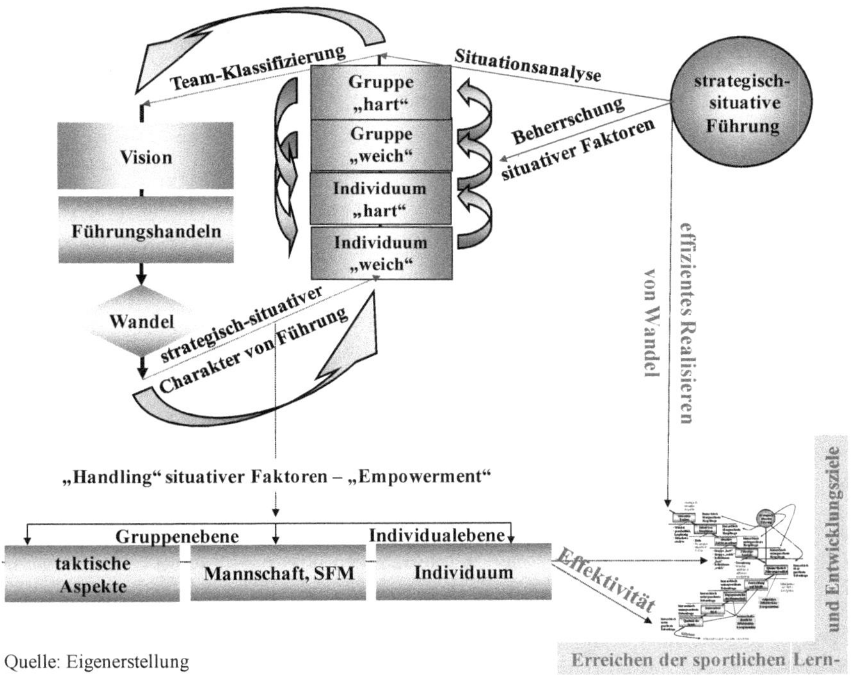

Quelle: Eigenerstellung

[1815] Vgl. 5.1. und 12.1. - Vgl. Abbildung 19.

[1816] Das Symbol für die Haupt- und Nebenfragen strategisch-situativer Führung weist darauf hin, dass das Realisieren von Wandel nur ein erster Gradmesser für erfolgreiches Führungshandeln ist. Ein weiterer Indikator ist für mich das Erreichen der subjektiven Lern- und Entwicklungsziele der Spieler, die allerdings nur Sinn machen, wenn sie sich mit den Führungsprioritäten des Trainers vereinen lassen. Was nützt es nämlich, wenn Spieler zwar ihre Ziele realisieren, dabei aber in eine falsche Richtung für das Team gingen? – Vgl. Stein, Ch., Führen ohne Ziele, Harvard Business Manager (http://www.managermagazin.de/harvard/0,2828,615605, 00.html), 27. November 2007.

[1817] Vgl. 10.5.,11.1.

[1818] Vgl. Kapitel 10.

12.3. Der Aufbau „produktiver" Teams im Kontext von Wandel & Effektivität

„Menschen folgen Menschen, die etwas bewegen"[1819]

„Ein guter Coach hört [auch im Moment des Triumphs] nicht auf zu coachen."[1820]

„Exzellenz – das bedeutet zu wissen, dass man niemals ausgelernt hat. Sie ist das schrittweise Resultat vom Bestreben, sich ständig verbessern zu wollen."[1821]

Je mehr die Spieler zum **Lernen** motiviert und bereit sind, Wandel durch die Übernahme von Aufgaben zu realisieren, umso stärker, denke ich, wird sich bei ihnen querschnittsorientiertes Denken ausprägen. So gelingt der Brückenschlag von individuellen Zielen zu teamorientiertem Denken in einem „produktiven" Team. Imposante Beispiele dafür lieferten in diesem Buch das legendäre US College-Basketballteam „Texas Western Miners" mit dem Gewinn des NCAA-Titels 1966 unter dem unverwüstlichen Coach Don Haskins,[1822] das US Profi-Footballteam „Philadelphia Eagles" mit Spielerheld Vince Papale, das unter dem cleveren Trainer Dick Vermeil die Super-Bowl 1979 gewann,[1823] sowie das sympathische indische Damenhockeyteam mit dem Turniersieg 2002 in Australien unter dem charismatischen Trainer Kabir Khan.[1824]
Trainer können eine **positive Mannschaftsorientierung der Spieler** forcieren, indem sie deren Bereitschaft zu interdependenter Arbeit fördern, und zwar durch:[1825] **a)** Vertrauen, da interdependentes Spiel riskant ist und erfolgreiches Spiel Risikofreude voraussetzt,[1826] **b)** ein gesundes Verständnis von Abhängigkeiten, da Spieler sowohl ihre Stärken einsetzen als auch sich von den Mitspielern „befruchten" lassen sollten.[1827]
Abbildung 104 zeigt die Zutaten für solch „produktive", d.h. auf Wandel ausgerichtete Teams. Dazu gehört m.E. ein Aktionsplan mit **strukturellem Führungshandeln** (z.B. Bildung von SFM, „Empowerment"), **personellem Führungshandeln** (z.B. Coaching „empowerter" Spieler) und **symbolischem Führungshandeln** (z.B. Aufbau einer Mannschaftskultur des Lernens). Nicht nur „empowerte" Spieler werden dabei mit der Realität der Leistungserbringung konfrontiert, jeder Spieler wird darauf hingewiesen,

---

1819 Howe,R., In: Reimann,B.C., The new strategic leadership, Planning Review, Sept./Oct. 1994, S. 6-8.
1820 Riley, P., The Winner Within, 1993, S. 188.
1821 Riley, P., The Winner Within, 1993, S. 160, 164.
1822 Kinofilm „Glory Road", 2006. - Vgl. 3.1., 4.2., 4.3. und 4.5.
1823 Kinofilm „Invincible",2006. - Vgl. 10.5.
1824 Kinofilm „Chakde! India",2007. - Vgl. 7.3., 8.2., 9.2., 10.7. und 11.2.
1825 Vgl. Drexler, A.B.; Forrester, R., Interdependence, HRMagazine, September 1998, S. 52-66.
1826 Vgl. Riley, P., The Winner Within, 1993, S. 21-23.
1827 Vgl. Riley, P., The Winner Within, 1993, S. 31.

wo er steht, und wo es Verbesserungsbedarf gibt.[1828] **Änderungen** sollten vom Trainer dann nach Wichtigkeit differenziert werden, d.h. **a)** die Gruppenebene hat Vorrang vor der Individualebene, und **b)** „hartes“ (strukturelles) Führungshandeln hat Vorrang vor „weichem“ (personellem, symbolischem) Führungshandeln[1829]. Diese Änderungen:

- können sich zunächst - im Sinne von **Effektivität** des Trainers aus Sicht der Spieler - subjektiv auf der Individualebene der Spieler zeigen,[1830]
- wirken sich dann durch Synergieeffekte auf der Gruppenebene voll aus (strategischer **Wandel** im Sinne von Änderungen bei der Spielweise des Teams)[1831]

Abb. 104: Der Aufbau „produktiver“ Teams im strategisch-situativen Kontext II

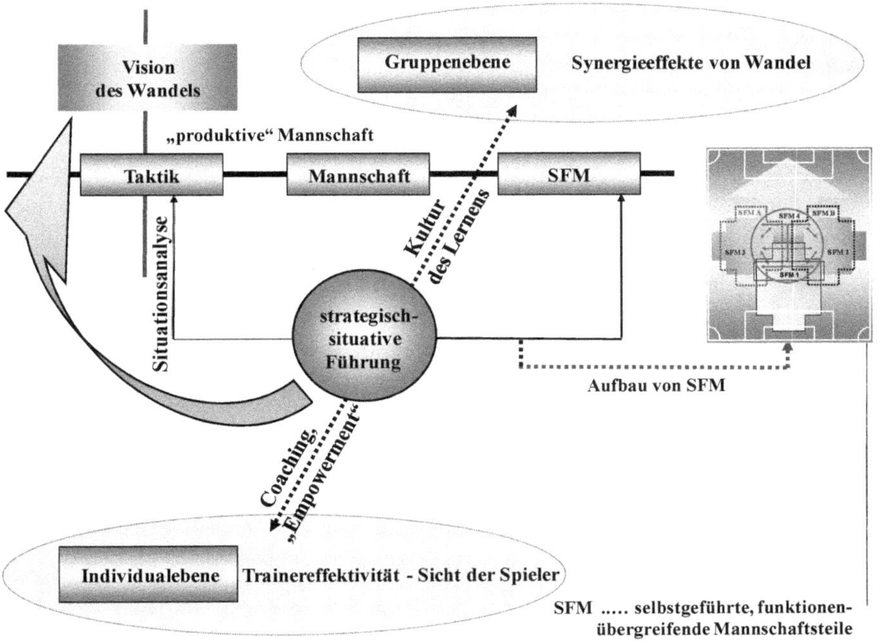

Quelle: Eigenerstellung

[1828] Vgl. Riley, P., The Winner Within, 1993, S. 161.

[1829] Vgl. Tabelle 2 in Punkt 5.4. – Vgl. Abbildungen 33, 34 und 35.

[1830] Vgl. 10.2.

[1831] Vgl. Marotto, M.; et al.; Collective Virtuosity in Organizations, Journal of Management Studies, March 26th, 2007, S. 388-413.

12.4. Zusammenfassung: Effiziente Trainer – „produktive" Erfolgsmannschaften

> „Selbst wenn Du Dich auf dem richtigen Weg befinden solltest, wirst Du überfahren werden, wenn Du nur darauf herumsitzt."[1832]

> „Exzellente Leistungen sind das schrittweise Resultat eines ständigen Strebens nach immer besserer Leistung."[1833]

> „Arbeiten Sie für die, die für Sie arbeiten"[1834]

Man stößt angesichts der Unterschiede von Profi- und Amateurmannschaften schnell an gewisse Grenzen der Vergleichbarkeit hinsichtlich der Effizienz des Führungshandelns von Trainern. So müssen sich Trainer von Amateurmannschaften oft mit einer eingeschränkten Verfügbarkeit ihrer Spieler bei Training und Wettkampf zurechtfinden. Auch die ehrgeizigen sportlichen Lern- und Entwicklungsziele von Profis stehen oft im krassen Gegensatz zu jenen von Amateuren, von denen manche den Aufstieg in die nächst höhere Spielklasse schon wegen des damit verbundenen Reiseaufwandes gar nicht erst anstreben. Dennoch meine ich, dass jeder Trainer versuchen sollte, **auf effiziente Weise das Beste aus den Spielern „herauszuholen"** und grundsätzlich keine Wahl hat zwischen einem guten und einem nur halbwegs guten Führungskonzept: bei allen Unterschieden suchen Spieler während der Zeit, die sie bei Training oder Wettkampf verbringen, nämlich ihren Platz in einer Mannschaftsstruktur, die klaren Richtlinien gehorcht, Orientierung gibt und im Kollektiv Charakter hat. Ein Trainer wird daher m.E. umso erfolgreicher sein, je besser es ihm gelingt, den Spielern eine klare Linie vorzugeben, indem er effizient die spielerische Entwicklung des Teams vorantreibt. Ein adäquater situativer Fokus steigert dabei die **Effizienz** des Trainers entsprechend der strategischen Erfordernisse seines Teams. Und der **Kreislaufcharakter des strategisch-situativen Führungsmodells** garantiert in diesem Zusammenhang, dass alle relevanten Faktoren mitgenommen, d.h. im Sinne von Wandel **„produktiv"** verändert werden: die Änderung eines situativen Faktors wirkt sich nämlich oft auf andere situative Faktoren aus, was dem Charakter einer hoch interdependenten Sportmannschaft ebenso entspricht wie der Durchlässigkeit des vierstufigen strategisch-situativen Führungsprozesses[1835]. Dabei werden v.a. die Schlüsselspieler in den **Prozess des Wandels** eingebunden. Die restlichen Spieler werden von ihnen mitgerissen, ergänzen und entlasten diese.

1832 Rogers, W., In: Riley, P., The Winner Within, Berkley 1993, S. 217.
1833 Riley, P., The Winner Within, 1993, S. 161.
1834 Sample, S.B., Führen Sie, wie Sie wollen, 2002, S. 163.
1835 Vgl. Abbildung 17.

Chuck Daly, der Coach des US-Basketball „Dream Teams" bei der Olympiade 1992 in Barcelona, war selber der wohl größte Fan seines Spielerstars. Er arbeitete für sie, und er gab seine spielerorientierte Einstellung[1836] auch unumwunden zu, indem er meinte: „Bei diesem Team zu sein, das ist wie eine Reise mit zwölf Rockstars."[1837] Das „Dream Team" bestand ja aus einer Vielzahl überragender Einzelspieler. Diese wuchsen zu einem „produktiven" Ensemble zusammen, indem sie sich u.a. bestmöglich auf die Spielweise ihrer Gegner einstellten[1838] (ein Aspekt der „Optimierung" der Spielweise) - und im Schnitt jedes olympische Spiel mit 43,8 Zählern Vorsprung gewannen (nur im Finale gegen Kroatien war man kurz mit 23:25 in Rückstand geraten): „Es ist einfach, zu sagen, wir gewinnen die Spiele mit 40 oder 50 Punkten Differenz. Aber wir haben es tatsächlich getan... Die ganze Zeit über auf einem so hohen Level zu spielen, war unglaublich", erklärte noch Jahre später Charles Barkley.[1839] Jeder, der damals am Triumph des „Dream Teams" beteiligt war, wusste, dass künftige US-Auswahlen nur noch daran gemessen werden würden. Daran änderte auch nichts, dass sich bei der Sommerolympiade 2008 in Peking das US-Basketballteam in „Redeem Team"[1840] umbenannte. Jason Kidd, einer der Stars dieses „Redeem Teams" 2008, sagte denn auch: „Es gibt nur ein Dream-Team, und das war 1992."[1841]
Ein „produktives" Team wird von einem Trainer m.E. also **effizient** geführt,[1842] indem er dessen Entwicklung **a) pro-aktiv** plant (z.B. das Realisieren einer bestimmten Spielweise), und **b) reagierend** auf situative Faktoren eingeht (z.B. auf das Niveau des Zusammenspiels). Genau das waren auch die Herausforderungen für Coach Lengyel beim überaus langwierigen Aufbau des neuen Footballteams an der Marshall

1836 Studien bei Basketballteams belegen, dass das „Servant Leadership-Modell" (Führen durch Dienen) bei den Spielern zu mehr Zufriedenheit, mehr mentaler Stärke und besseren Leistungen beiträgt. Vgl. Rieke, M.; et al.; Servant Leadership in Sport, International Journal of Sports Science & Coaching, 2008, S. 227-239.

1837 Daly, Ch., America`s Dream Team, 1992, S. 14. – Vgl. 5.1., 6.1., 7.2.1., 8.2., 9.1.2., 10.6. und 11.3.

1838 Vgl. 6.1. und 10.6.

1839 Vgl. http://sport.orf.at/#/stories/2008938/US-„Dream Team" in Hall of Fame aufgenommen, 14. August 2010.

1840 Mit der Bezeichnung „Redeem" (Wiedergutmachung) deutete man an, dass man (nach der enttäuschenden Bronzemedaille bei der Olympiade 2004) 2008 die Dominanz des US-Basketballs wiederherstellen wollte - was dem Team auch gelang: man war in keinem Spiel gefährdet und besiegte im Finale den starken Weltmeister Spanien mit 118:107. - Vgl. http://en.wikipedia.org/wiki/United_States_men's_national_basketball_team. - Vgl. http://www.oe24.at/zeitung/sport/olympia2008/article342581.ece: US-„Dream Team" auf Revanche aus, 11. August 2008. – Vgl. Sommer, R., „Götter" im roten Reich, Kronen Zeitung, 20. August 2008. – Vgl. http://sport.orf.at/spiele08/080824-580/index. html: Spanien verpaßt Sensation, 24. August 2008.

1841 http://sport.orf.at/spiele08/080822-530/?href=http%3A%2F%2Fsport.orf.at%2Fspiele08%2F080822-530%2F531bigstory_txt.html: Titelverteidiger krasser Außenseiter, 22. August 2008.

1842 Vgl. Northouse, P.G., Leadership, 2007, S. 221.

University 1971: für ihn ging es darum, eine Mannschaft zusammenzusetzen, die aus Basketballspielern, Fußballspielern und sogar Baseballspielern bestand, und die er nun mit einer entsprechend vereinfachten, optionalen Offensivspielweise auf die neue Saison vorbereiten musste.[1843]

Abbildung 105 zeigt, dass der **Weg zu einer „produktiven" Erfolgsmannschaft** über eine flexible Aufgabenverantwortung[1844] der Spieler entsprechend der Schwerpunkte des Trainers beim „Ordnen" bzw. Management situativer Faktoren[1845] laufen sollte.

Abb. 105: Der Weg zur Erfolgsmannschaft VII - Querschnittsorientierung

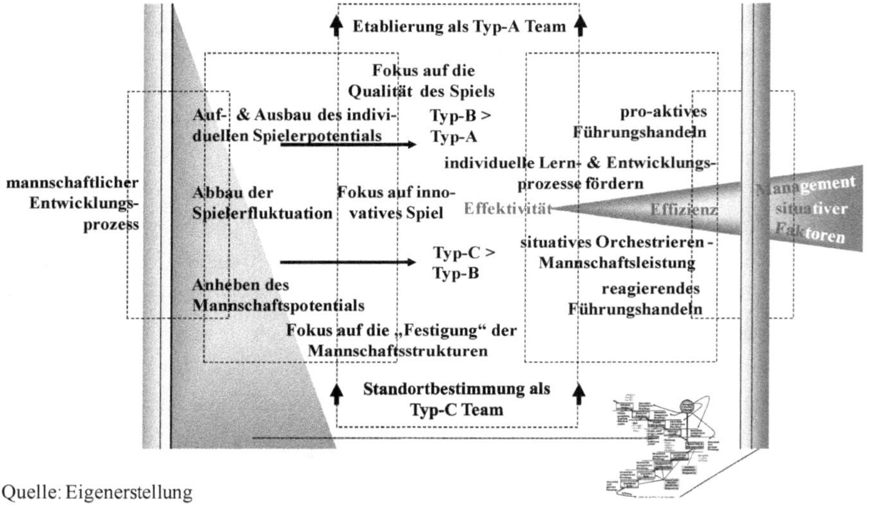

Quelle: Eigenerstellung

Je fortgeschrittener dieser Entwicklungsprozess ist, um so mehr meine ich, dass für einen Trainer die **Arbeit mit situativen Faktoren** und deren Querverbindungen an Bedeutung gewinnt:

- durch das strategisch-situative Orchestrieren der Leistungserbringung aller Spieler – hin zu einer bestimmten Spielweise
- durch das Fördern individueller, aber teamorientierter Entwicklungsprozesse – d.h. des **Querschnittsdenkens der Spieler** (wichtig für die Trainer-Effektivität)

[1843] Aus dem Kinofilm „Sie waren Helden", 2006. – Vgl. 11.2.
[1844] Vgl. 10.3.; Beginn-Kapitel 12.
[1845] Vgl. 5.3.

Entsprechend rigide waren auch die Prioritäten von Coach Herb Brooks als er das junge US-Eishockeyteam übernahm, um es zum Olympiasieg 1980 zu führen. Es war daher nicht unbedingt verwunderlich, dass er just bei einer wilden Rauferei zweier Spieler während des Trainings erstmals seinen Spielplan erklärte und die Spieler aufforderte, endlich ein Team zu werden.[1846] Ein Trainer sollte also die möglichst zeitnahe Realisierung aller Teilziele in Angriff nehmen, weil sich erst dann die volle Wirkung seines Führungshandelns entfaltet. Er muss auch bedenken, dass bei den Spielern alle Wahrnehmungen von ihm als Trainer letztlich in einem Gesamteindruck verschmelzen[1847] - so wird das **Querschnittsdenken des Trainers** gefördert.[1848]
Wie Abbildung 106 zeigt, schließt sich hier der Kreis von Fragen, die wir uns schon im ersten Kapitel dieses Buches angesichts hartnäckiger Krisensituationen von Sportmannschaften gestellt haben, wo einem Trainer nur noch Raum für „kosmetische" Handlungen in Form taktischer Spielerwechsel oder einem Umschichten der Reservebank blieb. Diese Fragen bildeten den Ausgangspunkt für den strategisch-situativen Entwicklungsweg eines Teams. Der Zusammenhang zwischen „strategisch" und „situativ" ist für mich dabei so zu verstehen, dass der **situative Fokus**[1849] eines Trainers entsprechend der **strategischen Erfordernisse** seiner Mannschaft abgestuft (d.h. effizient) angewendet wird.[1850] Die Fallstudien **a)** des österreichischen Fußballnationalteams vor, während und nach der EM-2008[1851], sowie **b)** der zahlreichen Fußballnationalteams[1852] bei der FIFA-WM 2010 haben uns dies deutlich vor Augen geführt. Bei jedem Teamtyp muss dabei auf eine vollständige Durchdringung des Führungsprozesses mit einer Ausrichtung auf **inkrementellen oder grundlegenden Wandel**[1853] für die Spielweise des Teams bzw. auf unterschiedliche Schwerpunkte beim „Handling" situativer Faktoren geachtet werden. Das also ist m.E. wichtig bei ganzheitlichen, strategisch-situativen Lösungen und für die **Effizienz eines Trainers** beim Umsetzen seines operativen Führungskonzeptes.[1854]

1846 Aus dem Kinofilm „Miracle", 2004. – Vgl. 4.4. und 11.3.

1847 Vgl. 10.2.

1848 Vgl. Westerbeek,H.; Smith,A., Business Leadership and the Lessons from Sport, 2005, S. 108.

1849 Situativer Fokus auf **a)** taktische Aspekte, **b)** Engagement für das Team, **c)** innovatives Spiel, und **d)** die Qualität des Spiels.

1850 Das eingeschobene Symbol für die Klassifizierung von Sportmannschaften (Mannschaftstypen) in Abbildung 105 visualisiert dies. - Vgl. Abbildung 1, 2, 19, 87, 88, 100, und 105.

1851 Vgl. 4.1., 5.1., 6.1., 7.2.1., 8.1., 9.1.1., 10.7., 11.2., 11.3. und 12.1.

1852 Vgl. Beginn von Kapitel 1; 3.2., 4.6., 5.1., 5.3., 5.4., 6.2., 7.1., 7.2.1., 7.2.2., 8.1., 8.2., 9.1.1., 9.2., 10.3., 10.6., 11.2.; Beginn-Kapitel 12.

1853 Vgl. 5.2.

1854 Vgl. 5.3. - Vgl. Tabelle 3 in Punkt 5.5. - Vgl. Tabelle 4 in Punkt 11.2.

Abb. 106: Der Weg zur Erfolgsmannschaft VIII - Umsetzen des Führungskonzeptes

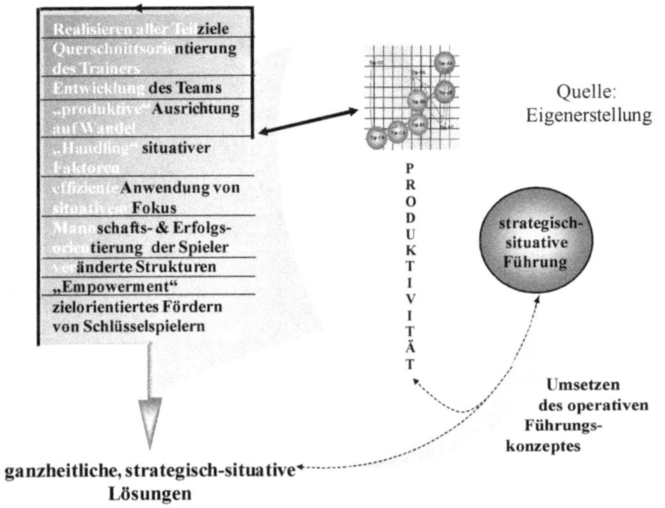

Quelle: Eigenerstellung

Unvorhersehbare Wendungen prägen dabei nur zu oft die Realität auf dem Spielfeld. Unser letzter Blick auf die Fußball WM 2010 richtet sich daher noch ein Mal – aber nur für eine Minute - auf eines der entscheidenden Spiele der Gruppenphase: dort führte England gegen Slowenien mit 1:0, was beiden Teams zum Aufstieg gereicht hätte. Vor allem den Slowenen, die nach dem Schlusspfiff begeistert zu feiern begannen. Da ereilte sie die Nachricht, dass fast gleichzeitig die USA den Siegestreffer gegen Algerien erzielten, was den USA anstelle von Slowenien das Achtelfinale bescherte.[1855] Die Fernsehübertragungen weltweit wechselten sogleich zu den jubelnden Amerikanern...

Strategisch-situative Führung ist m.E. noch kein Garant für berechenbaren Erfolg. Abbildung 107 bekräftigt mit einem Überblick über die seit Kapitel 4 gesammelten Implikationen für das Führungshandeln vielmehr, dass (bei allen Unwägbarkeiten, die dem Teamsport nun einmal innewohnen) jener Trainer am besten den **Fahrplan für Wandel** bei der Entwicklung seines Teams realisiert, der **a)** auf eine stete Weiterentwicklung der Spieler abstellt, **b)** sie auf allen Führungsebenen strategisch-situativ

[1855] Vgl. Kronen Zeitung (WM-Extra): Himmel & Hölle, 24. Juni 2010.

orchestriert, dabei **c)** v.a. Schlüsselspieler fördert und **d)** deren individuellen Rollen (so wie die der restlichen Spieler) auf die Erfordernisse der Gruppenebene ausrichtet - jeweils unterschiedlich für Typ-C, Typ-B, und Typ-A Teams[1856].

Abb. 107: Implikationen für das Führungshandeln IX

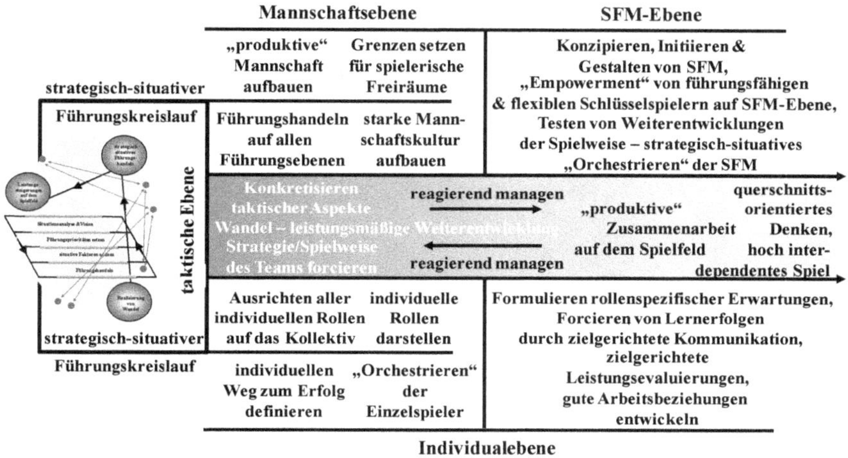

Quelle: Eigenerstellung

So wurden für viele der Trainer, die wir in über 100 Situationen auf der „**Zeitreise**“ **durch fünf Jahrzehnte des Teamsports** kennen gelernt haben, in jeder Situation die Führungsprioritäten klar, und ihre Vorgehensweise blieb flexibel. **Strategische Zielorientierung und Flexibilität** waren für sie außerdem der Schlüssel dafür, dass ihre Spieler teamorientiert zu denken und das volle Leistungspotential auszuspielen begannen. Erst dadurch konnten sie die „**Produktivität**“ **ihrer Teams** maximieren und den bisweilen langen **Weg des Wandels zu einer Erfolgsmannschaft** beschreiten. Natürlich auch in dem Sinne, dass man sowohl mit Konzepten[1857] arbeitet als auch mit viel gesundem Selbstvertrauen und Verlass auf sich selbst und das ganze Team[1858], denn:

> „Die Mannschaft auf dem Spielfeld ist die Mannschaft der Stunde.“[1859]

[1856] Vgl. 5.1. – Vgl. Abb. 19, 87 und 88. – Vgl. Abb. 14, 41, 47, 59, 66, 72, 83 und 93. –Vgl. Tabelle 4.

[1857] Vgl. Meisinger, S., Creativity and innovation, HR Magazine (http://findarticles.com/p/articles/mi_m3495/is/ai_n19170717?tag=artBody;col1), May 2007.

[1858] Vgl. Riley, P., The Winner Within, 1993, S. 235-241.

[1859] Riley, P., The Winner Within, 1993, S. 47.

Literaturverzeichnis

Aguirre, J., In: http://sport.orf.at/wm2010/100622-518/index.html: „Stimmen zur Entscheidung in Gruppe A“, 22. Juni 2010.

Allen, J.B.; Hodge, K., Fostering a Learning Environment: Coaches and the Motivational Climate, International Journal of Sports Science & Coaching, 2006, Vol. 1, No. 3.

Allerbeck, M., Ausgewählte Probleme der Führungsforschung – eine empirische Studie (Dissertation), München, 1977.

Ancona, D.; Caldwell, D., Management Issues facing new product teams in high technology companies, In: Lewin, D.; Lipsky, D.; Sokel, D. (alle: Hrsg.), Advances in industrial and labor relations, vol. 4, JAI Press, Greenwich (USA), 1987.

Alvesson, M., Leadership as Social Integrative Action: A Study of a Computer Consultancy Company, Organization Studies, March 22 1992, Volume 13, No. 2.

ARD Fernsehkanal (Fernsehinterview mit Günther Netzer), 10. Juni 2008.

ARD Fernsehkanal (Länderspielübertragung Deutschland-Österreich), 16. Juni 2008.

Armstrong, S., Are you a “transformational” coach? Journal of Physical Education, Recreation and Dance, 2001, Vol. 72, No. 3.

As (spanische Zeitung), In: http://sport.orf.at/wm2010/100711-995/index.html: „Pressestimmen zum WM-Triumph“, 11. Juli 2010.

Ashforth, B.E.; Humphrey, R.H., Emotion in the workplace: A reappraisal, Human Relations, February 1995, Vol. 48, No. 2.

Aritzeta, A., Swailes, S., Senior, B., Belbin`s Team Role Model: Development, Validity and Applications for Team Building, Journal of Management Studies, January 1st, 2007, Vol. 44, No. 1.

Atwater, L.E.; Yammarino, F.J., Personal attributes as predictors of superiors` and subordinates` perceptions of military academy leadership, Human Relations, May 1993, Vol. 46, No.5.

Balkundi, P.; Harrison, D. A., Ties, leaders, and time in teams: strong interference about network structure`s effects on team viability and performance, Academy of Management Journal, 2006, Vol. 49, No. 1.

Bamberger, P.; Mesholam, I., Human Ressource Strategy: Formulation, Implementation, Strategy, Sage Publications Inc. (ed.), Thousand Oaks, London (UK), New Delhi, 2000.

Barrick, M.R.; Bradley, B.H.; Colbert A.E., The moderating role of top management team interdependence: implications for real teams and working groups, Academy of Management Journal, 2007, Vol. 50, No. 3.

Basler Zeitung (Schweizer Zeitung), In: http://sport.orf.at/wm2010/100614-235/index.html: „Pressestimmen zu Deutschland–Australien", 14. Juni 2010.

Bass, B.M.; Stogdill, R.M., Bass and Stogdill`s handbook of leadership. Theory, research and managerial applications, 3rd ed., Free Press, New York, 1990.

Beatty, C.A.; Lee, G.L., Leadership Among Middle Managers – An Exploration in the Conetxt of Technological Change, Human Relations, September 1992, Vol. 45, No. 9.

Beckenbauer, F., In: http://sport.orf.at/stories/2051994/2051992/: „So kann man nicht Fußballspielen", 8. April 2011.

Bell, R.C.; Cheng, K.-M.; Hsu, C.-H., Transformational Leadership and Organizational Effectiveness in Recreational Sports/Fitness Programs, The Sport Journal (http://www.thesportjournal.org/article/transformational-leadership-and-organizational-effectiveness-recreational-sportsfitness-prog), 2008, Vol. 5, No. 2.

Bennis, W., Learning to Lead, Executive Excellence, January 1996, Vol. 13, No. 1.

Bennis, W., Leaders of Leaders, Executive Excellence, September 1997; Vol. 14, No. 9.

Bennis, W., Rethinking Leadership, Executive Excellence, February 1998, Vol. 15, No. 2.

Bennis, W., Leading Teams, Eexecutive Excellence, March 1998, Vol. 15, No. 3.

Bennis, W.; Biederman, P.W., The Secrets of Creative Collaboration, Inc. Magazine, December 1996.

Bennis, W.; Biederman, P.W., Great Groups, Executive Excellence, April 1997, Vol. 14, No. 4.

Bennis, W.; Heenan, D.A., Die Macht der Nr. 2: Das Geheimnis erfolgreicher Führungsduos, Campus Verlag, Frankfurt, New York, 2000.

Bennis, W.; Mische, M., 21st Century Organization, Executive Excellence, September 1996, Vol. 13, No. 9.

Berg, P.O., Symbolic management of human resources, Human Ressource Management, Winter 1986, Vol. 25. No. 4.

Biedermann, Ch., Subjektive Führungstheorien: Die Bedeutung guter Führung für Schweizer Führungskräfte, Paul Haupt Verlag, Bern-Stuttgart, 1989.

Birker, G.; Birker K., Teamentwicklung und Konfliktmanagement: Effizienzsteigerung durch Kooperation, Cornelsen Verlag Scriptor, Berlin, 2007.

Boal, K.B.; Hooijberg, R., Strategic leadership research: Moving on, Leadership Quarterly, Winter 2000, Vol 11, No. 4.

Bolman, L.G.; Deal, T.E., Reframing Organization: Artistry, Choice, and Leadership, Josey-Bass Publishers, San Francisco, 1991.

Bommer, W.H.; Dierdorff; E.C., Does prevalence mitigate relevance? The moderating effect of group-level OCB on employee performance, Academy of Management Journal, 2007, Vol. 50, No. 6.

Botterill, C.B., Goal Setting and Performance on an Endurance Task, University of Alberta, unpublished doctoral dissertation, 1977.

Bowen, D.E.; Ostroff, C., Understanding HRM-Firm Performance linkages: The role of the „strength" of the HRM system, Academy of Management Review, 2004, Vol. 29, No. 2.

Brooks, H., In: http://en.wikipedia.org/wiki/Herb_Brooks

Brown, T., Jesus CEO?, Industry Week, March 6, 1995.

Brown, T., Great leaders need great followers [Interview with Chaleff, I.], Industry Week, September 4, 1995.

Bryant, A.; Harvey, E. L., Empowered environments, Executive Excellence, February 1993.

Bryant, B; Dunphy,D., Teams: Panaceas or prescriptions for improved performance? Human Relations, May 1996, Vol. 49, No. 5.

Burton, R.M.; Lauridsen, J.; Obel, B., The impact of organizational climate and strategic fit on firm performance, Human Resource Management, Spring 2004; Vol. 43, No. 1.

Buschmann, J., In: http://sport.orf.at/wm2010/100701-764/index.html: „Die letzten ein bis zwei Prozent“, 1. Juli 2010.

Butt, D.S., The Psychology of Sport: The Behaviour, Motivation, Personality and Performance of Athletes, Van Nostrand Reinhold, New York, 1976.

Cabrales, A.L.; Valle, R.; Herrero, I., The contribution of core employees to organizational capabilities and efficiency, Human Resource Management, Spring 2006, Vol. 45, No. 1.

Cadrain, D., Don't let dormant policies lie, HR Magazine (http://findarticlescom/p/articles/mi_m3495/is_7_52/ai_n19394927/pg_2?tag=artBody;col1), July 2007.

Carless S.A., Does Psychological Empowerment Mediate the Relationship Between Psychological Climate and Job Satisfaction?, Journal of Business and Psychology, 2004, Vol. 18, No. 4.

Carson, J.B.; Tesluk, P.E.; Marrone, J.A., Shared Ledaership in teams: an investigation of antecedent conditions and performance, Academy of Management Journal, 2007, Vol. 50, No. 5.

Carron, A.V., Motivating the Athlete, Sport Psychology, o.O., 1986.

Carron, A.V., The Sport Team as an Effective Group, In: Williams, J.M., (Hrsg.), Applied Sport Psychology: Personal Growth to Peak Performance, Mayfield Publishing Company, Palo Alto, 1986.

Chaleff, I., Effective followership, Executive Excellence, April 1996, Vol. 13, No. 4.

Chandler, A.D. Jr., Strategy and Structure (Diplomarbeit), Doubleday, New York (USA), 1966.

Chelladurai, P., Leadership in sports: A review. International Journal of Sport Psychologie, 1990, Vol. 21, No. 4.

Chelladurai, P.; Haggerty, T.R., Measures of organizational effectiveness of Canadian national sport organizations. Canadian Journal of Sport Sciences, 1991, Vol. 16, No. 2.

Chelladurai, P., Sport Management: Its Scope and Career Opportunities; In: Parkhouse, B.L. (Hrsg.), The Management of Sport. Its Foundation and Application, St. Louis et al., 2. Auflage, 1996.

Chelladurai, P.; Kent, A., Perceived Transformational Leadership, Organizational Commitment, and Citizenship Behavior: A Case Study in Intercolllegiate Athletics, Journal of Sport Management, 2001, Vol. 15, No. 2.

Chelladurai, P.; Weaver, M.A., Mentoring in Intercollegiate Athletic Administration, Journal of Sport Management, 2002, Vol. 16, No. 2.

Chelladurai, P., Human Ressource Management in Sport and Recreation, Human Kinetics Pub Inc., 2006.

„Clarin" (argentinische Zeitung), In: http://de.eurosport.yahoo.com/ 04072010/73/wm-2010-presse-diego-junge-heisst-mueller.html., 4. Juli 2010.

Clark, T.R., Engaging the disengaged: in times of change, five basic forces help retain and engage employees, HR Magazine (http://findarticles.com/p/articles/mi_m3495/is_4_53/ai_n25358114/pg_2?tag= artBody;col1), April 2008.

Colyer, S., Organizational Culture in Selected Western Australian Sport Organizations, Journal of Sport Management, 2000, Vol. 14, No. 4.

Cocheu, T., Strategic Leadership, Executive Excellence, June 1993.

Colbert, A.E.; Kristof-Brown, As.L.; Bradley, B.; Barick, M.R., CEO Transformaional Leadership: the Role of Goal Importance Congruence in Top Management teams, The Academy of Management Journal, (http://journals.aomonline.org/inpress/main.asp?action=preview&artid=265&pid=18p_short=AMJ), February 2008, Vol. 51, No.1.

Conger, J.A.; Kanungo, R., Toward a Behavioural Theory of Charismatic Leadership in Organizational Settings, Academy of Management Review, 1987, Vol. 12, No. 4.

Conger, J.A.; Kanungo, R.; Menon, S.T.; Mathur, P., Measuring charisma: Dimensionality and validity of the Conger-Kanungo scale of charismatic leadership. In: Canadian Journal of Administrative Sciences, September 1997, Vol. 14, No. 3.

Constantini, In: http://derstandard.at/1282979068290/Constantini-Taktik-generell-ueberbewertet, (APA), 7. September 2010.

Constantini, D., In: http://sport.orf.at/stories/2019056/2019053/: „Zwischen Genie und Wahnsinn“, 9. Oktober 2010.

Cratty, B.J., Psycho-Motor Behaviour in Education and Sport, Charles C. Thomas Publisher, Springfield, Illinois (USA), 1974.

Cunningham, G.B.; Mahoney, K., Self-Efficacy of Part-Time Employees in University Athletics: The Influence of Organizational Commitment, Valence of Training, and Training Motivation, Journal of Sport Management, 2004, Vol. 18, No. 1.

Daly, Ch., America`s Dream Team, Turner Publishing Inc., Atlanta, Georgia (US), 1992.

Danserau, F.; Graen, G.; Haga, W.J., A vertical dyad linkage approach to leadership within formal organizations: A longitudinal investigation of the role making process, Organizational Behavior and Human Performance, February 1975, Vol. 13, No. 1.

Davis, D. J., Analysis of Perceived Leadership Styles & Levels of Satisfaction of Selected Junior College Athletic Directors and Head Coaches, The Sport Journal, (http://www.thesportjournal.org/article/analysis-perceived-leadership-styles-levels-satisfaction-selected-junior-college-athletic-di), 2002, Vol. 5, No. 2.

Davis, N.M., Build leaders from within, HR Magazine (http://findarticles.com/p/articles/mi_m3495/is_/ai_n24357793?tag=artBody;col1), February 2008.

Day, D., New Supervisors and the Informal Group, Supervisory Management, May 1, 1989.

Daily Telegraph (englische Zeitung), In: http://sport.orf.at/wm2010/100614-235/index.html: „Pressestimmen zu Deutschland–Australien“, 14. Juni 2010.

Daily Telegraph (englische Zeitung), In: http://de.eurosport.yahoo.com/28062010/73/wm-2010-presse-three-lions-wurden-zerrissen.html, 28. Juni 2010.

Deal, T.; Kennedy, A., Corporate Cultures: The rites and rituals of corporate life, Penguin, London (UK), 1988.

Del Bosque, V., In: Kronen Zeitung (WM-Extra): „Schweizer Laufwunder“, 17. Juni 2010.

Deluga, R.J., Relationship of transformational and transactional leadership with employee influencing strategies, Group & Organization Studies, June 1988, Vol. 13, No. 4.

Deluga, R.J., The Effects of Transformational, Transactional and Laissez faire Leadership Characteristics on Subordinate Influencing Behavior, Basic and Applied Social Psychology, March 1990, Vol. 11, No. 2.

Deluga, R.J.; Perry, J.T., The role of subordinate performance and ingratiation in leader-member exchanges, Group & Organization Management, 1994, Vol. 19, No. 1.

Deluga, R.J., Leader-Member Exchange Quality and Effectiveness Ratings: The role of subordinate-supervisor conscientiousness similarity, Group & Organization Management, June 1998, Vol. 23, No. 2.

DelVecchio, S.K., Predicting Sales Manager Control: A comparison of control-system and leadership approaches, Journal of Applied Business Research, Fall 1996, Vol. 12, No. 4.

De Morgen (belgische Zeitung), In: http://de.eurosport.yahoo.com/ 04072010/73/wm-2010-presse-diego-junge-heisst-mueller.html, 4. Juli 2010.

Dickson, R., Culturing personal leadership, The Management Accounting Magazine, February 1995 (http://www.accessmylibrary.com/article-1G1-16736645/culturing-personal-leadership-cover.html).

Doppler, K., Der Change Manager, Campus Verlag, Frankfurt, New York, 2003.

Douglas, K.; Carless, D., Using Stories in Coach Education, International Journal of Sports Science & Coaching, 2008, Vol. 3, No. 1.

Doyle, R.J., Caution: Self-Directed Work Teams, HRMagazine, June 1992, Vol. 37, No. 6.

Drexler, A.B.; Forrester, R., Interdependence: The crux of teamwork, HRMagazine, September 1998, Vol 43, No. 10.

Drumm, H.J., Personalwirtschaftslehre, Springer-Verlag, Regensburg, 1989.

Dueck, G. (IBM), In: http://derstandard.at/: „Umsichtig führen, Loyalität beweisen", 19. Januar 2005.

Du Pont, P., The lessons of policy failures, Chief Executive, September 1999.

Dvir, T.; et al., Impact of Transformational Leadership on Follower Development and Performance: a field experiment, Academy of Management Journal, 2002, Vol. 45, No. 4.

Eggleston, K.K.; Bhagat, R.S., Organizational contexts and contingent leadership roles: A theoretical exploration, Human Relations, October 1993, Vol. 46, No. 10.

Erdmann, R., Die Bedeutung empirischer Studien mit kleinen Stichproben für die Theoriebildung im sozialwissenschaftlichen Bereich, Sportwissenschaft, 1988, Vol. 18, No. 3.

Falcone, P., On the brink of failure: keep your team from going over the edge by diagnosing the problem and taking these steps to fix it, HR Magazine, (http://find articles.com/p/articles/mi_m3495/is_/ai_n24357818?tag=artBody;col1), February 2008.

Fessler, C., Rotating Leadership at Harley-Davidson: From hierarchy to interdependence, Strategy and Leadership, July/August 1997, Vol. 25, No. 4.

Fleishman, E.A., Leadership climate and human relations training, Personnel Psychology, 1953, Vol. 6.

„France Football" (französische Zeitung), In: http://sport.orf.at/wm2010/100623-531/ index.html: „Les Bleus" ernten Hohn und Spott", 23. Juni 2010.

Fraisl, G., In: Kronen Zeitung (WM-Extra): „Der coole Jogi surft voll auf der neuen deutschen Welle", 13. Juni 2010.

Fuchs, Ch., In: http://sport.orf.at/stories/2049784/2049783/: „Fehler analysieren und besser machen", Hofstetter, H., 27. März 2011.

Gauvin, N., Rules of Engagement—and disengagement, HR Magazine (http://findarticles.com/p/articles/mi_m3495/is_/ai_n24357798?tag=artBody;col1), February 2008.

George, J.M.; Brief, A.P., Feeling good - doing good: A conceptional analysis of the mood at work-organizational spontaneity relationship, Psychological Bulletin, 1992, Vol. 112, No. 2.

George, J.M.; Zhou, J., Dual tuning in a supportive context: joint contributions of positive mood, negative mood, and suppervisory behaviors to employee creativity, Academy of Management Journal, 2007, Vol. 50, No. 3.

Gerstenberger, M.C.; et al., Psychology: Red enhances human performance in contests, Nature, Band 435; Ausgabe vom 19. Mai 2005.

Gézi, G.J.; Tóth, L.; Sipos, K.; Fügedi, B., Anxiety and Coping of Hungarian National Ice Hockey Players, International Journal of Sports Science & Coaching, 2008, Vol. 3, No. 2.

Gibbons, P.T., Impacts of Organizational Evolution on Leadership Roles and Behaviors, Human Relations, January 1992, Vol. 45, No.1.

Gould, D., Goal Setting for Peak Performance, In: Williams, J.M., (Hrsg.), Applied Sport Psychology: Personal Growth to Peak Performance, Mayfield Publishing Company, Palo Alto, 1986.

Graen, G.; Cashman, J., A role-making model of leadership in formal organizations: A developmental approach,1975, In: Hunt, J.G.; Larson, L., (Hrsg.), Leadership Frontiers; Kent State University (Comparative Administration Research Institute, Kent (USA), 1975.

Grund, C.; Gürtler, O., An Empirical Study on Risk Taking in Tournaments, Applied Economics Letters, Taylor and Francis Journals, pages 457-461, June 2005, Vol. 12, No. 8.

Hackman, J.R., The design of work teams, In: Lorsch, J.W. (Hrsg.), Handbook of organizational behaviour, Prentice Hall, Englewood Cliffs (USA), 1986.

Hambrick, D.C., Upper Echelons Theory: an update, Academy of Management Review, 2007, Vol. 32, No. 2.

Hanna, D.P., Build Integrity into Self-Directing Teams, Executive Excellence, December 1991, Vol. 8, No. 12.

Happel. E., In: HTTP://DERSTANDARD.AT/127604366 6252/FUSSBALL-UND-WIRTSCHAFT-SPRENGER-GUTE-TRAINER-SIND-EIN-MYTHOS“, 15. Juni 2010.

Harari, O., When intelligence rules the manager`s job changes, Management Review, July 1994, Vol 83, No. 7.

Harrington, B. (Brown University), In: http://science.orf.at/science/news/14642: „Konstruktive Kritik als Schlüssel zum Erfolg“, o.J.

Harrison, E.F.; Pelletier, M.A., CEO perceptions of strategic leadership, Journal of Managerial Issues, 1997, Vol. 9, No. 3.

Hart, S.L.; Quinn, R.E., Roles executives play: CEOs, behavioural complexity, and firm performance, Human Relations, May 1993, Vol. 46, No. 5.

Hastings, R.R., Millenials expect a lot from leaders, HR Magazine (http://findarticles.com/p/articles/mi_m3495/is_/ai_n24250599?tag=artBody;col1), January 2008

Hees, F., et.al., Partizipation und Empowerment: Konzepte zwischen Selbstverwirklichung und (Selbst-) Ausbeutung, In: DLR-Projektträger „Arbeitsgestaltung und Dienstleistungen: Neue Wege-Anregungen-Projekte“ (Hrsg.): Arbeitsschutz im Wandel, http://www.ima-zlw-ifu.rwth-aachen.de/forschung/projekte/pe/dokumente/artikel.pdf, 2001.

Hentze, J.; Graf, A.; Kammel, A.; Lindert, K., Personalführungslehre, Haupt Verlag, Bern, Stuttgart, Wien, 2005.

Herber, H.J.; Vásárhelyi, É., Lewins Feldtheorie als Hintergrundspanorama moderner Motivations- und Willensforschung (im Vergleich zu Behaviorismus, Psychoanalyse, Gestalt- und Kognitionspsychologie), In: http://www.sbg.ac.at/erz/salzburger_beitraege/fruehling2002/herber.pdf, 2002.

Hersey, P.; Blanchard, K.H., Life Cycle Theory of Leadership, Training and Development Journal, May 1969, Vol. 23, No. 5.

Heimovics, R.D.; Herman, R.D.; Jurkiewicz-Coughlin, C.L., Executive Leadership and Resource Dependence in Nonprofit Organizations: A Frame Analysis, Public Administration Review, September/October 1993, Vol. 53, No. 5.

Hentze, J.; Graf, A.; Kammel, A.; Lindert, K., Personalführungslehre: Grundlagen, Funktionen und Modelle der Führung, Haupt Verlag, Bern, Stuttgart, Wien, 2005.

Heuer, A., et al., In: http://www.spiegel.de/wissenschaft/mensch/0,1518,754907,00.html: „Fußball-Statistik: Trainerwechsel bringen nichts", Dambeck, H., 11. April 2011.

Hewson, R., New dimensions in strategic leadership, Strategy & Leadership, September/October 1997, Vol. 25, No. 5.

Hiebert, M.; Klatt, B., The Encyclopedia of Leadership: A Practical Guide to Popular Leadership Theories and Techniques, McGraw-Hill, New York, 2001.

Hill, D.R.; Kolman, B., A Modern Matrix Algebra, Prentice Hall Date Published, 2001.

Hinterhuber, H.H., Strategische Unternehmensführung, 4. Auflage, de Gruyter Verlag, Berlin-New York, 1989.

Hinterhuber, Hans, H., Strategische Unternehmensführung II. Strategisches Handeln, De Gruyter Verlag, Berlin Oktav, 1992.

Hinterhuber, H.H.; Krauthammer, E., Leadersip – mehr als Management: Was Führungskräfte nicht delegieren dürfen, Gabler Verlag, Wiesbaden, 2005.

Hitzfeld, O., In: http://dasmagazin.ch/index.php/der-allemanne/: „Der Alemanne", Hartmann, P., 5. Juni 2010.

Hoegl, M.; Parboteeah, K.P., Autonomy and teamwork in innovative projects, Human Resource Management, Spring 2006, Vol. 45, No. 1.

Hoigaard, R.; Jones, G.W.; Peters, D.M., Preferred Coach Leadership Behavior in Elite Soccer in Relation to Success and Failure, International Journal of Sports Science & Coaching, 2008, Vol. 3, No. 2.

Honda, K., In: http://sport.orf.at/wm2010/100628-702/index.html: „Safety First", 28. Juni 2010.

Hosmer, L.T., The Importance of Strategic Leadership, Journal of Business Strategy, 1982, Vol. 3, No. 2.

Horwitz, M.; Rabbie, J.M., Individuality and membership in the intergroup system, In: Tajfel, H. (Hrsg.), Social identity and intergroup relations, Cambridge University Press, Cambridge (UK), 1982.

House, R.J., A 1976 Theory of Charismatic Leadership, In: Pierce, J.L.; Newstrom, J.W., Leaders & The Leadership Process, McGraw-Hill/Irwin, New York, 2006.

House, R.J.; & Mitchell, T., Path-Goal Theory of Leadership, Journal of Contemporary Business, Fall 1974, Vol. 3.

Hutson, H.; Perry, B., Führen mit Hoffnung, Harvard Business Manager, Februar 2007, 29, Nr. 2.

Ibrahim, A.B.; Kelly, J., Leadership Style at the Policy Level, Journal of General Management, Spring 1986, Vol. 11, No. 3.

Ireland, R.D.; Hitt, M.A., Achieving and maintaining strategic competitiveness in the 21st century: The role of strategic leadership, The Academy of Management Executive, February 1999, Vol. 13, No. 1.

Janeschitz, Th., In: http://sport.orf.at/wm2010/100609-101/index.html: „Kein Platz mehr für 'Stehgeiger'", 9.Juni 2010.

Janko, M., In: http://sport.orf.at/stories/2049784/2049783/: „Fehler analysieren und besser machen", Hofstetter, H., 27. März 2011.

Jarzabowski, P., Shaping strategy as a structuration process, The Academy of Management Journal, Vol. 51, No. 4 (http://journals.aomonline.org/inpress/main.asp?action=preview&art_id=350&p_id=18p_short=AMJ, August 2008.

Jash Raj Films, „Chakde! India", Kinofilm, Indien, 2007.

Jermier, J.M.; Berkes, L.J., Leader Behaviour in a Police Command Bureaucracy: A closer Look at the Quasi-Military Model, Administrative Science Quarterly, March 1979, Vol. 24, No. 1.

Johns, G., The essential impact of context on organizational behaviour, Academy of Management Review, 2006, Vol. 31, No. 2,.

Jones, R.L.; Wallace, M., The coach as orchestrator, In: Jones, R.L. (Hrsg.), The sports coach as educator: Re-conceptualising sports coaching, Routledge, London, 2006.

Kabanoff, B.; Waldersee, R.; Cohen, M., Espoused values and organizational change themes, Academy of Management Journal, August 1995, Vol. 38, No. 4.

Kanter, R.M.; Stein, B.A.; Jick, T.D., The challenge of organizational change, Free Press, New York, 1992.

Kark, R.; Van Dijk, D., Motivation to lead, motivation to follow: the role of the self-regulatory focus in leadership process, Academy of Management Review, 2007, Vol. 32, No. 2.

Kasper, H.; Mayrhofer, W., Personalmanagement–Führung-Organisation, Linde Verlag, Wien, 2002.

Katzenbach, J.R. (McKinsey & Company, Inc.), Teams an der Spitze: Der Chef als Chef und Teammitglied, Ueberreuter Verlag, Wien, 1998.

Keller, T.; Danserau, F., Leadership and empowerment: A social exchange perspective, Human Relations, February 1995, Vol. 48, No. 2.

Kersting, J.-M., Handeln in organisationalen Veränderungen: Zur Bedeutung selbstregulativer Prozesse für ein ressourcenorientiertes Change-Management, (http://www.systemagazin.de/bibliothek/texte/steinkellner_syst_fuehrung.pdf), Inaugural-Dissertation, 2005

Kopelman, R.E., Improving productivity through objective feedback: A review of the evidence, National Productivity Review, Winter 1982, Vol 2. No. 1.

Kotter, J.P., On What Leaders Really Do, Harvard Business School Press, Boston (USA), 1999.

Kranz, M., Management von Strategieprozessen: Von der strategischen Planung zur integrierten Strategieentwicklung, Gabler Edition Wissenschaft, Wiesbaden, 2006.

Kress, N.-M.; Studnitz, A.v., Teamführung: gemeinsam zum Ziel, Rowohlt Taschenbuch Verlag, Reinbek bei Hamburg, 2000.

Kronen Zeitung (WM-Extra): „Angst vor Brasilien führte zu lähmender Nullnummer", 16. Juni 2010.

Kronen Zeitung (WM Extra): „Der Deco hat gespielt wie in Versager", Stessl, H., 16. Juni 2010.

Kronen Zeitung (WM-Extra): „Himmel & Hölle“, 24. Juni 2010.

Kronen Zeitung (WM-Extra): „Beckham wollte dem Referee an die Gurgel“, 28. Juni 2010.

Kronen Zeitung (WM-Extra): „Deutschland? Schreibt doch, was ihr wollt!“, Linden, P., 29. Juni 2010.

Kronen Zeitung (WM-Extra): „Tollwut und Teufels-Trio – nichts macht Lahm Angst“, 3. Juli 2010.

Kronen Zeitung (WM-Extra): „Tochter Dalma stützt weinenden Maradona“, 4. Juli 2010.

Kronen Zeitung (WM-Extra): „Deutschland tanzt so schön wie noch nie“, 4. Juli 2010.

Kronen Zeitung (WM-Extra): „Bitter und blöd: „Man hat gesehen, was uns fehlt“, 9. Juli 2010.

Kronen Zeitung (WM-Extra): „Ein Kapitän zu viel“, 12. Juli 2010

Kronen Zeitung: „Wie Barcelona für Arme: Das ist der richtige Weg“, Linden, P., 9. Juni 2011.

Krüger, W., Führungsstile für erfolgreichen Wandel, In: Leadership – Best Practices und Trends, Bruch, H., Krummaker, St., Vogel, B., (alle: Hrsg.), Gabler Verlag, Wiesbaden, 2006.

La Derniere Heure (belgische Zeitung), In: http://de.eurosport.yahoo.com/04072010/73/wm-2010-presse-diego-junge-heisst-mueller.html., 4. Juli 2010.

La Liberation (französische Zeitung), In: http://sport.orf.at/wm2010/100614-235/index.html: „Pressestimmen zu Deutschland–Australien“, 14. Juni 2010.

Langfred, C.W., The downside of self-management: a longitudinal study oft he effects of conflict on trust, autonomy, and task interdependence in self-managing teams, Academy of Management Journal, 2007, Vol. 50, No. 4.

La Repubblica (italienische Zeitung), In: http://sport.orf.at/wm2010/100621-481/index.html: „Kritik aus der Heimat“, 21. Juni 2010.

Lahm, Ph., http://sport.orf.at/stories/2075370/: „Der Rest war Schadensbegrenzung“, 23. August 2011 (Lahm, Ph., Der feine Unterschied: wie man heute Spitzenfußballer wird, Verlag Antje Kunstmann, München, 2011).

Lasko, W.W., Dream Teams: 110 Stories für erfolgreiches Team-Coaching, Gabler Verlag, Wiesbaden, 2003.

Laursen, K; Foss., N., New human resource management practices, complementaries & the impact on innovation performance, Cambridge Journal of Economices, 2003, Vol. 27, No. 2.

Laufer, H., Grundlagen erfolgreicher Mitarbeiterführung: Führungspersönlichkeit, Führungsmethoden, Führungsinstrumente, Gabal Verlag, Offenbach, 2005.

Lawton, J., Big Phil`s Big Lesson – Don´t Pander to the Star System, Independent, 27. Juni 2004.

Leblhuber, G., In: Kronen Zeitung (WM-Extra): „Duell der Giganten“, 16. Juni 2010.

Leblhuber, G., In: Kronen Zeitung (WM-Extra): „Spanien klammert sich an seine Traumbilanz“, 18. Juni 2010.

Leblhuber, G., In: Kronen Zeitung (WM-Extra): „Zwei wie Tag und Nacht – für einen wird es finster“, 29. Juni 2010.

Leblhuber, G., In: Kronen Zeitung (WM-Extra): „Meine Tore sind nicht so wichtig!“, 1. Juli 2010.

Leblhuber, G., In: Kronen Zeitung (WM-Extra): „Die Hassliebe“, 2. Juli 2010.

LeMar, B., Menschliche Kommunikation im Medienzeitalter: Im Spannungsfeld technischer Möglichkeiten und sozialer Kompetenz, Springer Verlag, 2. Auflage, Berlin, Heidelberg, 2001.

Lencioni, P., Minimizing misery: how managers can cure on-the-job misery with these three remedies, HR Magazine (http://findarticles.com/p/articles/mi_m3495/is/ai_n24267401?tag=artBody;col1), January 2008.

Lederer, F., In: http://derstandard.at/: „Zehn Antworten auf die Elferfrage“, 12. September 2007.

Le Figaro (französische Zeitung), In: http://sport.orf.at/wm2010/100711-995/index. html: „Pressestimmen zum WM-Triumph“, 11. Juli 2010.

Le Parisien (französische Zeitung), In: http://de.eurosport.yahoo.com/04072010/73/ wm-2010-presse-diego-junge-heisst-mueller.html., 4. Juli 2010.

Liden, R.G.; Graen, G., Generalizability of the vertical dyad linkage model of leadership, Academy of Management Journal, 1980, Vol. 23, No. 3.

Lim, J. Y-S.; Cromartie, F., transformational leadership, organizational culture, and organizational effectiveness, The Sport Journal (http://www.thesportjournal.org/ article/transformational-leadership-organizational-culture-and-organizational-effectiveness-sport-or), 2001, Vol. 4, No. 2.

Linden, P., In: Kronen Zeitung: „Jetzt muß Brückner ein Kompromiß einfallen“, 12. September 2008.

Linden, P., In: Kronen Zeitung (WM-Extra): „Der Rapid-Schreck ließ auch Messi verzweifeln“, 13. Juni 2010.

Linden, P., Kronen Zeitung, (WM-Extra): „Zu viel verlangt“, 13. Juni 2010.

Linden, P., In: Kronen Zeitung (WM-Extra): „Alle gegen Dunga – aber der bleibt erst recht stur!“, 15. Juni 2010.

Linden, P., In: Kronen Zeitung (WM-Extra): „Olè oder oje–wohin geht Spaniens Reise?“, 21. Juni 2010.

Linden, P., In: Kronen Zeitung (WM Extra): „Größter Triumph für Paraguay: Wir sind im Freudentaumel“, 30. Juni 2010.

Linden, P., In: Kronen Zeitung (WM Extra): „Auch Holland macht jetzt dicht – im Rugbystadion!“, 1. Juli 2010.

Linden, P., In: Kronen Zeitung (WM-Extra): „Eingestellt auf totale Revanche“, 2. Juli 2010.

Linden, P., In: Kronen Zeitung (WM-Extra): „Glas-Robben wurde hart: Ich will das alles gewinnen!“, 6. Juli 2010.

Linden. P., In: Kronen Zeitung (WM-Extra): „Anders als Deutschland - aber das bleibt geheim“, 9. Juli 2010.

Linden, P., In: Kronen Zeitung: „Noch genug Leidenschaft“, 30. Mai 2011.

Lippi. M., In: http://sport.orf.at/wm2010/100621-481/index.html: „Kritik aus der Heimat“, 21. Juni 2010.

Locke, E.A.; Shaw, K.N.; Saari, L.M.; Latham, G.P., Goal setting and task performance: 1969-1980, Psychological Bulletin, 1981, Vol. 90, No. 1.

Logan, M.S.; Ganster, D.C., The Effects of Empowerment on Attitudes and Performance: The Role of Social Support and Empowerment Beliefs, Journal of Management Studies, 2007, Vol. 44, No. 8.

Lok, P.; Westwood, R.; Crawford, J., Perceptions of organisational subculture and their significance for organisational commitment, Applied Psychology-an International Review, October 2005, Vol. 54, No. 4.

Lombardo, M.M.; Eichinger, R.W., High potentials as high learners, Human Resource Management, Winter 2000, Vol. 39, No. 4.

Löw, J., In: Kronen Zeitung (WM-Extra): „Wut und Enttäuschung – Deutsche müssen zittern“, 19. Juni 2010.

Löw, J., In: Kronen Zeitung (WM-Extra): „Grandiose Leistung“, 28. Juni 2010.

Löw, J., In: Kronen Zeitung (WM-Extra): „Deutschland holt WM-Titel“, 6. Juli 2010.

Lüscher, G. (Hrsg.), Kleingruppenforschung und Gruppe im Sport, Westdeutscher Verlag, Köln-Opladen, 1966.

Luthans, F., Organizational Behaviour, McGraw-Hill Corp., 7th ed., New York, St. Louis, San Francisco, Auckland, Bogota, Caracas, Lisbon, London, Madrid, Mexico City, Milan, Montreal, New Delhi, San Juan, Singapore, Sydney, Tokyo, Toronto, 1995.

Mahoney, A.I., Recalibrating for the customer, Association Management, August 1999, Vol. 51, No. 8.

Mail on Sunday (englische Zeitung), In: http://sport.orf.at/stories/ 2060931/2060952/: „Pressestimmen zum CL-Finale“, 29. Mai 2011.

Malik, F., Führen, Leisten, Leben: Wirksames Management für eine neue Zeit, Deutsche Verlags-Anstalt, Stuttgart, München, 2001.

Mancini, V.H.; Agnew, M., An Analysis of Teaching and Coaching Behaviors, In: Straub, W.F. (Hrsg.), Sport Psychology: An Analysis of Athlete Behavior, Movement Publications, Ithaca, New York, 1978.

Maradona, D.A., In: Kronen Zeitung (WM-Extra): „Nur ein sehr kleines Opfer“, 26. Juni 2010.

Maradona, D., In: Kronen Zeitung (WM Extra): „Deutschland? Schreibt doch, was ihr wollt!“, 29. Juni 2010.

Marotto, M.; Roos, J.; Victor, B., Collective Virtuosity in Organizations. A study of Peak Performance in an Orchestra, Journal of Management Studies, March 26th, 2007, Vol. 44, No. 3.

Maxwell, J.C., Leadership: Die 21 wichtigsten Führungsprinzipien, Brunnen Verlag Gießen, 2002.

McGregor, D., Der Mensch im Unternehmen, Düsseldorf und Wien, Econ Verlag, 1970.

Mc Grath, B., The Leadership Wisdom of Jesus: Practical Issues, Library Journal, March 1, 1998.

Meier, H. F. (Booz Allen Hamilton), In: http://derstandard.at/: „Leistung als Wertebasis“, 16. März 2005.

Meisinger, S., Management holds key to employee engagement, HR Magazine (http://findarticles.com/p/articles/mi_m3495/is_/ai_n24357792?tag=artBody;col1), February 2008.

Meisinger, S., Change management and HR's role, HR Magazine (http://findarticles.com/p/articles/mi_m3495/is_/ai_n25127902?tag=artBody; col1), March 2008.

Meisinger, S., Creativity and innovation: key drivers for success, HR Magazine (http://findarticles.com/p/articles/mi_m3495/is_/ai_n19170717?tag=artBody;col1), May 2007.

Mikalachki, A., Creating a Winning Team, Ivey Business Quarterly, Summer 1994, Vol. 58, No. 4.

Miller, I.; Miller M.; John, E., Freund's Mathematical Statistics with applications, 7th Edition, Prentice Hall, (updated) Fall 2005.

Miller, M., Shared values foster a sense of community, Credit Union Magazine, June 2001.

Miller, W.H., Leadership at a Crossroads, Industry Week, August 19, 1996.

Mourinho, J., In: http://sport.orf.at/stories/2028230/2028222/: „Debakel für Trainer kein Beinbruch", 30. November 2010.

Müller, H. (manager, Heft 4/ 2005), In: http://www.manager-magazin.de/magazin/artikel/0,2828,346801,00.html: „Führung: Bedingt tauglich", 18. Mai 2005.

Müller, W. R., Führung und Identität, Habilitationsschrift, Basel 1980; unveränderter Nachdruck: Bern und Stuttgart, Haupt Verlag, 1981.

Mumford, V.; Gergley, G., Considerations for Interscholastic Coaches, The Sport Journal (http://www.thesportjournal.org/article/considerations-interscholastic-coaches), 2005, Vol. 8, No. 3.

Murray, M.C., Leadership Effectiveness; In: Williams, J.M., (Hrsg.), Applied Sport Psychology: Personal Growth to Peak Performance, Mayfield Publishing Company, Palo Alto, 1986.

National College for School Leadership, In: http://ncsl.org.uk/de/media-f7b-97-randd-leaders-business-yukl-2.pdf: „What Ledaers read 1", 2003.

Neal, P., Sport and Identity, Dorance & Company, Philadelphia, 1972.

Nerdinger, F.W., Erfolgreich führen: Grundwissen, Strategien, Praxisbeispiele, Beltz Verlag, Weinheim und Basel, 2000.

Neuberger, O., Führung: Ideologie - Struktur - Verhalten, 2. Auflage, Enke Verlag, Stuttgart, 1985.

Newman, T., Leadership Effectiveness for the Twenty-First Century, The Sport Journal (http://www.thesportjournal.org/article/leadership-effectiveness-twenty-first-century), 2001, Vol. 4, No. 4.

Niebuhr, R., In: http://gegge.de/weisheiten/weisheiten.php, 2006.

Northouse, P.G., Leadership: Theory and Practice, Sage Publications, London (UK), 2007.

n-tv Fernsehkanal (Fernsehinterview mit Oliver Thon), 6.Juni 2008.

n-tv Fernsehkanal (Fernsehinterview mit Joachim Löw), 6.Juni 2008.

Offermann, L.R.; Spiros, R.K., The science and practice of team development: Improving the link, Academy of Management Journal, April 2001, Vol. 44, No. 2.

ORF 1 - Österreichischer Rundfunk (Länderspielübertragung Litauen-Österreich), 10. September 2008.

Osario, R., (mexikanischer Teamstürmer), In: http://sport.orf.at/wm2010/100622-518/index.html: „Stimmen zur Entscheidung in Gruppe A", 22. Juni 2010.

Osim, I., In: http://sport.orf.at/stories/2086263/2086262/: Sturm als Vorbild für Österreich, 28. Oktober 2011.

Pacult, H., In: Http://derstandard.at/1285199637324/Pacult-im-Interview-Arnautovic-total-ueberschaetzt, (APA), 30. September 2010

Paramount Pictures; MMIV by MMDP Munich Movie Development & Production GmbH & Co Project 1 KG; MTV Films; Tollin/Robbins, „Coach Carter", Kinofilm, USA, 2005.

Pawar, B.S.; Eastman, K.K, The nature and implication of contextual influences on transformational leadership: A conceptual examination, The Academy of Management Review, January 1997, Vol. 22, No. 1.

Payer, H., In: Kronen Zeitung: „Top-20 in drei Jahren", 13. Juni 2008.

Pele, In: Kronen Zeitung (WM Extra): „Kritik der Legenden macht Stars von heute brandheiß", 2. Juli 2010.

Perreault, G., Leadership as Friendship, Executive Excellence, June 1991, Vol. 8, No. 6.

Perrow, C., Organizational Analysis, Wadsworth, Belmont (USA), 1970.

Peters, T., Thriving on Chaos, Harper Collins, New York, 1987.

Petersen, D.V., High potential, high risk: traits that indicate high leadership potential can also derail a career, HR Magazine (http://findarticles.com/p/articles/mi_m3495/is_/ai_n25127916?tag=artBody;col1), March 2008.

Pichlkastner, K.; Meurers, B.; Fontanari, M.A.; Führungs- und Mannschaftslehre II, Verlag Herold, Wien, 1998.

Pierce, J.L.; Newstrom, J.W., Leaders & The Leadership Process: Readings, Self-Assessmens & Applications, McGraw-Hill/Irwin, New York, 2006.

Pillai, R., Context and charisma: The role of organic structure, collectivism, and crisis in the emergence of charismatic leadership, Academy of Management Journal, Special Volume: Best Papers Proceedings, annual meeting of the Academy of Management, Vancouver, British Columbia, Canada, 1995.

Prohaska, H., In: http://derstandard.at/: „Zehn Antworten auf die Elferfrage", 12. September 2007.

Prohaska, H., In: Kronen Zeitung (WM-Extra): „Wenig Fieber, viel Gänsehaut", 30. Juni 2010.

Prohaska, H. (ehemaliger österreichischer Teamspieler und Fußballteamchef), In: ORF 1, 28. Mai 2011.

Prohaska, H., In: Kronen Zeitung: „Dieses Team ist fast unschlagbar", 30. Mai 2011.

Pümpin, C.; Kobi, J.M.; Wüthrich, H. A., Unternehmenskultur, Basis strategischer Profilierung erfolgreicher Unternehmen, In: Die Orientierung, Schriftenreihe der Schweizerischen Volksbank, 1985, Nr. 85.

Queiroz, C., In: http://sport.orf.at/wm2010/100622-513/index.html: „Einfach nur fantastisch", 22. Juni 2010.

Ravizza, K., Increasing Awareness for Sport Performance, In: Williams, J.M. (Hrsg.), Applied Sport Psychology: Personal Growth to Peak Performance, Mayfield Publishing Company, Palo Alto, 1986.

Reimann, B.C., The new strategic leadership: Driving change, Getting results!, Planning Review, September/October 1994, Vol. 22, No. 5.

Ridder, H.-G.; Conrad, P., Strategisches Personalmanagement: Mitarbeiterführung, Integration und Wandel aus ressourcenorientierter Perspektive, verlag moderne industrie, Landsberg/Lech, 2001.

Rieke, M.; Hammermeister, J.; Chase, M., Servant Leadership in Sport: A New Paradigm for Effective Coach Behavior, International Journal of Sports Science & Coaching, 2008, Vol. 3, No. 2.

Rieckmann, H., Führungs-Kraft und Management Development, Gerling Akademie Verlag, München, 2000.

Riley,P., The Winner Within: A Life Plan for Team Players, Berkley Publishing Group/Putnam Inc., New York, 1993.

Robausch, M., In: http://derstandard.at/1289609066180/El-Klatschico-Die-Demonstration, 30. November 2010.

Roper, S.; Love, J., The organization of innovation: collaboration, cooperation and multi-functional groups in UK and German manufacturing, Cambrigde Journal of Economics, 2004, Vol. 28, No. 3.

Rosenstiel, L.v.; Regnet, E.; Domsch, M.E., Führung von Mitarbeitern: Handbuch für erfolgreiches Personalmanagement, Schäffer-Poeschel Verlag, Stuttgart, 2003.

Rowe, W.G., Creating wealth in organizations: The role of strategic leadership, The Academy of Management Executive, February 2001, Vo. 15, No. 1.

Ruttensteiner, W., In: http://sport.orf.at/wm2010/100609-101/index.html: „Kein Platz mehr für 'Stehgeiger'“, 9. Juni 2010.

Sample, S.B., Führen Sie, wie Sie wollen: intuitiv, revolutionär, einzigartig, Redline Wirtschaft bei verlag moderne industrie, München, 2002.

Schmidt, M., Führungsverhalten von Trainern im Leistungssport (unveröffentlichte Diplomarbeit am Lehrstuhl Prof. Dr. Scholz, Universität Saarbrücken), 1997.

Schneider, U., Erschaffen von Führungswirklichkeiten: Eine Reflexion zum Stand der Führungsforschung an Hand eines Falles „gelungener“ Führung zu notwendiger Veränderung, In: Zeitschrift für Politikwissenschaft, 1990, Heft 3.

Scholz, Ch., Handball-Weltmeister ohne Zaubertrank: unorthodoxes Plädoyer für transaktionale Führung, Wirtschaftspsychologie aktuell, 2007, Vol. 14, Nr. 1.

Schopp, M., In: http://derstandard.at/1302515886417/Ballesterer-Meine-Auffassung-ist-eine-andere, Krennhuber, R., Rosenberg, J., 12. April 2011.

Schumacher, H., Das Prinzip Jauch, managermagazin, Vol. 5, 2007.

Scott, S.G.; Bruce, R.A., Determinants of innovative Behaviour: A path model of individual innovation in the workplace, Academy of Management Journal, June 1994, Vol. 37, No. 3.

Seidel, E., Betriebliche Führungsformen, Poeschel Verlag, Stuttgart, 1978.

Senge, P.M., Communities of leaders and learners, Harvard Business Review, September/October 1997, Vol. 75, No. 5.

Shipton, H.; West, M.A.; Dawson J.; Birdi, K.; Patterson, M., HRM as a predictor of innovation, Human Resource Management Journal, 2006, Vol. 16, No. 1.

Silli, V., In: Kronen Zeitung (WM Extra): „Fabios eiserne Hand greift nach dem Pokal", 12. Juni 2010.

Smith, R. E., Principles of Positive Reinforcement and Performance Feedback, In: Williams, J.M. (Hrsg.), Applied Sport Psychology: Personal growth to peak performance (5th ed.), Mountain View, CA., Mayfield Publishing Company, 1986.

Society for Human Resource Management, HR Magazine (http://findarticles.com/p/articles/mi_m3495/is_/ai_n24946740?tag=artBody;col1), March 2008.

Sommer, R., Götter im roten Reich, In: Kronen Zeitung (Olympia Extra), 20. August 2008.

Sparrowe, R.T.; Liden, R.C., Process and structure in leader-member exchange, The Academy of Management Review, April 1997, Vol. 22, No. 2.

Sport.1.de (Online-Dienst), In: http://news.focus.msn.de/G/GN/gn.htm?snr=126956&streamsnr=280: „Wer Angst hat, ist fehl am Platz", 25. November 2003.

Sprenger, R.K., In: HTTP://DERSTANDARD.AT/1276043666252/FUSSBALL-UND-WIRTSCHAFT-SPRENGER-GUTE-TRAINER-SIND-EIN-MYTHOS", 15. Juni 2010.

Srivastava, A.; Bartol, K.M.; Locke, E.A., Empowering leadership in management teams: effects on knowledge sharing, efficacy, and performance, Academy of Management Journal, 2006, Vol. 49, No. 6.

Stein, Ch., Führen ohne Ziele, Harvard Business Manager (http://www.manager-magazin.de/harvard/0,2828,615605,00.html), 27.November 2007.

Stewart, G..L.; Manz, C.C., Leadership for Self-Managing Work Teams: A Typology and Integrative Model, In: Pierce, J.L., Newstrom, J.W., Leaders & The Leadership Process, McGraw-Hill/Irwin, New York, 2006.

Stolzenberg, K.; Heberle, K.: Change Management: Veränderungsprozesse erfolgreich gestalten – Mitarbeiter mobilisieren (http://www.springer.com/978-3-540-32637-3), 2005.

Storey, J., Human Resource Management: A Critical Text, Thomson Learning (ed.), London (USA), 2001.

Starbuck, W. H.; Hedberg, B.L.T., Saving an organization from stagnating environments, In: Thorelli, H. (Hrsg.), Strategy + structure = performance, Bloomington (USA), University Press, 1977.

Stier Jr., F. J.; Schneider, R. C., Preferred Player Characteristics and Skills of Division I Men's Basketball Coaches, The Sport Journal (http://www.thesportjournal.org/article/preferred-player-characteristics-and-skills-division-i-mens-basketball-coaches), 2006, Vol. 9, No. 3.

Stotz, W., Organisation und Aufbau eines ERM: Der Weg zu engagierten und effizienten Mitarbeitern, R. Oldenbourg Verlag, München Wien, (http://www.oldenbourg-link.com/doi/abs/10.1524/9783486592924.107), 2007.

Stroebe, R.W., Grundlagen der Führung, Sauer Verlag, Heidelberg, 2002.

Süddeutsche Zeitung (deutsche Zeitung), In: http://sport.orf.at/wm2010/100708-909/index.html: „Pressestimmen in Deutschland“, 8. Juli 2010.

Tagesspiegel (deutsche Zeitung), In: http://sport.orf.at/wm2010/100708-909/index.html: „Pressestimmen in Deutschland“, 8. Juli 2010.

Taylor, A.; Greve, H.R., Superman or the fantastic four? Combination and experience in innovative teams, Academy of Management Journal, 2006, Vol. 49, No. 4.

Thomae, H., Die Bedeutungen des Motivationsbegriffs, In: Thomae, H. (Hrsg.), Handbuch der Psychologie, Bd. II: Motivation, Hogrefe Verlag, Goettingen, 1965.

Turban, D.B.; Jones, A.P., Supervisor-subordinate similarity: Types, effects, and mechanisms, Journal of Applied Psychology, 1988, Vol. 73, No. 2.

Türk, K., Personalführung und soziale Kontrolle, Enke Verlag, Stuttgart, 1981.

Viessmann, M., Der strategische Stellenwert der Unternehmenskultur in mittelständischen Industrieunternehmen in der BRD und West-Berlin, Dissertation, Universitätsverlag Innsbruck, 1990.

Voight, M.; Callaghan, J., A Structural Model on the Determinants and Reactions to Athlete Dissatisfaction, International Journal of Sports Science & Coaching, 2006, Vol. 1, No. 1.

Voight, M.; Carroll, P., Applying Sport Psychology Philosophies, Principles, and Practices Onto the Gridiron: An Interview with USC Football Coach pete Carroll, International Journal of Sports Science & Coaching, 2006, Vol. 1, No. 4.

Völler, R., In: http://sport.orf.at/wm2010/100618-370/index.html: „Ohne "Leitwolf" besser?“, 18. Juni 2010.

Vroom, V.H., Leadership and the Decision-Making Process, In: Pierce, J.L.; Newstrom, J.W., Leaders & The Leadership Process, McGraw-Hill/Irwin, New York, 2006.

Waldmann, D.A.; Ramirez, G.G.; House, R.J.; Puranam, P., Does leadership matter? CEO leadership attributes and profitability under conditions of perceived environmental uncertainty, Academy of Management Journal, February 2001, Vol. 44, No. 1.

Walt Disney Pictures, „Miracle“, Kinofilm, USA, 2004.

Walt Disney Pictures und Jerry Bruckheimer Films, „Gegen jede Regel“ („Against all odds“), Kinofilm, USA, 2000.

Walt Disney Pictures und Mayhem Pictures, „Unbesiegbar“ („Invincible“), Kinofilm, USA, 2006.

Walt Disney Pictures und Walden Media; Jerry Bruckheimer Films, „Spiel auf Sieg“ („Glory Road“), Kinofilm, USA, 2006.

Ward, A., The Leadership Lifecycle: Matching Leaders to evolving Organizations, palgrave macmillan, New York, 2003

Warner Bros. Pictures, „Sie waren Helden", Kinofilm, USA, 2006.

Weese, W. J., A leadership discussion with Dr. Bernard Bass. Journal of Sport Management, 1994, Vol. 8, No. 3.

Weiss, V., In: http://derstandard.at/1277336790400/Little-Italy-schaemt-sich, Hackl, Ch., 25. Juni 2010.

Wendt. M., Systeme und Strukturen des Human-Capital-Managements, In: Dürndofer, M.; Friederichs, P. (alle: Hrsg.), Human Capital Management Leadership: Wettbewerbsvorteile für den Erfolg von morgen, Murmann Verlag, Hamburg, 2004.

Westerbeek, H.; Smith, A., Business Leadership and the Lessons from Sport, Palgrave Macmillan, New York (US), 2005.

White, Ph.; Persad, Sh.; Gee, Ch.J., The Effect of Mid-Season Coach Turnover on Team Performance: The Case oft he National Hockey League (1989-2003), International Journal of Sports Science & Coaching, 2007, Vol. 2, No. 2.

Wikus, Ch., In: Kronen Zeitung. „Die Träne quillt…", 12. September 2008.

Wikus, Ch., In: Kronen Zeitung (WM-Extra): „Was lernen wir?", 13. Juli 2010.

Wilsey, M. D., Leadership and human motivation in the workplace, Quality Progress, November 1995, Vol. 28, No. 11.

Wilson, I.H., The 5 compasses of strategic leadership, Strategy & Leadership, July/August 1996, Vol. 24, No. 4.

Woodward, H., To make changes, manage them: as change accelerates, it becomes increasingly important to include employees in the overall change management process, HR Magazine (http://findarticles.com/p/articles/mi_m3495/is/ai_n19170722?tag=art Body;col1), May 2007.

Yammarino, F.J.; Dubinsky, A.J., Superior-Subordinate Relationships: A Multiple Levels of Analysis Approach, Human Relations, June 1992, Vol. 45, No.6.

Yukl, G., Leadership in organizations, Upper Suddle River, Prentice Hall, New York, 2002.

Zander, A., Motivation and Performance of Sports Groups, Sport Psychology, o.O., 1986.

Zidane, Z., In: Kronen Zeitung (WM-Extra): „Zizou glaubt an Gauchos", 24. Juni 2010.

http://1asport.de/sport/fussball/nationalteam/000031041/loew-traut-ballack-dfb-comeback-zu.html,
15. September 2010.

http://bleacherreport.com/articles/393134-bob-bradley-a-closer-look-at-the-man-in-charge-of-the-united-states,
Shore, P., 17. Mai 2010.

http://blogs.guardian.co.uk/sport/2007/06/17/how_capellos_aperitivos_downed.html:
„How Capello's aperitivos downed the Galacticos„ 17. Juni 2007.

http://chinadaily.com.cn/sports/2007-06/29/content_905526.htm:
„Real Madrid sack title-winning coach Capello", 29. Juni 2007.

http://de.fifa.com/associations/association=aut/ranking/gender=m/index.html,
Stand September 2007.

http://de.fifa.com/associations/association=gre/ranking/gender=m/index.html,
Stand August 2001.

http://de.fifa.com/associations/association=jpn/ranking/gender=m/index.html,
Stand September 2007.

http://de.fifa.com/associations/association=nzl/ranking/gender=m/index.html,
Stand Juni 2010.

http://de.fifa.com/associations/association=por/ranking/gender=m/index.html,
Stand Juni 2010.

http://de.fifa.com/associations/association=uru/ranking/gender=m/index.html,
Stand Juli 2010.

http://de.fifa.com/worldranking/rankingtable/index.html,
Stand Dezember 2011.

http://de.fifa.com/worldcup/news/newsid=1272561/index.html#forlan+gewinnt+goldenen+ball+adidas

http://de.fifa.com/worldfootball/ranking/compare/compareteams.html#g=m&t1=FRA&t2=ESP&t3=POR&t=NED&dRange=2&fm=8&fy=2009&tm=8&ty=2010

http://de.fifa.com/worldfootball/ranking/lastranking/gender=m/fullranking.html, Stand Juni 2008.

http://de.fifa.com/worldfootball/ranking/lastranking/gender=m/fullranking.html, Stand 20. Oktober 2010.

http://derstandard.at/:
„30 Sekunden im Delirium“, 7. April 2004.

http://derstandard.at/:
„König Ottos kaiserliche Schmähs“, 23. Mai 2005.

www.derstandard.at/:
„Real Madrid vor Neuorientierung“, 28. Februar 2006.

http://derstandard.at/:
„Hätten mehr Zeit gebraucht", 2. Juli 2006.

http://derstandard.at/:
„Klagen über königliche „Maurer“, 27. November 2006.

http://derstandard.at/:
„Analyse: Frankreich – Österreich“, Neundlinger, H.; fas.research, 14. April 2007.

http://derstandard.at/:
„Fußball ist die Nummer eins", Robausch, M., 26. Mai 2007.

http://derstandard.at/:
„Analyse: Ineffiziente Spitzen“, Neundlinger, H.; fas.research, 31. Mai 2007.

http://derstandard.at/:
„Umstellungen vor dem Paraguay-Match“, APA, 1. Juni 2007.

http://derstandard.at/:
„Keine Fortschritte“, 3. Juni 2007.

http://derstandard.at/:
„Analyse: Dünnes Süppchen", Neundlinger, H.; Pfosser, R.; Katzmair, H.; fas.research, 4. Juni 2007.

http://derstandard.at/:
„Interview: Josef Hickersberger", 5. Juni 2007.

http://dertandard.at/:
„Gludovatz: Vier Schlüsselspieler sind zu wenig", 22. Juni 2007.

http://derstandard.at/:
„Breitner: Red Bull am falschen Weg", 28. Juni 2007.

http://derstandard.at/:
„Interview: Herzog hofft auf Vereins-Spielpraxis für U20-Kicker", 3. Juli 2007.

http://derstandard.at/:
„Im Nachwuchs im Spitzen-Niveau", Interview mit dem technischen ÖFB-Direktor Willi Ruttensteiner, 5. Juli 2007.

http://derstandard.at/?url=/?id=2948921:
„Überblick: Alle Sommer-Transfers, 10. Juli 2007.

http://derstandard.at/:
„Hicke: Kein Wunderteam in Sicht", 23. Juli 2007.

http://derstandard.at/:
„Stimmen: Voll erwischt", 22. August 2007.

http://derstandard.at/:
„... dann können wir einpacken", 23. August 2007.

http://derstandard.at/:
„Die Angst vor dem Ball", (APA), 8. September 2007.

http://194.116.243.22/3052657?sap=2&_seite=3 (http://derstandard.at),
14. Oktober 2007.

http://derstandard.at/3053181, 12. November 2007.

http://derstandard.at/:
„Die Mannschaft spielt so langsam, wie der Trainer spricht", 13. Oktober 2007.

http://derstandard.at/:
„Teambilanz: Das Länderspieljahr 2007“, 22. November 2007.

http://derstandard.at/:
„Historischer Tiefpunkt erreicht“, 17. Dezember 2007.

http://derstandard.at/:
„Freudige und nüchterne Reaktionen“, 7. Februar 2008.

http://derstandard.at/:
„Frühlingsgefühle und alte Weisheiten“, Robausch, M., 7. Februar 2008.

http://derstandard.at/:
„Ich war schon niedergeschlagener", 7. Februar 2008.

http://derstandard.at/:
„Die doppelte Vertikalität...“, 8. Februar 2008.

http://derstandard.at/:
„Ein Problem der Ökonomie", Hackl, Ch., 28. März 2008.

http://derstandard.at/:
„Ein Netzwerk mit Zukunft“, Neundlinger, H.; fas.research, 28. März 2008.

http://derstandard.at/:
„Der Glaube ans Geschenk“, 30. Mai 2008.

http://derstandard.at/:
„Die wichtigsten und schönsten Tage", 1. Juni 2008.

http://derstandard.at/:
„Ein Hauch von Hollywood“, Robausch, M., 8. Juni 2008.

http://derstandard.at/:
„Eine Niederlage und ihre Gründe", Neundlinger, H., 10. Juni 2008.

http://derstandard.at/:
„Netzwerkanalyse: Einbahntendenzen", Neundlinger, H., 13. Juni 2008.

http://derstandard.at/:
„Analyse: Königreich für einen Knipser", Robausch, M., 13. Juni 2008.

http://derstandard.at/:
„Analyse: Ein deutsches Österreich", 17. Juni 2008.

http://derstandard.at/:
„Löw zufrieden, Kritik an Ausschluss", APA, 17. Juni 2008.

http://derstandard.at/:
„Netzwerkanalyse: Beziehungsarmut um Ballack, rotierende Dynamik um Xavi", Neundlinger, H., 30. Juni 2008.

http://derstandard.at/:
„Man kann sich wieder sehen lassen.", red/APA, 12. August 2008.

http://derstandard.at/:
„Schwätzen in der Sportschule", Hackl, Ch., 3. September 2008.

http://derstandard.at/:
„Stimmen: Auf dem Boden bleiben", 6. September 2008.

http://derstandard.at/:
„Sensationelles ÖFB-Team überrumpelt Vizeweltmeister", APA, 6. September 2008.

http://derstandard.at/:
„Ein Vogel macht noch keinen Frühling", APA, 7. September 2008.

http://derstandard.at/:
„ Netzwerkanalyse: Von der Schnörkellosigkeit und einem polyzentrischen Gefüge", Neundlinger, H. (fas.research), 7. September 2008.

http://derstandard.at/:
„Herzog fordert nächsten Streich: Sonst wäre toller Start bisschen verpatzt",
8. September 2008.

http://derstandard.at/1276043570816/Bedeutender-Football-lockerer-Soccer,
Schaffer, T., 11. Juni 2010.

http://derstandard.at/1276043562736/Zwei-die-sich-sehr-steigern-müssen,
Schaffer, T., 11. Juni 2010.

http://derstandard.at/1276412960608/Netzwerkanalyse-Englands-stabile-Struktur-im-Zentrum-und-die-Schnoerkellosigkeit-im-US-Spielaufbau,
Neundlinger, H., 13. Juni 2010.

http://derstandard.at/1276413070901/Stotternder-Start-des-Weltmeisters:
„Stotternder Start des Weltmeisters“, (APA), 14. Juni 2010.

Http://derstandard.at/1276413269398/Netzwerkanalyse-BRA---PRK-Zeitweise-zeitgemaesse-Zerstoerer,
Neundlinger, H., 16. Juni 2010.

http://derstandard.at/1276413467911/Serbien-holt-Deutsche-zurueck-auf-den-Boden“,
18. Juni 2010.

http://derstandard.at/1276413525707/Nicht-die-Mannschaft-die-ich-kenne,
19. Juni 2010.

Http://derstandard.at/1276413573261/Die-Krisen-der-Grossen-Wo-ein-Loewenrudel-ist-auch-Gebruell:
„Die Krisen der Großen: Wo ein Löwenrudel ist, ist auch Gebrüll, 20. Juni 2010.

http://derstandard.at/1276413656356/Portugal-zerlegt-Nordkorea,
21. Juni 2010.

Http://derstandard.at/1276413777410/Stimmen-Viel-erklaeren-kann-man-nicht,
22. Juni 2010.

Http://derstandard.at/1277336856128/Netzwerkanalyse-Suedkoreas-Beziehungsdichte-im-Offensivdreieck-und-Uruguays-umwegloses-Spiel-in-die-Spitze,
Neundlinger, H., 27. Juni 2010.

HTTP://DERSTANDARD.AT/1277336896249/HICKERSBERGER-INTERVIEW-OEFB-TEAM-KANN-AUF-LEGIONAERE-NICHT-VERZICHTEN,
Fiala, M., 28. Juni 2010.

http://derstandard.at/1277336997840/Eine-andere-Art-Schoenheit,
29. Juni 2010.

http://derstandard.at/1277337125875/Deutschlands-Stil-Die-Piefke-und-die-Deutschen,
Weisgram, W., 30. Juni 2010.

http://derstandard.at/1277337193202/WM-Trainer-Die-Masterminds?sap=2&_slide Number=2&seite=1,
1. Juli 2010.

http://derstandard.at/1277337082766/Europas-Suedamerikaner-vs-Suedamerikas-Europaeer,
1. Juli 2010.

http://derstandard.at/1277337193202/WM-Trainer-DieMasterminds?sap=2&slide Number=2&_seite=1,
1. Juli 2010.

http://derstandard.at/1277337340556/Schland-im-siebten-Himmel, (APA),
3. Juli 2010.

http://DERSTANDARD.AT/1277337366558/NETZWERKANALYSE-ARGENTINIENS-VERZWEIFELTE-RUECKLÄUFIGKEIT-UND-DEUTSCHLANDS-DYNAMISCHES-GLEICHGEWICHT-IN-DER-OFFENSIVE,
4. Juli 2010.

http://derstandard.at/1277337366552/Des-Europameisters-Respekt-Vorm-Vize,
4. Juli 2010.

http://derstandard.at/1277337352321/Revolutionaere-und-Ueberlebenskuenstler,
4. Juli 2010.

http://derstandard.at/1277337662351/Loew-im-Interview-Haben-uns-die-Grenzen-aufgezeigt,
8. Juli 2010.

http://derstandard.at/1277337678351/Ein-Triumph-des-schönen-Fussballs,
8. Juli 2010.

http://derstandard.at/1277337720114/Netzwerkanalyse-Die-Spurenelemente-der-deutschen-Herrlichkeit-und-das-Herz-in-Spaniens-ballesterischem-Bergwerk,
Neundlinger, H., 8. Juli 2010.

http://derstandard.at/1277337782226/Spaniens-Spielkultur-als-niederlaendische-Herausforderung (Van Marwijk),
10. Juli 2010.

http://derstandard.at/1277337939934/Netzwerkanalyse-Das-ist-Spanien,
Neundlinger, H., 12. Juli 2010.

http://derstandard.at/1289609066180/El-Klatschico-Die-Demonstration, Robausch, M., 30. November 2010.

http://derstandard.at/1302516030474/Geld-kann-Ihre-Titeltraeume-gefaehrden, Schaffer, T., 13. April 2011.

http://derstandard.at/1302745257938/Vier-mal-Ein-Highlight-in-der-Endlosschleife, Jan Marot, DER STANDARD, Printausgabe, 14. April 2011.

http://derstandard.at/1302745288408/Protagonisten-Die-Duelle-des-Clasico: „José Mourinho vs Pep Guardiola", Aigner, A., 15. April 2011.

http://derstandard.at/1302745445274/Clasico-Analyse-Erste-Karte-im-Clasico-Quartett---hat-alles-aber-ohne-Spitzenwert-gewinnt-man-nichts, Gregorits, R.; Jager, V., 17. April 2011.

http://derstandard.at/1303291107155/Copa-del-Rey-Der-lenkende-Arm-des-Jose-Mourinho:
„Samstag vs. Mittwoch - oder: Changes!", Gregorits, R.; Jager, V., 21. April 2011.

http://derstandard.at/1303291096072/Clasico-II-Ronaldo-entscheidet-mit-Koepfchen?seite=9:
„Clasico II: Ronaldo entscheidet mit Köpfchen", 21. April 2011.

http://derstandard.at/1303950397086/CL-Analyse-Komoedie--Tragoedie--Messi--Epos, Gregorits, R.; Jager, V., 28. April 2011.

http://derstandard.at/1304428440556/Im-Regen-von-Barcelona-brannte-nichts-mehr-an: (sid/red), 3. Mai 2011.

http://derstandard.at/1304551093988/Ferguson-erwartet-ein-fantastisches-Finale, (APA), 5. Mai 2011.

http://derstandard.at/1304552305632/Einfach-eine-Klasse-besser, Schaffer, T., 19. Mai 2011

http://derstandard.at/1304553141213/Die-Ueberlegenheit-traegt-Blau-Rot, (sid/red), 28. Mai 2011.

http://derstandard.at/1304553181646/StandardSituation-Da-kann-man-machen-was-man-will?_blog Group=1,
Schaffer, T., 29. Mai 2011.

http://derstandard.at/1304553169520/Eine-hochverspielte-Schnoerkellosigkeit-die-nicht-einmal-an-sich-selbst-scheiterte,
Helmut Neundlinger, 29. Mai 2011.

http://derstandard.at/1304553979019/Verdienter-Sieg-verfehlter-Test,
Schaffer, T., 8. Juni 2011.

http://de.eurosport.yahoo.com/08062010/73/wm-2010-hop-oder-top-staerken-schwaechen.html,
Wollny, M., 8. Juni 2010.

http://de.eurosport.yahoo.com/12062010/73/wm-2010-suedkorea-ueberfluegelt-ottos-griechen.html,
Laure, T., 12. Juni 2010.

http://de.eurosport.yahoo.com/29052011/73/uefa-champions-league-falschen-heimatfilm.html,
29. Mai 2011.

http://de.fifa.com/worldcup/news/newsid=1159570/index.html,
20. Januar 2010.

http://de.lifestyle.yahoo.com/19062008/401/chakde-unschlagbares-team-klinsi-khan-hockeyfeld.html

http://de.uefa.com/competitions/under17/finals/newsid=523432.html:
„Gastgeber: Belgien", 1. März 2007.

http://de.uefa.com/worldcup/news/newsid=1494121.html,
1. Juni 2010.

http://de.uefa.com/uefachampionsleague/matches/season=2011/round=2000119/match=2003764/ postmatch/report/index.html:
„Barca meistert Aufgabe gegen zehn Gunners", Pertsch, F., 8. März 2011.

http://de.wikipedia.org/wiki/Alex_Ferguson

http://de.wikipedia.org/wiki/Alfio_Basile

http://de.wikipedia.org/wiki/Boston_Celtics

http://de.wikipedia.org/wiki/Center

http://de.wikipedia.org/wiki/Catenaccio

http://de. wikipedia.org/wiki/Copa_Am%C3%A9rica_2007/Kader

http://de.wikipedia.org/wiki/David_Villa

http://de.wikipedia.org/wiki/Fabio_Capello

http://de.wikipedia.org/wiki/FIFA-Weltrangliste,
Stand 11. August 2010.

http://de.wikipedia.org/wiki/Joachim_L%C3%B6w

http://de.wikipedia.org/wiki/Josef_Hickersberger

http://de.wikipedia.org/wiki/Josep_Guardiola

http://de.wikipedia.org/wiki/Karel_Br%C3%BCckner

http://de.wikipedia.org/wiki/Linebacker

http://de.wikipedia.org/wiki/Lionel_Messi

http://de.wikipedia.org/wiki/Los_Angeles_Lakers

http://de.wikipedia.org/wiki/Management_by_Objectives

http://de.wikipedia.org/wiki/Otto_Rehhagel

http://de.wikipedia.org/wiki/Pedro_Rodr%C3%ADguez_Ledesma

http://de.wikipedia.org/wiki/Pel%C3%A9

http://de.wikipedia.org/wiki/ Sie waren Helden

http://de.wikipedia.org/wiki/Strategisches_Management

http://de.wikipedia.org/wiki/Taktik_(Fu%C3%9Fball)

http://diepresse.com/home/sport/fussball/411109/index.do:
„Fifa-Ranking:Österreich rückt auf Rang 101 vor“, 3. September 2008.

http://en.wikipedia.org/wiki/Chak_De!_India

http://en.wikipedia.org/wiki/Chuck_Daly

http://en.wikipedia.org/wiki/Real_Madrid_C.F.

http://en.wikipedia.org/wiki/United_States_men's_national_basketball_team.

http://en.wikipedia.org/wiki/%C3%93scar_Tab%C3%A1rez

http://ll-999.ea.com/sonetfw/footballworldde/_assets/media/de_DE/FIFA%2009%20 Guide/15_FIFA09_Guide_Formationen.pdf.

http://nationalmannschaft.suite101.de/article.cfm/die-nationalmannschaft-von-uruguay

http://newssportstoday.blogspot.com/2010/10/bob-bradley.html, 1. Oktober 2010.

http://n-tv.de/sport/FussballWM/Jogis-Jungs-demontieren-Argentinien-article979236.html
3. Juli 2010.

http://www.n-tv.de/sport/fussball/Barcelona-spielt-sich-ins-Finale-article3245386.html:
„Real-K.o. in der Champions League“, 3. Mai 2011.

http://science.orf.at/science/news/133744:
„Taktische Wechsel sind oft kontraproduktiv“, Grund, C.; Gürtler, O., 21. März 2005.

http://science.orf.at/science/news/135679:
„Sportler mit rotem Trikot siegen häufiger“, 19. Mai 2005.

http://soccernet.espn.go.com/world-cup/story/_/id/5263704/ce/us/bob-bradley-leads-us-men-national-team-world-cup-discipline-intelligence?cc=5739&ver=global,
Drehs, W., 9. Juni 2010.

http://sport.freenet.de/wm2010/gruppe-g-portugal--nordkorea-70-portugal-ballert-sich-richtung-achtel finale_1744484_489876.html,
21. Juni 2010.

http://sport.orf.at:
„Otto Baric“, 16. August 2001.

http://sport.orf.at/021105-36066/36066bigstory_img.html:
„Reals Supersturm in der Krise“, 5. November 2002.

http://sport.orf.at/051029-23340/index.html:
Titel: o.T., Stöger, P., Austria Wien, 29. Oktober 2005.

http://sport.orf.at/060227-26406/26407bigstory_txt.html:
„Martin folgt Perez“, 27. Februar 2006.

http://sport.orf.at/060427-28078/28079bigstory_txt.html:
„Rücktritt nach Wahlniederlage“, 27. April 2006.

http://sport.orf.at/070110-6024/6026bigstory_txt.html:
„Zwölf Spieler vor dem Rauswurf", 10. Januar 2007.

http://sport.orf.at/070111-6050/index.html:
„Fünfjahresvertrag für Beckham", 12. Januar 2007.

http://sport.orf.at/070603-10498/index.html:
„Das ist der Status quo: nur wenige Lichtblicke", Tragschitz, Ch., 3. Juni 2007.

http://sport.orf.at/070603-10498/index.html:
„Viel Schatten, wenig Licht: Talente müssen spielen", 3. Juni 2007.

http://sport.orf.at/07060710610/?href=http%3A%2F%2Fsport.orf.at%2F07060710610
%2F10612bigstory_txt.html:
„Im grünen Bereich: Was Grund zum Optimismus gibt.", Tragschitz, Ch., 7. Juni 2007.

http://sport.orf.at/07060710610/?href=http%3A%2F%2Fsport.orf.at%2F0706071061
%2F10612bigstory_txt.html:
„Alarmstufe gelb: die Bereiche, die sich im ÖFB-Team noch zum Positiven oder Negativen entwickeln könnten.", Wagner, M., 7. Juni 2007.

http://sport.orf.at/07060710610/?href=http%3A%2F%2Fsport.orf.at%2F0706071061
%2F10612bigstory_txt.html:
„Alarmstufe rot: Die Probleme in Österreichs Fußball und im ÖFB-Team.",
Wagner, M., 7. Juni 2007.

http://sport.orf.at/070111-6050/?href=http%3A%2F%2Fsport.orf.at%2F070111-
6050%2F6049bigstory_txt.html:
„Keine Schonfrist", 12. Januar 2007.

http://sport.orf.at/?href=http%3A%2F%2Fsport.orf.at%2Fticker%2F256273.html:
„Trainerfrage bei Real Madrid weiter offen", 14. Juni 2007.

http://sport.orf.at/070618-10885/index.html:
„Durststrecke beendet", 17. Juni 2007.

http://sport.orf.at/07062811121/?href=http%3A%2F%2Fsport.orf.at%2F070628-
11121%2F11122bigstory_txt.html:
„Einstimmige Entscheidung", 28. Juni 2007.

http://sport.orf.at/070723-11827/index.html:
„Wehmütiger Abschied vom Erfolgsteam", 24. Juli 2007.

http://sport.orf.at/070723-11827/index.html:
„Spielern das Vertrauen schenken“, Herzog, A., 24. Juli 2007.

http://sport.orf.at/:
„118 Millionen Euro ausgegeben“, 24. August 2007.

http://sport.orf.at/070928-13732/index.html:
„Einmal nein ist immer nein“, Wagner, M., 29. September 2007.

http://sport.orf.at/071015-14236/index.html:
„Es ist zwecklos“, Wagner, M., 15. Oktober 2007.

http://sportv1.orf.at/071103-14828/index.html,
Tragschitz, Ch., 3. November 2007.

http://sport.orf.at/071122-565/index.html:
„1 - 6 - 5 und 7:13“, Wagner, M., 22. November 2007.

http://sport.orf.at/071122-565/index.html:
„Österreich keine Torfabrik“, Wagner, M., 22. November 2007.

http://sport.orf.at/071122-579/index.html:
„Spieler an hohes Niveau gewöhnen", 23. November 2007.

http://sport.orf.at/071129-800/index.html:
„Wir haben gewisse Fortschritte gemacht“, Nest, W., 29. November 2007.

http://sport.orf.at/071129-822/index.html:
„Der Kapitän und seine Gehilfen“, Wagner, M., 5. Dezember 2007.

http://sport.orf.at/080409-4620/?href=http%3A%2F%2Fsport.orf.at%2F080409-4620%2F4621bigstory_txt.html:
„Nur noch zehn Europäer schlechter“, 9. April 2008.

http://sport.orf.at/0801212346/?href=http%3A%2F%2Fsport.orf.at%2F080121-2346%2F2347bigstory_txt. html:
„Königliche Leichtigkeit“, 21. April 2008.

http://sport.orf.at/euro2008/080531-249/index.html:
„Das verwandelte Team“, 31. Mai 2008.

http://sport.orf.at/euro2008/080609-492/index.html:
„Ohne Tore geht es nicht“, Wagner, M., 9. Juni 2008.

http://sport.orf.at/euro2008/080617-791/index.html:
„Enttäuscht, aber zuversichtlich“, Wagner, Ch., 17. Juni 2008.

http://sport.orf.at/euro2008/080617-791/index.html:
„Wien 2008 ist nicht Cordoba 1978“, 17. Juni 2008.

http://sport.orf.at/euro2008/0806301152/?href=http%3A%2F%2Fsport.orf.at%2Feuro2008%2F080630115%2F1153bigstory_txt.html:
„Harte Bergtour gegen leichten Spaziergang“, Wagner, Ch., 30. Juni 2008.

http://sport.orf.at/euro2008/080630-1152/?href=http%3A%2F%2Fsport.orf.at%2Feuro2008%2F080630-1152%2F1153bigstory_txt.html:
„Die Könige Europas“, 30. Juni 2008.

http://sport.orf.at/spiele08/080802-46/index.html:
„Wiedergutmachung ist angesagt“, 7. August 2008.

http://sport.orf.at/080812-7485/index.html:
„Das gemeinsame Werk“, Wagner, Ch., 12. August 2008.

http://sport.orf.at/080819-7578/index.html:
„Vorfreude bei Italien-Legionären“, 19. August 2008.

http://sport.orf.at/080821-7602/index.html:
„Alte Schwächen, neue Perspektiven“, Wagner, Ch., 21. August 2008.

http://sport.orf.at/080821-7613/index.html:
„Viel Arbeit für den Analytiker“, Wagner, Ch., 21. August 2008.

http://sport.orf.at/spiele08/080822530/?href=http%3A%2F%2Fsport.orf.at%2Fspiele08%2F080822-530%2F531bigstory_txt.html:
„Titelverteidiger krasser Außenseiter“, 22. August 2008.

http://sport.orf.at/spiele08/080824-580/index.html:
„Spanien verpaßt Sensation“, 24. August 2008.

http://sport.orf.at/stories/2003708/

http://sport.orf.at/stories/2003708/2003709/

http://sport.orf.at/stories/2003708/2003711/

http://sport.orf.at/stories/2003708/2003712/

http://sport.orf.at/stories/2003708/2003713/

http://sport.orf.at/stories/2003708/2003714/

http://sport.orf.at/stories/2003708/2003715/

http://sport.orf.at/stories/2003708/2003716/

http://sport.orf.at/stories/2031584/

http://sport.orf.at/#/stories/2006751/:
„Puyol will doch weiter für Spanien spielen", 1. August 2010.

http://sport.orf.at/#/stories/2008938/:
„US-'Dream Team' in Hall of Fame aufgenommen", 14. August 2010.

http://sport.orf.at/stories/2012300/2012142/:
„Lahm muss ins zweite Glied zurück", 2. September 2010.

http://sport.orf.at/stories/2013629/,
9. September 2010.

http://sport.orf.at/stories/2015084/2015020/,
Wagner, M., 17. September 2010.

http://sport.orf.at/stories/2017108/2017095/:
„Arnautovic ist menschlich in Ordnung", 28. September 2010.

http://sport.orf.at/stories/2019786/2019760/:
„Ein Spiel für das Selbstbewusstsein", Wagner, M., 13. Oktober 2010.

http://sport.orf.at/stories/2023059/2023058/,
1. November 2010.

http://sport.orf.at/stories/2025729/2025569/:
„Guter Qualistart trotz interner Querelen", 16. November 2010.

http://sport.orf.at/stories/2037217/2037216/:
„Wir hatten es in der Hand", Hofstetter, H., 19. Januar 2011.

http://sport.orf.at/stories/2038588:
„Ein normaler Geburtstag", 26. Januar 2011.

http://sport.orf.at/stories/2042763/2042769/:
„Es ist erst Halbzeit", 17. Februar 2011.

http://sport.orf.at/stories/2042763/2042650/:
„'Gunners' gelingt Revanche", 17. Februar 2011.

http://sport.orf.at/stories/2054022/2054021/:
„Di Stefano kritisiert Mourinho", 20. April 2011.

http://sport.orf.at/stories/2054326/2054327/:
„Die Leute können sagen, was sie wollen", 21. April 2011.

http://sport.orf.at/stories/2054300/2054299:
„Befreiungsschlag der Königlichen", 21. April 2011.

http://sport.orf.at/stories/2055387/2055386/:
„Taktik, Emotionen und Messi im 'Clasico'", 27. April 2011.

http://sport.orf.at/stories/2055198/2055197/:
„Mourinho und sein 'Anti-Barca-Mittel'", 27. April 2011.

http://sport.orf.at/stories/2055457/2055464/:
„Rundumschlag in der Pressekonferenz", 28. April 2011.

http://sport.orf.at/stories/2056098/2056177/:
„Das Image wurde beschädigt", 2. Mai 2011.

http://sport.orf.at/stories/2056098/2056105/:
„Niemand gibt die Hoffnung auf", 2. Mai 2011.

http://sport.orf.at/stories/2056425/2056401/:
„Souveräner Auftritt im eigenen Stadion", 4. Mai 2011.

http://sport.orf.at/stories/2060456/2060455/:
„United-Legende gegen Barca-General", Huber, K., 27. Mai 2011.

http://sport.orf.at/stories/2060851/2060885/:
„Stimmen zum Finale", 28. Mai 2001.

http://sport.orf.at/stories/2060851/2060850/:
„Demonstration der Extraklasse", Hofstetter, H., 28. Mai 2011.

http://sport.orf.at/stories/2060972/2060971/:
„Fußball in Perfektion", Hofstetter, H., 30. Mai 2011.

http://sport.orf.at/stories/2062583/2062582/:
„Problemzone Chancenverwertung", Huber, K., 8. Juni 2011.

http://sport.orf.at/stories/2062684/2062656/:
„Entscheidung für das Kolektiv“, Wagner, M., 9. Juni 2011.

http://sport.orf.at/stories/2064217/2063936/:
„Ein Foul als Anfang vom Ende“, 18. Juni 2011.

http://sport.orf.at/080904-7972/index.html:
„Brückner weiß mehr“, 4. September 2008.

http://sport.orf.at/080910-8149/index.html:
„Danilevicius schießt ÖFB-Elf k. o.“, 10. September 2008.

http://sport.orf.at/080911-8171/index.html:
„Capello und Walcott gefeiert“, 11. September 2008.

http://sport.orf.at/080911-8182/index.html:
„Die Taktik bleibt gleich“, 11. September 2008.

http://sport.orf.at/#/stories/2108673/:
„Spanien-Teamchef Del Bosque hofft auf Paradesturm“, 7. März 2012.

http://sport.orf.at/wm2010/100706-862/index.html:
„Ohne Glanz zum Titel?“, 6. Juni 2010.

http://sport.orf.at/wm2010/100609-101/index.html:
„Kein Platz mehr für "Stehgeiger", Janeschitz, Th., Ruttensteiner, W., 9.Juni 2010.

http://sport.orf.at/wm2010/100612-179/index.html:
„Dritte Auftakt-Nullnummer in Folge“, 12. Juni 2010

http://sport.orf.at/wm2010/100612-186/index.html:
„Heinze läßt Maradona jubeln“, Wagner, M., 12. Juni 2010.

http://sport.orf.at/wm2010/100612-186/index.html:
„Reaktionen zu Argentinien – Nigeria“, 12. Juni 2010.

http://sport.orf.at/wm2010/100612-179/index.html:
„Kaum Chancen, keine Tore“, Wagner, M., 12. Juni 2010.

http://sport.orf.at/wm2010/100612-183/index.html:
„Südkoreanischer Auftakt nach Maß“, Wagner, Ch., 12. Juni 2010.

http://sport.orf.at/wm2010/100613-197/index.html:
„In Maßanzug und Krawatte", 13. Juni 2010.

http://www.zeit.de/sport/2010-06/wm-ghana-serbien-gyan-2:
„Ghana läßt Afrika jubeln", 13. Juni 2010.

http://sport.orf.at/wm2010/100613-197/index.html:
„Rehhagels Fußball aus der Antike", 13. Juni 2010.

http://sport.orf.at/wm2010/:
„Messi lobt Teamchef Maradona", 14. Juni 2010.

http://sport.orf.at/wm2010/100614-235/index.html:
„Pressestimmen zu Deutschland – Australien", 14. Juni 2010.

http://sport.orf.at/wm2010/100614-229/index.html:
„Er ist der Lenker im Team", 14. Juni 2010.

http://sport.orf.at/wm2010/100614-235/index.html:
„Nun ist alles möglich", 14. Juni 2010.

http://sport.orf.at/wm2010/100615-280/index.html:
„Zu kalt für Samba", Wagner, M., 15. Juni 2010.

http://sport.orf.at/wm2010/100616-303/index.html:
„Müssen mehr bieten", 16. Juni 2010.

http://sport.orf.at/wm2010/100616-303/index.html:
„Stimmen zu Brasilien – Nordkorea", 16. Juni 2010.

http://sport.orf.at/wm2010/100616-325/index.html:
„Gastgeber noch ohne Sieg", Falkner, P., 16. Juni 2010.

http://sport.orf.at/wm2010/100616-325/index.html:
„Stimmen zu Südafrika – Uruguay", 16. Juni 2010.

http://sport.orf.at/wm2010/100616-316/index.html:
„Stimmen zu Spanien - Schweiz", 16. Juni 2010.

http://sport.orf.at/wm2010/100616-316/index.html:
„1:0 dank Matchwinner Fernandes", Hofstetter, H., 16. Juni 2010.

http://sport.orf.at/wm2010/100617-364/index.html:
„Stimmen zu Frankreich – Mexiko“, 17. Juni 2010.

http://sport.orf.at/wm2010/100617-345/index.html:
„Schützenfest in Soccer City Stadium“, Wagner, M., 17. Juni 2010.

http://sport.orf.at/wm2010/100617-345/index.html:
„Reaktionen zu Argentinien–Südkorea“, 17. Juni 2010.

http://sport.orf.at/wm2010/100617-364/index.html:
„Fußballerische Bankrotterklärung“, Wagner, Ch., 17. Juni 2010.

http://sport.orf.at/wm2010/100618-381/index.html:
„Fiasko für die DFB-Elf“, Wagner, M., 18. Juni 2010.

http://sport.orf.at/wm2010/100618-370/index.html:
„Ohne 'Leitwolf' besser?“, 18. Juni 2010.

http://sport.orf.at/wm2010/100619-417/?href=http%3A%2F%2Fsport.orf.at%2Fwm2010%2F100619-417%2F418bigstory_txt.html:
„Nerven liegen blank“, 19. Juni 2010.

http://sport.orf.at/wm2010/100619-427/index.html:
„Der Kapitän ist sauer“, 19. Juni 2010.

http://sport.orf.at/wm2010/100619-420/index.html:
„Sneijder erzielt Goldtor“, Hofstetter, H., 19. Juni 2010.

http://sport.orf.at/wm2010/100619-420/index.html:
„Stimmen zu Niederlande – Japan“, 19. Juni 2010.

http://sport.orf.at/wm2010/:
„Viel steht auf dem Spiel“, 19. Juni 2010.

http://sport.orf.at/wm2010/100620-439/index.html:
„Unansehnlich gewinnen“, 20. Juni 2010.

http://sport.orf.at/wm2010/100620-460/index.html:
„Kein Platz für Verbaltäter“, 20. Juni 2010.

http://sport.orf.at/wm2010/100620-457/index.html:
„All Whites schaffen Überraschung“, Falkner, P., 20. Juni 2010.

http://sport.orf.at/wm2010/100620-455/index.html:
„'Polster' für Brasilien-Spiel soll her", 20. Juni 2010

http://sport.orf.at/wm2010/100620-448/index.html:
„Reaktionen zu Slowakei – Paraguay", 20. Juni 2010.

http://sport.orf.at/wm2010/100620-441/index.html:
„Das Achtelfinale in Griffweite", 20. Juni 2010.

http://sport.orf.at/wm2010/100621-474/index.html:
„Afrikas enttäuschte Erwartungen", 21. Juni 2010.

http://sport.orf.at/wm2010/?href=http%3A%2F%2Fsport.orf.at%2Fwm2010%2Fticker%2F372803.html:
„Les Bleus nicht in Bestbesetzung?", 21. Juni 2010.

http://sport.orf.at/wm2010/100621-470/index.html:
„Selecao zu stark für Elfenbeinküste", Srb, R., 21. Juni 2010.

http://sport.orf.at/wm2010/100621-481/index.html:
„Kritik aus der Heimat", 21. Juni 2010.

http://sport.orf.at/wm2010/100621-483/index.html:
„Historisches Schützenfest", Wagner, Ch., 21. Juni 2010

http://sport.orf.at/wm2010/100622-518/index.html:
„Sieg reicht Südafrika nicht", 22. Juni 2010.

http://sport.orf.at/wm2010/100622-513/index.html:
„Spielmacher gesperrt", 22. Juni 2010.

http://sport.orf.at/wm2010/100622-513/index.html:
„Einfach nur fantastisch", 22. Juni 2010.

http://sport.orf.at/wm2010/100622-515/index.html:
„Aufstieg aus eigener Kraft möglich", 22. Juni 2010.

http://sport.orf.at/wm2010/100622-518/index.html:
„Stimmen zur Entscheidung in Gruppe A", 22. Juni 2010.

http://sport.orf.at/wm2010/100623-534/index.html:
„Wutrede in der Stunde des Sieges", 23. Juni 2010.

http://sport.orf.at/wm2010/100623-559/index.html:
„Ein Spiel mit zwei Gewinnern", Wagner, M., 23. Juni 2010.

http://sport.orf.at/wm2010/100623-531/index.html:
„Erstes Achtelfinale seit 20 Jahren", 23. Juni 2010

http://sport.orf.at/wm2010/100623-559/index.html:
„'Socceroos' siegen und fliegen", 23. Juni 2010.

http://sport.orf.at/wm2010/100623-534/index.html:
„Ohne Punktverlust ins Achtelfinale", Wagner, Ch., 23. Juni 2010.

http://sport.orf.at/wm2010/100624-583/index.html:
„Das Undenkbare ist wahr geworden", Wagner, Ch., 24. Juni 2010.

http://sport.orf.at/wm2010/100624-566/?href=http%3A%2F%2Fsport.orf.at%2
Fwm2010%2F100624-566%2F567bigstory_txt.html:
„Eine ungewöhnliche Maßnahme", 24. Juni 2010.

http://sport.orf.at/wm2010/100625-599/index.html:
„Enttäuschung auf allen Linien", 25. Juni 2010.

http://sport.orf.at/wm2010/100625-620/index.html:
„Spektakel abgesagt", Hofstetter, H., 25. Juni 2010.

http://sport.orf.at/wm2010/100625-620/index.html:
„Stimmen zum Gruppe-G-Abschluss", 25. Juni 2010.

http://sport.orf.at/wm2010/100625-601/index.html:
„Bestandene "Geduldprobe", 25. Juni 2010.

http://sport.orf.at/wm2010/100626-632/index.html:
„Die Schneid abgekauft", 26. Juni 2010.

http://sport.orf.at/wm2010/100626-643/?href=http%3A%2F%2Fsport.orf.at%2
Fwm2010%2F100626-643%2F644bigstory_txt.html:
„Entzauberte Ballkünstler", 26. Juni 2010.

http://sport.orf.at/wm2010/100626-654/index.html:
„Packendes Duell in Rustenburg", 26. Juni 2010.

http://sport.orf.at/wm2010/100627-679/index.html:
„Tevez wird zum Matchwinner", Wagner, Ch., 27. Juni 2010.

http://sport.orf.at/wm2010/100627-669/index.html:
„Stimmen zu Deutschland–England“, 27. Juni 2010.

http://sport.orf.at/wm2010/100627-662/index.html:
„Mit Garra Charrua ins Viertelfinale“, 27. Juni 2010.

http://sport.orf.at/wm2010/100627-664/index.html:
„Der Stolz eines Kontinents“, 27. Juni 2010.

http://sport.orf.at/wm2010/100628-697/index.html:
„Die bisher größte Hürde“, 28. Juni 2010.

http://sport.orf.at/wm2010/100628-709/index.html:
„Revanche für 1998 bleibt aus“, Wagner, Ch., 28. Juni 2010.

http://sport.orf.at/wm2010/100628-704/index.html:
„Titelkandidat eine Runde weiter“, Hofstetter, H., 28. Juni 2010.

http://sport.orf.at/wm2010/100628-704/index.html:
„Stimmen zu Niederlande – Slowakei“, 28. Juni 2010.

http://sport.orf.at/wm2010/100628-700/index.html:
„Fans hoffen auf Leistungsexplosion“, 28. Juni 2010.

http://sport.orf.at/wm2010/100629-718/?href=http%3A%2F%2Fsport.orf.at%2Fwm2010%2F100629-718%2F719bigstory_txt.html:
„Ungeheuer effizient“, 29. Juni 2010.

http://sport.orf.at/wm2010/100629-727/index.html:
„Komano vergibt Elfmeter“, Falkner, P., 29. Juni 2010.
http://sport.orf.at/wm2010/100630-740/index.html:
„Auch taktisch gereift“, 30. Juni 2010.

http://sport.orf.at/wm2010/100630751/?href=http%3A%2F%2Fsport.orf.at%2Fwm2010%2F100630-751%2F752bigstory_txt.html:
„'Black Stars' können Geschichte schreiben“, 30. Juni 2010.

http://sport.orf.at/wm2010/100630-749/index.html:
„Abend der Premieren“, 30. Juni 2010.

http://sport.orf.at/wm2010/100701-761/index.html:
„Das kann sich sehen lassen“, 1. Juli 2010.

http://sport.orf.at/wm2010/100701-764/index.html:
„Die letzten ein bis zwei Prozent", 1. Juli 2010.

http://sport.orf.at/wm2010/100701-775/index.html:
„Duell der Superlative", 1. Juli 2010.

http://sport.orf.at/wm2010/100701-766/index.html:
„Robben macht den Unterschied", 1. Juli 2010.

http://sport.orf.at/wm2010/100701-777/index.html:
„Underdogs wollen mehr", 1. Juli 2010.

http://sport.orf.at/wm2010/100702-797/index.html:
„Erster Sieg seit 36 Jahren", Hofstetter, H., 2.Juli 2010.

http://sport.orf.at/wm2010/100703-815/index.html:
„Argentinien zerbricht an DFB-Elf", Wagner, M., 3. Juli 2010.

http://sport.orf.at/wm2010/100703-821/index.html:
„Der Traum ist zu Ende", 3. Juli 2010.

http://sport.orf.at/wm2010/100703-815/index.html:
„Reaktionen zu Argentinien – Deutschland", 3. Juli 2010.

http://sport.orf.at/wm2010/?href=http%3A%2F%2Fsport.orf.at%2Fwm2010%2Fticker%2F374364.html:
„Pressestimmen zu Argentinien – Deutschland", 3. Juli 2010.

http://sport.orf.at/wm2010/100703-807/index.html:
„Hoffen auf Heim-WM 2014", 3. Juli 2010.

http://sport.orf.at/wm2010/:
„Das Halbfinale ist nicht das Ziel", 3. Juli 2010.

http://sport.orf.at/wm2010/100703-811/index.html:
„Fußball pur in der Soccer City", Wagner, M., 3. Juli 2010.

http://sport.orf.at/wm2010/100703-823/index.html:
„Schwerstarbeit in Johannesburg", Wagner, Ch., 3. Juli 2010.

http://sport.orf.at/wm2010/100704-827/index.html:
„Deutschland will mehr", 4. Juli 2010.

http://sport.orf.at/wm2010/100707-890/index.html:
„Deutschland nicht wieder zu erkennen", Wagner, M., 7. Juli 2010.

http://sport.orf.at/wm2010/100707-890/index.html:
„Stimmen zu Spanien – Deutschland", 7. Juli 2010.

http://sport.orf.at/wm2010/100708-909/index.html:
„Optimistischer Blick in die Zukunft", 8. Juli 2010.

http://sport.orf.at/wm2010/100709-924/index.html:
„Kniefall via 'Bild'", 9. Juli 2010.

http://sport.orf.at/wm2010/100710-974/index.html:
„Ein würdiges Endspiel", Wagner, Ch, 10. Juli 2010.

http://sport.orf.at/wm2010/100711-985/index.html:
„Deutschland wieder Dritter", 11. Juli 2010.

http://sport.orf.at/wm2010/100711-990/index.html:
„Die Spieler im Rampenlicht", 11. Juli 2010.

http://sport.orf.at/wm2010/100711-990/index.html:
„Hoch gehandelt, tief gefallen", 11. Juli 2010.

http://sport.orf.at/wm2010/100610-126/index.html:
„Kleiner Mann ganz groß", 11. Juli 2010.

http://sport.orf.at/wm2010/100711-995/index.html:
„Mit 'Tiqui-Taca' zum ersten WM-Titel", 11. Juli 2010.

http://sport.orf.at/wm2010/100711-1004/index.html:
„Entscheidung in der 116. Minute", Hofstetter, H., 11. Juli 2010.

http://sports.yahoo.com/nba/news?slug=ap-heat-Riley&prov=ap&type=lgns:
„Person close to Riley says he'll step down as Heat coach", Reynolds, T., 28. April 2008.

http://sportv1.orf.at/080424-5090/?href=http%3A%2F%2Fsportv1.orf.at%2F080424-5090 %2F5093bigstory_txt.html:
„Danke für die Geduld mit mir", 24. April 2008.

http://sportv1.orf.at/wm2010/100620-460/index.html:
„Spieler stehen hinter Anelka", 20. Juni 2010.

http://sportv1.orf.at/wm2010/100620-460/index.html,
„Tränen bei Anelka-Abschied“, 20. Juni 2010.

http://sportv1.orf.at/wm2010/100628-702/index.html:
„Paraguay gegen Japan, 28, Juni 2010.

http://wien.orf.at/stories/481172/:
„Museum für 'Wunderteam'-Coach Meisl?“, 13. November 2010.

http://world.kbs.co.kr/german/news/news_issue_detail.htm?No=18652,
23. Juni 2010.

http://www1.de.uefa.com/memberassociations/news/newsid=638024.html:
„Der Disziplinfanatiker“, Menicucci, P., 14. Dezember 2007.

http://www.abendblatt.de/daten/2007/02/20/692528.html:
„Aufbau-Gegner Real Madrid“, 20. Februar 2007.

http://ballverliebt.eu/2011/05/29/die-kronung-von-wembley/#more-4907,
(phe), 29. Mai 2011.

http://www.be24.at/blog/entry/18113/em-tipps-oesterreich-spielt-gegen-deutschland-um-den-aufstieg-ins-viertelfinale,
13. Juni 2008.

http://www.bild.t-online.de:
„Real mistet aus“, Schulz F.; Klinger, A., 5. November 2006.

http://www.bild.de/BILD/sport/fussball-wm-2010-suedafrika/2010/06/28/deutsch/klose-poldi-mueller/schiessen-england-heim.html,
28. Juni 2010.

http://www.bild.de/sport/fussball/champions-league-achtelfinale/die-higlights-des-spiels-16670788.bild.html:
„3:1! Barcelona - Arsenal“, 10. März 2011.

http://www.bz-berlin.de/sport/wm2010/gruppe-e/1-2-gegen-holland-kamerun-ohne-punkt-article895053.html,
24. Juni 2010.

http://www.die-kirsche.com/front_content.php?idcat=42&idart=133:
„Burnout-Syndrom im Profi-Fußball“, Weber, N., 17. Dezember 2004.

http://www.diepresse.com:
Titel: o.T., Stone, M., 23. November 2006.

http://www.europolitan.de/cms/?s=ep_artikel&artikelid=2585&:
„Von alten Zöpfen und leeren Flaschen“, 10. Januar 2008.

http://www.faz.net/s/RubFB1F9CD53135470AA600A7D04B278528/Doc~EA2EEB5DFB17F42519C77221EC5A56985~ATpl~Ecommon~Scontent.html:
„Capello wankt“, 20. Februar 2007.

http://www.faz.net/s/RubFB1F9CD53135470AA600A7D04B278528/Doc~EC5F19E6F61E544DB98BF9B760C9D56BB~ATpl~Ecommon~Scontent.html,
9. Dezember 2008.

http://www.faz.net/s/RubFB1F9CD53135470AA600A7D04B278528/Doc~EACEB8F91F7F04F18903734BD6D8B71EE~ATpl~Ecommon~Scontent.html,
Kamp, Ch., 22. Juni 2010.

http://www.faz.net/s/Rub0880D9546AD54B17BA97B50EF7058A13/Doc~E15E7F10D81BD4BD1BCD64D84A2F3E408~ATpl~Ecommon~Scontent.html,
24. Juni 2010.

http://www.faz.net/s/RubFB1F9CD53135470AA600A7D04B278528/Doc~E6C034256F7CC4A71A6715FCC53F4872B~ATpl~Ecommon~Scontent.html:
„Weltmeister Italien hat fertig“, Zorn, R., 25. Juni 2010.

http://www.focus-bollywood.de/filmkritiken/ab2007/chakdeindia/index.html

http://www.focus.de/sport/fussball/int_ligen/fussball-spanien-gelbe-u-boote-lassen-real-in-krise-versinken_aid_294369.html:
„'Gelbe U-Boote' lassen Real in Krise versinken“, 28. Januar 2007.

http://www.focus.de/sport/fussball/michael-ballack-leitwolf-einer-fussballnation_did_30280.html,
16.September 2010.

http://www.fraub.ch/?p=818:
„Der Mohr hat seine Schuldigkeit getan, der Mohr kann gehen“, 28. Juni 2008.

http://www.ftd.de/sport/wm-2010/gruppe-b/news/:genial-oder-verrueckt-ein-name-maradona/50125493.html,
10. Juni 2010.

http://www.fussball24.de/fussball/4/57/58/34406-fabio-capello-neuer-coach-bei-real-madrid:
„Fabio Capello neuer Coach bei Real Madrid“, 5. Juli 2006.

http://www.fussball24.de/fussball/4/57/58/27841-krise-bei-real-madrid-praesident-zurueckgetreten:
„Krise bei Real Madrid: Präsident zurückgetreten“, 27. April 2006.

http://www.fussball.com/news-view-24113/real-madrid-geraet-immer-tiefer-in-die-krise.html:
„Real Madrid gerät immer tiefer in die Krise“, 8. Januar 2007.

http://www.fussball-training.org/taktik/defensivtaktik/dreierkette.html

http://www.goal.com/de/news/964/wm2010/2010/05/10/1918569/portugals-carlos-queiroz-gibt-vorl%C3%A4ufigen-wm-kader-bekannt,
(bed), 10. Mai 2010.

http://www.goal.com/de/match/43217/niederlande-vs-d%C3%A4nemark/report,
14. Juni 2010.

http://www.goal.com/de/news/964/wm-2010/2010/06/14/1976577/spielbericht-wm-2010-gruppe-f-italien-paraguay,
14. Juni 2010.

http://www.goal.com/de/news/839/primera-division/2010/04/08/1869902/mythos-barcelona-wie-cruyff-einen-verein-ver%C3%A4nderte,
Ram, R., 8. April 2010.

http://www.goal.com/de/people/south-korea/16700/jung-moo-huh/profile

http://www.halfvalue.com/wikide.jsp?topic=Real_Madrid

http://www.kicker.de/news/fussball/wm/spielplan/weltmeisterschaft/2010/2/833335/spielbericht_portugal_nordkorea.html.,
21. Juni 2010.

http://www.krone.at/Sport/OeFB-Teamchef_Josef_Hickersberger_zieht_Bilanz_Hicke_im_Interview-Story-85013,
29. November 2007.

http://www.krone.at/Fussball/Hickes_Team_fuer_Kroatien-Match_steht-Startformation_fix-Story-102781,
1. Juni 2008.

http://www.krone.at/:
„ÖFB-Elf nach 0:2 gegen Litauen ernüchtert“, 11. September 2008.

http://www.krone.at/Sport/Zauber-Fussball_bringt_Barcelona_den_CL-Sieg 3_1_gegen_Manchester-Story-265127,
29. Mai 2011.

http://www.kurier.at/sport/fussball/82007.php:
„Österreich fällt in FIFA-Rangliste auf Platz 83 zurück“, apa | tan, 13. Juni 2007.

http://www.kurier.at/sportundmotor/198509.php:
„Verdiente Pleite in Litauen“, 10. September 2008.

http://kurier.at/sport/fussball/2098965.php:
„Barca im Champions-League-Finale“, 3. Mai 2011.

http://kurier.at/sport/fussball/3907699.php.
„Déjà-vu im Champions-League-Finale“, (apa/wol), 27. Mai 2011.

http://www.mariakaefer.de/2007/10/28/filmkritik-chak-de-india-810/

http://www.merkur-online.de/ereignisse/fussball-weltmeisterschaft2010/aktuell/portugal-nordkorea-spielbericht-wm-812564.html,
21. Juni 2010.

http://www.mysnip.de/forum-archiv/thema/5423/1040233/Trainer-Krise+in+Madrid.html:
„Trainer-Krise in Madrid“, 24. November 2005.

http://www.nachrichten.at/sport/fussball/art99,570620:
„Dank Superstar Lionel Messi bezwang Barcelona Arsenal“, 8. März 2011.

http://www.noows.de/schutzenfest-fur-portugal-gegen-nordkorea-19316,
21. Juni 2010.

http://www.n-tv.de/605426.html:
„Trainer-Krise in Madrid, 24.November 2005.

http://www.n-tv.de/sport/fussball/Das-Ende-der-Fussball-Eiszeit-article623182.html, Stobbe, N., 4. Dezember 2009.

http://www.n-tv.de/sport/FussballWM/Maradona-faehrt-den-Konter-article968101.html:
„Schweinsteiger, bist du nervös? Maradona fährt den Konter", 1. Juli 2010.

http://www.n-tv.de/sport/FussballWM/Grosses-Kino-mit-Schweinsteiger-article 979796.html,
3. Juli 2010.

http://www.n-tv.de/sport/FussballWm/Wir-haben-es-jetzt-in-der-Hand-article981726.html,
Nickler, Th., 4. Juli 2010.

http://www.n-tv.de/sport/fussball/Barcelona-schlaegt-Manchester-article3448236.html:
„Mit Fußballkunst zum CL-Titel: Barcelona schlägt Manchester", 28. Mai 2011.

http://www.oe24.at/zeitung/sport/olympia2008/article342581.ece:
„US-'Dream Team' auf Revanche aus", 11. August 2008.

http://www.oe24.at/sport/wm-2010/Live-Ticker-Paraguay-Italien-Paraguay-Wir-besiegen-Italien0722120.ece,
14. Juni 2010.

http://www.rp-online.de/sport/fussball/nationalelf/wm/welt/Portugal-im-Fussball-Rausch_aid_871505.html,
21. Juni 2010.

http://www.seitenstark.de/wm2006/laender/brasilien.html

http://www.spanien-abc.com/Real_Madrid_in_der_Krise.1167.0.html:
„Krise bei Real Madrid", 14. Dezember 2005.

http://www.spiegel.de/wissenschaft/mensch/0,1518,701239,00.html:
„Fußball-Netzwerkforschung: So spielen Champions", (Luís Nunes Amaral von der Northwestern University in Evanston, USA), 17. Juni 2010.

http://www.spiegel.de/sport/fussball/0,1518,703205,00.html:
„Löws Welt-Meisterprüfung", 28. Juni 2010.

http://www.spiegel.de/sport/fussball/0,1518,759713,00.html:
„Champions-League-Clasico: Madrid kontert Barça-Beschwerde“,
jar/dpa/sid, 29. April 2011.

http://www.sportal.de/sportal/generated/article/fussball/2007/01/08/5336800000.html:
„Real Madrid rutscht tiefer in die Krise“, 8. Januar 2007.

http://www.sportal.de/sportal/generated/article/fussball/2010/07/16/17235900000.html
„Die Weichen für die Zukunft: Italien“, Asmus, M., 16. Juli 2010.

http://www.sportnewsde.lnfo.net/news/18859.html:
„Krise bei Real Madrid: Präsident zurückgetreten“, 27. April 2006.

http://www.sport.sf.tv/Nachrichten/Archiv/2010/08/11/Fussball/Brasilien-ueberzeugt-gegen-die-USA,
11. August 2010.

http://www.spox.com/de/sport/fussball/wm/wm2010/1005/Artikel/chile-marcelo-bielsa-argentinien-nationaltrainer-roberto-ayala-el-loco.html,
Elser, M., 28. Mai 2010.

http://www.spox.com/de/sport/fussball/wm/wm2010/wm-endrunde/wm-gruppe-g/spielberichte/portugal-nordkorea/analyse-scuetzenfest-fuer-seleccao-achtelfinale-fast-sicher-ronaldo-tiago-mereiles-almeida.html,
21. Juni 2010.

http://www.spox.com/myspox/group-blogdetail/0,105422,10.html?COMORD=2:
„Blog-Reihe: Taktik-Entwicklung 3“,
possessionplay, 16. November 2010.

http://www.spox.com/myspox/group-blogdetail/Blog-Reihe--Taktik-Entwicklung-5,107431.html?COMORD=2,
possessionplay, 30. November 2010.

http://www.stern.de/sport/fussball/krise-bei-real-madrid-das-naechste-mal-lasse-ich-beckham-verrecken-550272.html:
„Das nächste Mal lasse ich Beckham verrecken“, 24. November 2005.

http://www.stern.de/sport/fussball-wm/wm-kantersieg-70-portugal-schiesst-nordkorea-ab-1575689.html,
21. Juni 2010.

http://www.stern.de/sport-motor/fussball/Krise-Madrid-Real-Trainer-Luxemburgo-/550922.html:
„Real feuert Trainer Luxemburgo“, DPA, 5. Dezember 2005.

http://www.sueddeutsche.de/sport/wm-miroslav-klose-tore-fuer-die-geschichte-1.973046,
10. Juli 2010.

http://www.sueddeutsche.de/sport/real-madrid-fussball-zum-heulen-1.827438,
Caceres, J., 8. Januar 2007.

http://www.tagesanzeiger.ch/taplus/standard/Argentinien-dank-Fehlentscheid-und-TevezShow-im-Viertelfinal/story/29070197?track,
Jonas Racine, 28. Juni 2010.

http://www.tagesspiegel.de/sport/Sport-real-krise;art116,1875843:
„Man sah die Krise kommen“, 9. Januar 2007.

http://www.taz.de/1/sport/artikel/1/siege-stattspektakel/?src=HL&cHash=3c48d92653:
„Siege statt Spektakel“, 6. Mai 2008.

http://www.taz.de/1/sport/artikel/1/mou-unter-druck/:
„Madrid gegen Barcelona“, 15. April 2011.

http://www.transfermarkt.at/de/realmadrid/kader/verein_418.html

http://www.transfermarkt.de/de/zukuenftige-systementwicklungen/topic/ansicht_6_692501_seite2.html

http://www.tt.com/csp/cms/sites/tt/Nachrichten/NachrichtenTicker/2596146-42/fu%C3%9Fball-clasico-real-madrid---barcelona-endete-11.csp,
17. April 2011.

http://www.welt.de/sport/article711990/Real_Madrid_rutscht_immer_tiefer_in_die_Krise.html:
„Real Madrid rutscht immer tiefer in die Krise“, 28. Januar 2007.

http://www.welt.de/sport/article725888/Hohe_Abfindung_bewahrt_Capello_vor_Rauswurf.html:
„Hohe Abfindung bewahrt Capello vor Rauswurf“, 20. Februar 2007.

http://www.welt.de/sport/em2008/article2133504/Kapitaen_Ballack_kritisiert_Poker_um_Gomez.html.,
Lars Wallrodt, 22. Juni 2008.

http://www.welt.de/sport/wm2010/article8278053/Holland-entzaubert-Rekordweltmeister-Brasilien.html,
Haupt, F., 2. Juli 2010.

http://www.weltfussball.at/entry/_54503_wm-kader-maradona-konservativ-du/#redirect,
20. Mai 2010.

http://www.weltfussball.at/teams/portugal-team/wm-2006-indeutschland/2/#redirect

http://www.weltfussball.at/teams/uruguay-team/wm-2010-insuedafrika/2/#redirect

http://www.weltfussball.de/team_einsaetze/fc-barcelona/esp-primera-division-2010-2011/

http://www.weltfussball.de/team_einsaetze/real-madrid/esp-primera-division-2010-2011/.

http://www.weltfussball.de/teams/fc-barcelona/2010/2/.

http://www.weltfussball.de/teams/fc-barcelona/2011/2/.

http://www.weltfussball.de/teams/fc-barcelona/2012/2/

http://www.weltfussball.de/teams/griechenland-team/em-2008-oesterreich-schweiz/2/

http://www. weltfussball.de/teams/griechenland-team/wm-2010-in-suedafrika/2/

http://www.weltfussball.de/teams/portugal-team/em-2008-oesterreich-schweiz/2/

http:// www.weltfussball.de/teams/real-madrid/2010/2/.

http://www.weltfussball.de/teams/real-madrid/2011/2/.

http://www.wiwo.de/lifestyle/aus-fuer-trainer-luxemburgo-bei-real-madrid-122705/,
12. Mai 2005.

http://www.wm-wetten.eu/wm-2010-teams/argentinien,
18. Juni 2010.

http://www.wm-wetten.eu/wm-2010-teams/brasilien,
4. Juni 2010.

http://www.wm-wetten.eu/wm-2010-teams/mexiko,
4. Juni 2010.

http://www.zeit.de/online/2006/09/real_madrid:
„Ein König tritt ab“, 28. Februar 2006.

http://www.zeit.de/sport/2010-06/italien-paraguay-rossi-buffon,
15. Juni 2010.

http://www.zeit.de/sport/2010-06/wm-neuseeland-reid:
„Besser als Rugby“, Horeld, M., 15. Juni 2010.

http://www.zeit.de/sport/2010-06/portugal-nordkorea-2,
21. Juni 2010.

http://www.zonalmarking.net/2011/04/17/real-madrid-1-1-barcelona-tactics/:
„Real Madrid 1-1 Barcelona: Real fight back impressively, but gap remains eight points“, 17. April 2011.

http://www.zonalmarking.net/2011/04/21/real-madrid-1-0-barcelona-copa-del-rey-tactics/:
„Real Madrid 1-0 Barcelona (AET): Ronaldo header wins Real the Copa del Rey“,
21. April 2011.

http://www.zonalmarking.net/2011/04/28/real-madrid-0-2-barcelona-tactics/:
„Real Madrid 0-2 Barcelona: two goals for Messi“, 28. April 2011.

http://www.zonalmarking.net/2011/05/04/barcelona-1-1-real-madrid-barca-progress/,
4. Mai 2011.

http://www.zonalmarking.net/2011/05/27/barcelona-v-manchester-united-tactical-preview/,
27. Mai 2011.

http://www.zonalmarking.net/2011/05/29/barcelona-3-1-man-utd-champions-league-final-2011/#more-6616:
„Barcelona 3-1 Manchester United: Barcelona are European Champions“,
29. Mai 2011.

GPSR Compliance
The European Union's (EU) General Product Safety Regulation (GPSR) is a set of rules that requires consumer products to be safe and our obligations to ensure this.

If you have any concerns about our products, you can contact us on

ProductSafety@springernature.com

In case Publisher is established outside the EU, the EU authorized representative is:

Springer Nature Customer Service Center GmbH
Europaplatz 3
69115 Heidelberg, Germany

www.ingramcontent.com/pod-product-compliance
Lightning Source LLC
LaVergne TN
LVHW010642051026
849532LV00001B/154
9783834934796